rapid biological and social inventories

INFORME/REPORT NO. 24

Perú: Cerros de Kampankis

Nigel Pitman, Ernesto Ruelas Inzunza, Diana Alvira, Corine Vriesendorp, Debra K. Moskovits, Álvaro del Campo, Tatzyana Wachter, Douglas F. Stotz, Shapiom Noningo Sesén, Ermeto Tuesta Cerrón y/and Richard Chase Smith

editores/editors

Septiembre/September 2012

Instituciones participantes/Participating Institutions

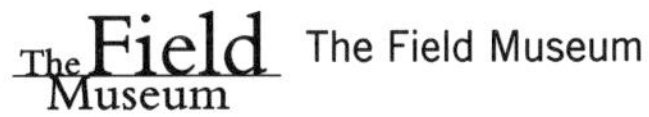

The Field Museum

Tarimiat Nunka Chichamrin (TANUCH)/Comité del Estudio Biológico y Social Cerros de Kampankis

Instituto del Bien Común (IBC)

Museo de Historia Natural de la Universidad Nacional Mayor de San Marcos

Centro de Ornitología y Biodiversidad (CORBIDI)

LOS INFORMES DE INVENTARIOS RÁPIDOS SON PUBLICADOS POR/
RAPID INVENTORIES REPORTS ARE PUBLISHED BY:

THE FIELD MUSEUM
Environment, Culture, and Conservation
1400 South Lake Shore Drive
Chicago, Illinois 60605-2496, USA
T 312.665.7430, F 312.665.7433
www.fieldmuseum.org

Editores/Editors

Nigel Pitman, Ernesto Ruelas Inzunza, Diana Alvira, Corine Vriesendorp, Debra K. Moskovits, Álvaro del Campo, Tatzyana Wachter, Douglas F. Stotz, Shapiom Noningo Sesén, Ermeto Tuesta Cerrón y/and Richard Chase Smith

Diseño/Design

Costello Communications, Chicago

Mapas y gráficas/Maps and graphics

Mark Johnston, Jon Markel y/and Ermeto Tuesta

Traducciones/Translations

Ulices Leonardo Antich Jempe (Castellano-Wampis), Álvaro del Campo (Castellano-English), Román Cruz Vásquez (Castellano-Awajún), Gil Inoach Shawit (Castellano-Awajún), Marcial Mudarra Taki (Castellano-Awajún), Fidel Nanantai Shawit (Castellano-Awajún), Andrés Noningo Sesén (Castellano-Wampis), Shapiom Noningo Sesén (Castellano-Wampis), Juan Nuningo Puwai (Castellano-Wampis), Anfiloquio Paz Agkuash (Castellano-Awajún), Gerónimo Petsain Yacum (Castellano-Wampis), Nigel Pitman (Castellano-English) y/and Ernesto Ruelas Inzunza (English-Castellano y/and Castellano-English).

The Field Museum es una institución sin fines de lucro exenta de impuestos federales bajo la sección 501(c)(3) del Código Fiscal Interno./ The Field Museum is a non-profit organization exempt from federal income tax under section 501(c)(3) of the Internal Revenue Code.

ISBN NUMBER 978-0-9828419-2-1

Esta publicación ha sido financiada en parte por blue moon fund, Gordon and Betty Moore Foundation, The Boeing Company y The Field Museum./This publication has been funded in part by blue moon fund, Gordon and Betty Moore Foundation, The Boeing Company, and The Field Museum.

Cita sugerida/Suggested citation

Pitman, N., E. Ruelas I., D. Alvira, C. Vriesendorp, D. K. Moskovits, Á. del Campo, T. Wachter, D. F. Stotz, S. Noningo S., E. Tuesta C. y/and R. C. Smith, eds. 2012. Perú: Cerros de Kampankis. Rapid Biological and Social Inventories Report 24. The Field Museum, Chicago.

Fotos e ilustraciones/Photos and illustrations

Carátula/Cover: Los residentes indígenas de la región Kampankis —los pueblos Awajún, Wampis y Chapra—, han protegido estas montañas por siglos. Foto de Álvaro del Campo./The indigenous residents of the Kampankis region — the Awajún, Wampis, and Chapra peoples — have protected these mountains for centuries. Photo by Álvaro del Campo.

Carátula interior/Inner cover:

Láminas a color/Color plates: Figs. 1, 3A–C, 4A–C, 5A–D, 6R, 7B–D, 8K, 8P–Q, 9A–B, 9D–F, 10F–G, 11D, 11L, 12B, 12D–F, 13B–C, Á. del Campo; Figs. 6A–B, 6D, 6F–Q, 6R–S, I. Huamantupa; Figs. 6C, 6E, D. Neill; Figs. 7A, 7E–J, M. Hidalgo; Figs. 8A–J, 8L–O, A. Catenazzi; Fig. 9C, I. Castro; Figs. 10A–C, P. Venegas; Figs. 10D–E, E. Ruelas; Fig. 10H, J. Oláh; Figs. 11A–B, 11J, 11M, D. Alvira; Figs. 11E, 11H, 11N, 13A, M. Pariona; Fig. 11K, K. Świerk; Fig. 12A, A. Treneman; Fig. 12C, R. Tsamarain.

Impreso sobre papel reciclado. Printed on recycled paper.

CONTENIDO/CONTENTS

CASTELLANO

ENGLISH

BILINGÜE/BILINGUAL

INTEGRANTES DEL EQUIPO

EQUIPO DE CAMPO

Diana (Tita) Alvira Reyes (*caracterización social*)
Environment, Culture, and Conservation
The Field Museum, Chicago, IL, EE.UU.
dalvira@fieldmuseum.org

Gonzalo Bullard (*logística de campo*)
Consultor independiente
Lima, Perú
gonzalobullard@gmail.com

Lucía Castro Vergara (*mamíferos*)
Museo de Historia Natural
Universidad Nacional Mayor de San Marcos
Lima, Perú
luciamariapaula@gmail.com

Alessandro Catenazzi (*anfibios y reptiles*)
Gonzaga University
Spokane, WA, EE.UU.
acatenazzi@gmail.com

Román Cruz Vásquez (*caracterización social*)
Organización de Pueblos Indígenas
del Sector Marañón (ORPISEM)
Río Marañón, Loreto, Perú
romansito_78@hotmail.com

Álvaro del Campo (*coordinación, logística de campo, fotografía*)
Environment, Culture, and Conservation
The Field Museum, Chicago, IL, EE.UU.
adelcampo@fieldmuseum.org

Robin B. Foster (*plantas*)
Environment, Culture, and Conservation
The Field Museum, Chicago, IL, EE.UU.
rfoster@fieldmuseum.org

Julio Grández (*logística de campo*)
Universidad Nacional de la Amazonía Peruana
Iquitos, Perú
jmgr_19@hotmail.com

Max H. Hidalgo (*peces*)
Museo de Historia Natural
Universidad Nacional Mayor de San Marcos
Lima, Perú
maxhhidalgo@yahoo.com

Julio Hinojosa Caballero (*científico local, caracterización social*)
Comunidad Nativa Puerto Galilea
Río Santiago, Amazonas, Perú

Isau Huamantupa (*plantas*)
Herbario Vargas (CUZ)
Universidad Nacional San Antonio de Abad
Cusco, Perú
andeanwayna@gmail.com

Gustavo Huashicat Untsui (*científico local, biología*)
Comunidad Nativa Soledad
Río Santiago, Amazonas, Perú

Dario Hurtado Cárdenas (*coordinación, logística de transporte*)
Policía Nacional del Perú
Lima, Perú

Mark Johnston (*cartografía*)
Environment, Culture, and Conservation
The Field Museum, Chicago, IL, EE.UU.
mjohnston@fieldmuseum.org

Camilo Kajekai Awak (*plantas*)
Fundación Jatun Sacha
Quito, Ecuador
kajekaic8@yahoo.com

Guillermo Knell (*logística de campo*)
Ecologística Perú
Lima, Perú
atta@ecologisticaperu.com
www.ecologisticaperu.com

Jonathan A. Markel (*cartografía*)
Environment, Culture, and Conservation
The Field Museum, Chicago, IL, EE.UU.
jmarkel@fieldmuseum.org

Italo Mesones (*logística de campo*)
Universidad Nacional de la Amazonía Peruana
Iquitos, Perú
italoacuy@yahoo.es

Debra K. Moskovits (*coordinación, aves*)
Environment, Culture, and Conservation
The Field Museum, Chicago, IL, EE.UU.
dmoskovits@fieldmuseum.org

Marcial Mudarra Taki (*caracterización social*)
Coordinadora Regional de los
Pueblos Indígenas Región San Lorenzo
(CORPI-SL)
Río Marañón, Loreto, Perú
marcialmud@hotmail.com

David A. Neill (*plantas*)
Fundación Jatun Sacha
Quito, Ecuador
davidneill53@gmail.com

Mario Pariona (*caracterización social*)
Environment, Culture, and Conservation
The Field Museum, Chicago, IL, EE.UU.
mpariona@fieldmuseum.org

Gerónimo Petsain Yakum (*científico local, biología*)
Boca Chinganasa, anexo de CN Villa Gonzalo
Río Santiago, Amazonas, Perú
ge.p.4@hotmail.com

Nigel Pitman (*plantas*)
Center for Tropical Conservation
Nicholas School of the Environment
Duke University, Durham, NC, EE.UU.
ncp@duke.edu

Roberto Quispe Chuquihuamaní (*peces*)
Museo de Historia Natural Universidad Nacional
Mayor de San Marcos
Lima, Perú
rquispe91@gmail.com

José Ramírez (*científico local, biología*)
Comunidad Nativa Chapis
Quebrada Kangasa, Loreto, Perú

Filip Rogalski (*caracterización social*)
École des Hautes Études en Sciences Sociales
París, Francia
frogreza@yahoo.com

Ernesto Ruelas Inzunza (*aves*)
Environment, Culture, and Conservation
The Field Museum, Chicago, IL, EE.UU.
eruelas@fieldmuseum.org

Richard Chase Smith (*coordinación*)
Instituto del Bien Común
Lima, Perú
rsmith@ibcperu.org

Robert F. Stallard (*geología*)
Instituto Smithsonian de Investigaciones Tropicales
Panamá, República de Panamá
stallard@colorado.edu

Douglas F. Stotz *(aves)*
Environment, Culture, and Conservation
The Field Museum, Chicago, IL, EE.UU.
dstotz@fieldmuseum.org

Kacper Świerk *(caracterización social)*
Universidad de Szczecin
Szczecin, Polonia
kacpersw@yahoo.com

Andrés Treneman *(caracterización social)*
Instituto del Bien Común
Lima, Perú
atreneman@ibcperu.org

Rebeca Tsamarain Ampam
(científica local, caracterización social)
Comunidad Nativa Chapiza
Río Santiago, Amazonas, Perú
tsunkynua_17@hotmail.com

Manuel Tsamarain Waniak *(científico local, biología)*
Comunidad Nativa Chapiza
Río Santiago, Amazonas, Perú

Ermeto Tuesta *(caracterización social, cartografía)*
Instituto del Bien Común
Lima, Perú
etuesta@ibcperu.org

Pablo Venegas Ibáñez *(anfibios y reptiles)*
Centro de Ornitología y Biodiversidad
Lima, Perú
sancarranca@yahoo.es

Aldo Villanueva *(logística de campo)*
Ecologística Perú
Lima, Perú
atta@ecologisticaperu.com
www.ecologisticaperu.com

Corine Vriesendorp *(coordinación)*
Environment, Culture, and Conservation
The Field Museum, Chicago, IL, EE.UU.
cvriesendorp@fieldmuseum.org

Tyana Wachter *(logística general)*
Environment, Culture, and Conservation
The Field Museum, Chicago, IL, EE.UU.
twachter@fieldmuseum.org

Alaka Wali *(caracterización social)*
Environment, Culture, and Conservation
The Field Museum, Chicago, IL, EE.UU.
awali@fieldmuseum.org

Vladimir Zapata *(geología)*
Instituto Smithsonian de Investigaciones Tropicales
Panamá, República de Panamá
vlzapatap@gmail.com

Renzo Zeppilli *(aves)*
Centro de Ornitología y Biodiversidad
Comité de Registros de Aves del Perú
Lima, Perú
xenopsaris@gmail.com

COLABORADORES

Ríos Marañón, Santiago y Morona

Comunidad Nativa Chapis
Quebrada Kangasa, Loreto, Perú

Ajachim, anexo de CN Chapis
Quebrada Kangasa, Loreto, Perú

Capernaum, anexo de CN Chapis
Río Marañón, Loreto, Perú

Coordinadora Regional de los Pueblos Indígenas Región San Lorenzo (CORPI-SL)
San Lorenzo, Loreto, Perú

Nueva Alegría, anexo de CN Chapis
Río Marañón, Loreto, Perú

Borja
Río Marañón, Loreto, Perú

Organización de los Pueblos Indígenas del Sector Marañón (ORPISEM)
Río Marañón, Loreto, Perú

San Lorenzo
Río Marañón, Loreto, Perú

Saramiriza
Río Marañón, Loreto, Perú

Comunidad Nativa Shoroya Nueva
Río Morona, Loreto, Perú

Comunidad Nativa San Francisco
Río Morona, Loreto, Perú

Comunidad Nativa Nueva Alegría
Río Morona, Loreto, Perú

Puerto América
Río Morona, Loreto, Perú

Comunidad Nativa Chapiza
Río Santiago, Amazonas, Perú

La Poza
Río Santiago, Amazonas, Perú

Comunidad Nativa Puerto Galilea
Río Santiago, Amazonas, Perú

Comunidad Nativa Papayacu
Río Santiago, Amazonas, Perú

Comunidad Nativa Soledad
Río Santiago, Amazonas, Perú

Federación de Comunidades Huambisa del Río Santiago (FECOHRSA)
Río Santiago, Amazonas, Perú

Organización de los Pueblos Indígenas Wampis Awajún de Kanus (OPIWAK)
Río Santiago, Amazonas, Perú

Federación de Comunidades Awajún del Río Santiago (FECAS)
Río Santiago, Amazonas, Perú

Nacionales e internacionales

Policía Nacional del Perú y en particular:

General PNP Dario Hurtado Cárdenas (*Director de Aviación Policial*)

Mayor PNP Freddy Quiróz Guerrero (*piloto*)

Capitán PNP Fredy Chávez Díaz (*piloto*)

Sob. PNP Gregorio Mantilla Cáceres (*ingeniero de vuelo*)

Sot1. PNP Segundo Sánchez Quispe (*mecánico*)

Servicio Nacional de Áreas Naturales Protegidas por el Estado (SERNANP)
Lima, Perú

Asociación Interétnica de Desarrollo de la Selva Peruana (AIDESEP)
Lima, Perú

Centro de Conservación, Investigación y Manejo de Áreas Naturales (CIMA-Cordillera Azul)
Lima, Perú

Instituto Smithsonian de Investigaciones Tropicales (STRI)
Panamá, República de Panamá

The Field Museum

The Field Museum es una institución de educación e investigación, basada en colecciones de historia natural, que se dedica a la diversidad natural y cultural. Combinando las diferentes especialidades de Antropología, Botánica, Geología, Zoología y Biología de Conservación, los científicos del museo investigan temas relacionados a evolución, biología del medio ambiente y antropología cultural. Una división del museo —Environment, Culture, and Conservation (ECCo)— está dedicada a convertir la ciencia en acción que crea y apoya una conservación duradera de la diversidad biológica y cultural. ECCo colabora estrechamente con los residentes locales para asegurar su participación en conservación a través de sus valores culturales y fortalezas institucionales. Con la acelerada pérdida de la diversidad biológica en todo el mundo, la misión de ECCo es de dirigir los recursos del museo —conocimientos científicos, colecciones mundiales, programas educativos innovadores— a las necesidades inmediatas de conservación en el ámbito local, regional e internacional.

The Field Museum
1400 S. Lake Shore Drive
Chicago, IL 60605–2496 EE.UU.
312.665.7430 tel
www.fieldmuseum.org

Instituto del Bien Común (IBC)

El Instituto del Bien Común es una asociación civil peruana sin fines de lucro, fundada en 1998, cuya preocupación central es la gestión óptima de los bienes comunes. De ella depende nuestro bienestar común para hoy y para el futuro como pueblo y como país. De ella también depende el bienestar de la numerosa población que habita a las zonas rurales, boscosas y litorales, así como la salud y continuidad de la oferta ambiental de los diversos ecosistemas que nos sustentan. De ella depende, finalmente, la viabilidad y calidad de la vida urbana de todos los sectores sociales. Entre los proyectos realizados por el Instituto está el Programa Pro-Pachitea, enfocado en la gestión local de cuencas, del agua y de los peces; el Programa Sistema de Información sobre Comunidades Nativas, enfocado en la defensa de los territorios indígenas; el proyecto ACRI, enfocado en el estudio del manejo comunitario de recursos naturales; y el Programa Gestión de Grandes Paisajes que busca la creación de un mosaico de áreas de uso y conservación en las cuencas de los ríos Ampiyacu, Apayacu, Yaguas y Putumayo.

Instituto del Bien Común
Av. Petit Thouars 4377
Miraflores, Lima 18, Perú
51.1.421.7579 tel
51.1.440.0006 tel
51.1.440.6688 fax
www.ibcperu.org

Tarimiat Nunka Chichamrin (TANUCH) Comité del Estudio Biológico y Social Cerros de Kampankis

En el auditorio de la municipalidad del Distrito de Río Santiago, en la Comunidad Nativa de Puerto Galilea, capital del Distrito de Río Santiago, Provincia de Condorcanqui, Región Amazonas, el día 16 de junio de 2011, se reunieron los representantes de las organizaciones de base FECOHRSA, FECAS, OPIWAK, y la Municipalidad de la Región del Santiago para formar un comité de coordinación. El comité es la máxima instancia para realizar el control y seguimiento de todas las actividades, tanto de los investigadores locales como de los de The Field Museum, además de aprobar o desaprobar los acuerdos. Los resultados y los avances del inventario fueron difundidos por la emisora radial local Kanus, de la municipalidad distrital Río Santiago.

El comité fue conformado por representantes de las organizaciones de base, la municipalidad distrital de Río Santiago y de los testigos oficiales de la ciudadanía. Los miembros del comité fueron: Bernandino Chamik Pizango (ORPIAN), Wilson Lucas Rosalía y Abercio Huachapa Chumbe (FECAS), Elias López Pakunta y Alberto Yampis Chiarmach (OPIWAK), Kefren Graña Yagkur y Eliseo Chuim Chamik (FECOHRSA), Ricardo Navarro Rojas y Abelino Besen Ugkush (Municipalidad Río Santiago). Los testigos fueron Juan Nuningo Puwai, Alberto Ayui Tsejem, Marcelino Segundo Chias, Andrés Noningo Sesén, Julio Hinojosa Caballero, Timoteo Sunka Yacum y Víctor Singuanni Maric.

Tarimiat Nunka Chichamrin (TANUCH)
Municipalidad Río Santiago
Puerto Galilea, Amazonas, Perú
51.41.811.024 tel
51.41.813.891 tel

Museo de Historia Natural de la Universidad Nacional Mayor de San Marcos

El Museo de Historia Natural, fundado en 1918, es la fuente principal de información sobre la flora y fauna del Perú. Su sala de exposiciones permanentes recibe visitas de cerca de 50,000 escolares por año, mientras sus colecciones científicas —de aproximadamente un millón y medio de especímenes de plantas, aves, mamíferos, peces, anfibios, reptiles, así como de fósiles y minerales— sirven como una base de referencia para cientos de tesistas e investigadores peruanos y extranjeros. La misión del museo es ser un núcleo de conservación, educación e investigación de la biodiversidad peruana, y difundir el mensaje, en el ámbito nacional e internacional, que el Perú es uno de los países con mayor diversidad de la Tierra y que el progreso económico dependerá de la conservación y uso sostenible de su riqueza natural. El museo forma parte de la Universidad Nacional Mayor de San Marcos, la cual fue fundada en 1551.

Museo de Historia Natural
Universidad Nacional Mayor de San Marcos
Avenida Arenales 1256
Lince, Lima 11, Perú
51.1.471.0117 tel
www.museohn.unmsm.edu.pe

Centro de Ornitología y Biodiversidad (CORBIDI)

El Centro de Ornitología y Biodiversidad (CORBIDI) fue creado en Lima en 2006 con el fin de desarrollar las ciencias naturales en el Perú. Como institución, se propone investigar y capacitar, así como crear condiciones para que otras personas e instituciones puedan llevar a cabo investigaciones sobre la biodiversidad peruana. CORBIDI tiene como misión incentivar la práctica de conservación responsable que ayude a garantizar el mantenimiento de la extraordinaria diversidad natural del Perú. También prepara y apoya a peruanos para que se desarrollen en la rama de las ciencias naturales. Asimismo, CORBIDI asesora a otras instituciones, incluyendo gubernamentales, en políticas relacionadas con el conocimiento, la conservación y el uso de la diversidad en el Perú. Actualmente, la institución cuenta con tres divisiones: ornitología, mastozoología y herpetología.

Centro de Ornitología y Biodiversidad
Calle Santa Rita 105, Oficina 202
Urb. Huertos de San Antonio
Surco, Lima 33, Perú
51.1. 344.1701 tel
www.corbidi.org

AGRADECIMIENTOS

Los inventarios que llevamos a cabo al interior y en los alrededores de los Cerros de Kampankis en 2009 y 2011 fueron posibles gracias a una extensa coordinación y la asistencia directa de las comunidades indígenas Wampis, Awajún y Chapra que han habitado esta región de la Amazonía por siglos. Nos sentimos inspirados por el intenso amor y sentido de protección que tienen para estas montañas y dedicamos este libro a ellos y a sus descendientes.

Nuestro trayecto comenzó a inicios de 2009, dos años y medio antes del inventario en agosto de 2011. Durante el curso de varias reuniones participativas de gran escala tuvimos discusiones intensas y prolongadas con las federaciones indígenas regionales y locales en las cuencas del Morona y el Santiago. El resultado fue un acuerdo conjunto para conducir un inventario rápido, biológico y de caracterización social, de los Cerros de Kampankis. La naturaleza ampliamente participativa de estas reuniones iniciales marcó el tono del inventario completo, así como el trabajo de seguimiento después de su culminación.

En la cuenca del Santiago estamos profundamente agradecidos con nuestro colaborador principal, el comité que funcionó como nuestro enlace durante todo el inventario: Tarimiat Nunka Chichamrin (TANUCH). En el comité se encuentran funcionarios municipales y representantes de organizaciones indígenas regionales y locales, así como honorables líderes locales que participaron como testigos. Sus miembros incluyen a Ricardo Navarro Rojas y Abelino Besen Ugkush del gobierno municipal del distrito de Río Santiago; Bernandino Chamik Pizango, Edwin Montenegro Dávila y Salomón Awananch Wajush de la Organización Regional de Pueblos Indígenas de la Amazonía Norte del Perú (ORPIAN-P); Elías López Pakunta y Alberto Yampis Chiarmach de la Organización de Pueblos Indígenas Wampis y Awajún del Kanus (OPIWAK); Kefrén Graña Yagkur, Eliseo Chuim Chamik, Henry Ampam, Carmen Pirucho y Tito Yagkur de la Federación de Comunidades Huambisas del Río Santiago (FECOHRSA); y Wilson Lucas Rosalía and Abercio Huachapa Chumbe de la Federación de Comunidades Awajún del Río Santiago (FECAS). Los testigos oficiales del comité fueron Juan Nuningo Puwai, Alberto Ayui Tsejem, Marcelino Segundo Chias, Andrés Noningo Sesén, Julio Hinojosa Caballero y Timoteo Sunka Yacum.

Muchos otros líderes indígenas y autoridades locales en la cuenca del Santiago contribuyeron significativamente con nuestro trabajo. Entre ellos se incluye a Alex Teets Wishu, Vanessa Ahuanari, Cervando Puerta, Javier Chamik Shawit y Julián Thaish Maanchi de ORPIAN-P; Moisés Flores Sanka, Samuel Singuani Pinas y Walter Cobos Simón de FECOHRSA; y Fernando Flores Huansi y Rogelio Sunka, los directivos anteriores de la Sub Sede del Consejo Aguaruna Huambisa (SS-CAH). También estamos agradecidos con la Asociación Interétnica para el Desarrollo de la Amazonía Peruana (AIDESEP), de la cual recibimos asistencia especial a través de Saúl Puerta y Daysi Zapata. Para todos ellos nuestro más respetuoso agradecimiento.

En las cuencas del Morona y el Marañón, estamos profundamente agradecidos con Mamerto Maicua Pérez, Jamner Manihuari Curitimai, Juan Tapayuri Murayari y Marcos Sánchez Amaringo de la Coordinadora Regional de los Pueblos Indígenas de la Región de San Lorenzo (CORPI-SL), así como su asesor Gil Inoach Shawit. Agradecemos también a los líderes de las organizaciones indígenas locales, incluidos Tapio Shimbo Tiwiram, Samuel Sumpa Mayan y Rafael Yampis Wajai de la Organización Shuar del Río Morona (OSHDEM); Román Cruz Vásquez, Simón Cruz Pacunda y Wilfredo Pacunda Tan de la Organización de los Pueblos Indígenas del Sector Marañón (ORPISEM); y Jorge Bisa Tirko de la Federación Shapra del Río Morona (FESHAM).

Durante nuestros preparativos en la región en 2009 encontramos a varias personas que nos prestaron ayuda invaluable, incluyendo a Sundi Simón Camarampi y Marcial Mudarra Taki de CORPI-SL; Billarva López García, Santos Núñez García y Gabilio Chamik Ti de OSHDEM; Claudio Wampuch Bitap, ex-alcalde del distrito de Manseriche; y Oswaldo Chumpi Torres, ex-alcalde del distrito de Morona.

Estamos especialmente agradecidos con todos quienes ayudaron a traducir algunas secciones de este libro (y otros textos importantes) a los idiomas Awajún y Wampis, idiomas hablados por decenas de miles de personas en la Amazonía, y los cuales son aprendidos junto con el castellano por los estudiantes en la región de Kampankis. Fidel Nanantai, Gil Inoach Shawit, Anfiloquio Paz Agkuash, Marcial Mudarra Taki y Román Cruz Vásquez ayudaron a escribir o revisar textos en Awajún, mientras Shapiom Noningo Sesén, Andrés Noningo Sesén, Juan Nuningo Puwai, Ulices Leonardo Antich Jempe y Gerónimo Petsain ayudaron a escribir o revisar textos en Wampis.

Nuestros inventarios son profundamente cooperativos y tenemos la fortuna de haber recibido el apoyo de muchos colaboradores en el gobierno peruano. Dado que este inventario entrañó años de preparación y se extendió a través de diferentes administraciones nacionales y regionales, la lista de personas y organizaciones que hicieron posible nuestro trabajo es particularmente larga.

En el Servicio Nacional de Áreas Naturales Protegidas por el Estado (SERNANP), reconocemos la labor dedicada de Luis Alfaro y Channy Barrios en la oficina de Lima y de Liz Kelly Clemente Torres, Alfonso Flores, César Tapia, Genaro López y Virgilio Bermeo en la oficina de Santa María de Nieva. Diógenes Ampam Wejin, jefe de la Zona Reservada Santiago-Comaina, también nos brindó su apoyo. En el Ministerio de Relaciones Exteriores del Perú, Gladys García Paredes nos ofreció valiosos aportes sobre la región fronteriza en la cercanía de los Cerros de Kampankis. Por su apoyo en el gobierno regional de Loreto, agradecemos a Luis Fernando Benites. Agradecemos a Braulio Andrade, Margarita Medina y Eddy Mendoza en las oficinas de Conservación Internacional en Santa María de Nieva y Lima. Mike McColm, Lucio César Gil y Nilda Oliveira de Nature and Culture International nos proveyeron información de contexto de mucha utilidad sobre otras iniciativas de conservación en la región de Amazonas.

Los cuatro sitios visitados por el equipo biológico en los Cerros de Kampankis se encuentran en medio de un área inmensa sin carreteras, surcada por altas cimas y ríos. El estudio de su biodiversidad en pocas semanas sólo fue posible con la ayuda de la Policía Nacional del Perú y sus experimentados pilotos y tripulación —Mayor PNP Freddy Quiróz Guerrero, Capitán PNP Fredy Chávez Díaz, Sob. PNP Gregorio Mantilla Cáceres y Sot1 PNP Segundo Sánchez Quispe—, quienes hicieron un trabajo impecable en el transporte de personas y equipo de un campamento al otro. Tuvimos muchas oportunidades de ser testigos directos de la capacidad, valentía y profesionalismo de estos pilotos y saludamos sus contribuciones a la ciencia y la conservación. Como en muchos inventarios rápidos anteriores, fue vital para el éxito de esta operación el General de la Policía Nacional del Perú Dario Hurtado Cárdenas, quien mantuvo contacto diario con sus pilotos aún cuando se encontraba a cientos de kilómetros de distancia.

Puerto Galilea y La Poza fueron parte central del inventario y nuestros sitios de abastecimiento, y una gran cantidad de personas nos ayudaron durante las varias semanas en que los miembros del inventario vivieron y trabajaron ahí. En primer lugar, estamos agradecidos con las autoridades locales: Timoteo Sunka Yacum, el apu de la Comunidad Nativa Puerto Galilea, y su esposa Clementina Tsamaren; Ricardo Navarro Rojas, alcalde del municipio de Río Santiago; Abelino Besen Ugkush, teniente alcalde del municipio; Luisa Encinas, representante de las mujeres; Alberto Noningo, juez de paz; Wilmer Dalmace Timías Chup, responsable de la Comisión Ambiental Municipal Río Santiago; y William Noningo Graña, secretario técnico de la Defensa Civil del Río Santiago. También agradecemos a Juan Nuningo Puwai, Andrés Noningo Sesén, Flavio Noningo, Roosevelt Hinojosa y Alfonso Graña. Enrique Antich Itijat nos ayudó de manera consistente a facilitar nuestras frecuentes comunicaciones con los miembros del comité de coordinación del inventario. Estamos en deuda con todos quienes acudieron a la presentación preliminar de resultados de nuestro inventario en Puerto Galilea.

En La Poza nos sentimos en casa en el Hotel Cervera, donde Santos Cervera, Miguel Cervera, la Sra. Hilda y Alfonso Graña nos prestaron valiosa ayuda. Parte del equipo también se hospedó en el Hotel Gasdalyth durante diferentes fases del inventario. Ofrecemos un agradecimiento especial a Elizabeth Rivas y Hugo Antonio Bustamante Villafana de Negocios Toño, quienes nos apoyaron de manera extraordinaria y eficiente durante todo el inventario, organizando todo el aprovisionamiento de alimentos y equipo para el inventario desde su ecléctico centro de negocios (que es a la vez tienda, hotel, Internet, gasolinera, banco, etc.). Disfrutamos de maravillosas comidas en el restaurante Mi Chabuca de doña Isabel Dos Santos Matiaza, a quien Gladis Isabel Chilcón Dos Santos, Hugo García Curico y Julio César López Ríos le ayudaron para alimentar a nuestro numeroso y hambriento grupo.

Queremos agradecer a los residentes de todos los otros poblados que visitamos durante los inventarios por su hospitalidad y generosidad en compartir información, y por su apoyo en general para nuestro trabajo. En la comunidad de Papayacu estamos en deuda con el apu y el vice-apu, Estacio Navarro Rojas y Marcial López, y sus familias. Muchos residentes de Papayacu y Alto Papayacu fueron extremadamente serviciales durante el inventario. También agradecemos el apoyo que recibimos de los apus de los pueblos vecinos: Calixtho Mora Dávila (Dos de Mayo), Nelson López (Quim), Martín Elmer Flores (San Martín) y Ángel Flores Huansi (Alto Papayacu). Petronila Dávila, representante de las mujeres de San Martín, y Fernando Flores Huansi, residente de Dos de Mayo, fueron de gran ayuda. También estamos agradecidos con José López Andrea y su esposa; Andrés Nahuarosa Tserem y su esposa Juliana;

Eloy Charuk Pisango, profesor de Papayacu; e Idaly Navarro, quien cocinó para el equipo social durante nuestra estadía.

En la comunidad de Chapiza, agradecemos a todos sus residentes y en especial a su apu, Cornelio Tsamaren. Agradecemos profundamente el apoyo que recibimos de Leandro Calvo, Leandro Calvo Nantip, Rosa Chuam, Juana Pizango, Sra. Yampoch y Euclides Calvo Nantip. Luz Yovananchi se encargó de mantener al equipo social bien alimentado durante nuestro trabajo en la comunidad.

En la comunidad de Soledad, agradecemos a todos quienes participaron y apoyaron el inventario, muy especialmente al apu Wilson Borbor Wisum y su familia. Angélica Pizango preparó los alimentos del equipo social durante nuestra visita. Un agradecimiento especial para Wilson Awanari, quien trabaja en la clínica de salud del pueblo; Marcial López y familia; el profesor Carlos Pirucho; Carmen Pirucho, representante de las mujeres de FECOHRSA; Sebastián Panduro, apu de la comunidad de Palometa; y tres residentes de la comunidad de Muchingis: Elías Wisui, secretario de la comunidad, el profesor Nicanor Samekash y Dimas Sharian.

En la comunidad de Chapis estamos agradecidos con Gerardo Nayach, Dionisio Yampitsa Pakunda, Manuel Pacunda Mashian, Geremías Pisuch Teish, Lino Murayari López, Simón Chumpi Taricuarima, Margarita Cruz Rengifo, José Cruz Rengifo, Fernando Puanchin, Gavino Chupi, Delicia López Ríos, Lola López Ríos, Delita Taricuarima Murayari, Saúl López Macedo, Isaías Puanchin, Lucinda Taricuarima Tanchiva y Ramón Arias Nanantai. En el poblado de Borja agradecemos al historiador José Antonio Livy Ruiz.

En el distrito de Saramiriza le agradecemos al gobernador Néstor Neira Ortíz, la jueza Nabir Cenepo Culqui, el ex-alcalde Claudio Wampuch Bitap, así como a Heber Cabrera Chacaltana, Elgia Correa Huanca, Lucy López Gutiérrez, Jober Caballero Chincay y Heber Willy Núñez Rojas. En el centro de salud de Saramiriza agradecemos a Silvia Cabrera Chacaltana. Lucho Cruz Vásquez, ex-presidente de ORPISEM, fue también muy servicial.

En la oficina del municipio distrital de Morona recibimos valiosa ayuda del juez de paz Juan Fernández Huinhapi, teniente gobernador Iván Fernando Curayape Apuela, Milton Saquiray Pizuri, Hugo Cunayapi Apuela y Claudia Mudarra Noriega.

En el municipio provincial de Datem del Marañón estamos agradecidos con el alcalde Wilmer Carrasco Cenepo y la teniente alcaldesa Enith Julón Tapullima. También recibimos información valiosa del maestro Máximo Puítsa Tusanga.

En el municipio de San Juan del Morona recibimos la ayuda del ex-alcalde provincial y profesor Emir Masegkai Jempe y los empleados de CORPI Luis Payaba, Pilar del Carmen Tapullima, Elton Luis Chiroque y Frida Rodríguez Paredes.

La logística en el río Morona para nuestra caracterización social en 2009 fue planeada y ejecutada con la asistencia de Santos Núñez García. Durante la caracterización social de 2011 en el río Santiago el equipo fue transportado por Asunción Leveau Estrella (don Ashuco) y su hijo Smith Leveau.

El equipo social desea agradecer a Janette Bulkan, miembro del equipo social de ECCo, quien no pudo participar en el trabajo de campo de Kampankis pero que fue de maravillosa ayuda con la planeación, organización y formación de ideas. También extendemos nuestro agradecimiento a Rhae Cisneros por ayudarnos a recopilar y organizar una bibliografía de trabajos sobre los grupos étnicos Awajún, Wampis y Chapra en apoyo a nuestros inventarios. Kacper Świerk desea agradecer a Walmer Navarro López.

Antes que el equipo biológico del inventario rápido llegara a Kampankis, un grupo de residentes locales pasó semanas en el campo construyendo campamentos, puentes y sistemas de trochas de la mejor calidad. Muchos de estos colaboradores se quedaron a nuestro lado a la llegada del equipo científico y sus actos de heroísmo diario nos ayudaron a convertir nuestro trabajo de campo en todo un éxito. Entre ellos están Marleni Alcántara Núñez, Leonidas Alván Croseti, Cornelio Ampam Sanda, Enrique Antich Itijat, Rodolfo Antich Tsakim, Alfeo Aridua Chumpi, Lizardo Aridua Wishu, Tito Aridua Wishu, Alejandro Aujtukai Ampam, Percy Aujtukai Itijat, Ulises Cahuasa López, Agustín Calvo Pizango, Agustín Calvo Yu, Ignacio Calvo Pizango, Emilio Cenepo Murayari, Clovis Chávez López, Fidel Chumbe Pape, Rufino Chumpi Huamac, Walter Chumpi Ruiz, Antonio Cruz Vásquez, Eduardo Dávila, Luis Dávila Flores, Avelino Gonzáles, Ramos Gonzáles, Antonio Graña, Edgar Guerra Nantip, Sergio Huachapa Shunta, Tercero Ijisam Tsakim, Ignacio Jempekit Tsejem, Jhonson Jiménez Goycochea, Rodil López Huaruch, Teodoro Macedo Sánchez, Angelo Manuel Jempe, Nelson Mashian Taish, Linder Matheus Chup, Fernando Murayari Canatanga, Pancho Nanch Fernando, Junior Navarro, Walmer Navarro, Antonio Noningo Graña, Daniel Noningo Caballero, Lucio Pacunda Cruz, Vidal Pacunda Daekai, Marcial Pacunda Jiukam, Segundo Pezo Dávila, Olegario Pirucho Shinik,

Angélica Pizango, Rafael Puanchig, Joel Ramírez Paima, José Ramírez Pacunda, Roger Ramírez Jempekit, Atilio Santiago Velásquez, María Luz Santiak Sharian, Bensus Sharian Huar, Fernando Sharian López, Guillermo Shinik Tsakin, Zaqueo Shirap Antún, Romero Shunta Ampush, Marcos Taricuarima Murayari, Diógenes Tii Chuim, Ismael Uncush Taish, Eleazar Vargas Mashian, Pisco Vargas Pacunda, Felimón Vargas Paima, Sergio Wajai Sejeak, Pablo Yampincha Pacunda, Armando Yampis Chiarmach, Claudia Yampis López y Samuel Yuu Tsamaren.

Los inventarios no serían posibles sin el apoyo de nuestros confiables líderes de equipos de avanzada. Álvaro del Campo desea extender su profundo agradecimiento a Guillermo Knell Alegría, Aldo Villanueva Zaravia, Italo Mesones Acuy, Julio Grández Ríos y Gonzalo Bullard González, quienes enfrentaron con éxito el gran reto de establecer campamentos en uno de los terrenos más difíciles en los que hemos trabajado. Un agradecimiento especial para Guillermo, quien tuvo que construir un campamento de último minuto en una carrera contra reloj.

Doña Isabel Dos Santos Matiaza alimentó al equipo biológico del inventario en el campo. Ahí enfrentó picaduras de alacranes, lidió con leña húmeda y superó una escasez de tenedores en uno de los campamentos para producir comidas deliciosas y nutritivas por tres semanas.

Estamos especialmente agradecidos con los científicos locales que acompañaron a los equipos biológico y social durante el trabajo de campo en 2011 y compartieron sus conocimientos sobre estos bosques, ríos y comunidades: Rebeca Tsamarain Ampan (Chapiza), Julio Hinojosa Caballero (Puerto Galilea), Gerónimo Petsain Yakum (Boca Chinganasa), Manuel Tsamarain Waniak (Chapiza), Gustavo Huashicat Untsui (Soledad) y José Ramírez (Chapis).

El equipo geológico quiere agradecer a Sergio Huachapa y Gerónimo Petsain, residentes locales, por su ayuda invaluable en el campo; a David Neill por el trabajo conjunto examinando plantas y suelos en el campamento Quebrada Wee; a Alessandro Catenazzi por hacerles disponible su equipo; y a Max Hidalgo, Roberto Quispe, Lucía Castro e Isau Huamantupa por su agradable compañía en torno a la guitarra que llevaron al campo. También deseamos agradecer a toda la gente que nos ayudó a transportar muestras geológicas (es decir, rocas pesadas) por el bien de la ciencia.

El equipo botánico está en deuda con los residentes locales que nos asistieron en las exploraciones, incluidos Zaqueo Shirap Antún, Ignacio Jempekit y Gustavo Huashicat Untsui. Agradecemos a Bob Magill y Jim Solomon del Missouri Botanical Garden por su autorización para usar datos florísticos de Amazonas y Loreto en la base de datos botánica TROPICOS y hacer posible la inclusión de esta información en la lista de especies en el Apéndice. Tyana Wachter coordinó la transferencia de fotos y especímenes del equipo botánico del campo al herbario en Lima, creó el primer juego de nombres para los archivos fotográficos, y también nos asistió en la organización y el conteo de especímenes. El Herbario Nacional (USM) del Museo de Historia Natural de Lima amablemente nos proveyó el espacio y las facilidades para secar y separar especímenes. Estamos especialmente en deuda con Hamilton Beltrán, quien hizo un gran esfuerzo extra para coordinar este proceso. Alejandro Turpo hizo un trabajo excelente en secar los especímenes. Los siguientes taxónomos proporcionaron identificaciones heróicamente rápidas para los especímenes y fotos que trajimos de vuelta de Kampankis: Bil Alverson (University of Wisconsin-Madison), Günter Gerlach (Munich Botanical Garden, Alemania), Eric Hágsater (Asociación Mexicana de Orquideología), Steven Heathcote (Universidad de Oxford), Andrew Henderson (New York Botanical Garden), Nancy Hensold (The Field Museum), Sandra Knapp (Museum of Natural History, Londres), Blanca León (University of Texas y USM), James Luteyn (USA), José Luis Marcelo (Universidad Nacional Agraria La Molina), Fabián Michelangeli (New York Botanical Garden), Marcelino Riveros (Universidad Nacional Agraria La Molina), Irayda Salinas (Perú), Charlotte Taylor (Missouri Botanical Garden) y Kenneth Wurdack (Smithsonian Institution). Claudia Gálvez-Durand nos proveyó algunos recursos bibliográficos muy útiles y otra información para la descripción de los sitios.

El equipo de ictiología quisiera agradecer a los siguientes especialistas por su ayuda en confirmar la identificación de varias especies: Nathan Luján (Loricariidae), Anyelo Vanegas (Glandulocaudinae) y Giannina Trevejo (*Ancistrus*).

El equipo de ornitología está en deuda con Debby Moskovits y Álvaro del Campo por contribuir con registros importantes de las aves que observaron en el sistema de trochas; con Pablo Venegas, que compartió con nosotros algunas observaciones y fotografías de aves que encontró durmiendo mientras hacía sus reconocimientos herpetológicos nocturnos; con Lucía Castro, quien registró algunas aves capturadas en las redes que instaló para muestrear murciélagos; con Juan Díaz, quien compartió con nosotros sus excelentes observaciones del bajo río Morona en setiembre–octubre de 2010;

con Kacper Świerk, Andrés Treneman y otros miembros del equipo social que contribuyeron con observaciones de los campamentos y comunidades visitadas durante el inventario; y con los científicos locales que compartieron su conocimiento acerca de las aves. Dave Willard (The Field Museum) nos ayudó a identificar positivamente una pluma de águila harpía y János Oláh (Birdquest) nos permitió utilizar su magnífica foto de *Snowornis subalaris* como ejemplo de aves de cordilleras aisladas.

Lucía Castro desea agradecer a todos los residentes locales que le ayudaron a muestrear mamíferos terrestres y murciélagos, especialmente a Gustavo Huashicat Untsui de la comunidad de Soledad, a José Ramírez de la comunidad de Chapis y a los otros científicos en el campo que compartieron sus observaciones. David Neill, Max Hidalgo, Roberto Quispe, Álvaro del Campo, Isau Huamantupa y Pablo Venegas contribuyeron con restos de mamíferos o fotografías. Edith Arias del Museo de Historia Natural de la Universidad Nacional Mayor de San Marcos (MUSM) fue de especial ayuda en la revisión de la colección de murciélagos antes y después del trabajo de campo y también ayudaron en la identificación de algunos especímenes de murciélago Richard Cadenillas y Sandra Velazco. Fanny Cornejo y Sandra Velazco además ofrecieron comentarios valiosos al manuscrito del capítulo de mamíferos.

En Tarapoto agradecemos a Claudia Arévalo y todo el personal del Hotel Plaza del Bosque, y a Cynthia Reátegui de LAN Perú. En Lima, el Hotel Señorial nuevamente nos proveyó una placentera base para nuestro equipo. Extendemos nuestro más profundo agradecimiento a las siguientes personas, cada una de la cuales jugó un papel importante para hacer de éste un inventario exitoso: Lucía "Puchi" Alegría, Sylvia del Campo, Gustavo Montoya (PNCAZ), César Alberto Reátegui, Milagritos Reátegui, Gino Salinas y Gloria Tamayo.

Como en muchos inventarios previos, el Instituto del Bien Común fortaleció y enriqueció el trabajo del inventario de Kampankis ofreciéndonos su asesoría e información, así como soporte técnico y participación de su personal. En el IBC, estamos especialmente agradecidos con Andrea Campos, María Rosa Montes de Delgado, Renzo Piana, Ana Rosa Sáenz y Richard Chase Smith. Deseamos ofrecer un muy especial agradecimiento a Andrés Treneman y Ermeto Tuesta de IBC por su participación en el trabajo de caracterización social. Ermeto fue especialmente generoso contribuyendo su amplio conocimiento de esta región en el proceso de crear, editar y afinar varios mapas de este libro, y dándonos su invaluable ayuda en reuniones con comunidades del río Santiago.

Otro colaborador de largo plazo en los inventarios rápidos es el Centro de Conservación, Investigación y Manejo de Áreas Naturales (CIMA-Cordillera Azul). Durante el inventario de Kampankis recibimos el gran apoyo de Jorge "Coqui" Aliaga, Alberto Asin, Wacho Aguirre, Lotty Castro, Yesenia Huamán, Techy Marina, Jorge Luis Martínez, Tatiana Pequeño, Lucía Ruiz, Augusta Valles, Manuel Vásquez y Melissa Vilela.

El equipo de Jim Costello en Costello Communications no deja de impresionarnos con su prontitud, paciencia y habilidad para diseñar e imprimir un bello libro. En Costello estamos especialmente agradecidos con Nancy McCabe, Jessica Seifert, Tracy Curran y Molly Wells.

Al interior de la división de Environment, Culture, and Conservation (ECCo) en The Field Museum, somos afortunados de tener un increíble equipo de apoyo. No podríamos haber realizado este inventario, ni tampoco nuestro trabajo de conservación, sin la labor dedicada de las siguientes personas: Jonathan Markel y Mark Johnston fueron una ayuda tremenda tanto antes como después del inventario, pues elaboraron decenas de mapas y proveyeron importantes datos geográficos en tiempo récord. También ayudaron muchísimo durante las fases de escribir, editar y preparar presentaciones. Tyana Wachter jugó un papel crítico en asegurar que tanto el inventario como todos los involucrados estuvieran seguros, y solucionó problemas desde Chicago hasta Lima, Tarapoto y La Poza. Meganne Lube, Royal Taylor, Sarah Santarelli y Dawn Martin prestaron valioso apoyo desde Chicago.

Este inventario rápido fue posible gracias al apoyo de blue moon fund, Gordon and Betty Moore Foundation, The Boeing Company y The Field Museum.

La meta de los inventarios rápidos —biológicos y sociales— es catalizar acciones efectivas para la conservación en regiones amenazadas, las cuales tienen una alta riqueza y singularidad biológica.

Metodología

En los inventarios biológicos rápidos, el equipo científico se concentra principalmente en los grupos de organismos que sirven como buenos indicadores del tipo y condición de hábitat, y que pueden ser inventariados rápidamente y con precisión. Estos inventarios no buscan producir una lista completa de los organismos presentes. Más bien, usan un método integrado y rápido para (1) identificar comunidades biológicas importantes en el sitio o región de interés y (2) determinar si estas comunidades son de valor excepcional y de alta prioridad en el ámbito regional o mundial.

En los inventarios rápidos de recursos naturales y fortalezas culturales y sociales, científicos y comunidades trabajan juntos para identificar las formas de organización social, uso de los recursos naturales, y oportunidades de colaboración y capacitación. Los equipos usan observaciones de los participantes y entrevistas semi-estructuradas para evaluar rápidamente las fortalezas de las comunidades locales que servirán de punto de partida para programas de conservación a largo plazo.

Los científicos locales son clave para el equipo de campo. La experiencia de estos expertos es particularmente crítica para entender las áreas donde previamente ha habido poca o ninguna exploración científica. A partir del inventario, la investigación y protección de las comunidades naturales con base en las organizaciones y las fortalezas sociales ya existentes dependen de las iniciativas de los científicos y conservacionistas locales.

Una vez terminado el inventario rápido (por lo general en un mes), los equipos transmiten la información recopilada a las autoridades y tomadores de decisión regionales y nacionales quienes fijan las prioridades y los lineamientos para las acciones de conservación en el país anfitrión.

RESUMEN EJECUTIVO

Fechas del trabajo de campo	2–21 de agosto de 2011

PERÚ

○ Sitio del inventario biológico
● Sitio del inventario social
□ Comunidades Nativas (CCNN)
▨ Zona Reservada Santiago-Comaina (ZRSC)
▨ Áreas de superposicíon de ZRSC a CCNN
▩ Áreas protegidas
∧ Cerros de Kampankis

RESUMEN EJECUTIVO	
Región	Los Cerros de Kampankis forman una cordillera larga y delgada que se extiende en sentido norte-sur muy cerca de los Andes y a lo largo de la frontera Amazonas-Loreto en el noroeste del Perú. Con una longitud aproximada de 180 km y apenas 10 km de ancho, estos cerros se levantan en un filo pronunciado que alcanza elevaciones superiores a los 1,400 m y está separado de la Cordillera del Cóndor al oeste por una franja de selva baja de 40–60 km de ancho. Nuestra área de estudio está delimitada geográficamente al sur por el Pongo de Manseriche, en el río Marañón, y al norte por la frontera con Ecuador, donde los Cerros de Kampankis se unen con la Cordillera de Kutukú. Los Cerros de Kampankis y los ríos que los drenan —el Santiago al oeste, el Morona al este y el Marañón al sur—, han sido habitados desde hace siglos por pueblos del conjunto etno-lingüístico Jívaro, especialmente los Wampis y Awajún.
Sitios muestreados	Durante tres semanas en agosto de 2011 el equipo biológico, científicos de las comunidades locales, un geólogo y un antropólogo visitaron cuatro sitios en los Cerros de Kampankis: **Cuenca del río Morona:** Pongo Chinim, 2–7 de agosto de 2011 **Cuenca del río Santiago:** Quebrada Katerpiza, 7–12 de agosto de 2011 Quebrada Kampankis, 12–16 de agosto de 2011 **Cuenca del río Marañón:** Quebrada Wee, 16–21 de agosto de 2011 Durante el mismo periodo, el equipo social visitó ocho comunidades nativas, caseríos, y centros poblados en las cuencas de los ríos Marañón y Morona (Chapis, Ajachim, Nueva Alegría, Borja, Capernaum, Saramiriza, Puerto América y San Lorenzo), así como cuatro comunidades nativas en el río Santiago (Puerto Galilea, Chapiza, Soledad y Papayacu). El 21 de agosto ambos equipos presentaron los resultados preliminares del inventario en un taller público en la Comunidad Nativa Puerto Galilea. En 2009 un pequeño equipo social visitó una comunidad nativa Chapra (Shoroya Nueva) y dos comunidades nativas Wampis (San Francisco y Nueva Alegría) en el río Morona. Las observaciones realizadas en esa visita también están incluidas en este informe.
Enfoques geológicos y biológicos	Estratigrafía, geomorfología, hidrología y suelos; vegetación y plantas; peces; anfibios y reptiles; aves; mamíferos grandes y medianos, y murciélagos
Enfoques sociales	Fortalezas sociales y culturales; lazos actuales e históricos entre las comunidades y los Cerros de Kampankis; demografía, economía y sistemas de manejo de recursos naturales

Resultados biológicos principales

Los Cerros de Kampankis albergan comunidades biológicas sumamente diversas, en las cuales componentes de la selva baja amazónica conviven con elementos de los bosques premontanos de los Andes. Observamos un estado de conservación excelente tanto en los ecosistemas terrestres como en los acuáticos de los sitios que visitamos, así como evidencia de que esto se debe a una larga historia de protección y manejo por parte de las comunidades nativas aledañas.

Durante el inventario rápido encontramos por lo menos 25 especies de plantas y animales aparentemente nuevas para la ciencia, algunas de las cuales están posiblemente restringidas a estos cerros. Como es esperado para una región en el piedemonte de los Andes, las cifras registradas para la diversidad de plantas y vertebrados se encuentran entre las más altas de los trópicos (con la excepción de peces, un grupo que disminuye en diversidad en zonas montañosas pero compensa con un aumento en endemismo):

	Especies registradas en el inventario	Especies estimadas para la región
Plantas	1,100	3,500
Peces	60	300–350
Anfibios	60	90
Reptiles	48	90
Aves	350	525
Mamíferos	73	182

Los inventarios de plantas, anfibios, reptiles y aves revelaron una importancia especial en la flora y fauna de las partes más altas de la cordillera (>700 m). Fue allí, sobre afloramientos de roca arenisca, que registramos la mayoría de las especies más notables del inventario —entre ellas elementos de bosques andinos que también ocurren en la Cordillera del Cóndor, 40–60 km al oeste.

Geología

Los Cerros de Kampankis componen una estructura bien descrita en la literatura geológica. Están integrados por depósitos que abarcan edades del Periodo Jurásico (hace 160 millones de años) al Neógeno (hace 5 millones de años) comprendidos en ocho formaciones geológicas de carácter sedimentario de origen continental y marino, en las que predominan areniscas, calizas y lutitas. Estas formaciones se presentan en una estructura geológica denominada anticlinal: un plegamiento que se eleva en el terreno, exponiendo en su centro las rocas de mayor antigüedad y rocas de menor edad en dirección a sus flancos. El plegamiento de estos cerros es conocido como el anticlinal de Kampankis y fue generado por el choque tectónico de las placas de Nazca y Sudamérica en dos pulsos de ascenso: el primero estimado en 10–12 millones de años y el segundo, de ascenso más rápido, datado entre 5 y 6 millones de años.

Geología (continuación)	Los principales componentes del sustrato litológico de los Cerros de Kampankis son formaciones cretácicas en las que predominan las areniscas de cuarzo, sublitoarenitas y calizas (carbonato de calcio). Por su composición química, grado de exposición y disposición morfológica, éstas han generado diferentes tipos de suelos. Las areniscas están asociadas a suelos poco desarrollados y pobres en nutrientes, mientras que las calizas se relacionan a suelos con mayor capacidad de retención de nutrientes, que generan perfiles mejor edafizados. La génesis y evolución de los suelos han creado un mosaico de diferentes tipos de suelos a los que se asocian ciertas especies de plantas y animales. Otros factores como altitud, distribución de drenajes (superficiales en las areniscas y subterráneos en los carbonatos) y los ángulos de inclinación de las unidades litológicas determinan la topografía actual y han tenido un rol determinante en la actual distribución de los suelos, la vegetación circundante y las especies faunísticas.
Vegetación	La vegetación de los Cerros de Kampankis varía de acuerdo con el sustrato geológico y la gradiente de elevación. Definimos cinco tipos principales de vegetación en el área visitada: 1) vegetación riparia a lo largo de las quebradas y ríos; 2) bosques de colinas bajas entre los 300 y 700 m de elevación sobre suelos con proporciones variables de arena, limo y arcilla; 3) bosques de alturas medianas, a los 700–1,000 m de altitud, en suelos variables; 4) bosques sobre afloramientos de rocas calizas y suelos derivados de calizas, entre los 700 y 1,100 m; 5) bosques bajos sobre afloramientos de roca arenisca y suelos arenosos derivados de la arenisca, en las crestas de montaña y las laderas más altas, a los 1,000–1,435 m de altitud. Adicionalmente, en las planicies de tierras bajas, entre la base de los cerros y los ríos Morona y Santiago, hay tipos de vegetación que no fueron muestreados, los cuales incluyen pantanos de palmeras dominados por *Mauritia flexuosa* (aguajales) y bosque mixto de llanuras. Los bosques de colinas bajas representan el tipo de vegetación más extenso, el cual abarca alrededor del 80% de los sitios inventariados. También es el más diverso, con más de 200 especies de árboles por hectárea—una diversidad similar a la de otros bosques húmedos de tierra firme en la Amazonía occidental y entre las mayores del planeta. La mayoría de las especies en este tipo de bosque tiene una distribución amplia cerca de la base de los Andes. Registramos algunas extensiones de rango de especies conocidas de la región de piedemonte en Ecuador, incluyendo un género nuevo para el Perú: el árbol de dosel *Gyranthera amphibiolepis* (Malvaceae). Desde el bosque de colinas bajas hacia el bosque de las alturas medianas de los Cerros de Kampankis, a los 700–1,000 m, se observan cambios graduales, y no abruptos, en la estructura y composición florística. En las alturas medianas, especies arbóreas como *Cassia swartzioides* (Fabaceae) y *Hevea guianensis* (Euphorbiaceae) son comunes.

	Los suelos derivados de los afloramientos de formaciones calizas entre los 700 y 1,100 m son arcillosos y relativamente fértiles. El tipo de vegetación asociado con estos suelos incluye como especies frecuentes el árbol *Metteniusa tessmanniana* (Icacinaceae) y el arbolito *Sanango racemosum* (Gesneriaceae). El bosque muy húmedo de estatura baja (10–15 m) en las crestas y laderas altas sobre roca arenisca es el más distintivo de los tipos de vegetación en el área, y es muy variable en estructura y composición florística. Las raíces de los árboles forman una alfombra esponjosa y densa de hasta 30 cm de espesor y suspendida hasta 1 m encima de la superficie del suelo, con una acumulación densa de hojarasca y musgos. La densidad y diversidad de plantas en este hábitat son muy altas, y las orquídeas, bromeliáceas, helechos, aráceas y briófitas son abundantes. El bosque sobre arenisca incluye algunas especies restringidas a este hábitat en los Cerros de Kampankis pero compartidas con hábitats similares en la Cordillera del Cóndor y otras montañas subandinas formadas de rocas areniscas en Ecuador y el Perú. Algunas de las especies nuevas halladas en este hábitat posiblemente son endémicas a los Cerros de Kampankis (ver abajo). A diferencia de la Cordillera del Cóndor, los bosques sobre areniscas en Kampankis tienen pocos taxa con una distribución disyunta desde los tepuyes de arenisca del Escudo Guyanés. Los bosques de las crestas altas también tienen taxa netamente andinos que crecen en los Cerros de Kampankis a elevaciones más bajas de lo que es usual en los Andes, incluyendo *Podocarpus* (Podocarpaceae) y las palmeras *Ceroxylon* y *Dictyocaryum*. Sólo pudimos inventariar la vegetación de las crestas altas de los Cerros de Kampankis en áreas muy limitadas en tres sitios, por lo que es recomendable un inventario más completo. Un estudio más comprensivo de la vegetación y flora de las alturas por encima de los 1,200 m probablemente resultaría en más registros de especies de plantas nuevas y localmente endémicas.
Flora	El grupo botánico estima una flora regional de aproximadamente 3,500 especies de plantas vasculares, de las cuales logramos registrar 1,100. Durante el inventario colectamos y fotografiamos 1,000 especímenes e identificamos numerosas especies en el campo. La flora más distintiva fue hallada en las cimas montañosas, en bosque de estatura baja sobre areniscas, donde además se halló la mayoría de los registros y especies nuevas. Registramos 8 especies nuevas para la flora peruana y 11 posibles especies nuevas para la ciencia. Estas últimas incluyen árboles y arbustos en los géneros *Gyranthera* (Malvaceae), *Lissocarpa* (Ebenaceae), *Lozania* (Lacistemataceae), *Vochysia* (Vochysiaceae), *Kutchubaea*, *Palicourea*, *Psychotria*, *Rudgea* y *Schizocalyx* (todos Rubiaceae), así como un árbol de familia indeterminada. Dos especies aparentemente nuevas para la ciencia son hierbas de los géneros *Epidendrum* (Orchidaceae) y *Salpinga* (Melastomataceae). Observamos poblaciones relativamente pequeñas de

Flora (continuación)	especies útiles, las cuales incluyen las palmeras huasaí (*Euterpe catinga*), kampanak (*Pholidostachys synanthera*) y *Phytelephas macrocarpa*, y especies de uso maderable como cedro (*Cedrela odorata*), tornillo (*Cedrelinga cateniformis*), marupá (*Simarouba amara*) y moenas (*Ocotea* spp).
Peces	Registramos 60 especies de peces en la zona montañosa de los Cerros de Kampankis, entre los 194 y 487 m de elevación. Cuando se considera además los ambientes acuáticos más bajos, cercanos a los ríos Santiago y Morona, estimamos que puede haber 300–350 especies en el área de estudio, al menos 30% de la ictiofauna continental reconocida para el Perú. Las comunidades de peces de Kampankis son más diversas que en muchas otras áreas montañosas de similares características, incluyendo la Cordillera del Cóndor, con la cual comparten parte de la ictiofauna. Las especies más comunes de estas montañas incluyen especies adaptadas a aguas rápidas de los géneros *Chaetostoma, Astroblepus, Hemibrycon, Creagrutus, Parodon* y *Bujurquina.* Encontramos seis especies potencialmente nuevas para la ciencia y que podrían estar restringidas en su distribución a los Cerros de Kampankis, las que corresponden a los géneros *Lipopterichthys, Creagrutus, Astroblepus* y *Chaetostoma.* Exceptuando la presencia de poblaciones relativamente grandes de *Prochilodus nigricans* (boquichico) en ambas vertientes de estas montañas, no encontramos otras especies de importancia para la pesquería comercial o de subsistencia. La ictiofauna de Kampankis guarda una estrecha relación con el bosque ribereño, el cual le provee alimentos y refugio. Si bien los sistemas acuáticos que observamos tienen un buen estado de conservación, una eventual pérdida de cobertura vegetal o el uso descontrolado de ictiotóxicos naturales como barbasco (*Lonchocarpus utilis*) podría significar la desaparición de especies probablemente restringidas a estas montañas.
Anfibios y reptiles	Durante el inventario los herpetólogos encontraron 108 especies, de las cuales 60 son anfibios y 48 reptiles. Estimamos un total de 90 especies de anfibios y 90 especies de reptiles para la región. De las especies registradas, 12 anfibios y un reptil tienen distribución restringida a los bosques amazónicos del norte del Perú y del sur de Ecuador; y cuatro especies (*Dendropsophus aperomeus, Osteocephalus leoniae, Pristimantis academicus* y *P. rhodostichus*) se conocen solamente del centro y norte del Perú. El hallazgo más importante fue descubrir siete anfibios potencialmente nuevos para la ciencia. Tres de estas especies son ranas de lluvia del género *Pristimantis,* género cuya diversificación es más pronunciada en las estribaciones andinas, mientras que dos especies simpátricas del género *Hyloscirtus* se asemejan morfológicamente pero ocupan diferentes hábitats.

Además, registramos por primera vez para el Perú la ranita de cristal *Chimerella mariaelenae,* la rana arborícola *Osteocephalus verruciger*, la lagartija iguánida *Enyalioides rubrigularis* y la lagartija de hojarasca *Potamites cochranae*, conocidas anteriormente solamente para Ecuador y/o Colombia. Encontramos poblaciones de una especie poco común de rana marsupial, *Gastrotheca longipes*, conocida previamente en sólo dos localidades en el Perú.

La diversidad y abundancia de especies de bosques de colina, como *E. rubrigularis* y varias especies de ranitas venenosas, y de especies de riachuelos de aguas claras y bien oxigenadas, como las ranitas de cristal y las ranas *Hyloscirtus*, fueron muy altas y demuestran el excelente estado de conservación de los Cerros de Kampankis. Además, registramos la tortuga motelo (*Chelonoidis denticulata*) y la rana de lluvia *Pristimantis rhodostichus*, que al igual que la ranita de cristal *C. mariaelenae*, son especies consideradas como Vulnerables según la UICN. Observamos también el caimán de frente lisa (*Paleosuchus trigonatus*), categorizado como Casi Amenazado por la ley peruana.

Aves

La avifauna de los Cerros de Kampankis es diversa y combina comunidades de la planicie amazónica con elementos propios del piedemonte andino. Mediante observaciones y grabaciones, nuestro equipo de ornitólogos registró 350 especies de aves durante el inventario, de las cuales 56 son asociadas con montañas (y 7 de éstas tienen rangos disyuntos). Estimamos una avifauna de 525 especies para la región.

Debido al vacío de información científica sobre las aves de Kampankis previo a nuestro trabajo, documentamos extensiones de rango para 75 especies. De éstas, 26 son de afinidad amazónica (de bosques húmedos de tierras bajas) y 49 de afinidad andina (de bosques húmedos premontanos). Varias especies raras y poco conocidas registradas durante el inventario, como *Leucopternis princeps*, *Wetmorethraupis sterrhopteron* y *Entomodestes leucotis*, son conocidas en pocas localidades en el Perú. Las islas de hábitats de mayor altitud albergan especies de distribuciones restringidas, raras o con poblaciones disyuntas, como *Heliodoxa gularis*, *Campylopterus villaviscensio*, *Snowornis subalaris* y *Grallaria haplonota*.

La condición general de la avifauna observada durante el inventario es de gran integridad ecológica. Las actividades humanas que impactan directamente a las poblaciones de aves, como la caza de paujiles, perdices, trompeteros y pavas, son consideradas de impacto moderado o poco perceptible, mientras los impactos a sus hábitats en las zonas visitadas fueron bajos o inexistentes. Algunos componentes de la avifauna de Kampankis que revelan su buen estado funcional, como especies de interior de bosque, loros grandes y rapaces, se encuentran bien representados en las localidades visitadas. Las comunidades de aves en mejor condición fueron observadas en los campamentos Pongo Chinim y Quebrada Wee. La combinación de los altos

Aves (continuación)	valores de riqueza ornitológica y el estado de conservación de sus poblaciones y sus hábitats resultan en una excelente oportunidad de conservación de elementos raros de la avifauna peruana.
Mamíferos medianos y grandes y murciélagos	El estado de conservación de la comunidad de mamíferos en los Cerros de Kampankis es muy bueno. Mediante recorridos y entrevistas con residentes logramos registrar 57 de las 79 especies de mamíferos medianos y grandes esperadas para la región. Encontramos 11 especies de primates, las más grandes de las cuales (*Ateles belzebuth, Lagothrix lagotricha* y *Alouatta juara*) no se asustaron con nuestra presencia, lo cual indica que no existe una intensa cacería en los cerros. Se registró por huellas la presencia de dos felinos grandes: otorongo (*Panthera onca*) y puma (*Puma concolor*). Asimismo, el perro de orejas cortas (*Atelocynus microtis*) fue directamente observado en una oportunidad. Otros registros destacados incluyen varios avistamientos de sachavaca (*Tapirus terrestris*), que señalan una población saludable de este gran herbívoro, rastros de yunguntura (*Priodontes maximus*) y hormiguero gigante (*Myrmecophaga tridactyla*). Las tres especies son consideradas como Vulnerables tanto en el ámbito nacional como internacional. Las capturas de murciélagos, llevadas a cabo durante nueve noches, sumaron 16 de las 103 especies esperadas para la región. A pesar del tiempo limitado de muestreo para este grupo, se resalta la presencia de las especies no comunes *Cormura brevirostris* y *Choeroniscus minor*, que prefieren bosques primarios.
Comunidades humanas	Las comunidades que existen a lo largo de los Cerros de Kampankis pertenecen a los grupos étnicos Wampis (también conocidos como Huambisa o Shuar del Perú) y Awajún (Aguaruna) en la cuenca del Santiago y el Sector del Marañón, así como los Wampis y Chapra (también conocidos como Shapra o Chápara) en la cuenca del Morona. Los Wampis y los Awajún pertenecen al conjunto etno-lingüístico Jívaro y comparten muchos rasgos culturales (entre ellos idiomas similares). Los Chapra están clasificados en otra familia lingüística (Candoa) pero son culturalmente parecidos a los pueblos Jívaro. La población total de la zona es de alrededor de 20,000 habitantes. Existen fuertes lazos culturales que unen a los indígenas de la región con los Cerros de Kampankis. Hasta aproximadamente los años 1940–1950, los antepasados de muchos habitantes de la región vivían en los Cerros de Kampankis en caseríos dispersos a lo largo de las quebradas, conforme al espíritu individualista de los indígenas Jívaro. Después, a menudo incentivados por misioneros, bajaron a las orillas de los ríos grandes para formar asentamientos nucleados, los cuales a partir de 1974 recibieron reconocimiento como comunidades nativas. Durante el inventario rápido documentamos un complejo sistema de manejo y control de los recursos naturales basado en los acuerdos ancestrales, en prácticas culturales

	existentes incluyendo prácticas de agricultura a pequeña escala, caza y pesca para autoconsumo, y en un profundo conocimiento de la biología y ecología. Este sistema abarca una amplia gama de recursos naturales de los Cerros de Kampankis y se basa en una concepción indígena de propiedad dentro de una cultura de reciprocidad y apoyo mutuo (p. ej., manejo de cuevas de guácharo o *tayu*, apropiación de *purmas*, aprovechamiento de recursos agrícolas y otros). Igualmente existe un efectivo sistema de control al ingreso de agentes externos. Estos sistemas delimitan a través de los cerros las jurisdicciones de comunidades, federaciones, pueblos y cuencas. En especial, las comunidades fronterizas establecen acuerdos para un control más efectivo del ingreso de cazadores furtivos y pescadores de Ecuador. También observamos que la complementariedad de género que se refleja en los diferentes aspectos de la vida económica y social está presente en el manejo de conflictos y diplomacia. Constatamos que la relación con los Cerros de Kampankis se inscribe en una cosmología dentro de la cual los humanos, animales, plantas y otros elementos del entorno constituyen colectivos de personas dentro de una red común de relaciones sociales (parentesco, alianzas, competición, etc.). Los cerros son también el espacio de conexión con el mundo de los ancestros a través de las experiencias visionarias de búsqueda del *ajutap/arutam* y fuente de inspiración espiritual y conocimiento para el futuro. Se puede decir que los Cerros de Kampankis no solo son ricos en cuanto a naturaleza, sino que también forman un rico paisaje cultural saturado con significado simbólico.
Estado actual	En el año 2000, los Cerros de Kampankis y sus alrededores fueron incluidos en la Zona Reservada Santiago-Comaina (ZRSC). Las zonas reservadas se establecen de forma transitoria por el gobierno peruano en paisajes que reúnen las condiciones para ser consideradas a futuro como áreas naturales protegidas, pero requieren de más información para determinar, entre otras cosas, la extensión y categoría de esas áreas. La ZRSC — que se superpone con algunas comunidades nativas tituladas y centros poblados indígenas (ver mapa)—, abarca en su totalidad bosques que los habitantes indígenas de la región han protegido de manera efectiva por muchos años. Por esta razón, las poblaciones indígenas no están de acuerdo con la Zona Reservada y proponen que ésta sea declarada como parte del territorio integral de los pueblos Wampis y Awajún.
Fortalezas principales para la conservación	01 **Manejo local efectivo de los recursos naturales por parte de los pobladores indígenas locales**, así como una visión clara de mantener los Cerros de Kampankis en buen estado de conservación para las generaciones futuras 02 **Dinamismo en las poblaciones indígenas locales para organizarse y defender sus recursos naturales** 03 **Fuerte identidad lingüística, cultural y familiar**

RESUMEN EJECUTIVO

Principales enfoques de cuidado

01 **Comunidades biológicas diversas, raras o únicas**, especialmente en las partes altas de los Cerros de Kampankis

02 **Ecosistemas terrestres y acuáticos en buen estado de conservación**, en los sitios que visitó el equipo biológico

03 **Espacios y especies de importancia cultural y espiritual para los pueblos indígenas locales**

04 **Especies amenazadas en el ámbito nacional, internacional o de rango restringido**

Amenazas principales

01 **Visiones divergentes sobre el futuro y cuidado de los Cerros de Kampankis** y una falta de confianza mutua entre el gobierno y las poblaciones locales

02 **Fuertes presiones para implementar megaproyectos de desarrollo en el área** (p. ej., pozos y oleoductos petroleros, centrales hidroeléctricas, nuevas carreteras)

03 **Contaminación de los principales ríos y cuencas de la zona por el uso de mercurio y otros impactos de la minería**, así como el manejo inadecuado de los residuos sólidos y las aguas residuales

Recomendaciones principales

La presencia ancestral y actual de los pueblos Wampis y Awajún en la región y su gestión del espacio han sido sólidas y efectivas para contrarrestar las amenazas a los Cerros de Kampankis, tal como constatamos en el excelente estado de conservación de la flora y fauna observado durante nuestro inventario. En base a los resultados de nuestro inventario, recomendamos:

01 **Reconocer y respaldar legalmente la presencia y gestión local indígena** para asegurar a largo plazo la salud de los Cerros de Kampankis y sus altos valores culturales, biológicos y geológicos

02 **Plasmar por escrito los sistemas de manejo de los Cerros de Kampankis que existen en la visión y la práctica indígena, para que éstos puedan mantenerse a futuro**

03 **Excluir de la zona la explotación de hidrocarburos y yacimientos mineros**, tanto formal como informal, así como otros megaproyectos que alteren el paisaje a gran escala

04 **Apoyar el fortalecimiento y continuidad de las culturas indígenas locales**

05 **Desarrollar e implementar sistemas para reducir la contaminación a lo largo de las cuencas de los ríos Santiago y Morona**

¿Por qué los Cerros de Kampankis?

La colisión tectónica que creó la cadena montañosa más larga del mundo —los Andes— también elevó un pequeño número de cordilleras aisladas en las tierras bajas de la Amazonía. Los Cerros de Kampankis son una de esas cordilleras, una cresta delgada como un cuchillo que se erige 1,435 m sobre las tierras bajas adyacentes, a unos 40 km de distancia de la cordillera oriental de los Andes. Envueltas en nubes durante gran parte del año, las tierras altas de Kampankis han persistido por periodos de aislamiento a lo largo de millones de años.

Hoy, los Cerros de Kampankis protagonizan un nuevo tipo de encuentro: entre la flora y fauna megadiversa de las tierras bajas amazónicas y los elementos exclusivamente montanos asociados con la vecina Cordillera del Cóndor. En este impresionante paisaje de acantilados, cascadas, y serranías de rocas calizas y areniscas, los biólogos han documentado más de 560 especies de vertebrados, incluyendo 14 especies de peces, anfibios y reptiles desconocidas para la ciencia. Se cree que más de 3,500 especies de plantas crecen en los Cerros de Kampankis —incluyendo la palma de sotobosque cuyo nombre local, *kampanak*, le da su nombre a la cordillera— y al menos 11 hierbas, arbustos y árboles que parecen ser nuevos para la ciencia.

Estas montañas, habitadas por siglos por los pueblos Wampis y Awajún, han atraído la atención de compañías de petróleo y gas, minería y madereras por muchas décadas. Y aunque existe un amplio consenso entre los residentes locales y el gobierno peruano de que Kampankis es un lugar demasiado valioso para someterlo a una nueva explosión de industrias extractivas de gran escala, hay visiones divergentes de cómo balancear la conservación de su biodiversidad con las profundas y antiguas conexiones que sus residentes tienen con estas tierras.

Nuestro inventario rápido exploró tanto la riqueza biológica como la riqueza cultural del paisaje de los Cerros de Kampankis, con el propósito de asegurar que ambos tipos de diversidad perduren en estas montañas para las generaciones venideras.

FIG. 1 Habitado por siglos por los pueblos Jívaro, los Cerros de Kampankis albergan una mezcla diversa de bosques amazónicos de tierras bajas y bosques montanos andinos./Inhabited for centuries by Jívaro peoples, the Kampankis Mountains harbor a diverse mix of Amazonian lowland and Andean montane forests.

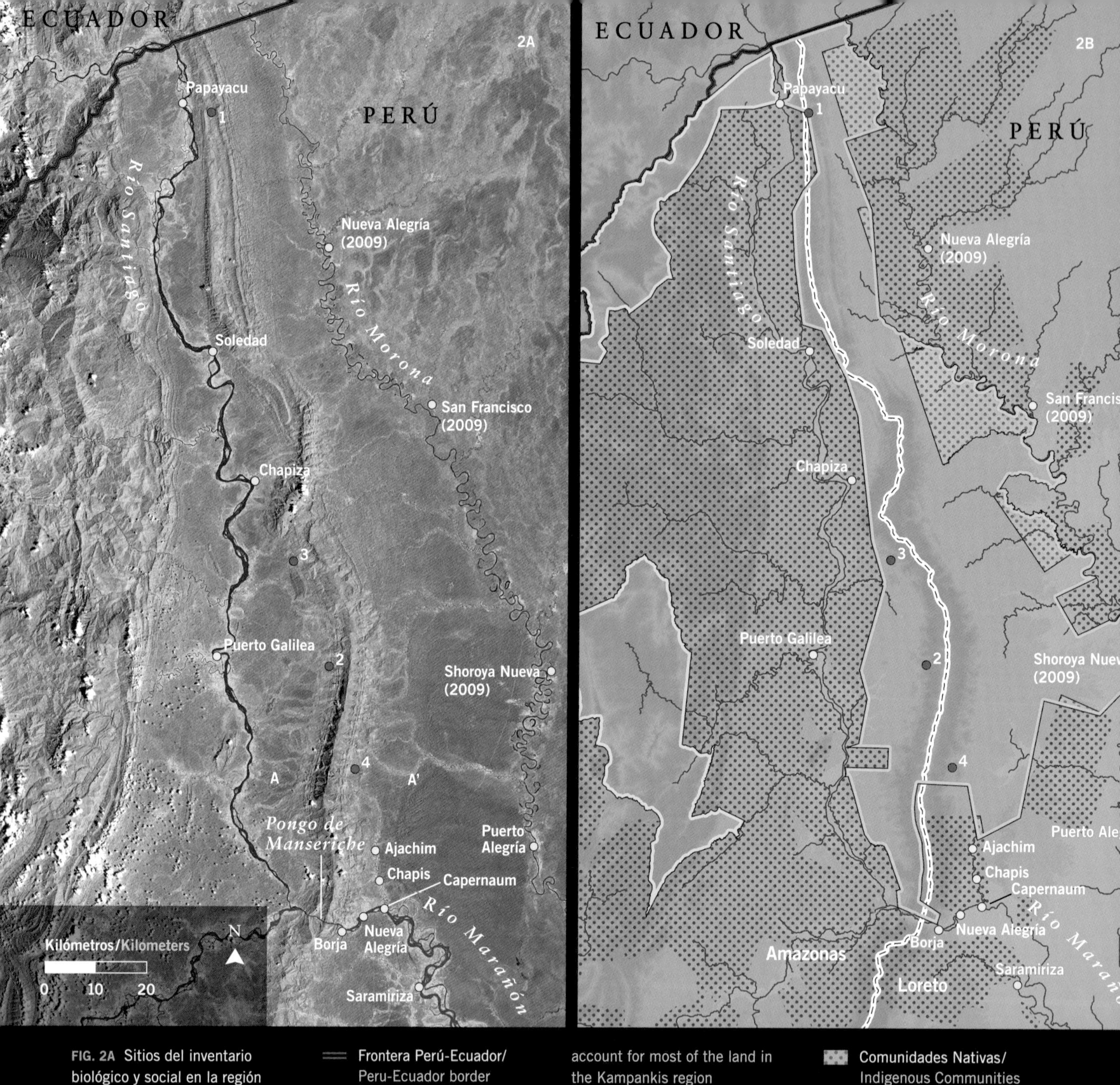

FIG. 2A Sitios del inventario biológico y social en la región de Kampankis en el noroeste del Perú/Social and biological inventory sites in the Kampankis region of northwestern Peru

Sitios visitados/Inventory sites

- Inventario biológico/Biological inventory
  1 Pongo Chinim, 2 Quebrada Katerpiza, 3 Quebrada Kampankis, 4 Quebrada Wee
- Inventario social/Social inventory
- Frontera Perú-Ecuador/Peru-Ecuador border

A/A' Inicio y final de la sección transversal ilustrada en la Fig. 17 (página 78)/Endpoints of the cross-section shown in Fig. 17 (page 235)

FIG. 2B Los territorios indígenas y áreas de conservación conforman la mayoría del territorio en la región de Kampankis./Indigenous territories and conservation areas account for most of the land in the Kampankis region

- Inventario biológico/Biological inventory
  1 Pongo Chinim, 2 Quebrada Katerpiza, 3 Quebrada Kampankis, 4 Quebrada Wee
- Inventario social/Social inventory
- Frontera Perú-Ecuador/Peru-Ecuador border
- Frontera regional/Regional border
- Comunidades Nativas/Indigenous Communities
- Zona Reservada Santiago-Comaina/Santiago-Comaina Reserved Zone
- Superposición de la ZRSC a las Comunidades Nativas/ZRSC-Indigenous Communities overlap
- Otras áreas protegidas/Other protected areas

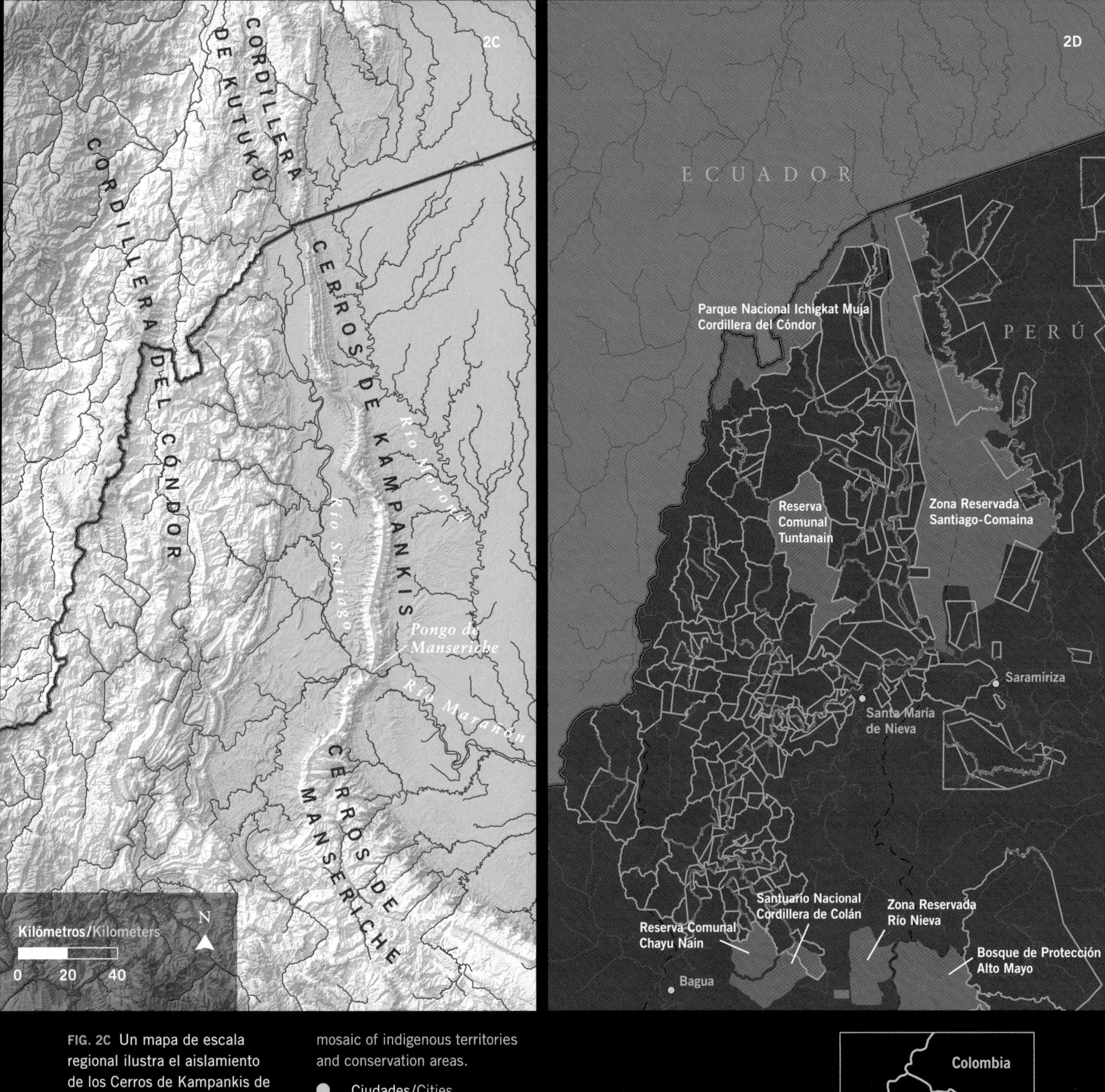

FIG. 2C Un mapa de escala regional ilustra el aislamiento de los Cerros de Kampankis de las tierras altas cercanas./A regional-scale map illustrates the isolation of the Kampankis Mountains from nearby highlands

FIG. 2D Las cordilleras de Kampankis y del Cóndor forman un mosaico complejo de territorios indígenas y áreas de conservación./The Kampankis and Cóndor ranges are a complex mosaic of indigenous territories and conservation areas.

- Ciudades/Cities
- Frontera internacional/International border
- Frontera regional/Regional border
- Comunidades Nativas/Indigenous Communities
- Áreas protegidas/Protected areas

3B

FIG. 3 Rodeados por una selva baja megadiversa, los Cerros de Kampankis se encuentran a más de 40 km del eje principal de los Andes./Surrounded by megadiverse lowland forest, the Kampankis Mountains stand more than 40 km from the main

3A El río Marañón corta a través de los Cerros de Kampankis en el notoriamente peligroso Pongo de Manseriche./The Marañón River slices through the Kampankis range at the notoriously dangerous Manseriche Gorge.

3B Una vista aérea hacia el occidente, desde los Cerros de Kampankis hacia el río Santiago./ An aerial view looking west from the Kampankis Mountains, across the Santiago River.

3C Los Cerros de Kampankis se enorgullecen de tener docenas de cascadas que son espiritualmente importantes para los residentes indígenas./The Kampankis range boasts dozens of waterfalls that are spiritually important to indigenous residents.

4A
4B
4C

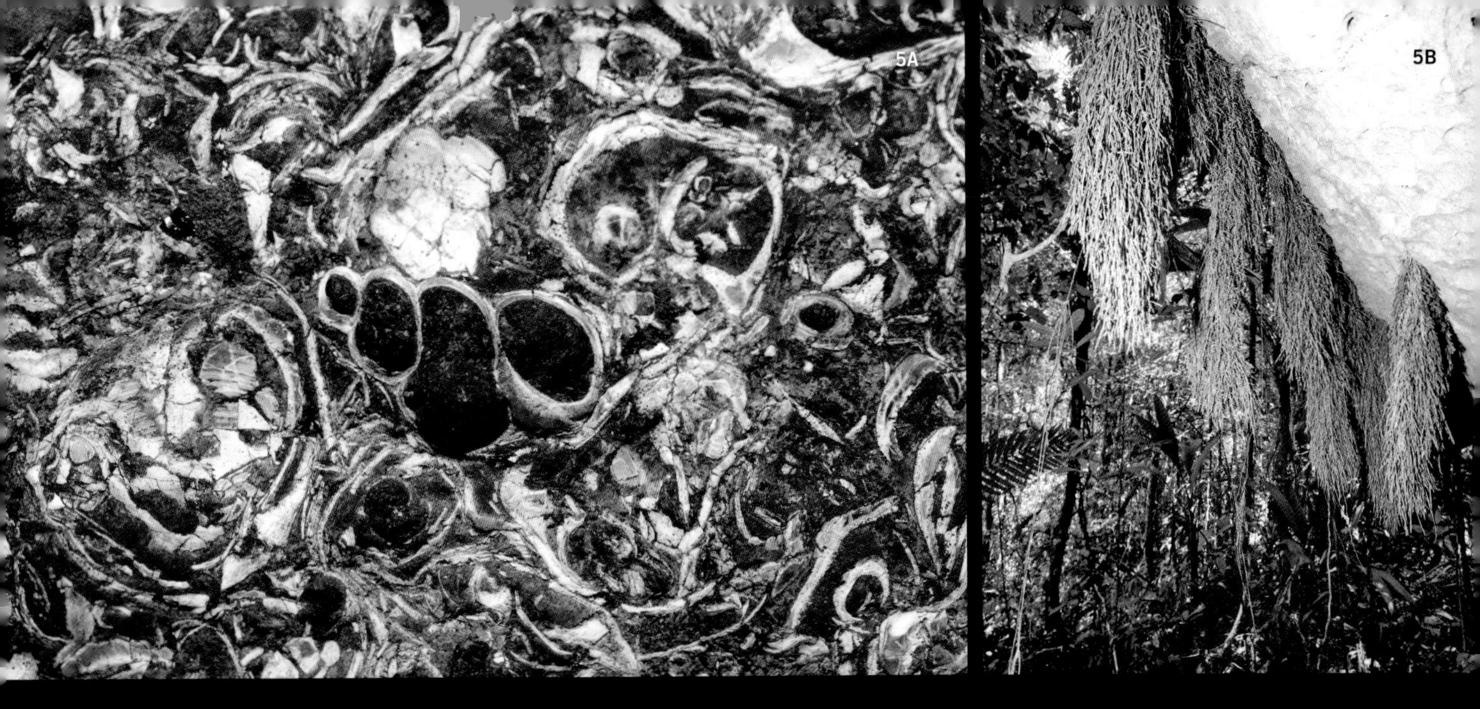

FIG. 4 Con una elevación máxima de 1,435 m, los Cerros de Kampankis son geológicamente similares a la vecina Cordillera del Cóndor./Rising to a maximum height of 1,435 m, the Kampankis Mountains are geologically similar to the neighboring Cordillera del Cóndor.

4A Dramáticos acantilados de rocas calizas surcan los flancos de los Cerros de Kampankis./Dramatic limestone cliffs cross the flanks of the Kampankis range.

4B Envueltas en nubes la mayor parte del año, las tierras altas de Kampankis son extremadamente húmedas./Draped in clouds for much of the year, the Kampankis highlands are extremely wet.

4C Un fósil solitario en el río Katerpiza atestigua la antigua presencia del mar tierra adentro./A lone fossil in the Katerpiza River bears testament to an ancient inland sea.

5A Fósiles como estos antiguos moluscos son comunes en las formaciones sedimentarias de la región./Fossils like these ancient mollusks are common in the region's sedimentary formations.

5B Raíces adornan una roca caliza agujerada de la Formación Chonta a elevaciones intermedias./Roots adorn a pockmarked limestone boulder of the mid-elevation Chonta Formation.

5C Una vista al suroeste desde la cumbre más alta de los Cerros de Kampankis (1,435 m)./The view looking southwest from the highest summit in the Kampankis Mountains (1,435 m).

5D La exploración botánica de las angostas cimas de los Cerros de Kampankis generó al menos 11 especies nuevas de plantas y al menos ocho registros nuevos para el Perú./Botanical exploration of the narrow ridgetops of the Kampankis range yielded at least 11 new species of plants and at least eight new records for Peru.

5D

6A Euphorbiaceae sp. nov.

6B *Schizocalyx condoricus* sp. nov. (inédita/in press)

6C *Erythrina schimpffii*, nueva para el Perú/new for Peru

6D *Coussarea dulcifolia*, nueva para el Perú/new for Peru

6E *Salpinga* sp. nov.

6F El botánico Camilo Kajekai al lado de un imponente *Gyranthera*, un nuevo género para el Perú/ Botanist Camilo Kajekai next to a towering *Gyranthera*, a new genus for Peru

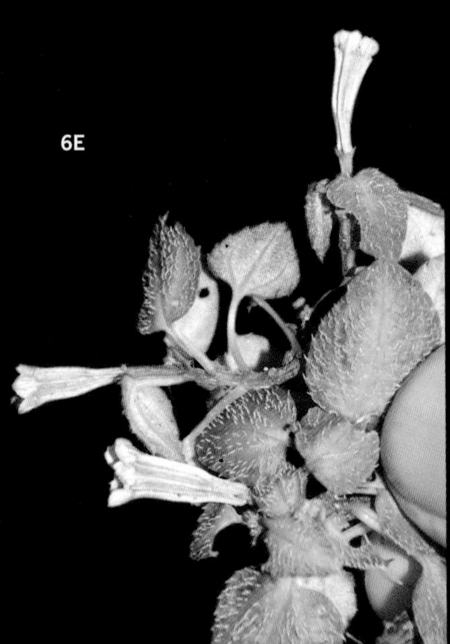

6G *Rustia viridiflora,* nueva para el Perú/new for Peru

6H *Psychotria* sp. nov.

6J *Matisia* sp. nov.

6K *Palicourea* sp. nov.

6L *Trianaea naeka*, nueva para el Perú/new for Peru

6M *Acineta superba*, nueva para el Perú/new for Peru

6N *Houletia wallisii*, nueva para el Perú/new for Peru

6O Durante el inventario, los botánicos colectaron ~1,000 especímenes para el Museo de Historia Natural del Perú./During the inventory, botanists collected ~1,000 specimens for Peru's Museum of Natural History.

6P *Vochysia* sp. nov.

6Q *Lozania nunkui* sp. nov. (inédita/in press)

6R *Epidendrum* sp. nov.

6S *Monophyllorchis microstyloides*, nueva para el Perú/new for Peru

6K
6L
6M
6O
6P
6S
Las más importantes opiniones

7A

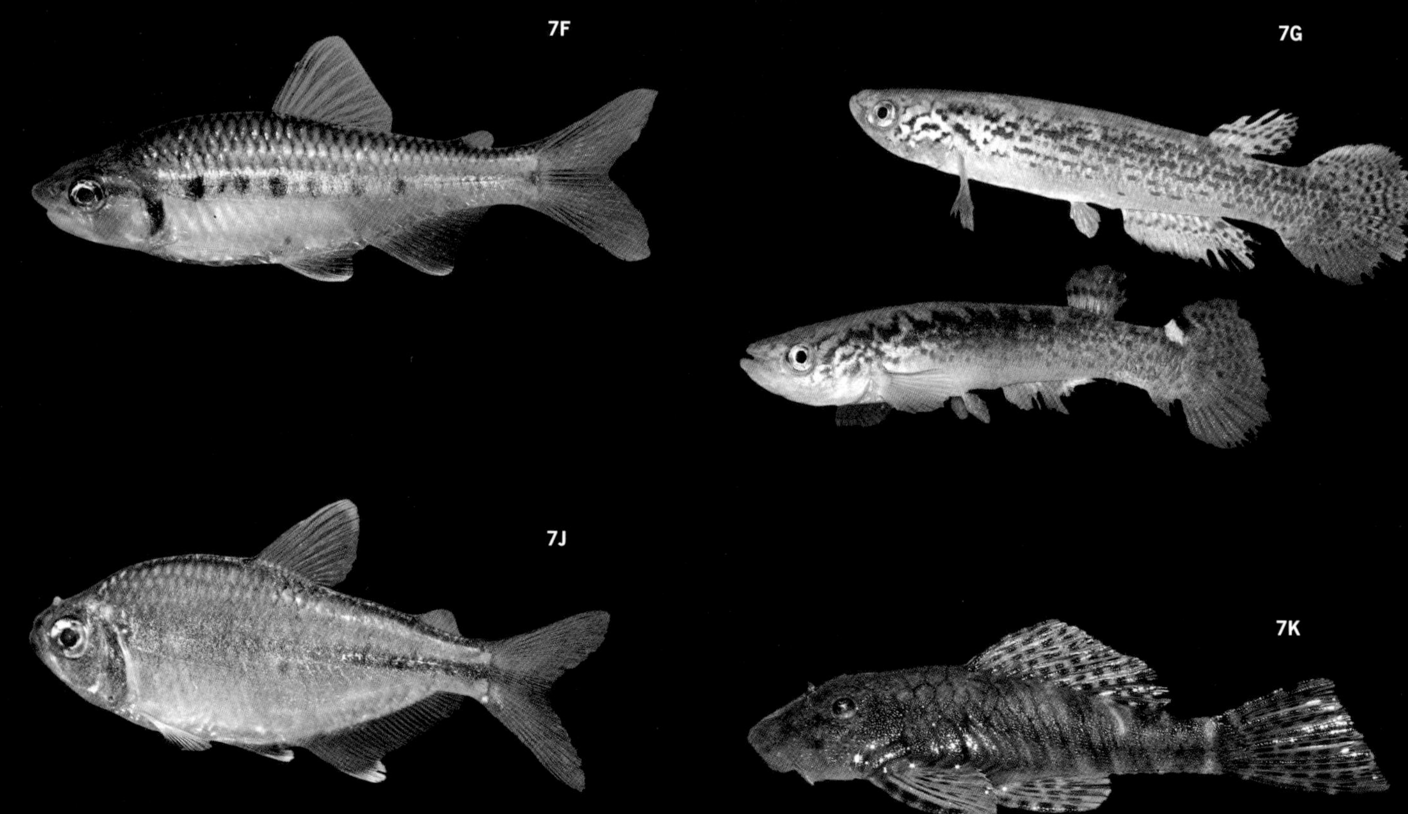
7F
7G
7J
7K

FIG. 7 En las quebradas y pozas de los Cerros de Kampankis los ictiólogos registraron al menos seis especies de peces que son nuevas para la ciencia./Ichthyologists recorded at least six fish species new to science in the streams and pools of the Kampankis range.

7A Adaptada a quebradas de corrientes rápidas, esta especie nueva de *Chaetostoma* es uno de los peces más comunes en Kampankis./Adapted to fast-moving streams, this new species of *Chaetostoma* is one of the most common fish in Kampankis.

7B *Crenicichla* sp.

7C *Parodon* aff. *buckleyi*

7D *Ancistrus* sp.

7E Las quebradas en los Cerros de Kampankis son una fuente valiosa de alimentos para comunidades locales./Streams in the Kampankis Mountains remain a valuable source of food for local communities.

7F *Creagrutus* aff. *amoneus*

7G *Rivulus* sp.

7H *Creagrutus* sp. nov.

7J *Hemigrammus* sp. nov.

7K *Lipopterichthys* sp. nov.

FIG. 8 Al menos ocho especies nuevas de anfibios y reptiles fueron encontradas durante el inventario rápido, la mayoría en los bosques de mayor elevación en los Cerros de Kampankis./At least eight new species of amphibians and reptiles were found during the rapid inventory, most of them in the highest-elevation forests of the Kampankis range.

8A *Osteocephalus verruciger*, nueva para el Perú/new for Peru

8B *Pristimantis rhodostichus*, previamente conocida de una localidad única ubicada 287 km al sur de Kampankis/*Pristimantis rhodostichus*, previously known from a single site 287 km south of Kampankis

8C *Hyloscirtus* sp. nov. 1

8D *Pristimantis* sp. nov. 1

8E *Pristimantis* sp. nov. 2

8F Una especie indeterminada de *Vitreorana*/An unidentified *Vitreorana* species

8G *Hyloscirtus* sp. nov. 2

8H La rana de vidrio *Chimerella mariaelenae*, nueva para el Perú/The glass frog *Chimerella mariaelenae*, new for Peru

8J *Gastrotheca longipes*, una especie rara/a rare species

8K *Ranitomeya variabilis*, previamente conocida de San Martín y Loreto, a 380 km de distancia/*Ranitomeya variabilis*, previously known from San Martín and Loreto, 380 km away

8L *Erythrolamprus mimus*

8M *Tropidophis taczanowskii*

8N *Potamites cochranae*, nueva para el Perú/new for Peru

8O *Dendrophidion dendrophis*

8P *Anolis nitens*

8Q *Enyalioides rubrigularis*, nueva para el Perú/new for Peru

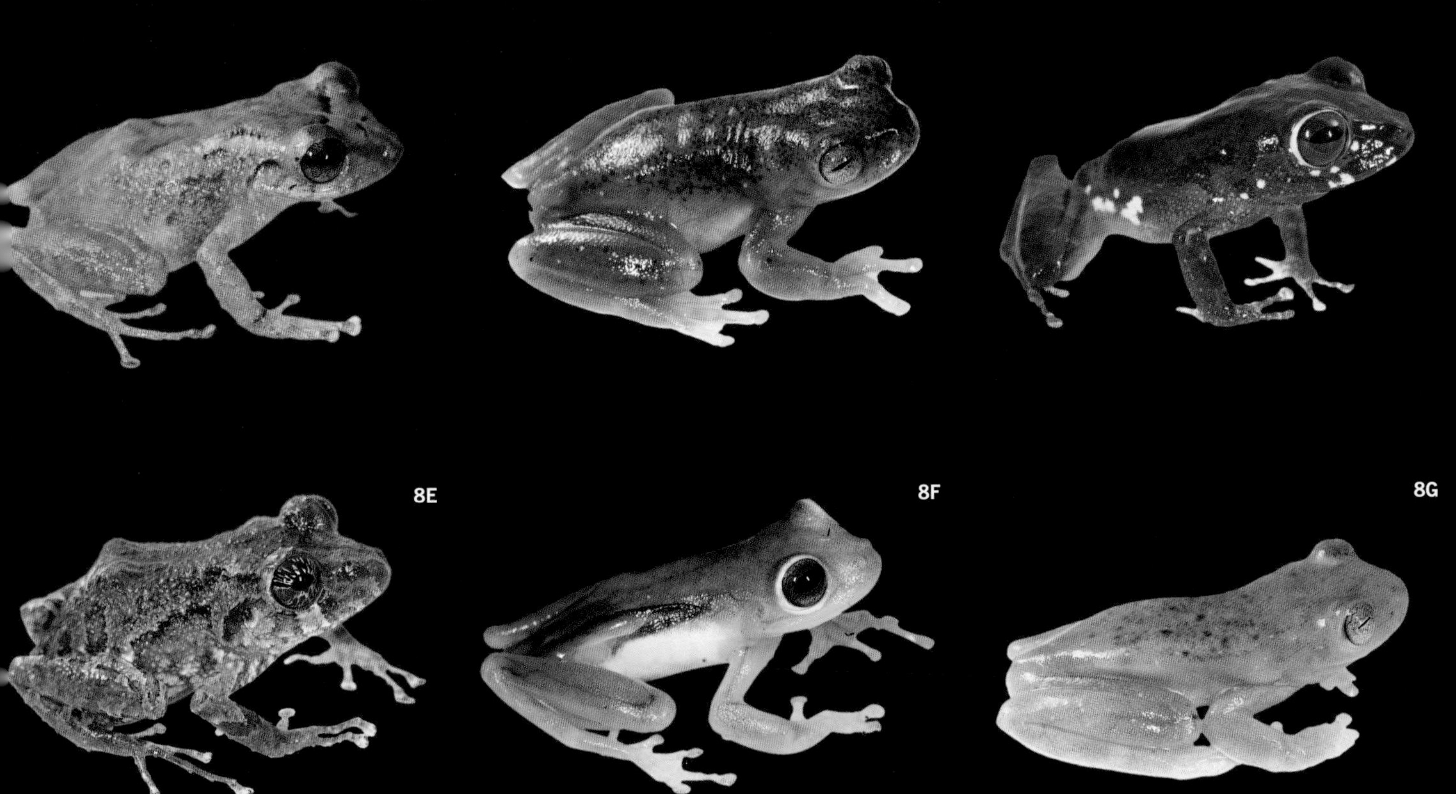
8B
8C
8D
8E
8F
8G

8K

8L
8M
8N
8O
8P
8Q

9A El estudio de mamíferos raros en el campo requirió una colaboración estrecha entre los científicos visitantes y residentes locales./Field surveys of rare mammals required close collaboration between visiting scientists and local residents.

9B Huellas de *Leopardus pardalis*, una de las seis especies de felinos silvestres en la región/Tracks of *Leopardus pardalis*, one of six wild cat species in the region

9C *Vampyriscus bidens*, un murciélago frugívoro/ a frugivorous bat

9D *Cormura brevirostris*, un murciélago insectívoro/ an insectivorous bat

9E Los sitios visitados por el equipo biológico tenían poblaciones saludables de *Lagothrix lagotricha*, un mono diezmado por la cacería en otras partes de la Amazonía./ The sites visited by the biological team had healthy populations of *Lagothrix lagotricha*, decimated by hunting elsewhere in the Amazon.

9F Un mapache juvenil (*Procyon cancrivorus*) registrado en la cercana Santa María de Nieva/ A juvenile raccoon (*Procyon cancrivorus*) recorded in nearby Santa María de Nieva

FIG. 10 Con una rica mezcla de elementos montanos y de tierras bajas, la comunidad de aves de Kampankis probablemente incluye más de 500 especies./A rich mix of lowland and montane elements, the Kampankis bird community probably includes more than 500 species.

10A *Eutoxeres condamini*, una especie encontrada en la vertiente oriental de los Andes y en cordilleras aisladas/*Eutoxeres condamini*, a species found on the eastern slope of the Andes and isolated outlying ridges

10B Una hembra de *Lepidotrix coronata coronata*, un saltarín común en los Cerros de Kampankis/A female *Lepidotrix coronata coronata*, a common manakin in the Kampankis Mountains

10C Un macho de *Lepidotrix coronata coronata*/A male *Lepidotrix coronata coronata*

10D Una hembra de *Myrmoborus myotherinus*, un hormiguerito ampliamente distribuido en la Amazonía/A female *Myrmoborus myotherinus*, a widespread antbird in Amazonia

10E Una hembra de *Willisornis poecilinotus*, seguidora regular de hormigas legionarias/A female *Willisornis poecilinotus*, a regular army-ant follower

10F *Galbula albirostris*

10G *Wetmorethraupis sterrhopteron* es una de varias especies de aves exclusivas de cordilleras aisladas como Kampankis./*Wetmorethraupis sterrhopteron* is one of several bird species unique to outlying Andean ridges like Kampankis.

10H *Snowornis subalaris*

10B
10C
10D
10E
10G
10H

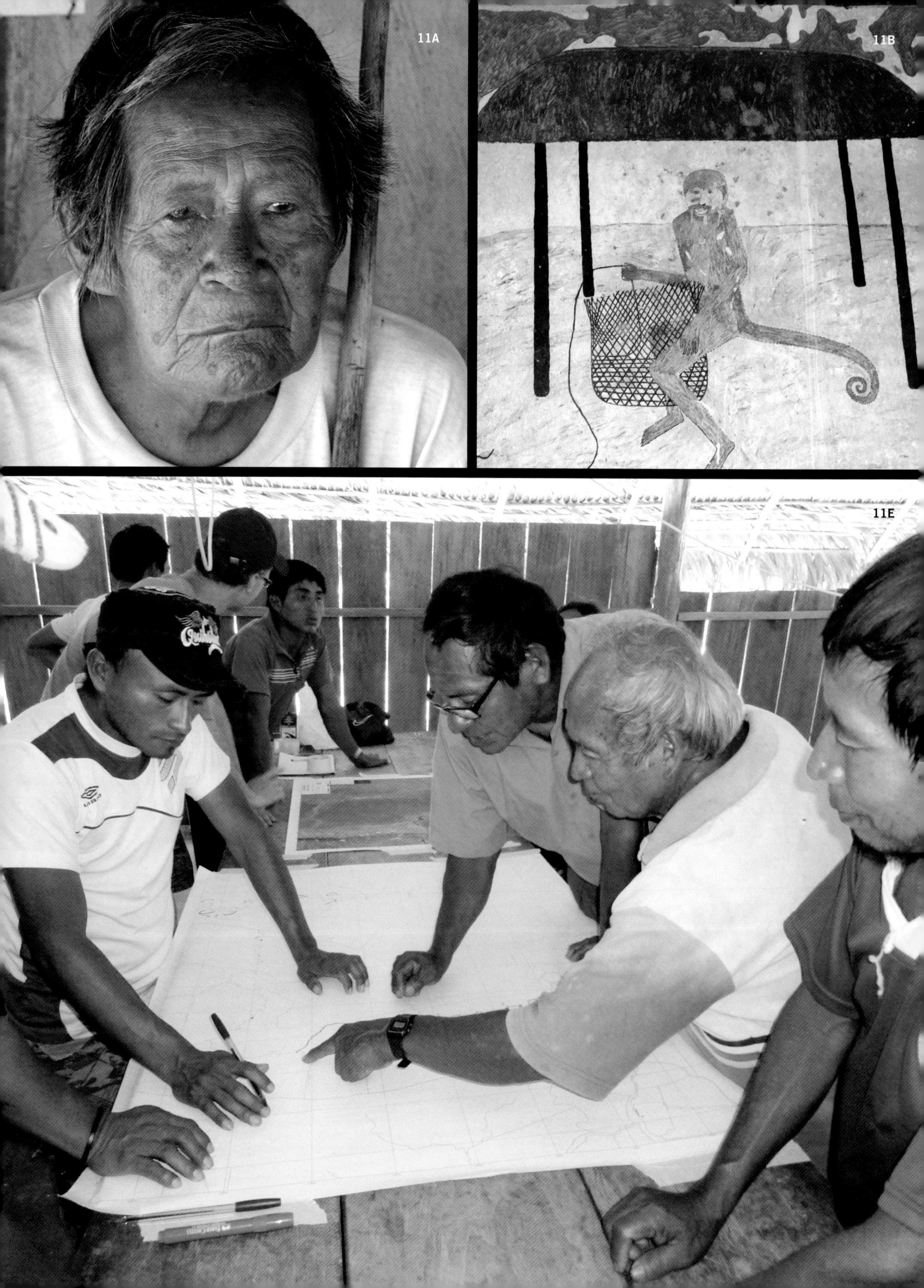
11A
11B
11E

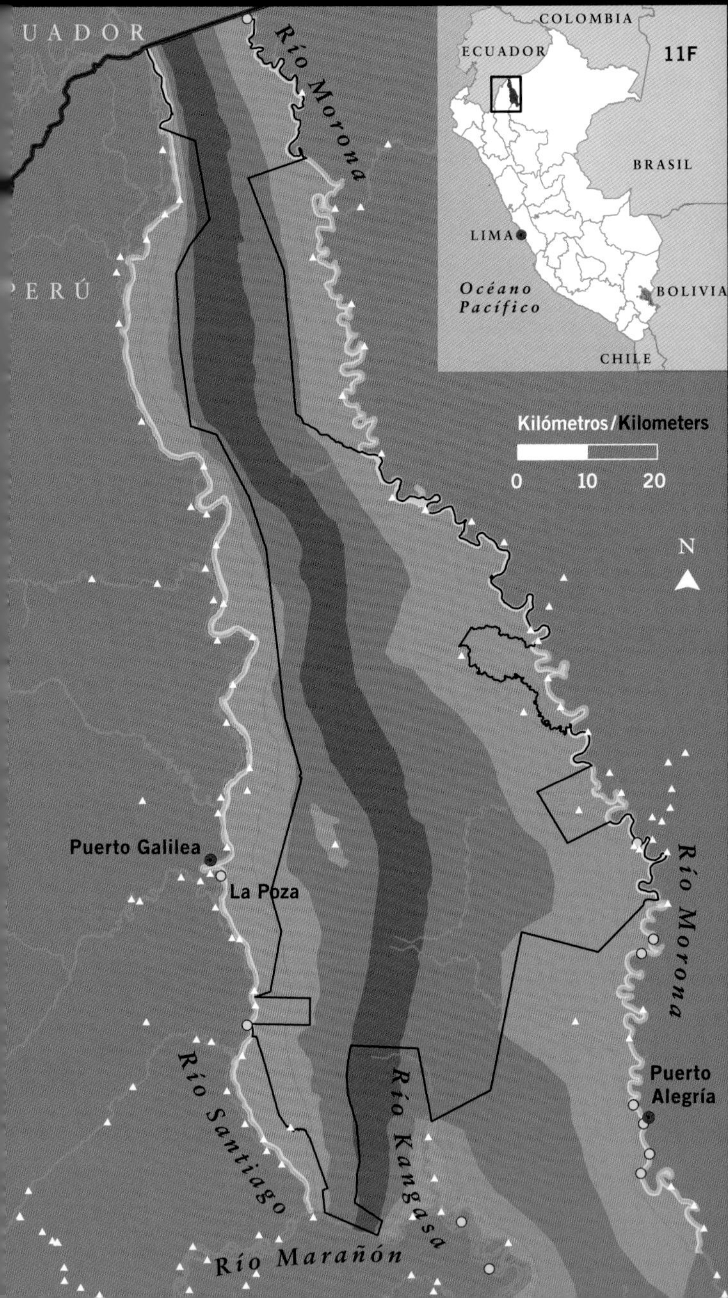

11A Esta región del Perú ha estado habitada por miles de años por los pueblos Jívaro./This region of Peru has been inhabited for thousands of years by the Jívaro peoples.

11B Los pobladores indígenas mantienen fuertes conexiones con el mundo natural a través de historias y leyendas./Indigenous residents maintain strong connections with the natural world through stories and legends.

11C Detalle de un mapa del río Santiago elaborado por el Instituto del Bien Común y organizaciones indígenas locales con miles de sitios de importancia histórica, cultural y espiritual para sus comunidades./Blow-up of a map of the Santiago River produced by the Instituto del Bien Común and local indigenous organizations with thousands of sites of historic, cultural, and spiritual importance for its communities.

11D El equipo social visitó 11 comunidades indígenas y sus anexos en la región de Kampankis en 2009 y 2011./The social team visited 11 indigenous communities and annexes in the Kampankis region in 2009 and 2011.

11E Durante talleres participativos, los pobladores mapearon recursos importantes de los cuales depende su calidad de vida./During participatory workshops, residents mapped important natural resources on which their quality of life depends.

11F Los grupos indígenas locales estan formalizando sus prácticas ancestrales y han elaborado esta zonificación para el manejo del paisaje de Kampankis./Local indigenous groups are formalizing their ancient zoning practices for managing the Kampankis landscape.

- ▲ Asentamiento indígena/Indigenous settlement
- ● Asentamiento ribereño/Ribereño settlement
- Capital de Distrito/District Capital
- Zona restringida/Restricted zone
- Zona de aprovechamiento esporádico y de fortalecimiento espiritual/Zone of occasional use and spiritual practices
- Zona de aprovechamiento múltiple y para la transmisión de conocimientos/Zone for multiple use, teaching, and learning
- Zona de aprovechamiento socioeconómico/Zone of socioeconomic use
- Zona ribereña/Riparian zone
- Zona de pesca, repoblamiento y protección de especies acuáticas, y de contacto espiritual con los seres que dominan las aguas/Zone for fishing, replenishing, and protection of aquatic species, and for spiritual contact with the beings that reign over the waters

11G Aunque la yuca es el cultivo más común, los residentes locales cultivan docenas de plantas comestibles y medicinales./While manioc is the most common crop, local residents cultivate dozens of edible and medicinal plant species in small farm plots.

11H Uno de los aspectos importantes en la vida de las comunidades es la elaboración de masato (una bebida fermentada de yuca) para compartir en grupos de trabajo y reuniones comunales./Making and sharing *masato* (a fermented manioc drink) for communal work groups and gatherings is an important aspect of village life.

11J Actividades tradicionales como la caza con cerbatanas todavía son muy valoradas por los pobladores locales./Traditional activities such as hunting with blowguns are still highly valued in local communities.

11K Se han producido varias guías de campo fotográficas de la flora y fauna de Kampankis./Several photographic field guides of the Kampankis flora and fauna are now available.

11L Una mujer de la comunidad de Soledad muestra artesanías tradicionales./A local woman in the Soledad community shows off traditional artisanal handiwork.

11M Agricultura de pequeña escala, cría de aves de corral, cacería y pesca representan buena parte de la economía local./Small-scale agriculture, chicken farming, hunting, and fishing account for much of the local economy.

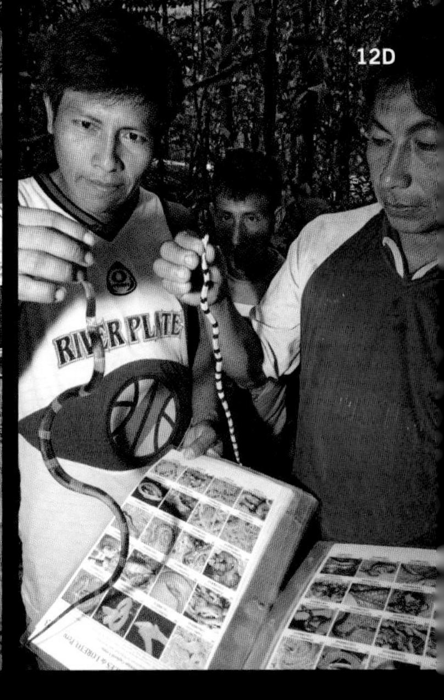

12A Hombres, mujeres y niños participaron en talleres comunitarios durante el inventario./Men, women, and children took part in community workshops during the inventory.

12B El inventario fue posible gracias al apoyo de las autoridades indígenas locales./The inventory was made possible through the support of local indigenous authorities.

12C Los miembros del equipo social entrevistaron a docenas de residentes durante el inventario rápido./Members of the social team interviewed dozens of residents during the rapid inventory.

12D Científicos locales trabajaron a la par del equipo biológico en cuatro sitios remotos en los Cerros de Kampankis./Local scientists worked side by side with the biological team at four remote sites in the Kampankis Mountains.

12E La colaboración invaluable de los pilotos y helicópteros de la Policía Nacional del Perú hizo posible el transporte del equipo de campo; el equipo incluyó especialistas del Perú, Ecuador, Colombia, Brasil, Polonia, México y los Estados Unidos./Transporting the team in the field was possible through the invaluable collaboration of the National Police of Peru's pilots and helicopters; the inventory team included specialists from Peru, Ecuador, Colombia, Brazil, Mexico, Poland, and the United States.

12F Docenas de residentes Awajún y Wampis ayudaron a instalar campamentos para el inventario biológico rápido./Dozens of Awajún and Wampis residents helped establish campsites for the rapid biological inventory.

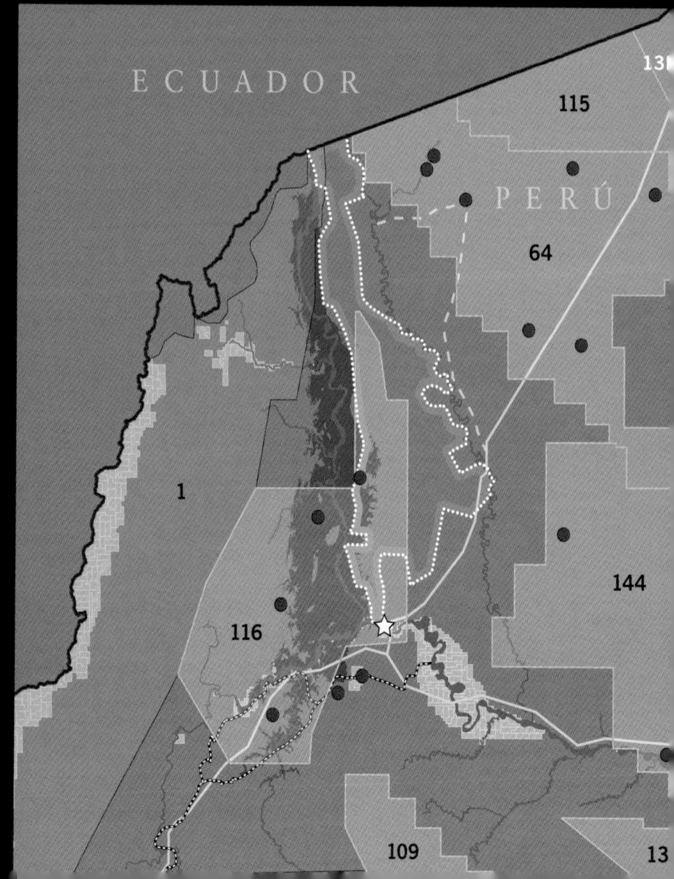

FIG. 13 Las actividades extractivas y los proyectos de desarrollo de infraestructura amenazan a los Cerros de Kampankis y la Zona Reservada Santiago-Comaina; por el momento muchas son latentes o son aún de dimensiones moderadas./Extractive activities and infrastructure development projects threaten the Kampankis Mountains and the Santiago-Comaina Reserved Zone, but many are pending or still small in scale.

13A La minería de pequeña escala es una actividad cada vez más común en los ríos Santiago y Marañón./Small-scale gold mining is an increasingly common activity in the Santiago and Marañón rivers.

13B Además de destruir el bosque, la minería artesanal envenena los ríos locales con mercurio elemental./In addition to destroying forest, artisanal mining also poisons local rivers with elemental mercury.

13C Los oleoductos, refinerías y sus impactos asociados son comunes en esta región productora de petróleo del Perú./Pipelines, refineries, and associated impacts are common in this oil-producing region of Peru.

13D Amenazas actuales y futuras a las comunidades y la biodiversidad de los Cerros de Kampankis/Current and future threats to communities and biodiversity in the Kampankis Mountains

- Zona Reservada Santiago-Comaina/Santiago-Comaina Reserved Zone
- Pozo de exploración/Oil and gas drilling
- ★ Represa propuesta/Proposed dam
- Reservorio hidroeléctrico propuesto/Proposed hydroelectric reservoir
- Carretera/Highway
- Oleoducto propuesto/Proposed oil pipeline
- Oleoducto existente/Existing oil pipeline
- Concesiones mineras activas/Active mining concessions
- Frontera internacional/International border
- Lotes de hidrocarburos/Hydrocarbon concession blocks: 64, 109, 115, 116, 130, 144
- Área de convenio de hidrocarburos no-convencionales/Area of shale-oil agreements: 1

Conservación en los Cerros de Kampankis

ENFOQUES DE CUIDADO

01 Comunidades biológicas diversas, raras o únicas

- Flora y fauna de muy alta diversidad entre los 250 y 1,430 m de elevación;
- Comunidades biológicas premontanas en las partes altas de la cordillera (>700 m) donde encontramos >20 especies de plantas, peces, anfibios y reptiles que son desconocidas para la ciencia o que representan nuevos registros para el Perú (ver abajo);
- Pequeñas 'islas' de vegetación de estatura baja y flora premontana sobre afloramientos de rocas areniscas en las cumbres de la cordillera;
- Comunidades de plantas en afloramientos de rocas calizas a los 800–900 m de elevación, con una composición diferente a las observadas en otros ambientes;
- Comunidades de peces de cabeceras altamente adaptados a las aguas torrentosas y que incluyen especies probablemente restringidas a los Cerros de Kampankis

02 Ecosistemas terrestres y acuáticos en buen estado de conservación, en los sitios que visitó el equipo biológico

- Poblaciones saludables de monos grandes, herbívoros terrestres, paujiles, motelos y otros animales de caza, así como su comportamiento poco aprensivo, lo cual indica una baja intensidad de caza en los Cerros;
- Poblaciones abundantes y saludables de la ranita de cristal *Chimerella mariaelenae* (especie considerada Vulnerable según la UICN), la cual pertenece a un grupo de anfibios devastado por enfermedades en muchas otras regiones del Neotrópico;
- Ecosistemas acuáticos de cabeceras saludables, incluyendo su vegetación ribereña

03 Espacios y especies de importancia cultural y espiritual para los pueblos indígenas locales

- Abundantes cascadas, purmas (áreas históricas de ocupación y cultivo), lugares de entierro, y otras características de paisaje que tienen alta importancia espiritual y cultural para las poblaciones locales;

- Un paisaje inscrito con acontecimientos históricos de los antepasados de las poblaciones indígenas de la zona y articulado a través de caminos antiguos que ayudan a mantener los fuertes lazos familiares y culturales entre las comunidades del río Santiago y las del Morona;
- Un paisaje rico en personajes y lugares míticos de las poblaciones indígenas de la zona;
- Especies de plantas y animales de importancia cultural para las poblaciones locales (p. ej., toé, ayahuasca, guácharos, monos blancos, otorongos, cangrejos);
- Especies de peces de altitud (p. ej., sardinas, carachamas) consumidas en comidas típicas como *patarashca*

04 **Espacios y especies usados por los pueblos indígenas locales**

- Poblaciones de plantas útiles (plantas usadas para alimento, medicina y construcción) en buen estado de conservación;
- Poblaciones moderadas de especies maderables como cedro (*Cedrela odorata*), tornillo (*Cedrelinga cateniformis*), marupá (*Simarouba amara*) y varias moenas (*Ocotea* spp.);
- Poblaciones saludables de animales de caza;
- Poblaciones de peces de quebrada, muchos de ellos de consumo;
- Poblaciones saludables del pez boquichico (*Prochilodus nigricans*) sin presión de pesca continua;
- Por lo menos seis cuevas en los Cerros de Kampankis donde anidan colonias del ave guácharo (*Steatornis caripensis*), cuyos pichones sirven de alimento estacionalmente (IBC y UNICEF 2010)

05 **Especies amenazadas en el ámbito nacional o internacional**

- Plantas: *Ceroxylon amazonicum* (EN), *Cedrela odorata* (VU), *Elaeagia pastoensis* (VU), *Rustia viridiflora* (VU), *Trianaea naeka* (VU) y *Wettinia longipetala* (VU);
- Mamíferos: *Ateles belzebuth* (EN), *Pteronura brasiliensis* (EN), *Lagothrix lagotricha* (VU), *Leopardus tigrinus* (VU), *Myrmecophaga tridactyla* (VU), *Priodontes maximus* (VU) y *Tapirus terrestris* (VU);

- Anfibios: *Pristimantis katoptroides* (EN), *Chimerella mariaelenae* (VU) y *Pristimantis rhodostichus* (VU);
- Reptiles: *Chelonoidis denticulata* (VU) y *Paleosuchus trigonatus* (NT);
- Aves: *Ara chloropterus* (VU), *Ara militaris* (VU), *Mitu salvini* (VU), *Pithys castaneus* (VU) y *Wetmorethraupis sterrhopteron* (VU)

06 **Especies aparentemente nuevas para la ciencia**

- Plantas: aproximadamente 11 especies de árboles, arbustos, hierbas terrestres y epífitas en los géneros *Epidendrum* (Orchidaceae), *Gyranthera* (Malvaceae), *Lissocarpa* (Ebenaceae), *Lozania* (Lacistemataceae), *Salpinga* (Melastomataceae), *Vochysia* (Vochysiaceae), *Kutchubaea*, *Palicourea*, *Psychotria*, *Rudgea* y *Schizocalyx* (todos Rubiaceae);
- Peces: seis especies aparentemente no descritas, las que corresponden a los géneros *Lipopterichthys*, *Creagrutus*, *Astroblepus*, *Hemigrammus* y *Chaetostoma*;
- Anfibios: siete especies aparentemente nuevas para la ciencia, incluyendo tres *Pristimantis* y dos *Hyloscirtus*

07 **Especies que hasta ahora no han sido registradas en otras partes del Perú**

- Plantas: ocho especies antes conocidas solamente de Ecuador o Colombia, incluyendo el árbol de dosel *Gyranthera amphibiolepis* (Malvaceae);
- Anfibios y reptiles: la ranita de cristal *Chimerella mariaelenae*, la rana arborícola *Osteocephalus verruciger*, la lagartija iguánida *Enyalioides rubrigularis* y la lagartija de hojarasca *Potamites cochranae*, antes conocidas solamente para Ecuador y/o Colombia

08 **Otras especies con rangos geográficos pequeños y restringidos a esta zona**

- Especies de aves andinas con rangos aislados y restringidos (*Campylopterus villaviscencio, Heliodoxa gularis, Grallaria haplonota, Wetmorethraupis sterropteron, Snowornis subalaris, Epinecrophylla leucophthalma*);
- Especies de plantas y animales posiblemente restringidas a las 'islas' de hábitat premontano en las partes más altas de los cerros;

- Especies nuevas encontradas (ver arriba), algunas de las cuales podrían ocurrir sólo en estos cerros

09 **Servicios ambientales y *stocks* de carbono**

- Una fuente de agua limpia para las comunidades ubicadas en los afluyentes de los ríos Santiago, Morona y Marañón;
- Importantes *stocks* de carbono, tanto terrestre como subterráneo, típicos de un bosque tropical en buen estado de conservación

10 **Áreas fuente de poblaciones de flora y fauna**

- Fuente de semillas de árboles maderables y otras plantas útiles;
- Áreas de refugio y reproducción para animales de caza

FORTALEZAS

01 **Una visión clara por parte de las poblaciones indígenas locales de mantener los Cerros de Kampankis en buen estado de conservación para las generaciones futuras**

- Reconocimiento que los recursos naturales de los cerros podrían acabarse sin el cuidado necesario;
- Manejo local efectivo en el uso de los recursos naturales
  - Espacios delimitados y prácticas tradicionales ('zonificación consuetudinaria') con diferentes niveles de uso del bosque (p. ej., pequeños tambos transitorios sin asentamientos permanentes en las cabeceras; control de acceso a, y uso de, los recursos naturales);
  - Reglamentos comunales y sistemas de sanción para hacerlos cumplir;
  - Sistema Shuar de manejo y zonificación de territorio en Ecuador y acuerdo a nivel de federaciones para manejar las cordilleras de Kutukú y Kampankis coordinadamente;
  - Baja presión de pesca en las cabeceras;
  - Manejo tradicional de las cuevas de los guácharos;
- Presencia de comunidades indígenas tituladas en toda la periferia de los Cerros de Kampankis, las cuales sirven como protección frente al ingreso y sobre explotación de recursos por parte de foráneos;
- Red de caminos antiguos que mantiene lazos entre las cuencas del Santiago y Morona, y que funcionan para el cuidado y vigilancia del área;
- Respeto espiritual a todos los seres de los cerros

02 **Dinamismo en las poblaciones indígenas locales para organizarse y defender sus recursos naturales**

- Gran capacidad de cohesión para enfrentar las amenazas externas en los pueblos Awajún y Wampis

03 **Fuerte identidad lingüística, cultural y familiar**

- Enseñanza del idioma materno en los años primarios;
- Adecuación del idioma frente a diferentes cambios;
- Lazos familiares fuertes y antiguos entre las cuencas del Santiago y Morona

Fortalezas (continuación)

04 **Existencia de una concepción indígena de desarrollo compatible con el medio ambiente**

- Bajo nivel de consumo y poca necesidad de dinero;
- Economía de subsistencia y reciprocidad

05 **Lugares y especies de flora y fauna de valor turístico**

AMENAZAS

01 **Visiones divergentes sobre el futuro y cuidado de los Cerros de Kampankis y falta de confianza mutua entre el gobierno y las poblaciones locales**

02 **Interés extractivo y de proyectos de desarrollo en el área**

- El lote petrolero 116 se superpone en toda el área de los Cerros de Kampankis;
- Interés de una empresa petrolera en construir un nuevo oleoducto cerca del río Morona;
- Una intensificación de la actividad minera aurífera en los ríos grandes y sus tributarios, y el aumento consecuente de la contaminación de mercurio a nivel de cuenca;
- Planes de construcción de 20 centrales hidroeléctricas en el Marañón (Decreto Supremo no. 020-2011-EM), incluyendo una gran represa en el Pongo de Manseriche;
- La controversia y fricción social que suelen provocar las ofertas de concesiones petroleras, mineras y madereras;
- La legalidad de explotar hidrocarburos en Reservas Comunales;
- La nueva ley Forestal y de Fauna Silvestre (Ley no. 29763) que permite pequeñas concesiones forestales;
- Planes para desarrollar un eje de transporte fluvial en el río Marañón, desde Manaus e Iquitos hasta Puerto Morona en Ecuador

03 **Carreteras existentes y planeadas**

- El quinto eje vial (Méndez-Saramiriza);
- La carretera asfaltada Méndez-Morona que cruza la Cordillera de Kutukú en Ecuador y da acceso a Kampankis y los asentamientos de colonos a lo largo de la carretera;

04 **Presiones demográficas e influencias desde afuera**

- Fuerte crecimiento poblacional en algunas comunidades nativas de la zona que presiona el sistema de autosuficiencia (subsistencia);
- Una creciente y constante presión de 'desarrollarse' en un estilo impuesto desde afuera y de acumular dinero;

- Madereros ilegales y algunas comunidades que les permiten extraer (especialmente en la cuenca del río Morona y cerca del Pongo de Manseriche);
- Demanda para carne de monte (p. ej., bases militares, mercados en Ecuador)

05 **Incumplimiento de los reglamentos comunales sobre el uso de recursos naturales**

- Evidencia de uso de barbasco (*Lonchocarpus utilis*) para la pesca en ecosistemas acuáticos de cabecera;
- Tolerancia de caza ilegal a familiares Shuar de Ecuador

06 **Contaminación de aguas (p. ej., aguas residuales de ciudades en Ecuador y de comunidades ribereñas, minería en el lado ecuatoriano del río Santiago y sus afluyentes)**

07 **Escasez de pescado en los ríos Santiago y Marañón**

RECOMENDACIONES

Los Cerros de Kampankis merecen un cuidado especial, dado el carácter único y megadiverso de sus comunidades biológicas, formaciones geológicas imponentes, los espacios de gran importancia cultural y espiritual, y los fuertes lazos que existen entre la identidad de las poblaciones indígenas locales y el bosque.

Graves presiones amenazan esta riqueza (ver arriba). La presencia ancestral y actual de los pueblos Wampis y Awajún en la región, y su gestión del espacio, han sido sólidas y efectivas para contrarrestar las amenazas, tal como constatamos en el excelente estado de conservación de la flora y fauna durante nuestro inventario.

Recomendamos que esta presencia y gestión local indígena sea reconocida y respaldada legalmente para asegurar la salud a largo plazo de los Cerros de Kampankis y sus altos valores culturales, biológicos y geológicos.

Frente a la fragilidad e importancia del área, hacemos además las siguientes recomendaciones:

01 **Excluir de la zona la explotación de hidrocarburos y yacimientos mineros (tanto formales como informales), así como otros megaproyectos que alteren el paisaje a gran escala**

02 **Fortalecer los espacios de diálogo entre el gobierno y los pueblos indígenas**

- Para viabilizar una visión para el cuidado de los Cerros de Kampankis;
- Para dar prioridad a los pueblos indígenas locales para que puedan beneficiarse con las concesiones turísticas o de conservación, o de eventuales concesiones de otros tipos (p. ej., concesiones de carbono) que se aprueben;
- Para que no se promuevan programas de colonización en las áreas indígenas y fronterizas

03 **Plasmar por escrito sistemas de uso y manejo de los Cerros de Kampankis existentes en la visión y práctica indígenas**

- Fortalecer y dar seguimiento a los reglamentos que ya existen en el ámbito de las comunidades y cuencas para proteger el medio ambiente;
- Elaborar mapas que muestren los sectores de los Cerros de Kampankis que las comunidades indígenas han designado culturalmente para diferentes tipos e intensidades de uso (p. ej., cacería y pesca, aprovechamiento de madera, asentamientos humanos permanentes, asentamientos transitorios, conservación);
- Crear e implementar un sistema de patrullaje comunal, fortalecer los sistemas existentes y dar seguimiento continuo a estos esfuerzos al largo plazo;
- Regular el aprovechamiento de fauna (p. ej., carne de monte) sólo para consumo local

04 **Asegurar el fortalecimiento y continuidad de las culturas indígenas locales**

- Insertar la importancia de los Cerros de Kampankis en la programación educativa a nivel de primaria y secundaria;

- Desarrollar e implementar escuelas de rescate cultural o interculturales, tal como el colegio secundario bilingüe intercultural Arutam en Boca Chinganaza;
- Reconocer, fortalecer y difundir los sistemas locales y reglamentos ya existentes para el control y cuidado del área;
- Capacitar a líderes locales y a la población en general sobre los impactos (naturales, sociales, económicos) de las grandes concesiones madereras, petroleras y mineras;
- Promover actividades productivas basadas en el principio de *tarimat* (Wampis) o *tajimat* (Awajún), es decir, compatibles con la cultura, economía y naturaleza local;
- Optar por proyectos alternativos para mejorar la calidad de vida y reducir la presión sobre los recursos naturales (p. ej., piscigranjas con especies nativas, cacao en sistemas agroforestales existentes)

05 **Establecer lazos y estrategias comunes para el manejo de bosques entre las comunidades indígenas locales y las comunidades en áreas vecinas**

- Fortalecer lazos, facilitar intercambios, y compartir información y fortalezas con las comunidades Shuar en Ecuador, especialmente alrededor de la Cordillera de Kutukú;
- Coordinar estrategias de gestión entre los Cerros de Kampankis (al norte del Pongo de Manseriche) y los Cerros de Manseriche (al sur)

06 **Colaborar con las fuerzas armadas peruanas y las bases militares de la zona en apoyo al cuidado del área**

- Iniciar el diálogo para asistencia logística en tareas de patrullaje;
- Prohibir la compra de carne de monte, o la caza, en las bases militares

07 **Desarrollar e implementar sistemas de manejo de residuos sólidos y aguas residuales para reducir la contaminación a lo largo de las cuencas de los ríos Santiago y Morona**

- Desarrollar e implementar programas de manejo de residuos sólidos y tratamiento de aguas servidas en todas las comunidades, con tecnologías apropiadas;
- Difundir la información levantada por los programas de monitoreo de calidad de agua llevados a cabo en los ríos de la zona por el Ministerio de Salud;
- Desarrollar e implementar programas escolares que resalten la importancia de un buen manejo de la basura

08 **Realizar un diagnóstico de uso de los recursos pesqueros que permita documentar la situación real de la pesca,** principalmente en los ríos Santiago y Marañón, para promover un monitoreo de variables y especies claves

PANORAMA REGIONAL Y SITIOS VISITADOS

Autores: Nigel Pitman, Mark Johnston, Jon Markel, Ernesto Ruelas Inzunza, Robert Stallard, Corine Vriesendorp, Alaka Wali y Vladimir Zapata

PANORAMA REGIONAL

La vertiente oriental de los Andes peruanos, uno de los paisajes de mayor diversidad biológica en toda la tierra, se extiende por >1,500 km desde la frontera con Bolivia en el sureste hasta la frontera con Ecuador en el norte. Al extremo norte de esta área, una serie de serranías se levantan al este de la cordillera principal, de la cual están separadas por profundos valles. Estas cordilleras aisladas incluyen la Cordillera del Cóndor, los Cerros de Kampankis (también conocidos como Campanquíz o Campanquis), la Cordillera de Kutukú (una extensión de Kampankis hacia el norte, también conocida como Cutucú) y los Cerros de Manseriche (una extensión de Kampankis hacia el sur, Fig. 2C).

La más alta y más extensa de estas serranías es la Cordillera del Cóndor, que se asienta en la frontera Perú-Ecuador y alcanza una elevación máxima de aproximadamente 2,900 m. Las empinadas laderas orientales del Cóndor son drenadas por quebradas de aguas claras y blancas que descienden en rápidos y cascadas antes de llegar a las tierras bajas al pie de las montañas, donde la elevación desciende a menos de 200 m y el Santiago se encuentra con el Marañón en forma de un río serpenteante de tierras bajas. Pero estos ríos no se libran aún de los Andes. Entre éstos y la cuenca amazónica se encuentra otra cordillera: Kampankis, una delgada serranía orientada de norte a sur a lo largo de cerca de 200 km que atrapa a los dos ríos en una cuenca miniatura. Esta cuenca tiene sólo una salida: el estrecho y notoriamente peligroso Pongo de Manseriche, la cañada a través de la cual el Marañón emerge finalmente hacia la amplia planicie amazónica (Fig. 2C).

La Cordillera del Cóndor ha sido objeto de varios inventarios de plantas y animales desde hace más de 30 años (Tabla 1). En contraste, las cordilleras de Kampankis, Kutukú y Manseriche han recibido relativamente poca atención. De igual manera, las cuencas del Santiago y Morona han sido escasamente exploradas por biólogos. Dada la enorme área cubierta por estas sierras y valles —en conjunto más de tres millones de hectáreas—, y el relativamente pequeño número de estudios a la fecha, el paisaje entero debe ser considerado como uno estudiado de manera muy incompleta.

Tabla 1. Publicaciones que describen inventarios biológicos en las cordilleras del Cóndor, Kutukú y Kampankis. No se incluye una columna para los Cerros de Manseriche porque no tenemos referencias de publicación alguna basada en inventarios biológicos en esta localidad.

Grupo taxonómico	Cordillera del Cóndor	Cordillera de Kutukú	Cerros de Kampankis
Plantas	Palacios 1997; Foster et al. 1997; Baldeón y Epiquien 2004; Neill 2007; Rodríguez Rodríguez et al. 2009; Vásquez Martínez et al. 2010	algunos datos sin publicar; ver el capítulo Vegetación y Flora	algunos datos sin publicar; ver el capítulo Vegetación y Flora
Peces	Barriga 1997; Ortega y Chang 1997; Rengifo y Velásquez 2004		
Anfibios y reptiles	Almendáriz et al. 1997; Torres Gastello y Suárez Segovia 2004	Duellman y Lynch 1988; Chaparro et al. 2011	J. Cadle y R. McDiarmid, datos sin publicar; Dosantos 2005
Aves	Schulenberg et al. 1997; Ágreda 2004; Mattos Reaño 2004	Robbins et al. 1987	Dosantos 2005
Mamíferos	Berlin y Patton 1979; Patton et al. 1982; Vivar y Arana-Cardó 1994; Albuja et al. 1997; CI 2000; Mena Valenzuela 2003; Vivar y La Rosa 2004	Zapata-Ríos et al. 2006	Dosantos 2005

La meta principal de nuestro inventario biológico y social rápido de los Cerros de Kampankis, en agosto de 2011, fue ayudar a llenar estos vacíos. Aunque esperábamos poder determinar cuán parecidas eran la flora y la fauna de los Cerros de Kampankis a aquellas del Cóndor y serranías adyacentes, el carácter fragmentario de la exploración en la región a la fecha —y el hecho de que los inventarios han sido desarrollados a diferentes elevaciones, con diferentes intensidades de muestreo y durante diferentes estaciones—, significa que es aún muy temprano para efectuar comparaciones rigurosas, aún para los grupos taxonómicos mejor estudiados.

Elevación y aislamiento geográfico de los Cerros de Kampankis

El área de estudio del inventario biológico y caracterización social rápida corresponde cercanamente a los límites de la Zona Reservada Santiago-Comaina (398,449 ha), que se extiende desde el río Santiago en el occidente hasta el río Morona en el oriente y de la frontera Perú-Ecuador en el norte al Pongo de Manseriche en el sur (Figs. 2A, 2B).

Si bien la mayoría de la Zona Reservada Santiago-Comaina consiste de bosques de tierras bajas a elevaciones de 200–300 m, enfocamos nuestros esfuerzos en las porciones más altas del paisaje: los Cerros de Kampankis (Figs. 2A, 2B, 14). Los cuatro campamentos visitados durante el inventario se localizaron al pie de los cerros, a elevaciones entre 300 y 400 m, lo cual nos permitió muestrear hábitats de tierras bajas y montanas.

Aunque no muestreamos las elevaciones más bajas (200–300 m) que comprenden la mayor parte de la Zona Reservada Santiago-Comaina (Fig. 14, Tabla 2), asumimos que los bosques de tierras bajas que estudiamos a los 300–400 m son en gran medida similares a los bosques a elevaciones más bajas en las cercanías. Sin embargo, hay excepciones a esta premisa. Por ejemplo, los hábitats que sólo se encuentran en el paisaje regional a elevaciones <300 m, y que por tanto no pudimos muestrear efectivamente, incluyen grandes ríos, corrientes de agua de gradiente pequeña y fondos lodosos, aguajales (pantanos dominados por la palmera *Mauritia flexuosa*) y otros grandes humedales, bosques de planicie aluvial y áreas con perturbación antropogénica en la periferia de comunidades humanas. Por un lado, estos hábitats contienen un número significativo de especies de plantas y animales que no están presentes a mayores elevaciones y que no registramos durante el inventario rápido. Por otro lado, la experiencia sugiere que la mayoría de estas especies son compartidas con bosques de tierras bajas en otros sitios de Loreto, Amazonas y el oriente de Ecuador, y por tanto no representan lo que hace especial la

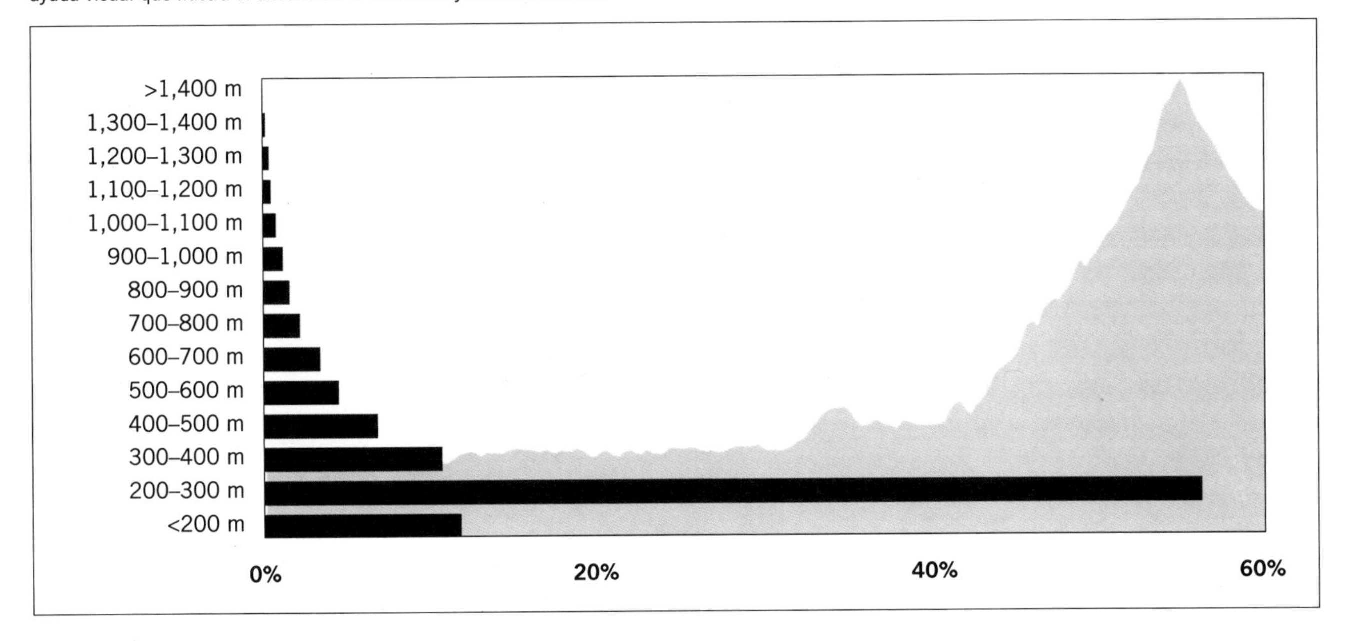

Figura 14. Mientras que la mayor parte de la Zona Reservada Santiago-Comaina se encuentra a elevaciones debajo de los 300 m, este inventario rápido se enfocó en elevaciones mayores que nunca habían sido estudiadas: los Cerros de Kampankis. En este gráfico las barras gris oscuro indican cuántas de las 398,449 ha de la ZRSC se encuentran en diferentes pisos altitudinales. El dibujo en gris claro es una ayuda visual que ilustra el terreno de la cordillera y sus alrededores.

biodiversidad de los Cerros de Kampankis y la Zona Reservada Santiago-Comaina.

Lo que hace especial a la biodiversidad de Kampankis es el hecho de que estas comunidades alcanzan elevaciones suficientemente altas para proveer las condiciones frías, húmedas y nubladas bajo las cuales la flora y fauna hiperdiversa de las tierras bajas de la Amazonía es reemplazada por la flora y fauna hiperdiversa de los Andes húmedos.

Vale la pena destacar tres aspectos de los Cerros de Kampankis:

01 Aunque la elevación máxima alcanzada por los Cerros de Kampankis (1,435 m) es suficientemente alta para que los grupos de plantas y animales exhiban el reemplazo en la composición de especies de taxa de tierras bajas a montanas, ésta aún se encuentra mucho más baja que las elevaciones más altas de la Cordillera del Cóndor (aproximadamente 2,900 m) o las elevaciones más altas de la porción más cercana de la Cordillera de los Andes (>3,000 m).

02 Las porciones más altas de los Cerros de Kampankis son extremadamente pequeñas, y están en su mayoría concentradas en su mitad sur. Menos de 8,000 ha se encuentran por encima de los 1,000 m de elevación y menos de 1,000 ha se encuentran arriba de los 1,300 m (Fig. 14, Tabla 2).

03 Las tierras altas de los Cerros de Kampankis se encuentran muy aisladas de las tierras altas de las cordilleras adyacentes, la más cercana de las cuales está aproximadamente 40 km al occidente, en la Cordillera del Cóndor (Figs. 2C, 15). En otras palabras, una rana que esté adaptada a las condiciones del clima de las tierras altas de Kampankis está separada de otras poblaciones de la misma especie en la Cordillera del Cóndor por un profundo 'golfo' de hábitat inhóspito de bosques de tierras bajas que no es concebible cruzar.

Dadas estas tres consideraciones, desde el punto de vista biológico resulta conveniente pensar en las tierras altas de Kampankis como una serie de pequeñas islas localizadas a 40 km de la costa de un gran y diverso continente (la Cordillera del Cóndor y la Cordillera de los Andes) con el cual comparten algunos, pero no todos, los tipos de hábitat. Y aunque estas 'islas en el cielo' están tan distantes de la tierra firme metafórica, vale la pena considerar cómo esa rana (y los restantes taxa montanos que habitan las tierras altas de Kampankis)

Figura 15. Los Cerros de Kampankis están separados de la vecina Cordillera del Cóndor por el amplio valle de tierras bajas del río Santiago, como muestra el modelo de elevación digital en el mapa a la izquierda. Esto significa que las porciones de elevaciones altas de los Cerros de Kampankis (>1,000 m) son en esencia pequeñas islas, separadas de elevaciones similares en el Cóndor por más de 40 km (mapa topográfico a la derecha). En ambos mapas, las elevaciones mayores son más oscuras.

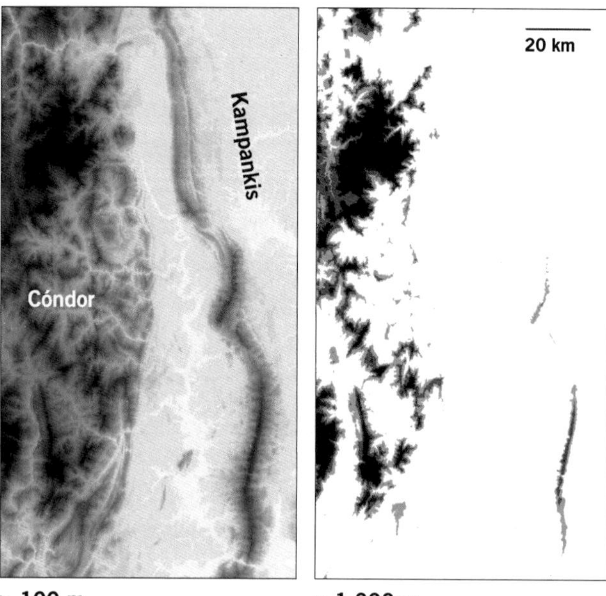

llegaron a donde están hoy en día. Por supuesto, algunos animales —como las aves grandes, murciélagos y polillas—, son capaces de volar a través del valle del río Santiago y por tanto son también capaces de transferir semillas, esporas y otros animales de una cordillera a la otra. Otros animales, mucho más pequeños, seguramente son transportados entre cordilleras de vez en cuando por tormentas especialmente violentas—como lo son polen, semillas y esporas de algunas plantas. Kampankis por tanto intercambia un flujo esporádico de plantas, animales y propágulos con la Cordillera del Cóndor. Aun si estas especies sólo se mueven raramente de una cordillera a la otra, sus poblaciones no están tan biológicamente aisladas como la distancia entre ellas sugiere.

Sin embargo, un número de especies de plantas y animales montanos que habitan los Cerros de Kampankis hoy en día no son capaces de viajar, activa o pasivamente, cruzando el valle del río Santiago. Este es probablemente el caso de la mayoría de los peces, anfibios, reptiles y plantas leñosas restringidas a elevaciones mayores en los Cerros de Kampankis. ¿Cómo llegaron estas especies a donde están hoy en día?

Hay varias posibles respuestas para esa pregunta. Por ejemplo, es importante notar que el valle del río Santiago no siempre tuvo el clima cálido de tierras bajas que tiene hoy en día. Hace 21,000 años, durante el último máximo glacial, se cree que la temperatura media de Sudamérica tropical era 4–5°C más fría que en el presente (Bush et al. 2001). Esto significa que en aquella época el valle del río Santiago tenía una temperatura media muy similar a la que ahora prevalece en las porciones más altas de los Cerros de Kampankis. (La relación moderna de la gradiente vertical de temperatura, de 5.2°C por cada 1,000 m de elevación, significa que las partes más altas de los Cerros de Kampankis deben tener temperaturas aproximadamente 6°C más frías que las partes más bajas del valle del río Santiago, asumiendo que otras variables permanecen constantes). En otras palabras, las especies de plantas y animales que a la fecha están restringidas a las porciones más frías y de mayor elevación en este paisaje han descendido históricamente (y de manera repetida durante las épocas más frías de los múltiples ciclos glaciales) a las porciones más bajas del paisaje, permitiendo a las poblaciones de Kampankis y Cóndor establecer contacto directo. Cuando las temperaturas se elevaron después del último máximo glacial, las poblaciones en el valle migraron cuesta arriba y se separaron de nueva cuenta. Así, lo que hoy parece ser una barrera geográfica inhóspita entre las cordilleras de Kampankis y del Cóndor (el valle del río Santiago) ha sido en realidad un puente transitado frecuentemente entre las dos.

Una segunda respuesta a la pregunta es que algunas especies que a la fecha habitan los Cerros de Kampankis podrían haber evolucionado ahí durante periodos de aislamiento de poblaciones conespecíficas en la Cordillera del Cóndor (p. ej., Roberts et al. 2007). Es posible que las especies que son endémicas a los Cerros de Kampankis —ejemplos potenciales de los cuales pueden encontrarse en los capítulos de plantas, peces y herpetología de este reporte—, podrían haber evolucionado en Kampankis y no haber migrado aún a otras áreas o que sobrevivieron en Kampankis como poblaciones relictuales al tiempo que sus conespecíficos se diversificaron o se extinguieron en otros sitios. Esta aseveración es una gran especulación; la región está aún pobremente inventariada para establecer con certeza cuáles especies son exclusivas a Kampankis y no habitan alguna otra área.

La tercera respuesta a la pregunta de cómo las especies montanas llegaron a las tierras altas de Kampankis es que una pequeña porción de éstas podría haber sido llevada ahí por la gente. Los pueblos indígenas tienen una larga historia de transferencia de plantas y animales útiles fuera de sus rangos originales, y durante el inventario notamos que algunos residentes locales que nos acompañaban transportaron semillas y plántulas de regreso a sus comunidades. Dado que muchas de las especies de plantas en Kampankis son utilizadas por comunidades locales (ver el capítulo Vegetación y Flora, y el Apéndice 9), es posible que una pequeña cantidad de plantas útiles que crecen en Kampankis hoy en día fueran plantadas ahí por antiguos viajeros que las trajeron consigo a su regreso de viajes por serranías cercanas.

Geología, suelos y ríos

La geología de los Cerros de Kampankis es bien conocida, gracias a una larga historia de estudios geológicos que se llevaron a cabo como parte de la exploración de petróleo y gas. Un tratado detallado de la geología, suelos y ríos de la región está disponible en el capítulo Geología, hidrología y suelos. Lo que a continuación presentamos es un breve esbozo.

Los Cerros de Kampankis son una deformación de las tierras bajas amazónicas —un doblez hacia arriba en un pliegue de la roca madre conocido como un anticlinal (Fig. 17)—, que comenzó a elevarse hace 10 millones de años y después se elevó rápidamente hace 5–6 millones de años (Kennan 2008). Esto hace de Kampankis una estructura significativamente más reciente que los Andes y la Cordillera del Cóndor, las cuales experimentaron un rápido levantamiento hace 10–12 millones de años. La distribución moderna de terremotos indica que los Cerros de Kampankis y áreas adyacentes han cesado de elevarse (Rhea et al. 2010).

Aunque Kampankis es más reciente que los sistemas montañosos al occidente, muchas de las formaciones geológicas involucradas en el anticlinal de Kampankis y expuestas en la superficie son de la misma edad (y las mismas formaciones) que aquellas encontradas en las vertientes orientales de la Cordillera del Cóndor y aquellas de las cordilleras de Kutukú y Manseriche. En Kampankis, estas formaciones sedimentarias varían en edad desde el Jurásico (hace 160 millones de años) hasta el Neógeno (hace cinco millones de años), tienen orígenes marino y continental, e incluyen areniscas, calizas, lodolitas y limolitas.

Dada la forma del anticlinal de Kampankis y la subsecuente erosión de su porción más elevada, las formaciones geológicas en el paisaje actual forman franjas angostas que corren paralelas a la cordillera de Kampankis (Fig. 17). Por esta razón, una persona caminando cuesta arriba, desde la base de Kampankis hasta su cima, cruza una sucesión de formaciones geológicas. En la porción sur de la serranía, donde las formaciones geológicas más antiguas han sido expuestas por acción de la erosión en las elevaciones más altas, las formaciones aumentan en edad al incrementar la elevación.

Los diferentes tipos de formaciones geológicas expuestas en los Cerros de Kampankis se meteorizan en diferentes formas y a diferentes ritmos, y han generado suelos que varían de arenosos y pobres en nutrientes a arcillosos y ricos en nutrientes. Adicionalmente, algunas fallas geológicas ubicadas en la base de la cordillera aparentemente transportan a la superficie desde formaciones profundas aguas o sedimentos salados (Fig. 17). Estas áreas saladas forman lamederos de minerales, conocidos regionalmente como *collpas*, los cuales atraen diversas especies de animales. Si bien esto resulta en un mosaico espacialmente heterogéneo de tipos de suelo en el paisaje, la mayoría de los suelos que observamos durante el inventario rápido fueron arcillosos y relativamente fértiles, y los suelos pobres parecen ser poco comunes. La erosión también ha creado varias cuevas naturales en las formaciones de caliza y éstas representan un hábitat importante (por ejemplo, para los guácharos) que no fue investigado durante este inventario.

La química de las quebradas refleja un patrón similar. La mayoría de las muestras de agua obtenidas durante el inventario rápido fue cercana al neutral y tenía conductividades intermedias y las únicas quebradas de agua negra que observamos fueron minúsculos arroyos.

Los datos de la química del agua de varias quebradas y ríos muestreados durante el inventario rápido están disponibles en la Fig. 18 y el Apéndice 1.

Clima

No hay disponibilidad de datos de buena calidad sobre el clima de los Cerros de Kampankis, para la Zona Reservada Santiago-Comaina o en general para la amplia región del noroeste del Perú. En su ausencia, examinamos tres registros: 1) datos de temperatura y precipitación de estaciones meteorológicas dispersas que operaron en la región por algunos años durante la década de 1960 (ONERN 1970); 2) cinco años de datos de temperatura colectados de 2006 a 2011 en la estación meteorológica que a la fecha opera en Santa María de Nieva, localizada aproximadamente 50 km al sudoeste del Pongo de Manseriche, a 227 m de elevación (Fig. 2D; datos disponibles en *http://www.senamhi.gob.pe*); y 3) proyecciones de temperatura y precipitación generadas por un modelo de superficie climática con una resolución de 1 km conocido como WorldClim (datos disponibles en *http://www.worldclim.org*; Hijmans et al. 2005). También consultamos una serie de 12 imágenes de satélite de la región obtenidas en 2010–2011 para hacer observaciones cualitativas de la distribución de la cobertura de nubes.

Como era de esperarse para una localidad al pie de los Andes, estos datos indican que el clima de los Cerros de Kampankis y sus alrededores es húmedo y no-estacional. No-estacional en este contexto significa que la región carece de una fuerte o claramente definida temporada seca y ningún mes promedia <100 mm de precipitación. La media anual de precipitación registrada en los años 1960 en estaciones meteorológicas dispersas varía de 2,233 a 3,455 mm (ONERN 1970), y los datos de WorldClim la estiman entre 2,000 y 3,000 mm para la Zona Reservada Santiago-Comaina. Los mapas de los datos de WorldClim muestran que las porciones más altas de la cordillera reciben ligeramente más precipitación (2,700–3,000 mm) que las tierras bajas de la periferia (aproximadamente 2,500 mm). De la misma manera, las imágenes de satélite de la región muestran una mayor cobertura nubosa en las porciones más altas del paisaje.

Los datos de WorldClim también sugieren que nuestra área de estudio se ubica en medio de una abrupta gradiente que varía de más seco en el sur y el oriente a más húmedo al norte y al occidente. Por ejemplo, la Cordillera del Cóndor no es sólo mucho más alta que la Cordillera de Kampankis, sino que recibe también más precipitación (media anual de >3,450 mm).

De acuerdo con los datos de WorldClim, la temperatura media en las porciones de tierras bajas de los ríos Santiago y Morona es 25.5–27°C. La media que corresponde a las elevaciones más altas de los Cerros de Kampankis es 22.5–24°C. En los 12 meses que antecedieron nuestro inventario rápido, la máxima temperatura registrada en Santa María de Nieva fue 36.3°C (noviembre) y la mínima 17.3°C. (julio). Basada en la relación de la gradiente vertical de temperatura (es decir, la relación lineal que describe cómo la temperatura declina con el incremento de la altitud) esto implica que las temperaturas mínima y máxima en las elevaciones más altas de los Cerros de Kampankis fueron aproximadamente 11°C y 30°C, respectivamente, para ese periodo. Aunque la máxima concuerda con la de los datos de WorldClim, la mínima está 5°C por debajo de la proyectada por WorldClim. Es posible que debido a que las elevaciones más altas de los Cerros de Kampankis cubren un área tan pequeña éstas son agregadas junto a elevaciones menores en la malla de 1 km de WorldClim.

Una descripción más cuidadosa del clima de la región queda como una prioridad pendiente.

Comunidades humanas

Los pueblos Awajún, Wampis y Chapra que viven en los alrededores de los Cerros de Kampankis tienen una larga historia en esta región. La evidencia arqueológica indica que el área fue ocupada al menos hace 4,000 años por gente que elaboró artefactos de cerámica y cultivos agrícolas (probablemente yuca [*Manihot esculenta*]; Rogalski 2005). A pesar de los enormes cambios que estos grupos indígenas han visto en el paisaje y en su forma de vida durante siglos de contacto con colonizadores europeos y, más recientemente, con la sociedad peruana moderna, han tenido la capacidad de mantener el conocimiento tradicional sobre el uso y manejo de recursos naturales, prácticas culturales asociadas con su manera única de ver al mundo y sus propias lenguas. Este reporte contiene dos capítulos detallados sobre comunidades indígenas: uno que describe la organización y los valores culturales de las comunidades visitadas por el equipo social (el capítulo Comunidades humanas visitadas), y uno más sobre el uso de recursos de los Cerros de Kampankis y las principales actividades económicas en la región (el capítulo Uso de recursos y conocimiento ecológico tradicional).

La población del área que rodea los Cerros de Kampankis es de aproximadamente 19,000 habitantes, incluyendo pueblos indígenas (Awajún, Wampis, Chapra y Shawi) y colonos (Fig. 2D, Apéndice 12). En el río Santiago hay 54 comunidades Wampis y Awajún con una población total de 11,720 habitantes. En la porción del Marañón cerca del Pongo de Manseriche (conocido localmente como el Sector Marañón), hay cinco comunidades Awajún con una población total de 891 habitantes. En la cuenca del río Morona hay 25 comunidades Wampis, 12 comunidades Chapra, dos comunidades Awajún y seis comunidades Shawi, con una población aproximada de 4,417 habitantes. Los Chapra pertenecen al grupo étnico Candoa y tienen vínculos con el pueblo Candoshi en el río Pastaza, mientras que los Wampis y Awajún pertenecen a la familia lingüística Jívaro y tienen vínculos con los Shuar de Ecuador y con los Achuar (ver el capítulo Comunidades humanas visitadas). Los Shawi pertenecen a la familia lingüística Cahuapana y ocupan seis comunidades en el bajo Morona. No se discuten en detalle en este reporte porque la comunidad Shawi más cercana a los Cerros de Kampankis está a >30 km de ellos.

El modo de vida más común es de agricultura de pequeña escala acompañada por caza, pesca e intercambio de cosechas en mercados regionales. Los pueblos Awajún y Wampis mantienen lazos culturales y espirituales muy fuertes con los Cerros de Kampankis. Hay grandes extensiones de bosques saludables dentro y alrededor de las comunidades tituladas. Las comunidades tienen sus propios sistemas para manejar y proteger esos bosques y trabajan juntos para proteger los Cerros de Kampankis y sus alrededores.

La información social y cultural acerca de estas poblaciones está disponible en varias fuentes, así como en trabajos etnográficos y escritos y discursos por líderes Awajún y Wampis. Es especialmente notable un reporte de 2005 preparado para la Asociación Interétnica para el Desarrollo de la Amazonía Peruana (AIDESEP; Rogalski 2005); un proyecto de mapeo etno-histórico liderado por la ONG peruana Instituto del Bien Común (IBC) y UNICEF (IBC y UNICEF 2010); y el mapeo de los territorios de comunidades nativas en la cuenca del río Morona por el proyecto de IBC Sistema de Información sobre Comunidades Nativas de la Amazonía Peruana (SICNA).

Paisaje de conservación

En 1998 el Perú y Ecuador firmaron un acuerdo de paz después de una prolongada y periódicamente violenta disputa fronteriza centrada en el área de la Cordillera del Cóndor. Parte del acuerdo estipula que se crearían parques nacionales, también conocidos como 'parques de la paz,' a ambos lados de la frontera.

Hoy en día, en el lado ecuatoriano existen dos áreas protegidas, ambas muy pequeñas: La Reserva Biológica El Cóndor (2,440 ha, creada en 1999) y la Reserva Ecológica El Quimi (9,071 ha, creada en 2006). Además, el gran Territorio Indígena Shuar Arutam (165,631 ha) abarca 47 comunidades y funciona como una unidad de conservación sin reconocimiento formal del gobierno, pero con manejo explícito por el pueblo Shuar.

En el Perú, dos áreas de conservación fueron establecidas en 2007: el Parque Nacional Ichigkat Muja-Cordillera del Cóndor (88,477 ha) y la Reserva Comunal Tuntanain (94,967 ha; Fig. 2D). La controversia continúa en torno a la declaración del PN Ichigkat Muja, pues poco antes el gobierno decidió reemplazar la mitad del área originalmente propuesta como parque con concesiones mineras. Una tercer área, la Zona Reservada Santiago-Comaina (398,449 ha, originalmente creada en 2000 y modificada en 2007), ahora abarca la serranía estudiada durante nuestro inventario, los Cerros de Kampankis (Figs. 2B, 2D). Las Zonas Reservadas son una categoría transicional que indica el interés del gobierno peruano de establecer una futura área de conservación.

Aunque estas tres áreas protegidas peruanas están relativamente cerca unas de las otras, éstas protegen tipos

Tabla 2. Número de hectáreas protegidas a diferentes elevaciones en tres áreas de conservación en la Amazonía peruana noroccidental. Las cifras provienen del análisis de un modelo digital de elevación de terreno SRTM a una resolución de 90 m. Las coberturas más grandes en cada piso de elevación están señaladas en gris. Las cifras que corresponden a Kampankis están señaladas en negritas.

Elevación sobre el nivel del mar	Parque Nacional Ichigkat Muja-Cordillera del Cóndor	Reserva Comunal Tuntanain	Zona Reservada Santiago-Comaina
>2,500 m	83	–	–
2,000–2,500 m	4,806	209	–
1,500–2,000 m	25,029	3,990	–
1,000–1,500 m	36,245	29,658	**7,713**
500–1,000 m	11,703	52,114	**51,358**
<500 m	9,104	9,019	339,217

de hábitats muy diferentes (Tabla 2). El Parque Nacional Ichigkat Muja-Cordillera del Cóndor protege algunas de las mayores elevaciones de la región; la mayoría de su área está por encima de los 1,000 m. Tuntanain protege en su mayoría elevaciones intermedias entre 500 y 1,000 m. En contraste, la Zona Reservada Santiago-Comaina es primordialmente un área de tierras bajas; aproximadamente el 85% de ésta se encuentra por debajo de los 500 m.

La Reserva Comunal Tuntanain es el área protegida más cercana a los sitios que visitamos durante el inventario rápido. Está localizada en la vertiente oriental de la Cordillera del Cóndor, a 25 km de los Cerros de Kampankis y separado de éstos por el valle del río Santiago (Fig. 2D). Aunque a la fecha se han desarrollado muy pocos inventarios biológicos en Tuntanain (C. Gálvez-Durand, com. pers.), los mapas geológicos y topográficos sugieren que sus ecosistemas podrían ser ampliamente similares a los visitados en Kampankis. Podría incluso darse el caso de que Tuntanain albergase una biota más diversa en un área mucho menor; en base a su distribución de elevaciones debiese contener la mayoría de las especies que observamos en Kampankis además de un conjunto de taxa de mayor elevación que no se encuentran presentes en Kampankis. Los inventarios biológicos de Tuntanain y una cuidadosa comparación de sus resultados con los que reportamos aquí son necesarios para someter a prueba estas muy preliminares ideas y para manejar efectivamente la biodiversidad de la Reserva Comunal.

La organización no-gubernamental Naturaleza y Cultura Internacional en Chachapoyas, Perú, está avanzando una iniciativa de conservación privada con la comunidad indígena Yutupis en el río Santiago (M. McColm, com. pers.). De ser exitosa, un Área de Conservación Privada de una extensión de aproximadamente 23,000 ha se extendería desde la ribera occidental del Santiago en Yutupis, a lo largo del río del mismo nombre, hasta la frontera con la Reserva Comunal Tuntanain, abarcando cuatro anexos de la comunidad Yutupis (Shiringa, Achu, Nueva Jerusalén y Alto Yutupis).

Otras áreas protegidas del Perú probablemente representan corredores importantes para plantas y animales que viven en los Cerros de Kampankis (Fig. 2D). Un archipiélago de áreas protegidas se extiende al sur a lo largo de la vertiente oriental de los Andes, incluido el Bosque de Protección Alto Mayo (182,000 ha; establecido en 1987), el Parque Nacional Río Abiseo (274,520 ha; 1983), el Área de Conservación Regional Cordillera Escalera (148,870 ha; 2005) y el Parque Nacional Cordillera Azul (1,353,190 ha; 2001). Al oriente de los Cerros de Kampankis, un humedal vasto se extiende a lo largo de miles de hectáreas. Conocido informalmente como el abanico aluvial del Pastaza, se le reconoce como Sitio Ramsar aunque no tiene protección formal en el Perú.

Figura 16. Corte transversal perpendicular de los Cerros de Kampankis en cada uno de los cuatro campamentos visitados por el equipo biológico. El eje horizontal de cada gráfico mide 12 km de longitud. El eje vertical de cada gráfico tiene un valor mínimo de 200 m y un valor máximo de 1,400 m. La localización de los campamentos está indicada con la letra C y las porciones de la cordillera visitadas en cada campamento están señaladas con líneas más oscuras.

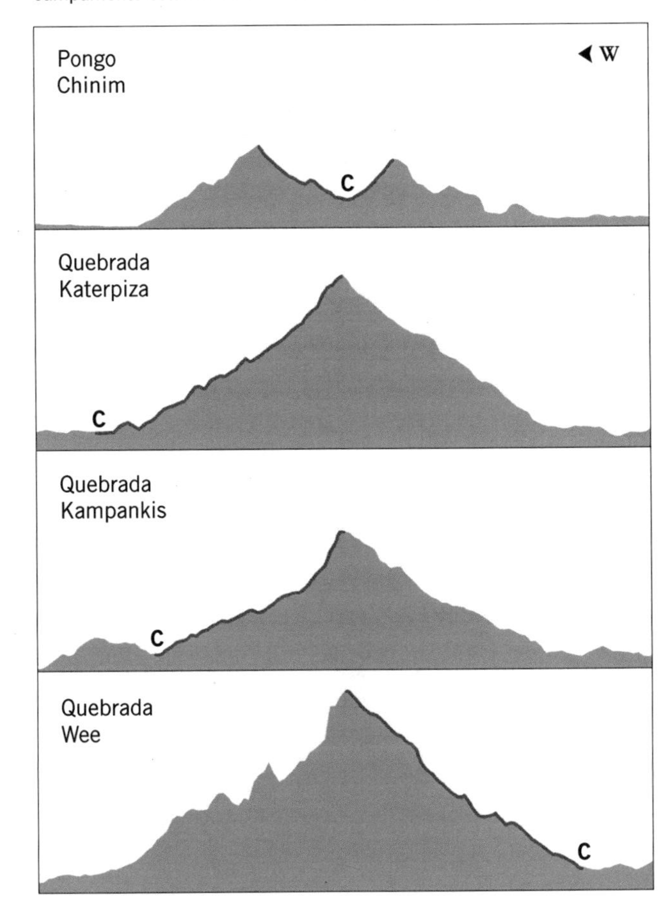

SITIOS VISITADOS POR EL EQUIPO SOCIAL

Durante el periodo 2–21 de agosto de 2011 el equipo social visitó ocho comunidades indígenas en los ríos Marañón, Morona y Kangasa (Chapis, Ajachim, Nueva Alegría, Borja, Capernaum, Saramiriza, Puerto América y San Lorenzo), así como cuatro comunidades Wampis en el río Santiago (Puerto Galilea, Chapiza, Soledad y Papayacu). En 2009, un pequeño grupo visitó la comunidad indígena Chapra Shoroya Nueva y dos comunidades indígenas Wampis (San Francisco y Nueva Alegría) en el río Morona (Figs. 2A, 2B, 22).

Los resultados de las visitas de 2009 y 2011, así como el tratamiento a profundidad de las comunidades visitadas, se encuentran en dos capítulos de este reporte: Comunidades humanas visitadas, y Uso de recursos y conocimiento ecológico tradicional.

SITIOS VISITADOS POR EL EQUIPO BIOLÓGICO

Durante el periodo 2–21 de agosto de 2011, el equipo biológico visitó cuatro sitios al pie de los Cerros de Kampankis. Aunque todos los campamentos se encontraban a elevaciones entre 300 y 365 m, nuestro trabajo se enfocó en los paisajes elevados localizados entre los campamentos y la cima de la cordillera (Fig. 16). Para facilitar el trabajo del inventario a mayores elevaciones, en tres de los sitios visitados establecimos campamentos satélite cerca de la cresta de la cordillera.

Las siguientes son características presentes en los cuatro campamentos:

- Terreno escarpado con suelos principalmente arcillosos
- Afloramientos expuestos de calizas y areniscas al interior del bosque y lejos de las corrientes de agua, incluyendo acantilados expuestos de más de 20 m de altura
- Derrumbes activos o recientes
- Aguas claras de poca profundidad que fluyen sobre rocas cubiertas por plantas reofíticas
- Pequeñas áreas a elevaciones mayores, frecuentemente franjas angostas en las cimas o al borde de acantilados, donde el suelo está cubierto de una alfombra gruesa y esponjosa que está suspendida hasta a 1 m por encima del sustrato
- Grandes claros naturales de bosque asociados con poblaciones del árbol *Duroia hirsuta* (estos claros son conocidos como *supay chacras* en gran parte de la Amazonía peruana y localmente conocidas como *shapshiko ajari* o *jempe ajari*)
- Lamederos arcillosos usados por mamíferos, conocidos en gran parte de la Amazonía peruana con el término quechua *collpa*, localmente llamados *yawii* (en Wampis) y *umukai* (en Awajún)
- Poblaciones saludables de aves y mamíferos grandes (las huellas de sachavacas, *Tapirus terrestris*, fueron especialmente frecuentes en las trochas), y

- Evidencia de caza (cartuchos de escopeta usados y viejos)

Ninguna de las siguientes características fue observada en alguno de los campamentos:

- Ríos navegables
- Lagos o lagunitas
- Áreas extensas de arenas blancas u otros suelos excesivamente pobres en nutrientes o las quebradas de agua negra que típicamente drenan estas áreas (aparte de quebradas muy pequeñas)
- Glaciares de sal (afloramientos de sal casi pura que se han documentado en esta región del Perú) o quebradas con agua notablemente salada (pero véase abajo la descripción del campamento Quebrada Wee)
- Artefactos arqueológicos (p. ej., pictografía en rocas, fragmentos de cerámica)
- Aguajales (pantanos dominados por la palmera *Mauritia flexuosa*), aunque están presentes en las planicies aluviales del Santiago y el Morona, y
- Grandes áreas de bosque derrumbado por vientos fuertes (éstas son también comparativamente raras en imágenes de satélite de la región)

Pongo Chinim (2–7 de agosto de 2011; 3°6'46.8" S 77°46'34.4" O, 365–720 m)

Región Loreto, Provincia Datem del Marañón, Distrito Morona

Este fue nuestro primer campamento y también el más norteño. Localizado apenas a 14 km al sur de la frontera Perú-Ecuador, estaba 82 km al norte del siguiente campamento más próximo visitado durante el inventario rápido (Figs. 2A, 2B). Las partes más altas de la cordillera en este lugar fueron dos filas que corren paralelamente, son separadas por aproximadamente 2.5 km, y alcanzan elevaciones máximas de 720 m (la fila occidental) y 680 m (la fila oriental; Fig. 16). Una formación de calizas predomina al occidente y varias formaciones de areniscas y lodolitas al oriente; el arreglo espacial de éstos, y su mezcla por erosión, han formado un mosaico de tipos de suelo de pequeña escala. La mayoría de los suelos en el valle son arcillosos y relativamente fértiles, aunque algunos suelos son más arenosos y pobres en nutrientes.

Establecimos el campamento en el valle entre dos serranías (Fig. 16), en la ribera de la quebrada Kusuim (la palabra significa 'agua turbia' en Wampis). Aunque el río Santiago se encuentra con la cordillera no muy lejos, al oeste —el tronco principal del río estaba a sólo 1.5 horas a pie al occidente del campamento—, la quebrada Kusuim es tributaria del Morona, cuyo tronco principal se encuentra 21 km al este. Cerca del campamento, la quebrada Kusuim mide 4–10 m de ancho y su profundidad llega hasta el tobillo o a la rodilla sobre un sustrato de piedritas, arena, arcilla y pequeñas rocas sobre las cuales son comunes las plantas reofíticas *Dicranopygium* y *Pitcairnia aphelandriflora*. La quebrada Kusuim tiene una corriente serpenteante con una gradiente modesta, pero la vegetación a lo largo de su ribera indica que durante tormentas fuertes puede tener crecidas de hasta 2 m. Justo al norte de nuestro campamento, la Kusuim se une a una corriente similar con flujo hacia el sur y se interna en la vertiente oriental de la cordillera Kampankis a través de una cañada estrecha llena de grandes rocas: el Pongo Chinim ('cañada de los vencejos' en Quechua y Wampis). El agua de éstas y otras corrientes menores en este campamento fue en su mayoría neutra (pH 6.1–7.4) y de baja conductividad (30–130 µS cm^{-1}; Apéndice 1).

El poblado de Papayacu (con una población de aproximadamente 150; ver el capítulo Comunidades humanas visitadas) en el río Santiago está a sólo 5 km del campamento. De igual forma, el valle de la quebrada Kusuim está densamente ocupado por sitios culturalmente importantes como cementerios y asentamientos históricos (Rogalski 2005, IBC-UNICEF 2009). Además, aquí se encuentra una vieja trocha que atraviesa la cordillera desde Papayacu en el oeste hasta San Juan de Morona al este. Nuestros guías nos informaron que la caminata típicamente toma menos de un día, pero que ahora algunos residentes prefieren cruzar la cordillera usando la carretera justo al otro lado de la frontera entre el Perú y Ecuador. Durante nuestra permanencia en este sitio, residentes de Papayacu y Dos de Mayo caminaron al Pongo Chinim para reunirse con residentes de San Juan de Morona.

El sistema de trochas sumó un total de 24 km en este sitio. Las trochas más cercanas al campamento sirvieron para explorar la angosta planicie aluvial con suelos ricos de la quebrada Kusuim. Otro sendero subía a la cima de la serranía al oeste. Los últimos 300 m de esta trocha, a elevaciones entre los 650 y 850 m, ascendían un paisaje llamativo con grandes bloques calizos pertenecientes a la Formación Chonta (ver el capítulo Geología, hidrología y suelos). La superficie superior de estos bloques estaba erosionada en fragmentos afilados e irregulares y los bloques estaban separados por grietas de hasta 2 m de profundidad, haciendo este trecho de la trocha difícil y peligroso para caminar (un paisaje muy similar fue observado a una elevación ligeramente mayor en el campamento Quebrada Wee). La trocha terminaba al borde de un acantilado alto de calizas orientado hacia el noroeste desde donde se veían Papayacu y el valle del río Santiago. El bosque de este paisaje sobre bloques de calizas fue alto y relativamente bien desarrollado, aunque la alfombra de raíces sobre los bloques fue dispersa y a veces ausente (resultando en grandes extensiones de rocas expuestas). El bosque en una franja angosta a lo largo del acantilado fue más bajo y tenía una cubierta gruesa de musgos que formaba una alfombra suspendida que cubría casi por completo las rocas subyacentes.

Tres trochas exploraron la serranía oriental y el Pongo Chinim, llegando a las elevaciones más altas en una serie de cerros empinados con suelos arcillosos de color marrón rojizo ubicados al norte de la cañada. En esta serranía oriental no observamos bosques de baja estatura, sino bosques de cierta altura dominados por la palma *Socratea exorrhiza* y el árbol *Hevea guianensis* (Euphorbiaceae), cuyas hojas senescentes de color rojo brillante fueron conspicuas en el dosel. Una última trocha siguió hacia el sur por >8 km hacia una cueva donde los grupos indígenas locales obtienen o colectan pichones de guácharo (*Steatornis caripensis*) de manera estacional desde tiempos inmemoriales. Nuestro equipo no exploró los flancos occidental y oriental de la cordillera de Kampankis en esta localidad.

Quebrada Katerpiza (7–12 de agosto de 2011; 4°1'13.4" S 77°35'0.7" O, 300–1,340 m)

Región Amazonas, Provincia Condorcanqui, Distrito Río Santiago

Este campamento se ubicó al pie de la ladera occidental de los Cerros de Kampankis, en la ribera del río Katerpiza, a una elevación de aproximadamente 300 m (Figs. 2A, 2B, 16). A esta elevación el Katerpiza es un río ancho y pedregoso con aguas transparentes, un curso ondulado y algunas islas con bosque. El sitio es equidistante a nuestros campamentos tercero y cuarto (21 km al norte y sur, respectivamente) y a 103 km de nuestro primer campamento. Nos encontrábamos a 20 km al este de Puerto Galilea (población >800 habitantes), la capital administrativa del Distrito Río Santiago, y de Yutupis (población >1,900 habitantes), la comunidad más grande en el río Santiago en el Perú.

La comunidad más cercana, Kusuim, se localizaba a 3.5 horas a pie aguas abajo de nuestro campamento, aunque se nos reportó que una familia vivía dos horas río abajo. En los alrededores de nuestro campamento, y en ambos lados del Katerpiza, los bosques tenían un dosel irregular con lianas y enredaderas dominadas por árboles sucesionales de hojas grandes que nos indicaban perturbación de gran escala en décadas recientes. Los científicos locales nos informaron que el sitio había sido alguna vez la casa de un famoso guerrero Wampis de nombre Sharian y ahí encontramos dos poblaciones de la palmera *Bactris gasipaes* las cuales probablemente son restos de esta ocupación histórica. Las rocas dispersas en el sotobosque sugieren que otras perturbaciones como grandes derrumbes naturales tal vez sean comunes aquí; observamos algunos derrumbes pequeños activos cerca del río. Otros sitios culturales significativos en esta área incluyen una vieja trocha que cruza la cordillera desde Kusuim, al oeste, con destino hacia Consuelo, en el este.

Las cuatro trochas en este campamento sumaron un total de 22 km. Una de ellas seguía el río aguas abajo, atravesando vegetación riparia y bosque antes de cruzar hacia una isla en el Katerpiza que está cubierta con un bosque de planicie aluvial que se encontraba sorprendentemente bien desarrollado (si consideramos la naturaleza perturbada de los bosques circundantes y la localización de la isla en medio de un río grande).

Una franja de 50 a 100 m de elevación, por encima de la quebrada Katerpiza y a ambos lados de ésta, tiene vegetación secundaria. Más arriba de esta franja esta vegetación sucesional cede su lugar a un bosque de dosel cerrado mucho más viejo y más alto, con un sotobosque abierto y sobre suelos en su mayoría arcillosos. El agua de las quebradas de segundo y tercer orden fue neutral como en el primer campamento (pH 7.0–7.7), pero de mucho mayor conductividad (108–360 µS cm^{-1}; Apéndice 1).

La trocha más larga remontó las inclinadas laderas occidentales, ascendiendo 1,040 metros verticales en 7.5 km. En este sitio las formaciones geológicas son más antiguas a mayor elevación y la trocha ascendente cruzó por varios afloramientos de areniscas, pizarras y calizas. A cerca de los 900 m de elevación la trocha se encontró con un acantilado casi vertical de areniscas en cuya cima crecía un bosque de baja estatura sobre una gruesa alfombra suspendida de raíces.

Aquí, a lo largo de la cresta más alta de esta parte de la cordillera (aproximadamente 1,340 m), la alfombra de raíces variaba de extremadamente gruesa a prácticamente ausente. Los suelos subyacentes se derivan de areniscas y calizas, y variaban de arcilla marrón a arena blanca. Pese a lo angosto de esta cresta y la presencia de suelos arenosos, el área no parecía estar bien drenada. Una quebrada de aproximadamente 1 m de ancho transcurría no muy debajo de la cima y algunos suelos de arena blanca aún tenían charcas 12 horas después de una fuerte lluvia. El bosque que crece en esta serranía no tenía estatura baja y vimos poca evidencia de impactos de rayos. Este fue el primer lugar donde encontramos la palma de sotobosque conocida localmente como *kampanak* (*Pholidostachys synanthera*), cuya abundancia a elevaciones mayores, según reportes, da su nombre a la cordillera de Kampankis.

Quebrada Kampankis (12–16 de agosto de 2011; 4°2'35.1" S 77°32'28.3" O, 325–1,020 m)

Región Amazonas, Provincia Condorcanqui, Distrito Río Santiago

Este campamento se localizó al pie de la ladera occidental de la cordillera, en la cabecera del río Kampankis, a una elevación de 325 m (Figs. 2A, 2B, 16). La cordillera central es interrumpida por un abra cuya máxima elevación es de sólo 680 m; al norte y al sur de este paso la cordillera se eleva rápidamente a más de 1,000 m. Esta pausa en la cordillera es aparentemente resultado de una falla geológica con una trayectoria sudoeste-nordeste, a lo largo de la cual algunas de las formaciones geológicas prominentes en otras secciones de Kampankis han sido cortadas y erosionadas (ver el capítulo Geología, Hidrología y Suelos). El sitio es geológicamente inestable, con derrumbes pasados y activos en las partes más altas de la serranía. La mayoría de los suelos aquí son arcillosos, con colores que varían del rojo y el marrón al gris y amarillento entre afloramientos dispersos de pelitas.

Una trocha oeste-este cruza el paso de la cuenca del Santiago a la cuenca del Morona, pasando por un marcador oficial (hito) de la frontera Amazonas-Loreto cerca de su punto más alto. Esta vieja trocha, que formó parte del sistema de trochas del inventario rápido en este campamento, parece ser comúnmente utilizada por cazadores y viajeros, especialmente aquellos de la comunidad Wampis de Chosica, 10 km al sudoeste. Durante nuestra estancia aquí encontramos un gran número de cartuchos de escopeta usados y la densidad de vertebrados grandes parecía ser menor. El mapa de sitios culturalmente importantes en esta zona de Kampankis muestra cementerios, purmas (chacras abandonadas) y áreas donde, según leyendas, viven los animales míticos llamados *tsugkutsuk* (Rogalski 2005, IBC-UNICEF 2009).

En nuestro campamento, el lecho rocoso del Kampankis tenía 5–10 m de ancho y una corriente de aguas claras con profundidad hasta la altura de la rodilla. Sin embargo, después de una gran tormenta esta modesta quebrada creció rápidamente para formar un torrente de olas violentas y aguas de color rojizo marrón que fue imposible cruzar a pie. Dos horas después de terminada la lluvia las aguas del río aún llegaban a la cintura; 12 horas después recuperó la apariencia apacible que tenía antes de la tormenta. Las quebradas en general fueron más turbias en este sitio que en otros, quizá por sus mayores niveles de erosión relacionados con la falla cercana. El agua de las quebradas fue neutral (pH 6.3–7.3) y tuvo una conductividad que varió de 50 a 230 µS cm^{-1} (Apéndice 1).

Los 22 km de trochas en este campamento cruzaban en su mayoría los cerros bajos entre las quebradas Kampankis y Chapiza, por debajo de los 600 m de elevación. Una trocha seguía serranías moderadas 5.7 km cuesta arriba hasta una elevación de 1,015 m, donde terminaba sin salida en la base de un acantilado casi vertical de cerca de 25 m de altura, orientado hacia el occidente. Fue posible llegar a la cima del cantil trepando entre raíces y pretiles; ahí el terreno tenía una pendiente con un descenso suave hacia el oriente. La mayoría del bosque en este punto más alto tenía un dosel cerrado sobre suelos de arcilla, pero en su margen norte, donde la terraza se interrumpía por un acantilado orientado hacia el norte desde el cual se veía el paso, una franja delgada de un bosque de baja estatura crecía sobre una gruesa alfombra suspendida de raíces. La cresta también tenía un bañadero de lodo que medía 5 x 5 m con abundantes huellas y heces de sachavaca.

En contraste con los tres sitios restantes, en los cuales permanecimos cinco noches y cuatro días completos, inventariamos este sitio por cuatro noches y tres días completos.

Quebrada Wee (16–21 de agosto de 2011; 4°12'14.8" S 77°31'47.2" O, 310–1,435 m)

Región Loreto, Provincia Datem del Marañón, Distrito Manseriche

Este fue nuestro campamento más sureño, situado a 124 km de distancia del campamento más norteño (Pongo Chinim), 21 km al sur del campamento más cercano (Quebrada Katerpiza) y 29 km al norte del Pongo de Manseriche (Figs. 2A, 2B). Fue el único de los cuatro campamentos ubicado en el flanco oriental de la cordillera de Kampankis (Fig. 16).

Establecimos nuestro campamento en la cabecera del río Kangasa, que fluye al sur hacia el Marañón, aunque nuestro campamento estaba sólo unos kilómetros al sur de la cabecera del río Mayuriaga que es afluente del Morona hacia el este. Nuestro campamento estaba tan arriba del Kangasa que el agua en éste era escasa; las quebradas tenían <10 m de ancho, estuvieron casi secas, y mostraban una corriente clara que llegaba al tobillo entre charcas dispersas. La escasez de agua durante nuestra visita fue exacerbada por una sequía local. No había llovido en tres semanas y los arbustos y hierbas del sotobosque estaban comenzando a marchitarse.

El nombre local de la quebrada cerca del campamento (y de muchas quebradas en los Cerros de Kampankis y en la Cordillera del Cóndor) es *Wee*, la palabra Awajún y Wampis para sal (un inventario rápido en la Cordillera del Cóndor en 2003 también se llevó a cabo en un sitio llamado Quebrada Wee; ese sitio está aproximadamente 100 km al noroeste del nuestro [Pacheco 2004]). Aunque el agua de la quebrada en este campamento no sabía salada, nuestros guías nos indicaron que había varias minas de sal en el área. Una de nuestras trochas cruzaba cerca de un lamedero de sal visitado por pericos y loros grandes. Otro cruzaba una *collpa* 1 km al sur del campamento, en el cual las visitas de ungulados (principalmente sachavacas, venados y huanganas) habían excavado un hoyo poco profundo que medía 20 x 10 x 1 m. Un pequeño manantial mantenía el hoyo lleno de lodo pese a las condiciones de sequía. Indicativa de los altos niveles de salinidad en el área, el agua que salía de esta *collpa* tenía una conductividad cerca de seis veces más alta que el siguiente valor más alto registrado durante el inventario (2,140 µS cm^{-1}). El agua de las otras dos quebradas de este sitio tenían una química similar a la observada en los campamentos Quebrada Katerpiza y Quebrada Kampankis, con agua neutral (pH 7.0–7.6) y relativamente alta conductividad (90–359 µS cm^{-1}; Apéndice 1).

Aunque la *collpa* de mamíferos era conocida por nuestros guías que viven en las comunidades Awajún aledañas como un viejo recurso apreciado para la cacería, nos dijeron que ésta era raramente visitada porque estaba >15 km río arriba de Ajachim, la comunidad más cercana en el Kangasa, y >20 km de Chapis, la siguiente en cercanía. No escuchamos noticias de la existencia de trochas que cruzan la cordillera en esta área y las poblaciones saludables de vertebrados grandes confirman que la caza en el área ha sido poco frecuente. El bosque a elevaciones bajas en la vecindad del campamento estaba recuperándose de alguna perturbación de gran escala ocurrida en los últimos 50 años, a juzgar por algunas áreas extensas de vegetación secundaria y con enredaderas; éstas probablemente son de origen natural.

Nuestros guías nos informaron que existen purmas más abajo del Kangasa.

La mayoría de los 18 km de trochas en este sitio recorrieron los cerros bajos (<400 m de elevación) en la periferia del campamento. Una trocha, sin embargo, continuaba al oeste por cerca de 7.5 km, remontando el flanco oriental de la cordillera y a través de una serie de formaciones de areniscas y calizas cuyas edades aumentaron conforme subía la elevación antes de llegar a la cima cerca de los 1,435 m de elevación. Una franja de la trocha a los 800–900 m de elevación pasa a través de un paisaje dominado por grandes bloques expuestos de calizas cuyas superficies estaban erosionadas en formas agudas e irregulares—la misma Formación Chonta visitada a aproximadamente 650 m de elevación en nuestro campamento más norteño, Pongo Chinim.

El punto más alto de la cordillera en este sitio consistía en una terraza que mide cerca de 30 m de ancho sobre un sustrato de areniscas del Cretácico inferior con una caída abrupta hacia el oriente y el occidente que ofrece una vista espectacular del valle del río Santiago y de la Cordillera del Cóndor. El bosque en esta cordillera e inmediatamente debajo tenía <15 m de altura, estaba densamente cubierto por musgos y epífitas, y crecía sobre una alfombra gruesa, húmeda y esponjosa de raíces y material orgánico suspendida sobre el sustrato de areniscas y formando una red de raíces zanconas entreveradas. Muchos árboles estaban muertos de pie, lo que indica la caída frecuente de rayos. La comunidad de árboles en la cresta de la cordillera estaba dominada por la palma andina *Dictyocaryum lamarckianum* y la mayoría de la flora restante pertenecía a taxa premontanos.

A cerca de 50 m de elevación por debajo de la cresta de la cordillera había una pequeña terraza con un bosque alto y bien desarrollado sobre una alfombra de raíces más delgada. A través de ésta podía verse arena blanca en algunos sitios, donde fluía una pequeña quebrada de agua negra. Cuesta abajo la alfombra de raíces se adelgazaba y casi desaparecía, con la excepción de dos pequeños parches de bosque de baja estatura (con árboles de cerca de 6 m de altura) creciendo sobre la cresta, en un borde con orientación este-oeste a una elevación de 1,000–1,100 m. Aquí la alfombra suspendida de raíces fue similar a la observada en la cima (aunque más seca) y encontramos pequeños grupos del árbol conífero *Podocarpus oleifolius* (Podocarpaceae), un elemento común de bosques andinos.

GEOLOGÍA, HIDROLOGÍA Y SUELOS

Participantes/autores: Robert F. Stallard y Vladimir Zapata-Pardo

Objetos de conservación: Unidades litológicas de arenitas (cuarzo-, lito- y sublitoarenitas), calizas y lodolitas que sirven de sustrato al bosque y que han generado suelos con diferentes grados de desarrollo y fertilidad con floras específicas asociadas; calizas de las zonas altas de los cerros, las cuales actúan como zonas de recarga que alimentan acuíferos y drenajes subterráneos, cuyos cauces emergen a la superficie en las partes bajas de los cerros, alimentando las quebradas y ríos; *collpas* (lamederos con tierras y aguas saladas) de ocurrencia restringida, probablemente asociadas a fallas e importantes para los animales silvestres que las consumen como fuente de minerales (especialmente sodio)

INTRODUCCIÓN

Ubicada en el nordeste del Perú, la cordillera de Kampankis está orientada de nornoroeste a sudsudeste, tiene aproximadamente 180 km de largo y 10 km de ancho (Figs. 2A, 2C). Posee una topografía pronunciada de perfil triangular cuyos flancos se elevan con ángulos que oscilan entre los 20 y 65 grados, ascendiendo desde los 200 m hasta los 1,435 m. Estos cerros limitan las regiones de Amazonas y Loreto con su divisoria de aguas, separando las cuencas del Marañón y Santiago al este y oeste respectivamente.

Los Cerros de Kampankis se encuentran bien descritos en la literatura geológica. Están compuestos por unidades sedimentarias de origen continental y marino con edades que varían desde el periodo Jurásico tardío hasta el Neógeno (160 a 5 millones de años). Estos depósitos se encuentran definidos en la literatura como ocho formaciones geológicas en las que predominan las areniscas, calizas, lodolitas y limolitas. Estas formaciones están dispuestas en una estructura geomorfológica denominada anticlinal; un plegamiento que levanta los estratos y se erosiona para exponer rocas más antiguas en la parte central y rocas más jóvenes en sus flancos. Hacia el oeste de los Cerros de Kampankis, y separada de éstos por la cuenca sedimentaria del río Santiago, yace una región de estribaciones bajas (el cinturón Comaina/Cenepa/Noraime) con afloramientos de roca sedimentaria de los periodos Cretácico, Jurásico y Triásico. Más hacia el oeste se encuentra la Cordillera del Cóndor, la cual consiste en rocas del Precámbrico intruidas por rocas ígneas de edad Jurásica (tonalitas, dioritas y granodioritas; PARSEP 2001).

Los objetivos del trabajo geológico durante el inventario fueron: 1) establecer las relaciones entre la geología y la topografía en los alrededores de los cuatro campamentos; 2) estudiar las relaciones entre el sustrato geológico, los suelos y la vegetación en el entorno de los sitios de inventario; 3) usar los estudios publicados acerca de la historia y las estructuras subterráneas para resaltar las inferencias basadas en observaciones en el campo, e identificar las características de los Cerros de Kampankis que son similares o diferentes a las montañas aledañas como las de la Cordillera del Cóndor; y 4) identificar aspectos sobre la geología del área que realzan su valor de conservación o que representan una amenaza para la conservación.

Geología regional

Inicia en el periodo Pérmico (aproximadamente 299 millones de años), cuando las diferentes fases de la formación montañosa u orogénesis proto-andina controlaron la deposición sedimentaria, el levantamiento y la posterior erosión en la Sudamérica occidental. Entre los periodos orogénicos o de formación montañosa, los depósitos tempranos fueron erosionados hasta quedar nuevamente planos. El actual levantamiento andino está asociado a la colisión de la placa de Nazca con la placa Sudamericana, comenzando en el periodo Cretácico (aproximadamente 145 millones de años), cuando la placa de Nazca subduce (se hunde) bajo la placa Sudamericana en dirección nordeste.

En el Perú, los principales pulsos de levantamiento de la cordillera de los Andes son asociados en la literatura a episodios de subducción más rápida de la placa de Nazca (Pardo-Casas y Molnar 1987) así como a la compresión concomitante de los Andes (Hoorn et al. 2010). El pulso del Mioceno temprano y Mioceno tardío (10–16 millones de años) levantó parcialmente los Andes modernos hacia el oeste y causaron la depresión de una vasta región hacia el este, llamada la cuenca del Marañón, una cuenca tipo antepaís o 'foreland basin.' Así se levantó la Cordillera del Cóndor y se depositó la porción alta de la Formación Pebas (Navarro et al. 2005, Valdivia et al. 2006, Hoorn et al. 2010). También dio inicio la deposición del abanico sedimentario en la boca del río Amazonas. El siguiente y más reciente pulso de levantamiento andino ocurrió cerca de la transición del Mioceno-Plioceno (5–6 millones de años). Datos obtenidos mediante trazas de fisión en apatitos (AFT por sus siglas en inglés) indican un rápido levantamiento y una erosión simultánea del anticlinal de Kampankis en esa época (Kennan 2008). Las distribuciones modernas de los terremotos indican que actualmente los Cerros de Kampankis y las áreas adyacentes no se están deformando de manera activa (Rhea et al. 2010).

Estructuralmente, los Cerros de Kampankis forman el eje de un anticlinal, el cual es la expresión superficial de un plegamiento de fallas de propagación que cruza el Pongo de Manseriche (Fig. 17; PARSEP 2001, Navarro et al. 2005, Valdivia et al. 2006). Hacia el sur del pongo, se conoce al anticlinal como Cerros de Manseriche, que terminan en el 'megashear' (o megacizalla) de Huancabamba, una zona de geología compleja que marca donde el alineamiento de los Andes cambia del SSO-NNE hacia el norte al SSE-NNO hacia el sur (PARSEP 2001). Hacia el norte del pongo, a partir de un punto aproximadamente equidistante entre el pongo y la frontera Perú-Ecuador, la cordillera de Kampankis desarrolla una asimetría, convirtiéndose en un monoclinal con el lecho inclinado hacia el este. La deformación, desarrollada a lo largo de una cuenca más antigua y angosta (un semi-graben ó fosa tectónica) rellenada con sedimento, comprende rocas que datan del Jurásico en la subsuperficie y el Cretácico hasta el Mioceno en la superficie. Las principales formaciones relacionadas al levantamiento son Pucara y Sarayaquillo (Jurásico), Grupo Oriente, Chonta, Vivian, Cachiyacu, Huchpayacu y Casablanca (Cretácico), Yahuarango y Pozo (Paleógeno), y Chambira y Pebas (Mioceno; Navarro et al. 2005). Se estima que durante y después del levantamiento, unos 5,200 m de sedimento han sido denudados por erosión a lo largo del eje del anticlinal, el cual expone las rocas más antiguas (del Cretácico) en su

Figura 17. Una sección transversal de los Cerros de Kampankis, basado en la sección sísmica este-oeste Q96-231 interpretada por PARSEP (2001: 99–100) y en el mapa geológico de Valdivia et al. (2006). Para facilitar la interpretación el eje vertical del mapa ha sido exagerado (2x). Esta sección está ubicada aproximadamente 5.5 km al sur del campamento Quebrada Wee y la falla a la derecha está asociada con *collpas* en ese campamento. La ubicación del extremo occidental (A) y del extremo oriental (A') de la sección está indicada en la Fig. 2A.

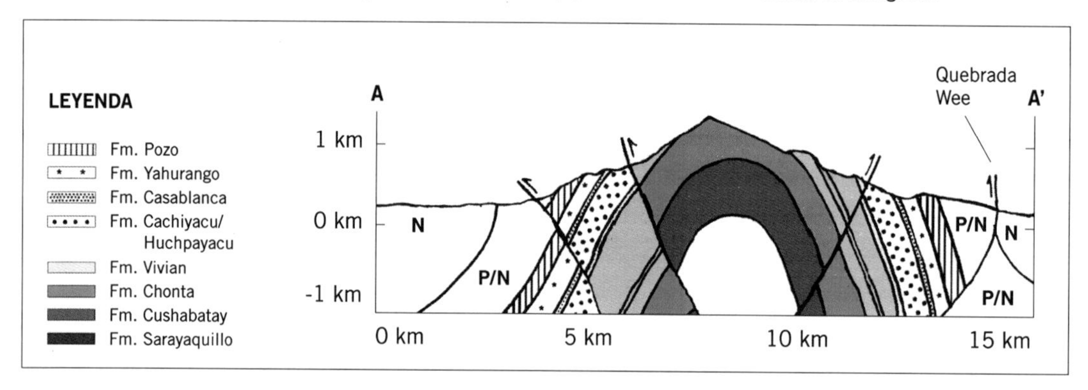

interior (la parte más elevada). El Pongo de Manseriche representa una manifestación importante de este proceso. Es probable que el río Marañón haya antecedido a los Cerros de Kampankis, y que el pongo se haya formado cuando emergieron las montañas.

El levantamiento de los Cerros de Kampankis separó la cuenca sedimentaria del Santiago de la del Marañón (PARSEP 2001, Navarro et al. 2005). La edad del levantamiento está delimitada entre las edades de las rocas afectadas y las no afectadas por el levantamiento. Los conglomerados y las areniscas del Plioceno de la Formación Nieva fueron depositados en estas cuencas durante o después del levantamiento del anticlinal (Navarro et al. 2005). Estos sedimentos son también aparentemente de la misma edad que las unidades sedimentarias Nauta 1 y 2, registradas durante muchos inventarios rápidos realizados hacia el este y fuera del área de influencia de erosión volcánica de Ecuador (ver la discusión en Stallard [2011]). Es probable que los sedimentos del Pleistoceno deriven de la erosión por meteorización de los sedimentos clásticos más antiguos durante los levantamientos ocurridos hace 5–6 millones de años. Con frecuencia se conoce a tales sedimentos como de segundo ciclo (sedimentos reciclados, heredados o retrabajados), que por lo general producen un sustrato más pobre con cada uno de los ciclos de erosión y redepositación.

En los Cerros de Kampankis las formaciones jurásicas, principalmente areniscas cuarzosas (ricas en cuarzo), no están expuestas (Fig. 17), exceptuando al sur del Pongo de Manseriche. Las formaciones cretácicas expuestas en el interior del anticlinal consisten en calizas (carbonato de calcio) y areniscas con fragmentos cuarzosos y líticos (de roca).

MÉTODOS

Durante el inventario rápido, se visitaron cuatro áreas ubicadas a lo largo de los Cerros de Kampankis, distantes 120 km entre sus puntos más lejanos (Figs. 2A, 2B). La ubicación estratégica de los campamentos permitió estudiar tanto la parte central como los flancos orientales y occidentales de la estructura anticlinal de los cerros.

La exploración de campo se realizó recorriendo las trochas establecidas en cada campamento y los drenajes principales y secundarios, tratando de seguir en sentido este-oeste (perpendicular a la estructura). Los puntos de ubicación se tomaron con un GPS Magellan MobileMapper bajo el sistema de proyección UTM WGS 84. Los datos de rumbo, buzamiento, lineamientos y demás estructurales se registraron en grados azimut usando una brújula tipo Brunton.

En la descripción litológica en campo se empleó lupa 10X, martillo geológico y ácido clorhídrico al 16%. Durante el trabajo de campo se tomaron muestras de las diferentes unidades litológicas, así como especímenes fósiles de un amonoideo mal preservado relacionado a unidades calcáreas del cretácico inferior, bivalvos de unidades del cretácico superior y algunas semillas en sedimentos aparentemente pleistocenos, además de muestras para el análisis micropaleontológico. Se colectaron así 30 muestras de mano representativas de las unidades cretácicas y paleógenas. La descripción escrita de cada una de las unidades lito-estratigráficas (basada en el tipo de roca y nivel estratigráfico) siguió la nomenclatura de espesores de capas de Ingram (1954) y Watkins (1971), así como la escala granulométrica de Wentworth (1922). Para la clasificación composicional de depósitos calcáreos y siliciclásticos (es decir, sedimentos compuestos por partículas de aluminosilicatos y granos minerales), se empleó la nomenclatura de Folk (1962 y 1974, respectivamente).

Para caracterizar los drenajes y la química de agua de la región, en cada campamento se estudiaron entre tres y ocho quebradas de primer a tercer orden. Para cada quebrada registramos las siguientes variables: ubicación geográfica, elevación, fuerza de corriente, apariencia del agua, composición del lecho, ancho de la corriente y altura de las riberas. Asimismo, se midió el pH del agua con papeletas ColorpHast® en tres rangos (pH 0–14, pH 6.5–10 y pH 4–7) y la conductividad del agua con un conductímetro digital Amber Science modelo 2052. Para confirmar las mediciones de pH y conductividad en laboratorio, se colectó de cada quebrada una muestra estándar y otra de agua esterilizada, en botellas purgadas y selladas. El agua se transportó en nevera de isopor para evitar cambios de temperatura fuertes y la incidencia directa de luz, y fue analizada de manera posterior al trabajo de campo en Tarapoto, con un equipo portátil de pH y conductividad ExStick® EC500 (Extech Instruments) en condiciones de similar presión-temperatura y calibración de equipo.

En el estudio de suelos se tomaron cinco muestras (perfiles edafizados) que representaran la edafización de cada una de las litologías predominantes. Esto se relacionó a su vez a cambios en altura topográfica y marcados cambios en la vegetación, producto de la riqueza o capacidad de retención de nutrientes de los suelos. Este trabajo se realizó en el campamento Quebrada Wee, desarrollado como un trabajo conjunto con el integrante del equipo botánico David Neill, con quien se realizó un transecto oriente-occidente, que permitió colectar muestras de suelos provenientes de las arenitas y calizas cretácicas y arenitas y limolitas del paleógeno, cada uno de ellos asociado a una vegetación específica, con el objeto de comparar las diferencias de textura y composición en suelos que permiten interpretar una relación con el desarrollo de especies florales específicas. Las muestras de suelo fueron tomadas con una broca manual de 25 cm, recuperando perfiles edafizados de nivel superior con longitud de entre 10 y 15 cm (descartando los 5 cm del horizonte superior), en los que se describieron la textura, color y composición. La descripción de colores se hizo empleando la tabla de Munsell (1954).

RESULTADOS

Los Cerros de Kampankis se disponen en una estructura anticlinal, iniciando al sur en el área del Pongo de Manseriche y terminando en su parte media (campamento Quebrada Kampankis) a partir de donde se torna un monoclinal con rumbo norte y buzamiento al oriente. Las tres litologías predominantes en el cerro en orden de ocurrencia son: areniscas (litoarenitas, cuarzoarenitas), calizas (bioesparitas y micritas) y lutitas (lodolitas algunas veces arenosas con materia orgánica y calcáreas). Estas últimas se presentan como capas supeditadas a las areniscas, aunque con alto porcentaje de ocurrencia en elevaciones inferiores a los 300 m.

En su mayoría, las unidades litológicas pertenecen al Cretácico (Inferior y Superior) y se componen de intercalaciones de calizas y arenitas. Los paquetes gruesos de lodolitas arenosas se depositaron en el Cretácico Superior Tardío y Cenozoico inferior (Paleógeno). Las unidades Neógenas, que no fueron objeto de visita en campo, se ubican en las cuencas de los ríos Santiago y Morona, en los flancos occidental y oriental de los cerros. En conjunto con los depósitos cuaternarios, poseen la mayor extensión de las unidades litológicas en la zona.

Agua y suelos

Los sistemas de drenajes se desarrollan perpendiculares al filo, en sentido este-oeste, y a lo largo de valles formados por la erosión de unidades finogranulares, y tributan para las cuencas de Santiago y Morona. Son cauces secundarios de aguas limpias que cortan las arenas y poseen carácter subterráneo en las zonas de calizas.

Los valores de pH y conductividad para todas las muestras de agua recolectadas en campo, así como otra información relevante, se presentan en el Apéndice 1. En las muestras se observó un pH que oscila entre los 6.5 y los 7.4 con conductividades de 28 a 359 $\mu S\ cm^{-1}$, con una media estándar de 190 $\mu S\ cm^{-1}$. Registramos los valores más extremos cerca de una *collpa*, un lamedero natural de aguas ligeramente saladas cuyo origen se discute más adelante en el texto. Cerca de esta *collpa* en el campamento Quebrada Wee el pH alcanzó 8.1 y la conductividad 2,140 $\mu S\ cm^{-1}$. Este último debe variar con el flujo de las lluvias o con los cambios estacionales.

Observamos tres suelos principales en la zona: los originados a partir de las cuarzoarenitas, los que poseen un origen calcáreo y los que tienen un origen en unidades finogranulares como lutitas y limolitas. El desarrollo edafológico en los Cerros de Kampankis es completamente dependiente de las unidades litológicas. Las unidades cuarzoarenosas son las más pobres en nutrientes y son cubiertas por suelos pobremente desarrollados, mientras que las unidades con contenido calcáreo, especialmente las micritas y bioesparitas se observan asociadas a suelos más ricos y fértiles. Las litoarenitas y sublitoarenitas representan un nivel de riqueza intermedia, algunas veces con contenido calcáreo. Estos suelos también pueden variar según el ángulo del terreno y la altura topográfica. Otros factores, como el drenaje superficial en las areniscas, el drenaje subterráneo en las calizas y el ángulo de estratificación de las diferentes formaciones, determinan la topografía actual y han tenido un rol primario tanto en el desarrollo de los suelos como en la distribución de la flora y fauna asociada a ellos.

Descripción de los campamentos

El campamento Pongo Chinim (390 m; Figs. 2A, 2B, 16) se ubica sobre las arenitas del Cretácico superior, en medio de una estructura monoclinal buzado al este. Al occidente predominan las calizas de la Formación Chonta (Aptiano-Coniaciano), intercaladas por niveles supeditados de cuarzoarenita. Hacia el oriente predominan litoarenitas, lodolitas y, en menor proporción, cuarzoarenitas y arenitas calcáreas. La intercalación de litologías genera mosaicos de suelos con diferente capacidad de retención de nutrientes y vegetaciones asociadas a cada sustrato. El área es irrigada por drenajes estrechos de segundo y tercer orden, de pH neutro (6.08–7.4) con baja conductividad (30–130 $\mu S\ cm^{-1}$). Se asocian drenajes subterráneos a las calizas.

El campamento Quebrada Katerpiza (305 m; Figs. 2A, 2B, 16) se ubica en el flanco occidental del anticlinal de Kampankis sobre arenitas y lutitas rojo-verdosas de edad paleógena. Ascendiendo en dirección este se retrocede estratigráficamente, pasando por las intercalaciones de litoarenitas calcáreas, shales y cuarzoarenitas del Cretácico superior hasta llegar a los niveles de calizas y cuarzoarenitas del Cretácico inferior, que afloran en capas potentes de color gris-beige, que ascienden en ángulo alto (hasta 65°), alcanzan alturas de 1,340 m e integran el tope de los Cerros de Kampankis. La estratificación que intercala rocas calcáreas y terrígenas genera mosaicos de suelos de diferente composición. El rápido cambio de altitud es también un factor influyente en el desarrollo edafológico, lo que repercute en la vegetación asociada a cada sustrato. La zona posee drenajes de primer a tercer orden, de aguas limpias y transparentes con pH neutro (7.0–7.7) y una mayor conductividad respecto al campamento Pongo Chinim (108–360 $\mu S\ cm^{-1}$).

El campamento Quebrada Kampankis (Figs. 2A, 2B, 16), ubicado en la parte central de los Cerros de Kampankis, se encuentra en una zona de complicación tectónica con una falla con vergencia sudoeste-nordeste (posiblemente una falla de rumbo con componente inverso) que controla los drenajes en ambos flancos de los cerros y rompe la continuidad norte-sur del filo de la serranía. Ascendiendo en dirección este se retrocede estratigráficamente, hasta llegar a los depósitos de calizas y cuarzoarenitas del Cretácico inferior (Formación Chonta). La zona es geológicamente inestable, con grandes derrumbes antiguos y recientes observables en las cabeceras de los drenajes. Predominan las lutitas y suelos rojos y verdes asociados a unidades Cretácicas tardías y Paleógenas, con suelos arcillosos de color gris claro, rojizo y amarillo, cortados por drenajes de segundo y tercer orden estrechos y profundos que socavan con rapidez la roca. Las aguas son ligeramente turbias, con conductividad variable (50–230 $\mu S\ cm^{-1}$) y pH neutro (6.3–7.3). La mayor parte de los drenajes de tercer orden estaba seca durante nuestro trabajo de campo, lo que sugiere una ocurrencia estacional.

El campamento Quebrada Wee (328 m; Figs. 2A, 2B, 16) se ubica en el flanco este de los Cerros de Kampankis sobre unidades de limolitas y litoarenitas de color rojo-verdoso, que se relacionan a depósitos de Paleógeno temprano. Ascendiendo hacia el occidente se retrocede cronológicamente, pasando por las litoarenitas, cuarzoarenitas y arenitas calcáreas del Cretácico superior para finalmente llegar a las unidades de calizas y arenitas calcáreas (Formación Chonta) y las cuarzoarenitas del Cretácico inferior de la Formación Cushabatay, que integran el filo de los cerros (1,435 m). Los cambios topográficos están directamente relacionados a la composición del sustrato, donde unidades terrígenas y unidades con contenido calcáreo han generado tipos de suelo específicos, con perfiles edáficos bien definidos a los que se asocia vegetación específica a manera de mosaicos. Los drenajes con magnitudes de segundo y tercer orden aparecen principalmente en la parte baja del terreno, con pH de tendencia neutra (7–7.6) y conductividades altas comparadas con los otros tres campamentos (90–359 $\mu S\ cm^{-1}$), con la ocurrencia de *collpas* (2,140 $\mu S\ cm^{-1}$). En la parte alta los drenajes ocurren de manera subterránea, corriendo a través de las unidades cársticas.

DISCUSIÓN

En esta sección, se discuten las relaciones entre la geología y el agua, así como entre la geología, los animales y las plantas. La composición del agua es controlada por la meteorización de la roca madre, que también forma los suelos. La descripción de la composición del agua nos permite hacer inferencias acerca de la riqueza de los suelos y su impacto en la flora y la fauna. La composición del agua permite la comparación entre los campamentos del inventario y las áreas de estudio de inventarios anteriores realizados en la cuenca amazónica. Los datos presentados a continuación indican que los Cerros de Kampankis comprenden un paisaje muy rico en nutrientes en comparación con los sitios de inventario ubicados en las tierras bajas de la Amazonía peruana. La abundancia de piedras calizas y la presencia de depósitos de sal son factores importantes.

Calidad de agua, geología y *collpas*

Hasta el momento, se han empleado las medidas de conductividad y pH para clasificar las aguas superficiales en cuatro inventarios rápidos: Matsés (Stallard 2006), Nanay-Mazán-Arabela (Stallard 2007), Yaguas-Cotuhé (Stallard 2011) y el inventario actual. El uso de las medidas de pH ($pH = -log(H+)$) y conductividad para clasificar las aguas superficiales de una manera sistemática es poco frecuente, en parte debido a que la conductividad es una medida que involucra una gran variedad de iones disueltos en el agua. Winkler (1980) reconoció que los iones de hidrógeno son aproximadamente siete veces más conductivos que otros cationes simples de bajo peso molecular y también la mayoría de los aniones más simples (con la excepción de los aniones de hidróxido, que sólo son abundantes en los valores de pH muy altos que rara vez se encuentran en la naturaleza). En nuestro estudio esto fue utilizado para desarrollar una evaluación gráfica rápida de la química de las muestras de agua, en la que se representa el pH de la muestra frente al logaritmo de su conductividad. La técnica fue refinada por Kramer et al. (1996).

Los datos se distribuyen generalmente en forma de boomerang en la gráfica (Fig. 18). A valores de pH inferior a 5.5, la conductividad de iones de hidrógeno provoca que la conductividad aumente con la disminución del pH. A medidas de pH superiores a 5.5, otros iones dominan y las conductividades suelen aumentar con la disminución del pH. En los inventarios anteriores, la relación entre el pH y la conductividad se comparó con varios valores determinados a lo largo de los sistemas fluviales Amazonas y Orinoco (Stallard y Edmond 1983, Stallard 1985). Con el inventario Kampankis ya existen datos suficientes para realizar esta misma comparación a través de la Amazonía peruana, colocando las muestras de Kampankis dentro de un contexto más amplio. Para entender los resultados, es necesaria una explicación breve.

Geológicamente, la cordillera Kampankis contiene un amplio conjunto de tipos de rocas sedimentarias inmaduras (que contienen granos fácilmente erosionables) y maduras (en las cuales la mayoría de los granos son compuestos por cuarzo), areniscas, pizarras y calizas (rocas compuestas principalmente por carbonato de calcio). Además, en el subsuelo hay un extenso depósito Jurásico de sal entre las formaciones Pucara y Sarayaquillo (PARSEP 2001, Navarro et al. 2005). Esta sal parece haber servido como capas que por su poca dureza se deslizaron sobre las capas que las subyacen (zona inicial de movimiento) en el evento de deformación por compresión en el Neógeno. Aguas extremadamente saladas (137,000 ppm de cloro, siete veces más salada que el agua de mar) se han encontrado durante perforaciones en estas unidades (PARSEP 2001). Debido a la participación de los depósitos de sal como lubricante de falla y la presencia de aguas muy saladas, tanto sedimentos ricos en sales como aguas saladas pueden llegar a la superficie a lo largo de las fallas en la región de Kampankis.

Los tres inventarios anteriores tuvieron lugar encima de depósitos sedimentarios formados a partir de material erosionado del crecimiento de los Andes. Debido a esto, los depósitos de esas áreas ya habían sido erosionados por lo menos una vez y se habían agotado en los minerales que se descomponen para producir iones disueltos. Los sedimentos de los Cerros de Kampankis, al contrario, incluyen calizas y sedimentos que no habían sido fuertemente erosionados antes de la erosión y posterior inhumación de los cerros (areniscas y lutitas inmaduras). El proceso de enterramiento profundo y cementación que producen las rocas duras añade minerales. En consecuencia, la mayoría de las rocas en los Cerros de Kampankis se meteoriza para producir suelos más ricos que los ambientes ubicados más al este en el Perú. Una excepción importante es la piedra arenisca madura (cuarzosa) que comúnmente meteoriza produciendo suelos bien drenados y pobres en nutrientes.

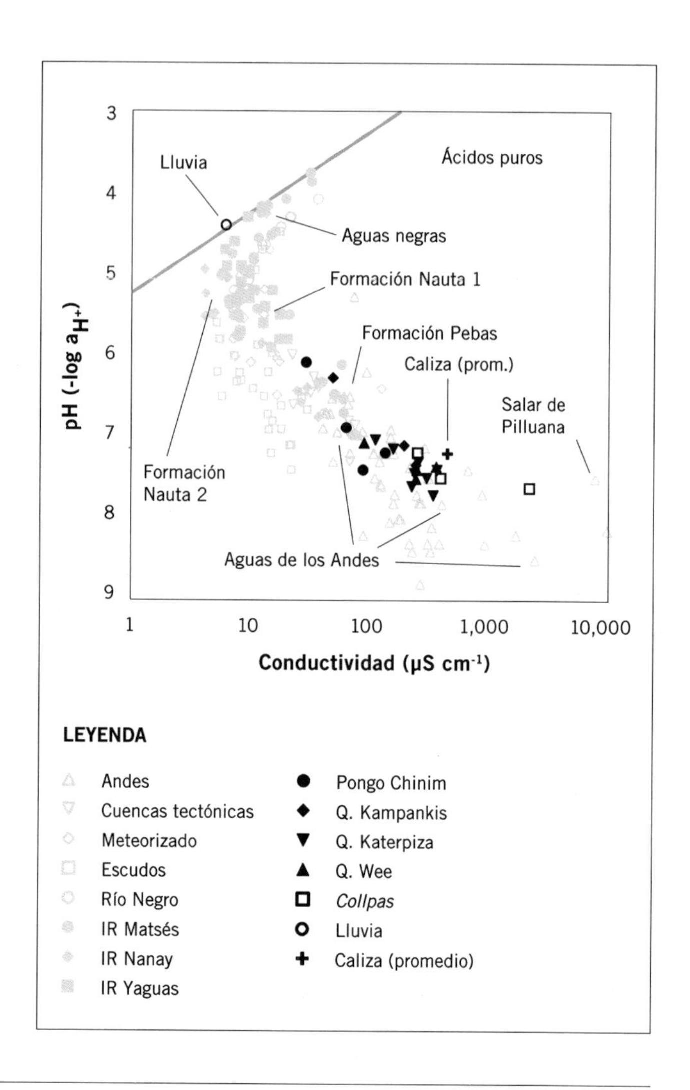

Figura 18. Valores medidos en campo de pH y conductividad (en micro-Siemens por cm) de varios cuerpos de agua en Sudamérica. Los símbolos sólidos de color negro representan muestras de quebradas recogidas durante este estudio. Los símbolos sólidos de color gris claro representan las muestras recogidas durante tres inventarios rápidos anteriores: Matsés (RI16), Nanay-Mazán-Arabela (RI18) y Yaguas-Cotuhé (RI23). Los símbolos abiertos de color gris claro corresponden a numerosas muestras recogidas en otros lugares a través de las cuencas de los ríos Amazonas y Orinoco. Observe que las muestras de cada sitio tienden a agruparse; podemos caracterizar a estos grupos de acuerdo a su geología y suelos. En las tierras bajas amazónicas en el este del Perú, cuatro grupos se destacan: las aguas negras ácidas asociadas con suelos de arena cuarzosa, las aguas de baja conductividad asociadas con la unidad sedimentaria Nauta 2, las aguas ligeramente más conductivas de la unidad sedimentaria Nauta 1, y las aguas mucho más conductivas y con pH más alto que drenan la Formación Pebas. Las aguas más diluidas son simplemente la lluvia con pequeñas cantidades de cationes (Nauta 2) o ácidos orgánicos (aguas negras) añadidos. Aguas típicas de los Andes se superponen a las de la Formación Pebas, pero también alcanzan niveles de conductividad y pH considerablemente mayores. Las aguas de los Cerros de Kampankis abarcan todo el rango, desde las aguas que drenan la Formación Pebas hasta las aguas que drenan calizas (símbolo +). Tres *collpas* (saladeros) están indicadas en la figura. Las dos con menor conductividad son de las tierras bajas amazónicas y se asocian con la Formación Pebas. Sus composiciones se pueden explicar como el resultado de la disolución de la calcita y el yeso, dos minerales que se encuentran en la Formación Pebas. Los niveles muy altos de conductividad de la *collpa* cerca del campamento Quebrada Wee sólo se explican por la disolución de sal en forma de piedra. La sal en forma de piedra no está expuesta a la superficie en la región de Kampankis, pero la sal o las aguas afectadas por la sal parecen llegar a la superficie a lo largo de las fallas. La *collpa* de Quebrada Wee se encuentra encima de una falla de este tipo. La misma formación de sal en el subsuelo de Kampankis se expone en la superficie en el famoso yacimiento de sal Pilluana cerca de Tarapoto.

Cuando comparamos las aguas colectadas en Kampankis con las colectadas en los tres inventarios anteriores (y con otras muestras de los sistemas Amazonas y Orinoco), se destacan varias características importantes. En primer lugar, no hay solapamiento entre los conjuntos de datos de pH-conductividad de Kampankis y alguna de las muestras recogidas de aguas que drenan las formaciones Nauta 1 o Nauta 2, o de las quebradas de aguas negras que drenan las arenas blancas. Estas son formaciones que tienen bajas concentraciones de minerales de fácil meteorización que contribuyen a suelos ricos en nutrientes y a los iones disueltos en los arroyos. Esto indica que grandes áreas de suelos pobres en nutrientes no se encuentran cerca de los campamentos de Kampankis. Haciendo caso omiso de las muestras de las *collpas*, que son tratadas más adelante, sólo tres muestras de Kampankis se superponen con el grupo de muestras que drenan la Formación Pebas. La Formación Pebas contiene algunos minerales de fácil meteorización, que se descomponen para producir nutrientes que son aprovechados por las plantas y los iones disueltos, y se asocia con suelos ricos en nutrientes en las tierras bajas del este del Perú. La superposición indica que estas tres quebradas drenan sedimentos que contienen estos minerales. La coincidencia indica que estas tres quebradas drenan sedimentos (lutitas y areniscas) que también tienen una abundancia de minerales y suelos ricos en nutrientes.

El símbolo "+" en la Fig. 18 representa el promedio de 35 muestras recogidas en condiciones de flujo bajo en una queb Barro Colorado, Panamá (Lutz Creek; R. Stallard, datos no publicados). Muchas de las muestras de los campamentos Quebrada Katerpiza y Quebrada Wee tienen conductividades que están cerca, pero en grado inferior a esta media de agua que proviene de formación caliza. Esto indica que la piedra caliza cubre una parte sustancial de las cuencas ubicadas aguas arriba de los sitios de muestreo en Kampankis (Stallard 1995). Las muestras restantes se encuentran representadas entre las muestras de la Formación Pebas y en las formaciones calizas, indicando una amplia mezcla de tipos de roca, pero con predominio de lutitas y areniscas.

Una quebrada (360215) en el campamento Quebrada Katerpiza tenía depósitos de tufa en forma de terrazas que se refiere como un "tufa barrage" (Ford y Pedley 1996). Depósitos similares se encontraron en un arroyo seco en el campamento Quebrada Wee. Las tufas son depósitos porosos de carbonato de calcio que se forman cuando aguas que están químicamente saturadas de carbonato de calcio, en presencia de dióxido de carbono en exceso, pierden el dióxido de carbono hacia la atmósfera. Aunque los depósitos de tufa se encuentran en todo el mundo (Ford y Pedley 1996), la aparición de depósitos de tufa en las quebradas de bosques húmedos suele ser poco frecuente. El dióxido de carbono proviene de la respiración de las raíces y la descomposición de materia orgánica. Los depósitos están a menudo asociados con las cianobacterias y el dióxido de carbono es eliminado por fotosíntesis, ayudando en la formación de carbonato de calcio. Stallard (1980) describió depósitos similares en una fuente de agua salada cerca de Tingo María a orillas del río Huallaga y Patrick (1966) atribuyó los depósitos de tufa en la quebrada de Pérez Puente, un afluente del río Huallaga, a las cianobacterias. Estos depósitos también se encuentran en la Isla Barro Colorado en Panamá, en dos pequeñas quebradas que drenan la piedra caliza (R. Stallard, observación personal).

Tres muestras de aguas de *collpa* fueron colectadas en los inventarios rápidos hasta la fecha. Las dos muestras de *collpa* con menor conductividad provienen de los inventarios de Matsés y Yaguas-Cotuhé. Éstas drenan la Formación Pebas y también se ubican cerca del punto de pH-conductividad de la piedra caliza. La *collpa* de Kampankis (cerca del campamento Quebrada Wee) tiene una conductividad cinco veces mayor. El único modo de obtener una conductividad mayor a la derivada de la piedra caliza para estas áreas es disolver los depósitos de sal (Stallard 1995).

Las *collpas* del campamento Quebrada Wee se encuentran en proximidades de una de las principales fallas que han dado origen a los Cerros de Kampankis (Fig. 17). La sal adicional puede provenir de las sales del Jurásico que lubrican la falla o de las aguas saladas que salen de la falla. Las *collpas* en Kampankis tienden a emplazarse entre la piedra caliza y las aguas que drenan el depósito de sal de Pilluana, una afloramiento de sal Jurásico cerca de Tarapoto, Perú (Stallard, 1980). Es interesante, sin embargo, que las aguas de las *collpas* de los inventarios anteriores tengan concentraciones de sal máximas similares a muchos de los ríos muestreados en el campamento Quebrada Wee. Por lo tanto, lo que buscan los tapires en las otras regiones de la Amazonía peruana es muy común en los Cerros de Kampankis, y los tapires en Kampankis buscan y seleccionan sitios aún más salados. Esto nos lleva a preguntar: "¿Cuánta sal es necesaria para saciar a un tapir?"

En resumen, los datos de todos los ríos de los Cerros de Kampankis reflejan sustratos que tienen un mayor contenido de minerales susceptibles a la meteorización que gran parte de las tierras bajas amazónicas ubicadas al este. A excepción de las *collpas*, las muestras de mayor concentración de sales de las tierras bajas (colectadas en ríos que drenan la Formación Pebas) coinciden con las muestras más diluidas de Kampankis. Esto indica que las muestras de las tierras bajas tienen minerales de fácil meteorización, pero no la superabundancia de minerales disueltos encontrada en Kampankis gracias a la piedra caliza. Arroyos que en gran medida drenan las calizas se muestrearon en los campamentos Quebrada Katerpiza y Quebrada Wee. En todos los campamentos hubo arroyos que mostraron la influencia tanto de calizas como de rocas con cantidades menores de minerales de fácil meteorización. Las *collpas* de las tierras bajas amazónicas parecen tener concentraciones de sal consistentes con las calizas y otros minerales, tales como restos de yeso y pirita (Stallard 2011). De otro lado, la *collpa* en el campamento Quebrada Wee demostró la influencia de una cantidad considerable de otras sales (halitas) y está asociada a una falla importante. El agua salada en este caso puede provenir de manantiales o de los sedimentos salados atrapados en la falla.

Explotación de recursos geológicos

La región circundante a los Cerros de Kampankis tiene una larga historia de exploración y explotación de recursos geológicos, y el desarrollo de estos recursos en tiempos modernos tiene potencial de causar alto impacto en los valores culturales y de conservación del área.

En el pasado se realizaron explotaciones petroleras en la región de Kampankis, principalmente en un área conocida como Lote 50. El Lote 50, que actualmente no existe, incluyó la parte sur de las cuencas hidrográficas del Santiago y Morona con los Cerros de Kampankis en medio. La compañía Mobil Oil empezó la prospección de hidrocarburos ahí en 1940, perforando tres pozos exploratorios y llevando a cabo estudios de sísmica (Navarro et al. 2005). Mucha de la información original se ha perdido y solo algunos resúmenes se encuentran disponibles (PARSEP 2001). El reporte de PARSEP de 2001 hace referencia al Lote 50 como si éste estuviese aún vigente y manifiesta que se hicieron recomendaciones a la empresa Perúpetro sobre el futuro del lote. Todos los reportes subsecuentes describen al lote como clausurado. Perúpetro (en ese entonces Petroperú) exploró la región y realizó estudios de sísmica en los años 1970 y 1980, mientras que la empresa Petromineros hizo estudios de sísmica a principios de los 1990. Desde 1995 hasta 1998, la empresa Quintana Minerals hizo estudios de sísmica y perforó cuatro pozos exploratorios (PARSEP 2001, Navarro et al. 2005). Debido a esta larga historia y a la gran cantidad de estudios realizados, se tienen mayores conocimientos geológicos de esta región en particular que de la mayoría de sitios de inventarios rápidos realizados en el pasado.

La exploración petrolera no ha terminado. Por el contrario, los antiguos datos geológicos y geofísicos han sido reinterpretados a la luz de nuevos avances en exploración petrolera (PARSEP 2001, Navarro et al. 2005). Los autores de PARSEP (2001) afirman que "El principal objetivo de este proyecto PARSEP era evaluar el potencial remanente de hidrocarburos de la cuenca del Santiago y, a la espera de resultados favorables, asistir a Perúpetro para promover esta área para la industria. Esto incluye la formulación de recomendaciones para Perúpetro con respecto al tamaño, ubicación y configuración de lotes para efectos de licitación. En el proceso de tal estudio, muchos conceptos nuevos son a menudo utilizados y se ha llegado a nuevas conclusiones que a la postre cambian las percepciones de las personas con respecto a la geología de un área determinada y a su potencial de contener hidrocarburos. A través de una evaluación rigurosa de todos los datos, creemos que este reporte presenta una cantidad significativa de ideas nuevas en cuanto a la evolución de la cuenca del Santiago, lo cual ayuda en nuestras creencias, a hacer que la cuenca del Santiago sea más atractiva para la exploración de hidrocarburos."

Nuevas concesiones de petróleo y gas han sido creadas desde esta publicación (Fig. 11D), una señal de que se le ha dado crédito a esas recomendaciones.

El oro y otros minerales metálicos están siendo también explotados. Las tierras altas al oeste del Santiago representan una fuente de oro para ese río. La mezcla de tipos de roca madre en la Cordillera del Cóndor —rocas Precámbricas intruidas por tonalitas, dioritas y granodioritas del periodo Jurásico—, es relacionada con frecuencia al desarrollo de sulfuros y vetas de cuarzo asociadas a depósitos de minerales metálicos como oro o plata. Un comparativo entre el mapa de concesiones mineras (ver Fig. 11D) y el mapa geológico (PARSEP 2001) revela tres tipos de lotes que potencialmente afectan el valle del río Santiago:

01 Concesiones que están dentro de la Cordillera del Cóndor pero fuera del Parque Nacional Ichigkat Muja-Cordillera del Cóndor. Esos lotes fueron creados poco tiempo después del 'recorte por la mitad', en el año 2007, del área planeada originalmente para el parque nacional (ver el capítulo Comunidades Humanas Visitadas). A veces se utiliza mercurio dentro de las actividades de minería a pequeña escala, mientras que en la práctica de minería a gran escala por lo general no se utiliza este químico. El sulfuro de los minerales alojados en las minas puede producir ácido, que puede introducirse en los drenajes si no se maneja de manera efectiva.

02 Concesiones ubicadas a lo largo de varios ríos que drenan la Cordillera del Cóndor. El oro erosionado de yacimientos minerales de tierras altas es por lo general redepositado en zonas de grava de río ubicadas aguas abajo, denominadas comúnmente como 'placeres' (depósitos de oro detrítico). Frecuentemente se utiliza mercurio para extraer oro de tales depósitos de grava.

03 Una concesión de extracción minera no metálica (E. Tuesta, com. pers.) está localizada en los Cerros de Manseriche (la continuación de la cordillera de Kampankis al sur del Pongo de Manseriche). Esta concesión incluye la Formación Chonta, dentro de la cual existe la capa de caliza más gruesa en los Cerros de Kampankis. La razón más probable para el otorgamiento de tal concesión podría deberse a proyectos de ingeniería a gran escala como la construcción de represas (QVI 2007).

Afortunadamente para propósitos de conservación, el potencial petrolero y minero es aparentemente bajo dentro de los Cerros de Kampankis en sí. Algunos modelos indican que potenciales reservorios de petróleo fueron destruidos por la erosión durante los cinco millones de años de historia de las montañas (PARSEP 2001, Navarro et al. 2005). Los depósitos sedimentarios dentro de los Cerros de Kampankis preceden la erosión de la Cordillera del Cóndor y por lo tanto no contendrían el oro detrítico presente en la actual cuenca del Santiago.

El Pongo de Manseriche es un valle angosto y profundo a través del cual recorre un inmenso río, el Marañón, y ha atraído el interés del gobierno por su potencial para la construcción de una represa hidroeléctrica. En nuestra opinión, seria un error grave construir una represa en este sitio. El lago que se crearía tras la inundación de la represa sumergiría el espacio habitado por una gran cantidad de comunidades indígenas (Fig. 11D). La posibilidad de construir tal represa se encuentra en estudio (QVI 2007). El potencial de generación de energía es proporcional al de caída neta en el sitio de la represa. En su estudio, QVI (2007) basó sus proyecciones en mapas topográficos antiguos e imprecisos a escala 1:100,000. Como resultado estimaron una caída neta de 161 m para un reservorio que no inundaría hacia Ecuador (la hipotética área superficial del reservorio sería de 351 m sobre el nivel del mar). Nosotros utilizamos información topográfica más precisa colectada desde el espacio (NASA SRTM en Google Earth) y determinamos que la superficie más alta posible para semejante reservorio, restringido a territorio peruano, sería de 235 m y la caída neta solo de 70 m. Esto reduciría el potencial de generación de energía proyectada en un 56%. Un reservorio de tan poca profundidad también duraría poco tiempo, pues sería rápidamente rellenado con sedimento de los ríos Marañón y Santiago.

RECOMENDACIONES PARA LA CONSERVACIÓN

Potenciales amenazas de la actividad minera y petrolera

En el trabajo de campo se pudo determinar la ausencia de cuerpos cristalinos e intrusivos en la litología que aflora en los Cerros de Kampankis, factor que sumado a la composición de los sedimentos permite descartar estos cerros como posibles fuentes de oro. No se observan mineralizaciones y no se tiene noticia de depósitos de placeres relacionados al oro, otros metales o gemas en la región. Esto constituye una fortaleza, pues significa que la minería de placeres que hoy en día se lleva a cabo en otros lugares de la región probablemente no se extenderá a los Cerros de Kampankis.

Por otra parte, la posibilidad de desarrollar minería no metálica con el interés de extraer material calcáreo para la elaboración de cementos (para la construcción de hidroeléctricas) es posible (ver arriba). Un desarrollo minero de este tipo tendría un impacto negativo directo sobre la integridad del ecosistema de los cerros y debe ser vista como una de las amenazas más plausibles en la zona.

En la zona la actividad de prospección de petróleos desde los años 1950 no implica que los Cerros de Kampankis en sí sean objetivo de perforación. Las planicies inundables de los ríos Santiago y Morona probablemente sean lugares más atractivos. De cualquier modo, una explotación de este tipo podría generar daños irreparables al equilibrio ecológico tan complejo en los Cerros de Kampankis y sus alrededores. Cualquier actividad minera o de explotación de recursos energéticos en las cuencas del Santiago o Morona tendrá un impacto negativo directo sobre la biota de los Cerros de Kampankis.

Recomendaciones

Los Cerros de Kampankis son una región de topografía accidentada en que su forma actual ha sido desarrollada por la geología y los procesos tectónicos y de erosión que han actuado a través de los últimos cinco millones de años. La variedad de suelos y microhábitats promueve altos niveles de biodiversidad regional. Por lo general, la riqueza de los suelos que se refleja en las composiciones de las aguas (conductividad alta, pH alto) presenta una condición que puede soportar poblaciones abundantes de animales. Así es que, protegidos, los Cerros de Kampankis pueden servir como una fuente de animales que migran hacia regiones donde existe más presión de seres humanos.

Se recomienda de forma especial para el área de los Cerros de Kampankis la elaboración de una cartografía detallada en la que se ubiquen y midan las *collpas*, y se hagan muestreos de sus aguas. Aunque toda la integridad de los cerros debe protegerse, las áreas de las *collpas* merecen mayor atención, protegiendo a la vez su entorno y la red de vías que los animales trazan y emplean para acceder a estas zonas. Las cuevas y otras estructuras cársticas (las cuales no muestreamos durante este inventario) pueden formar hábitats de organismos raros o endémicos, por lo cual deben ser mapeadas también. Finalmente, los depósitos de tufa en quebradas dentro de los bosques húmedos tropicales son poco conocidos. Estos depósitos deben ser mapeados y protegidos.

Aunque los Cerros de Kampankis son estériles en contenidos de minerales metálicos, lo que los hace estar exentos de la explotación de oro, la carga sedimentaria que lleva el río Santiago proveniente de la Cordillera de Cóndor sí posee este elemento, lo que ha generado el desarrollo de minería artesanal a lo largo de ese cauce. El mercurio empleado en este tipo de explotación tiene un impacto negativo directo sobre la fauna piscícola y, posteriormente, sobre la fauna terrestre por tratarse de un elemento altamente tóxico. Debe tenerse en cuenta que los peces suelen subir por los drenajes, pudiendo transportar consigo el tóxico mercurio, perjudicando el delicado equilibrio existente en estos majestuosos cerros.

VEGETACIÓN Y FLORA

Autores: David Neill, Isau Huamantupa, Camilo Kajekai y Nigel Pitman

Objetos de conservación: Bosques excepcionalmente diversos a elevaciones bajas asentados sobre varios tipos de suelos, principalmente en laderas bien drenadas, representativos de la rica flora de la Amazonía occidental y de la región de piedemonte subandina; bosques en laderas y crestas de montaña a elevaciones de 1,000–1,435 m, que incluyen muchas especies de plantas de distribución restringida, incluidas algunas restringidas a suelos derivados de areniscas y especies localmente endémicas; varias especies de plantas nuevas para la ciencia, conocidas sólo para este inventario y posiblemente endémicas a los Cerros de Kampankis; comunidades de plantas bien preservadas en los cuatro sitios que visitamos, con poca evidencia de tala u otra perturbación antropogénica; una flora rica que es cultural y económicamente importante para las comunidades indígenas locales y que es ampliamente utilizada por ellos como alimento, medicina y material de construcción

INTRODUCCIÓN

En el siglo XX, antes de nuestro inventario, varios botánicos hicieron colectas en las tierras bajas a lo largo del río Santiago, del río Morona y en el Pongo de Manseriche del río Marañón. Günther Tessmann en la década de 1920 y John Wurdack en la década de 1950 colectaron especímenes botánicos en el Pongo de Manseriche; sus colectas incluyen varias docenas de especímenes tipo para especies nuevas descubiertas en esa localidad. Como parte de un estudio etnobotánico de los nombres de las plantas en las lenguas Wampis y Awajún durante 1979–1980, el antropólogo Brent Berlin entabló colaboraciones con varios informantes Wampis quienes colectaron especímenes fértiles de herbario y proporcionaron nombres Wampis para los mismos. Estos colectores, Víctor Huashikat y Santiago Tunqui, colectaron en su mayoría a lo largo de la parte baja de la quebrada Katerpiza, debajo de los 200 m de elevación y cerca de la desembocadura del Katerpiza en el río Santiago (aproximadamente 3°50'S 77°40'O), un sitio aguas abajo de nuestro propio campamento en la parte alta de la misma quebrada. Berlin hizo algunas otras colectas en la periferia de la comunidad de La Poza en la orilla occidental del Santiago. Walter Lewis hizo cerca de 500 colectas etnobotánicas de plantas medicinales con informantes Wampis en los poblados Pinsha Cocha y Nuevo Nazaret (aproximadamente 4°06'S 77°12'O) en el río Morona en 1987. Estos especímenes de los ríos Santiago y Morona están depositados en el herbario del Jardín Botánico de Missouri (MO) y la información al respecto está disponible en la base de datos botánica TROPICOS (*http://www.tropicos.org*). En conjunto, cerca de 4,000 colectas de plantas de las tierras bajas de los ríos Santiago y Morona y del Pongo de Manseriche fueron registradas en la base de datos TROPICOS con antelación a este estudio, y esas colectas representan cerca de 1,300 especies de plantas vasculares. La publicación *Flora del Río Cenepa* (Vásquez et al. 2010) incluye el río Santiago y el Pongo de Manseriche en su cobertura geográfica, así como la cuenca del río Cenepa más al occidente y el área del río Marañón entre la boca del río Cenepa y el Pongo de Manseriche. Previo a nuestro inventario, no se conocían colectas de los Cerros de Kampankis por encima de los 300 m de elevación.

MÉTODOS

Caracterizamos la vegetación y la flora de los Cerros de Kampankis por medio de una combinación de métodos: observaciones hechas a lo largo de la red de trochas establecidas alrededor de cada uno de los campamentos, la colecta de especímenes *voucher* e inventarios semi-cuantitativos. Intentamos hacer colectas botánicas de todas las plantas vasculares encontradas con flores o frutos al alcance de un tubo extensible con gancho cortador de 10 m (no escalamos árboles más altos para obtener especímenes por las limitaciones de tiempo del inventario rápido). En cada sitio buscamos plantas fértiles a lo largo de las principales quebradas al igual que en la red de trochas. Hicimos un esfuerzo especial por registrar y colectar plantas en las elevaciones más altas accesibles en cada una de las redes de trochas (700 m en el campamento Pongo Chinim, 1,050 m en el campamento Quebrada Kampankis, 1,340 m en el campamento Quebrada Katerpiza y 1,435 en el campamento Quebrada Wee).

Hicimos 1,000 colectas de plantas fértiles las cuales representan 900 especies de plantas vasculares. También hicimos algunas colectas estériles de especies que no tenían flores o frutos para comparar este material vegetativo con especímenes *voucher* de herbario. Un juego completo de especímenes fue depositado en el herbario del Museo de Historia Natural (USM) de la Universidad de San Marcos en Lima. En la medida posible depositaremos duplicados de especímenes en la Universidad Nacional San Antonio Abad de Cuzco (CUZ), en el Herbario Nacional de Ecuador (QCNE) y en The Field Museum (F) en Chicago. Obtuvimos fotografías digitales de todas las plantas colectadas antes de prensarlas y también fotografiamos un gran número de plantas no colectadas y escenas del bosque. Una selección de estas fotografías con identificaciones puede obtenerse contactando a *rrc@fieldmuseum.org*; algunas fotografías serán usadas para elaborar guías de campo rápidas de la flora de Kampankis, producidas por The Field Museum y disponibles en *http://fm2.fieldmuseum.org/plantguides/*.

Mientras viajamos en helicóptero entre los cuatro campamentos hicimos algunas observaciones de tipos de vegetación y árboles del dosel.

RESULTADOS

Diversidad y composición

Colectamos y tomamos fotos de 1,000 especímenes de plantas y tomamos fotos de cientos de otras plantas en campo, totalizando 118 familias y aproximadamente 1,600 especies (Apéndice 2). Estimamos que la región de Kampankis podría contener 3,500 especies de plantas. Esta diversidad florística es alta y típica de los bosques en el piedemonte de los Andes cerca de la línea ecuatorial (Bass et al. 2010).

Para ejemplos de las muchas formas en que las comunidades indígenas locales usan la flora de Kampankis, véase el capítulo Uso de Recursos y Conocimiento Ecológico Tradicional.

Tipos de bosque

La vegetación y la flora de los Cerros de Kampankis están fuertemente influenciadas por las diferencias en elevación y sustrato geológico en toda la región. Identificamos cinco tipos principales de vegetación alrededor de los campamentos que visitamos:
1) vegetación riparia y de planicie aluvial a lo largo de quebradas; 2) bosque que crece en colinas bajas entre los 300 y 700 m de elevación, sobre un mosaico edáfico que incluye suelos limosos, suelos arcillosos y algunas áreas de arena; 3) bosques de elevaciones intermedias (700–1,000 m), también sobre suelos mixtos; 4) bosques sobre afloramientos de calizas y suelos derivados de calizas, en su mayoría a los 700–1,000 m de elevación;
5) bosque con afloramientos de areniscas y suelos derivados de areniscas, en su mayoría en las elevaciones más altas (1,000–1,435 m). Al menos otros dos tipos de bosque se encuentran en las extensas planicies entre la base de la cordillera y los ríos Santiago y Morona, las cuales no fueron visitadas en tierra: 6) bosques inundados dominados por la palmera *Mauritia flexuosa* (un tipo de bosque llamado 'aguajal' en el Perú) y 7) bosques mixtos en suelos ligeramente mejor drenados.

Vegetación riparia y de planicie aluvial

En todos los cuatro campamentos corrían quebradas de baja velocidad y bajo volumen con lechos de cantos rodados. En esas quebradas se encuentran poblaciones densas de plantas reofíticas con raíces sujetas directamente a la roca desnuda. La hierba *Dicranopygium* cf. *lugonis* (Cyclanthaceae) es la reofítica más abundante; en algunas porciones de las quebradas la bromelia arbustiva *Pitcairnia aphelandriflora* (Bromeliaceae), con sus distintivas inflorescencias rojas, forma parches densos. Las reofíticas están usualmente arriba del nivel del agua pero son periódicamente inundadas cuando hay crecidas después de una tormenta, como la que vivimos una tarde en la quebrada Kampankis. La quebrada Katerpiza es mayor que las quebradas de los otros tres campamentos, con un área afectada por inundaciones periódicas más extensa, más vegetación perturbada a lo largo de su ribera y grandes parches de *Heliconia vellerigera*, *H. rostrata*, *H. episcopalis* (Heliconiaceae) y *Calathea crotalifera* (Marantaceae). En el bosque ripario a lo largo de la ribera de la quebrada crecen árboles como *Zygia longifolia* (Fabaceae), *Inga ruiziana* (Fabaceae), *Senna macrophylla* (Fabaceae) y *Guarea guidonia* (Meliaceae).

En el valle aguas abajo del campamento Pongo Chinim hay un bosque alto con un dosel cerrado de hasta 35 m de alto y emergentes del dosel de hasta

45 m. Aquí los árboles son especies características de tierras bajas aluviales con suelos ricos e incluyen a *Ceiba pentandra* (Malvaceae), *Cedrela odorata* (Meliaceae), *Hura crepitans* (Euphorbiaceae), *Chimarrhis glabriflora* (Rubiaceae), *Otoba parvifolia* (Myristicaceae), *Sterculia colombiana* (Malvaceae) y *Trichilia laxipaniculata* (Meliaceae). Un bosque similar, de tierras bajas con suelos ricos, fue observado en una isla de la quebrada Katerpiza, aguas abajo de nuestro campamento.

Bosques en colinas bajas y suelos mixtos

Un bosque alto de dosel cerrado crece en los cerros bajos de suelos bien drenados ubicados al pie de los Cerros de Kampankis, entre los 300 y 700 m de elevación. Estas áreas representan cerca del 80% de la región que exploramos. Los suelos son principalmente mixtos, con proporciones variables de limo, arcilla y arena, aunque hay pequeños parches de suelos arenosos derivados de afloramientos de areniscas y parches de suelos arcillosos resbaladizos derivados de afloramientos de calizas. En muchas áreas la superficie del suelo es pedregosa y está cubierta en su mayoría por rocas del tamaño de un puño o más grandes, derivadas del sustrato geológico dominante en la región de estas colinas bajas: pizarras originarias del Cretácico tardío y Cenozoico temprano. El dosel del bosque tiene cerca de 30 m de alto, con emergentes de hasta 45 m. Los árboles grandes más comunes incluyen *Parkia nitida* (Fabaceae), *Hevea guianensis* (Euphorbiaceae), *Dussia tessmannii* (Fabaceae), *Tachigali chrysaloides* y *T. inconspicua* (Fabaceae), *Minquartia guianensis* (Olacaceae), *Matisia cordata* (Malvaceae), *Sterculia colombiana* (Malvaceae), *Eschweilera andina* y *E. coriacea* (Lecythidaceae). Las palmeras más comunes en la mayoría de estas áreas son *Iriartea deltoidea*, *Socratea exorrhiza* y *Wettinia maynensis*.

Entre los árboles más grandes en los bosques al pie de los cerros está el emergente del dosel *Gyranthera amphibiolepis* sp. nov. ined. (Malvaceae-Bombacoideae; Palacios en revisión), un nuevo registro del género para el Perú. Este árbol ha sido encontrado en numerosas localidades en Ecuador en los pasados 20 años, al pie de las cordilleras subandinas de Galeras, Kutukú y Cóndor, principalmente en suelos derivados de calizas. El epíteto de la especie se deriva del nombre común del árbol entre la población mestiza de Ecuador, 'cuero de sapo,' en referencia a la corteza moteada que se desprende en escamas redondeadas. *Gyranthera* es un género con sólo dos especies más, una de la cordillera costera de Venezuela y otra de la región del Darién en Panamá.

Existen pequeños parches de suelos arenosos en las laderas más bajas de los cerros, usualmente menores a 50 m de ancho, en los que crecen árboles típicos de suelos arenosos pobres en nutrientes, incluidos *Micrandra spruceana* (Euphorbiaceae), *Sacoglottis guianensis* (Humiriaceae) y *Tovomita weddelliana* (Clusiaceae), además de la hierba *Rapatea muaju* (Rapateaceae).

El bosque de las colinas bajas cercanas al campamento Quebrada Katerpiza mostró mucha mayor evidencia de perturbación que los tres campamentos restantes. Al otro lado del río, frente al campamento, una plantación de la palmera cultivada *Bactris gasipaes*, que tendría cerca de 40 años de edad al momento de nuestra visita a juzgar por la altura de las palmeras, indicaba un antiguo asentamiento humano. Las enredaderas densas en el sotobosque del campamento Quebrada Katerpiza ofrecieron más evidencia de perturbación. Parte del aspecto de crecimiento secundario de este bosque podría indicar recuperación de antiguas tierras agrícolas, aunque la mayoría de la perturbación en los alrededores del campamento Quebrada Katerpiza parecía ser natural y no antropogénica. Los cerros alrededor del campamento estaban cubiertos con pequeñas rocas y los deslaves podrían ser más frecuentes allí que en otros lugares de la región. La palmera grande más común cerca del campamento Katerpiza, *Attalea butyracea*, fue rara o ausente en los sitios restantes.

Bosques de elevación intermedia sobre suelos mixtos

En las laderas de elevaciones intermedias en los Cerros de Kampankis, por encima de los 700 m, la composición del bosque cambia gradualmente al ascender a mayores altitudes. En este ambiente más húmedo y más fresco, las epífitas vasculares y los musgos son más abundantes, el dosel del bosque es ligeramente más bajo y la hojarasca en la superficie del suelo es más densa. Los suelos son variables, dependiendo del material de origen que los subyace, con proporciones variables de arena, limo y arcilla. Entre las especies comunes de árboles se encuentra *Eschweilera andina* (Lecythidaceae), *Cassia swartzioides* (Fabaceae), *Tachigali inconspicua* (Fabaceae), *Pourouma minor* (Urticaceae), *P. guianensis* (Urticaceae), *Caryodendron orinocense* (Euphorbiaceae) y las palmeras *Socratea exorrhiza* y *Wettinia maynensis*.

Bosques de elevaciones intermedias sobre calizas emergentes y suelos derivados de calizas

Los afloramientos de calizas en los Cerros de Kampankis forman un paisaje cárstico tipo 'diente de perro,' similar a las áreas de piedra cárstica de otras regiones tropicales como Jamaica (Kruckeberg 2002). La roca madre caliza, erosionada por disolución por agua de lluvia ácida, forma bordes filosos aserrados que con facilidad pueden hacer cortes en las botas de jebe; por lo tanto, se requiere de cuidado extremo para caminar en este terreno. Los afloramientos de calizas más extensos fueron encontrados en un filo al occidente del campamento Pongo Chinim a los 650–700 m de elevación y a lo largo de la trocha sobre el campamento Quebrada Wee, a los 700–900 m de elevación.

Plantas herbáceas crecen sobre estas rocas calizas desnudas, donde acumula muy poco suelo, incluyendo a *Asplundia* (Cyclanthaceae), *Anthurium* (Araceae) y una variedad de helechos terrestres. Árboles y arbustos también crecen en estos afloramientos de caliza, con raíces que se extienden hasta el suelo por debajo de la roca emergente. Entre las especies frecuentes figuraron *Metteniusa tessmanniana* (Icacinaceae), *Otoba glycicarpa* (Myristicaceae) y *Guarea pterorhachis* (Meliaceae).

El árbol de subdosel *Metteniusa tessmanniana* (Icacinaceae) y el árbol de sotobosque *Sanango racemosum* (Gesneriaceae) son comunes y conspicuos en los suelos arcillosos derivados de calizas. *Justicia manserichensis* (Acanthaceae), una especie herbácea localmente endémica conocida solamente para la Región de Amazonas, Perú, es localmente común en suelos derivados de calizas y en algunos lugares las hojas moteadas de esta planta forman una alfombra casi continua en el suelo. Estos suelos arcillosos derivados de calizas son relativamente fértiles, con un contenido sustancial de humus en el horizonte A. En el sendero sobre el campamento Quebrada Wee, a los 900 m de elevación y justo encima del afloramiento de calizas, observamos un grupo de ocho grandes árboles de *Cedrela odorata*, una especie indicativa de suelos relativamente fértiles.

Bosques sobre afloramientos de areniscas

Los tipos de vegetación más distintivos de los Cerros de Kampankis, los cuales contienen el número más grande de especies de rangos restringidos, especies localmente endémicas y especies posiblemente nuevas para la ciencia, se encuentran sobre los afloramientos de areniscas a elevaciones de los 1,000 a 1,435 m. Estos altos filos de areniscas comprenden menos de 8,000 ha en total y representan menos del 2% de la Zona Reservada Santiago-Comaina.

Bosque en la cresta de arenisca sobre la quebrada Kampankis (1,020 m)

La trocha que asciende desde el campamento Quebrada Kampankis terminaba en la base de un acantilado de areniscas de cerca de 20 m de altura; encontramos una forma de ascender a la cresta a través de pequeñas repisas. La cresta de la cordillera en ese lugar permite una vista del valle del Santiago al occidente y declina gradualmente hacia el oriente. Aunque la roca madre es arenisca, el suelo tiene una textura relativamente fina, es principalmente de arcilla y limo, de color marrón claro. Hay una alfombra de raíces relativamente somera de cerca del 10 cm y una capa gruesa de hojarasca.

El bosque incluye muchas especies de árboles típicas de tierras bajas, incluida *Parkia nitida* (Fabaceae), *Vochysia biloba* (Vochysiaceae), *Cassia swartzioides* (Fabaceae), *Tachigali inconspicua* (Fabaceae), *Virola pavonis* (Myristicaceae) y *Caryocar glabrum* (Caryocaraceae). *Aparisthmium cordatum* (Euphorbiaceae), generalmente considerado un árbol de vegetación perturbada y secundaria en la selva baja amazónica, es común en el sitio, aunque ésta parece ser una anomalía pues no hay signos de perturbación extensiva. Las palmeras comunes son *Iriartea deltoidea*, *Wettinia maynensis* y *Euterpe precatoria*. Los árboles típicos de elevaciones mayores incluyen *Elaeagia pastoensis* (Rubiaceae), *Tovomita weddelliana* (Clusiaceae) y *Brunellia* sp. (Brunelliaceae).

Aquí también se encontró *Schizocalyx condoricus* (Rubiaceae), una nueva especie que está siendo publicada como parte de una revisión taxonómica de *Schizocalyx* (Taylor et al., en prensa). *S. condoricus* es un árbol de subdosel de hasta 10 m de alto, previamente registrado en varias localidades de las planicies de areniscas de la Cordillera del Cóndor en Ecuador. Su presencia en los Cerros de Kampankis es un nuevo registro para el Perú y el primer registro de la especie fuera de la Cordillera del Cóndor.

Los árboles y arbustos del sotobosque presentes en esta cresta incluyen *Abarema laeta* (Fabaceae), varias especies de *Palicourea* y *Psychotria* (Rubiaceae), y una *Lissocarpa* (Ebenaceae) encontrada en floración, la cual posiblemente es una nueva especie. Las orquídeas epífitas (incluyendo los primeros registros peruanos de *Acineta superba* y *Houlletia wallisii*), bromelias y helechos son abundantes, y las ramas de los árboles del dosel están adornadas con *Tillandsia usneoides* (Bromeliaceae).

Bosque en la cresta de arenisca sobre la quebrada Katerpiza (1,340 m)

Esta cresta es angosta —poco más ancha que la trocha en muchos sitios—, y con descensos abruptos a la cuenca del río Santiago al occidente y a la cuenca del río Morona al oriente. No encontramos afloramientos de la arenisca subyacente en esta cresta de la cordillera. El suelo es principalmente de textura fina, con limo y arcilla con algo de arena, pero sin arenas de cuarzo de grano grueso. La alfombra de raíces es de unos 15 cm de grosor, más gruesa y densa que la alfombra de raíces de la cresta de menor elevación que visitamos desde el campamento Quebrada Kampankis. El bosque en la cima de la cordillera tiene un dosel de 15 m de alto y es una mezcla de especies de tierras bajas y taxa representativos de bosques de niebla andinos. Los taxa de tierras bajas incluyen *Abarema jupunba* (Fabaceae), *Simarouba amara* (Simaroubaceae), *Anthodiscus peruanus* (Caryocaraceae), *Cordia nodosa* (Boraginaceae) y *Virola sebifera* (Myristicaceae). Los taxa andinos incluyen *Rustia rubra* (Rubiaceae), *Elaeagia pastoensis* (Rubiaceae), *Ladenbergia* sp. (Rubiaceae) y *Tovomita weddelliana* (Clusiaceae). *Schizocalyx condoricus* (Rubiaceae), la nueva especie de las planicies de areniscas de la Cordillera del Cóndor, se encuentra en este sitio así como en la cresta por encima de la quebrada Kampankis.

Nos sorprendió encontrar la palmera de cera andina *Ceroxylon*, con su característico tallo blanco ceroso, siendo que la mayoría de las especies de este género se encuentran por encima de los 2,000 m de elevación. Posteriormente determinamos que la especie encontrada en los Cerros de Kampankis es *Ceroxylum amazonicum*, la especie de menor elevación del género, previamente conocida del sudeste de Ecuador y de la Cordillera del Cóndor a los 800–1,500 m. Otras especies de grandes palmeras que se encuentran aquí son *Socratea exorrhiza* y *Wettinia maynensis*, que son más características de las tierras bajas amazónicas. *Pholidostachys synanthera*, una pequeña palmera de unos 2 m de altura abundante en el sotobosque en la cresta de la cordillera, es conocida como *kampanak* en Wampis. Es apreciada por los residentes locales para techar casas y es la planta que da su nombre a los Cerros de Kampankis.

Bosques en crestas de arenisca por encima de la quebrada Wee (800–1,100 m)

En la vertiente oriental de los Cerros de Kampankis por encima de la quebrada Wee, los afloramientos de arenisca en varias crestas a los 800–1,000 m de elevación albergan parches de un bosque bajo y denso con un dosel de 10–15 m de altura. El suelo de estas cordilleras es una arena gruesa cuarzosa y la superficie del suelo está completamente cubierta con una gruesa alfombra esponjosa. Los árboles comunes en esos bosques incluyen algunas de las mismas especies encontradas a elevaciones similares en las planicies de arenisca de la Cordillera del Cóndor en Ecuador: *Chrysophyllum sanguinolentum* (Sapotaceae), *Elaeagia myriantha* (Rubiaceae), *Tibouchina ochypetala* (Melastomataceae), *Graffenrieda* cf. *emarginata* (Melastomataceae), *Osteophloeum platyspermum* (Myristicaceae) y las palmeras *Euterpe catinga* y *Wettinia longipetala*. También están presentes *Podocarpus oleifolius* (Podocarpaceae) y *Alzatea verticillata* (Alzateaceae), en una elevación sorprendentemente baja para estos árboles andinos.

Bosque en la cresta de arenisca por encima de la quebrada Wee (1,435 m)

El bosque en ésta, la mayor elevación que alcanzan los Cerros de Kampankis, es completamente diferente a la vegetación que encontramos en los demás sitios durante el inventario. El suelo es de arena cuarzosa de grano grueso y la superficie del suelo está cubierta con una alfombra gruesa y esponjosa de raíces de unos 30 cm de grosor. Muchos árboles tienen raíces adventicias zanconas hasta 1 m por encima de la superficie del suelo, las cuales están cubiertas con una gruesa capa de briófitas; esto hace que caminar en el bosque sea algo peligroso, ya que con un paso en falso uno podría atorarse en la masa enmarañada de raíces y musgos. El árbol más común es la palmera andina, *Dictyocaryum lamarckianum*; la palmera de cera (*Ceroxylum amazonicum*) encontrada en la cresta por encima de la quebrada Katerpiza no fue encontrada aquí. Otras palmeras incluyen *Socratea exorrhiza*, *Euterpe catinga* y *Wettinia longipetala*, esta última una especie restringida a areniscas y registrada tanto en la Cordillera del Cóndor como en la Cordillera Yanachaga, en la parte central del Perú. *Euterpe catinga* se encuentra en arenas blancas en la región del Escudo Guyanés y en las areniscas de la Cordillera del Cóndor. Sobre sustratos de areniscas, *E. catinga* reemplaza a la especie común *E. precatoria*, la cual crece a menores elevaciones sobre suelos mixtos. Otras especies arbóreas de afinidad andina en esta cresta incluyen a *Gordonia fruticosa* (Theaceae), *Cybianthus magnus* (Primulaceae), *Clusia* sp. (Clusiaceae), *Magnolia bankardionum* (Magnoliaceae), *Graffenrieda* sp. (Melastomataceae), *Alzatea verticillata* (Alzateaceae) y *Rhamnus sphaerosperma* (Rhamnaceae). El pequeño árbol *Lozania nunkui* (Lacistemataceae) es una nueva especie (Neill y Asanza, en prensa) conocida previamente para la Cordillera del Cóndor, tanto en Ecuador como en el Perú.

Diferencias entre los bosques en las crestas de arenisca sobre la quebrada Katerpiza y la quebrada Wee

Encontramos diferencias sustanciales en la estructura y composición florística del bosque entre los dos sitios de mayor elevación que estudiamos: la cima principal de los Cerros de Kampankis sobre la quebrada Katerpiza (1,340 m) y la cresta cima sobre la quebrada Wee (1,435 m). Estos sitios se encuentran aproximadamente a 20 km uno del otro, tienen una diferencia de elevación de menos de 100 m y cuentan con la misma roca madre de areniscas del Cretáceo temprano. Diferencias sutiles en la composición de la roca madre y en el grado de intemperización de la roca parecen haber producido diferentes características en el suelo, las cuales resultan en grandes diferencias en la vegetación y la flora.

La roca madre en la cresta por encima de la quebrada Wee es cuarzoarenita y el suelo derivado de esta es una arena algo gruesa, altamente ácida y aparentemente de extrema pobreza en nutrientes. La vegetación en este sitio forma una alfombra densa, gruesa y esponjosa de raíces de más de 30 cm de grosor en la mayoría de sus partes, con raíces adventicias zanconas a 1 m o más por encima de la superficie del suelo. La roca madre en la cresta por encima de la quebrada Katerpiza es una sublitoarenita con un contenido menor de cuarzo cristalino que ha dado lugar a un suelo más intemperizado, de textura más fina, y aparentemente algo más fértil y menos ácido. La alfombrade raíces en la cresta por encima de la quebrada Katerpiza es mucho más delgada que en el sitio de la quebrada Wee, generalmente de 10–15 cm de grosor.

La flora de la cresta por encima de la quebrada Katerpiza es más afín a los bosques de niebla andinos de altitudes similares, mientras que la cresta por encima de la quebrada Wee, con sus suelos muy pobres en nutrientes y una gruesa alfombra de raíces, incluye más especies que comúnmente se encuentran en las planicies de arenisca de la Cordillera del Cóndor. La cresta por encima de la quebrada Wee también tiene más especies que, creemos, son nuevas para la ciencia y posiblemente localmente endémicas a los Cerros de Kampankis.

Aguajales y bosques mixtos sobre terrenos planos

Todos nuestros campamentos se localizaron en los pies de montaña de los Cerros de Kampankis y nuestros reconocimientos por tierra no incluyeron áreas extensas de terrenos planos entre la base de la cordillera y los ríos Santiago y Morona. Pudimos observar estas áreas brevemente durante sobrevuelos en helicóptero. Grandes áreas de aguajales (pantanos dominados por la palmera *Mauritia flexuosa*) fueron fácilmente reconocidas desde el aire. Mezclados con estos aguajales, en áreas con suelos mejor drenados, están los bosques mixtos con *Iriartea deltoidea* (Arecaceae), *Wettinia maynensis* (Arecaceae), *Ceiba pentandra* (Malvaceae) y *Erythrina poepiggiana* (Fabaceae) entre las especies reconocibles desde el aire.

Selva baja sobre afloramientos de arenisca

En las imágenes de satélite nos llamó la atención un área en las tierras bajas entre las quebradas Kampankis y Katerpiza (aproximadamente 3°54'S, 77°37'30"O) que parece ser una terraza de areniscas que se eleva ligeramente sobre la planicie que le rodea a 300 m de elevación. No pudimos visitar este sitio desde tierra, sino observarlo desde el helicóptero. Esta terraza baja está profundamente dividida por pequeñas quebradas que forman acantilados verticales de unos 50 m de altura, y el geólogo Vladimir Zapata nos confirmó que la terraza está compuesta de areniscas, probablemente con pizarras y lodolitas intercaladas, y carece de rocas calcáreas. La palmera *Oenocarpus bataua*, poco común en otros sitios de esta región, fue muy abundante en esta terraza; no pudimos identificar otras especies de árboles desde el aire durante el breve sobrevuelo. Al menos ocho terrazas de tierras bajas con areniscas son visibles en las imágenes de satélite entre la base de la cordillera y el río Santiago, de aproximadamente 4°05'S a 4°15'S; éstas están elevadas unos 40–50 m sobre la planicie circundante. La vegetación en estos afloramientos de arenisca de tierras bajas parece ser un bosque con un dosel relativamente bajo, denso y de altura uniforme, característico de los bosques sobre arenas blancas en tierras bajas. (Las areniscas de estas áreas no pertenecen a la misma formación del Cretáceo temprano presente en las crestas altas de los Cerros de Kampankis, sino son de una edad mucho más reciente, Oligoceno-Mioceno.) Estas áreas podrían tener vegetación de arenas blancas de tierras bajas similar a otras áreas de arenas blancas en la Amazonía peruana (Fine et al. 2010), la cual sería muy distinta de cualquier tipo de vegetación que visitamos en tierra. La exploración de estas áreas deberá ser una alta prioridad para una futura investigación florística en la región.

Nuevas especies, extensiones de rango y especies de atención especial

Nuevas especies

Epidendrum sp. nov. (Orchidaceae). Esta hierba epífita mide hasta 1.2 m de alto y tiene flores de color rosa-morado. La encontramos creciendo en árboles muy altos en los bosques de elevaciones mayores por encima de los campamentos Quebrada Katerpiza y Quebrada Wee. *Voucher* fotográfico IH8482.

Gyranthera amphibiolepis sp. nov. ined. (Malvaceae-Bombacoideae; Palacios, en revisión), un árbol grande emergente del dosel de hasta 40 m, es un nuevo registro de género para el Perú. Se le conocía previamente en cordilleras subandinas de Ecuador. Col. no. IH15571.

Lissocarpa sp. nov. (Ebenaceae). Este pequeño árbol fue encontrado creciendo sobre la cresta de la cordillera sobre el campamento Quebrada Katerpiza. Col. no. IH15773.

Lozania nunkui sp. nov. ined. (Lacistemataceae; Neill y Asanza, en prensa) es una nueva especie previamente conocida de la Cordillera del Cóndor, tanto en Ecuador como en el Perú. El espécimen de los Cerros de Kampankis tiene hojas ligeramente más pequeñas que el material de la Cordillera del Cóndor, pero probablemente debiese ser incluida en *L. nunkui*. Sólo lo registramos en la cima más alta que visitamos, por encima del campamento Quebrada Wee. Col. no. IH15936.

Salpinga sp. nov. (Melastomataceae). Esta hierba terrestre es mucho más pequeña que las especies descritas de este género y tiene solamente un fruto por rama. Col. no. IH15910.

Schizocalyx condoricus sp. nov. ined. (Rubiaceae; Taylor et al., en prensa) es un árbol previamente conocido solamente para la Cordillera del Cóndor y la Cordillera de Kutukú en Ecuador. En Kampankis encontramos poblaciones saludables en las crestas más altas por encima de los campamentos Quebrada Katerpiza, Quebrada Kampankis y Quebrada Wee. Col. no. IH15801.

Vochysia sp. nov. (Vochysiaceae) es un árbol sin describir de 35 m de alto previamente conocido para el sur de Ecuador, en la cuenca del río Napo. Sólo lo encontramos en los campamentos Pongo Chinim y Quebrada

Katerpiza, en suelos derivados de calizas. Tiene flores amarillas vistosas y frutos capsulares marrones. Col. no. IH15157.

Creemos que cuatro arbustos de la familia Rubiaceae —en los géneros *Palicourea* (col. no. IH15190), *Psychotria* (col. no. IH15685), *Rudgea* (col. no. IH15221) y *Kutchubaea* (*voucher* fotográfico DN1687)—, son nuevas especies (C. Taylor, com. pers.). Algunos han sido colectados con antelación en Ecuador.

Especies nuevas para el Perú

Acineta superba (Kunth) Rchb. f. (Orchidaceae) es una epífita previamente conocida de Panamá hasta Ecuador, Venezuela y Surinam. En Kampankis fue registrada en los bosques de mayor elevación en suelos derivados de calizas por encima del campamento Quebrada Kampankis. *Voucher* fotográfico IH9696.

Ceroxylon amazonicum G.A. Galeano (Arecaceae) es una especie del género de la 'palmera de cera' andina previamente conocida de tan sólo cuatro poblaciones en la región de la Cordillera del Cóndor y otras áreas del sudeste de Ecuador. Está clasificada en la Lista Roja de Especies Amenazadas de la UICN como En Peligro. *Voucher* fotográfico DN1814.

Coussarea dulcifolia D.A. Neill, C.E. Cerón & C.M. Taylor (Rubiaceae) es un arbusto con frutos blancos previamente conocido para la Amazonía ecuatoriana. La especie es considerada Casi Amenazada a escala global por la UICN. Col. no. IH15161.

Erythrina schimpffii Diels (Fabaceae) es un pequeño árbol de hasta 6 m con flores vistosas rojas similares a las de *E. edulis*. Se le consideraba endémica de Ecuador hasta que la registramos en las colinas arcillosas a elevaciones bajas en el campamento Quebrada Katerpiza. La especie está considerada Casi Amenazada a escala global por la UICN. Col. no. IH15599.

Houlletia wallisii Linden & Rchb. f. (Orchidaceae) es una hierba epífita con vistosas flores crema-amarillas con motas oscuras. La encontramos creciendo en bosques a elevaciones mayores por encima del campamento Quebrada Wee. Previamente, se le consideraba endémica del sudeste de Ecuador. *Voucher* fotográfico IH6517.

Monophyllorchis microstyloides (Rchb. f.) Garay (Orchidaceae) es una hierba terrestre con hojas que son moradas por debajo y que tienen vistosas líneas blancas por encima. Fue relativamente común en los bosques de menor elevación alrededor del campamento Quebrada Kampankis. La especie es bien conocida en varios países de Centroamérica, aunque éste es el primer registro del género y la especie para el Perú. *Voucher* fotográfico IH9193.

Rustia viridiflora Delprete (Rubiaceae) es un pequeño árbol previamente conocido para Ecuador. La especie es considerada Vulnerable a escala global por la UICN. Col. no. IH15485.

Trianaea naeka S. Knapp (Solanaceae) es una epífita arbustiva de 2–3 m de alto con flores marrón-cremas péndulas y polinizadas por murciélagos. Hasta el inventario rápido de Kampankis era considerada endémica del sudeste de Ecuador. La especie es considerada Vulnerable a escala global por la UICN. Col. no. IH15856.

Otras especies de interés especial para la conservación

El principal árbol maderable de la región, *Cedrela odorata* (Meliaceae), está clasificado como globalmente Vulnerable por la UICN.

Elaeagia pastoensis (Rubiaceae) está considerada Vulnerable a escala global por la UICN.

Justicia manserichensis (Acanthaceae) es una hierba terrestre localmente endémica. Fue clasificada como En Peligro en *El Libro Rojo de las Plantas Endémicas del Perú* (León 2006a) aunque aún no tiene una clasificación formal de amenaza en el ámbito nacional o global.

Licania cecidiophora (Chrysobalanaceae). Descrita en 1978 mediante tres colectas en el río Cenepa (Berlin y Prance 1978), este árbol grande no ha sido colectado desde esa ocasión (León 2006b). Durante el inventario rápido en Kampankis le preguntamos a varios residentes locales acerca de la especie, mencionando tanto el uso documentado de las agallas esféricas de sus hojas por los pueblos Jívaro para hacer capas tradicionales como el nombre Jívaro para la especie (*dúship*). Algunos informantes nos dijeron que sí conocían el árbol y que está presente en la cuenca del Santiago a elevaciones más bajas que las que muestreamos, pero no lo encontramos. La especie ha sido clasificada como En Peligro en *El Libro Rojo de las Plantas Endémicas del Perú* (León 2006b) aunque aún no tiene una clasificación formal de amenaza en el ámbito nacional o global.

Wettinia longipetala (Arecaceae) está clasificada como Vulnerable a escala global por la UICN.

DISCUSIÓN

En las crestas altas de areniscas de los Cerros de Kampankis, entre los 1,000 y 1,435 m, encontramos muchas de las mismas plantas que son características de las planicies de areniscas de la Cordillera del Cóndor a elevaciones similares. Estas especies, como *Wettinia longipetala*, *Cybianthus magnus*, *Gordonia fruticosa* y *Alzatea verticillata*, se encuentran evidentemente adaptadas a tolerar los suelos ácidos y muy pobres en nutrientes derivados de arenisca de cuarcita y se han dispersado entre la Cordillera del Cóndor y los Cerros de Kampankis, así como a otras áreas con suelos pobres en nutrientes en los Andes y otras cordilleras subandinas como la Cordillera de Yanachaga en la porción central del Perú.

Esperábamos y buscamos de manera diligente, aunque sin éxito, algunos de los géneros representativos del Escudo Guyanés que se han encontrado de manera disyunta en las planicies de arenisca de la Cordillera del Cóndor: *Phainantha* (Melastomataceae), *Stenopadus* (Asteraceae), *Digomphia* (Bignoniaceae) y el grupo *Crepinella* de *Schefflera* (Araliaceae; *Schefflera harmsii*; Frodin et al. 2010). Tampoco encontramos otros taxa restringidos a areniscas o arenas blancas que se encuentran en la Cordillera del Cóndor, como *Pagamea* y *Retiniphyllum* (Rubiaceae).

La ausencia de estos taxa en áreas con hábitats presumiblemente apropiados en los Cerros de Kampankis (areniscas de cuarcita por encima de los 1,000 m de elevación) puede ser explicada en términos de biogeografía de islas. El hábitat de areniscas apropiado para estos taxa abarca miles de hectáreas en la Cordillera del Cóndor: un archipiélago de 'islas' de planicies con arenisca de diferentes tamaños y a diferentes elevaciones. En contraste, el único hábitat de arenisca apropiado en los Cerros de Kampankis es, en esencia, una pequeña 'isla' única a los 1,000–1,400 m a lo largo de la cresta de la cima. El área total por encima de los 1,000 m en todos los Cerros de Kampankis es de cerca de 8,000 ha, aunque el área con suelos derivados de arenisca de cuarcita es mucho menor, posiblemente menos de 1,000 ha y principalmente en la porción sur de la cordillera.

La distancia desde la cresta de la cima de los Cerros de Kampankis a las cimas de la Cordillera del Cóndor más cercanas es de aproximadamente 50 km, aunque las cimas más cercanas del Cóndor podrían no estar compuestas de areniscas de cuarcita. Las áreas más cercanas de la Cordillera del Cóndor en Ecuador donde ocurren las planicies de areniscas que se sabe que albergan taxa disyuntos del Escudo Guyanés están a unos 120 km de las cimas de Kampankis. Esta distancia de dispersión entre Kampankis y Cóndor para los taxa restringidos a arenisca no parece ser extremadamente lejana, pero el tamaño minúsculo de la 'isla' de elevación alta de Kampankis podría ser demasiado pequeño para albergar la variedad completa de taxa adaptados a areniscas que se encuentran en el archipiélago más grande formado por las planicies de la Cordillera del Cóndor. Por otro lado, es probable que algunas de estas especies de hecho se encuentren en las cimas de Kampankis pero no fueron encontradas durante nuestro corto inventario.

RECOMENDACIONES PARA LA CONSERVACIÓN

Algunos tipos de vegetación importantes en la región no fueron explorados adecuadamente o siquiera visitados durante nuestro trabajo de campo en 2011. Un tipo de vegetación que amerita una más profunda exploración botánica es la que crece en las cimas por encima de los 1,000 m de elevación, especialmente las áreas con bosques bajos densos sobre afloramientos de arenisca donde podrían encontrarse otras especies endémicas y especies restringidas compartidas con la Cordillera del Cóndor. Otra alta prioridad para futuros inventarios son las terrazas de arenisca en las tierras bajas entre la base de los Cerros de Kampankis y el río Santiago. Un área de arenisca particularmente intrigante que podría tener vegetación arbustiva o herbácea típica de arenas blancas en los márgenes de la terraza parece ser accesible con relativa facilidad. Se ubica al sudeste de la comunidad de Democracia, a aproximadamente 4°15'S 77°40'O.

PECES

Autores: Roberto Quispe y Max H. Hidalgo

Objetos de conservación: Comunidades de peces de cabeceras altamente adaptados a las aguas torrentosas y que incluyen probables especies restringidas de los géneros *Astroblepus, Chaetostoma, Creagrutus* y *Lipopterichthys*; ecosistemas acuáticos con cambios hidrológicos muy marcados, y por ello frágiles, en excelente estado de conservación; lugares de uso para especies de importancia socioeconómica como *Prochilodus nigricans* (boquichico); bosques ribereños primarios de los cuales estos ecosistemas dependen para recursos; especies probablemente nuevas para la ciencia de los géneros *Astroblepus, Creagrutus, Hemigrammus* y *Synbranchus*, que pudieran ser restringidas a los Cerros de Kampankis

INTRODUCCIÓN

Los Cerros de Kampankis corresponden a una cadena montañosa considerada como el límite nordeste del plegamiento andino en territorio peruano, colindante con la llanura amazónica. Geográficamente se encuentran circunscritos entre los ríos Santiago y Morona, y al sur por el Pongo de Manseriche en la cuenca del río Marañón.

Ictiológicamente esta cadena montañosa nunca había sido explorada. Sin embargo, existe información relativamente reciente sobre la ictiofauna de los ríos Santiago, Morona y el Pongo de Manseriche. Esta información proviene de un estudio de Zonificación Ecológica Económica de estos ríos (INADE 2001), estudios de impacto ambiental en el Alto Morona (lote 64; Talisman 2004) y expediciones que han significado la descripción de dos especies nuevas de loricáridos que habitan el Pongo de Manseriche (Luján y Chamon 2008). Datos mucho más antiguos provenientes de los primeros exploradores extranjeros en la Amazonía peruana listan especies encontradas en los ríos Santiago, Morona y Marañón (Cope 1872, Eigenmann y Allen 1942).

El objetivo principal de este reporte es proporcionar información ictiológica relevante que permita a los pueblos indígenas Awajún y Wampis consolidar el cuidado y gestión de los ecosistemas acuáticos, de la manera como lo han venido realizando. Los objetivos específicos incluyen: 1) determinar la composición de especies en los ambientes acuáticos de los Cerros de Kampankis; 2) registrar el estado de conservación de los cuerpos de agua estudiados; y 3) proponer medidas para su cuidado y conservación a largo plazo.

MÉTODOS

Trabajo de campo

Durante 15 días efectivos de campo entre el 2 y el 20 de agosto de 2011, evaluamos en los cuatro campamentos un total de 17 estaciones o puntos de muestreo, los que corresponden todos a ambientes lóticos de agua clara. Las estaciones incluyen un río y 16 quebradas (incluyendo a sus pequeños afluentes) en sistemas de drenaje que van a los ríos Santiago (campamentos Quebrada Katerpiza y Quebrada Kampankis), Morona (campamento Pongo Chinim) y Marañón (campamento Quebrada Wee). El rango altitudinal evaluado fue entre 194 y 487 m.

La estrategia de colecta fue la exploración de la mayor cantidad posible de microhábitats disponibles, en vista que los ambientes de piedemonte suelen ofrecer muy poca cantidad de ellos. El acceso a todos los puntos de evaluación fue a pie empleando tanto el sistema de trochas establecido como siguiendo por el mismo cauce los cuerpos de agua principales en cada campamento. Las faenas de pesca en las estaciones de muestreo fueron de carácter intensivo, trabajando con una combinación de artes de pesca de acuerdo a los microhábitats, en tramos que variaron desde los 300 a los 1,000 m de longitud. En algunas ocasiones se hizo pesca exploratoria y de colecta de noche, en busca de especies con hábitos nocturnos, con el objetivo de reportar la mayor riqueza posible de los puntos muestreados.

La mayor parte de los ecosistemas acuáticos evaluados (ocho estaciones) correspondió a quebradas pequeñas de primer y segundo orden, menores de 5 m de ancho. Los cuerpos de agua más grandes correspondieron al río Kampankis en la confluencia con la quebrada Chapiza (campamento Quebrada Kampankis), alcanzando 20 m de ancho, y la quebrada Katerpiza en la parte más baja que pudimos muestrear, que tenía 15 m de ancho.

La mayoría de hábitats presentó fuerza del torrente o corriente lenta, siendo el tipo de sustrato más común el pedregoso con rocas grandes. Identificamos al menos cinco tipos de microhábitats principales para peces, los que incluyen pozas, rápidos, áreas de cauce recto, playas arenosas y cascadas. Las características de cada punto de muestreo son descritas en detalle en el Apéndice 3.

Colecta y análisis del material biológico

Los métodos de colecta incluyeron pesca con redes de arrastre a orilla, remoción de rocas, piedras y restos vegetales en rápidos, exploración de zonas fangosas con raíces y captura manual en agujeros o bajo las piedras. Empleamos redes de arrastre de 5 y 10 m de largo y con malla entre 5 y 7 mm, atarraya, redes de mano y red trampera de 5 m y con 6.35 cm de abertura de malla. Los esfuerzos fueron anotados para cada punto de evaluación y difirieron dependiendo de la naturaleza del método de pesca y el tamaño del hábitat (usualmente mayor en aquellos con mayor número de microhábitats y tamaño). Por ejemplo, para arrastres aplicamos entre 5 y 20 lances por red, siendo menor el esfuerzo usualmente en quebradas pequeñas con muy poco volumen de agua y muy pocos hábitats aprovechables, en los cuales solo especies especializadas pueden estar. Por el contrario, los mayores esfuerzos fueron realizados en cuerpos de agua más grandes, con mayor cantidad de hábitats y especies.

La preservación de muestras de peces fue mucho más intensa al comienzo del inventario, cuando la mayoría de especies eran nuevas para nuestra lista de campo. Hacia el final solo colectábamos aquellas especies que no teníamos registradas o que eran poco conocidas. En cada punto de muestreo separamos las muestras que serían fotografiadas vivas en el campamento de aquellas que pasaban directamente a ser preservadas. La mayor parte de las capturas fue fijada para su análisis e identificación posterior en formol al 10%. Para algunos individuos el cuerpo entero o parte del músculo fue preservado en alcohol al 96% para futuros estudios genéticos.

En los campamentos, 24 horas después de la fijación, procedimos a identificar las especies, empleando guías de identificación y conocimientos adquiridos en estudios ictiológicos anteriores. La gran mayoría de las especies fueron determinadas a nivel de especie, pero algunas quedaron como morfoespecies (p. ej., *Astroblepus* sp. 1, *Astroblepus* sp. 2) y fueron fotografiadas para facilitar su revisión posterior, mediante la colaboración de especialistas de los distintos grupos taxonómicos registrados y la literatura especializada.

Esta metodología ha sido aplicada en todos los inventarios rápidos hechos hasta la fecha en el Perú. Todas las muestras ictiológicas han sido depositadas en la colección de peces del Museo de Historia Natural de la Universidad Nacional Mayor de San Marcos en Lima.

RESULTADOS

Riqueza y composición

Registramos 60 especies de peces en total a través de colectas y observación directa. Las especies encontradas corresponden a seis órdenes, 17 familias y 39 géneros (Apéndice 4). La mayoría está agrupada dentro del superorden Ostariophysi (88% de las especies), grupo de peces que es el dominante dentro de la ictiofauna continental neotropical (Ortega et al. 2011).

El orden con mayor riqueza dentro de este superorden corresponde a Characiformes (peces con escamas sin espinas en las aletas) con 29 especies (50% del total), seguido de Siluriformes (bagres armados y de cuerpo desnudo o de 'cuero') con 21 especies (36%) y finalmente Gymnotiformes (peces eléctricos) con una especie (2%). Los peces de origen marino están representados por Perciformes con cuatro especies (7%), Myliobatiformes con una especie (2%), y Cyprinodontiformes (peces anuales) y Synbranchiformes (atingas), con dos especies y una especie (3% y 2%) respectivamente.

Characiformes y Siluriformes

De acuerdo a esta composición se observa la dominancia de Characiformes y Siluriformes, lo que es característico en la ictiofauna de la Amazonía peruana. Usualmente los Characiformes tienden a ser mucho más abundantes en densidad y riqueza en el llano amazónico que Siluriformes, y a medida que se va subiendo altitudinalmente se empieza a observar menor diferencia en la proporción de ambos grupos (es decir, aumentan silúridos y disminuyen carácidos), ocurriendo que incluso en altitudes por encima de los 1,500 m las especies nativas son básicamente silúridos y escasos carácidos.

En Kampankis fue notorio que solo hayamos registrado cuatro órdenes más. Esto también es característico de ecosistemas acuáticos montañosos de las estribaciones andinas orientales en el Perú, como ha sido observado en el Santuario Nacional Megantoni, el Parque Nacional Cordillera Azul, la Cordillera del Cóndor, Yanachaga-Chemillén, la Reserva Comunal Machiguenga, o la Reserva Comunal Amarakaeri, por ejemplo.

Characidae fue la familia más diversa con 21 especies (36% del total). Los carácidos son peces de tamaño pequeño (<15 cm de longitud estándar en los adultos) que prefieren la columna de agua como hábitat. Es común observarlos en cardúmenes, incluso formados por varias especies. Los géneros *Hemibrycon*, *Creagrutus*, *Knodus*, *Ceratobranchia* y *Astyanax*, conocidos por ser de las especies que remontan mayores altitudes dentro de la familia, fueron frecuentes en los cuerpos de agua de los Cerros de Kampankis.

Registramos en menores abundancias géneros que usualmente son más diversos en el llano amazónico, tales como *Hemigrammus*, *Odontostilbe*, *Serrapinnus*, *Paragoniates*, *Poptella* y *Leptagoniates*. Su presencia en Kampankis junto con los géneros más típicos de piedemonte mostrarían que hay un ecotono entre el llano y las estribaciones orientales de los Andes.

Otras familias de Characiformes que registramos en Kampankis incluyen géneros como *Prochilodus*, *Steindachnerina*, *Hoplias*, *Characidium*, *Melanocharacidium* y *Parodon*. El lebiasínido *Piabucina* cf. *elongata* fue una de las especies más frecuentes en los Cerros de Kampankis y en nuestro inventario fue encontrada a mayor altitud junto con *Chaetostoma*, *Ituglanis* y *Astroblepus*. Este último género alcanzó la mayor altitud (487 m).

La familia más diversa del orden Siluriformes fue Loricariidae con 12 especies (21% del total). De los loricáridos *Chaetostoma* fue el género con más especies. Este género, junto con *Ancistrus*, *Lipopterichthys*, *Farlowella* y *Rineloricaria*, abarca peces de tamaño pequeño a mediano (hasta 20 cm de longitud), conviviendo en estos ambientes con *Hypostomus* y *Spatuloricaria*, géneros que pueden alcanzar tamaños mayores y son usualmente más abundantes en cuerpos de agua de fondo arenoso o con vegetación sumergida. Sigue en importancia la familia Astroblepidae, con cuatro especies. Esta familia suele presentar notorios endemismos a nivel de subcuencas (Schaefer et al. 2011).

Las demás familias de Siluriformes están menos representadas en la zona en comparación con otros lugares de similar altitud. Esto probablemente se debe a que en las quebradas tributarias de bajo orden y de cambio abrupto que muestreamos en Kampankis varios microhábitats no estuvieron presentes. De la familia Hepapteridae, conspicua en el piedemonte, registramos tres morfoespecies del género *Rhamdia*, las cuales requieren de mayor estudio para saber si son nuevos registros para el Perú. Por último, tenemos los registros de *Batrochoglanis* (Pseudopimelodidae) e *Ituglanis* (Trichomycteridae), presentes tanto en zonas de piedemonte como en altitudes más bajas.

Otros órdenes

Solo registramos una especie de pez eléctrico: *Gymnotus* cf. *carapo* (Gymnotiformes, Gymnotidae). Estas especies son más frecuentes y abundantes en zonas de llanura, especialmente áreas inundables y aguajales, y mucho más raros en alturas. De los Perciformes, todas las especies correspondieron a la familia Cichlidae, de la que registramos *Bujurquina* (tres especies) y *Crenicichla* (una especie), géneros que fueron registrados en todos los campamentos visitados. De ellos, *Crenicichla* es de mayor tamaño y es uno de los pocos peces depredadores registrados. Las especies de *Bujurquina* fueron muy comunes. Estos peces, que habitan aguas claras en muchas áreas de piedemonte andino en la vertiente amazónica, se mostraron conspicuos y con notorio comportamiento de cuidado parental.

Dentro de los Cyprinodontiformes, las especies de *Rivulus* registradas son conocidas por ser peces con capacidad de poner huevos de resistencia que sobreviven a la sequedad propia de la temporada de vaciante, cuando las quebradas donde suelen encontrarse normalmente se quedan sin agua. Fue habitual encontrarlos en remanentes de quebradas, pozas abandonadas y aún en las trochas, en charcos formados por las lluvias.

Synbranchus es el género monotípico de la familia y también del orden Synbranchiformes. Su taxonomía está en revisión, habiendo varias especies no descritas más que las dos formalmente válidas. Nosotros encontramos una especie muy distinta a *S. marmoratus*, la única especie cuya distribución corresponde al área, por lo que es probablemente nueva para la ciencia. Finalmente, por registro fotográfico en la quebrada Kangasa, identificamos una especie de raya: *Potamotrygon* cf. *castexi*.

Campamento Pongo Chinim

Los ambientes evaluados en este campamento fueron relativamente diferentes a los muestreados en los otros campamentos. Las quebradas presentaban muchas pozas (el microhábitat dominante), lo que determinó bajas velocidades de corriente y asentamiento de vegetación muerta sumergida en los lechos, notado principalmente en el cuerpo de agua principal del lugar (la quebrada Kusuim). Cabe resaltar que este es el único campamento que pertenece a la cuenca del río Morona y además estuvo ubicado en una depresión de origen erosivo (ver la descripción del hábitat en el capítulo Panorama regional y sitios visitados). La quebrada Kusuim se desplaza por esta depresión y está limitada por el Pongo Chinim, el cual probablemente impide el ascenso de especies que prefieren hábitats menos correntosos y que son comunes en altitudes menores. Los puntos de muestreo efectuados en la quebrada Kusuim fueron en general más diversos que las quebradas menores, las cuales son tributarias de ésta y ofrecieron menor cantidad de microhábitats.

El rango altitudinal de muestreo en este campamento osciló entre los 343 y 487 m, teniendo por tanto el rango altitudinal más alto y el punto de muestreo de mayor elevación: una serie de quebradas muy pequeñas donde se observaron solo individuos de *Piabucina*, *Rivulus*, *Chaetostoma* y *Astroblepus*.

En total encontramos 18 especies de peces, agrupados en Characiformes (ocho especies y el 44% del total para este campamento), Siluriformes (6 y 33%), Perciformes (dos especies y 11%), Gymnotiformes y Cyprinodontiformes (una especie cada una). Este campamento tuvo el menor número de especies colectadas y el segundo menor número de individuos. Fue el único campamento del inventario donde registramos peces eléctricos (*Gymnotus* cf. *carapo*).

En este campamento se observaron especies de aguas correntosas como *Astyanacinus*, *Rhamdia*, *Ancistrus* y *Bujurquina*, siendo poco representadas las especies habituales de zonas bajas como *Charax* y *Hemigrammus*. Fue notoria la ausencia de especies de peces depredadores en este lugar; registramos solo dos especies con estos hábitos (*Crenicichla* y *Rhamdia*). Las especies presentes son omnívoras en su mayoría, con hábitos bentónicos (*Astroblepus*, *Chaetostoma*, *Parodon*) y también pelágicos (*Astyanacinus*, *Astyanax*, *Creagrutus*, *Knodus*). Los registros interesantes en este campamento incluyen una probable especie nueva de *Hemigrammus*.

Campamento Quebrada Katerpiza

La quebrada Katerpiza (que en realidad corresponde a un pequeño río) fue el segundo hábitat acuático más grande de todos los muestreados durante nuestro inventario ictiológico. El rango altitudinal muestreado en este campamento estuvo entre los 239 y 387 m, comparativamente más amplio que los demás campamentos pero de una altitud intermedia, lo cual se tradujo en una menor riqueza con respecto a los campamentos siguientes. La conformación del fondo y la mayor velocidad del agua en Katerpiza es consecuencia de su ubicación en la vertiente del río Santiago, sin estar encajonada entre dos cordilleras como el primer campamento. Esto hace que haya un declive uniforme que permite la incursión de especies relacionadas al río principal (Santiago) sin ninguna barrera aparente, distribuyéndose así las especies en una gradiente altitudinal.

Identificamos un total de 25 especies para este campamento, con lo cual la riqueza encontrada fue la segunda menor de los cuatro campamentos. Sin embargo, el número de individuos capturados resultó ser el segundo mayor, esto en relación directa con el tamaño de la quebrada Katerpiza.

El muestreo que realizamos en el punto más bajo de la quebrada Katerpiza arrojó la mayor riqueza de esta zona. Aunque la mayoría de las 20 especies halladas allí habían sido registradas en los puntos más altos de esta quebrada, se agregaron especies como *Paragoniates alburnus*, la cual era común aguas abajo. Con mayor muestreo en este hábitat, consideramos que se podría encontrar otras especies usualmente acompañantes a *Paragoniates*.

Las estaciones de muestreo con menor número de especies en este campamento fueron quebradas muy pequeñas y de mayor altitud, en las cuales solo se encontró ictiofauna adaptada a este medio, como por ejemplo los géneros *Piabucina*, *Chaetostoma*, *Astroblepus* y *Rivulus*.

Observamos una dominancia recurrente del orden Characiformes, con 15 especies (60% del total) repartidas en las familias Characidae (12 especies), Crenuchidae (dos especies en el género *Characidium*) y Lebiasinidae (una especie, la conspicua *Piabucina* cf. *elongata*). El segundo orden dominante fue Siluriformes, con siete especies (28% del total) distribuidas en las familias Loricariidae (cinco especies de los géneros *Chaetostoma*, *Ancistrus* e *Hypostomus*), Astroblepidae (bagres de torrente) y Trichomycteridae (caneros), con una especie cada una. Similar al campamento anterior, completan la comunidad de peces los órdenes Perciformes (dos especies) y Cyprinodontiformes (una especie).

Dentro de los Characiformes, además de otros géneros ya citados que prefieren aguas claras, rápidas y de fondo duro, registramos *Hemibrycon* cf. *jelskii*, especie que junto a *Ceratobranchia* era esperada pero no capturada en el campamento anterior. En este tipo de ambientes propios de la quebrada Katerpiza, al parecer estos géneros se desarrollan mejor. Aparte de la mayor altitud alcanzada por *Piabucina*, las poblaciones de *Hemibrycon* suelen trepar también a quebradas con fuerte pendiente y pequeñas cascadas, al igual que *Knodus orteguasae*. Por otra parte, observamos una mayor cantidad de géneros comunes en zonas bajas como *Paragoniates*, *Odontostilbe* y *Serrapinnus*, lo cual confirma la influencia del río Santiago en estas aguas.

Dentro de los Siluriformes, las especies de *Chaetostoma*, *Ancistrus* e *Hypostomus* (Loricariidae) son comunes en estos ambientes. Se notó la ausencia de carachamas planas y alargadas (shitaris), que prefieren ambientes de fondo arenoso de menor altitud, con vegetación ribereña en contacto con el agua. La presencia de *Ituglanis* y *Astroblepus* es correspondiente con el tipo de hábitats que encontramos. Para los otros dos órdenes, de igual forma al anterior campamento, algunas especies de *Rivulus*, *Crenicichla* y *Bujurquina* fueron comunes en los diferentes ambientes de Katerpiza.

En este campamento es interesante la presencia de una especie del género *Lipopterichthys*, muy relacionado a *Chaetostoma*, que solo estaba reportada en la Cordillera del Cóndor. Esta especie es probablemente nueva para la ciencia, ya que difiere de la descripción original de la única especie válida del género, *Lipopterichthys carrioni*, reportada para el lado ecuatoriano de la Cordillera del Cóndor.

Campamento Quebrada Kampankis

Este campamento presentó el punto de muestreo más bajo del inventario (entre los 194 y 290 m): la confluencia de la quebrada Kampankis con la quebrada Chapiza, formando el río Kampankis, cuyas dimensiones y tipos de ambientes fueron los más cercanamente parecidos a los ríos de selva baja. En cuanto a tipos y cantidad de microhábitats muestreados, este campamento fue más parecido al campamento Quebrada Katerpiza, con la quebrada Kampankis como colector principal del área y en flujo constante hacia el río Santiago. La ubicación y la estructura de la quebrada Kampankis, su relativa corta longitud y el descenso constante hacia su desembocadura proporcionaron los mismos ambientes vistos en el Katerpiza. La adición de microhábitats propios de zonas bajas como playas areno-pedregosas y vegetación de orilla en contacto con el agua proporcionó refugios adicionales que explican la composición más diversa y variada de este campamento.

Observamos, obviamente con todo lo explicado, que el punto de muestreo más bajo en el río Kampankis fue el de mayor abundancia y riqueza en este campamento y en todo el inventario, con 24 especies registradas. De acuerdo a nuestras expectativas en estas zonas, con mayor exploración la ictiofauna de este lugar aumentará considerablemente en número.

Registramos para todo este campamento un total de 34 especies, distribuidas mayormente en el orden Characiformes con 21 especies (63% del total para este campamento), mientras que los Siluriformes registraron nueve especies, siendo el segundo orden de importancia (30%). En cuanto a los órdenes restantes se mantiene un similar aporte mínimo, observado en los otros campamentos, de los órdenes Cyprinodontiformes, y de los Perciformes. La riqueza registrada es la segunda más alta en el inventario y guarda relación con el número de individuos colectados, que fue el mayor de los cuatro campamentos, correspondiendo con lo mencionado acerca de las bajas altitudes y tipo de ambiente muestreado.

Dentro de Characiformes, Characidae fue de nuevo la familia más diversa, con 16 especies, quedando una especie para cada una de las cinco familias restantes: Crenuchidae, Lebiasinidae, Erythrinidae, Prochilodontidae y Curimatidae. Estas dos últimas son interesantes debido a que agrupan especies de llano. Precisamente la especie *Steindachnerina* sp. es conocida junto con sus congéneres por preferir ambientes de fondo blando, del cual se alimenta. La presencia de los boquichicos (*Prochilodus nigricans*), que tienen el mismo hábito alimentario, fue un indicador importante de la poca presión de pesca que se da en la zona.

En los carácidos la presencia de géneros como *Leptagoniates*, *Poptella* y *Chrysobrycon* son adiciones del punto de muestreo de menor altitud. Sumándolos a las especies ya registradas de mayor altitud en este y otros puntos de muestreo de quebrada Kampankis, suman la mayor diversidad de esta familia entre todos los campamentos. La presencia de otras familias de Characiformes, con géneros de peces de mayor tamaño como *Hoplias*, *Steindachnerina* y *Prochilodus* fue un síntoma más del aumento progresivo de la dominancia de Characiformes conforme baja la altitud. En cambio se mantiene constante la poca presencia de los Characidae en las quebradas de mayor altitud muestreadas.

Respecto a los Siluriformes, destacó la familia Loricariidae (seis especies de carachamas), que en esta ocasión presentó también variedades propias de fondo arenoso, tales como *Rineloricaria* y *Farlowella*. Se observó la adición de especies propias de llano que pueden remontar zonas de piedemonte, análogo a los carácidos pero en menor número de especies. Las familias Astroblepidae, Heptapteridae y Pseudopimelodidae completan la nómina de los Siluriformes con una especie cada una. La especie *Batrochoglanis* cf. *raninus*, perteneciente a la última familia citada, es un registro igualmente destacable por confirmar la tendencia de encontrar especies de menores altitudes en este campamento.

La diversidad de este campamento se completa con Perciformes, con dos especies de los géneros *Bujurquina* y *Crenicichla*, y Cyprinodontiformes, con una especie de *Rivulus*.

Como registros de interés científico en este campamento, reportamos *Chaetostoma* sp. B, la cual es confirmada como especie nueva para la ciencia. Este pez alcanza tamaños notables en estas aguas y puede llegar hasta los 25 cm de longitud estándar. Registramos además una especie nueva del género *Creagrutus*, un grupo de peces acostumbrados a piedemonte y que suelen ser endémicos de cuencas menores. Esta especie, colectada en el río Kampankis en la menor elevación, presentó un patrón de coloración desconocido en la aleta dorsal y el cuerpo, además de otras características corporales que la ubican como un registro interesante. También se colectó en la quebrada Kampankis una probable especie nueva de *Lipopterichthys*. Otro registro novedoso es una probable especie nueva del género *Astroblepus*, un grupo de bagres que también suelen tener distribución restringida y endemismos marcados (Schaefer 2003).

Campamento Quebrada Wee

Los cuerpos de agua evaluados en este campamento fueron los más pequeños de entre todos los demás, con poca agua en sus cauces y formándose una serie de pozas donde se concentraban los peces. En la parte baja de la quebrada Wee, sin embargo, se observaron ambientes con pozas más grandes y un progresivo reemplazo de fondo duro por material arenoso. Este sistema drena directamente al río Marañón aguas abajo del Pongo de Manseriche. De la misma forma que en los dos campamentos anteriores, la influencia del río principal puede explicar la mayor cantidad de especies presentes.

El rango altitudinal muestreado fue de 270 a 307 m, el menos amplio de todos y relativamente de baja altitud. Los microhábitats frecuentes fueron remansos o pozas en las quebradas, alternándose con rápidos de corta longitud y cascadas solo en las quebradas pequeñas.

En el campamento Quebrada Wee se encontró el mayor número de especies de todos los campamentos. La riqueza fue muy cercana a la encontrada en el campamento Quebrada Kampankis, al cual este sitio fue similar en cuanto a ambientes muestreados e hidrología. Las abundancias observadas en el campamento Quebrada Wee fueron las más bajas entre todos los campamentos, debido principalmente al poco volumen de agua. Sin embargo, podemos afirmar que las poblaciones de peces son abundantes, sobretodo en la parte baja de la quebrada Wee, la cual es un lugar de refugio para especies de mayor tamaño.

Encontramos en este campamento 36 especies distribuidas en cinco de los seis órdenes observados en el inventario. El grupo dominante fue Characiformes, con 17 especies (49% del total para el campamento) y la familia más diversa Characidae, reiterando la conformación general de la estructura comunitaria de peces en el inventario. Los carácidos sumaron 12 especies de pequeño porte que agrupan tanto especies de aguas rápidas como especies de selva baja. Igual al anterior campamento, registramos Characiformes de mayor tamaño también, como *Hoplias malabaricus*, *Prochilodus nigricans* y *Steindachnerina* sp.

Siluriformes es el segundo orden importante, con 13 especies (37%). En este campamento observamos un aumento significativo de su importancia en la estructura comunitaria y del número de especies encontradas. El aporte de los Cyprinodontiformes (con la presencia constante de *Rivulus*) y Perciformes fue bajo en este campamento, análogo al resto de los lugares evaluados.

El orden Characiformes tiene la misma estructura comunitaria que la observada en el campamento Quebrada Kampankis, mientras que el aumento de porcentaje de Siluriformes se debió al incremento de más especies de los géneros *Ancistrus*, *Chaetostoma*, *Rhamdia* y *Astroblepus*. Asimismo, se registró *Spatuloricaria* sp., una carachama alargada (shitari) de mayor tamaño que las especies registradas en el campamento Quebrada Kampankis. Esta especie es frecuente en fondos arenosos y ya había sido registrada anteriormente en otras cordilleras en zonas del piedemonte amazónico.

En estas quebradas la adición del esperado orden Synbranchiformes fue un registro notable, particularmente de un ejemplar grande de *Synbranchus*, colectado en una quebrada pequeña de las cabeceras de la quebrada Wee, que probablemente es una especie nueva. Entre los cíclidos se observaron dos especies de *Bujurquina* que requieren mayor revisión.

DISCUSIÓN

La diversidad de peces de los Cerros de Kampankis es probablemente una de las más altas de los sistemas montañosos peruanos con similares características altitudinales e hidrogeológicas. Las 60 especies que registramos representan una mayor riqueza que la observada en las cuencas o áreas más relacionadas a Kampankis, como es la Cordillera del Cóndor, tanto en Ecuador (35 especies en la cuenca del río Nangaritza, Barriga 1997) como en el Perú (16 especies en el Alto Comaina, Ortega y Chang 1997; 51 especies en el Alto Cenepa, Rengifo y Velásquez 2004).

A pesar que la Cordillera del Cóndor presenta una mayor conexión con el flanco oriental de los Andes, un área mucho mayor y una mayor diversidad geológica, la mayor diversidad de peces en Kampankis podría deberse a su posición con respecto al llano amazónico. Dada la mayor cercanía de las zonas de fondo duro a las zonas de fondo blando en Kampankis, hay mayor aporte de especies del llano que incursionan en estos cerros, al menos en sus porciones más bajas. El hecho de que las zonas bajas de la Amazonía son generalmente más diversas que los ambientes de piedemonte amazónico explicaría la mayor diversidad observada en Kampankis.

Nuestro muestreo se centró exclusivamente en quebradas de primer a tercer orden, las cuales están conectadas directamente a ríos grandes de mayor diversidad (el Santiago, Marañón y Morona). Esta configuración topográfica hace que las quebradas tengan menor recorrido antes de llegar a un gran río. Desde un punto de vista ecológico, esto significaría que habría en Kampankis una mayor complejidad de microhábitats dentro de una determinada distancia, y no grandes secciones dominadas por un solo tipo de sustrato.

El rango altitudinal de muestreo en todos los campamentos en Kampankis abarcó desde los 194 hasta los 487 m, y desde lugares de fondo típicamente montañoso hasta zonas de mezcla de ambientes montañosos con ambientes de llano amazónico. Si bien es cierto que en otras cuencas de la vertiente oriental de los Andes estudiadas por nosotros, este límite inferior de altitud significaría estar enteramente en fondos arenosos propios del llano, esto no ha sucedido en Kampankis. Esta situación es debida probablemente a su ubicación adentrada en el llano propiamente dicho, relativamente aislado de la cordillera oriental y en medio de dos cuencas de fondo blando, como son los ríos Santiago y Morona. A esto se podría sumar que la relativa tectónica reciente de estos cerros haya dado lugar a formaciones de fondo que no se han terminado de consolidar como en otros lugares más antiguos, proporcionando entonces ambientes típicos de cabecera a altitudes bajas. Así, se observan fondos de piedra y roca relativamente angulada, inestabilidad y falta de fijación sólida de los elementos pedregosos al fondo y a algunas orillas, observación de derrumbes y una transición abrupta de fondo rocoso a areno-pedregoso, sin lugares con fondo predominante de canto rodado y grava, con material más redondeado y que provee otros hábitats.

De acuerdo a esto, en las comparaciones de Kampankis con inventarios ictiológicos en otras regiones montañosas del Perú, nuestro inventario registró mayor diversidad que la registrada en la cuenca del Alto Pauya (PN Cordillera Azul) en donde se registraron 21 especies de peces entre los 300 y 700 m (de Rham et al. 2001); mayor que la registrada en el PN Yanachaga-Chemillén, con 52 especies colectadas entre los 350 y 2200 m (datos no publicados); y mayor que la registrada en el Santuario Nacional Megantoni, con 22 especies colectadas entre los 700 y 2300 m (Hidalgo y Quispe 2004). Si tomamos aún en consideración sólo los puntos muestreados por encima de los 300 m en Kampankis, observamos un total de 35 especies registradas en solo nueve estaciones de muestreo, lo cual sigue siendo más alto que lo visto en el Alto Pauya y en Megantoni, con un menor esfuerzo de colecta.

Si bien Cordillera Azul, Yanachaga-Chemillén y Megantoni son áreas mucho más al sur de Kampankis, creemos que el mayor tamaño de sus cuencas y su conexión a mayores áreas continuas de los Andes debería traducirse en una mayor riqueza y complejidad ictiológica. Aunque el rango altitudinal en todas estas otras áreas es mayor y más alto que este trabajo, la mayor longitud de cuenca y el declive pausado de estas áreas brinda todos los microhábitats que nosotros observamos en Kampankis y otros más aún. Pese a ello, los Cerros de Kampankis son sorprendentemente más diversos en peces considerando que aplicamos esfuerzos y métodos similares.

Otro factor que ilustra la importancia de la ictiofauna encontrada en Kampankis es su notoriamente menor área en comparación con los otros inventarios comparados, lo cual hace que los resultados obtenidos superen lo esperado. El ancho de la sección transversal entre valle y valle (es decir donde se inician propiamente los Cerros de Kampankis) es mucho más estrecho (de apenas unos 10 km en promedio), lo cual hace que se pase de ambientes de piedras grandes poco moldeadas a ambientes de arena en un tramo corto. Esto podría explicar entonces el tipo de ictiofauna observado, con registros tanto de peces típicos de la llanura amazónica que ingresan desde el Santiago o Morona (por ejemplo, *Prochilodus nigricans*) como especies altamente adaptadas a aguas torrentosas como los bagres *Astroblepus* entre puntos de muestreo distanciados en apenas 3 km siguiendo el cauce de quebradas como Kampankis o Wee. En consecuencia, la ubicación de los cerros, su escasa área y la conexión cercana a grandes ríos, con el correspondiente aporte de especies que viven en zonas de alta diversidad, pueden ser los principales factores de la alta diversidad encontrada.

Según las curvas de acumulación de especies elaboradas con los datos del inventario de Kampankis y el programa EstimateS (Colwell 2005), el número de especies proyectado solamente para los Cerros de Kampankis podría llegar hasta 85 (Fig. 19). Tomando en cuenta la ictiofauna por campamentos y por consiguiente por cuencas, hubo menor aporte de especies únicas de las cuencas de los ríos Morona (campamento Pongo Chinim, seis especies) y Marañón (campamento Quebrada Wee, siete especies). La cuenca del Santiago tuvo mayor cantidad de especies únicas, con 17 aportes, aunque en esta cuenca trabajamos en dos campamentos. La mayoría de especies únicas de la cuenca del Santiago fue encontrada en el campamento Quebrada Kampankis, precisamente donde los puntos de muestreo son de menor altitud. De este resultado deducimos que las diferencias son mejor explicadas por gradiente altitudinal que por

Figura 19. Curva de acumulación de especies de peces para los Cerros de Kampankis y dos estimadores de riqueza total.

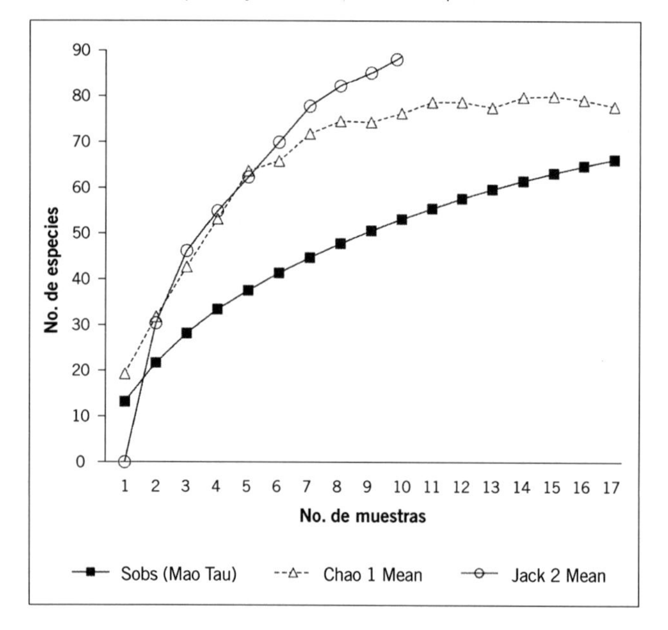

Figura 20. Análisis cluster de similaridad comparando la ictiofauna de los Cerros de Kampankis con las de otras áreas montañosas en el Perú y Ecuador.

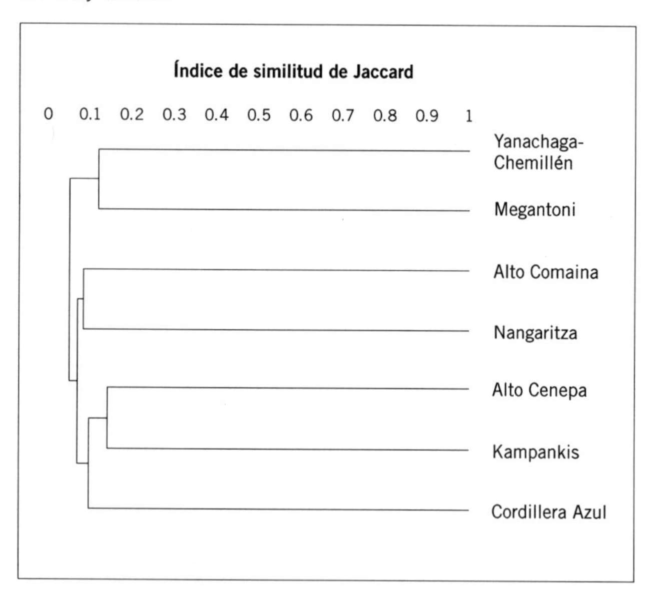

diferencia de ictiofauna de las cuencas involucradas, ya que todas ellas están conectadas y forman parte de las cabeceras del río Amazonas.

Para poner la ictiofauna de Kampankis en un contexto regional, se efectuó un análisis de agrupamiento o 'cluster' de la composición de siete localidades en las estribaciones orientales de los Andes peruanos y ecuatorianos (Fig. 20), en el cual se realizaron los agrupamientos mediante el índice de similitud de Jaccard, utilizándose el algoritmo UPGMA. Para este análisis se utilizaron los datos de presencia-ausencia a nivel de especies registradas en los siete inventarios a compararse, descartando las morfoespecies que no fueron identificadas a nivel específico. Los resultados indican que la ictiofauna de los Cerros de Kampankis presenta las mayores afinidades con la Cordillera del Cóndor. Sin embargo, es sorprendente que los niveles de similaridad no fueron muy marcados, según se puede observar en la Fig. 20, en la que se ven valores del índice de Jaccard bajos (<0.2). Kampankis presenta mayor afinidad con el Alto Cenepa, al que se une en el grupo el Alto Pauya en Cordillera Azul, y estas tres áreas forman un grupo final con el Alto Comaina y el Nangaritza. Las áreas más disímiles corresponden a las más alejadas de Kampankis: Yanachaga-Chemillén y Megantoni.

En este análisis encontramos que la mayor parte de la ictiofauna de Kampankis no ha sido registrada en las otras áreas con las cuales hemos comparado nuestros resultados (36 especies, 61% de nuestros registros). Si agrupamos toda la información hasta ahora conocida de la Cordillera del Cóndor, tenemos que sería el área más afín a Kampankis con 17 especies comunes (29% del total de especies), mientras que las áreas más al sur alcanzan como máximo el 17%. En cambio, en la comparación con las cuencas pertenecientes a la Cordillera del Cóndor, los Cerros de Kampankis presentaron mayor afinidad con el Alto Cenepa (14 especies, 24%) y menor con el Alto Comaina (seis especies, 10%).

Estos resultados sugieren que Kampankis podría estar actuando en cierto grado como una 'isla' en un contexto biogeográfico. Esta hipótesis también es apoyada por la presencia de especies restringidas a esta zona, que incluye una mayor cantidad de especies de géneros de altura como *Chaetostoma* y *Astroblepus*, además de *Ceratobranchia*. A estos se agregan las seis potenciales especies nuevas y aquellas que a la fecha solo son conocidas en el Perú de la región de la Cordillera del Cóndor (*Creagrutus kunturus* y *Piabucina* cf. *elongata*). Otro ejemplo podría ser el loricárido *Lipopterichthys* aff. *carrioni*, que se documentó como nuevo registro para el Perú en la evaluación del Alto Cenepa. Si bien no hemos podido comparar los individuos de Kampankis con los del Alto Cenepa, ha sido confirmado que el *Lipopterichthys* de los Cerros de Kampankis representa una especie no descrita.

Considerando todo el contexto paisajístico de los Cerros de Kampankis, delimitado por el río Santiago al oeste, por el río Morona en el este y por el Pongo de Manseriche al sur, su riqueza de especies debe ser muy alta. Las mayores adiciones a la ictiofauna de esta región provendrían de la ictiofauna de los grandes ríos, siendo comparable con lo registrado en la cuenca del Pastaza en el lado peruano, con 277 especies (315 considerando la parte ecuatoriana del Pastaza; Willink et al. 2005). Por ello, siendo conservadores, creemos que esta enorme región podría albergar entre 300 y 350 especies.

Especies no descritas

Encontramos seis especies de peces que son probablemente nuevas para la ciencia. Estas incluyen dos especies de la familia Characidae: una del género *Creagrutus* y otra del género *Hemigrammus*. La primera la registramos en la parte baja de la quebrada Kampankis, en la confluencia con la quebrada Chapiza, mientras que la segunda la registramos solo en el campamento Pongo Chinim. Para el caso de la especie de *Hemigrammus*, ésta correspondería al mismo pez encontrado en el Alto Mazán (Hidalgo y Willink 2007).

Otras especies nuevas también fueron encontradas entre los bagres silúridos, los que incluyen dos especies de loricáridos de los géneros *Chaetostoma* y *Lipopterichthys*, y una especie de *Astroblepus*. Para el caso de *Chaetostoma* (identificada como sp. B en el Apéndice 4), esta carachama solo fue registrada en la quebrada Kampankis aguas abajo del campamento y corresponde además al loricárido más grande que encontramos (Fig. 7A). En cuanto a *Lipopterichthys*, esta especie fue más frecuente al ser registrada en tres quebradas: dos del campamento Quebrada Katerpiza y una del campamento Quebrada Kampankis. *Astroblepus* sp. C sí fue más raro, con apenas dos ejemplares capturados: uno en el campamento Quebrada Kampankis y el otro en el campamento Quebrada Wee.

Finalmente, sospechamos que la especie de *Synbranchus*, de la que registramos un solo ejemplar en una pequeña quebrada tributaria de la quebrada Wee, sea también nueva para la ciencia, considerando que no presenta el patrón conocido de coloración de la especie probable para el área de estudio (*S. marmoratus*).

RECOMENDACIONES PARA LA CONSERVACIÓN

Cuidado de los Cerros de Kampankis y áreas contiguas

- Mantener el estado óptimo de conservación de los ambientes acuáticos que hemos observado en campo. Bajo esta premisa se sugiere que se tenga en consideración como medida primaria el manejo a nivel de cuencas, que incluya tanto el manejo integral de los recursos hídricos con los recursos hidrobiológicos. Dichas acciones deben tender principalmente a evitar la alteración de los frágiles ecosistemas acuáticos del área montañosa y el área baja de inundación de los ríos Santiago y Morona.
- Fortalecer y hacer respetar las normativas o acuerdos ya existentes de las comunidades nativas con respecto a la prohibición del uso de sustancias tóxicas (principalmente barbasco) en los cuerpos de agua, tanto de los Cerros de Kampankis como en los ríos principales. Estas normativas dejan en claro que las comunidades reconocen lo nocivo de estas prácticas insostenibles de pesca, que en el mediano y largo plazo pueden tener efectos muy graves tanto para el ecosistema como para la disponibilidad de recursos acuáticos para los pueblos indígenas de la zona.

Investigación, manejo y monitoreo

- Realizar un diagnóstico de los recursos pesqueros principalmente en los ríos Santiago y Marañón (en este último caso debería abarcar áreas cercanas arriba y abajo del Pongo de Manseriche). Ante la información recibida de que las abundancias de pescado para consumo han disminuido en el Santiago, se hace necesario un estudio dirigido que permita recopilar información sobre las especies usadas y las cantidades, lugares y métodos de pesca. El estudio debería estar ligado a muestreos biológicos-pesqueros para determinar las posibles variables que estarían llevando a la gente local a tener esta percepción. A partir de este diagnóstico se podría seleccionar tanto variables como especies a monitorear, de forma que puedan recomendarse mejores medidas de manejo.

- Fomentar actividades como la acuicultura basada con mayor énfasis en peces, pero que pudiera incluso incluir otros organismos como caracoles o tortugas. Estas actividades deberían ser apoyadas con sustento técnico, de forma que sean replicables en el tiempo y que no signifiquen modificaciones drásticas de los ecosistemas acuáticos (p. ej., represamientos de quebradas). La acuicultura debería solo emplear especies del lugar o al menos nativas del Perú.

Estudios adicionales

- Realizar inventarios taxonómicos de las especies de peces de los ríos Santiago y Morona. Si bien estos ríos han sido algo explorados, no existen a la fecha listas bien desarrolladas de especies.
- Llevar a cabo estudios filogeográficos de *Astroblepus*, *Chaetostoma* y tricomictéridos con el objetivo de evaluar las relaciones filogenéticas y variaciones entre las poblaciones aisladas o en áreas cercanas en otras cordilleras.
- Recomendamos además que se efectúen inventarios más completos de la ictiofauna en las montañas al oeste de Kampankis, como por ejemplo zonas no estudiadas de las estribaciones orientales de la Cordillera del Cóndor y la Reserva Comunal Tuntanaim, para tener un panorama más amplio de la distribución en esta zona, que está poco estudiada.

ANFIBIOS Y REPTILES

Autores: Alessandro Catenazzi y Pablo J. Venegas

Objetos de conservación: Comunidades de anfibios y reptiles aisladas en las cumbres de los Cerros de Kampankis; especies de distribución restringida a la región noroeste de la cuenca amazónica (norte del Perú y Ecuador); comunidades de anfibios en riachuelos y quebradas de aguas claras con fondo rocoso y arenoso en las cabeceras de las cuencas; siete especies potencialmente nuevas de anfibios y una de reptil, la mayoría aparentemente aisladas en las crestas de los Cerros de Kampankis; cuatro especies de anfibios conocidas hasta el momento solo en el Perú; una especie de anfibio considerada En Peligro según la Lista Roja de la UICN (rana de lluvia, *Pristimantis katoptroides*); dos especies de anfibios consideradas Vulnerables según la Lista Roja de la UICN (ranita de cristal, *Chimerella mariaelenae*, y rana de lluvia, *Pristimantis rhodostichus*); poblaciones de especies de reptiles amenazadas o casi amenazadas y de uso comercial: motelo (*Chelonoidis denticulata*) y caimán de frente lisa (*Paleosuchus trigonatus*)

INTRODUCCIÓN

La herpetofauna de los Cerros de Kampankis entre los ríos Santiago y Morona ha sido muy poco estudiada hasta la fecha. Su ubicación al margen de las tierras bajas amazónicas, su cercanía a la Cordillera del Cóndor y su conexión con la Cordillera de Kutukú en el sur de Ecuador sugieren una combinación única de especies de amplia distribución amazónica, especies del piedemonte andino y especies endémicas de la cuenca alta del río Santiago. Por lo tanto, el contexto biogeográfico de los Cerros de Kampankis se enmarca en trabajos realizados en la Cordillera de Kutukú (Duellman y Lynch 1988), la Cordillera del Cóndor (Almendáriz et al. 1997) y la cuenca del río Pastaza en Ecuador y el Perú. No existen estudios publicados sobre la herpetofauna de los Cerros de Kampankis. Sin embargo, entre 1974 y 1980 John E. Cadle y Roy W. McDiarmid colectaron un gran número de especímenes en las cuencas de los ríos Santiago y Cenepa, incluyendo los alrededores de Galilea, La Poza y la quebrada Katerpiza cerca de su unión con el río Santiago. Estas localidades investigadas por Cadle y McDiarmid se encuentran dentro de la zona de interés delimitada por los ríos Santiago y Morona, e incluyen hábitats de planicie aluvial que no estudiamos durante nuestro inventario en los Cerros de Kampankis.

El inventario en los Cerros de Kampankis representó una oportunidad para explorar por primera vez las comunidades herpetológicas en los bosques de colinas, bosques premontanos y cabeceras de quebradas afluentes de los ríos Santiago y Morona. Los Cerros de Kampankis forman una 'península' larga y angosta de bosques de colina y premontanos que se proyecta desde la Cordillera de Kutukú en Ecuador hacia el Pongo de Manseriche en el Perú. A pesar de su singularidad, estos hábitats han sido poco estudiados y el estado de conservación de su herpetofauna no había sido evaluado.

MÉTODOS

Trabajamos del 2 al 21 de agosto de 2011 en cuatro campamentos en las cuencas de dos afluentes del río Santiago (las quebradas Katerpiza y Kampankis), un afluente del río Morona (la quebrada Kusuim), y un afluente del río Marañón (la quebrada Wee; Figs. 2A, 2B). Además, establecimos dos campamentos satélite entre los 1,100 y 1,400 m en las cabeceras de las quebradas Wee y Katerpiza. Buscamos anfibios y reptiles de manera oportunista, durante caminatas lentas diurnas (10:00–14:30) y nocturnas (19:30–2:00) por las trochas; búsquedas dirigidas en quebradas y riachuelos; y muestreo de hojarasca en lugares potencialmente favorables (suelos con abundante cobertura por hojarasca, alrededores de árboles con aletas, troncos y brácteas de palmeras). Dedicamos un esfuerzo total de 251 horas-persona, repartidas en 67.5, 69.5, 48 y 66 horas-persona en los campamentos de Pongo Chinim, Quebrada Katerpiza, Quebrada Kampankis y Quebrada Wee respectivamente. En Quebrada Katerpiza nuestro esfuerzo fue de 27.5 horas-persona en la parte baja y 42 horas-persona en la parte alta; en Quebrada Wee, de 36 horas-persona en la parte baja y 30 horas-persona en la parte alta. La duración de nuestras estadías varió entre los campamentos, siendo de cuatro días en Quebrada Kampankis y cinco días en los demás campamentos.

Registramos el número de individuos de cada especie observada y/o capturada. Además, reconocimos numerosas especies por el canto y por observaciones de otros investigadores y miembros del equipo logístico. Grabamos los cantos de numerosas especies de anfibios, lo cual nos permitió diferenciar especies crípticas y contribuirá al conocimiento sobre la historia natural de estas especies. Fotografiamos por lo menos un espécimen de la mayoría de las especies observadas durante el inventario; una guía de campo de la herpetofauna de Kampankis, basada en estas fotos, está disponible en *http://fm2.fieldmuseum.org/plantguides/*.

Para las especies de identificación dudosa, potencialmente nuevas o nuevos registros, y especies poco representadas en museos, realizamos una colección de referencia de 444 especímenes (350 anfibios y 94 reptiles). Estos especímenes fueron depositados en Lima en las colecciones herpetológicas del Centro de Ornitología y Biodiversidad (CORBIDI; 242 especímenes) y del Museo de Historia Natural de la Universidad Nacional Mayor de San Marcos (MUSM; los demás especímenes).

Para el material colectado por J. E. Cadle y R. W. McDiarmid, obtuvimos un listado de las identificaciones, número de especímenes, fechas y lugares de colecta a través de la página *http://www.herpnet.org*. No revisamos este material. Excepto por algunas especies que han sido incluidas en notas sobre distribución o revisiones taxonómicas (p. ej., *Gastrotheca longipes*, *Hyloxalus italoi*), estas colecciones no han resultado en una publicación sobre la herpetofauna de esta región. Es posible que algunas identificaciones en las bases de datos de las colecciones conectadas a Herpnet no estén actualizadas y/o contengan errores. Restringimos nuestra búsqueda final a los especímenes colectados en los alrededores de Galilea, La Poza y la desembocadura de la quebrada Katerpiza. Los centros poblados de Galilea y La Poza se encuentran aproximadamente 20 km al oeste del campamento Quebrada Katerpiza; la desembocadura de la quebrada Katerpiza (elevación 180 m) frente al centro poblado de Chinganaza se encuentra aproximadamente 20 km al noroeste de nuestro campamento frente a la misma quebrada (elevación 300 m). Resumimos los listados producidos por Herpnet en el Apéndice 5.

RESULTADOS

Riqueza y composición de la herpetofauna

Registramos un total de 687 individuos pertenecientes a 108 especies, de las cuales 60 son anfibios y 48 reptiles, en los cuatro campamentos estudiados (Apéndice 5). Estimamos que la región visitada podría albergar un total de 90 especies de anfibios y 90 especies de reptiles. El análisis del número cumulativo de especies en los cuatro campamentos (Fig. 21) sugiere un número de especies similar para reptiles y anfibios (por lo menos para muestras de hasta 150 individuos), y muestra que los resultados de nuestro inventario subestiman considerablemente la riqueza de reptiles. Para anfibios, la curva cumulativa proporciona un estimado razonable del número de especies.

Cabe resaltar que estas curvas se refieren al trabajo que realizamos en los bosques de colina y premontanos de los Cerros de Kampankis. El número total de especies conocidas para toda la zona de interés delimitada por el río Santiago al oeste y el río Morona al este es de 96 anfibios y 97 reptiles (ver la discusión abajo). Estos números incluyen las especies colectadas por J. E. Cadle y R. W. McDiarmid en los alrededores de La Poza, Galilea y la desembocadura de la quebrada Katerpiza (59 anfibios y 80 reptiles), además de las especies que solo encontramos en los Cerros de Kampankis (37 anfibios y 17 reptiles).

En cuanto a los anfibios, y limitándonos al inventario, encontramos representantes de los tres órdenes conocidos (Anura, Caudata y Gymnophiona), agrupados en 10 familias y 27 géneros. Destacan las familias Strabomantidae e Hylidae, con 22 especies agrupadas en cinco géneros y 17 especies agrupadas en ocho géneros, respectivamente. En cuanto a los reptiles, encontramos a los órdenes Amphisbaenia, Crocodylia y Testudines, representados por una especie cada uno, y al orden Squamata, representado por 45 especies agrupadas en 14 familias y 36 géneros. Del orden Squamata destacan las familias Gymnophthalmidae y Colubridae, con ocho especies agrupadas en cinco géneros y 21 especies agrupadas en 16 géneros, respectivamente.

La herpetofauna encontrada corresponde a una mezcla de comunidades típicas de la Amazonía baja, conformada principalmente por especies de amplia distribución amazónica y especies del piedemonte andino, estas últimas con una distribución restringida a los bosques amazónicos de colina alta y bosques premontanos de la vertiente amazónica. Encontramos

Figura 21. Curvas cumulativas de especies de anfibios y reptiles encontradas en los cuatro campamentos visitados en los Cerros de Kampankis durante 18 días.

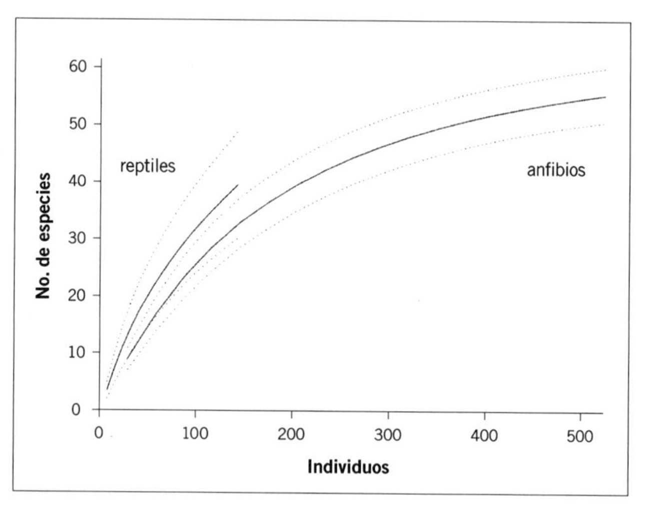

también que la herpetofauna registrada se encuentra principalmente asociada a cuatro tipos de hábitat: bosque de colina alta, bosque premontano, vegetación ribereña y quebrada.

Los bosques de colina alta, que fueron el hábitat más representativo en todos los campamentos de muestreo, a excepción de los campamentos satélites, fueron caracterizados por la predominancia de ranas de desarrollo directo de la familia Strabomantidae, principalmente del género *Pristimantis*, así como también algunos representantes de las familias Bufonidae, Dendrobatidae e Hylidae. Estos últimos se encuentran asociados a cuerpos de agua lóticos, con cierta restricción de hábitat a la vegetación ribereña y la quebrada misma (p. ej., *Hyloxalus italoi*, *H. nexipus*, *H.* sp., *Hypsiboas boans*, *H. cinerascens*, *Hyloscirtus* sp. 1, *Osteocephalus buckleyi*, *O. mutabor* y *Rhinella margaritifera*).

La comunidad de anfibios registrada en los bosques premontanos en los dos campamentos satélite de las partes altas se encontraba, al igual que la de los bosques de colina alta, compuesta principalmente por las ranas de desarrollo directo (nueve especies de los géneros *Pristimantis*, *Hypodactylus* y *Noblella*). Las ocho especies restantes, con dependencia reproductiva a cuerpos de agua, se encontraban agrupadas en cuatro familias (Bufonidae, Centrolenidae, Dendrobatidae e Hylidae) y seis géneros (*Chimerella*, *Dendropsophus*, *Hyloscirtus*, *Osteocephalus*, *Rhinella* y *Allobates*).

La mayoría de los reptiles registrados en Kampankis son especies de amplia distribución en la cuenca amazónica y que no se encuentran asociados de forma estricta a algún tipo de hábitat como los anfibios. Sin embargo existen algunas excepciones, tales como la lagartija de quebrada *Potamites strangulatus*, restringida a las quebradas de los bosques de colina alta del piedemonte andino, y la boa enana *Tropidophis* sp., aparentemente restringida a hábitats premontanos y/o montanos de la vertiente amazónica. En este inventario también registramos la lagartija iguánida *Enyalioides rubrigularis* y la lagartija de hojarasca *Potamites cochranae* que se encuentran restringidas a hábitats premontanos de la vertiente amazónica por encima de los 1,000 m.

Campamento Pongo Chinim

En este campamento registramos 57 especies (33 anfibios y 24 reptiles). Las familias más representativas de anfibios fueron las ranas de desarrollo directo de la familia Strabomantidae (todas del género *Pristimantis*), con 10 especies registradas, y las ranas arborícolas de la familia Hylidae, conformada por ocho especies, incluyendo tres del género *Osteocephalus*. Registramos una especie de *Pristimantis* probablemente nueva para la ciencia, la cual no encontramos en los otros campamentos (*Pristimantis* sp. 1; ver el Apéndice 5). También destacó el hallazgo de la rana marsupial *Gastrotheca longipes*, una de las especies de anfibio más raras de la Amazonía, conocida en el Perú únicamente para dos localidades de la Región de Amazonas (Almendáriz y Cisneros-Heredia 2005). Entre los reptiles registrados no encontramos algún género conspicuamente representado (p. ej., las lagartijas del género *Anolis* fueron las más diversas, con tan solo dos especies). Sin embargo, cabe destacar que en este campamento registramos la mayor cantidad de especies de serpientes del inventario (14 especies).

Campamento Quebrada Katerpiza

En este campamento registramos 58 especies (39 anfibios y 19 reptiles) repartidas entre dos lugares de muestreo: el campamento principal al pie de la quebrada Katerpiza (parte baja), donde se muestreó entre los 300 y 700 m, y el campamento satélite, en la cabecera de ésta (parte alta), donde se muestreó entre los 1,000 y 1,400 m. Debido a la diferencia de los hábitats y elevación entre ambos campamentos explicamos la composición de especies y hallazgos encontrados en cada campamento por separado.

Parte baja del campamento Quebrada Katerpiza

En este campamento registramos un total de 37 especies (22 anfibios y 15 reptiles). La composición general de la herpetofauna de este campamento fue muy parecida a la del campamento Pongo Chinim, destacando entre los anfibios el género *Pristimantis*, con seis especies registradas, seguido de los demás géneros (*Hypsiboas*, *Osteocephalus* y *Rhinella*) con menos de tres especies cada uno. Entre los reptiles registrados destacaron las serpientes no venenosas de la familia Colubridae, con cinco especies, y las lagartijas de hojarasca de la familia Gymnophthalmidae, con tres especies registradas.

Parte alta del campamento Quebrada Katerpiza

En este campamento satélite registramos un total de 21 especies (17 anfibios y cuatro reptiles). A esta elevación destacaron las familias de ranas Strabomantidae e Hylidae con nueve y cinco especies respectivamente. Entre las ranas de la familia Strabomantidae registradas sobresalen dos especies del género *Pristimantis*. La primera, *Pristimantis katoptroides*, solo fue registrada en este campamento y su hallazgo representa el primer registro para el Perú. Además, *Pristimantis katoptroides* es una especie amenazada bajo la categoría de En Peligro de acuerdo con la UICN (Coloma et al. 2004). La segunda especie es probablemente nueva para la ciencia (*Pristimantis* sp. 2; Apéndice 5). Entre las ranas arborícolas registradas destaca el hallazgo de *Osteocephalus verruciger*, que viene a ser el primer registro para el Perú de esta especie, previamente conocida en Ecuador (Ron et al. 2010). Asimismo, se registraron tres importantes extensiones de rango de especies poco conocidas con distribución restringida al Perú, tales como *Dendropsophus aperomeus*, *Osteocephalus leoniae* y *Pristimantis rhodostichus* (Duellman 1982, Jungfer y Lehr 2001, Chávez et al. 2008, Duellman y Lehr 2009). Es importante recalcar que *Pristimantis rhodostichus* se encontraba solo conocida para su localidad tipo en la Región de San Martín (Duellman y Lehr 2009) y es una especie amenazada bajo la categoría de Vulnerable de acuerdo con la UICN (Rodríguez et al. 2004).

También registramos por primera vez para el Perú la rana de cristal, *Chimerella mariaelenae*, especie amenazada bajo la categoría de Vulnerable de acuerdo con la UICN (Cisneros-Heredia 2010), conocida previamente solo para Ecuador (Cisneros-Heredia y McDiarmid 2006, Cisneros-Heredia 2009). Encontramos una población muy saludable de esta especie y observamos 50 individuos en una hora de búsqueda, lográndose grabar con éxito su canto y tomar nota de su comportamiento reproductivo con la observación de varias parejas en amplexus y desovando.

Aunque la riqueza de reptiles a esta elevación no fue alta (cuatro especies) destacaron tres importantes registros: el primer registro para el Perú de la lagartija de hojarasca *Potamites cochranae* (registrada únicamente en este campamento) y la lagartija iguánida *Enyalioides rubrigularis*, ambas conocidas previamente solo para Ecuador (Torres-Carvajal et al. 2009, 2011), y la boa enana *Tropidophis* sp., posiblemente una especie nueva relacionada a *T. taczanowskyi*. La boa que encontramos durante el inventario se diferencia de *T. taczanowskyi* por tener las escamas ligeramente quilladas; son fuertemente quilladas en *T. taczanowskyi*. *Tropidophis taczanowskyi* posee una distribución bastante amplia (Ecuador, Perú y Brasil), pero en el Perú solo se conoce para las regiones de Piura y Cajamarca (Carrillo de Espinoza e Icochea 1995).

Campamento Quebrada Kampankis

Registramos un total de 48 especies (32 anfibios y 16 reptiles) en este campamento. Al igual que en los campamentos Pongo Chinim y Quebrada Katerpiza, la mayor riqueza de anfibios se encontró representada en las familias Strabomantidae e Hylidae, con diez y ocho especies respectivamente. En este campamento también encontramos la rana marsupial *Gastrotheca longipes* en la vegetación ribereña, al igual que en Pongo Chinim. En cuanto a los reptiles, el grupo más diverso fue el de las serpientes no venenosas de la familia Colubridae, con seis especies registradas.

Campamento Quebrada Wee

En este campamento registramos 68 especies (45 anfibios y 23 reptiles) repartidas entre dos sitios de muestreo: el campamento principal al pie de la quebrada Wee, donde se muestreó entre los 300 y 700 m (parte baja), y un campamento satélite (parte alta) en la cabecera de la quebrada donde se muestreó entre los 1,000 y 1,400 m.

Parte baja del campamento Quebrada Wee

Registramos un total de 53 especies (32 anfibios y 21 reptiles). En este campamento encontramos la mayor diversidad de las ranas de la familia Strabomantidae (11 especies) e Hylidae (nueve especies). También destacaron las ranas de la familia Dendrobatidae, con cinco de las siete especies registradas en todo el inventario. Entre los dendrobátidos registrados destaca una especie de *Hyloxalus*, similar a *H. italoi* y probablemente nueva para la ciencia, que fue también registrada en los campamentos Quebrada Katerpiza y Quebrada Kampankis. Entre los reptiles encontrados resaltó la diversidad de lagartijas de la familia Gymnophthalmidae, que fue la más alta de los cuatro campamentos, con cinco especies registradas. Entre los gymnophthálmidos destacó la abundancia de las lagartijas de quebrada, *Potamites ecpleopus*, ocupando los riachuelos de sustrato arenoso cubierto por hojarasca, palos y troncos, y *P. strangulatus*, que tenía preferencia por lugares más amplios como las quebradas con sustratos de clasto rodado. También fue importante el hallazgo del gecko de hojarasca *Lepidoblepharis festae*, conocido en el Perú solo para la localidad de Andoas, en el norte de Loreto (Duellman y Mendelson III 1995).

Parte alta del campamento Quebrada Wee

Encontramos un total de 15 especies (13 anfibios y dos reptiles). En este campamento la composición de especies fue muy similar a la de la parte alta del campamento Quebrada Katerpiza. Entre los registros más destacados tenemos tres de los cuatro nuevos registros para el Perú que encontramos en el campamento Quebrada Katerpiza: las ranas *Chimerella mariaelenae* y *Osteocephalus verruciger*, y también la lagartija iguánida *Enyalioides rubrigularis*. También encontramos la rana *Pristimantis rhodostichus* y la rana arborícola *Dendropsophus aperomeus*, ambas especies de distribución restringida al Perú.

Abundancias en los campamentos estudiados

Entre los anfibios, y considerando todas las observaciones con o sin captura realizadas durante el inventario, la especie más abundante fue *Chimerella mariaelenae*. Esto se debe principalmente a la gran concentración de individuos, sobre todo machos en plena actividad reproductiva, que observamos en los riachuelos de la parte alta del campamento Quebrada Katerpiza. Aunque esta especie también la encontramos en la parte alta del campamento Quebrada Wee, este registro se limitó a un solo individuo. Además, es muy probable que esta especie tenga una distribución restringida a las partes más altas de los Cerros de Kampankis, por encima de los 1,200 m. Las especies más comunes y de amplia distribución en las faldas de los cerros son ranas asociadas a ambientes lóticos o vegetación ribereña, tales como *Hyloxalus nexipus*, *H. italoi* y *Pristimantis malkini*, y especies que viven en la hojarasca, tales como *Ameerega parvula*, *Rhinella festae* y, por encima de los 1,200 m, *Pristimantis* sp. 2. La única especie de reproducción en aguas estancadas y/o pozas de poca corriente que encontramos con frecuencia fue *Engystomops petersi*. Esta especie, conjuntamente con las ranas *Trachycephalus venulosus* y *Osteocephalus buckleyi*, parece aprovechar de las pozas y abundancia de microhábitats arbóreos que se formaron al tumbar los árboles para la construcción de los helipuertos para el inventario cerca de las quebradas. En los campamentos Pongo Chinim y Quebrada Wee observamos concentraciones de estas tres especies a pocos días o semanas del establecimiento de los campamentos. Entre los anfibios de reproducción terrestre, la mayoría de las especies de *Pristimantis* fueron raras, con varias especies representadas por menos de cinco individuos.

Las lagartijas de los géneros *Enyalioides*, *Potamites* y *Anolis* fueron los reptiles más abundantes. *Enyalioides laticeps* fue especialmente abundante en el campamento Pongo Chinim, mientras que *E. rubrigularis* (primer registro para el Perú) fue observado con frecuencia a partir de los 900–1,000 m, donde ocupa las paredes de rocas calizas, hasta las cumbres de los Cerros de Kampankis cerca de los 1,435 m. Nuestras observaciones sugieren que *E. rubrigularis* es la especie más abundante, pero esto se debe a un mayor esfuerzo de búsqueda de estos animales durante las salidas nocturnas. *Anolis fuscoauratus*, especie de amplia distribución en tierras bajas y en las faldas de los Cerros de Kampankis, es muy probablemente la especie más abundante de reptil. La relativa abundancia de lagartijas *Potamites* se debe principalmente a la presencia de riachuelos y quebradas, el hábitat de *P. ecpleopus* y *P. strangulatus*. Además, *P. cochranae* (primer registro para el Perú), que solo observamos durmiendo encima de hojas, fue común en la parte alta del campamento Quebrada Katerpiza, donde capturamos 13 individuos en dos noches. Otras lagartijas relativamente abundantes fueron *Anolis nitens* en el campamento Pongo Chinim, *Kentropyx pelviceps* en los claros del sotobosque y en la playa de la quebrada Katerpiza, y *Alopoglossus buckleyi* en la hojarasca de las faldas y cumbres de los Cerros de Kampankis. Entre las culebras, solo *Imantodes cenchoa* alcanzó nueve observaciones, mientras que las demás especies solo llegaron hasta tres capturas (p. ej., *Oxyrhopus petola* y *Oxybelis argenteus*).

DISCUSIÓN

Las comunidades de anfibios en las regiones montañosas andinas como Kampankis se encuentran caracterizadas por una mayor riqueza de especies de ranas de desarrollo directo, especialmente del género *Pristimantis*, debido a que estas especies no necesitan de cuerpos de agua para su reproducción, los cuales son escasos en estos hábitats. Estas ranas eclosionan del huevo en su forma adulta necesitando tan solo de hojarasca húmeda para su reproducción, mientras que las especies de desarrollo larvario, con una diversidad menor, por la necesidad de cuerpos de agua temporales o permanentes para su reproducción alcanzan una mayor diversidad en la regiones bajas con mayor presencia de zonas pantanosas como cochas y aguajales. Por lo tanto, estimamos que la diversidad en la herpetofauna de las llanuras aledañas a los Cerros de Kampankis es mayor a la encontrada durante el inventario. En las zonas bajas del Santiago y Morona en las faldas de la cordillera existen hábitats propios de zonas bajas, como bosques inundables, cochas, y aguajales, que no pudimos visitar durante el inventario. Sin embargo, existen las colecciones realizadas en la localidad de La Poza y en la parte baja de la quebrada Katerpiza (cerca de su desembocadura en el Santiago) por J. E. Cadle y R. W. McDiarmid entre 1974 y 1980 (Apéndice 5). Estas colecciones, depositadas en The Museum of Vertebrate Zoology, Berkeley, y en The National Museum of Natural History, Washington D.C., y que no pudimos revisar para este trabajo, están compuestas por 2,504 especímenes de 60 especies de anfibios y 80 especies de reptiles colectados en las localidades mencionadas (además de especímenes colectados en otros lugares a lo largo de los ríos Santiago y Cenepa, y quebradas en las faldas de la Cordillera del Cóndor, que no incluimos en esta discusión por encontrarse fuera de la zona de interés). Estas colecciones incluyen una mayor diversidad de especies de anfibios de las familias Hylidae y Leptodactylidae; así como también registran una mayor diversidad de reptiles en las familias Colubridae, Polychrotidae, Sphaerodactylidae y Viperidae.

Considerando los resultados de nuestro inventario (60 anfibios y 48 reptiles) y las colecciones de Cadle y McDiarmid (59 anfibios y 80 reptiles), el total conocido para el área entre los ríos Santiago y Morona y las cumbres de los Cerros de Kampankis es de 193 especies: 96 anfibios y 97 reptiles. Entre los anfibios, 37 especies que encontramos en nuestro inventario no fueron colectadas por Cadle y McDiarmid en sus muestreos extensivos y sobre varios años en lugares a unos 20 km de distancia de nuestros campamentos. Estas diferencias en composición de especies sugieren alta diversidad beta para anfibios a lo largo del transecto que une el río Santiago a la cumbre de los Cerros de Kampankis. Es muy probable que las vertientes orientales de los cerros y la planicie aluvial del río Morona, con una mayor riqueza y diversidad de ecosistemas lénticos que en la planicie del río Santiago, estén habitados por especies adicionales de anfibios y reptiles, lo cual llevaría el total conocido de especies de herpetofauna por encima de las 200 especies.

Comparación con inventarios en zonas cercanas

Las comparaciones con otros inventarios tienen varias limitaciones. La reciente clasificación de varios géneros y familias de anfibios complica la comparación con inventarios anteriores a las nuevas categorías taxonómicas. Es el caso, por ejemplo, de las ranitas venenosas, anteriormente clasificadas en una única familia (Dendrobatidae) y distribuidas en pocos géneros. Con el trabajo de Grant y colegas (2006), este grupo ha sido subdividido en varias familias que reflejan mejor la filogenia del grupo. En el caso de los inventarios rápidos en la Cordillera del Cóndor, nos resulta imposible identificar registros como *Epipedobates* sp. o 'dendrobatid sp.' sin una revisión de los especímenes colectados, lo cual está fuera del alcance del presente informe. Lo mismo vale para identificaciones en otras familias, tales como *Hyla* sp. (Hylidae) y *Eleutherodactylus* sp. (Strabomantidae). En el caso de *Eleutherodactylus* sp., la mayoría de las especies pertenecen ahora al género *Pristimantis*; este grupo es producto de una de las radiaciones evolutivas más impresionantes entre los vertebrados terrestres actuales.

Una comparación general de la herpetofauna de los Cerros de Kampankis con los informes de Almendáriz et al. (1997) sobre inventarios en la Cordillera del Cóndor muestra algunas similaridades (p. ej., con respecto a la diversidad de especies de *Pristimantis* en bosques montanos). Algunas especies reportadas en estos informes están compartidas con las partes altas de los Cerros de Kampankis, como es el caso de *P. trachyblepharys* y *Potamites cochranae*. Nos resulta más difícil comparar los resultados de nuestro inventario con el trabajo de Duellman y Lynch (1988) sobre anuros de la Cordillera de Kutukú, porque dos de las tres localidades investigadas se encuentran a elevaciones por encima de los 1,700 m, y por lo tanto están habitados por especies que no encontramos en los Cerros de Kampankis. Resalta la presencia de tres especies de *Atelopus* en Kutukú (Duellman y Lynch 1988); J. E. Cadle también colectó especímenes de *Atelopus spumarius* en la parte baja de la quebrada Katerpiza a fines de los años 70. Durante nuestro inventario, y a pesar de visitar varias quebradas y riachuelos ideales para especies de *Atelopus* en las faldas de los Cerros de Kampankis, no logramos registrar alguna especie de estas ranas fuertemente amenazadas en todo su rango de distribución (La Marca et al. 2005). Poblaciones de otras especies de *Atelopus* han disminuido en otras localidades de los Andes peruanos (Catenazzi et al. 2011, Venegas et al. 2008).

El reciente trabajo taxonómico de Duellman y Lehr (2009) sobre Strabomantidae nos permite una comparación para especies de *Hypodactylus*, *Noblella*, *Oreobates* y *Pristimantis* entre los Cerros de Kampankis, el Abra Pardo Miguel (vertiente oriental de la Cordillera Central), la Cordillera del Cóndor y la Cordillera de Kutukú (Tabla 3). Los Cerros de Kampankis comparten un número similar de especies con el Abra Pardo Miguel hacia el sur (seis especies) y las cordilleras del Cóndor y Kutukú hacia el oeste y norte (cinco especies), además de cinco especies reportadas solo de Kampankis. En el caso de *P. peruvianus*, no queda claro si esta especie ocurre en el Cóndor y Kutukú. En general, esta comparación confirma nuestra impresión sobre la herpetofauna de los Cerros de Kampankis, una combinación única en el Perú de especies de las vertientes orientales de la Cordillera Central, tales como *Dendropsophus aperomeus*, *Cochranella croceopodes*, *Osteocephalus leoniae*, *Pristimantis rhodostichus* y *Ranitomeya variabilis*, especies de las cordilleras del Cóndor y Kutukú, tales como *Chimerella mariaelenae* y *Enyalioides rubrigularis*, y especies de la cuenca alta del río Pastaza en Ecuador, tales como *Osteocephalus verruciger* y *Potamites cochranae*.

Especies nuevas

Tropidophis sp. Esta especie de pequeña boa parece estar relacionada a *T. taczanowskyi*, conocida de Piura y Cajamarca. El espécimen que colectamos en la parte alta del campamento Quebrada Katerpiza tiene las escamas dorsales ligeramente quilladas; estas escamas son fuertemente quilladas en *T. taczanowskyi*. La única especie de *Tropidophis* conocida de las partes bajas de la cuenca amazónica, *T. paucisquamis*, tiene escamas dorsales lisas.

Pristimantis sp. 1 y sp. 2. Estas dos especies de *Pristimantis* no se asemejan a alguna de las especies descritas hasta la fecha en este género. La primera especie, de tamaño reducido y puntos amarillos en ingles y flancos, fue colectada con un solo espécimen en el campamento Pongo Chinim. La segunda especie fue uno de los anfibios más abundantes, y parece dominar los ensamblajes de anuros en las partes altas de los Cerros de Kampankis.

Hyloscirtus sp. 1 y sp. 2. Estas dos especies pertenecen al grupo de *H. phyllognathus*, ranas que se reproducen en ambientes lóticos. Durante nuestra estadía en Tarapoto para la redacción del presente informe logramos grabar y colectar machos de la forma típica, a menos de 50 km de la localidad tipo de *H. phyllognathus*. La comparación de estos machos y de sus cantos con el material que colectamos y grabamos durante el inventario nos indica que las formas de los Cerros de Kampankis son especies nuevas para la ciencia.

Allobates sp. Encontramos una especie potencialmente nueva de ranita de hojarasca en el género *Allobates* en el campamento Pongo Chinim y en la parte alta del campamento Quebrada Katerpiza. Logramos colectar varios especímenes y grabar vocalizaciones nupciales de machos, material que nos permitirá establecer la situación taxonómica de estas ranitas.

Colostethus spp. y *Hyloxalus* sp. Dos especies de ranitas de hojarasca del género *Colostethus* y una especie de *Hyloxalus* son potencialmente nuevas. Encontramos la primera especie de *Colostethus* en el campamento Pongo Chinim, y la segunda especie en los bosques y riachuelos en las faldas de las laderas orientales de los Cerros de Kampankis en el campamento Quebrada Wee. La especie de *Hyloxalus* se diferencia claramente de *Hyloxalus italoi* (descrita recientemente por Páez-Vacas et al. 2010) por características morfológicas y representaría una especie críptica del complejo *H. bocagei*.

Variaciones morfológicas y de coloración. Las especies *Osteocephalus buckleyi*, *Pristimantis altamazonicus* y *Trachycephalus venulosus* que observamos en los Cerros de Kampankis presentan variaciones importantes de coloración y morfología que podrían indicar subespecies o especies diferentes de las formas típicas. Comparaciones más detalladas del material colectado con tipos y otras colecciones, análisis de cantos y/o estudios moleculares son necesarios para poder establecer las relaciones filogenéticas entre estas poblaciones.

Nuevos registros para el Perú

Chimerella mariaelenae. Esta ranita de cristal de ojo rojo y coloración dorsal verde salpicada de puntos negros fue descrita en 2006 cerca de Zamora en Ecuador, en la

Tabla 3. Distribución altitudinal de las especies de strabomántidos de las vertientes orientales del sur de Ecuador y norte del Perú. Los datos de Kutukú, Cóndor y Abra Pardo Miguel son de Duellman y Lehr (2009).

Especie	Cordillera de Kutukú	Cordillera del Cóndor	Cerros de Kampankis	Abra Pardo Miguel
Hypodactylus nigrovittatus	–	–	1,200–1,400	–
Hypodactylus sp.	–	–	1,350	–
Noblella myrmecoides	–	1,138	300–1,400	–
Oreobates quixensis	–	–	280–400	300–500
O. saxatilis	–	–	–	500–900
Pristimantis acuminatus	–	–	300–350	300–950
P. ardalonychus	–	–	–	680–1,200
P. bearsei	–	–	–	500–900
P. bromeliaceus	1,700	1,500–1,600	–	2,000–2,050
P. citriogaster	–	–	–	600–800
P. condor	1,975	1,500–1,750	–	–
P. croceinguinis	–	–	1,250–1,350	–
P. exoristus	–	665–1,550	–	–
P. galdi	1,700–1,975	1,500–1,550	–	–
P. ganonotus	1,700	–	–	–
P. incomptus	–	1,300	–	–
P. infraguttatus	–	–	–	1,900–2,000
P. katoptroides	–	–	1,250–1,350	–
P. lanthanites	–	–	–	300–1,600
P. lirellus	–	–	–	470–1,200
P. martiae	–	–	280–350	300–450
P. muscosus	–	2,000	–	1,700–1,750
P. nephophilus	–	–	–	1,100–2,000
P. nigrogriseus	1,700	1,150	–	–
P. ockendeni	–	–	280–350	300–700
P. pecki	1,700	1,138–1,550	280–1,300	–
P. peruvianus	?	?	280–1,400	300–1,000
P. percnopterus	–	1,138–1,750	–	–
P. prolatus	1,700	–	–	–
P. proserpens	1,700	1,550	–	–
P. rhodostichus	–	–	1,250–1,400	1,080
P. quaquaversus	1,700	1,500–1,550	–	–
P. rufioculis	–	1,138–1,750	–	1,950–2,000
P. spinosus	–	1,550	–	–
P. trachyblepahris	–	600–1,600	300–350	–
P. ventrimarmoratus	1,700	–	300–350	–
P. versicolor	–	665–1,750	–	–
Pristimantis sp. 1	–	–	280	–
Pristimantis sp. 2	–	–	300–1,435	–
Strabomantis sulcatus	–	–	450	300–450

Cordillera del Cóndor (Cisneros-Heredia y McDiarmid 2006). Antes del inventario su distribución conocida abarcaba las vertientes amazónicas de los Andes ecuatorianos (Cisneros-Heredia 2009). Las poblaciones que encontramos en los Cerros de Kampankis son las primeras conocidas para el Perú y amplían el rango de distribución de 150 km hacia el este.

Osteocephalus verruciger. Esta especie, comúnmente confundida en el Perú con *Osteocephalus mimeticus* (Jungfer 2010), viene siendo erróneamente registrada en el Perú desde Trueb y Duellman (1970). Actualmente, luego de la revisión de Ron et al. (2010), *O. verruciger* posee una distribución restringida a Ecuador con el extremo más al sur de su distribución en la provincia ecuatoriana de Morona-Santiago. Los dos individuos encontrados durante este inventario vienen a ser su primer registro confirmado en el Perú y representan una extensión de rango de 203 km al sudeste de su localidad más septentrional en la cuenca del río Abanico (Provincia de Morona-Santiago) en Ecuador, de acuerdo con Ron et al. (2010).

Pristimantis katoptroides. Esta especie de *Pristimantis* es únicamente conocida para la localidad tipo (1 km al oeste de Puyo) en la Provincia de Pastaza, a una elevación de 1,050 m (Flores 1988). La población que descubrimos durante el inventario en la parte alta del campamento Katerpiza viene a ser su primer registro para el Perú y extiende su rango de distribución en 281 km hacia el sudeste.

Enyalioides rubrigularis. Esta especie ha sido descrita solo recientemente de la Cordillera del Cóndor (Zamora-Chinchipe) en Ecuador (Torres-Carvajal et al. 2009). Las poblaciones que descubrimos durante el inventario, además de representar el primer registro de esta lagartija en el Perú, extienden el rango de distribución conocido de 150 km hacia el sudeste. Además, al ser una especie montana, es probable que la población que encontramos en la parte alta del campamento Quebrada Wee represente el límite oriental de la distribución.

Potamites cochranae. Esta lagartija de hojarasca tiene una coloración muy llamativa, especialmente en los machos, con garganta blanca bordeada por una línea labial negra y partes ventrales anaranjadas. Es conocida principalmente del centro de Ecuador, aunque existe un registro de la Cordillera del Cóndor (Almendáriz 1997). La población encontrada durante este inventario en la parte alta del campamento Quebrada Katerpiza viene a ser el primer registro de esta especie para el Perú.

Registros notables

Cochranella croceopodes. Esta especie es hasta el momento solo conocida para la localidad tipo, a 23.2 km (por carretera) hacia el nordeste de Tarapoto, Provincia de San Martín, Región de San Martín, a los 800 m de elevación (Duellman y Schulte 1993). Nuestro registro en el campamento Quebrada Kampankis viene a ser la segunda localidad conocida para esta especie y representa una extensión de rango de 310 km hacia el noroeste.

Gastrotheca longipes. Esta especie es rara en colecciones y existen pocos registros de su presencia en el Perú. Entre los registros anteriores confirmados cabe resaltar un espécimen colectado en 1980 en la misma quebrada Katerpiza, cerca de su unión con el río Santiago (Almendáriz y Cisneros-Heredia 2005). Gracias al inventario, logramos incrementar el número de registros con las poblaciones de Pongo Chinim y de la quebrada Kampankis.

Osteocephalus leoniae. Esta especie de rana arborícola con distribución restringida al Perú es conocida hasta el momento para dos localidades en el centro y sur del Perú, en las regiones de Pasco y Cusco, a una elevación entre los 300 y 1,000 m (Jungfer y Lehr 2001; Chávez et al. 2008). La población encontrada en las partes altas de Kampankis (campamentos Quebrada Katerpiza y Quebrada Wee) representa una extensión de rango de aproximadamente 680 km al noroeste.

Pristimantis rhodostichus. Esta especie solo se conocía para la localidad tipo en la pendiente oeste del Abra Tangarana, a 7 km (por carretera) hacia el nordeste de San Juan de Pacaysapa, Provincia de Lamas, Región de San Martín, a los 1,080 m de elevación (Duellman y Lehr 2009). Nuestro registro en las partes altas de los campamentos de Quebrada Katerpiza y Quebrada Wee viene a ser la segunda localidad conocida para esta especie y representa una extensión de 287 km hacia el noroeste.

RECOMENDACIONES PARA LA CONSERVACIÓN

Amenazas

Las actividades de exploración o extracción petrolera y/o minera son amenazas potenciales. La presencia de lotes petroleros y mineros podría generar contaminación por desechos de operación, derrames ocasionales, uso de metales pesados, y modificación de la cobertura forestal, además de una mayor presión de caza para anfibios y reptiles de consumo humano. Las cabeceras de ríos y quebradas son especialmente vulnerables a la contaminación de sus aguas. Además, muchas especies de anfibios y reptiles en las cabeceras son vulnerables a disturbios por actividades humanas, sea por su baja densidad poblacional o por su modo de vida.

La extracción indiscriminada de especies de consumo como el motelo y el caimán de frente lisa podría poner en peligro en el futuro sus poblaciones o provocar extinciones locales (Vogt 2008). Por lo tanto, es necesario prohibir la caza comercial y sobreexplotación, reconociendo y de ser el caso fortaleciendo las formas de manejo actualmente utilizadas por las comunidades nativas de la zona.

Monitoreo

Recomendamos realizar una búsqueda de la especie *Atelopus spumarius* (especie Vulnerable de acuerdo con la UICN [Azevedo-Ramos et al. 2010] y colectada por J. E. Cadle en Puerto Galilea y Katerpiza en 1979) para constatar su presencia actual y realizar un monitoreo a largo plazo de la especie. Este monitoreo debe incluir estudios sobre su ecología y biología reproductiva. Las ranas arlequines (*Atelopus* spp.) son anfibios altamente vulnerables que requieren esfuerzos de conservación e investigación inmediatos (La Marca et al. 2005).

Investigación

- Durante el inventario se pudo notar un fuerte consumo de ranas de las familias Leptodactylidae, Hylidae, Strabomantidae, e incluso los huevos de las ranas del género *Phyllomedusa*, por parte de las comunidades indígenas y el uso medicinal de algunas especies de anfibios. Por ejemplo, las secreciones cutáneas de la rana arborícola *Trachycephalus venulosus* son usadas para el tratamiento de la leishmaniasis según científicos locales. La región de Kampankis es el escenario ideal para realizar estudios etnoherpetólogicos y a su vez evaluar la resistencia poblacional de algunas especies al consumo humano.
- Recomendamos ampliar el inventario de la herpetofauna de Kampankis a la época de lluvias, ya que esto permitiría el registro de especies que no logramos encontrar durante nuestro inventario. También se recomienda inventariar las zonas bajas de Kampankis cercanas a los ríos Santiago y Morona, que por poseer hábitats distintos a los muestreados en este inventario incrementarían considerablemente la diversidad herpetológica de la zona.
- Debido a la gradiente altitudinal presente en Kampankis (entre los 100 y 1,400 m) y su diversidad de hábitats que van desde aguajales y bosques inundables en las partes bajas hasta bosques premontanos en las cumbres de la cordillera, es un lugar ideal para estudios sobre los efectos de la topografía y composición de suelos sobre las comunidades de anfibios y reptiles.

Conservación

- Nuestra recomendación principal es reconocer el manejo integral de los Cerros de Kampankis por las comunidades nativas locales que ha garantizado hasta la fecha la conservación de las poblaciones de herpetofauna. Recomendamos que toda área reconocida para este tipo de manejo incluya el mayor número y diversidad de hábitats acuáticos, desde aguajales y cochas en las llanuras de las planicies de los ríos Santiago y Morona hasta quebradas y riachuelos en la cresta de los Cerros de Kampankis. La inclusión de estos ambientes incrementa de manera significativa el número de especies de anfibios y reptiles, como lo demuestra la combinación de los resultados de nuestro inventario con las colecciones existentes de la planicie aluvial del Santiago. Los Cerros de Kampankis se encuentran conectados con otras cordilleras y unidades geomorfológicas tanto al norte (Cordillera de Kutukú) como al sur de nuestra zona de estudio. Es importante garantizar la conectividad entre estas áreas, especialmente en la franja angosta de bosques de colinas y premontanos, por lo cual recomendamos se establezcan corredores biológicos entre diferentes áreas protegidas del Ecuador y el Perú y los Cerros de Kampankis.

- Nuestra última recomendación es excluir concesiones forestales y petroleras de los Cerros de Kampankis. Estas actividades extractivistas causan impactos ambientales importantes y amenazan la diversidad y abundancia de poblaciones de anfibios y reptiles.
- Asegurar un futuro de bosques y quebradas prístinos para los Cerros de Kampankis es una oportunidad única para conservar comunidades de anfibios y reptiles que no se conocen de algún otro lugar del Perú. Los Cerros de Kampankis comparten especies con herpetofaunas muy distintas como las de las cuencas bajas amazónicas, las cordilleras de Kutukú y del Cóndor, y la Cordillera Central en el Perú. Los Cerros de Kampankis forman un corredor biológico que conecta diferentes comunidades de bosques premontanos y montanos entre Ecuador y el Perú. Además, la presencia de la gradiente altitudinal entre los 200 y 1,435 m podría proporcionar 'refugios térmicos' para las especies de partes bajas amenazadas por incrementos de temperatura debidos al cambio climático. La mayoría de las especies de partes bajas se encuentra lejos de cordilleras y no tendría escape frente a un calentamiento de sus hábitats. Por otro lado, las poblaciones en los bosques de colina y premontanos pueden actuar de reservorio desde el cual se podrá recolonizar áreas en partes bajas que han sido modificadas o sobreexplotadas por el hombre.

AVES

Participantes/autores: Ernesto Ruelas Inzunza, Renzo Zeppilli Tizón y Douglas F. Stotz

Objetos de conservación: Aves de distribución insular restringidas a cordilleras aisladas y de historia natural poco conocida, como Brillante de Garganta Rosada (*Heliodoxa gularis*), Ala-de-Sable del Napo (*Campylopterus villaviscencio*), Piha de Cola Gris (*Snowornis subalaris*) y Tangara de Garganta Naranja (*Wetmorethraupis sterropteron*); poblaciones saludables de aves de caza, especialmente Trompetero de Ala Gris (*Psophia crepitans*), Paujil de Salvin (*Mitu salvini*) y Pava Carunculada (*Aburria aburri*); aves de gran interés para el aviturismo como la Tangara de Garganta Naranja; una gradiente altitudinal con hábitats continuos y bien preservados que alberga una comunidad de aves ecológicamente funcional

INTRODUCCIÓN

Los Cerros de Kampankis son una cordillera de origen orogénico relativamente reciente, paralela a los Andes, y con una historia geológica distinta y más reciente que éstos. Forma parte de un pequeño grupo de cordilleras aisladas de elevaciones intermedias (no mayores a los 1,500 m) ubicadas al margen occidental de la vertiente amazónica del Perú que albergan comunidades biológicas muy peculiares (Fitzpatrick et al. 1977, Dingle et al. 2006, Roberts et al. 2007).

La avifauna de los Cerros de Kampankis no había sido estudiada hasta este inventario y este vacío de información ha sido identificado por décadas como una prioridad de investigación ornitológica y de conservación (p. ej., Davis 1986, O'Neill 1996). La única información disponible sobre aves para esta región es la recopilada en un informe técnico sin publicar desarrollado por Alfredo Dosantos Santillán (2005) con el apoyo de la Asociación Interétnica de Desarrollo de la Selva Peruana (AIDESEP) y el Centro de Información y Planificación Territorial (CIPTA), quienes en mayo de 2005 llevaron a cabo un estudio de campo sobre mariposas, anfibios, reptiles, aves y mamíferos en las zonas media y alta del río Santiago y las zonas media y alta del río Morona.

En la periferia inmediata, en la parte baja del Morona, existen observaciones inéditas de aves de setiembre y octubre de 2010 obtenidas por Juan Díaz Alván (com. pers.). Las zonas bajas aledañas al Morona han recibido alguna atención de los ornitólogos. Por ejemplo, ahí fue recientemente redescubierta la especie endémica Hormiguero de Máscara Blanca (*Pithys castaneus* [Lane et al. 2006]).

Existe mayor información sobre las aves de áreas cercanas como la Cordillera de Kutukú en Ecuador (que es la continuación al norte de los Cerros de Kampankis) como los trabajos de Robbins et al. (1987), Fjeldså y Krabbe (1999) y otros sintetizados en un informe global de BirdLife International (2011). La Cordillera del Cóndor, ubicada entre 40–80 km al oeste de Kampankis, cuenta con información sobre la avifauna obtenida a través de dos inventarios rápidos de Conservation International (Schulenberg y Awbrey 1997, Mattos Reaño 2004).

En este capítulo presentamos información ornitológica de los Cerros de Kampankis obtenida durante un inventario rápido en agosto de 2011 de la que destacamos algunas de sus características ecológicas, en particular aquellas relacionadas con su conservación.

MÉTODOS

Localidades y fechas de muestreo

Realizamos un inventario de aves de los Cerros de Kampankis en los campamentos Pongo Chinim (2–6 agosto de 2011), Quebrada Katerpiza (7–12 agosto de 2011), Quebrada Kampankis (13–15 agosto de 2011) y Quebrada Wee (16–20 agosto de 2011; Figs. 2A, 2B). Ernesto Ruelas y Renzo Zeppilli observaron aves por un período de tiempo aproximado de 90 horas en cada uno de los campamentos Pongo Chinim, Quebrada Katerpiza y Quebrada Wee. En Quebrada Kampankis el total fue de aproximadamente 72 horas, un día menos de trabajo de campo que en las localidades restantes. Las observaciones realizadas por otros miembros del equipo del inventario, en especial las de D. K. Moskovits y Á. del Campo, complementaron nuestros registros.

Cobertura del área

Recorrimos la totalidad del sistema de trochas de cada campamento (excepto las del campamento Quebrada Kampankis) observando y escuchando las aves. Cada observador salió por separado para maximizar el área de las observaciones diarias, a excepción del primer día en que salieron juntos para unificar criterios metodológicos y familiarizarse con la avifauna local. Las observaciones se iniciaron cada día al alba (aproximadamente a las 06:00) y se extendieron típicamente hasta las 17:00. Cada observador recorrió entre 5 y 14 km por día dependiendo de la longitud de las trochas y la dificultad que la topografía presentó en cada uno de los campamentos (promedio diario estimado de 8 km por día).

En los campamentos Quebrada Katerpiza y Quebrada Wee hicimos estadías en campamentos satélite en lo alto de las cumbres para visitar elevaciones cercanas a los 1,400 m y en el campamento Quebrada Kampankis hicimos una visita de un día a una elevación de 1,034 m. Hicimos todos los esfuerzos posibles para registrar especies de elevaciones mayores, para obtener registros durante distintos periodos del día como el coro amanecer, el coro vespertino y de aves nocturnas y pusimos atención especial a especies típicamente registradas en vuelo desde espacios abiertos como los helipuertos, la ribera de ríos, quebradas y desde los miradores en del sistema de trochas.

Utilizamos binoculares 10 x 42 y 7 x 42, sistemas de grabación compuestos de una grabadora de sonidos Sony PCM D50 y Marantz PMD 661, cada una con un micrófono unidireccional Sennheiser ME62, iPods con vocalizaciones de referencia de las aves del Perú y parlantes para realizar reclamos o 'playback' de las especies registradas que no pudieron ser identificadas en primera instancia. Nuestra referencia central para hacer identificaciones fue Schulenberg et al. (2010) y ocasionalmente Ridgely y Tudor (2009).

Al final de cada día nos reunimos para realizar el listado de las especies observadas y cuantificar los individuos observados por especie. Estos listados diarios nos brindaron la información necesaria para estimar la frecuencia de registro como una medida de abundancia relativa. Debido a lo corto de las visitas, estas son estimaciones que deben interpretarse con precaución.

Para caracterizar la abundancia relativa de las especies, utilizamos cuatro categorías. 'Común' (C) abarca especies que fueron registradas (visual o auditivamente) diariamente y con un número de 10 o más individuos. 'Relativamente común' (F) se aplica a las especies registradas diariamente, pero cuyo número de individuos fue menor o igual a nueve. 'Poco común' (U) corresponde a las especies que fueron registradas más de dos veces en cada campamento pero que no fueron vistas diariamente. Por último, la categoría 'rara' (R) abarca las especies que fueron registradas una o dos veces en cada campamento. Utilizamos una última categoría, 'incierta' (X), para las especies registradas incidentalmente pero que no podemos asignar con certeza a alguna de las categorías anteriores por haberse registrado fuera de los periodos de observaciones sistemáticas, durante traslados, a través de evidencias indirectas, etc.

También incluimos en nuestro listado las observaciones aportadas por otros compañeros del inventario, a través de fotografías, colectas de plumas o partes de individuos encontrados muertos, capturas incidentales en redes de murciélagos realizadas por Lucía Castro, y observaciones obtenidas durante traslados entre campamentos, en instalaciones militares y en las localidades de La Poza y Puerto Galilea. Finalmente, obtuvimos nombres en Wampis por parte de los científicos locales y complementamos estos con los reportados por Dosantos (2005), adjuntos a este informe en el Apéndice 10.

RESULTADOS

Riqueza y ampliaciones de rango de distribución

Durante nuestro trabajo de campo registramos entre 166 y 190 especies de aves en cada campamento (Tabla 4), para un total de 350 especies de aves de 49 familias. Una lista completa de las aves registradas por localidad y sus respectivas categorías de abundancia relativa se presenta en el Apéndice 6. En base a nuestro trabajo de campo durante este viaje, la consulta de trabajos en localidades periféricas en Ecuador (la Cordillera de Kutukú y la Cordillera del Cóndor) y en el Perú (la Cordillera del Cóndor), y la información de patrones generales de distribución en la región (Schulenberg et al. 2010), estimamos para los Cerros de Kampankis una avifauna con al menos 525 especies.

Para 75 de las especies registradas en el campo, la localidad de los Cerros de Kampankis representa una ampliación al rango de distribución conocido para la especie (Apéndice 6). Si bien una buena parte de estas ampliaciones de rango corresponde a 26 especies de

Tabla 4. Especies de aves registradas en cuatro campamentos y localidades periféricas de los Cerros de Kampankis del 2 al 22 de agosto de 2011.

Localidad	Número de especies
Campamento Pongo Chinim	179
Campamento Quebrada Katerpiza	190
Campamento Quebrada Kampankis	166
Campamento Quebrada Wee	190
Traslados; instalaciones militares en Candungos, Ampama y Puerto Galilea; comunidad nativa de La Poza	42

afinidad amazónica, la mayoría corresponde a 49 especies de afinidad premontana y montana andina. Una buena porción de estos registros (n = 46) está documentada con grabaciones.

Registros notables

Los registros más destacados obtenidos durante el inventario se presentan en la Tabla 5. En ésta se incluye a especies con muy pocos registros en el Perú, especies que no esperábamos para la región, o aquellas que son muy raras y de las cuales existe muy poca información.

Encontramos un grupo de especies pertenecientes a un grupo poco conocido y restringido a las cumbres de cordilleras aisladas. Muchas de ellas no se encuentran en los Andes y se restringen a altitudes entre los 700 y 1,400 m. En este grupo tenemos al Brillante de Garganta Rosada, que fue registrado por encima de los 700 m en los campamentos Quebrada Kampankis y Quebrada Wee y es una especie muy poco conocida. En el campamento satélite en Quebrada Wee fue registrada Ala-de-Sable del Napo, un ave de distribución muy local en el norte del Perú y el sur de Ecuador, en donde es aparentemente restringida a la cresta de cordilleras aisladas. Piha de Cola Gris, otro registro correspondiente a este mismo ensamble, fue registrada alrededor del campamento satélite en Quebrada Wee.

Entre otros registros notables tenemos a la Tangara de Garganta Naranja, hallada en ambos flancos de la cordillera. Esta especie resultó ser relativamente frecuente, siendo observada por al menos diez personas entre científicos visitantes y locales. Hicimos registros

Tabla 5. Registros más destacados obtenidos durante nuestras observaciones en los Cerros de Kampankis del 2 al 22 de agosto de 2011.

Especies restringidas a cordilleras aisladas	Extensiones de rango más significativas	Muy raras o poco conocidas
Brillante de Garganta Rosada	Solitario de Oreja Blanca (*Entomodestes leucotis*)	Gavilán Barrado (*Leucopternis princeps*)
Ala-de-Sable del Napo	Guacamayo Militar (*Ara militaris*)	Brillante de Garganta Rosada
Piha de Cola Gris		Ala-de-Sable del Napo
Tangara de Garganta Naranja		Tororoi de Dorso Llano (*Grallaria haplonota*)
Rasconzuelo de Cola Corta (*Chamaeza campanisona*)		Halcón Montés de Buckley (*Micrastur buckleyi*)
Soterillo de Cara Leonada (*Microbates cinereiventris*)		Carpintero de Cabeza Rufa (*Celeus spectabilis*)

fotográficos y grabaciones. Un grupo familiar fue observado a detalle con juveniles y adultos forrajeando en infrutescencias de *Cecropia putumayonis*. En dos observaciones independientes, esta especie fue encontrada asociada a la Tangara del Paraíso (*Tangara chilensis*). La elevación de estos registros varía entre los 313 y 860 m.

Entre las aves de afinidad premontana y montana el registro más importante fue el Solitario de Oreja Blanca, que no ha sido registrado anteriormente al norte del río Marañón. Hasta el momento, nuestra localidad —cerca de la cumbre del campamento Quebrada Wee a una elevación de 1,350 m—, define el límite norte del rango de distribución para la especie. En este mismo punto fue observada una pareja de Guacamayo Militar cuyos registros más cercanos en el Perú se dan en la zona de Alto Mayo, San Martín (200 km al sur) y en la zona de Tamborapa, Jaén (aproximadamente 250 km al sudoeste). A diferencia de Solitario de Oreja Blanca, esta especie es conocida en localidades mucho más al norte, por ejemplo, en Ecuador. En total fueron observados tres individuos: dos hembras y un macho.

Registramos al Gavilán Barrado en la parte más alta de la cordillera, en el mirador establecido a los 1,435 m partiendo desde la quebrada Wee. Esta especie tiene una distribución muy restringida en el norte del Perú y no existen especímenes colectados en el país; este constituye uno de los pocos registros visuales en el país (Schulenberg et al. 2010). Otro registro notable fue el Tororoi de Dorso Llano, una especie considerada rara y poco conocida; éste constituye también uno de los escasos registros para el Perú con registros anteriores en la Cordillera del Cóndor y en las cordilleras cercanas a Tarapoto (Schulenberg et al. 2010). Esta especie fue observada por aproximadamente diez minutos mientras se desplazaba con pequeños saltos por el suelo del bosque en una zona con poca vegetación de sotobosque. Al momento de notar la presencia del observador se mantuvo moviendo las alas y mostrando la parte dorsal y luego girando y mostrando las partes inferiores. El registro fue hecho a los 1,200 m en los alrededores del campamento satélite instalado en las alturas del campamento Quebrada Wee.

Dos registros significativos pertenecientes a la comunidad de aves de afinidad amazónica son el Halcón Montés de Buckley y el Carpintero de Cabeza Rufa. La primera especie, cuyos hábitos y preferencia de hábitat son poco conocidos, fue registrada vocalizando durante el coro amanecer. La segunda fue observada en hábitats cercanos a quebradas.

Aves de caza

Durante el inventario registramos seis especies de pavas, paujiles y chachalacas pertenecientes a la familia Cracidae. En todos los campamentos obtuvimos múltiples registros de la Pava de Spix (*Penelope jacquacu*) y el Paujil de Salvin.

El Paujil Nocturno (*Nothocrax urumutum*) fue registrado vocalizando en el campamento Quebrada Wee durante la noche y los científicos locales obtuvieron una cola completa de un individuo aparentemente depredado en el bosque adyacente al campamento.

En los campamentos Quebrada Katerpiza y Quebrada Wee, donde el equipo de ornitología acampó en las cumbres de Kampankis, registramos la Pava Caruncluada vocalizando en las últimas horas del día y primeras horas de la mañana. Los Trompeteros de Ala Gris estaban presentes en tres de los cuatro campamentos (excepto Quebrada Katerpiza). La categoría de abundancia asignada para la mayoría de las aves de caza fue 'poco común,' lo que indica que fueron registradas alrededor de dos veces en cada campamento, aunque no diariamente.

Aves seguidoras de hormigas legionarias

Observamos grupos de hormigas legionarias (*Eciton burchelli*) forrajeando en los campamentos Pongo Chinim y Quebrada Kampankis, así como aves 'seguidoras profesionales de hormigas legionarias' (Willson 2004) forrajeando en el frente de la legión de hormigas. Fueron registradas las especies de seguidoras 'obligadas' Hormiguero Tiznado (*Myrmeciza fortis*), Hormiguero Bicolor (*Gymnopithys leucaspis*) y Hormiguero de Plumón Blanco, además de la especie de seguidora 'facultativa' Hormiguero de Dorso Escamoso (*Willisornis poecilinotus*). Otras especies registradas aprovechando el recurso generado por las hormigas incluyen al Hormiguero Plomizo (*Myrmeciza hyperythra*), Cucarachero de Pecho Escamoso (*Microcerculus marginatus*), Cucarachero Musical (*Cyphorhinus arada*), Batará Cinéreo (*Thamnomanes caesius*), Tangara Hormiguera de Corona Roja (*Habia rubica*) y Cucarachero de Pecho Anteado (*Cantorchilus leucotis*).

Migración

Debido a las fechas de este inventario, no encontramos especies migratorias boreales y sólo una especie migratoria austral: Martín de Pecho Pardo (*Phaeoprogne tapera fusca*), registrada durante una parada técnica del helicóptero en la base militar Ampama. Observamos seis individuos perchados sobre antenas de la mencionada base y fue posible observar los detalles de la garganta blanca y la línea transversal de color marrón sobre la sección central del pecho. Según informes de los científicos locales, la presencia de guacamayos en Kampankis es estacional.

Reproducción

Durante nuestras observaciones encontramos algunos indicios de actividad reproductiva. La mayoría de estos registros son de paseriformes, incluyendo dos nidos fotografiados (aún no identificados) con huevos y avistamientos de juveniles recién emancipados.

Renzo Zeppilli observó durante más de 10 minutos un nido de Hormiguero Gris (*Cercomacra cinerascens*) construido entre las raíces de una melastomatácea epífita, probablemente del género *Blakea*. El macho regresó en varias oportunidades al nido trayendo insectos, uno de los cuales pudo ser identificado como un tetigónido, probablemente de los géneros *Copiphora* o *Bucrates*.

Un individuo de Buco de Pecho Blanco (*Malacoptila fusca*) fue observado saliendo de un nido excavado (un agujero) en el suelo en una pequeña ladera del bosque. También fueron detectados individuos juveniles de las siguientes especies: Hormiguero de Garganta Llana (*Myrmotherula hauxwelli*), Saltarín de Cabeza Dorada (*Pipra erythrocephala*), Cucarachero Montés de Pecho Gris (*Henicorhina leucophrys*), Tangara del Paraíso, Tangara de Cabeza Baya (*Tangara gyrola*) y Tangara de Garganta Naranja. La Perdiz Abigarrada (*Crypturellus variegatus*) es la única especie no-paseriforme observada con indicios de actividad reproductiva (pichones).

Bandadas mixtas

En cada sitio encontramos 4–7 bandadas mixtas por observador por día, compuestas por especies de interior de bosque. El número de individuos y especies por bandada fue muy variable. En promedio, cada una de estas bandadas contuvo cinco individuos, un número muy pequeño si comparamos con registros en otros inventarios en zonas similares pero cubiertos con bosques de planicie aluvial.

El número de especies por bandada también fue variable. En el campamento Quebrada Kampankis, que destaca entre los demás por la presencia de un mayor número de bandadas mixtas, Renzo Zeppilli registró cinco bandadas con un promedio de siete especies por bandada. Previo a un periodo de lluvia muy fuerte (que duró aproximadamente dos horas) una bandada de sotobosque se juntó con una bandada de dosel, hallando aves desde el suelo del bosque hasta la altura de las copas y en conjunto sumando 14 especies. Cabe resaltar la presencia constante de Hormiguerito de Hombro Castaño (*Terenura humeralis*, observado y grabado) en las bandadas registradas.

En el campamento Quebrada Katerpiza fue común encontrar parejas de Batará Cinéreo que lideraban pequeñas bandadas de sotobosque acompañadas principalmente de Trepador Pico de Cuña (*Glyphorynchus spirurus*), Hormiguerito de Flanco Blanco (*Myrmotherula axillaris*), Tangara Hormiguera de Corona Roja y Soterillo de Cara Leonada.

En el campamento Pongo Chinim fue notable la ausencia de bandadas mixtas de sotobosque, aunque fue observada una bandada mixta de dosel liderada aparentemente por Tangara Leonada (*Lanio fulvus*) y compuesta por Tangara Turquesa (*Tangara mexicana*), Tangara de Vientre Amarillo (*T. xanthogastra*), Tangara de Dorso Amarillo (*Hemithraupis flavicollis*), Mielero Verde (*Chlorophanes spiza*), Eufonia de Vientre Rufo (*Euphonia rufiventris*), Barbudo de Garganta Limón (*Eubucco richardsoni*) y Hormiguerito de Hombro Castaño. En el mismo campamento fue registrada otra bandada de dosel liderada por Tangara Leonada acompañada de Hormiguerito Bigotudo (*Myrmotherula ignota*), Hormiguerito de Flanco Blanco y Mosquerito Rayado de Olivo (*Mionectes olivaceus*).

A los 900 m en este campamento fue registrada una bandada que contenía Parula Tropical (*Parula pitiayumi*), Hormiguerito de Ala Rufa (*Herpsilochmus rufimarginatus*), Mielero Común (*Coereba flaveola*), Verdillo de Gorro Oscuro (*Hylophilus hypoxanthus*) y Tangara de Cabeza Baya. En esta misma localidad, fue notable la observación de una bandada mixta con especies de afinidad montana a los 1,100 m con Hormiguerito de Pecho Amarillo (*Herpsilochmus axillaris*), Candelita de Garganta Plomiza (*Myioborus melanocephalus*), Mosqueta Cerdosa de Anteojos (*Phylloscartes orbitalis*) y Carpintero de Garganta Blanca (*Piculus leucolaemus*), esta última especie por encima de su rango altitudinal conocido.

Nuestras observaciones enfocadas a bandadas mixtas no fueron colectadas de manera sistemática, aunque nos permitieron observar el papel central de Batará Cinéreo y Tangara Leonada en las bandadas de sotobosque y subdosel (respectivamente) en tierras bajas (aproximadamente <500 m) y su 'reemplazo' por especies como Candelita de Garganta Plomiza (*Myioborus miniatus*) y Tangara Montesa Común (*Chlorospingus ophthalmicus*) a elevaciones mayores a los 700 m.

Distribuciones altitudinales y reemplazo de especies

Encontramos tres puntos, a diferentes elevaciones, en los cuales observamos transiciones entre aves de diferentes pisos altitudinales con relativa claridad. La primera de ellas marca el límite entre el ensamble de especies de tierras bajas y el propio de elevaciones intermedias que comienza cerca de los 400 m. Aunque parece arbitrario asignar límites discretos para grupos de especies —dado que la distribución de las especies es heterogénea—, la presencia de muchas especies restringidas a bosques de tierras bajas como Carpintero Castaño (*Celeus elegans*), Hormiguerito de Hombro Castaño y Trepador de Garganta Anteada (*Xiphorhynchus guttatus*), por ejemplo, declina decididamente cuando los observadores ganaron altitud por encima de este límite. Observamos bandadas mixtas, frecuentemente lideradas en tierras bajas por Batará Cinéreo, aparentemente cediendo su espacio a especies núcleo diferentes como Tangara Hormiguera de Corona Roja (*Habia rubica*) a partir de ese punto.

Un segundo punto de recambio de especies se encuentra por encima de los 700 m de elevación, donde especies afines a elevaciones intermedias se encuentran de manera más frecuente. Aquí, un mayor número de especies de tierras bajas de la Amazonía son raras o ausentes. Entre las especies que encontramos a esta elevación están Brillante de Garganta Rosada, Colibrí de Garganta Violeta (*Klais guimeti*), Tucán de Pico Acanalado (*Ramphastos vitellinus*) y Batarito de Cabeza Gris (*Dysithamnus mentalis*). De esta elevación en adelante observamos bandadas mixtas lideradas por Reinita de Cabeza Listada (*Basileuterus tristriatus*) y Tangara Leonada. Sin embargo, muchas de las especies periféricas en estas bandadas, como Trepador Pico de

Cuña, parecen ser tan comunes en tierras bajas como lo son a elevaciones intermedias.

Un tercer punto de transición puede ser establecido de una elevación de los 1,000 m en adelante. Esta parece ser la transición más abrupta, con especies como Pinchaflor Azul Intenso (*Diglossa glauca*), Zorzal Moteado (*Catharus dryas*) y Candelita de Garganta Plomiza (*Myioborus miniatus*) encontradas exclusivamente por encima de esta cota altitudinal.

Es posible que más especies sean compartidas entre elevaciones bajas e intermedias que entre elevaciones intermedias y altas, y no nos fue posible encontrar una sola especie compartida entre las tierras altas por encima de los 1,000 m y las tierras bajas por debajo de los 400 m.

Entre los reemplazos altitudinales observados encontramos Cucarachero Montés de Pecho Blanco (*Henicorhina leucosticta*) que ocupa tierras bajas y elevaciones intermedias y es reemplazada por Cucarachero Montés de Pecho Gris a elevaciones mayores. Batará Cinéreo, quizá la más importante de las especies núcleo en bandadas mixtas de tierras bajas, es reemplazada por completo en sus funciones por Tangara Montesa Común en la cresta de la cordillera.

No encontramos seguidores profesionales de hormigas legionarias ni signo alguno de actividad reproductiva por encima de la elevación que define el inicio de las tierras altas.

DISCUSIÓN

Riqueza de especies y comparaciones con regiones adyacentes

La riqueza de especies encontrada en los Cerros de Kampankis es comparable a la encontrada en regiones amazónicas bien conservadas muestreadas durante periodos de duración similar.

El informe de Dosantos (2005) contiene registros de muchas especies que no fueron registradas por nuestro equipo de ornitólogos. Este trabajo incluye (a) algunas identificaciones que muy posiblemente son erróneas y (b) registros de especies afines a hábitats perturbados, que nuestro equipo sólo visitó de manera marginal. Comparado con las observaciones inéditas de Juan Díaz Alván (com. pers.), la composición de especies que encontramos es más afín, aunque, como es de esperarse para una localidad al sudeste de nuestra zona de trabajo, sus datos contienen más registros de especies de afinidad amazónica, menos especies de afinidad premontana y montana y varios registros de especies de hábitats restringidos como bosques de arenas blancas que nosotros no visitamos.

La comparación de nuestro trabajo con lo reportado en investigaciones como las de Schulenberg y Awbrey (1997) para la Cordillera del Cóndor y las de Robbins et al. (1987) y Fjeldså y Krabbe (1999) para la Cordillera de Kutukú arroja información interesante. La Cordillera del Cóndor tiene una gradiente altitudinal mayor que Kampankis y su inventario incluye más especies de mayor altitud. Su proximidad con los Andes le permite albergar un número relativamente mayor de especies de afinidad premontana y montana andina. De igual manera, la avifauna de Kutukú abarca elevaciones mayores que no existen en los Cerros de Kampankis; fuera de esta diferencia su avifauna es la más similar a la reportada en nuestro trabajo.

La riqueza de especies observada en nuestros campamentos es similar en todos ellos, con excepción del campamento en Quebrada Kampankis en el que trabajamos un día menos. Estimamos que el número ligeramente menor de especies encontrado en el campamento Pongo Chinim se debe a que la variación altitudinal es menor a la del resto de los campamentos.

Registros notables

La presencia de seis especies de distribuciones restringidas a cordilleras aisladas (siete, si se incluye a Hormiguerito de Ojo Blanco [*Epinecrophylla leucophthalma*]) le da a los Cerros de Kampankis un valor especial entre un grupo reducido de regiones montañosas aisladas del Perú que se ubican a cierta distancia al este de los Andes y que albergan especies de altitudes intermedias (de aproximadamente 700–1,500 m).

Algunos de los registros que obtuvimos tienen significado especial. Para algunas de estas especies, por ejemplo, aquellas de distribuciones muy restringidas como Ala-de-Sable del Napo y Gavilán Barrado, existen muy pocos registros para todo el Perú, muchos de ellos sin respaldo de especímenes y documentados en el país solamente con material fotográfico o grabaciones. Otras, de distribuciones más amplias pero raras como Halcón Montés de Buckley y Carpintero de Cabeza Rufa (ampliaciones de rango amazónicas), están asociadas a bosques húmedos de tierras bajas y muchas de ellas se conocían hasta el límite occidental del río Morona o la frontera entre las regiones de Loreto y Amazonas, de manera que son extensiones de rango modestas.

Las extensiones de rango de especies de afinidad premontana y montana andinas fueron el hallazgo más numeroso y también los registros más significativos en términos de distancia a las distribuciones geográficas conocidas anteriormente (fide Schulenberg et al. 2010).

Aves de caza

El número de especies de caza encontradas fue alto comparado con otros inventarios. Frecuentemente su presencia o ausencia, así como su comportamiento, se usan para determinar si existe presión antrópica y de qué intensidad es ésta.

Para nosotros fue evidente que existen diferentes niveles de actividad de caza entre campamentos. Por ejemplo, en los campamentos Quebrada Katerpiza y Quebrada Kampankis la Pava de Spix (*Penelope jacquacu*) fue más arisca —vocalizando y volando rápidamente al detectar la presencia humana—, que en las restantes dos localidades. Cabe resaltar que aún con este tipo de registros las poblaciones de estos grupos se encuentran relativamente saludables y que el impacto es aún moderado o poco perceptible (Tabla 7).

Aves seguidoras de hormigas legionarias

Este es un gremio de aves sensibles a alteraciones en los ciclos y la dinámica poblacional de las hormigas legionarias como la fragmentación de hábitat (Willson 2004). Los ensambles de especies que encontramos no fueron los encontrados típicamente en bosques de planicie aluvial y fue notable la ausencia del Ojo Pelado de Ala Rojiza (*Phlegopsis erythroptera*), cuyo género es considerado primero en la jerarquía en estos grupos. Otras especies que son más frecuentemente parte de este grupo, como el Hormiguero de Cresta Canosa (*Rhegmatorthina melanosticta*) en tierras bajas o el Ojo de Fuego de Dorso Blanco (*Pyriglena leuconota*) de elevaciones intermedias y altas, tampoco fueron registrados. Dado que sólo se pueden detectar alteraciones moderadas en los hábitats que visitamos, es de interés investigar las razones que expliquen la representatividad disminuida de este gremio en bosques ubicados en laderas.

Distribuciones altitudinales y reemplazo de especies

Una localidad como Kampankis, con su cobertura forestal continua a lo largo de una amplia gradiente de elevación, ofrece una oportunidad especial para documentar la distribución altitudinal de las aves peruanas. Entender los factores que determinan la distribución de las especies y el reemplazo de especies en gradientes altitudinales continúan siendo preguntas de gran interés en la ecología de las aves (Terborgh 1971, Forero-Medina et al. 2011). Por su parte, la manera en que una variable como elevación interactúa con comportamientos como la formación de bandadas mixtas (Stotz 1993), la estacionalidad de la reproducción (Stutchbury y Morton 2001), y cómo esta información puede ser aplicada a metas específicas de conservación de poblaciones y hábitats, permanecen como prioridades de investigación para esta región. Sin embargo, el análisis de estos patrones de distribución no forma parte de las metas de este reporte y será abordado a profundidad en un reporte por separado.

Integridad ecológica de los Cerros de Kampankis y comparaciones entre los sitios visitados

Nuestra percepción de la integridad ecológica de las diferentes áreas visitadas es que los Cerros de Kampankis albergan una avifauna funcional con alteraciones moderadas o poco perceptibles. La avifauna de Kampankis contiene elementos de todos los grupos tróficos y gremios de forrajeo típicos de ensambles de especies de bosques tropicales (p. ej., insectívoros, frugívoros, nectarívoros, carnívoros, etc.).

Las especies de caza (paujiles, perdices, trompeteros y pavas), especies de interés como mascotas o para comercio (loros y guacamayos) y las especies consideradas conflictivas para actividades humanas (como grandes rapaces), fueron encontradas en buena condición, incluso en los campamentos Quebrada Katerpiza y Quebrada Kampankis donde las actividades humanas son más claramente manifiestas (Tabla 7).

Tabla 6. Especies en categorías especiales de protección en los Cerros de Kampankis según el Ministerio de Agricultura del Perú (2009) y la Unión Internacional para la Conservación de la Naturaleza (IUCN 2011).

Especie	Gobierno del Perú	UICN
Pava de Garganta Azul (*Pipile cumanensis*)	Casi amenazada	–
Pava Carunculada	Casi amenazada	–
Paujil de Salvin	Vulnerable	Menor preocupación
Paujil Nocturno		Menor preocupación
Águila Harpía	Casi amenazada	–
Guacamayo Militar	Vulnerable	Vulnerable
Guacamayo Alaverde (*Ara chloropterus*)	Vulnerable	Menor preocupación
Brillante de Garganta Rosada	Casi amenazada	–
Ala-de-Sable del Napo	Casi amenazada	–
Hormiguero de Máscara Blanca	Vulnerable	Casi amenazada
Tangara de Garganta Naranja	Vulnerable	Vulnerable

De igual manera, encontramos con relativa facilidad en casi todos los sitios a especies sensibles a alteraciones de sus hábitats, como las especies de interior de bosque y las que ocupan posiciones altas en cadenas tróficas, como Águila Harpía (*Harpia harpyja*).

Esta apreciación la basamos en una clasificación cualitativa del estado de composición de varios grupos de aves en los cuatro campamentos visitados. Consideramos que cada uno de estos grupos es susceptible a presiones selectivas (que inciden directamente sobre las poblaciones de aves) o generalizadas (que fragmentan, reducen o alteran los hábitats que utilizan).

Las especies que indican vegetación perturbada y de estadios sucesionales tempranos o intermedios están presentes de manera marginal, lo que indica que las especies que dependen mas íntimamente del bosque en buen estado de conservación son más numerosas. La gran mayoría de los registros de especies de ambientes alterados fue obtenida durante los traslados, en instalaciones militares y en las comunidades que visitamos.

Especies no registradas

Consideramos que este inventario refleja de manera más completa las especies de categorías más abundantes y que están presentes en esta época del año. En nuestro listado faltan algunas especies raras e inconspicuas esperadas para la región, así como las migratorias presentes en otros periodos del año, lo que en un futuro podría incrementar notablemente el inventario.

Por ejemplo, el Hormiguero de Máscara Blanca es una especie rara recientemente redescubierta cerca de la quebrada Chapis (Lane et al. 2006). Andrés Treneman (com. pers.) tiene registros obtenidos en 1994 de la quebrada Kangasa y de la comunidad de Ajachim, ubicada a 15 km al sur del campamento Quebrada Wee. Estos registros están documentados con especímenes que depositó en la colección del Museo de Historia Natural de la Universidad Nacional Mayor de San Marcos.

En su trabajo reciente en el bajo Morona, Juan Díaz Alván documentó especies asociadas a bosques de arenas blancas, los cuales no fueron encontrados en nuestro trabajo. Nuestro sistema de trochas no cruzó por hábitats de suelos pobres en nutrientes ni tuvimos indicios de la presencia de especies asociadas a estos hábitats, aunque durante nuestros traslados en helicóptero nuestro equipo botánico identificó lo que posiblemente son afloramientos de areniscas con abundantes palmeras ungurahui (*Oenocarpus bataua*) entre los campamentos Quebrada Kampankis y Quebrada Wee. Otras especies asociadas a otros hábitats especializados, como las *collpas* y bosques de bambú, también están ausentes de nuestro inventario.

No obtuvimos observaciones directas de Guácharo (*Steatornis caripensis*) en alguno de los campamentos. Sin embargo, obtuvimos suficientes detalles de la identificación de adultos, juveniles y pichones, información de la ubicación de seis cuevas donde existen colonias, y numerosos detalles de cómo los habitantes locales han manejado estos sitios de reproducción a lo largo de muchas décadas (IBC y UNICEF 2010), datos que hacen inequívoca su identificación por medio de esta evidencia indirecta.

Amenazas

La Tabla 6 ofrece una lista de las especies amenazadas de la región. Es posible que la principal amenaza potencial para la avifauna de la región sea el incremento en la transformación del paisaje y la pérdida de la cobertura boscosa. La cacería de subsistencia en las áreas

Tabla 7. Grupos de aves encontrados en cada campamento, categorizadas según su sensibilidad a actividades humanas. Las comparaciones son de carácter cualitativo debido a la brevedad de nuestra visita.

Grupo de especies	**Sensibilidad a actividades humanas**			
	Pongo Chinim	Quebrada Katerpiza	Quebrada Kampankis	Quebrada Wee
Aves de ambientes sucesionales y/o alterados	No detectadas	Presencia marginal	Presencia marginal	No detectadas
Aves de interior de bosque	Bien representada	Presencia regular	Presencia regular/ Bien representadas	Bien representada
Riparias	Presencia marginal	Presencia regular	Presencia marginal	Presencia marginal
Especialistas en seguir hormigas legionarias	Bien representada	Presencia marginal	Presencia regular	Bien representada
Bandadas mixtas	Bien representada	Presencia regular	Presencia regular	Bien representada
Aves de caza	Presencia regular	Presencia marginal	Presencia regular	Bien representada
Loros grandes	Presencia regular	Presencia regular	Presencia regular	Bien representada
Rapaces	Bien representada	Presencia regular/ Bien representadas	Presencia regular	Bien representada

muestreadas tiene un impacto mínimo sobre las aves de caza y sus poblaciones se encuentran en estado saludable. Sin embargo, esta opinión podría tener el sesgo de que nuestro trabajo de campo se llevó a cabo en regiones más distantes a los núcleos de población.

El comercio de mascotas podría representar una amenaza potencial a mediano plazo si las comunidades de la zona (p. ej., La Poza y Soledad) incrementan el acopio y traslado de aves, principalmente loros grandes, guacamayos, trompeteros, algunos tucanes y tangaras, hacia las poblaciones de Saramiriza, Bagua y Chiclayo donde son comercializadas de acuerdo a informaciones locales.

El manejo de los pichones de Guácharo ha sido una tradición de muchas décadas y existe una preocupación general entre los pobladores locales sobre el cuidado de las colonias de estas aves.

RECOMENDACIONES PARA LA CONSERVACIÓN

Es importante mantener y fortalecer los acuerdos tradicionales y sistemas de manejo que han permitido el uso de las aves por muchos años, como aquellos que regulan el manejo de las colonias de guácharos y la cacería. Estas prácticas de bajo impacto permiten sostener la capacidad de las poblaciones para mantenerse relativamente saludables; alejarse de estas prácticas tradicionales seguramente afectaría de manera negativa su condición actual de conservación.

Si las comunidades deciden desarrollar alternativas económicas de bajo impacto en la zona, recomendaríamos actividades de turismo sostenible enfocadas a mercados como el de observadores de aves que podrían permitir que las comunidades cuenten con ingresos adicionales sin alterar el estado en que se encuentran los hábitats. Como cualquier otra actividad desarrollada en la zona, ésta debe estar respaldada por lineamientos claros de manejo tan responsables como los que han permitido hasta la fecha conservar la avifauna de Kampankis.

Además de profundizar el trabajo de inventario de la avifauna de Kampankis, será de interés de futuras investigaciones obtener más información estacional para determinar el valor de esta región en relación a las rutas migratorias boreales o australes de algunas especies y para entender movimientos altitudinales en la gradiente que estudiamos.

CONCLUSIONES

La avifauna de los Cerros de Kampankis tiene una riqueza comparable a la de regiones de atributos similares (p. ej., las que tienen una variación similar de pisos altitudinales y que se encuentran en buen estado de conservación), aunque en composición destacan algunas peculiaridades que le hacen especial, como su combinación de elementos de la avifauna amazónica con otros propios del pie de montaña andina y la presencia de especies propias de cordilleras aisladas.

Estos valores han sido reconocidos en el ámbito internacional. Por ejemplo, BirdLife International (Devenish et al. 2009) utiliza una serie de criterios — como riqueza de especies, presencia de especies endémicas y de distribuciones restringidas, sitios de importancia para aves migratorias y el tamaño de las poblaciones globales que habitan un área—, para identificar el valor de un sitio y designar áreas prioritarias que merecen atención para su conservación (conocidas con el acrónimo IBA por sus siglas en inglés, lo que significa Área Importante para la Conservación de las Aves). En el Perú, BirdLife International ha identificado 116 de estas áreas, con más de la mitad bajo algún estado de protección (Devenish et al. 2009). Una región que incluye la Cordillera del Cóndor y los Cerros de Kampankis ha sido designada como la IBA PE104, lo que refleja los valores de su alta riqueza de especies, los elementos únicos de su avifauna y su buen estado de conservación.

Los Cerros de Kampankis albergan una avifauna de gran integridad ecológica y su condición de conservación es buena. Las actividades humanas que impactan a las poblaciones de aves de manera directa son selectivas y de impacto moderado o poco perceptible. La combinación de los altos valores de riqueza ornitológica que encontramos en los Cerros de Kampankis y el buen estado de integridad funcional de sus poblaciones y sus hábitats resultan en una excelente oportunidad de conservación.

MAMÍFEROS

Autora: Lucía Castro Vergara

Objetos de conservación: Poblaciones saludables de varias especies de primates, en especial de las más grandes como maquisapa (*Ateles belzebuth,* EN) y choro (*Lagothrix lagotricha,* VU) que sufren presión de caza selectiva en toda la Amazonía; carnívoros grandes como jaguar (*Panthera onca,* NT), que requiere de amplios territorios, y lobo de río (*Pteronura brasiliensis,* EN), que habita en lugares poco perturbados, ambos amenazados en el ámbito internacional; dos especies de cánidos raros, *Atelocynus microtis* (NT) y *Speothos venaticus* (NT); sachavaca (*Tapirus terrestris,* VU), importante herbívoro dispersor de semillas; oso hormiguero (*Myrmecophaga tridactyla,* VU) y yunguntуru (*Priodontes maximus,* VU), especies raras que contribuyen considerablemente en la dinámica del bosque como controladores de invertebrados; una numerosa comunidad de herbívoros, en particular las especies de caza, importantes dispersores de semillas y fuente de proteínas para las comunidades humanas.

INTRODUCCIÓN

La comunidad de mamíferos de los Cerros de Kampankis se ha evaluado en al menos dos oportunidades previas al inventario rápido de 2011. Un primer estudio de la diversidad zoológica de la zona se realizó entre 1978 y 1982 como parte de la Segunda Expedición Etnobiológica de la Universidad de California, Berkeley. Durante esta evaluación intensa, se realizaron colectas de 108 especies de mamíferos en tres localidades de los ríos Santiago y Cenepa (Berlin y Patton 1979, Patton et al. 1982). De estas 108 especies, 55 fueron colectadas muy cerca de nuestra área de estudio: en la cuenca del río Santiago, en la comunidad La Poza. Posteriormente, en 2004, Alfredo Dosantos realizó un estudio de la flora y fauna de los Cerros de Kampankis que dio como resultado un listado de 68 especies de mamíferos registradas a través de observaciones en campo y entrevistas (Dosantos 2005).

También se han realizado varios estudios de los mamíferos en áreas aledañas a los Cerros de Kampankis, tanto al oeste, en la Cordillera del Cóndor (Schulenberg y Awbrey 1997, Vivar y La Rosa 2004); como al este, en el abanico del Pastaza (CDC y WWF 2002). La Cordillera del Cóndor comprende hábitats de bosques montanos, mientras que todo el abanico del Pastaza corresponde a bosques de selva baja y estas diferencias de hábitat se ven reflejadas en sus respectivas comunidades

Tabla 8. Esfuerzo de muestreo para el registro de mamíferos en cuatro campamentos en los Cerros de Kampankis del 2 al 20 de agosto de 2011.

Grupo de estudio	Unidad de medida	Campamentos			
		Pongo Chinim	Quebrada Katerpiza	Quebrada Kampankis	Quebrada Wee
Mamíferos medianos y grandes	Kilómetros recorridos	19.44	19.2	10.5	15.48
Murciélagos	m^2 redes-hora	1,110	1,035	960	840

de mamíferos. Los Cerros de Kampankis, en cambio, se levantan en una faja angosta que incluye una gradiente de elevación que inicia en las terrazas de bosque de selva baja llegando hasta bosque premontano en las crestas. De este modo, antes de entrar al campo para el inventario rápido de 2011 era evidente que la composición de la comunidad de mamíferos en Kampankis incluiría tanto especies de selva baja como las de bosques montanos y corredores interandinos.

Los objetivos principales del inventario rápido fueron caracterizar la composición de la comunidad de mamíferos en los cuatro sitios visitados y evaluar su estado de conservación. Puse énfasis especial en los primates, mamíferos altamente sensibles a la cacería y la perturbación e importantes para la regeneración de los bosques.

MÉTODOS

Antes del trabajo en campo elaboré una lista de especies potenciales tomando en consideración aquellas cuyos rangos geográficos incluyen o están cerca a la zona de Kampankis, tanto en la llanura amazónica como en bosques montanos. Para los mamíferos medianos y grandes consideré a Emmons y Feer (1999) y Tirira (2007), mientras que para los murciélagos consideré además a Gardner (2008); confirmé cada especie con la lista más actual de los mamíferos del Perú (Pacheco et al. 2009). Esta lista de especies potenciales para la zona es la mejor aproximación a la composición de la comunidad de mamíferos en los Cerros de Kampankis y se presenta en el Apéndice 7.

Evaluación de mamíferos medianos y grandes

Durante 15 días de trabajo efectivo en campo, del 2 al 20 de agosto de 2011, registré mamíferos medianos y grandes por medio de recorridos en el sistema de trochas previamente preparadas en cada uno de los campamentos visitados (Figs. 2A, 2B; ver el capítulo Panorama Regional y Sitios Visitados). En cada campamento realicé los recorridos entre las 06:30 y 15:00 horas por cuatro días (tres en el campamento Quebrada Kampankis). El esfuerzo de muestreo alcanzado en cada campamento se detalla en la Tabla 8.

Dirigí las caminatas con una velocidad promedio de 1 km/hora mientras buscaba todo tipo de signos característicos de las especies de interés. Los registros incluyeron observaciones directas de animales, vocalizaciones, huellas, heces, pelos, huesos, madrigueras, bañaderos, *collpas*, hozadas, restos de comida y otros rastros. Cuando encontré algún mamífero procuré registrar el número de individuos, sexo y la actividad que realizaban. También consideré las observaciones eventuales obtenidas por los demás investigadores en campo.

Entrevisté en cada campamento entre tres y cuatro informantes de las comunidades locales, prefiriendo a los que venían de las comunidades más cercanas. Estas entrevistas ayudaron a incrementar la lista de especies, al indicar tanto mamíferos presentes en las inmediaciones de los campamentos como mamíferos que prefieren hábitats más bajos, cercanos a ríos y quebradas más grandes que las que encontramos en los sitios que visitamos. Los interlocutores también contribuyeron con los nombres de los mamíferos en Wampis y Awajún (Apéndices 7 & 10). En la mayoría de casos estos nombres fueron dictados letra por letra durante las entrevistas; posteriormente la ortografía fue estandarizada por E. Tuesta.

En cada entrevista mostré a mi interlocutor las láminas de mamíferos de Emmons y Feer (1999) para que reconociera las especies que conocía en la localidad.

Tabla 9. Número de especies de mamíferos registradas en cuatro lugares de muestreo en los Cerros de Kampankis, del 2 al 20 de agosto de 2011, por orden taxonómico. Sólo se consideran las especies registradas durante los recorridos y las capturas con redes y no se incluyen especies registradas únicamente por entrevistas.

Orden	**Registros en los campamentos**				**Total** (todas las localidades)
	Pongo Chinim	Quebrada Katerpiza	Quebrada Kampankis	Quebrada Wee	
Didelphimorphia	0	0	0	1	1
Cingulata	4	3	4	4	4
Pilosa	1	2	1	0	3
Primates	8	6	2	7	9
Rodentia	5	6	4	5	6
Carnivora	4	4	4	5	9
Perissodactyla	1	1	1	1	1
Cetartiodactyla	4	3	2	3	4
Chiroptera	6	4	5	6	16
Especies registradas en campo	**33**	**29**	**23**	**32**	**53**

Cuando el informante señalaba un registro ambiguo o inesperado le pedí que describiera la especie y pregunté características diagnósticas específicas del animal. Cuando fue necesario brindé las diferentes posibilidades de respuesta (p. ej., colores de pelo, tamaños, hábitos), incluyendo la seguridad que el interlocutor sentía con su respuesta (si no estaba seguro o si se sentía muy seguro de su descripción); esta información sirvió para confirmar o descartar la presencia de las especies.

Evaluación de mamíferos pequeños

Para registrar las especies de murciélagos, utilicé entre tres y cinco redes de neblina de 12 x 2.5 m que se abrieron entre las 18:00 y las 21:00 horas en un total de nueve noches. Completé un esfuerzo de muestreo de 3,945 m² redes-hora entre los cuatro campamentos; el esfuerzo de muestreo alcanzado en cada campamento se detalla en la Tabla 8.

Instalé las redes en quebradas, claros y bordes de bosque cerca de los campamentos y en el sistema de caminos, y en el bosque y crestas de la cordillera de Kampankis cuando fue posible acampar cerca de las cimas (en los campamentos Quebrada Katerpiza y Quebrada Wee). Cada murciélago que capturé fue identificado en campo por observación de su morfología externa y posteriormente fue liberado.

No evalué las comunidades de roedores y marsupiales con métodos de captura por el limitado tiempo para el inventario. Asimismo, tampoco utilicé las entrevistas para registrar mamíferos pequeños como roedores y murciélagos ya que es necesaria la observación minuciosa de sus características —incluso internas— para identificarlas a nivel de especie; a diferencia de las especies más grandes de marsupiales que sí fueron consideradas durante las encuestas.

RESULTADOS

La información bibliográfica sobre los mamíferos del Perú y Ecuador sugiere que alrededor de 79 especies de mamíferos medianos y grandes tienen distribución potencial en los Cerros de Kampankis. De éstas, durante el inventario rápido se registraron 57 especies (el 72% de las especies potenciales; Apéndice 7) que corresponden a ocho órdenes que son característicos de la Amazonía y la vertiente oriental de los Andes (Tabla 9).

Varias de las especies registradas han sido clasificadas bajo algún tipo de amenaza en el ámbito internacional. Cinco son consideradas como Vulnerables (*Priodontes maximus*, *Myrmecophaga tridactyla*, *Lagothrix lagotricha*, *Leopardus tigrinus*, *Tapirus terrestris*), dos En Peligro (*Ateles belzebuth*, *Pteronura brasiliensis*) y cinco Casi Amenazadas (*Leopardus wiedii*, *Panthera onca, Atelocynus microtis, Speothos venaticus, Tayassu pecari*) en la lista roja de la UICN (IUCN 2011). Asimismo, el puma (*Puma concolor*) está considerado como Casi Amenzado en la legislación peruana (MINAG 2004).

En ninguno de los campamentos encontramos evidencias de la presencia del oso andino (*Tremarctos ornatus*). Durante las entrevistas nuestros apoyos locales coincidieron en afirmar que la especie se encontraba presente en la Cordillera del Cóndor y no en los Cerros de Kampankis.

De las 104 especies potenciales de murciélagos para los Cerros de Kampankis registramos 16 (Tabla 9). El Apéndice 8 incluye no solamente las especies de murciélagos registradas durante el inventario rápido sino también las especies registradas por Patton et al. (1982) y Dosantos (2005), así como todas las otras especies de murciélagos con distribución potencial en Kampankis. Tanto las especies registradas como las especies esperadas están distribuidas en la Amazonía y las estribaciones andinas orientales. Aunque el esfuerzo de muestreo de los murciélagos fue bastante limitado, la lista incluye especies que participan en procesos del bosque como la polinización, la dispersión de semillas y la predación de artrópodos.

Campamento Pongo Chinim

Durante cuatro días de evaluación se registraron 27 especies de mamíferos medianos y grandes durante los recorridos. Gracias a las encuestas se alcanzaron 53 especies en total. Se reconoció un bosque bien conservado por la presencia de varios grupos de primates que no se asustaron al notar nuestra presencia. También registramos carnívoros notables como otorongo (*Panthera onca*), nutria de río (*Lontra longicaudis*) y el raro perro de orejas cortas (*Atelocynus microtis*).

En este campamento se registraron dos especies que no volvieron a ser registradas en las trochas durante el resto del inventario: huangana (*Tayassu pecari*, por huellas) y perro de orejas cortas (*Atelocynus microtis*, por observación directa).

Durante tres noches capturamos murciélagos de seis especies correspondientes a dos familias. Estas incluyen especies insectívoras, nectarívoras, frugívoras y una especie omnívora. Se destacan dos especies no comunes, *Cormura brevirostris* y *Choeroniscus minor*, difíciles de encontrar en bosques secundarios y áreas perturbadas, lo que indica que la zona posee bosques en buen estado de conservación.

Campamento Quebrada Katerpiza

En este campamento registramos 52 especies: 24 por registros en el sistema de caminos y 28 más por entrevistas. Aquí los encuentros con grupos de primates grandes fueron menos frecuentes. Sin embargo, se pudo observar un grupo de monos coto (*Alouatta juara*) de nueve integrantes que se trasladaban con dos crías y un juvenil. No se obtuvo registros de carnívoros raros, excepto por encuestas. Esta menor abundancia relativa se debe a que nuestro campamento se ubicó cerca de una comunidad y nuestras trochas cruzaron varios caminos de mitayo, siendo evidente que la actividad de cacería había desplazado a los mamíferos.

En este campamento fueron registradas directamente dos especies que no volvimos a encontrar en otros campamentos: mono tocón (*Callicebus discolor*) y manco (*Eira barbara*).

Se capturaron cuatro especies de murciélagos, nectarívoras (*Anoura cultrata, A. fistulata*) y frugívoras (*Platyrrhinus nigellus, Sturnira tildae*) que tienen distribuciones que incluyen bosques premontanos en las estribaciones de los Andes. Estas capturas ocurrieron en la cresta de los Cerros de Kampankis, donde se alcanzó una elevación de 1,300 m.

Campamento Quebrada Kampankis

En este campamento nos asentamos también cerca de una comunidad (Chosica). Durante los tres días que permanecimos registramos 18 especies en campo y otras 35 por encuestas. Aún así encontramos grupos de monos que no mostraron temor ante nuestra presencia, así como felinos y nutria de río. Una observación particular fue la de varias madrigueras de yunguntaru (*Priodontes maximus*) observadas cerca a los 1,000 m de elevación. Otro registro notable fue el de los restos óseos de un hormiguero (*Tamandua tetradactyla*) en una playa de la quebrada Kampankis.

Las capturas de murciélagos registraron cinco especies frugívoras que no presentan preferencias por un tipo de hábitat definido y que tienen amplia distribución altitudinal, desde selva baja hasta los 2,000 m (*Carollia brevicauda*, *C. perspicillata*, *Rhinophylla pumilio*, *Artibeus lituratus* y *A. obscurus*).

Campamento Quebrada Wee

En este campamento registramos 26 especies en campo y 30 más por entrevistas. La abundancia de grupos de monos nos sorprendió nuevamente y pudimos observar directamente siete especies. Otro registro resaltante fue el de tres *collpas* de mamíferos que encontramos en las trochas y quebradas. También registramos huellas frescas de otorongo (*Panthera onca*) cerca de los tambos que utilizamos cuando pernoctamos en la cima de la cordillera y de puma (*Puma concolor*) en una quebrada cercana al campamento. Los registros de huellas y heces de sachavaca (*Tapirus terrestris*) fueron especialmente abundantes en este campamento y un individuo pudo ser observado en una de las *collpas*.

Los murciélagos registrados fueron cuatro especies frugívoras (*Artibeus lituratus*, *A. obscurus*, *A. planirostris*, *C. brevicauda*), una omnívora (*Platyrrhinus infuscus*), especies comunes, y una insectívora, no común pero de amplia distribución (*Saccopteryx bilineata*) en la Amazonía y las estribaciones andinas.

DISCUSIÓN

Los Cerros de Kampankis y la comunidad de mamíferos que los habita han sido manejados ancestralmente por los pueblos Wampis y Awajún por cientos de años. Los pobladores utilizan los mamíferos grandes y medianos de los cerros de manera racionada para que su uso sea sostenible. El resultado de esta organización tan destacada es que hoy en día los Cerros de Kampankis cuentan con comunidades de mamíferos relativamente poco impactadas por la cacería.

Sin embargo, el panorama es diferente en las partes bajas del área de estudio, donde está asentada la mayor parte de la población y la cacería es más intensiva. Las comunidades de mamíferos en esas zonas no fueron evaluadas durante el inventario, pero recogimos varios indicadores de su estatus. Un efecto positivo se evidencia en varias comunidades nativas donde el equipo social documentó las prácticas de manejo de la fauna de caza y las normativas con penalidades que regulan y limitan la extracción de animales (ver el capítulo Comunidades Humanas Visitadas). Sin embargo, hay testimonios de la venta de carne de monte a las bases que el ejército mantiene en el área (p. ej., Candungos), la cual podría generar una presión insostenible sobre las poblaciones de las especies de caza. Asimismo, en algunas comunidades se manifiesta que los monos y ungulados son cada vez más escasos y que a veces los cazadores regresan de una faena con las manos vacías, según afirmaron algunos miembros del equipo social del inventario rápido.

Dada la importancia de los mamíferos grandes y medianos tanto para el bienestar de las comunidades humanas como para el mantenimiento de los bosques, queda claro que es necesario monitorear las densidades de los mamíferos y la intensidad de caza cerca de las comunidades nativas.

Afinidades y diferencias con regiones aledañas

Si bien la comunidad de mamíferos medianos y grandes de Kampankis es relativamente bien conocida (es decir, que no se espera grandes cambios o novedades con estudios adicionales), todavía es demasiado temprano para determinar con precisión qué tan parecida o diferente es de las comunidades de mamíferos en la Cordillera del Cóndor (Schulenberg y Awbrey 1997, Vivar y La Rosa 2004) y el abanico del Pastaza (CDC y WWF 2002). Por el momento, es sólo posible ofrecer algunas observaciones generales.

En la Cordillera del Cóndor se registró al oso andino, el cual aparentemente no reside en Kampankis (ver abajo). Asimismo, los estudios la Cordillera del Cóndor reportaron una menor abundancia de monos que en Kampankis, debido a la mayor elevación que alcanza Cóndor. Varios de los murciélagos encontrados en Kampankis también están presentes en la Cordillera del Cóndor y es posible que en Kampankis se encuentren presentes algunas especies de murciélagos que actualmente no están registradas en el Perú y sí en la vertiente oriental de los Andes ecuatorianos (*Lichonycteris obscura*, *Lophostoma yasuni*, *Molossus currentium*). La taxonomía y el estado de conocimiento de los murciélagos neotropicales aún están en desarrollo. Por lo tanto, las colectas son muy importantes para documentar las distribuciones de las especies y contribuir al conocimiento de las mismas.

La composición de especies de mamíferos medianos y grandes reportada por el estudio realizado en el abanico del Pastaza es similar a la registrada en Kampankis, con la diferencia de que en el abanico del Pastaza se registraron en mayor abundancia las especies de primates pequeños y los bufeos por observación directa. En Kampankis tuve pocos registros del pichico común (*Saguinus fuscicollis*) y del mono tocón (*Callicebus discolor*), mientras que el mono leoncito (*Callithrix pygmaea*) no se registró en todo el inventario. Esto se debe a que el mono leoncito prefiere los bosques de las orillas de ríos, donde se han encontrado las más altas poblaciones en la cuenca del río Samiria en Loreto; la especie habita en bosques inundables y también hábitats de borde como orillas de pastizales y huertos (Soini en Defler 2010). Es posible que se encuentre cerca de las comunidades del río Morona.

Por otro lado, el mono tocón (*C. discolor*) prefiere la vegetación ribereña con bosques poco desarrollados, los bajos, las orillas de caños y ríos y las tierras bajas pobremente drenadas (Defler 2010). *S. fuscicollis* está ampliamente distribuida en gran cantidad de hábitats aunque es común en bosques secundarios de tierras bajas. En las entrevistas los pobladores afirmaron que ambas especies son comunes cerca de los márgenes de los ríos Morona y Santiago.

Observaciones sobre la lista de mamíferos de Dosantos (2005)

La evaluación de mamíferos realizada por Dosantos (2005) en Kampankis dio como resultado una lista de 68 especies registradas a partir de observaciones en transectos y entrevistas. Sin embargo, muchas de las especies mencionadas se obtuvieron por registros dudosos. Por ejemplo, *Bassariscus sumichrasti* y *Procyon lotor* (Carnivora: Procyonidae), registradas únicamente por entrevistas, tienen un ámbito geográfico que se extiende desde América del Norte hasta Panamá, no alcanzando Sudamérica (Reid 1997). Asimismo, al menos tres de las cinco especies de ardillas del género *Sciurus* avistadas en campo no pueden considerarse registros confiables, ya que la alta variabilidad en el patrón de coloración del pelaje de estas especies y la dificultad para observarlas en detalle en el bosque hacen imposible identificar una especie solo por observación directa. Colectas serán necesarias para determinar cuáles son las especies de ardillas presentes en los Cerros de Kampankis.

Dosantos (2005) también registró *Isothrix bistriata* por vocalización. Aunque son conocidas las vocalizaciones de algunas especies de ratas espinosas trepadoras (p. ej., *Dactylomys*), y aunque *I. bistriata* ha sido colectada en La Poza (Patton et al. 1982), es posible que las vocalizaciones fueran de otra especie ya que no existen registros que comprueben que *Isothrix* emita llamados. *Myoprocta acouchi*, reportado por Dosantos (2005) como observado en campo, probablemente se trate de *Myoprocta pratti*, también en la lista, que es la especie de *Myoprocta* presente en el Perú. *Conepatus semistriatus* (Carnivora: Mephitidae), registrada mediante entrevistas, es una especie presente en la costa y vertiente occidental del Perú. Es posible hallarla en bosques montanos pero no en bosques de selva baja (Emmons y Feer 1999), y probablemente se haya confundido con otra especie con un patrón de coloración parecido como el hurón (*Galictis vittata*), que posee una banda de pelo blanco sobre la cabeza y el lomo. El armadillo *Euphractus sexcinctus*, registrado por huella, no se considera distribuido en el Perú, y el registro probablemente corresponde a algún otro armadillo. Finalmente, la pacarana (*Dinomys branickii*) no fue registrada en los recorridos ni en las entrevistas del inventario biológico rápido, pero sí fue reportada en las entrevistas realizadas por el equipo social.

Los registros de murciélagos que reporta Dosantos se obtuvieron mayormente por entrevistas. Esta no es una metodología recomendable para registrar mamíferos menores ya que son especies poco conocidas y presentan una gran variedad de formas. Sin embargo, las cuatro especies de murciélagos registradas mediante esta metodología son consideradas como especies potenciales. Una fue registrada durante el inventario rápido (*Saccopteryx bilineata*) y dos de ellas son especies carnívoras (*Noctilio leporinus*, *Trachops cirrhosus*) con comportamientos de caza resaltantes que pueden haber ayudado a su identificación mediante entrevistas.

Registros notables

Pithecia aequatorialis es una especie de mono huapo que habita en Ecuador y el Perú. En el Perú se considera presente entre los ríos Tigre y Napo con límite sur en el río Marañón en Loreto, donde también reside *Pithecia monachus* (Aquino y Encarnación 1994). Presenta pelaje anaranjado desde el cuello hasta el vientre, característica que la hace fácil de distinguir de *P. monachus* cuando se pueden observar individuos muy cerca como sucede con ejemplares cazados. Por esta razón fue fácilmente reconocida por varios de nuestros apoyos locales, quienes afirmaron que *P. aequatorialis* está presente en el área de estudio. De confirmarse su presencia en Kampankis por medio de colectas, el registro ampliaría el ámbito de distribución conocido para la especie, que figura en el Apéndice II de CITES (2011). En Ecuador los registros de esta especie son escasos y solo de bosques primarios (Tirira 2007).

Algunas especies que no observamos en campo están asociadas a hábitats más bajos que los que visitamos, cerca de bordes de ríos y grandes quebradas. Por ejemplo, la nutria gigante (*Pteronura brasiliensis*) utiliza las cochas para pescar y establecer madrigueras. Este tipo de hábitat estuvo ausente en los lugares que visitamos y la especie pudo ser registrada solo por medio de las entrevistas, al igual que las dos especies de bufeos amazónicos. Gracias a nuestros informantes sabemos que la nutria gigante está presente tanto en el río Santiago como en el Morona y sus afluentes, pero sus poblaciones son mucho más abundantes en la cuenca del Morona debido a la mayor cantidad de cochas que se forman allí.

Luego de la evaluación en campo, Ermeto Tuesta del Instituto del Bien Común me informó que en la comunidad nativa Shapaja (en el río Morona, con latitud entre los campamentos Pongo Chinim y Quebrada Kampankis) había escuchado una historia sobre un poblador que mató un oso andino (*Tremarctos ornatus*) en la cabecera de la quebrada Shapaja, la cual nace al pie de los Cerros de Kampankis (aproximadamente 03°15'25" S 77°37'55" O, 790 m). Se cuenta también que el cazador guardó los huesos del animal para usarlos como medicina. Aunque esto sucedió hace más de 20 años, este registro llama mucho la atención pues ninguno de nuestros apoyos de campo había visto ni escuchado sobre la presencia del oso en los Cerros de Kampankis (en cambio su presencia es ampliamente conocida en la Cordillera del Cóndor). No se posee mayor información sobre este registro. Podría tratarse de un evento aislado o incluso no corresponder a la especie *T. ornatus*, ya que las crestas de Kampankis que sobrepasan los 1,000 m de elevación están aisladas y esta especie típicamente habita entre los 1,000 y 4,500 m (aunque existen registros inusuales a menos de 1,000 m; Tirira 2007). Por otro lado, la estrecha extensión que tiene la cordillera no sería suficiente para abastecer de recursos a una población viable de esta especie. Además, por esta misma razón, la cordillera ha sido bien explorada gracias al sistema de caminos que mantienen las comunidades. Por ello resulta poco probable que exista una población de osos andinos cuya presencia no haya sido notada por los pobladores.

Otro registro interesante fue recogido en 2009 en Santa María de Nieva, capital de la Provincia de Nieva, al sur de Condorcanqui. La presencia de una cría de mapache (*Procyon cancrivorus*) que tenía como mascota una señora mestiza en Nieva, llevó a la bióloga Margarita Medina de Conservación Internacional a preguntar a los pobladores sobre la especie cuando visitó varias comunidades del río Santiago. Ella descubrió la creencia de que el mapache es el diablo y por esta razón los indígenas no tienen costumbre de criarla como mascota ni comer su carne porque es amarga. Solo algunos de nuestros informantes en campo habían visto alguna vez al animal. Uno de ellos contó que mató una vez un ejemplar habiéndolo confundido con un achuni.

RECOMENDACIONES PARA LA CONSERVACIÓN

Oportunidades

De acuerdo a lo observado, el excepcional compromiso con el que las comunidades Wampis y Awajún han mantenido conservados los Cerros de Kampankis ha traído como resultado el mantenimiento de un bosque saludable donde todos los grupos de mamíferos encuentran los recursos necesarios para su subsistencia y asimismo contribuyen en la dispersión de semillas, la regeneración del bosque y otros procesos ecológicos.

Se recomienda respaldar la propuesta de los pueblos Wampis y Awajún para incluir el área como parte del territorio integral de los pueblos. Este reconocimiento legal garantizará la continuidad del buen manejo que ambos pueblos han practicado en los bosques de los Cerros de Kampankis de manera autónoma.

Amenazas

El aumento demográfico que se viene desarrollando en las últimas décadas como producto del asentamiento en las orillas de los ríos Morona y Santiago se traduce en un incremento de la presión de caza sobre varias especies de mamíferos. Por ello se recomienda una evaluación del estado de conservación de las especies de caza en las comunidades asentadas en las orillas de los ríos Morona y Santiago y sus principales afluentes. Esas zonas no fueron evaluadas durante este inventario y es muy probable que la abundancia de los mamíferos sea muy diferente a la encontrada en los lugares que visitamos debido a la cacería. Con una evaluación de la sostenibilidad de caza se detectará si la cacería que se practica ahora es sostenible o si se requiere disminuir la extracción de individuos de algunas especies especialmente sensibles como los primates y la sachavaca, que poseen ciclos reproductivos más largos y cuyas poblaciones demoran más en recuperarse.

Durante el trabajo en campo realizado por Dosantos (2005) se realizaron censos por transectos de manera activa con pobladores locales, lo que indica que algunos conocen ya las técnicas básicas de recopilación de datos en campo para la evaluación del estado de conservación de animales. Estas habilidades podrían aprovecharse desde ya e iniciar la recolección de datos para posteriormente realizar el análisis de la sostenibilidad de la caza. Dicho análisis es una herramienta clave para la toma de decisiones para la administración y ejecución de planes de manejo de la fauna.

Investigación

Este inventario ha recogido información que contribuye al conocimiento básico de la biodiversidad de los Cerros de Kampankis. Sin embargo, hay mucho más por investigar. Nuestro inventario estuvo restringido a los hábitats encontrados en los alrededores de los cuatro campamentos ubicados en el pie de monte y relativamente aislados de las comunidades del área de estudio. En el caso de mamíferos no se obtuvieron registros del lobo de río ni bufeos y éstos se registraron únicamente a través de las entrevistas. Es necesario evaluar otros lugares con diferentes hábitats (p. ej., cercanos a los ríos y cochas) y con otros grados de perturbación para tener un panorama más completo del estado de las especies.

También se recomienda realizar colectas de especies de primates que se encuentran en el límite de su distribución, a fin de confirmar los registros y documentar ampliaciones en las distribuciones si se encontraran. Tales son los casos del musmuqui (*Aotus vociferans*) y del mono huapo (*Pithecia aequatorialis*) que fue identificado por los pobladores en las entrevistas. Estas colectas podrían realizarse aprovechando la actividad de caza de las comunidades; el material que se recomienda recolectar es la piel del animal, una muestra de tejido muscular, restos óseos y en lo posible una muestra de sangre de las especies monógamas (*Callicebus*, *Pithecia* y *Aotus*) ya que poseen cariotipos estables. De igual manera se recomienda colectar pequeños mamíferos como los murciélagos, roedores y marsupiales. Las colectas nos permitirán conocer de manera más completa esta comunidad de mamíferos. Todavía hay mucho de los mamíferos que no conocemos con exactitud, desde las variaciones de características externas e internas hasta la distribución exacta de las especies en la Amazonía. Las especies de menor tamaño son las más diversas y podrían contribuir con nuevos registros para el Perú o incluso nuevas especies para la ciencia.

COMUNIDADES HUMANAS VISITADAS: FORTALEZAS SOCIALES Y CULTURALES

Participantes/autores (en orden alfabético): Diana Alvira, Julio Hinojosa Caballero, Mario Pariona, Gerónimo Petsain, Filip Rogalski, Kacper Świerk, Andrés Treneman, Rebeca Tsamarain Ampam, Ermeto Tuesta y Alaka Wali

Enfoques de cuidado: Sistemas autónomos de zonificación desarrollados por las comunidades; trochas y caminos que cruzan los Cerros de Kampankis formando parte de redes de comunicación entre comunidades; purmas ancestrales y cementerios antiguos; prácticas de manejo de chacras diversificadas; prácticas tradicionales de aprovechamiento de recursos silvestres (caza, pesca y recolección); espacios protegidos como refugios de fauna y flora silvestre; cochas manejadas; parcelas agroforestales; cuevas de guácharos de importancia cultural, social y sus sistemas de manejo; cascadas de importancia espiritual e histórica; mitos y cantos

INTRODUCCIÓN

Los pueblos que viven en el entorno de los Cerros de Kampankis tienen una larga historia de ocupación y convivencia con esta región. Pertenecen a los grupos étnicos Wampis (también conocidos en la literatura como Huambisa) y Awajún (Aguaruna) en la cuenca del Santiago y Marañón, así como a los grupos Wampis y Chapra[1] en la cuenca del Morona. Los Wampis y Awajún pertenecen al conjunto etno-lingüístico Jívaro y comparten muchos rasgos culturales (entre ellos idiomas similares), mientras que los Chapra están clasificados en la familia lingüística Candoa, culturalmente muy cercana al conjunto Jívaro. La población de la zona de los Cerros de Kampankis es de aproximadamente 19,000 habitantes (Apéndice 12).

El objetivo de esta caracterización social es documentar científicamente las fortalezas culturales y prácticas de manejo y uso de recursos naturales, de acuerdo con metodologías establecidas en inventarios rápidos anteriores. También, el equipo social informa a las comunidades visitadas acerca de los objetivos y procesos de los inventarios durante talleres o asambleas extraordinarias. Para esto, usamos materiales visuales como afiches, folletos, mapas, y guías de fotos de animales y plantas.

Contamos con información socio-cultural importante de varias fuentes recientes. De éstas, destacamos el informe realizado por la Asociación Interétnica de Desarrollo de la Selva Peruana (Rogalski 2005); el Informe del Proyecto de Mapeo del Espacio histórico-cultural de los pueblos Wampis y Awajún del río Santiago del Instituto de Bien Común (IBC) y UNICEF (Barclay Rey de Castro 2008, IBC y UNICEF 2010);
y el mapeo de información geográfica y topográfica de comunidades nativas realizado por el proyecto Sistema de Información sobre Comunidades Nativas de la Amazonía Peruana (SICNA) del IBC en el río Morona (IBC 2011). Además, contamos con obras etnográficas (como Brown, 1984, 1985; Guallart 1990; Greene 2009; Surrallés 2007) y documentos escritos y ponencias de líderes Awajún y Wampis (véase abajo). La información recolectada durante la caracterización social contribuye a esta literatura, dando un enfoque más preciso a los vínculos entre las personas y el medio ambiente. Además, la información recolectada sirve como sustento para las estrategias de cuidado de los paisajes y mantenimiento de los procesos culturales fomentado por los mismos pueblos.

En este capítulo describimos los métodos que utilizamos durante el inventario, la historia y estado actual de las poblaciones, sus fortalezas organizativas y sus relaciones con el entorno. Concluimos con las amenazas que ellos perciben a sus modos de vida, la visión a futuro que estos pueblos tienen sobre los Cerros de Kampankis y nuestras recomendaciones para la protección de su cultura y sus paisajes. En el siguiente capítulo describimos el conocimiento ecológico tradicional y el uso de recursos naturales (ver el capítulo Uso de recursos y conocimiento ecológico tradicional).

MÉTODOS

El equipo social realizó el trabajo de campo en dos etapas. La primera etapa fue en mayo de 2009 en el río Morona. En esta etapa participaron los antropólogos Alaka Wali y Kacper Świerk, y el profesor Billarva López García (en ese entonces presidente de la Organización Shuar del Río Morona, OSHDEM). El equipo visitó tres

1 Todos los grupos étnicos en la región están pensando cambiar o han cambiado su denominación. Los Wampis con quienes conversamos nos decían que quieren cambiar el nombre de su grupo y readoptar Shuar o Shuar del Perú. Los Awajún también están pensando en usar su propio nombre: Aents. Hasta la fecha no han hecho los cambios formalmente, por lo cual seguimos usando las denominaciones Wampis y Awajún. Los comuneros Chapra en Shoroya Nueva nos indicaron que recientemente han decidido escribir el nombre de su grupo étnico con "ch" en vez de la forma más común, con "sh." Otra manera de escribir el nombre es "Chapara" (Tuggy 2008). A petición explícita, sus gentilicios se escriben con mayúsculas en la versión en castellano de este informe.

Figura 22. Comunidades visitadas por el equipo científico social y sitios visitados por el equipo científico biológico durante el inventario rápido de los Cerros de Kampankis en el norte del Perú.

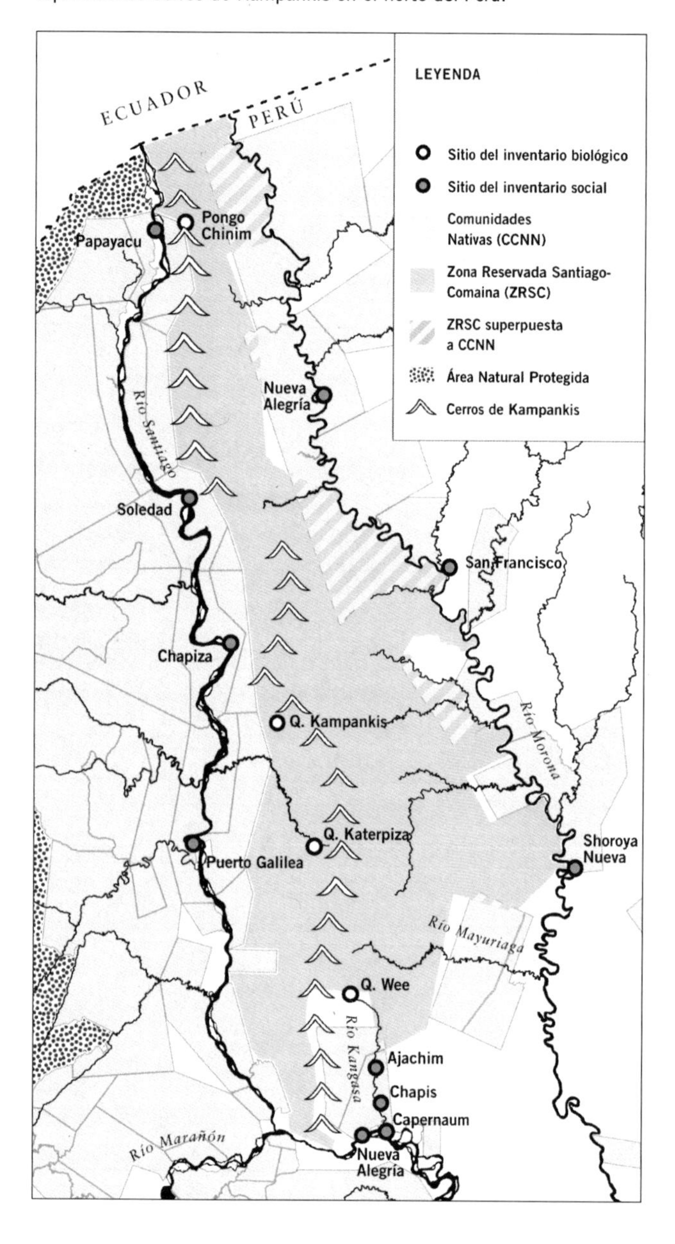

comunidades nativas: Shoroya Nueva (Chapra)[2], San Francisco (Wampis) y Nueva Alegría (Wampis) (Figs. 2A, 2B, 22). Debido al paro amazónico y los lamentables sucesos de Bagua (ver abajo), tuvimos que suspender las actividades del estudio y postergarlo.

Realizamos la segunda etapa del inventario en agosto de 2011. En esta ocasión, dividimos el equipo en tres. Un equipo trabajó en dos comunidades nativas del Medio Santiago (Puerto Galilea y Chapiza) y dos comunidades en el Alto Santiago (Soledad y Papayacu; Figs. 2A, 2B, 22). El segundo equipo trabajó en el río Marañón, especialmente en el río Kangasa en la comunidad Chapis y sus anexos Ajachim, Nueva Alegría y Capernaum. Este equipo también hizo entrevistas puntuales a líderes y a las autoridades locales en Borja, Saramiriza, Puerto América y San Lorenzo (Fig. 22). En cuanto al tercer equipo, un antropólogo junto con científicos locales trabajaron en los campamentos del inventario biológico (Figs. 2A, 2B) para recolectar información sobre el conocimiento local de la flora y fauna. En este capítulo y el siguiente, integramos la información recolectada tanto en 2009 como en 2011.

Nuestro equipo de trabajo fue multicultural y multidisciplinario, compuesto por tres antropólogos, un ingeniero forestal, un antropólogo-lingüista, un especialista en SIG, una socio-ecóloga y tres científicos locales. Tuvimos apoyo de parte de líderes y dirigentes Wampis y Awajún, particularmente la Coordinadora Regional de los Pueblos Indígenas de San Lorenzo (CORPI-SL) en el río Morona y el Comité de Coordinación del Inventario Biológico (Tarimiat Nunka Chichamrin, TANUCH) en el río Santiago.

Utilizamos un conjunto de técnicas cualitativas para recolectar la información (Pitman et al. 2011). Hicimos mapeos participativos del entorno de la comunidad.[3] También entrevistamos a moradores, tales como líderes, profesores y mujeres. Participamos en la vida cotidiana y conversamos más informalmente con los moradores. Hicimos historias de vida de algunos líderes y ancianos para tener información diacrónica sobre cambios y procesos culturales. La información recolectada en las comunidades, en este caso, fue complementada por datos en los informes y publicaciones mencionados arriba. En resumen, la información presentada en este reporte es una síntesis actualizada de muchos datos tanto cualitativos como cuantitativos.

2 Durante nuestra estadía en Shoroya Nueva en 2009 convocamos a los líderes y moradores de la comunidad de Shoroya Vieja. También se convocó a los apus (jefes) de las seis otras comunidades Chapra, miembros de la Federación Chapra de Morona (FESHAM). Llegaron líderes de las seis comunidades (Unanchay, Nueva Esperanza, Pifayal, Unión Indígena, San Salvador y Naranjal), con quienes hicimos entrevistas y mapeos participativos.

3 Hicimos este mapeo en las comunidades visitadas en el Sector Morona (2009) y el Sector Kangasa (2001). Los participantes se agrupan en pequeños grupos y dibujan en papelógrafo el croquis de su comunidad y sus zonas de uso: chacras, lugares de mitayo y pesca, y lugares especiales como collpas, tumbas o purmas viejas. En la comunidad Chapis del sector Marañón, trabajamos con mapas base en los que los comuneros dibujaron cómo usan sus recursos y sus sistemas de manejo.

Figura 23. Comunidades nativas en el Perú pertenecientes a las familias etnolingüísticas Jívaro y Candoa que mantienen convivencia histórica con los Cerros de Kampankis. Mapa elaborado por Ermeto Tuesta.

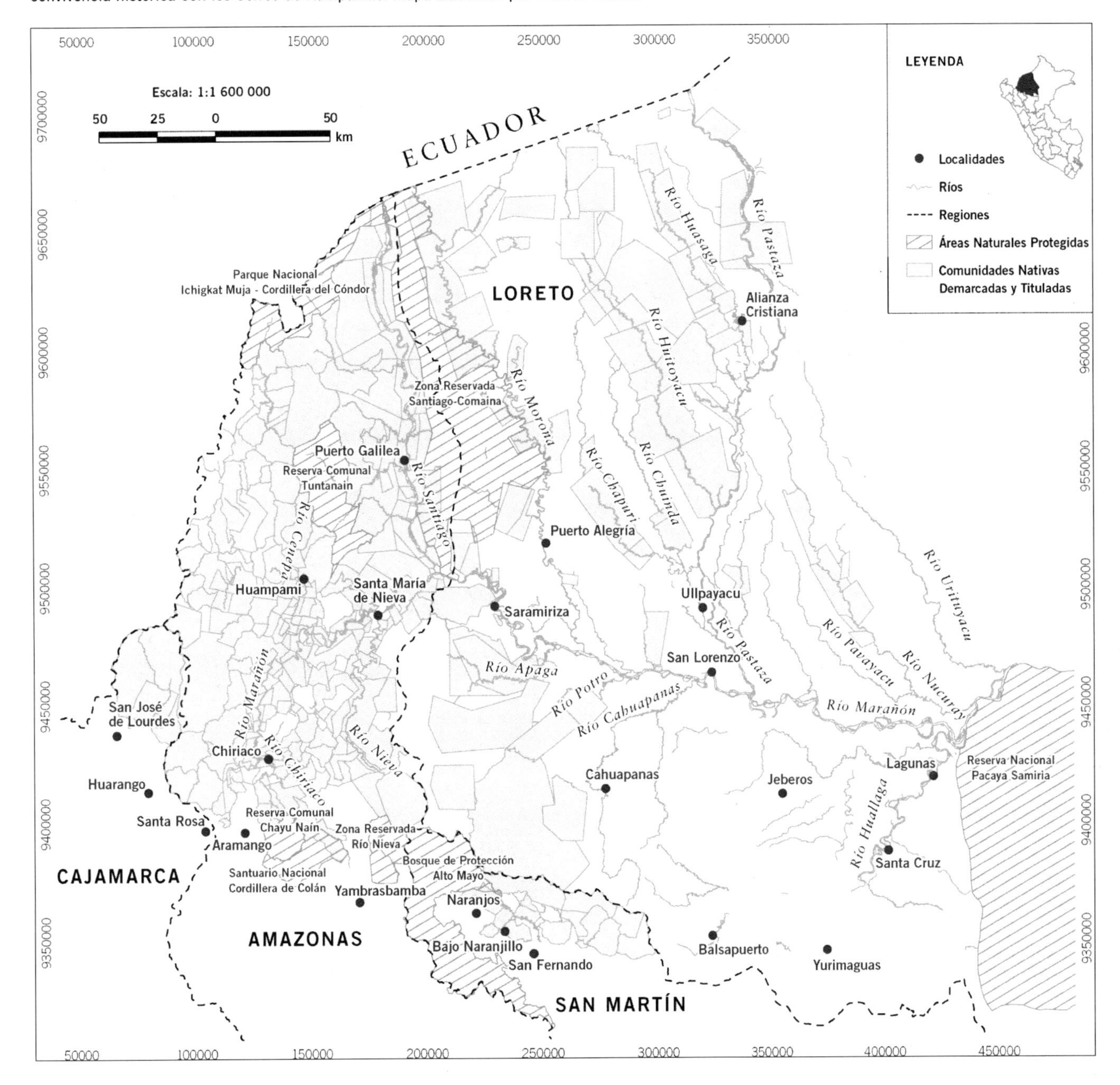

RESULTADOS Y DISCUSIÓN

Contextualización histórica y estado actual de las comunidades visitadas

Los Cerros de Kampankis forman parte del territorio ancestral de los pueblos Awajún y Wampis[4] pertenecientes a la familia etnolingüística Jívaro, que habitan en el Perú y que está constituida además por los Shuar de Ecuador y los Achuar que habitan en ambos países. Con una población total de alrededor de 150,000 personas, constituyen en su conjunto uno de los pueblos indígenas más numerosos de la Amazonía peruana y de la cuenca amazónica en general. En el Perú los pueblos Awajún y Wampis alcanzan una población aproximada

4 Wampis es la denominación usada para referirse a los Shuar que habitan en el Perú, y que junto a los Shuar de Ecuador conforman un mismo pueblo o subgrupo del conjunto lingüístico-cultural Jívaro. El término Wampis hace referencia al wampi (*Salminus* sp.), un pez muy veloz que habita en las quebradas del río Santiago.

de 75,000 individuos y habitan un territorio amplio en nororiente del país, en las zonas conocidas como Alto y Bajo Marañón y Alto Mayo, comprendiendo partes de las regiones de Loreto, Amazonas, Cajamarca y San Martín (Fig. 23).

En las cercanías de los Cerros de Kampankis, en el Distrito del Morona, también viven los Chapra, pertenecientes a la familia etnolingüística Candoa, junto con los Candoshi del río Pastaza. Aunque lingüísticamente diferentes a los pueblos Jívaro, los Candoa son culturalmente cercanos debido a la convivencia histórica y la interacción que han mantenido como pueblos vecinos durante siglos. El pueblo Chapra, con una población aproximada de 600 habitantes, está conformado por siete comunidades ubicadas en el Distrito del Morona, Provincia de Datem del Marañón, Región Loreto.

Dichos pueblos se han caracterizado históricamente por su alto espíritu guerrero, fuerte sentido de identidad y fuerte apego a su territorio ancestral, lo que les ha permitido resistir a los diferentes intentos de conquista y dominación a lo largo de su historia, tanto por los incas como por los españoles. No fue sino hasta bien entrada la época republicana, y recién a mediados del siglo XX, que empezaron un proceso paulatino de integración con la sociedad nacional. Este proceso ha significado para ellos una larga lucha ante la sociedad nacional y el Estado peruano, para el reconocimiento de sus derechos sobre el territorio y los recursos naturales que son la base de su subsistencia, identidad y desarrollo sostenible como pueblos.

Época preincaica e incaica

Según datos arqueológicos, en la zona que hoy en día ocupan los pueblos Jívaro, había poblaciones dedicadas a la alfarería y la horticultura, probablemente de yuca (*Manihot esculenta*), hace por lo menos 4,000 años (Rogalski 2005). Una vasija de cerámica hallada en buen estado de conservación en la comunidad de Candungos, en el alto Santiago, fue identificada en 2010 por el arqueólogo Daniel Morales, especialista en arqueología amazónica de la Universidad Nacional Mayor de San Marcos (UNMSM), como perteneciente a la cultura Chambira, a la cual se le atribuye una antigüedad de 2,000 a 1,000 años AC (Morales 1998 y comunicación personal).

Existe evidencia lingüística que indica que anterior a la expansión del Imperio Incaico en los Andes ecuatoriales, existían sociedades de habla Jívaro en las zonas andina y selvática amazónica de lo que actualmente es Ecuador. Los Palta, los Malacatos y los Guayacundo pueden haber sido de habla Jívaro (Murra 1946) y algunos antropólogos han sugerido que las sociedades Jívaro podrían haber formado un 'puente' desde el oriente hasta el golfo de Guayaquil (p. ej., Whitten 1976).

Las referencias históricas más tempranas sobre las sociedades Jívaro dan cuenta de los intentos incaicos de extender su control dentro de territorio Jívaro. Los incas Tupac Yupanqui y Huayna Cápac fallaron en su intento de dominar a los Jívaro (Stirling 1938), debiendo desistir de ello y replegarse a los Andes.

Época colonial y los primeros años de la república

Los conquistadores españoles tuvieron sus primeros contactos con los Jívaro cuando fundaron Jaén de Bracamoros en 1549 y Santa María de Nieva poco después. Por un tiempo los españoles lograron mantener relaciones pacíficas con los Jívaro. Sin embargo, como el principal objetivo de los españoles era explotar los yacimientos de oro de la región, comenzaron a esclavizar a los indígenas y a abusar de la buena voluntad de los mismos, causando una serie de insurrecciones que culminaron en la gran rebelión Jívaro de 1599, en la que quemaron la ciudad de Logroño y mataron al gobernador y gran parte de la población (Brown 1985).

Luego de lo sucedido, los españoles se vieron obligados a retirarse y ceder el control de la región durante muchos años. Desde 1600 se realizaron varios intentos para conquistar a los Jívaro o convertirlos al cristianismo por parte de misioneros. Estas campañas fueron tan infructuosas que en 1704 se prohibió a los Jesuitas, por una orden venida desde Roma, de continuar su tarea misionera entre estas poblaciones (Brown 1985).

La guerra de la independencia del Perú en el siglo XIX interrumpió la acción misionera en la selva y los pueblos Jívaro, incluidos los Awajún y Wampis, quedaron a su arbitrio hasta la mitad de dicho siglo. En 1865, el gobierno peruano estableció una colonia agrícola en Borja, la cual fue destruida en un ataque de los Awajún y

Wampis un año después. Aunque la época del caucho (1880–1930) tuvo menos efectos negativos en los pueblos Jívaro en comparación con otros pueblos indígenas de la Amazonía, durante esta etapa empezaron a tener mayor acceso al tráfico de mercancías, incluyendo armas de fuego, las cuales eran provistas por los comerciantes y patrones a cambio de resinas y pieles, que eran negociadas en las márgenes de sus territorios.

Del siglo XX a la actualidad

A inicios del siglo XX, las relaciones entre los pueblos Jívaro y los colonizadores mestizos eran aún de gran hostilidad. A pesar de ello, en 1925 se estableció la misión protestante Nazarena entre los Awajún y en 1947 el Instituto Lingüístico de Verano (ILV) envió a un primer grupo de lingüistas a trabajar con ellos. En 1949, la Orden Jesuita estableció una misión e internado en Chiriaco. De esa manera, desde más o menos 1950, la población Awajún y Wampis empezó a acceder paulatinamente a una educación escolarizada a través de las escuelas bilingües promovidas por el ILV y los internados promovidos por los Jesuitas (Regan 2002, 2003).

Después de que el conflicto entre el Perú y Ecuador (1941) y la firma del Protocolo de Paz de Río de Janeiro (1942) redefinieron la frontera entre ambos países, se establecieron controles más rígidos para la ocupación del espacio fronterizo. Fueron obstaculizados el libre tránsito y la comunicación entre familias Wampis y Shuar, que quedaron separadas e incomunicadas a ambos lados de la frontera, limitando sus vínculos de consanguinidad y relación familiar. Algunas familias asentadas en las zonas de bordes de frontera se vieron obligadas a trasladarse a zonas más alejadas, a fin de evitar posibles enfrentamientos militares.

A partir de las décadas de los 1940 y 1950, debido a la influencia de los patrones y comerciantes, la llegada de misioneros y el establecimiento de escuelas, los efectos colaterales del conflicto de 1941 y la definición de fronteras entre el Perú y Ecuador con la firma del Protocolo de Río de Janeiro, y especialmente en las décadas de los 1960 y 1970, con la promulgación de la Ley de Comunidades Nativas de 1974 (DS 20653), se inició un proceso de cambios profundos en los pueblos Awajún, Wampis y Chapra. Entre otras cosas, esto significaba el cambio de sus patrones tradicionales de asentamiento de tipo disperso en las partes altas de las quebradas a comunidades asentadas en las orillas de los ríos, a fin de acceder a los servicios de educación y salud y al reconocimiento de sus derechos a la titulación de sus territorios como comunidades nativas por parte del Estado.

A partir de ello, se inició también un proceso de mayor contacto e interacción entre los pueblos indígenas y el Estado peruano. Con la firma del Protocolo de Río de Janeiro en 1942, el Estado peruano estableció varias guarniciones militares, los cuales según expresan los Wampis generaban problemas de abusos a las mujeres por parte de los soldados. Luego, con el descubrimiento y explotación de nuevos lotes petroleros en la Región de Loreto, se construyeron el oleoducto nor-peruano y carreteras de penetración que impactaron directamente en los territorios Awajún y Wampis, generando procesos de migración dirigidos y no dirigidos que favorecieron el asentamiento de colonos a lo largo de las carreteras, el surgimiento de centros poblados y prácticas de agricultura intensiva, crianza de ganado vacuno y otras actividades que impactaron negativamente en los ecosistemas frágiles de bosque, y que generaron también conflictos ente las poblaciones colonas y las comunidades indígenas.

Todo esto conllevó también al surgimiento de la necesidad entre los pueblos Awajún, Wampis y Chapra de organizarse para trabajar a favor de sus intereses colectivos como pueblos y la defensa de su territorio, formando organizaciones y federaciones de base del ámbito local, regional y nacional (ver abajo la sección de fortalezas y Greene 2009).

Desde 1974 con la Ley de Reforma Agraria (DL No. 20653) dada en el gobierno del Juan Velasco Alvarado, los pueblos Awajún y Wampis lograron personería jurídica como comunidades nativas y el Estado les otorgó títulos comunales sobre los territorios ancestrales, de los cuales tenían posesión y usufructo. Luego, en 1978, se dio el Decreto Ley 22175, que estableció propiedad de las comunidades nativas sobre las tierras con aptitud de cultivo y ganadería y el reconocimiento de cesión de uso sobre tierras con aptitud forestal. Posteriormente, en 2003, con la nueva Constitución Política aprobada en el gobierno de Alberto Fujimori y la promulgación de la Ley de Inversión Privada para el Desarrollo de Actividades Económicas en las Tierras del Territorio Nacional y de las Comunidades Campesinas y Nativas (DL No. 26505), los territorios de las comunidades nativas perdieron la calidad de inalienables e inembargables que les reconocía la Constitución de 1993, y sólo mantuvieron la calidad de imprescriptibles, vulnerándose sus derechos como pueblos indígenas a sus territorios ancestrales, los cuales están reconocidos en el Convenio 169 de la Organización Internacional del Trabajo (OIT), ratificado por el Perú en 2004.

Hoy en día las comunidades indígenas en ambos lados de los Cerros de Kampankis están en su gran mayoría tituladas. Cuentan con anexos en su interior y están asentadas a lo largo de los ríos y quebradas grandes. La mayoría de comunidades son fácilmente accesibles por vía fluvial, pero otras se encuentran a varias horas de surcada por las quebradas o tierra adentro en las alturas cercanas a los cerros.

En el Apéndice 12 se presenta el listado de las comunidades nativas y caseríos ubicados en las cuencas de los ríos Santiago y Morona, con información sobre ubicación geográfica, población, situación legal y área total.

El acuerdo de paz entre el Perú y Ecuador de 1998 y la creación de la Zona Reservada Santiago-Comaina

Otro momento importante que marca un antes y un después en la historia de los pueblos Wampis, Awajún y Chapra y su relación con el Estado peruano es la firma del Acuerdo de Paz de Brasilia entre el Perú y Ecuador en 1998. El tratado modificó el enfoque de intervención del Estado en la zona, cambiándose la visión de desarrollo y defensa nacional por una de desarrollo e integración binacional.

En 1998, como parte de los compromisos derivados del acuerdo de paz, Ecuador y el Perú pactaron en crear dos zonas de protección ecológica, una a cada lado de la frontera. La zona ecuatoriana tenía 12,000 ha y la peruana alrededor de 25,000 ha. En 1999 el Estado peruano creó la Zona Reservada Santiago-Comaina (ZRSC) con 863,277 ha (DS No. 005-99-AG). La ZRSC quedó superpuesta sobre gran parte del territorio de comunidades tituladas de los pueblos Awajún y Wampis de las cuencas del Cenepa y del Santiago. Al no haberse realizado un proceso de consulta previo con las comunidades y dada la reacción de desconfianza en las comunidades, el gobierno peruano inició un proceso de consulta e información con las comunidades, que derivó en el acuerdo a partir del planteamiento de las comunidades de ampliar la ZRSC a 1,642,567 ha, abarcando los Cerros de Kampankis, hasta la margen derecha del río Morona. Esto se realizó en 2000 (DS No. 029-2000-AG; ODECOFROC 2009).

A partir de ese momento empezó un proceso dentro del Estado peruano, representado por el Instituto Nacional de Recursos Naturales (INRENA) y la Jefatura de Áreas Naturales Protegidas (hoy el Servicio Nacional de Áreas Naturales Protegidas [SERNANP], adscrito al Ministerio del Ambiente), para informar y definir con las comunidades y organizaciones de los pueblos Wampis y Awajún el futuro y las alternativas de gestión al interior de la ZRSC.

A su vez, esto involucró proyectos y fondos específicamente orientados a lograr ese objetivo. Dos ejemplos fueron el proyecto Participación Indígena y Monitoreo de Áreas Protegidas (PIMA), manejado por INRENA con financiamiento del Fondo para el Medio Ambiente Mundial canalizado por el Banco Mundial, y el proyecto Paz y Conservación Binacional en la Cordillera del Cóndor Perú-Ecuador, manejado por Conservación Internacional Perú (CI-Perú) con fondos de la Organización Internacional de Maderas Tropicales (ITTO; Braddock y Raffo 2004, Cárdenas et al. 2008). Estos proyectos definieron sus ámbitos de intervención para apoyar el proceso de categorización de la ZRSC en coordinación con INRENA. El proyecto PIMA fue encargado de facilitar el proceso para la categorización de las cordilleras de Tuntanain y Kampankis como Reservas Comunales, y CI-Perú de facilitar el proceso para la categorización de la Cordillera del Cóndor como Parque Nacional (CI et al. 2004a, b).

Ambos proyectos constituían una oportunidad de generar una experiencia de co-manejo de áreas naturales protegidas entre el Estado y los pueblos indígenas en beneficio de la conservación y el desarrollo sostenible de las comunidades. Sin embargo, luego de un largo proceso de negociaciones de más de 10 años, con acuerdos y compromisos entre las partes y avances y retrocesos entre las mismas, las relaciones de confianza entre los pueblos indígenas y el Estado en vez de fortalecerse se debilitaron. Finalmente, no se logró el consenso ni la satisfacción de los pueblos Wampis y Awajún, debido a que los acuerdos iniciales para la creación del Parque Nacional Ichigkat Muja (PNIM) de la Cordillera del Cóndor no se cumplieron. En 2007 el Estado creó el PNIM recortando la propuesta inicial en un 50% respecto al área total acordada con las comunidades, favoreciendo a los intereses mineros, y la exploración y explotación de minería aurífera en la Cordillera del Cóndor, territorio de gran importancia cultural y espiritual para los pueblos Awajún y Wampis (ODECOFROC 2009).

En el caso de la categorización de Tuntanain y Kampankis, si bien se creó la Reserva Comunal Tuntanain en 2007, las negociaciones para Kampankis se truncaron cuando el Estado, no respetando los acuerdos y la voluntad de las comunidades para que sea categorizada como una Reserva Comunal, planteó que la parte norte debería ser Santuario Nacional y la parte sur Reserva Comunal. No lográndose acuerdos entre el Estado y las comunidades, se abortó el proceso iniciado para la categorización de Kampankis, paralizándose las negociaciones hasta el momento de este informe.

Por su lado, los pueblos Awajún y Wampis se preocupaban cada vez más de las varias amenazas de explotación existentes sobre los recursos naturales presentes en sus territorios. Ante los varios decretos supremos planteados por el gobierno de Alan García[5] que, desde el punto de vista indígena, atentaban contra la integralidad de sus territorios y supervivencia como pueblos, decidieron unirse al paro amazónico liderado por AIDESEP. En 2009 marcharon y se concentraron en la Curva del Diablo, en la ciudad de Bagua, resistiendo en pie de lucha por más de 50 días. El 5 de junio de 2009 ocurrió el desalojo por parte de la Policía Nacional, generándose los lamentables sucesos de Bagua, que ocasionaron 35 muertes y decenas de heridos entre policías e indígenas. A la fecha de este informe los procesos de denuncias judiciales por ambas partes aún no se resuelven. Estos eventos han contribuido a acrecentar mucho más la desconfianza de los pueblos indígenas, y especialmente de los pueblos Awajún y Wampis, ante el Estado peruano.

Sin embargo, los pueblos y sus organizaciones siguen avanzando propuestas e iniciativas para consolidar y asegurar la protección y gestión de sus territorios y su identidad y valores culturales como pueblos. En los últimos años, por ejemplo, CORPI-SL, organización regional de AIDESEP, ha desarrollado una propuesta a ser planteada ante el Estado, para que se reconozcan territorios integrales indígenas (Fig. 24), como resultado de un proceso de ordenamiento territorial autónomo reconocido por Ordenanza Municipal de la Provincia Datem del Marañón, lo cual ha sido socializado y respaldado por las organizaciones de base del río Santiago y la Organización de Pueblos Indígenas de la Amazonía Norte (ORPIAN) que las representa en el ámbito regional.

Asimismo, en el río Santiago durante 2008 y 2009 se ha desarrollado por iniciativa de las organizaciones indígenas de base, en alianza con el IBC y UNICEF, el proyecto 'Mapeo del Espacio Histórico Cultural de los Pueblos Awajún y Wampis del Río Santiago' (IBC y UNICEF 2010). Este trabajo ha permitido identificar desde la propia visión y conocimiento de las comunidades más de 5,000 elementos relacionados con los aspectos geográficos, histórico-culturales y naturales de la zona. Constituye así una base de información importante para desarrollar contenidos educativos en las escuelas y también para iniciar un proceso de ordenamiento territorial y gestión integral del territorio de las comunidades y del Distrito Río Santiago. Asimismo, se evidencia a partir de los resultados logrados el amplio y profundo conocimiento que poseen las comunidades Wampis y Awajún sobre su entorno natural y la ocupación histórica e interacción dinámica que mantienen con sus territorios ancestrales, los cuales desean seguir conservando, cuidando y gestionando en beneficio de sus actuales y futuras generaciones.

Situación actual de las comunidades visitadas

Las 12 comunidades visitadas en 2009 y 2011 varían en sus fechas de fundación, tamaño y estado jurídico-legal (Apéndice 12). Con una densidad poblacional de 0.67 y 1.5 habitantes por kilómetro cuadrado en

5 Estos decretos estuvieron relacionados con la implementación del Tratado de Libre Comercio (TLC) entre el Perú y los Estados Unidos de América.

Figura 24. Propuesta elaborada por la Coordinadora Regional de los Pueblos Indígenas de la Región San Lorenzo (CORPI-SL) de un territorio integral que abarcaría nueve pueblos indígenas en las provincias del Datem del Marañón y Alto Amazonas en el norte del Perú. Mapa elaborado por Ermeto Tuesta.

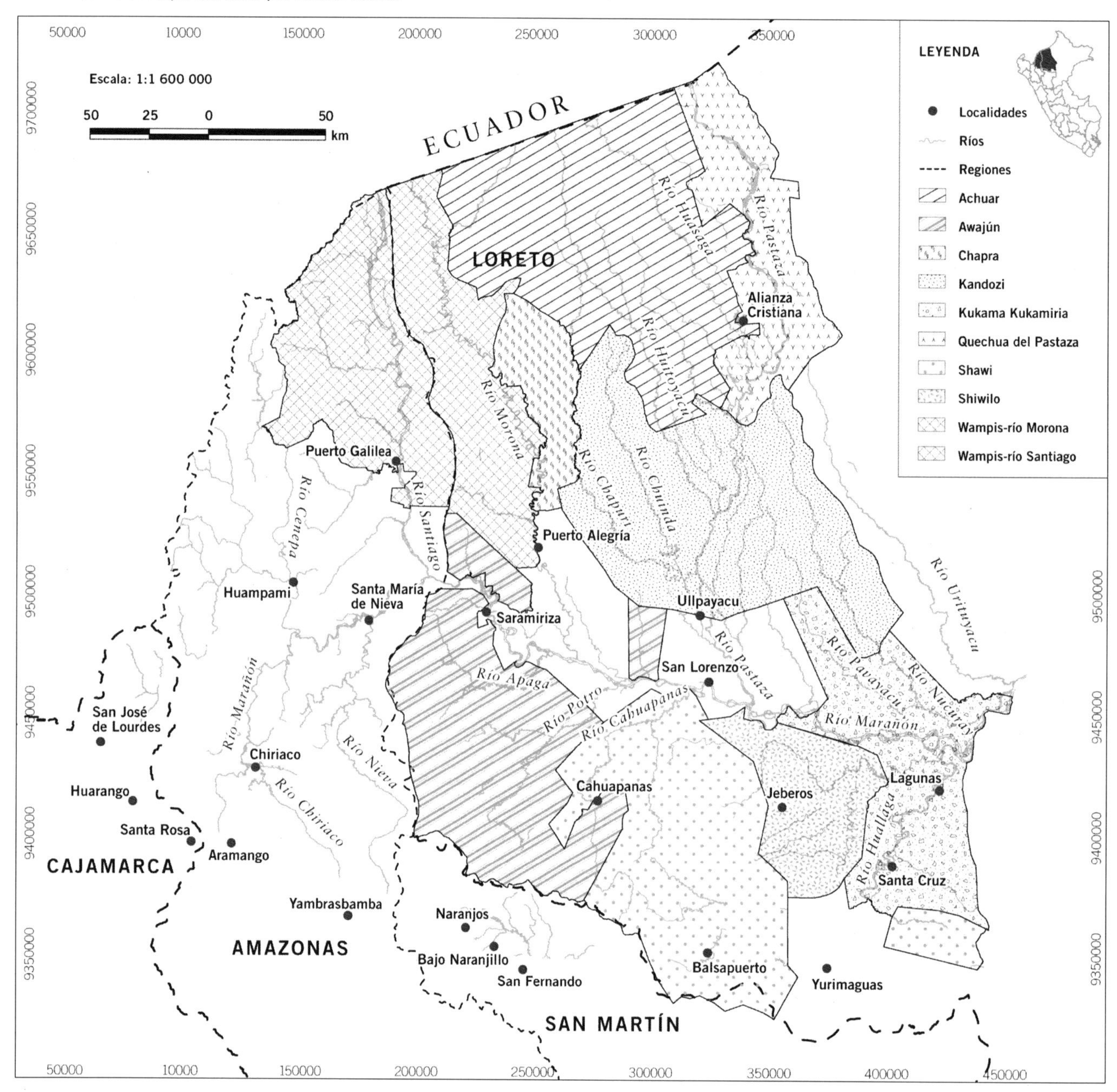

los Distritos Morona y Río Santiago respectivamente, se observa que la densidad poblacional no es tan alta como en otros distritos de la Amazonía peruana. La fundación de nuevas comunidades en la región se puede atribuir en parte a procesos sociales como la división de comunidades existentes e inmigración hacia la zona.

Las comunidades visitadas exhiben patrones de asentamiento e infraestructura típicos de muchas comunidades de la Amazonía peruana. En la mayoría de las comunidades el patrón de asentamiento es semi-nucleado alrededor de una cancha de fútbol y/o a lo largo del borde de un río o una quebrada. La mayoría de las viviendas en las comunidades está construida con materiales de la zona (madera, hoja de palmera, tamshi y otros); en una minoría el material es mixto e incluye calamina, concreto y clavos. Asimismo, la mayoría de las comunidades cuenta con canchas deportivas, locales comunales, letrinas, escuelas y puestos de salud. La mayoría de las comunidades visitadas no cuenta con servicio de agua potable ni desagüe. El agua que se utiliza viene de ríos, quebradas, cochas y agua de lluvia. En algunas comunidades como Soledad observamos el servicio de agua entubada. En cuanto a medios de comunicación, la mayoría de las comunidades tiene radiofonía y un teléfono de red satelital Gilat.

Para todas las comunidades, los ríos Morona, Santiago, Marañón y Kangasa sirven como ejes principales de comunicación, comercio y transporte. Las embarcaciones más usadas son las canoas y botes individuales impulsados por motores peque-peque y fuera de borda más grandes. Aparte de los ríos y quebradas hay trochas y caminos que conectan algunas comunidades a través de los Cerros de Kampankis (esto será explicado a detalle más adelante; Fig. 26).

En general, las comunidades cuentan con infraestructura y acceso a servicios básicos de educación y salud, e instituciones educativas en los niveles de inicial, primaria y secundaria. En primaria se trabaja con el enfoque de educación intercultural bilingüe. Las comunidades tituladas cuentan con puestos de salud a cargo de personal técnico del Ministerio de Salud (MINSA) los cuales están articulados a redes de salud en los ámbitos distrital y provincial.

La comunidad de Soledad en el río Santiago es la sede de la organización de base la Federación de Comunidades Huambisas del río Santiago (FECOHRSA). La comunidad de Chapiza es la sede de la Organización de Pueblos Indígenas Wampis y Awajún del Kanus (OPIWAK). Nueva Alegría en el río Morona es sede de OSHDEM. La comunidad de Chapis es la sede de la Organización de Pueblos Indígenas del Sector Marañón (ORPISEM).

Fortalezas sociales y culturales

En todos los procesos de cambio y continuidad descritos en las secciones anteriores, la gente ha desarrollado ciertas fortalezas sociales y culturales que desde nuestro punto de vista les sirven para cuidar su entorno, mantener su relación estrecha con la naturaleza y mantener su orgullo de pertenecer a su grupo étnico. En esta sección, describimos estas fortalezas sociales y culturales, que en algunos casos tienen mucho en común con lo que hemos visto en otras partes de la Amazonía, pero en otros casos representan una particularidad de los pueblos Jívaro y Candoa.

Patrones de organización social y liderazgo: de familias extendidas a comunidades nucleadas

Las sociedades Awajún y Wampis en los tiempos ancestrales habitaban en casas grandes agrupando familias extendidas y ubicadas principalmente en las cabeceras de los ríos o cuencas, con la intención de disfrutar de ambientes saludables y resguardarse de invasiones y/o ataques por parte de sus adversarios. Los asentamientos eran administrados por clanes familiares y dichas estructuras sociales fueron presididas por un gran líder visionario denominado el *waemaku*[6] (Brown 1984, Greene 2009).

El *waemaku* gobernaba con mucho poder y jerarquía. Sus palabras eran ley. Entre sus funciones eran visitas periódicas a otras familias extendidas dentro su jurisdicción, con la finalidad de intercambiar informaciones y fortalecer los lazos de alianza con la finalidad de estar preparados en caso que se necesitara repeler cualquier amenaza. Otras funciones de este gran líder incluyeron realizar fiestas para mantener su 'poder,' compartir bebidas y alimentos, organizar grupos de ayuda mutua para construir la gran casa, preparar grandes chacras y realizar caza y pesca. El *waemaku* estaba permanentemente conectado con el mundo espiritual para fortalecer su visión (Brown 1985, Greene 2009).

Este patrón organizado por clanes cambió en los años 1940–1950, como fue descrito en la sección anterior. Estos cambios en el patrón de asentamiento tuvieron como consecuencia otros cambios, como por ejemplo un nuevo tipo de liderazgo, adaptando las costumbres ancestrales al sistema nacional. Es aquí que los pueblos Awajún y Wampis tienen una fortaleza relativa a otras sociedades amazónicas. En este caso, la figura de *apu*, o jefe de la comunidad, es algo semejante al *waemaku*. El sistema de gobierno impuesto junto con la Ley de Comunidades Nativas (Decreto Ley

6 Segun los etnógrafos, para ser considerado como *waemaku* un individuo necesitaba buscar su visión y construir una reputación para liderazgo a través de una habilidad para hablar fuerte (Greene 2009). Al llegar a ser nombrado como *waemaku*, el individuo podía aumentar su poder con el estatus de *kakájam*, líder y guerrero. El *waisam* también es un líder destacado, uno que sabe usar la planta *wais* (Greene 2009).

20653) de elegir un *apu* y una junta directiva ha traído dificultades a muchas sociedades amazónicas porque esta no era la forma autóctona de elegir líderes. Sin embargo, los Awajún y Wampis han podido adaptar sus formas de liderazgo al nuevo sistema, y pueden dar al *apu* el mismo poder que han dado a los *waemaku* o *waisam*.

En las comunidades visitadas, el *apu* y su junta directiva conducen los destinos de la comunidad y muchas veces actúan como consejeros, velando por el orden y la tranquilidad social de la comunidad, y representando a la comunidad en casos de resolución de conflictos. Gran parte de estas funciones están definidas en el estatuto comunal, el reglamento de la comunidad, y los acuerdos se suscriben en actas. Con frecuencia el *apu* es una persona joven (como era el caso, por ejemplo, de los apus de la comunidad de San Francisco en el Morona en 2009 y Soledad en el Santiago en 2011). Sin embargo, personas mayores, especialmente los fundadores de los asentamientos, siguen siendo muy respetadas y lo que opinan es siempre seriamente tomado en cuenta. Una diferencia entre los *apus* de hoy y los *waemaku* de tiempos anteriores es que el *apu* no acumula su reputación como líder necesariamente a través de visiones y vínculos con el mundo espiritual. Por lo tanto, su fuente de poder puede ser diferente. Los *apus* y otros individuos que actúan como nodos de poder por lo general son descendientes de los fundadores de la comunidad, pero otros son descendientes de los patrones caucheros y madereros, que fueron figuras principales en las actividades económicas.

La capacidad de liderazgo y la estructura de privilegiar individuos fuertes (en la mayoría estos son hombres, pero las mujeres también pueden asumir el rol de *waemaku*, si pueden hablar fuerte; Greene 2009) también han permitido el surgimiento de organizaciones más allá de la comunidad, como son las federaciones. Los Awajún y Wampis fueron entre los primeros en organizarse en la sociedad, estableciendo el Consejo Aguaruna-Huampis (CAH) en 1977. A través del tiempo se han creado otras organizaciones en busca de mayor representatividad y apoyo a pueblos particulares. El CAH fue una organización fundadora de la AIDESEP.

En el río Santiago existen hoy tres federaciones afiliadas con la AIDESEP: la Federación de Comunidades Huambisas del Río Santiago (FECOHRSA), fundada en 1995, la Organización Pueblos Indígenas Wampis y Awajún del Kanus (OPIWAK), que era inicialmente CAH-Subsede Chapiza, y la Federación de Comunidades Awajún del Río Santiago (FECAS), fundada en 2010. En el caso del Morona cada grupo étnico tiene su organización de base: la Organización Shuar del Río Morona (OSHDEM) y la Federación Shapra [=Chapra] del Río Morona (FESHAM). En la zona del río Kangasa está la Organización de Pueblos Indígenas del Sector Marañón (ORPISEM) que en particular sólo agrupa a una comunidad titulada Chapis y a sus anexos.

Los directivos viven en distintas comunidades pero se reúnen periódicamente y por lo menos una vez al año. Se elige a los directivos cada dos o tres años. Por lo general, las federaciones tienen una oficina en una determinada comunidad y cuentan con servicio de radiofonía y en algunos casos con bote y motor. Algunas de estas federaciones han obtenido logros importantes. Por ejemplo, en 2008 OSHDEM y FESHAM reconciliaron los linderos entre los territorios Wampis y los territorios Chapra. Esto ayudó a resolver un conflicto entre la comunidad nativa Chapra de Inca Roca y la comunidad nativa Wampis de San Francisco.

Otro logro de los líderes Awajún y Wampis ha sido obtener posiciones de liderazgo en los ámbitos regionales (por ejemplo en CORPI y ORPIAN) y nacionales (varios Awajún y Wampis han sido presidentes de AIDESEP). Este tipo de articulación a diferentes niveles con las organizaciones indígenas ha permitido las gestiones para la titulación de sus terrenos comunales y solicitudes para la ampliación de las comunidades. En la actualidad también existen representantes que participan con mucho éxito en los gobiernos locales e instituciones públicas y que son denominados como los *kakájam*: el profesor Emir Masegkai Jempe (ex-alcalde provincial de Datém del Marañón), Claudio Wampuch Bitap (ex-alcalde del Distrito de Manseriche) y el congresista Awajún Eduardo Nayap Kinin.

La figura de un líder fuerte, capaz de articular claramente y sin miedo es una característica especial de los pueblos Jívaro. El antropólogo Shane Greene (2009) destaca que es un elemento de individualismo no muy común en la Amazonía. Cuando vivían dispersados en las cuencas, estos individuos podían rápidamente congregar a la gente frente a una crisis, ya que todos confiaban en ellos y tenían mucho respeto concentrado en su persona.

Esta característica de liderazgo individual que puede unir a las personas tiene su continuidad en la gestión de las federaciones, cuyos líderes catalizan acciones cuando es necesario para defender territorio, cultura y derechos. Vemos que el proceso organizativo se desarrolla en la medida que surgen o se identifican las amenazas. Inicialmente, el líder comunal toma la iniciativa de analizar la amenaza, luego él acude a los líderes importantes para realizar las consultas y comienzan a formular los planes y estrategias para solucionar la crisis. Formulado el plan, inmediatamente difunden las ideas o el plan entre los otros miembros de las comunidades, así la noticia se difunde rápidamente entre las poblaciones de la cuenca. Posteriormente, promueven conversaciones con sus aliados, realizan reuniones, visitan a las comunidades y difunden los acuerdos. Si el problema es serio, todos los involucrados protagonizan movilizaciones y nombran comités para diferentes actividades; muchas veces estos comités —al paso del tiempo— pueden convertirse en una organización.

Hoy en día los líderes utilizan las tecnologías disponibles, como radiofonía y telefonía rural, para mantener comunicación entre ellos y las comunidades. Siguen también patrones de comunicación e intercambio comunal a través de visitas entre parientes (ver abajo sobre caminos de enlace intercomunitarios). Fue impresionante cuando estuvimos haciendo el inventario en 2009, ver la rapidez con que difundieron las noticias del paro amazónico a lo largo del río Morona. Aunque la gente no tiene celulares, Facebook u otros medios sociales a los que nosotros estamos acostumbrados, ellos, solamente con visitas y la radiofonía, se comunican rápida y efectivamente. Tanto mujeres como hombres fueron importantes comunicadores, portando el mensaje de los líderes. De igual manera vimos la persistencia y mantenimiento de unidad durante el paro amazónico y los eventos de Bagua en junio de 2009.

Pero también nos informaron los moradores entrevistados que perciben fallas organizativas tanto dentro de las comunidades como en las organizaciones. Ellos sienten que las directivas no están cumpliendo su función y generan fuertes críticas de éstas. También hay que reconocer que las organizaciones cuentan con muy pocos recursos y los dirigentes toman sus cargos sin ser remunerados. Esto significa que ninguno de los dirigentes pueden dedicar tiempo completo a la organización. La diferencia entre este patrón y el sistema anterior de *waemaku* y *kakájam* es que ahora las organizaciones tienen reglamentos y estructuras externas al control comunitario. Así que cuando hay fallas organizativas o debilidades en líderes individuales, es difícil recuperar la confianza de la gente. Es decir que la fortaleza de tener líderes fuertes tiene sus riesgos en el contexto de políticas nuevas y patrones de asentamiento diferentes.

En resumen, percibimos que los nodos de poder se concentran principalmente en los líderes visionarios, generalmente en las personas de mayor edad (por ejemplo el consejo de ancianos en Chapis y sus anexos). Dichos líderes tienen una gran fuerza en relacionarse con las autoridades locales (municipio), con las instituciones de apoyo y con las actividades extractivistas.

Otras organizaciones

Además de las organizaciones políticas que representan a los diferentes pueblos, observamos un dinamismo y gran capacidad de las personas para organizarse formal e informalmente. Por ejemplo, encontramos organizaciones relacionadas con actividades productivas (comités de productores de cacao); organizaciones de apoyo a la mujer gestante, madre soltera, los niños y ancianos (Vaso de Leche, grupo de apoyo de Programa Juntos, Defensoría Comunitaria, Club de Madres); iniciativas de apoyo a la comunidad (p. ej., el comedor comunal en Puerto Galilea manejado por el club de madres); instituciones educativas y de formación y asociaciones relacionadas con éstas (escuelas inicial, primaria y secundaria, iglesias evangélicas y católica, y las asociaciones de los padres de familia [APAFA]); comités deportivos; comité de vigilancia relacionado con el Parque Nacional Ichigkat Muja-Cordillera del Cóndor en el Alto Santiago y conformado por guardaparques voluntarios; y el comité en el río Santiago para la coordinación de este inventario biológico y social (Tarimiat Nunka Chichamrin, TANUCH).

Relaciones de parentesco y redes de apoyo

Mantener una economía de subsistencia no sería posible si la gente a la vez no tuviera relaciones sociales basadas en la reciprocidad y la creación de redes de apoyo entre parientes y vecinos. Estos tipos de relaciones sociales permiten compartir recursos y minimizar la explotación de los bosques y ríos. Según el antropólogo Eric Wolf, sociedades donde predominan las relaciones de reciprocidad tienen un modo de producción (es decir su economía y modo de vida) basado en sistemas de parentesco (Wolf 1982). Aunque tanto los Chapra y Awajún como los Wampis han sido involucrados hace siglos en el sistema económico basado en el mercado, todavía retienen los patrones de reciprocidad.

En todas las comunidades visitadas observamos que los vínculos familiares, tanto dentro de la comunidad como entre comunidades vecinas, son muy extensos. En Shoroya Nuevo en 2009, por ejemplo, el *apu* Masurashi, vicepresidente de FESHAM, estaba emparentado con 11 de las 27 familias. Todas las familias en Shoroya tienen parientes en las otras comunidades Chapra del Morona. Algunos también tienen familiares en comunidades Candoshi del Pastaza y también en comunidades Wampis del Morona. La comunidad de San Francisco es un caso especial porque todas las familias están emparentadas con el fundador del pueblo. En Nueva Alegría, los participantes en el mapeo comunitario mencionaron que tenían familiares en comunidades vecinas como Shapaja, Triunfo, Kusuim, Shinguito y San Juan de Morona. También observamos en Ajachim que la señora Margarita Cruz Rengifo (70 años) caminó hasta la comunidad de Mayuriaga para visitar a sus familiares. Los moradores de Papayacu en el río Santiago nos mencionaron que frecuentemente viajan y reciben visitas de sus familiares y amigos Shuar de Ecuador, y también de la comunidad de San Juan en el Morona. En Soledad nos informaron de la constante comunicación con la comunidad de Shinguito en el Morona, con la cual comparten fiestas y aniversarios, y estudiantes de Shinguito vienen a estudiar en Soledad. Asimismo, nos informaron que la comunicación y coordinación entre comunidades también son fomentadas por el sistema de servicios de salud entre las comunidades Chapis y Mayuriaga.

Observamos que el intercambio de recursos entre familias es constante. Cuando alguien caza un animal relativamente grande, se regala carne a sus familiares. Esto lo observamos en Shoroya cuando el hijo de Masurashi llegó a la casa con una canasta llena de pescados de la cocha (más de 40), varios de los cuales fueron regalados a su tía. Asimismo, observamos en Papayacu que después de cazar dos sajinos se compartió la carne entre varios vecinos y familias. Observamos en Chapis que las señoras que ayudaron a la dueña a cosechar yuca de su chacra también fueron invitadas a cosechar para sí mismas. Algo similar ocurre con las cuevas de guácharos, ya que en la época de recolección el dueño invita a sus amigos y parientes a capturar los pichones de guácharos. Esta práctica de compartir recursos se extiende en el ámbito comunal y sus anexos en todas las comunidades visitadas.

En los tres grupos étnicos los hombres viven con o cerca de los padres de sus esposas (patrón *uxorilocal* de asentamiento) y ayudan a sus suegros. Frecuentemente, el grupo de trabajo consiste en el padre de familia con sus yernos. Esto significa que es raro que una pareja tenga que trabajar sola sus chacras. Compartir el trabajo significa que no tienen que pagar a jornaleros para realizar los cultivos. Estos patrones de reciprocidad entre parientes son comúnes todavía en comunidades amazónicas. La vida cotidiana en estas comunidades está entonces altamente concentrada en la mantención de relaciones familiares.

Patrones de trabajo comunal

Como hemos documentado anteriormente, la formación de 'comunidades' es relativamente reciente para los tres grupos étnicos. El asentamiento en comunidades puede traer conflictos y dificultades, así que grupos étnicos que se han adaptado esta forma de vivir han tenido que buscar nuevas formas para resolver conflictos y conformar autoridades comunales (usando el sistema normativo del Perú). En el caso de las comunidades visitadas, parece que los mecanismos para mantener buenas relaciones comunales son efectivos. En las tres comunidades del Morona visitadas en 2009, los comuneros dijeron que no hay conflictos internos mayores (por ejemplo sobre terreno) y que la mayoría coopera con las autoridades para hacer los trabajos comunales, como limpieza de la cancha y sitios comunales.

En Nueva Alegría, por ejemplo, el día que salimos de la comunidad estaba programada la limpieza del patio comunal y todos estaban trabajando (incluso los comuneros mestizos). En San Francisco han organizado equipos de fútbol (hombres y mujeres) y el *apu* compró uniformes y un trofeo para celebrar el aniversario de la comunidad. Frecuentemente en las tardes, salen a jugar fútbol y ponen música en el altoparlante. También, ponen música en el altoparlante en la madrugada para despertar a la gente. En todas las comunidades observamos que cuando convocan a los comuneros, la mayoría acude para participar en las asambleas o eventos. En las tardes, observamos que la gente frecuentemente pasaba el tiempo visitando vecinos, conversando, tomando masato juntos y en otros casos haciendo deporte, ya sea fútbol o voleibol, en el cuál las mujeres participan activamente. Todo esto es un indicador que la gente se ha acostumbrado a vivir comunalmente.

Estos patrones de ayuda mutua forman parte fundamental de la estructura social y orientan a las poblaciones hacia una vida más comunitaria, además de la vida familiar. Es así como la *minga* o trabajo comunitario entre familiares, vecinos y amigos es muy importante. Las *mingas* representan el patrón de solidaridad laboral presente en las diferentes comunidades amazónicas, que está abastecido principalmente por la producción doméstica del organizador de la *minga*, quien provee de masato de yuca y de comida. Estas *mingas* sirven para trabajar en las chacras y realizar otras actividades para suplir una necesidad básica (por ejemplo construir una casa, canoa, etc.) y pueden realizarse ya sea por una jornada completa o media mañana. También se utilizan las *mingas* para labores de limpieza de la comunidad. Este patrón de hacer trabajos en *minga* reduce la necesidad de pagar con moneda por mano de obra y mantiene un cierto nivel de igualdad económica entre los comuneros, además de unir los lazos sociales. Como hemos destacado en otros inventarios, estas prácticas culturales contribuyen a la adaptación de las sociedades amazónicas a un ecosistema frágil porque no requiere un nivel de extracción extensiva.

Es interesante notar la co-existencia de patrones de acción colectiva que rigen la vida cotidiana y la economía de subsistencia con el patrón de liderazgo individual en la vida política de los pueblos de esta región. La combinación de formas colectivas e individuales en la gobernanza y reglamento de la vida comunitaria es un aspecto especial de esta región. Cualquier gestión o colaboración para el bienestar del medio ambiente y calidad de vida debe tomar en cuenta estas dos modalidades.

Complementariedad de género y rol de la mujer en el sistema organizativo

Las relaciones de género en sociedades amazónicas han sido bien documentadas (McCallum 2001). En general, hay división de trabajo en que las mujeres tienen sus tareas domésticas pero también participan en la agricultura y la pesquería. La división no es muy rígida y en diversas sociedades amazónicas visitadas durante los inventarios hemos visto hombres haciendo tareas domésticas (cocinando, cuidando niños, etc.) y mujeres trabajando en las chacras, cazando, limpiando, etc. Igualmente, hay diversidad en la manera en que las mujeres participan en la vida 'pública' o en la toma de decisiones.

Aunque las sociedades Jívaro tienen diferentes relaciones de género, las mujeres ejercen poder en varias formas. Las mujeres participaban en todos nuestros talleres y en las asambleas observadas durante nuestra estadía. Aunque muchas veces no hablaban con tanta fuerza como los hombres, no dudaban en expresar sus opiniones cuando el tema era de su interés. Por ejemplo, durante nuestras reuniones ellas conversaban y opinaban bastante acerca de su preocupación sobre el cuidado de su entorno y las amenazas que ellas sentían frente a su futuro. Ellas tenían amplio conocimiento del entorno y activamente contribuyeron en la elaboración de los mapas comunitarios.

Asimismo, encontramos que en la mayoría de las comunidades existe el cargo de mujer líder, la cual es escogida cada dos años. La mujer líder tiene la capacidad de congregar a todas las mujeres y coordinar diferentes actividades de bien común como la limpieza de la comunidad y otras actividades para mantener saludable el espacio comunitario. Participamos en reuniones de mujeres en algunas comunidades en donde se reunieron para discutir diferentes temas y compartir masato mientras elaboraban artesanías con semillas y plumas recolectadas en los Cerros de Kampankis. También pudimos entrevistar varias lideresas, entre ellas la mujer líder de FECOHRSA. Ella nos dijo que el cargo se ejerce por dos años y que una mujer líder es escogida porque se lleva bien con su esposo, tiene una familia que es ejemplo para los demás, tiene buenas capacidades de hablar y de informar acerca de la realidad de las mujeres, conoce bien los mitos, leyendas, sabe elaborar artesanías y además conoce y enseña los cantos mágicos. También entrevistamos a la directora del programa Vaso de Leche de Puerto Galilea, quien también es la directora del programa Juntos para aliviar la pobreza (que da una suma de dinero mensual a las familias en extrema pobreza) y a su vez fue promotora del programa de los derechos de la mujer y del niño de UNICEF. Ella recalcaba que la mujer tiene un papel muy importante para ayudar a las otras mujeres y sus familias. En los diferentes cargos que ella ha tenido siempre ha informado a las otras mujeres acerca de los derechos de las mujeres y de los niños y ella ha ejercido un rol muy importante en hacer cumplir estos derechos. Pues para ella es algo muy preocupante el total desconocimiento que la mayoría de las mujeres tienen acerca de estos temas y de ver cómo estos derechos son violados. Asimismo, desde el programa Vaso de Leche y Programa Juntos, ellas organizan diferentes actividades para reunirse a conversar y discutir acerca de las diferentes situaciones que las afectan y también organizan diferentes actividades culturales. En particular cada vez que se reciben los pagos del programa Juntos, las mujeres que reciben estos beneficios organizan una feria de comidas típicas en la que venden al público estos productos, lo cual genera un recurso económico.

Es interesante notar el rol de las mujeres en resolución de conflictos. Los habitantes en Ajachim recuerdan frecuentemente la gestión y pacificación definitiva que tomaron tres señoras. Ellas se organizaron y desempeñaron el rol de diplomáticas entre los Awajún (Chapis) y Wampis (Mayuriaga). Dicho encuentro dio apertura para que los hombres de ambos pueblos establecieran acuerdos para terminar con los conflictos y crear una paz duradera. También escuchamos en Nueva Alegría que durante los conflictos de Bagua las mujeres asumieron las responsabilidades del hogar y apoyaron desde sus comunidades con víveres, informaciones y principalmente con cantos de apoyo espiritual.

Son notables también los cambios en los roles de las mujeres. Si bien en tiempos anteriores eran los hombres quienes tenían la autoridad cuando se vivía en casas dispersas, ahora las mujeres participan en las asambleas comunales y en algunos casos asumen cargos en la junta directiva. La revitalización del idioma y la transmisión de los conocimientos y tecnologías ancestrales son importantes fortalezas que pudimos observar en todas las comunidades visitadas, y que en muchos casos son gestionadas por las mujeres. En particular pudimos constatar cómo los cantos mágicos *anen* son transmitidos de generación en generación por las mujeres.

En conclusión, destacamos que las sociedades de esta región retienen formas ancestrales de organizar tanto gestiones políticas como la vida cotidiana, y a la vez han adaptado nuevas formas debido a los cambios en patrones de asentamiento e influencias de la sociedad nacional.

Los sistemas de manejo, control y zonificación consuetudinarios

El análisis de los estudios anteriores y las informaciones recopiladas durante el inventario permiten constatar la existencia de un sistema indígena efectivo de propiedad y manejo del espacio por toda la zona de los Cerros de Kampankis, tanto en lo referente al aprovechamiento de recursos naturales como al ingreso de personas y organizaciones externas. Este sistema consuetudinario de gobernanza y gestión de recursos constituye la base del sistema político indígena actual, el cual está compuesto por los elementos tradicionales de las sociedades Jívaro-Candoa y las nuevas instituciones políticas indígenas que surgieron durante las últimas décadas como respuesta a las necesidades de interacción entre los pueblos indígenas y el Estado peruano (Greene 2004).

El sistema funciona a varios niveles de organización: dentro de las comunidades, entre comunidades al ámbito de cuencas de ríos y quebradas, y también entre pueblos de cuencas distintas. Si es cierto que cada comunidad mantiene un alto nivel de autarquía política, porque las decisiones importantes a nivel de cuencas o de comunidades asociadas en federaciones indígenas siempre necesitan respaldo de la totalidad de las autoridades comunales, frente a las amenazas exteriores los Wampis y Awajún presentan un alto nivel de cohesión y capacidad de organizarse, como se mencionó anteriormente. Esta solidaridad trasciende las diferencias y rivalidades existentes entre algunas comunidades o entre pueblos. Como ejemplo podemos citar la resistencia de los Wampis y Awajún frente a la colonización de la cuenca del Santiago por parte de colonos de la sierra[7], o la participación activa en la reciente protesta contra los decretos legislativos que constituían una amenaza a la integridad de los pueblos indígenas (el Baguazo).[8]

Las comunidades cuentan con reglamentos internos escritos que plasman la legislación indígena consuetudinaria acerca de los principales aspectos de su vida social y económica. Estos reglamentos precisan las reglas de convivencia dentro de la comunidad, las reglas de ingreso de personas extrañas y el problema de la gestión de los recursos del territorio. El tema de control de territorio y acceso a los recursos naturales forma parte importante de estas regulaciones.[9]

Las comunidades indígenas que colindan con los Cerros de Kampankis limitan el impacto que la caza tiene sobre las poblaciones de animales silvestres a través de sus regulaciones internas. Por ejemplo, el reglamento de la comunidad Villa Gonzalo del río Santiago (que tiene siete comunidades anexas), según información brindada por su presidente, Gerónimo Petsain Yakum, dice que un cazador que encuentre una manada de huanganas no puede matar más que dos. El mismo reglamento prohíbe también matar animales para vender. No todas las comunidades prohíben el comercio de productos provenientes de animales. Aunque tanto en el Morona como en el Santiago se comercializan pieles de sajino, esas pieles provienen de los animales cazados para el consumo de la carne y no para pieles.

Otra actividad que es objeto de reglamentación formal es la pesca con tóxicos vegetales, como barbasco (*Lonchocarpus utilis*) y huaca (*Tephrosia* sp.). Los indígenas reconocen el posible impacto que puede tener un uso desmesurado de tóxicos para las poblaciones de peces. Muchos reglamentos limitan o prohíben totalmente el uso de barbasco, especialmente en las cabeceras de las quebradas.[10]

El análisis de los reglamentos internos y estudios de casos demuestra que el sistema de control y gestión se basa en la concepción indígena de propiedad como prioridad en el acceso a los espacios y sus recursos y no como el acceso exclusivo.[11] De hecho, los reglamentos reconocen la posibilidad de que las personas de otras comunidades aprovechen los recursos que se encuentran en los espacios controlados por la comunidad, siempre y cuando ese aprovechamiento sea previamente coordinado con las autoridades de la comunidad (con el presidente y/o la asamblea de comuneros). Por ejemplo, el aprovechamiento por un comunero que pertenece a otra comunidad de las palmeras *kampanak* (*Pholidostachys synanthera*) para los techos debe hacerse con previo acuerdo del *apu* de la comunidad.

Cabe resaltar que las regulaciones de manejo de recursos no se limitan a las tierras legalmente reconocidas por el Estado (tierras tituladas) pero se extienden a todo el espacio de los Cerros de Kampankis. Por lo tanto, el sistema de control y manejo permite visualizar una zonificación consuetudinaria del espacio de los Cerros de

7 Un ejemplo es el desalojo en los años 1980 de una colonia de ganaderos de la quebrada Yutupis, afluente del Santiago (Rogalski 2005: 138).

8 En cierto sentido esta organización política que combina la autarquía de grupos locales en tiempos de tranquilidad con solidaridad frente a las amenazas exteriores es una transformación del sistema político tradicional, de la época anterior a la creación de las comunidades. En aquel sistema tradicional, los grupos familiares autárquicos en tiempos de paz, en tiempos de guerra se mudaban a vivir todos en la casa grande del jefe de guerra *kakajam* y se sometían a su autoridad (Descola 1993).

9 El control del territorio está formulado en términos de defensa. Por ejemplo, conforme al Artículo 32 del reglamento interno de 2002 de la comunidad Villa Gonzalo: "*Todo comunero defenderá el territorio comunal en caso de invasión y ocupación por personas extrañas*" (Rogalski 2005: 137).

10 En el año 2007 ocurrió una historia que muestra bien la controversia acerca del uso de barbasco. Según nuestros informantes, un hombre que vivía en la zona de los cerros (a media distancia entre los ríos Santiago y Morona, en las cabeceras de la quebrada Ajachim, afluente del río Morona) pescaba mucho con barbasco en la quebrada Kusuim. El hecho inquietó a los habitantes de la comunidad de Kusuim, al margen del río Morona, quienes se preocupaban por los peces de esta quebrada. Cuando el hombre a pesar de las advertencias seguía pescando con el barbasco, los comuneros de Kusuim se fueron a verlo y quemaron su casa. El hombre abandonó su asentamiento y se mudó a Soledad en el río Santiago.

11 El lector encontrará un análisis detallado de la concepción de propiedad para el caso de los Achuar en Descola (1982).

Figura 25. Zonificación indígena-cultural y uso actual de la comunidad nativa Awajún de Chapis del río Marañón, Distrito de Manseriche, en el norte del Perú.

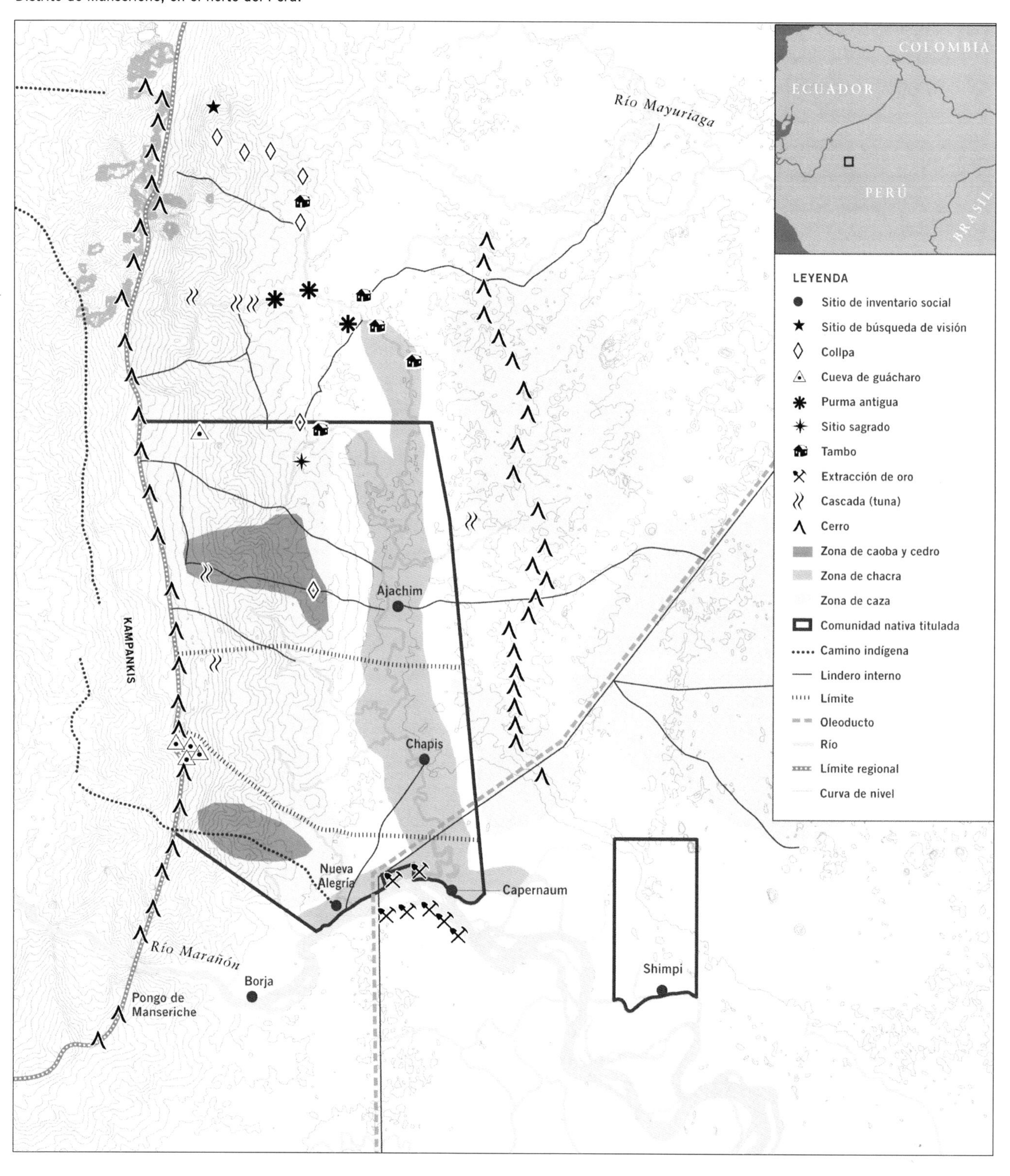

Kampankis. Para documentar esta zonificación vamos a examinar con más detalle la zona de las cuencas de las quebradas Kangasa y Mayuriaga (Fig. 25). Las tierras tituladas cubren la cuenca media y baja del río Kangasa, desde la cresta de los Cerros de Kampankis y el límite del territorio del caserío de Borja, más una sección de la orilla izquierda del Marañón. Ese territorio está controlado por cuatro comunidades: la titular Chapis y sus anexos Ajachim, Nueva Alegría y Capernaum. Las cabeceras de la quebrada Kangasa están fuera de las tierras tituladas, pero sí dentro del territorio controlado y aprovechado por la población de estas comunidades. Al norte de las cabeceras de Kangasa están las cabeceras del Mayuriaga, afluente derecho del Morona, con la comunidad Wampis Mayuriaga en el curso medio del río. Las entrevistas que hicimos en las comunidades de Kangasa permiten reconstruir un sub-sistema regional de control de territorio y uso de sus recursos.

Aunque desde el punto de vista de tenencia de tierra la comunidad titular de Chapis y sus anexos comparten un mismo título de propiedad comunal, establecieron límites internos entre ellas, tanto en cuanto a las tierras cultivables, como para delimitar el bosque (Fig. 25). A Nueva Alegría corresponden las tierras que se encuentran en la orilla izquierda del Marañón, desde la quebrada Agua Azul (que es el límite entre el territorio de Chapis y el territorio de Borja) hasta la desembocadura del Kangasa. Los territorios de Capernaum se extienden en el triángulo contenido entre la tubería del oleoducto nor-peruano, las márgenes izquierdas del Kangasa y del Marañón y los territorios del caserío El Banco. A Chapis le corresponden los territorios del tramo del Kangasa que se extiende desde el lugar donde el oleoducto cruza el río hasta la desembocadura de la quebrada Shajam (o Ajamar). A partir de esta altura, la cuenca del Kangasa corresponde a Ajachim.

Estos límites están más definidos cerca de las orillas de los ríos, donde se encuentran las tierras cultivadas. Cuanto más uno se aleja de la orilla hacia adentro del bosque o hacia la cumbre de los Cerros de Kampankis, menos definidos son los límites internos. Sin embargo, la cresta de los cerros constituye una frontera bien definida entre el territorio de todas las comunidades de la cuenca y el territorio correspondiente a las comunidades del río Santiago.[12]

Una trocha trazada por los técnicos SIG de CORPI delimita los territorios de los Awajún del Marañón-Kangasa y los Wampis del Mayuriaga. Esta trocha empieza en el filo de los Cerros de Kampankis, pasa a lo largo de la división de aguas de las cabeceras del Kangasa y Mayuriaga, y después cruza la tubería del oleoducto nor-peruano en el punto conocido como 'kilómetro 209.'

Los límites entre comunidades no solamente delimitan las tierras cultivables pero también zonas de aprovechamiento de recursos silvestres. Nueva Alegría controla y aprovecha recursos de las cuencas de las quebradas Agua Azul, Chinkún y Cocha; Capernaum usa los territorios al sudeste del oleoducto; Chapis usa las quebradas Putuim, Suantsa y Sawintsa, los territorios al oeste del oleoducto. Ajachim controla la cuenca alta del Kangasa. Las cabeceras del Kangasa (las quebradas Wee y Daúm) son el lugar de caza colectiva de Chapis y Ajachim.

Los recursos son objeto de un sistema de manejo. Según nuestros informantes en las cabeceras del Kangasa, se permite la caza colectiva solamente dos veces al año, para obtener carne para organización de grandes fiestas: el Día de la Madre (el segundo domingo de mayo), y la fiesta patronal (21–24 junio). En cuanto a los recursos pesqueros, los comuneros de Nueva Alegría vedaron durante un año la pesca de boquichico (*Prochilodus nigricans*) en la quebrada Cocha. Según nuestros informantes, la veda tuvo como resultado el incremento de la población de este pez. Igualmente, Chapis decidió vedar la pesca de carachamas (Loricaridae) en la quebrada Putuim. Los reglamentos internos contienen muchas otras regulaciones precisas acerca del aprovechamiento de recursos.

Concluyendo, en la zona de los Cerros de Kampankis existe un sistema efectivo de control y manejo tanto en lo referente a los recursos naturales, como en cuanto al ingreso de personas e instituciones ajenas.

12 Ninguno de los participantes del mapeo etnográfico que hicimos en Chapis y sus anexos propuso colocar en el mapa cualquier elemento del paisaje de la vertiente occidental de Kampankis (con la sola excepción del camino vecinal de Nueva Alegría a Gereza en el río Santiago). Este hecho demuestra que el filo de los cerros constituye (en la parte meridional) un límite territorial entre las cuencas del Marañón-Kangasa y del Santiago.

Red de caminos de comunicación en la zona de los Cerros de Kampankis

Uno de los índices más contundentes de la importancia económica, social y cultural de los Cerros de Kampankis para los pueblos Wampis y Awajún es la densa red de caminos de comunicación que unen las cuencas del Santiago, Morona y Marañón a lo largo de toda la cadena de los cerros. Esos caminos constituyen la parte integral del sistema consuetudinario de propiedad y gestión de la zona de los Cerros de Kampankis por parte de los indígenas. Gran parte de esos caminos han sido documentados por nuestro inventario y los estudios anteriores (la Fig. 26 visualiza algunos de estos caminos). Dos estudios merecen una atención especial respecto a ese tema: el estudio de AIDESEP (Rogalski 2005) y el Mapeo del Espacio Histórico Cultural de los Pueblos Awajún y Wampis, liderado por IBC (IBC y UNICEF 2010).

Los caminos vecinales son de suma importancia para la población de la zona. En primer lugar está la importancia social y de identidad. En los años 1940–1950, cuando los Wampis formaban los asentamientos en las orillas de los ríos Santiago y Morona, en muchos casos grupos de parientes se dividían, unos descendiendo al Santiago, otros al Morona. Los caminos vecinales son imprescindibles para mantener los lazos familiares entre los parientes que habitan cuencas distintas. Esos caminos sirven igualmente como rutas de comercio e intercambio. La gente del río Morona lleva al río Santiago pescado, tortugas acuáticas, o cerbatanas fabricadas por los Achuar y Wampis del Morona. Ahí obtienen por estos productos, más escasos en el Santiago, mejores precios que en el Morona. Muchos de los caminos vecinales son de antigüedad considerable. Algunos existían ya antes de la formación de asentamientos ribereños. En aquel entonces servían a los habitantes de los Cerros de Kampankis para acceder a los recursos de los ríos grandes (tortugas acuáticas) y las mercancías de los regatones (comerciantes).

Podemos enumerar los siguientes caminos documentados por nuestro estudio y los estudios anteriores: 1) de Papayacu (Santiago) a San Juan de Morona (este camino está menos usado actualmente a causa de la apertura de la carretera que une las dos cuencas en Ecuador); 2) de Soledad (Santiago) a Shinguito (Morona); 3) de Kusuim (en la quebrada

Figura 26. La red de caminos de comunicación de los pueblos Awajún y Wampis en el ámbito de los Cerros de Kampankis, en el norte del Perú.

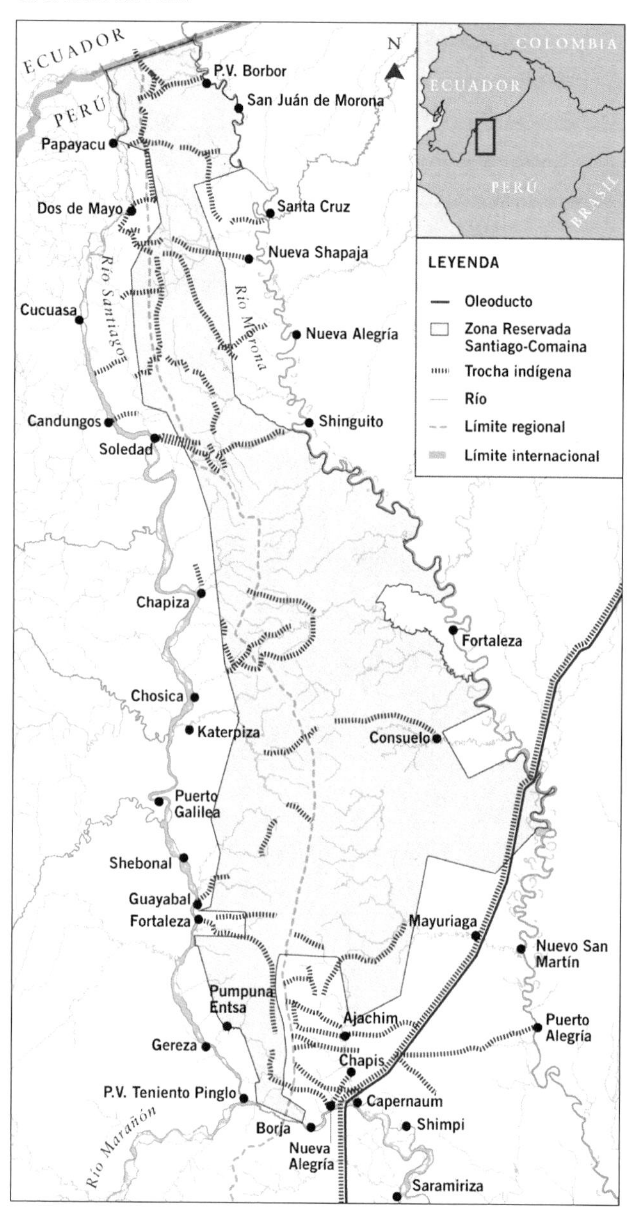

Katerpiza, afluente del Santiago) a Consuelo (en la quebrada Uchich Wachiyaku, afluente del Morona). Durante el presente inventario documentamos una red de caminos en la parte sudeste de Kampankis, que comunican las cuencas del Santiago, Marañón, Kangasa, Mayuriaga y Morona. Un camino comunica Nueva Alegría en el río Marañón con Gereza en el río Santiago (diez horas de ruta). Otro conecta las comunidades del río Kangasa (Awajún) con la comunidad Mayuriaga

(Wampis) en la quebrada Epónima, afluente del río Morona (ocho horas). La gran parte del mencionado camino pasa por la tubería del oleoducto nor-peruano. En el kilómetro 214 del oleoducto sale un camino que conduce a Puerto Alegría, caserío del río Morona (diez horas). Otro camino, pasando por las cabeceras del Kangasa y Mayuriaga, llega a la casa aislada donde viven los chamanes Wampis quienes brindan a veces sus servicios a los Awajún del Kangasa.

Pero sobre todo, la red de caminos permite el aprovechamiento de los recursos naturales: conducen a las *collpas*, comederos de animales, cuevas de guácharos, minas de sal y arcilla para la cerámica, y purmas donde siguen produciendo las palmeras de pijuayo (*Bactris gasipaes*). Los mismos caminos dan acceso a lugares de importancia histórica y cultural, así como asentamientos históricos, lugares de enfrentamiento entre grupos enemigos y cascadas.

Los vínculos entre la humanidad y su entorno en la cosmovisión y pensamiento indígena

Dentro de la cosmovisión y pensamiento propio de los Wampis, Awajún y Chapra los vínculos que existen entre la humanidad y su entorno son un complejo sistema de interdependencias mutuas que van mucho más allá de la simple relación de subsistencia y aprovechamiento de recursos. Esta cosmovisión y pensamiento indígena son un aporte de los pueblos Jívaro y Candoa al patrimonio de la humanidad.[13] En esta sección vamos a tratar cuatro aspectos de la cosmología indígena: 1) la relación con el entorno como relación social; 2) los Cerros de Kampankis como lugar de residencia de los ancestros *ajutap/arutam*; 3) el mundo animal como fuente de comportamientos y actitudes importantes para la reproducción de la sociedad humana; y 4) la cosmovisión y el manejo de recursos.

Relación con el entorno como relación social

Las relaciones entre los pueblos Jívaro-Candoa y su entorno se basan en la lógica animista con elementos perspectivistas. Bajo el término de cosmologías animistas se entiende sistemas de pensamiento que consideran que la mayor parte de los animales, plantas y ciertos fenómenos atmosféricos están incluidos en la comunidad de personas (véanse los mitos y cuentos en el Apéndice 11, especialmente el cuento del picaflor y los otros mitos), en contraste a la cosmovisión occidental basada en el dualismo que opone la naturaleza y cultura (Descola 2004, Surrallés 2007). Desde el punto de vista indígena, la esfera social va más allá de las relaciones entre humanos y se extiende a las relaciones con el entorno (como en el mito de la luna y su esposa, Ayamama, en el Apéndice 11). La cosmovisión Jívaro-Candoa no solamente reconoce la interdependencia mútua de los organismos vivos en las cadenas tróficas, donde los organismos extraen sustancias y energía entre ellos, pero también reconoce la posibilidad de relación social entre los humanos y los no-humanos. De hecho, los logros en la caza, pesca y la horticultura depende de la capacidad de cada uno de establecer y mantener buenas relaciones con los dueños de las especies animales y plantas (*amana* en Awajún). Por ejemplo, para tener una buena producción de yuca y otros cultivos de la chacra, la mujer tiene que establecer relaciones con un espíritu femenino Nunkui, dueña de las tierras cultivadas.[14]

De igual manera, según la lógica perspectivista, las poblaciones de animales, árboles grandes y ciertas plantas menores son colectivos organizados internamente de manera análoga a la sociedad humana. Ellos ven a otros miembros de su especie en forma humana, sus madrigueras como casas, partes de su cuerpo como adornos u otros artefactos, etc. (Viveiros de Castro 2004). Por ejemplo, las huanganas (*Tayassu pecari*) entre ellas se perciben como humanos, viven en casas grandes, observan reglas de parentesco y alianza, y cultivan chacras. Aunque los cazadores ven las huanganas como animales cuadrúpedos, en ciertas situaciones es posible que un cazador cambie de perspectiva o de punto de vista y de pronto empiece a apreciar las huanganas en forma humana. Este cambio de situación ontológica es el tema principal de los mitos del hombre robado por las huanganas o

13 La cosmovisión y pensamiento de los pueblos Jívaro y Candoa han sido objeto de numerosos estudios antropológicos (Awajún: Brown 1984; Shuar: Karsten 1988 [1935], Harner 1973; Achuar: Descola 1987, 1998; Kandozi: Surrallés 2007, 2009). Un buen resumen del estado actual de estudios antropológicos sobre las sociedades amazónicas se puede encontrar en Viveiros de Castro (1996). Para una presentación sintética de las cosmovisiones perspectivistas consultar el trabajo de Viveiros de Castro (2004).

14 Cabe resaltar que la cosmovisión que considera los elementos del entorno como dotados de intencionalidad se extiende también a los recursos que son objeto de aprovechamiento relacionado con el mercado monetario. Por ejemplo, se dice de la caoba (*Swietenia macrophylla*), árbol maderable, que es 'mañoso' o 'huraño;' es decir, que no se deja ver fácilmente a uno que lo busca.

por la sachavaca, los cuales recogimos durante el trabajo de campo. En el mito del hombre robado por la sachavaca, un cazador excesivo de las sachavacas se encuentra en una de sus expediciones de caza con otro hombre, desconocido pero con vestimenta tradicional Awajún. Ese hombre lleva al cazador a caminar por el monte, le muestra sus cultivos de plátano, guineo, etc. El guía finalmente revela al cazador su verdadera identidad. Es la sachavaca. Le pide que tenga compasión de él, que deje de acabar con sus familiares. Después le conduce al camino que le llevará de vuelta a su casa. Al despedirse, el hombre sachavaca le enseña que cuando ve la pisada grande de sachavaca, no debe decir "por acá pasó una sachavaca (*pamau*)," sino "por acá se fue mi tío Mashinkash." Asimismo, si ve un rastro pequeño debe decir "Por acá se fue mi tía Yampauch." Acontecimientos análogos pueden ser contenido de un mito, o de un sueño. El aspecto constante es que una depredación excesiva conlleva a los animales a entablar con el cazador hombre una relación social (en el caso de cazador de sachavacas, es relación tío materno/sobrino uterino).

Los cantos anen

Las cosmologías animistas no solamente residen en los mitos y tradiciones orales, sino se manifiestan también en numerosas prácticas cotidianas. En el caso de los pueblos Jívaro-Candoa, el papel central en la relación entre la sociedad de los humanos y otros colectivos juegan los cantos *anen*.[15] El *anen* es un canto corto. Para aplicarlo no es necesario pronunciarlo en voz alta; se puede solamente recitarlo con el pensamiento. Se puede decir que el *anen* sirve para la comunicación en situaciones donde la comunicación con palabras no es suficiente. Por ejemplo, cuando el destinatario pertenece a otra categoría ontológica (como los animales de caza o sus dueños espirituales *amana*) o se encuentra lejos (como un hijo o amante que salió de viaje).[16] Según la glosa de nuestros informantes Awajún, mediante el *anen*, el cantante siembra un sentimiento en el corazón del destinatario.

Tradicionalmente cada persona conocía un repertorio de *anen* apropiado para diferentes situaciones de su vida. Durante el trabajo de inventario recogimos varios tipos de *anen* entre los Awajún del Marañón: para la agricultura, para la crianza de animales y aves domésticas, para la caza con perro y para la resolución de conflictos. Supimos también que hay *anen* especiales para la guerra.[17] La mayoría de los *anen* se basan en el conocimiento preciso de los Awajún y Wampis sobre el comportamiento de los animales. Su acción mágica se basa en una lógica de identificaciones. Mediante un *anen*, la persona que lo canta provoca en el destinatario un comportamiento o actitud propia a una especie animal. En ese sentido, se puede decir que la etología animal sirve de repertorio de actitudes y comportamientos que pueden ser adoptados por los humanos.

Para ilustrar cómo funcionan estos cantos, vamos a analizar brevemente un *anen* que sirve para solucionar conflictos. La situación en la cual se lo aplica es la siguiente: un hombre seduce a una mujer, su marido se entera y está enojado con él. El hombre seductor quiere acercarse al marido para conversar y arreglar el problema, sin embargo teme que su rival le reciba con ira. El hombre canta ese *anen* antes de ir a conversar con su rival. El *anen* prefigura el encuentro entre el seductor y el marido de la mujer. La preocupación del cantante es que el marido le va atacar con ira, con palabras fuertes y hasta con agresión física.

En ese *anen*, varios animales sirven como fuentes de comportamientos: el trompetero (*Psophia crepitans*), la paloma *yampits* (*Geotrygon* sp.) y el hormiguero serafín (*Cyclopes didactylus*). El cantante quiere obtener el efecto que el marido le reciba como una madre trompetero acoge a sus crías que se apegan a ella. O que pueda apegarse a él sin obstáculos como las palomas *yampits* en un bosque alto, libre de bejucos y maleza, caminan formándose en grupos. En cuanto a la actitud del marido, el *anen* le imprime la actitud del hormiguero serafín, un animal reconocido por su actitud tranquila y callada.

15 En este documento estamos utilizando el término Awajún *anen*. Los Wampis y los Achuar emplean el término *anent*.

16 Existe una abundante literatura sobre los cantos *anen* de los pueblos Jívaro (Descola 1983, Taylor y Chau 1983, Chumpi Kayap 1985, Mader 2004, Napolitano 1988, Brown 1985).

17 Tanto el conocimiento como el uso de los *anen* son íntimos, por lo cual la gente suele negar su conocimiento, lo que puede dar una impresión errónea de que esa práctica cultural ha perdido su importancia. Sin embargo, pudimos recolectar *anen* tanto de las personas mayores como de los jóvenes, lo que indica que el uso de esos cantos es una práctica que sigue vigente. Además, los Wampis y Awajún aplican esos cantos también en los contextos contemporáneos de su vida social. Por ejemplo, tanto durante el desalojo de los colonos de la quebrada Yutupis en los años 1980 por parte de los Wampis y Awajún como durante la protesta de Bagua de 2009, las mujeres ayudaban a sus maridos cantando los *anen* cuyo objetivo era quebrar la resistencia de sus adversarios.

El cantante quiere que su rival le reciba como un serafín, quieto, callado y atento, para que él pueda presentarle sus excusas (ver el *anen* en el Apéndice 11).

La noción de 'visión' y los ancestros ajutap/arutam

La noción de 'visión' ocupa un lugar central en la vida de los Wampis y Awajún de la zona de los Cerros de Kampankis. Es un tema transversal que toca los temas relevantes a la cosmovisión, territorialidad y construcción de personalidad. Según los Jívaro, para lograr éxito en los principales ámbitos de la vida uno necesita tener 'visión.' Esa noción de 'visión' tiene un significado más complejo que el sentido de esa palabra en castellano. El significado indígena denota a la vez un proyecto para el futuro (abrir una chacra grande, construir una casa, etc.) y una fuerza vital que es imprescindible para superar los obstáculos que uno encontrará antes de lograr sus metas. Los Wampis y Awajún denominan los personajes eminentes de su sociedad con el término *waemaku*, 'visionario.' Un visionario es alguien quien tiene una capacidad de acción mucho más grande que las personas comunes. Inclusive, algunos sostienen que un *waemaku* tiene la capacidad de influir en los fenómenos atmosféricos. La noción de 'visión' juega también el papel central en el sistema político de liderazgo de los pueblos Jívaro. Cuando se convoca asambleas en el ámbito de las cuencas (sobre todo en el Santiago), aparte de invitar a las autoridades formales de las comunidades se invita también a los líderes y a las lideresas, quienes son considerados visionarios.

La noción de 'visión' está estrechamente relacionada con el concepto de *ajutap* (*arutam* en Wampis, *arutma* en Chapra). El concepto está presente en todos los pueblos del complejo Jívaro-Candoa con menudas variaciones de las que no vamos a tratar en este trabajo (para una discusión detallada ver por ejemplo Descola 1998). Podemos generalizar que *ajutap* significa el espíritu de un ancestro eminente y sus apariciones. El contacto con el *ajutap* es una experiencia existencial fuerte y de mucha importancia para la vida de una persona.

Para encontrar el *ajutap* hay que pasar por un ritual que facilita el encuentro. En su versión mínima, el ritual consiste en aislarse en un lugar alejado de la comunidad, en una choza construida con ese propósito cerca de una cascada. El novicio permanece ahí por unos días, ayunando y bañándose en la cascada, esperando la aparición de la visión de *ajutap*. Si a pesar del ayuno, aislamiento y baños el novicio no obtiene la visión, puede intentar tomando alguna de las sustancias psicoactivas[18], siempre manteniendo el ayuno y repitiendo baños en la cascada. La visión de *ajutap* empieza por una aparición espantosa de un ser monstruoso (nuestros informantes Awajún de Kangasa enumeraron las siguientes apariciones: *buúkeau*, una enorme cabeza con enormes dientes; *ampujau*, una enorme barriga con dientes; *tuapio*, un tigrillo que se transforma en jaguar; y *payar* [Wampis], un cometa u otras apariciones monstruosas). El novicio tiene que controlar el miedo y confrontar esa primera aparición tocándola. Si logra hacerlo, el monstruo desaparece con un horrible trueno. El novicio se duerme y en su sueño encuentra al *ajutap* representado en la forma humana de un ancestro quien revela al novicio su identidad y le transmite un mensaje[19].

El rol de la cosmovisión en el manejo de recursos y el concepto indígena de propiedad

Existe una relación estrecha entre la cosmovisión y el sistema indígena de manejo de recursos. Los ejemplos de mitos sobre los cazadores abusivos raptados por los animales demuestran la presencia del concepto de caza con moderación en el pensamiento indígena. También el ejemplo del manejo de las cuevas de guácharos (*Steatornis caripensis*; *tayu* en Awajún) permite ver con más claridad esta relación.

Los guácharos son aves nocturnas que se alimentan de frutas de palmeras y de Lauraceae. Anidan en colonias en cuevas de roca caliza y ponen huevos una vez al año. Los Wampis y Awajún aprecian la carne de los pichones de guácharos por su alto contenido de grasa. Los cosechan en marzo cuando están gordos pero no han abandonado todavía sus nidos. Para cosecharlos construyen escaleras de madera y bejucos. Los Wampis y Awajún de los ríos Santiago, Kangasa y Morona conocen

18 Los novicios usan tres sustancias psicoactivas: 1) ayahuasca (*Banisteriopsis caapi*); 2) chacruna (*Psychotria* spp.); y 3) toé (*Brugmansia suaveolens*); además de tabaco (*Nicotiana tabaco*).

19 A veces el ancestro aparece a un joven en el sueño sin que éste busque la visión de manera activa. Se considera este sueño como indicación que el joven está predestinado para recibir visión. Ese fue el caso de un hombre de Ajachim, a quien en su juventud apareció su abuelo difunto, uno de los primeros Awajún quienes colonizaron la cuenca de este río. La abuelita del joven, cuando se dio cuenta que el ancestro *le ha hecho soñar* con su nieto, le aconsejó de tomar *toé* para recibir la visión completa.

numerosas cuevas de guácharos a lo largo de toda la cadena de los Cerros de Kampankis.

La cosecha de pichones obedece a un sistema indígena de control y manejo. Las cuevas son asociadas a sus descubridores, quienes son sus dueños y tienen la prioridad en la cosecha. Cuando el descubridor/dueño de la cueva muere, el derecho de prioridad pasa a sus hijos. A pesar del derecho de propiedad individual, la cosecha de los pichones dentro de la tradición Wampis y Awajún es una actividad colectiva. El dueño de la cueva es quien toma la iniciativa y invita a sus familiares y vecinos a participar en la cosecha. En cuanto al manejo, los Wampis y Awajún no consumen los guácharos adultos. Además, según nuestros informantes no se saca todos los pichones de un nido, dejando siempre aunque sea un pichón por nido.

Según la cosmovisión indígena, los guácharos que viven en una cueva tienen su dueño (*tayu amana*, 'el dueño de los guácharos') que es un guácharo de color claro y de tamaño más grande que un guácharo común. La figura de *tayu amana* aparece en el mito de dos hermanos atrapados en una cueva de guácharos. Según el mito, dos hermanos se hallan atrapados en una cueva de guácharos cuando sus compañeros, al salir de la cueva, cortan la escalera. Cuando uno de los hermanos muere, el otro encuentra el *tayu amana*. Éste le dice que aunque podría ayudarle en salir, no lo va a hacer porque él y su grupo acaban con sus hijos.[20] El hombre atrapado logra salir con la ayuda de un jaguar. Ese mito demuestra que el tema de manejo de las cuevas de guácharos no es una preocupación reciente de los Wampis y Awajún.

El hecho que la cosmovisión indígena considera que la colonia de guácharos tiene su dueño está respaldando el sistema de manejo en el cual el propietario de la cueva no tiene el derecho exclusivo y libertad absoluta en cuanto a la forma en la que se va a beneficiar de los pichones. El sistema de aprovechamiento de los pichones es fruto de negociación de derechos entre el dueño humano de la cueva y el *amana* de los guácharos.

El manejo de *collpas* constituye otro ejemplo de la interdependencia entre la cosmología y el aprovechamiento de recursos. Según nuestros informantes, para cazar en la *collpa* el cazador debe obedecer a ciertas restricciones. Primero, tiene que abstenerse de relaciones sexuales. Segundo, en la misma *collpa* no debe hacer disparos. Con escopeta se puede cazar solamente a cierta distancia de la *collpa*. En caso de no cumplir con estas reglas, el cazador arriesga que los animales dejen de entrar en la *collpa*. 'Malograr' la *collpa* de esta forma es llamado en castellano regional *salar*. Según nuestros informantes de Ajachim (Kangasa), la prohibición consuetudinaria de hacer disparos en la *collpa* ha sido plasmada en un acuerdo escrito asentado en el libro de actas de su comunidad.

Siendo la naturaleza, para los indígenas, parte de ámbito social, entonces ¿qué significa para ellos cuando dicen que quieren preservar sus bosques o sus recursos naturales? Lo que ellos quieren preservar es un ámbito en el cual tienen lugar varias relaciones sociales (de intercambio pero también de uso) entre diversos seres incluyendo gente, presente y pasado. En la práctica de la conservación moderna, vemos un cambio de actitud hacia los parámetros que ponemos en la definición de 'conservación.' Ahora es más aceptable pensar en conservación como un 'espectro' de esfuerzos que mantiene el entorno de alto valor por su diversidad biológica. En un lado de este espectro son actividades dedicadas a establecer áreas protegidas con mucho control y vigilancia aisladas de la presencia humana. Por otro lado del 'espectro' son actividades de uso de recursos naturales (es decir presencia humana obvia), pero con bajo impacto o explotación mínima bajo reglas de manejo. Entre estos dos extremos, hay un rango de actividades y estrategias de corto, mediano y largo plazo. Esta nueva manera de pensar en conservación nos permite implementar estrategias de manejo adaptativo que pueden incluir las diversas aspiraciones, perspectivas y actividades de la gente que vive de estos bosques.

PREOCUPACIONES/AMENAZAS

Durante las visitas a las comunidades en el inventario social y en el proceso de coordinación anterior a éste, conversamos con los moradores sobre sus preocupaciones y sus percepciones sobre las amenazas a su calidad de vida. La mayoría de las amenazas son presentadas en

20 En otra versión del mito, los guácharos intentan subir el hombre hasta la superficie, pero como son pocos (por la cosecha excesiva de sus crías) no pueden hacerlo. La versión completa del mito está en el Apéndice 11.

el Resumen Ejecutivo y en la sección de amenazas (ver página 17). Aquí detallamos algunas preocupaciones más específicas:

- En las zonas fronterizas, la entrada furtiva de grupos de ecuatorianos quienes cazan y pescan sin obedecer los reglamentos comunitarios
- La limitación en poderes de los guardaparques oficiales en la vecindad del Parque Nacional Ichigkat Muja-Cordillera del Cóndor, quienes no pueden tomar acción cuando se presenta una infracción y sólo pueden informar a la oficina central en Nieva
- La falta de cumplimiento de acuerdos, tanto entre comunidades como a niveles municipales y distritales
- Los conflictos de gobernanza causados por las contradicciones entre leyes nacionales, tales como la Ley de Aguas y la Ley de Comunidades Nativas
- El mal uso y la mala difusión de la información que a veces perjudican a las poblaciones locales
- La falta de oportunidades para desarrollar capacidades de liderazgo para los jóvenes.

Además de estas preocupaciones que notamos, también notamos algunas preocupaciones desde nuestro punto de vista como equipo social.

- La fluctuación y cambio en liderazgo y la falta de continuidad en las políticas que resulta de esto. Los mismos líderes reconocen que esto presenta problemas para una gestión eficaz. Hemos notado arriba que estas fluctuaciones se deben en un parte a los ajustes que la población tuvo que hacer cuando se asentaron y se asimilaron dentro del sistema nacional de gobierno.
- Los cambios rápidos que traen la entrada acelerada en el mercado. Aunque, como notamos arriba, la mayoría de la gente sigue viviendo en patrones de auto-suficiencia, en algunas zonas más cerca a los centros comerciales o nodos fluviales (como Puerto Galilea) notamos cambios en los patrones económicos que podrían perjudicar la capacidad de la gente de retener los elementos vitales de sus conocimientos y prácticas culturales. Sobre todo, los jóvenes son muy vulnerables frente a la presión de los procesos económicos que empujan a la gente a buscar cada vez más dinero en vez de fortalecer sus propios modos de vivir.

RECOMENDACIONES

En esta sección damos recomendaciones más puntuales vinculadas con las recomendaciones globales del informe en la página 61.

- Mejorar la infraestructura de salud en las comunidades para enfrentar los problemas de contaminación de agua y suelo, a través de, por ejemplo, la instalación de sistemas de agua (en aquellas comunidades donde no existe), desagüe y tratamiento de residuos con tecnologías apropiadas y sostenibles
- Promover programas de fortalecimiento de capacidades de liderazgo de los jóvenes como parte integral de expansión de los programas de educación intercultural y bilingüe
- Promover investigaciones relacionadas con la disminución de peces en el río Santiago y, en general, estudios socio-ambientales sobre los impactos de las actividades extractivistas.

USO DE RECURSOS Y CONOCIMIENTO ECOLÓGICO TRADICIONAL

Autores/Participantes: Kacper Świerk, Filip Rogalski, Alaka Wali, Diana Alvira, Mario Pariona, Ermeto Tuesta y Andrés Treneman, con la colaboración de Gerónimo Petsain Yakum, Gustavo Huashicat Untsui, Manuel Tsamarain Waniak, Rebeca Tsamarain Ampan, Flavio Noningo y Julio Hinojosa Caballero

INTRODUCCIÓN

Los pueblos Wampis, Awajún y Chapra usan numerosos recursos naturales de su entorno. La importancia de los recursos silvestres en la vida de estos pueblos se manifiesta de la manera en la cual hablan de sus bosques. Muchas veces les escuchamos decir: "El monte es nuestro mercado, de donde traemos lo que necesitamos."

En este capítulo, detallamos primero los usos de recursos naturales del bosque y recursos acuáticos en el entorno de las comunidades visitadas por el equipo social durante el inventario rápido (Fig. 22), y segundo las prácticas de agricultura y economía cotidiana. Además de enumerar varios usos que estas sociedades hacen de las plantas y animales de su entorno, documentamos el conocimiento de sus propiedades (p. ej., medicinales) y, en algunos casos, también conocimientos y usos asociados con las concepciones cosmológicas de los pueblos de esta región.

Para simplificar el texto, se refieren a la mayoría de las plantas o animales mencionados en este capítulo usando los nombres comunes según el castellano regional y los nombres científicos. Los nombres indígenas correspondientes son presentados en el Apéndice 10.

Uso de los recursos silvestres

Los pueblos indígenas de la zona usan varias especies de plantas y animales para varios propósitos: alimenticios, medicinales, de construcción, y otros. Muchas de las especies usadas provienen de los Cerros de Kampankis. La mayoría de las comunidades Wampis y Awajún de los ríos Santiago y Kangasa, por ejemplo, usa recursos de los Cerros de Kampankis frecuentemente y de manera continua (aunque en menor grado en la parte baja del río Santiago, debido a que ahí los Cerros están más alejados de los centros poblados). Para las comunidades Wampis del río Morona, una gran parte de los recursos naturales proviene del sector oeste del río, incluyendo los Cerros de Kampankis. En caso de los Chapra, parece que el uso de recursos de los cerros es más bien esporádico.

En el pasado se realizaron varios estudios sobre el uso de recursos naturales así como nomenclatura etnobiológica de los pueblos Jívaro de la zona. Entre estos estudios destacan trabajos de José María Guallart (1962, 1964, 1968a, 1968b, 1975) y Brent Berlin (p. ej., Berlin 1976, 1977, 1979, Berlin y Berlin 1977).

Durante el trabajo de campo en 2009 y 2011 recogimos informaciones sobre los usos de varias decenas de especies de plantas y animales de bosque primario y secundario. Los principales informantes quienes nos brindaron información para esta sección fueron Gustavo Huashicat Untsui (comunidad Soledad), Gerónimo Petsain Yakum (Boca Chinganaza) y Manuel Tsamarain Waniak (Chapiza). La identificación de algunas plantas mencionadas en este capítulo proviene de los botánicos Isau Huamantupa, Camilo Kajekai, David Neill y Nigel Pitman.

La información presentada en este capítulo no tiene ambición de ser exhaustiva, pero es una indicación de la profundidad del conocimiento que poseen los pueblos indígenas de la zona sobre la ecología local y su flora y fauna. Nos limitaremos a los usos más notorios y/o a los usos que nos parecen particularmente interesantes.

RESULTADOS Y DISCUSIÓN

Plantas y animales útiles

Palmeras

Entre las plantas de gran importancia están las palmeras, cuyas hojas sirven para techar casas. Una de las más usadas es yarina (*Phytelephas macrocarpa*). En nuestras visitas a las comunidades observamos la siembra exitosa de yarina en las chacras y alrededor de las casas. También para techar se utilizan pequeñas palmeras del sotobosque llamadas palmiche: *Pholidostachys synanthera* (*kampanak* en Wampis) y *Geonoma* sp. La primera crece sobre todo en los Cerros de Kampankis y de ella, según muchos informantes, viene el nombre Kampankis. Los moradores nos dijeron que los techos de *kampanak* pueden durar de 15 a 20 años.

Las palmeras tienen muchos otros usos. La madera de pona (*Iriartea deltoidea*) sirve para construcción de casas (como la plataforma emponada). De la madera de pijuayo (*Bactris gasipaes*) los Wampis hacen pucunas (o cerbatanas; *uum* en Wampis, *sunganasi* en Chapra), lanzas y otros objetos. Los indígenas fabrican cordeles de chambira (*Astrocaryum chambira*) para confeccionar bolsas morrales (*wampach* en Wampis) y construir trampas para atrapar tinamús. Las flores aromáticas de la palmera *yaun* (especie no identificada) sirven como perfume o componente de pusangas (objetos o substancias de magia amorosa). Tradicionalmente, los indígenas fijaban estas flores a sus collares o a las *tarash* (túnica de mujer). Cabe mencionar también la importancia de palmeras como fuente alimenticia: se consume los frutos y/o cogollo/chonta de aguaje (*Mauritia flexuosa*), ungurahui (*Oenocarpus bataua*), yarina (*Phytelephas macrocarpa*), huacrapona (*Iriartea deltoidea*) y cashapona (*Socratea* sp.).

Otros árboles

Una gran variedad de especies de árboles y arbustos fueron identificadas en la zona (ver el capítulo Vegetación y Flora), muchas de las cuales son utilizadas por las poblaciones locales como fuente de madera, frutos y otros recursos.

Los principales árboles maderables son cedro (*Cedrela odorata*), tornillo (*Cedrelinga cateniformis*) y catahua (*Hura crepitans*). La caoba (*Swietenia macrophylla*) también está presente en la zona pero es un árbol raro. Estas especies sirven para fabricar varios objetos de uso diario (canoas, remos, taburetes y otros) y también son de interés comercial. En el Morona algunas comunidades sacan madera para la venta y, en algunos (no muchos) casos, permiten la entrada de madereros mestizos a sus tierras y a los Cerros de Kampankis. En el río Santiago se vende muy poca madera, ya que los reglamentos comunitarios limitan considerablemente la cantidad de madera que se puede sacar con ese fin.

Los moradores aprovechan también las cortezas, resinas y otros materiales provenientes de los árboles. La corteza del árbol llamado en Wampis *yeis* (Annonaceae, probablemente el género *Guatteria*) sirve como pretina. El árbol leche caspi (*Couma macrocarpa*) brinda una resina que sirve de engrudo pegante, como un componente de la policromía para las tinajas de greda, y de brea para la fabricación de canoas. La resina aromática del árbol de copal (*Dacryodes* sp.) servía tradicionalmente como farol. El tizne de copal sirve para hacer tatuajes (de estilo tradicional y mestizo).

Varios árboles frutales son sembrados en las chacras (ver abajo y Apéndice 9) y otros son un fuente de comida en el monte. Por ejemplo, los Wampis consumen los frutos del árbol silvestre *sharimat* o *saka* (*Eugenia* sp.) y del árbol zapote (*Matisia cordata*), el cual crece en los Cerros de Kampankis en estado silvestre pero también es cultivado.

El arbolito llamado en Wampis *yampak* (*Potalia* sp.) sirve para tratar la mordedura de serpiente: los indígenas lavan el lugar mordido con infusión de corteza y hojas de esta planta. El *yampak* tiene también un uso asociado al chamanismo. Una infusión de *yampak* mezclado con la corteza de cedro y otros ingredientes sirve para 'curar un brujo' (quitar el poder chamánico de una persona que podría usar su poder para dañar a la gente). Según los pueblos Jívaro, el poder del chamán o *uwishin* reside en su baba o flema, que contiene virotes llamados *tsentsak*, los cuales el chamán manda para atacar otras personas. Para quitarle este poder, la gente le obliga a tomar una infusión de *yampak*, lo cual hace que el chamán vomite sus virotes y de esta manera pierda todo su poder. La posibilidad de 'curar el brujo' con esta planta es muy importante porque, como indicó el informante, la alternativa es matar el *uwishin*, una opción drástica a la cual la gente no quiere recurrir.

Un pequeño árbol conocido como sanango (*Tabernaemontana sananho*) sirve para mejorar la habilidad del pucunero (persona que caza con cerbatana). Para usarla para esta fin hay que raspar la corteza y añadirla a una olla de agua fría. La madrugada siguiente hay que tomar el agua y vomitar. Otra planta relacionada con el arte de manejo de cerbatana es la bobinzana (*Calliandra* sp.), la cual sirve para mejorar la puntería y para fortalecer el cuerpo.

Varias plantas leñosas tienen usos medicinales. Por ejemplo, para curar *caracha* (ciertas enfermedades de la piel) los Wampis utilizan la hoja del arbolito *sepuch* (*Picramnia* sp.). Asimismo, la resina blanca y amarga de *T. sananho* es aplicada por vía externa para curar infecciones. La corteza de huacapú (*Minquartia guianensis*), árbol cuya madera sirve para horcones de casa, se usa para curar fracturas. La corteza es cocinada y después retirada, quedando sólo una esencia de color negro que el paciente toma durante siete días. Según nuestros informantes, para que el tratamiento sea eficaz, la persona enferma debe de abstenerse de relaciones sexuales durante 10 días.

Bejucos

Como en otras partes de la Amazonía, el bejuco uña de gato (*Uncaria tomentosa*) sirve para curar diversas enfermedades. La infusión de su corteza se aplica tanto por vía oral como por vía externa. La liana llamada en Wampis *sarsa* es, según información brindada por el informante Gerónimo Petsain, muy eficaz en curar leishmaniasis, así como pelagra y "todo lo que es herida," como también infecciones intestinales. Una liana gruesa llamada en Wampis *pankinek* (probablemente el género *Tetracera*) se usa en casos de picadura de un invertebrado no identificado pero conocido en castellano regional como "lombriz". Hay que tomar un pedazo de la liana, meterlo en el fuego y, cuando sale el humo, soplar en el lugar de la picadura.

El bejuco tamshi (*Thoracocarpus bissectus*) sirve para elaborar bonitas canastas y también para varias ligaduras. La planta abunda en los Cerros de Kampankis y la gente frecuentemente la colecta allá. Otro bejuco, llamado *ewe* en Wampis (nombre científico desconocido), sirve para hacer escaleras para bajar a las profundas cuevas donde anidan los guácharos.

Hierbas y hongos

Los pueblos de esta zona utilizan por diversos motivos muchas plantas herbáceas. Por ejemplo, la hierba *Anthurium* sp., llamada en idiomas Jívaro *eep*, tiene hojas comestibles y crece tanto en el monte como en las chacras. Otra hierba comestible es *Matelea rivularis*, que crece en las orillas y en las rocas en las quebradas. Los moradores consumen ambas plantas como ingrediente de las patarashcas: el pescado u hongos comestibles cocidos en hojas de bijao (*Calathea* spp.).

En el alto río Santiago y en el Kangasa abunda el bambú grueso llamado marona o guayaquil (*Guadua angustifolia*), que sirve para la construcción de las casas y para hacer cercos. También se utilizan pequeños pedazos de marona para fabricar bocinas para llamar a la gente y para elaborar flautas tradicionales (*pinkui* en Wampis). La herbácea bombonaje (*Carludovica palmata*) sirve para cubrir techos.

También es común en la zona el consumo de callampas, hongos comestibles que crecen en madera podrida. Los informantes Wampis dijeron que cuando encuentran estos hongos en el monte siempre tienen que recolectarlos porque si no lo hacen, las callampas se sienten ofendidas y castigan a la persona que no les ha recogido con mala suerte en la cacería. Las callampas se preparan en patarashca o en sopa.

Animales silvestres

Los Wampis, Awajún y Chapra son excelentes cazadores. Las principales armas de caza son escopeta, lanza y pucuna. También utilizan trampas para agarrar tinamús, roedores y otros animales de porte pequeño. Asimismo, es muy popular la caza con perro. Los mitayeros buscan su presas andando por el monte o esperando en un escondite (en la tierra o en una tarima o plataforma colocada en un árbol) en cercanía de las *collpas* (*napurak*) donde los animales acuden para tomar el agua o lamer la sal y otros minerales en el suelo.

La carne de monte forma parte importante en la alimentación de los Wampis, Awajún y Chapra. Pero el animal de caza no es una simple fuente de proteína. Para los Jívaro-Candoa, como es el caso de muchos pueblos amazónicos, la caza tiene un alto valor cultural, siendo el fundamento de la identidad masculina, y el animal es más bien un rival o un adversario (algunos animales son más respetados que otros; por ejemplo, la huangana [*T. pecari*], es muy apreciada por los cazadores pero la carachupa no).

Las mujeres también cazan, sobretodo con perros, cuyo cuidado es su dominio. Así pueden capturar armadillos, majaces y motelos. Los hombres recorren grandes distancias persiguiendo a los animales. Las mujeres cazan mayormente en las cercanías de sus chacras, sobretodo persiguiendo añuje (*Dasyprocta fuliginosa*) y punchana (*Myoprocta pratti*), roedores que invaden las chacras y comen las raíces de yuca.

Los indígenas cazan varias aves, entre ellas el tinamú chico (*Crypturellus* sp.) y tinamú grande (*Tinamus tao*). Según nuestros informantes, *T. tao* es especialmente abundante en los Cerros de Kampankis. Otras aves apreciadas por los cazadores indígenas incluyen pava de monte (*Pipile cumanensis*), pucacunga (*Penelope jacquacu*), Paujil de Salvin (*Mitu salvini*) y pava de altura (*Aburria aburri*), que vive en las alturas de Kampankis. El guácharo (*Steatornis caripensis*) tiene una importancia social y cultural especial para los Wampis y Awajún (ver el capítulo Comunidades Humanas Visitadas).

Los Wampis, Awajún y Chapra cazan varias especies de monos, incluyendo mono coto (*Alouatta juara*), maquisapa (*Ateles belzebuth*), mono choro (*Lagothrix lagotricha*), machín blanco (*Cebus albifrons*), machín negro (*Cebus apella*), frailecillo (*Saimiri sciureus*) y mono tocón (*Callicebus cupreus*). Entre otros mamíferos terrestres cazados por los Wampis figuran añuje (*Dasyprocta fuliginosa*), majaz (*Cuniculus paca*), carachupa (*Dasypus* sp.), venado colorado (*Mazama americana*), sajino (*Pecari tajacu*), huangana (*Tayassu pecari*) y sachavaca (*Tapirus terrestris*).

Vale resaltar que hasta hace poco tiempo los Awajún y Wampis no consumían algunas especies comúnmente cazadas hoy en día, como por ejemplo sachavaca y venado. En el segundo caso, esto se asociaba con la convicción de que el alma humana puede habitar en los venados. Algunas personas, especialmente los mayores, hasta ahora rechazan comer carne de venado.

También se recolectan invertebrados. Los Wampis, Awajún y Chapra consumen las hormigas curuhuinsi (*Atta* sp.) durante las épocas de enjambre (julio–setiembre). Los grandes abdómenes de esas hormigas son apreciados por su alto contenido de grasa. Las larvas blancas y gruesas de los escarabajos del género *Rhynchophorus* que viven en troncos descompuestos de palmeras son en cierto sentido objetos de crianza. Cuando los indígenas van al monte, a veces tumban ciertas palmeras y perforan sus troncos para que el escarabajo ponga sus huevos. Regresando al lugar dos o tres meses después, encuentran un tronco lleno de larvas.

Algunos animales tienen usos medicinales o mágicos. Por ejemplo, los Wampis usan la secreción tóxica y pegajosa de la rana arborícola *Trachycephalus venulosus* para curar leishmaniasis. Los huesos de algunas aves sirven como pusangas para enamorar a las mujeres. Por ejemplo, el hueso raspado del pájaro *Phaeothlypis fulvicauda* (en Wampis llamado *musap chinki*, que significa pajarito pusanga) es mezclado con la planta que creció en el lugar donde el pájaro fue enterrado y luego mezclado con un perfume se usa con este objetivo. Hay que acercarse a la mujer escogida y tocarle con esta mezcla. Es importante notar que según nuestros informantes sólo algunas personas usan pusangas. Esto se asocia con la opinión de que una persona que las usa con frecuencia no tiene suerte en la crianza de animales (especialmente pollos).

Peces y otros animales acuáticos

La pesca es una parte importante de la economía de los Wampis, Awajún y Chapra de la zona de los Cerros de Kampankis. Los indígenas usan una amplia gama de técnicas pesqueras: redes (trampas y tarrafas), arpones, anzuelos, tóxicos vegetales como barbasco (*Lonchocarpus utilis*) y huaca (*Tephrosia* sp.), machete o capturas con la mano. El destino de la pesca es mayormente el autoconsumo, aunque en el Morona el pescado salado es también objeto de venta. En el Santiago hay iniciativas de construcción de piscigranjas con especies nativas como el boquichico (*Prochilodus nigricans*), gamitana (*Colossoma macropomum*) y paco (*Piaractus brachypomus*). En Shoroya y San Francisco hay piscigranjas en las cochas. En San Francisco, los Wampis introdujeron caracoles acuáticos (*Pomacea* sp.) en su cocha: churos traídos de Ecuador, de los indígenas Secoya. Ahora estos moluscos comestibles abundan y se multiplican en la laguna. En la comunidad de Soledad en el río Santiago observamos criaderos de caracoles churos en una de las casas. Un tiempo importante para la pesca en los ríos es la época de 'mijano' (entre julio y agosto), cuando las especies migratorias en grandes cantidades remontan los cursos de los ríos. La gran parte de la población del Kangasa y del Marañón viaja a la zona del Pongo de Manseriche para disfrutar el pescado de mijano.

De toda la zona parece que el Morona es la zona donde más abunda el pescado. Por ejemplo, durante dos cortas estadías en la comunidad de Shoroya pudimos documentar gran cantidad de peces de las siguientes especies: zorrillo (*Acestrorhynchus* sp.), shiripira (*Sorubim lima*), fasaco (*Hoplias malabaricus*), sardina (*Triportheus* sp.), lisa (*Leporinus* sp.), paña (*Serrasalmus* sp.), sábalo (*Brycon* sp.), carachamas (familia Loricariidae), chambira (*Rhaphiodon vulpinus*), novia (especie no identificada, *pururu* en Chapra) y palometa (*Metynnis hypsauchen*).

Aparte de pescado y caracoles churos, los Wampis, Awajún y Chapra consumen ranas hualo (*Leptodactylus* sp.), ranas de cachitos (*Ceratophrys* sp.), y otras ranas de las familias Hylidae y Strabomantidae. Aparte del uso alimentario, documentamos también otros usos de ranas. Por ejemplo, los Awajún utilizan la rana *pujusham* (probablemente *Phyllomedusa* spp.) para 'curar' a sus perros. Los Awajún recogen la secreción cutánea de la rana y la secan. Agarran al cachorro, queman su piel con un pedazo de liana ardiente y aplican ese remedio a la quemadura. El perro pierde conocimiento y empieza a soñar. Dicen que en el sueño el perro empieza a perseguir animales.

Recursos inanimados

Además de las plantas y animales, los indígenas Wampis explotan varios recursos inanimados, como la sal que se encuentra en minas naturales cerca de la quebrada Ajachim así como en la quebrada Ipakuim (cuenca del alto Morona). Otro recurso es la arcilla, que sirve para hacer tazones y tinajas. Esta greda se encuentra, por ejemplo, en los cerros cerca de Kampo Taish. Ahora la cerámica de greda ya no es elaborada con tanta frecuencia como lo era todavía hace unas décadas, aunque en algunas familias esta tradición sigue viva y se puede encontrar piezas de cerámica en casi cada comunidad. La disminución del uso de las tinajas de arcilla en las comunidades es debido a la influencia del mercado de vasijas de plástico, productos de bajo costo y menos frágiles que las de arcilla; sin embargo, en las comunidades visitadas mencionaron que aún mantienen las técnicas para fabricar utensilios domésticos en base a arcilla. El agua llamada *wakank* que gotea en algunos lugares de los Cerros de Kampankis, en cuevas o rocas, es usada también como pusanga.

Agricultura y economía cotidiana

La mayor parte de la subsistencia de los moradores viene de las chacras, el bosque, los ríos, quebradas y piscigranjas. También observamos que la mayoría de las familias tiene aves de corral (gallinas, patos, pavos) y en algunos casos crían cuyes.

Chacras

La forma de cultivo predominante entre los Wampis, Awajún y Chapra es la chacra integral (cultivos múltiples) en el sistema de roza y quema, el patrón común de la Amazonía. Durante el trabajo de campo visitamos varias chacras: las de Delita Taricuarima (Nueva Alegría, Marañón), Julia Pakunda (Ajachim, Kangasa), Dionisio Yampitsa Pakunda (Chapis, Kangasa) y Manuel Pakunda (Ajachim, Kangasa). La chacra de Delita Taricuarima, donde la dueña pudo determinar 45 especies de plantas cultivadas, es un buen ejemplo de chacra integral diversificada. En la huerta de Manuel Pakunda determinamos un total de 69 especies de plantas útiles (ver el Apéndice 9).

Las familias abren chacras de un tamaño de 0.5–2 ha. La época de siembra es generalmente entre junio y diciembre. En todas las comunidades visitadas, observamos cómo cultivos predominantes el plátano (*Musa* spp.) y la yuca (*Manihot esculenta*), que son parte de la fuente principal de alimentación. Otros cultivos registrados en las chacras fueron maíz (*Zea mays*), frutales (papaya [*Carica papaya*], caimito [*Pouteria* spp.], cítricos [*Citrus* sp.], guaba [*Inga* spp.], guanábana [*Annona muricata*]), sandía (*Citrullus lanatus*), camote (*Ipomoea batatas*), caña de azúcar (*Saccharum officinarum*), ají (*Capsicum* spp.), huitina (*Xanthosoma* sp.), sacha papa (*Dioscorea* sp.), sacha inchi (*Plukenetia volubilis*), zapote (*Matisia cordata*), caigua (*Cyclanthera pedata*), zapallo (*Cucurbita* sp.), piña (*Ananas comosus*), achiote (*Bixa orellana*), maní (*Arachis hypogaea*) y fréjol. También observamos en varias chacras, tanto del Morona como del Santiago y Kangasa, la siembra del algodón (*Gossypium* sp.), que sirve para tejidos y para la cacería con pucuna. Asimismo observamos que en todas las comunidades la gente siembra plantas medicinales, como jengibre (*Zingiber officinale*), sangre de grado (*Croton lechleri*), uña de gato (*Uncaria tomentosa*), 'pituca' (con una resina gomosa), y otros.

Observamos algunas chacras donde predomina sólo un cultivo (p. ej., el yucal o el maizal), pero inclusive en ellas, cuando está terminando la cosecha, la gente planta árboles que permanecerán en la purma. Lo interesante en este zona, que no habíamos visto en otras zonas inventariadas en Loreto, es la frecuencia (o abundancia) de palmeras (yarina [*Phytelephas macrocarpa*], pijuayo [*Bactris gasipaes*], shebón [*Attalea butyracea*] y palmiche [*Pholidostachys synanthera* y *Geonoma* spp.]), así como cedro (*Cedrela odorata*) sembrados.

Todos mencionaron que el terreno rinde con abundancia y que no hay problemas con los cultivos ni con plagas. No usan químicos o fertilizantes. El tiempo de descanso de las chacras (es decir, el tiempo entre períodos de uso intensivo) varía entre tres y cinco años en algunas zonas y entre seis y diez años en otras.

Cada familia mantiene varias chacras activas dispersas y varias purmas. Es importante notar que tanto el impacto ambiental como la eficiencia social de la apertura y rotación de las chacras varía con el tamaño de la comunidad. En las imágenes satelitales de las cuencas de los ríos Santiago y Morona, observamos que en la mayoría de las comunidades pequeñas las chacras están muy cerca a las casas y la mayoría de ellas está rodeada por bosque. Parece un sistema sostenible y relativamente fácil para los agricultores. En contraste, en comunidades como Puerto Galilea, La Poza y Yutupis, donde hay una población mucho mayor, las chacras se extienden hasta 5 km de las casas y la mayoría de las chacras están rodeadas por otras chacras. En estas comunidades hay mayor presión sobre los bosques secundarios y los agricultores tienen que buscar cada vez más lejos un espacio para cultivar. A pesar de los muchos usos y actividades económicas en la zona, el bosque alrededor de la mayoría de las comunidades sigue en pie. Esto ha sido constatado por Oliveira et al. (2007) demostrando que la tasa de deforestación en esta región de la Amazonía peruana es muy baja.

En general, los hombres y mujeres tienen diferentes roles en el cultivo y el cuidado de la chacra. Los hombres son responsables para la apertura y limpieza inicial del terreno, e invitan a familiares y comuneros a una *minga* (trabajo comunal). Las mujeres preparan y sirven el masato y la comida para la *minga*, y hacen la mayoría del trabajo de la siembra, cultivo y cosecha. Para más detalles sobre las *mingas* que representan el mecanismo de reciprocidad entre los pueblos indígenas véase el capítulo Comunidades Humanas Visitadas.

Comercialización de los cultivos

Por lo general los productos que vienen de la chacra son principalmente para consumo, aunque hay poca comercialización de plátano y yuca en los poblados más cercanos y a los comerciantes itinerantes. Por ejemplo, en la cuenca del Santiago observamos que la gente vende a comerciantes ecuatorianos que bajan por el río en un barco para comprar estos productos, pescado seco salado y carne de animales de monte. En la cuenca del Morona los comuneros también venden sus productos a pequeños comerciantes que viajan en peque-peque por el río. El cultivo más vendido en el Morona es el maní.

En el Morona nos informaron que no reciben un buen precio por sus productos y prefieren viajar a San Lorenzo en el río Marañón para venderlos. En San Francisco, por ejemplo, durante nuestra visita se vendía la carne a cuatro o cinco nuevos soles el kilo y el pescado salado a dos soles el kilo. La gallina se vende entre 15 y 25 soles. Para los de Shoroya y Chapis, quienes se encuentran más cerca del Marañón, es más fácil llegar a San Lorenzo y Saramiriza, pero los de San Francisco casi no bajan. La gente de Nueva Alegría también vende a comerciantes itinerantes, pero no venden tanta carne de monte o pescado porque no tiene estos recursos muy cerca a la comunidad.

En la comunidad Chapis del río Kangasa, al igual que en las otras comunidades visitadas, constatamos que las aves de corral y los cultivos agrícolas son fuentes de ingresos económicos.

Es importante resaltar que en el alto Santiago existe un fuerte vínculo con el mercado ecuatoriano. Cada jueves los comuneros se van en botes con motor peque-peque a la frontera para vender sus productos, principalmente plátano y yuca (que son muy apreciados por su calidad y reciben muy buen precio: casi tres veces más de lo que lo venderían en La Poza o Puerto Galilea). Para vender pescado, los habitantes de la zona se van a la feria en la ciudad de Minas. Allí, con el dinero que reciben por sus productos, compran combustible así como artículos de primera necesidad para su hogar.

El cultivo del cacao

En la cuenca del río Santiago observamos que el cultivo del cacao (*Theobroma cacao*) para fines comerciales es una actividad económica importante para la mayoría de las familias. Esta actividad fue inicialmente incentivada en 1970 en las cuencas del Cenepa y Santiago, pero debido a la falta de asistencia técnica y manejo del cultivo, las plantas fueron atacadas por una plaga, lo cual desilusionó a todos. En 2004 la ONG World Wildlife Fund (WWF) retomó la iniciativa en ambas cuencas, como una alternativa económica amigable con el medio ambiente. Esta actividad se ha seguido impulsando y se ha brindado asistencia técnica para la producción (establecimiento de viveros, injerto), manejo post-cosecha (secado y almacenamiento) y comercialización, apoyados por la organización AGROVIDA para venderle el cacao a la entidad gremial CEPICAFE en Piura. Observamos que el cultivo del cacao es una actividad en la que toda la familia participa y que tanto hombres como mujeres han aprendido la técnica del injerto. Se realizan mingas específicas para las actividades del cacao.

Productores asociados y no asociados nos informaron que se siembra 0.5–2 ha por familia. Existen iniciativas de sembrar el cacao en sistemas agroforestales con frutales, principalmente guabas (*Inga* spp.), aunque en la mayoría de los casos nos informaron que se siembra en asocio con yuca y maíz, en purmas y chacras. El cacao demora dos años en producir. Una vez que comienza a producir se vende el grano (seco o con 'baba') cada 15 días.

En relación a la comercialización nos informaron que se ha promovido la creación de comités de productores para vender un producto de buena calidad y a mejor precio. Se han establecido cuatro centros de acopio en el Santiago (en las comunidades de Belén, Yutupis, Chapiza y Soledad) dónde se pesa, almacena, seca y vende el producto. Los productores no asociados venden individualmente su cacao a diferentes compradores, ya sea en La Poza o al barco del comerciante ecuatoriano, quien cada dos semanas viaja por el Santiago recogiendo el producto. Asimismo, algunos productores asociados cuando tienen necesidad de vender y no pueden esperar al pago de la cooperativa venden sus productos a otros compradores, factor que perjudica el funcionamiento de su comité. Es importante notar que los comuneros del alto Santiago llevan a vender su cacao a la frontera con Ecuador donde reciben un mejor precio.

El precio del cacao varía dependiendo de dónde se vende, pero por lo general, en las comunidades se vende el kilo de cacao seco a cinco nuevos soles y con baba a tres soles. Nos informaron que en promedio una familia vende 30–40 kg de cacao al mes, equivalente a un ingreso de aproximadamente 150–200 soles. Esto es una cantidad considerable para las familias y nos informaron que el dinero está siendo invertido en la compra de artículos de primera necesidad, en asuntos de educación y salud y también en inversiones más grandes como canoas y motores peque-peque.

Consideramos que el cultivo del cacao es una alternativa económica que está influenciando en las comunidades de diferentes maneras. Por un lado, está brindando ingresos económicos constantes para las familias. Por otro lado, varias áreas de bosque, chacras y purmas están siendo utilizadas para establecer el cacao como un cultivo permanente, y consideramos que si no hay un sistema para ordenar el espacio en las comunidades, a futuro se podría crear un uso inadecuado de estos espacios. A la vez es muy importante continuar incentivando el cultivo del cacao con sombra mediante el uso de frutales y leguminosas para mantener un adecuado reciclaje de nutrientes, productividad y control de plagas.

Ganadería

Tanto en el río Santiago como en el sector Marañón encontramos poco ganado, pero observamos vacunos en La Poza. En comparación, en el río Morona sí hay una mayor presencia de ganado. Entre las comunidades Chapra hay una variedad de arreglos para sembrar pastos. En el caso de Shoroya Nuevo, solamente seis familias tienen ganado (variado entre dos y diez cabezas) y mantienen su propio pasto. En Unión Indígena, en cambio, las tres familias que tienen ganado lo mantienen en un pasto comunal de 5 ha. El ganado fue comprado con las ganancias del trabajo de madera (ver abajo la sección sobre la actividad maderera). Las comunidades Chapra que tienen menos acceso al dinero, como San Salvador (donde ahora viven solamente cuatro familias), no tienen ganado. Algunas comunidades Wampis asentadas en la orilla del río Morona también tienen pastos y ganado. Por ejemplo, en Nueva Alegría, los participantes de los talleres de mapeo dibujaron pastos familiares en sus mapas. El consumo de carne de res es muy escaso en la zona, y la ganadería representa un ahorro y fuente de ingresos. Según Kacper Świerk, quien visitó la región en 2004 como parte de la comisión técnica de AIDESEP, había muy poco ganado en la zona en este tiempo, pero durante nuestra visita en 2009 observamos un incremento de esta actividad en la cuenca del río Morona.

En pocas comunidades (p. ej., en Nueva Alegría y La Poza) observamos cerdos. Los habitantes nos informaron que para tener cerdos, cabras y ovejas las familias se van a vivir lejos de la comunidad porque estos animales pueden crear problemas entre los vecinos.

Actividad maderera

En el río Morona en 2009 observamos que trabajan la madera de vez en cuando en las comunidades Shoroya Nuevo y San Francisco. En Shoroya nos comentaron que quieren proteger sus bosques, por eso no talan madera con fines de venta. Según información obtenida en San Francisco, los habilitadores compran la madera por troza y pagan un nuevo sol por pie. En contraste, en Nueva Alegría, la tala de madera es más común. Cuando estuvimos en esa comunidad nos mencionaron que ocho familias habían viajado a Iquitos para reclamar sus pagos a los habilitadores deudores. Algunos comuneros de San Francisco también venden la madera a habilitadores. En estas dos comunidades hay una gran variedad de árboles maderables, tal como cedro, lupuna, moena, tornillo y estoraque. También, la gente dijo que se encuentra caoba. En la comunidad Chapis en el Kangasa nos informaron que se había realizado extracción maderera de caoba y cedro con malos resultados debido a las malas negociaciones de varios comuneros y los habilitadores con sede en Saramiriza.

No observamos actividad maderera en el Santiago durante nuestra visita pero sí fuimos informados de una reciente iniciativa de la ONG FUNDECOR de manejo forestal comunitario en varios anexos de la comunidad Alianza Progreso. Según nos informaron, la falta de un consenso a nivel comunitario respecto a la iniciativa había creado varios conflictos entre los comuneros.

Actividad petrolera y minera

En el río Morona, históricamente han habido (y hoy continúan) oportunidades de trabajo con las empresas petroleras. La empresa Talisman es la más reciente en emplear gente de las comunidades. En Shoroya, algunos jóvenes nos dijeron que ellos habían trabajado como guías en sus barcazas o lanchas. Según varias personas en las comunidades, el trabajo con las empresas petroleras es muy episódico. En el río Santiago, algunos moradores recordaban que sus padres o abuelos trabajaban para petroleras, pero no notamos que esto fue algo común.

La actividad minera artesanal en la desembocadura del Kangasa y en las orillas del río Marañón constituye otra fuente de ingreso, y los indígenas de este río también esporádicamente se emplean como mano de obra en Saramiriza y en Petroperú.

CONCLUSIÓN

Los fenómenos culturales presentados en este capítulo atestiguan el profundo conocimiento local de los recursos del bosque y de los ríos. Consideramos que esto es una gran fortaleza de las poblaciones que viven alrededor de los Cerros de Kampankis. Las poblaciones indígenas han desarrollado y transmitido su sabiduría tras generaciones, observando minuciosamente su entorno, experimentando con diferentes usos de la flora y fauna, e inscribiendo sus experiencias y observaciones en sus mitos y cuentos. El hecho que los indígenas mantienen y afirman sus conocimientos representa la evidencia de su compromiso con su entorno.

A pesar de su contacto episódico con el mercado y más recientemente en la cuenca del Santiago con el cultivo del cacao, los indígenas de la zona no se autoidentifican como gente pobre. Los cultivos de sus chacras les brindan una variedad de comidas y nunca faltan sus insumos básicos: la yuca y el plátano. El bosque provee los materiales necesarios para sus casas, sus artículos de uso diario (canastas, tazas, muebles, canoas, etc.) y con la venta episódica de pequeñas cantidades de carne o pescado salado o con trabajo asalariado episódico, se gana suficiente dinero para cubrir los gastos de las necesidades básicas. En resumen, notamos que el modo de vivir de la gente depende en su mayoría del buen estado de sus bosques y ecosistemas acuáticos.

KAMPANKISA MUJAJIN YUJASA TAKASBAU AIDAU ETEEJA UJUMAK AGAGBAU

Comunidadnum wekaesa takasbau

Mijan 2011, nantu agosto, tsawan dostin takat nagkama nunú nantutinig tsawan veinte unotin ashimkamui

PERÚ

- Nugka kuntin ayamu
- Nugka aents batsatbau
- Inia nugkeaidau
- Jetenak Kanus Kubaim (ZRSC)
- ZRSC inia nugkenwayau
- Nugka Jetemkamamu aidau
- Kampagkisa mujaji aidau

ECUADOR
PERÚ
Kanus
Morona
Kagkas
Majuna (Muun Kusu)

KAMPANKISA MUJAJIN YUJASA TAKASBAU AIDAU ETEEJA UJUMAK AGAGBAU	
Nugka	Perunum nugka tesakbau aidau Amazonasan nugke Loretun nugkejai igkuniaku muja esajam nujinum nagkamna tsumujiya aatus tepaja nunuwai Kampankisak. Tuja duka Perúnum nujinmanini etsa minitia aatú awai. Nunú muja esantig 180 kilómetrowai, untsu wegkantig 10 kilóletrochike. Nunú muja weaja nuna titijin wamua duka, 1,400 metro tikich muja Cóndor tutaya nuna yantamen awai. Untsu etsa minitia nuni diyamak nugka paka tepaju wegkanti 20–60 kimlómetrowai. Tuja nunú muja weaja dusha wajukukita, nuwish wajig ayawa tusa wekaetusa diyag duka majanu tsumujin pugku Mantseet (Manseriche) tutaya aatus juaki muja kampankis tikich muja Kutukú tutai Ecuador nugkanum awa nujai intaniakua imanui waawai. Kampankisan mujaji weaja nuwi, etsa akaetaya nuni namak Kanus tutai awai, tuja etsa minitia nuni Morona, nuigtú tsumujiya nuni majanú aatus aina nuwig yaunchuk nagkamas iinia muún Wampis aidau, Awajún aidaujai yamai unuimatnum Jívaro tuina nunú tuke nugkentin asa batsamtayai.
Wekaesa disbau aidau	Kuntin, chigki, manchi, week, numi aina nuna augtin apach aidau, tuja iinia ikam yujajtan yacha aidau, tikich apach nugka augtutan yacha, nuigtú pujutan augtinchakam makichik, aatus ijunag atuetukaj mijan 2011, nantu agostotin kampatum semana yujasaje muja kampankisa aintuk ipaksumta imán akmatjamunum: **Morona nugka tepaja nuní:** Pugku Chinim, tsawan dostin nagkamawag tsawan sietetin nunú nantutinig inagnakaju, mijan 2011 **Kanus nugka tepaja nuní:** Katerpiz entsanmak, tsawan sietetin nagkamawag tsawan docetin nunú nantutinig inagnakaju, mijan 2011 Kampankis entsanmak, tsawan 12 nagkamawag tsawan dieciseistin nunú nantutinig inagnakaju, mijan 2011 **Majanu nunca tepaja nuní:** Weenum, 16–21 nantu agostotin 2011 Nunú tsawan aina duwi yujasag majanunum, moronanum, ocho comunidatan, caserio aidaun, yakat yaig aidau aatus ijagsamua duka juju ainawai: (Chapis, Ajachim, Nueva Alegría, Borja, Capernaum, Saramiz, Puerto América, San Lorenzo) aatus. Tuja aikasag kanusnumshakam ipaksumat comunidad wampis aidaun (Puerto Galilea, Chapis, Soledad, Papayacu) aatus ijagsaje. Untsu nantu agosto, tsawan veinti unotin apach yacha aidau, iinia aidaujai yujasag takasu aina nuna, Comunidad Puerto Galilea ijunjamunum dita takasbaujin dita yujasa wainjamu aidaujai emtikas etsegkaje. Tuja mijan dosmil nuevetin ujumak aents aidau yujasag Moronanum comunidad Chapra nueva Shoroyan, nuigtú makichik comunidad Wampis Kanusia San Franciscon, tuja moronanmaya comunidad Wampis Nueva Alegrían aatus ijagsaju aina duish wajinak wainkaush aajabi, dushakam juju papii agagbauwa juwi pachiamui.

Mujash wajukukita tusa diyamu	Kaya, tagkae tepajbau aidau, nugka ségaju tepaju, nain weaju, entsa pukuni nugka initken aintuk wetai aidau, tuwiyag nugkash najaneakami; ikam, ajak, namak aidau, takash weantu aidau, dapi, iwan weantu aidau, chigki aidau, Kuntin uchijin amuntsin muún, yaig aidaujai, jiincham aidaushkam ashi ijumja diyamu.
Aensti ijunja batsamtaya nunú diyamu	Juwi aents batsamin aina duka, chichama umikag ijuntug takainak takatan emtikin aidau, tuja yamai uchi aina duka yainchuk dita muunji aidau jintintuamunak imatiksag umiinak muja Kampankisnum namak aidau, kuntin aidau ayaunak, shiig kuitamas, dita atsumainakug dakapas kuntinun maa yuinak, numi weantu aidaunashkam wainak ajajaj tsupig ematsuk shiig diisa etegkeg tsupik jeen jegamak puju asag ikamnak eme anentus kuitamin ainawai, wagki nuwi takas batsamin asag.
Waji weantu ima kuashtash ejeji	Kampankisnumak numi aidau, kuntin aidau, namak, entsa aidau aatus shiig kuashat ayawai. Tuja juu aina duka pakajinia aidau mujaya aidaujai tuke ijunas batsamin ainawai. Muja kampankisnum kuntin nugká batsamin aidauk namakia aidaujai, aents iinia mujan ijus batsamin aina nunú kuitamtai asa imatika waitkashtai shiig pegkeg makichkish tsuwapashbau ainawai.

Waji numik ayawa tusa waugtusa wekaeyatkuish wainkaji veinticincowa imajin numi maki makichik nimtin aidau, kuntin aidaushkam imanisag, tikich yacha aidaush eke ejechamu wainnake. Nunú aina nuwiya tuké ain akushkam, imanik kuashat yujaka weenatsui. Tuja ii anentaimjamuk imanisag kampankisan mujaji aina juwiya numi aidau, takash weantu aidau kuashat daaji agatkag duka muja nainti weaja nuwiya ainawai. Untsu namak weantu mujaya aina nunú yaja shimak megkaewai, nunitaishkam tikich mamayak nuwi batsamin aidau yujaak ataktu kaweawai:

	Wajii aidauwa wainnaje	Waujupa nunú nugkanmash ayawa
Numi aidau	1,600	3,500
Namak aida	60	300–350
Takash	60	90
Japinasyujau	48	90
Chigki aidau	350	525
Kuntin	73	183

Numi aidau, takash weantu aidau, japinas yujau weantu aidau, chigki aidau aatus ayá duka muja titiji setecientos metroa nuwiya ima kuashat wantinainawai. Nunú aidaun daaji ii agatkag duka muja titiji kayakayamjumtau aina nuwiya wantinjau aina nuna daaji ainawai, tuja nuigtushkam wainkaji muja ikamnum ain aina nunú, duka Kampankis nagkamna 20–60 kilómetro muja Cóndor tutai etsa minitia nuni awa nuwishkam ayawai.

KAMPANKISA MUJAJIN YUJASA TAKASBAU AIDAU ETEEJA UJUMAK AGAGBAU	
Nugka aujtusa dékamu	Kampankis muja wegaja duka nugka pachisa aujtutainmag shiig augmattsa yajuakbauwai. Muja wegaja duka yaunchkek paka asamtai nayants utuaju atsuashia nunú kuyuka wakettai kayam jugaju ochoa imania dupai patamsauwai nugkajai pachimdagaj katsuak. Duka nunikui initik Jurásico tawa nunú tsawannum 160 millones mijan nagkaemamunum, nuigtush patasag tikich tsawan Neógeno tabau 5 millones mijan asa nagkaemakiuwa nui pujus nunikui. Duka wantinui ima dukap kayamnum, buchig wegaja nui, lulitas tutai ayá nui. Muja kampankis najaneattakug initkanmaya kaya nazcaya nuni aintuk intanij awa nunú jimajá senchi buchitakawai, imatikak nugka dupai aka akawa tashia waig katsugkua nuna chanua yakinini ninukui: Yama nagkamchak buchitkamu dakapamak 10 millones mijan nagkaemakie, tuja patak buchitkamua duka 5–6 millones mijan nagkaemakie. Jutik kaya nugka initken intadij aina nunú buchituk nugka inanjamua nuu muja najaneaku yamai Kampankis tabau awa duka wainji. Kampankisnumia kaya aina duka carbonato tutai chujuin wee najaneau nugkajai pachimdaejau aidau, tuja kaya yukukuntu kaya kayamjumtau aina nunú calcio tutaya nujai ima kuashat pachimdaejau ainawai. Nuadui nugka kapantu, puju, shuwin aatus tepetjin aina nunak nuniawai. Tuja kayamak nugka pegkegchau iji tutai asamtai ajakash imanik tsapachu aina nuwi ayawai. Nugka pegkej ajakash shiig tsapamainchakam dushá tepajui. Yama nagkamchak nugka najaneakua duwi mina minakua, kuashat mijan wegamunum tuwig ima senchi kampauwaita nunin aig numi tsapaush, kuntin yujaush awai, aantsag muja wajaja nui chapaya wegamunum nugka pegkeg etenjin tepajush waindawai.
Ikam aidau	Muja kampankisnum numi ayá duka, nunú nimtinkek ainatsui, wakeen numi ayaush ainawai, tuja nain tepetpetunum aina nuwiyash nimtin ainawai, tuja nuna naintiniash dushá weantu ainawai. Tuja ii wekaetusa diisajag nuanuig, numi aidauk makichik uwejan amuaya imajin niimtin aidau wainkaji. Tuja duka juju ainawai: (1) riparia tutai duka numi aidau entsa aidun aintuk aya nunú; (2) tuja wakee nagkatkamunum nagkama dekapam 300 metro, 700 metro nain aidau, kamatak, limo, duwe aidau ayá nuninnumia aina dusha niimtin ikam awai; (3) tuja muja imanik tsakagchau ayatak 700–1,000 metro aina nuwi ikam weaja dushá nimtin ainawai; (4) nuigtushkam nain 700–1,100 metro aina nuwi kaya mamuku aidau buchig tepajbaunum ikam aina dushá niimtinush ayawai; (5) tuja nugka nain 1,000–1,435 metro aidaunum nuna yantamen peentaunum kaya jujutu aidau, nugka kaya kayamjumtau weaja nuwi ikam ayá dushá nimtin ainawai. Tuja nuigtushkam kanusa mujaji, Morona muja najatau aidau nugka paka weajunum ikam tepaja dushá nimtin ainawai. Untsu nugka kuchakchatu tepajunum achu shiig kuashat ayá duka wekaetusaik diischaji. Nain imanik tsakagchau aina nuwi numi ayau ikam wainna nunú nimtin ima kuashat weakui, tuja nuwish wajig ayawa tusa ashi yantamnum yujagnase. Tuja tikich nugka ikam antinchatai aina nujai apatka diyamash juju ikama dushakam imanisag antishtai tepajui.

Ikam aidau	Makichik hectareanum 200 numi maki makichik nimtin aidau ayawai, nuniau asa, dekas tikish nugka tepaja nuish wagaku wantinui. Tuja juju ikama juwi ain aina duka mujanmash yujakui, duka ima senchi wainnawai ecuadora nugkega nuní, antsag wainkaji bakichi numi nayau tsakau perunum atsuawaska tutai. Nunú numik shiig muún esajam apach chichamnum *Gyranthera amphibiolepis* (Malvaceae) tutai Kampankisnum nain 700 metro wegak, tuja tikich nain 1,000 metro aina nuwi ikam weaja duka numi makichik nimtinkek weaktsui, tikich numi aidush ayawai, tuja nuwi weak tikich nimtin numi ayau atus weakui. Tuja nain tepetpetu aidaunum numi *Cassia swartzioides* (Fabaceae) y *Hevea guianensis* (Euphorbiaceae) ayá duka yauncuk nagkamas tuké ainai. Nugka nain 700 metro 1,100 metro aina nuwi buchig yukumeaku duwejai pachimdaejauwai, nuadui nunú nugka duka ujumkesh pegkejai. Nunú nugkanmak numi daaji apach chichamnum; *Metteniusa tessmanniana* (Icacinaceae) tutai tuja numi piipich *Sanango racemosum* (Gesneriaceae) tutai aina nunú tsapau ainawai. Kaya jujutu ayá nuwi, ikam nugka chupichpitu imanik nainchau, ayatak 10–15 metro tuja yantame peentau aina nuwiya numi aina nunú ima kuashat ayawai. Nuwiya numi aina duka makichik nimtinkechui, kuashat tikich numi aiduashkam ayawai. Nuna kagkape aidau kampau tujutjutu dupajam 30 centímetro, awantak nagkama dakapamak makichik metro tumaina aatus egketjintin weakunum, duka, yagkug, aatus shiig kuashat kakegak tuwawai. Nuanui kashat numi uchuchiji aidau, yagkug orquídea aidau, bromeliácea aidau, helecho aidau, arácea aidau aatus ayawai, tuja briofita aina dushakam shiig kuashat ayawai. Muja Kampankisnum nugka initken kaya yukukuntu aya nuwi numi aya nunú imanik yujaka weachush awai, tujash duka ima kampankisnumkechui, nunú nugka initken kaya yukukuntu ayá duka muja Cóndor tutaya nuwishkam, tuja Ecuadornumash, Perúnmash nunin ayawai. Tuja juwiya wainnaja duka (nugkania juwi agagbauwa nunú diistajum) yaunchkesh tuke ainai. Tuja Muja Cóndor tutaya nuwi nugka initken kaya yukukuntu ayá nujai apatka dismash Kampankisnumia aina duka Ecuadornum, Guyana nugkanum muja wegaja dusha wajukukita, numamtinke. Tuja muja kampankisnum piipich nain aina nuwi ikam numi jiitkau aina nuwishkam mujaya numi aidau tsapawai: Nuadui numi aidaun daajin nuna yujajin aidau adayinak; *Podocarpus* (Podocarpaceae), palmera *Ceroxylon*, *Dictyocaryum* tuina nunú ayawai. Tuja Kampankisnumak nain tsakaku weaja nuwi kampatun yantamnumak wekaesa waji ayawa nuna daaji aidau ujumak agatkaji, nuadui tikich tsawantin dekas ashi wekaetusa wajig ayawa nunú ashi agatmainai. Muja titiji 1,200 metroa nuwi waka wekaesa numi aidau yagkug aidau ashi diyamak ajak wainchatai tuke nuwi ain aidaush aan nagkaemas wainmainchawashit taji.
Numi aidau	Numi aidaun, ajak aidaun, yagkug aidaun augtutai botánika tutaya nuna augtusu aidau chichainak, juju nugkanmak 3,500 ajak vascular aidau ayawai tuinawai, tuja iik ayatak 1,600 numi aidaun daajig agatkaji. Nuna daaji agatku yujasa, dakumkagtutayaishkam 1,000 numi weantu aidau dakumja yajuakji, dutikaku nuigtushkam ikam kuashat tikish

numi aidau yaunchuk wainchataishkam igkuagji. Tuja tikich numi aidaun nagkaesau aidau wainkag duka, muja tuntupeen ikam weakunum, nugka tepetpetu aina nuna initken kaya yukukuntu ayaunum wainkaji, dutikaku nuigtushkam yaunchuk wainchatai aidau wainja, nuna daaji agatkaji.

Ocho numi yaunchkesh dekashtai aidau wainkaji, dutika Perúnum iwainaktina nunú daaji agatkaji, dutikaku 16 numi weantu aidau yamajam ainatsuash tusa dushakam daaji agatka yajuakji, nuna unuimatkau aidau aujtusagtina nunú. Nunú aina duka numi muún aidau numi uchiji aidau apach chichamnum: *Gyranthera* (Malvaceae), *Lissocarpa* (Ebenaceae), *Lozania* (Lacistemataceae), *Vochysia* (Vochysiaceae), y *Kutchubaea*, *Palicourea*, *Psychotria*, *Rudgea* y *Schizocalyx* (ashi Rubiaceae tutai weantu), nuigtushkam makichik numi tujash waji numi wegaukita shiig dekamainchau wainkaji. Tuja jimag dupá weantu yaunchkesh wainchatai aidau daaji agatkag duka juu ainawai: *Epidendrum* (Orchidaceae) y *Salpinga* (Melastomataceae). Tuja tikich aidauk ujumchik ayau, tujash pegkeg takatai aina dushakam juju ainawai huasaí (*Euterpe* cf. *catinga*), *kampanak* (*Pholidostachys* cf. *synanthera*) y *Phytelephas macrocarpa*, tuja numi cetug (*Cedrela odorata*), tsaik (*Cedrelinga cateniformis*), marup (*Simarouba amara*) tinchi aidau (*Ocotea* spp.) aatus ayawai.

Namak weantu aidau

Kampankisan nainti 194 metro, 487 metro aina nuwi wainjaji 60 namak weantu maki makichhik nimtin aidau. Untsu nuwi juaki tsumujin kanusnum jegagtatku, moronamun jegagtatku nagkamsa wekaetusa diismi timawa nunú imatiksaik wekaetusa diyamak 300–350 namak weantu aidau ayatsuash taji. Tuja nunú aina duka 5% kuntin namaknum batsamin, namaka uwet batsamin aina duka Perúnu ainawai. Kampankisnumia namak aina duka tikich muja Cóndor tutai kampankisjai betekmantina nuwi ayá nuna nagkaesau ima kuashat ayawai.

Muja Kampankisnum entsa ayá nuwi mamayak weantu aidau batsamin aina duka, namak, entsa chichigmanum batsamin aidau, apach chichamnum *Chaetostoma*, *Astroblepus*, *Hemibrycon*, *Creagrutus*, *Parodon* y *Bujurquina* tutai ainawai. Nuwiya seisa imajin maki makichik weantu nuna augtin aidaush yaunchuk imatika wainchatai aidau wainnake, tuja nunú aidauk tuké mujanum batsamin aidau tumainai, tuja duka juu ainawai: *Lebiasina*, *Creagrutus*, *Astroblepus*, nuigtú tsajug piipich Glandulocaudinae miniatura tutai aatus wainnawai.

Kampankisnum jimag entsa awa nuanuig *Prochilodus nigricans* tutai, iinia chichamnumak kagka tajinunú ayawai. Tuja tikich namak weantu sujaku kuichik jumainuk, kuashat mijanai yumainkesh ayauk wainkachji. Namak aidau kuntin aidau kampankisnum ayá duka ikam asamtai nuwiyan yuwinak nuna ejamak shiig batsamin ainawai. Tuja nunú namaknum batsamin aidau shiig pegkeg batsata nunú numi ajatja, nuigtú timui nijá awa awagmak imatikam batsamchau asa, ashi jina megkaemainai.

Takash weantu aidau, japinas yujau weantu aidaujai	Herpetólogo aidau wainkaje 108, nuwiya 60 takash waentu aidau tuja 48 japinas yujau weantu aidaun. Tuja ashi ijumjamak 90 takash weantu, 90 japinas yujau weantu aidau amain diyaji. Nunú wainjag nuwiya 12 takash weantu, nuigtú japinas yujau weantu aina duka kuashtachu asa, tikich nugkanmak pampagkag shimatsui, ayatak perúnum ikam norteya nuni, ecuadora tsumujiya aatus batsamnai; untsu nunú weantu aidau 4 apach chichamnum (*Dendropsophus aperomeus*, *Osteocephalus leoniae*, *Pristimantis academicus* tinu aina nunú, tuja nuigtú; *P. rhodostichus*) aatus ayawai. Perú nugke muunta nuna ejapeen, nujinchiin aatus wainnawai. Untsu takash weantu imatika wainchatai tumain aidau dekas wainkaji, tuja nunak nunú augtutai ciencia tutaya nuwi takau aina nunú aujtusagtatui. Nunú aina nuwiya kampatum maki makichik nimtin yutai yumi yututai shinin aidau: *Pristimantis*. Juka muja tsakaku weakunum nain aina nuwi ima kashta ainai. Untsu tikich jimag nugka segau weagbaunum batsamin: *Hyloscirtus* aina duka tikich aina nuna niimejai betekmamtin ainawai, nuninaiyatak nujai ijunjag batsamchau, dita batsamtaish ainawai. Tuja nuigtushkam yauchkesh wainchatai yamai takash piipich wainnaka duka, Perúnumia takash piipich iyashi saawi wainnake, duka *Chimerella mariaelenae* tuatiya, tuja tikich takash numinum yakí waka wekayin apach chichamnum arborícola *Osteocephalus verruciger* tutai, tuja tikichik iwan shampiu: *Enyalioides rubrigularis* tutai, nuigtú shampiu duka kagajua nunin *Potamites cochranae*, tutai aidau aatus juwig wainchatai tujash Ecuadornumak, Colombianmak yaunchuk waintai aidau wainkaji. Nuigtushkam imatika wainchatai aidau takash marsupial, *Gastrotheca longipes*, tutai aidau, perúnum tujash tikich yantamnum waintai aidau wainkaji. Tuja kuashat tikich takash weantu aidau nain weajunum batsamin *E. rubrigularis* aidau, nuigtú tikich takash weantu piipich aidau tsagjintin weantu aidau tuja nuigtú jinushak saawi entsa pegkeg aidaunum batsamin aidau cristal tutai, nuigtú tikich takash *Hyloscirtus* tutai aina duka kuashtai, nunú aidauk muja Kampankisnum shiig pegkeg batsatui. Tuja nuigtushkam kugkuim (*Chelonoidis denticulata*), takash yumi yututai wantinin aidau *Pristimantis rhodostichus*, takash piipich cristal tutai, *C. mariaelenae* aatsa wainkaji. Untsu juju aina duka kuashtachu asa shiig kuitamchamak amuegak megkaemainai tawai UICN. Tuja yantanan nijayi shujamchau (*Paleosuchus trigonatus*) aina dushakam wainkaji, nunú yantanak, amuekush amuekati tusa perúnumak tikima jetemjusa akasmatkashbau asamtai, juka abuekatnuskaitai tabau awai.
Chigki weantu aidau	Kampankisnumak chigki weantu aina duka kuashat mujaya chigki aidau pakajinia chigki aidaujai ijunag ayawai. Nuna augtin aidau yujasag 350 chigki maki makichik weantu aidaun wainkag shinuinamujinashkam ishinka atutaiyai egketuk yajutkaje. Untsu nunú aina nuwiya 56 chigki mujaya ainawai. Nunú aina nuwiya sieteya imajin nuwig ijunag batsamchau pampamkag yaja shimin ainawai. Juju nugkanmak ashí ijumjamak 525 chigki maki makichik nimtin aidau ayawai.

KAMPANKISA MUJAJIN YUJASA TAKASBAU AIDAU ETEEJA UJUMAK AGAGBAU

Kampankisnumia chigki aidaunak yacha nuna augtin aidauk eke augtusa diischamu asamtai ii wekaetusa disbau aidau papii umiaku, juju chigki aina duka nunú weantu ainawai tusa 75 chigki aidaun daaji agatkaji. Juju aina nuwiya, 26 chigki ikam yumi yutin aina nuwi wake weajunum batsamin ainawai, untsu 49 chigki aina nunú mujaya ikan nain weajunum batsamin ainawai. Tuja tikich chigki weantu wakesa diimainchau, nuigtush imatika wainchatai aidau apach chichamnum: *Leucopternis princeps*, *Wetmorethraupis sterrhopteron* y *Entomodestes leucotis*, tutai aina nuna daaji agatkaji, tuja duka ashi perúnumak ayatsui, nuadui nii wainnaktatak tikich yantamnum waindauwai. Nunin aina duka nuwig batsamchau pampagka tikich nugkanum shimin aidau, nain jiitkau aina nuwi batsamin aidaun daaji apach chichamnum, *Heliodoxa gularis*, *Campylopterus villaviscensio*, *Snowornis subalaris* tuja nuigtú *Grallaria haplonota* tutai ainawai.

Chigki weantu aidau ii wekaetusa wainjag duka waitkascham, tuja ikamshakam waitkashtai antigchamunum shiig batsatui. Nuadui aents aidau yapajainak yuatatus bashun, wagan, chiwan, kuyun aatus maina duka imatika amukag ematsui, nuadui ii chigki aidaun batsamtai wekaesa diisag nuanuig imatika waitkataigkesh wainnatsui. Tuja tikich chigki weantu Kampankisnum batsamin kawau muun esajatin aina duka pegkeg batsamas shiig nanama yujawai. Chigki aina dusha dekas tuwiyag ima shiig pegkejash batsamin ainawa tusa diyamak, pugku Chinim tutaya nuwiya, entsa wee tutaya nuwiyai dekas iman ainawai. Tuja tu nugkanmak chigki weantu aidaush ima kuashtash, pegkejash batsatua, tuja nuna batsamtai aidaush pegkejash aina tusa diyamash, Perúnum duka wainawai.

Kuntin uchijin amuntsin muún aidau, yaig aidau, jiincham aidaujai

Muja Kampankisnumia kuntin uchijin amuntsin aina duka pegkeg batsatui. Nuwi wekaesa, nunú mujanum aents tikiju batsamin aidau iniasa deka dekakua nunú nugkanmak 79 kuntin aidau ayawai tutaya nunú ayatak 57 kuntinun muún, yaig aidaun daaji agatkaji. Tuja 11 kuntin shiig muún aidau, (*Ateles belzebuth*, *Lagothrix lagotricha*, *Alouatta juara*) wainkamji, dutika wainkajinish ishamjamchabi, wagki nuu mujanmak imatika waitkashtai asa. Untsu tikich kuntin muún yukagtin puagtan nawe (*Panthera onca*), japayuan (*Puma concolor*) wainkaji. Dutikaku untsu yawá kuishi sutajuch piipich (wagkantsau) (*Atelocynus microtis*) wekagu pan wainkaji. Tikich kuntin aidau ikag wainjamua duka pamau (*Tapirus terrestris*) ainawai, nunú kuntinuk muún dukan yuu aina duka shiig pegkeg batsatui. Yagkuntan (*Priodontes maximus*) wekaetai, wishishin (*Myrmecophaga tridactyla*) wekaetaijijai wainkaji. Juju kampatum kuntin adaijag duka kuashtachu asa iina nugkenish tuja tikich nugkanmash amuegak tuké megkaemainai.

Tuja juju nugkanmak 104 jiincham maki makichik nimtin aidau ayawai tutaya nunú nueve tsawantai kashi wekaetusa ayatak 16 jiinchmak achinkae. Kuashat tsawantak wekaetuschaji nuniajinig jiincham nuwish imatiksa wainchatai *Cormura brevirostris* y *Choeroniscus minor*, tutai aina nunú wantinu wainnawai.

Aentsun batsamtai aidau

Kampankisa mujaji weaja nuwig Wampis (Huambisa, Shuar) tutai aina nunú batsatui. Tuja awajun (Aguaruna) aidaushkam kanusnum majanú aatus batsamin ainawai. Tuja tikich Wampis aidauk, Chapra (Shapra, Chápara) tuuta awagmatia nunú aidaujai namak Moronanum batsamin ainawai. Dita chichamesh, tuja pujutishkam betekmamtin asag Jívaro tutai ainawai. Chapra adauk Jívaro aidaun pujutijai betekmantin ainawai, nuniayatak tikich chichaman chichaaku asag, Candoa tutai ainawai. Nunú nugkanum aents batsamin aina duka ashí ijumjamak 20,000 aents ainawai.

Nunú aents muja kampankisnum batsamin aina duka, nuwi batsamas chichasa antugdayas takainak nuwiyan juki yuinak batsamin ainawai. Mijan 1940–1950, aajakua nunú mijantin nunú aents aina nuna muunji aidau kampankisa mujajin Jívaro aidauk tuké nuwi batsamin asag, dita patayi aidaujai juunikag, nuwi entsa aya nuna aintuk batsamajaku ainawai. Nunik imau batsamin ainayatak Apajuí chichamen etsejin misionero tutai aidau jinti jintintam tsumunum akagag namak muuntan amakag nuna pakajin ijunja pujutan unuimainak jega jegamag nuwi batsatai mijan 1974tin apu aidau comunidad nativa adaikau ainawai.

Kampankisnumia kuntin aidau, numi aidau, namak aidaun daaji agatku yujasa, nuwiya aents aidauk ikam, tuja ikamnum ain aina nunak ditak yacha aidau asag, takainakush, kuntinun mainakush, namakan nijainakush wainak amuka ematsuk shiig anentaimas wajupak atsumawa nuna imatiksag dakapas juki takainak ikaman kuitamaidau, tuja kampankisnum, ikam, numi, kuntin namak aidau ayá nunak juka iinui tusag ditak tuké au asag, sujitdaitsuk takainak, tayun yuinakush ipaniawag shimutuk yajuak itawag yuu aidau, tuja asaukajishkam antinmainchau yaunchuk niina muúnji pujusa takasbau asamtai nunak imatiksag juki, nuwi takas nuwiyan juki yuwa batsamin ainawai. Tuja nunú ikam weaja nuwi tikich aents wainchatai aidau wayawainum tusashkam shiig kuitamin ainawai. Nunak comunidatan nugkesh tuwi nagkatkauwaita, tuja Federación aidaush wajupa Comunidatan achiakua nuna nugke aidaush tu mujanum, tu namaknum nagkatkaush ainawa nuna diisag umikaju asag antugdayas batsamin asag, aents Ecuadora nugken wakattak batsamin aina duka, nuwiya uumak wayawag kuntinum, namaka aatus amukainum tusag ima senchi kuitamin ainawai. Tuja utugchat atsaunum batsamas takatan patayin yaigtag tuidau asag, chicham ataish muún aidau, apu aidau chichaman umikagmatai ijunag epekeawag batsamin ainawai.

Tuja dita aidau diismak muja aina nuwi kuntin, numi, aents aatus ayá nujaig tuké antudayas batsamin ainawai, nuniayatak maki makichik dita patayi aidaujai ijunas batsatak tikich aidaujaishkam cihichaman apakag batsamin ainawai. Muja aina nuwig waimatai *ajutap/arutap* pujau, nuna wainkau wajiu aidau, tuja nunú mujanun dateman uwag niimainak, atakea dui nagkaemagtin aidaunash wainaidau. Nuadui muja kampankisa nuig ima kuntinjinkek naattsui, kampankisak achitkawai aents batsata nuna pujutjijaish, nuniau asa kuashat akasmatkam awai.

KAMPANKISA MUJAJIN YUJASA TAKASBAU AIDAU ETEEJA UJUMAK AGAGBAU	
¿Kampankisash yamaish wajuk awa?	Mijan dosmiltin kampankisnum muja weaja nunak, au muja aina duka kuitamkamu ati tusag nuna daajin Santiago Kubaim (Comaina) ZRSC adaikajui. Duka ikam, numi, kuntin, chigki, muja ayau asamtai nunú diisa, dutiktayai, tuja tikich tsawantin juju muja aina duka makichkish antigchamu kuitamtai atin ati tusa chicham umimainai, tujash nunú dutikatag takuik ashí wekaetusa diisa dutikmainai. Juju (ZRSC) taji juwig kuashat aents aidau Comunidatan najankag títulon jiijkiag batsatui, duka mapa diisjum wainkattagme. Dita aidau juju muja junak yaunchuk nagkamas kuitamin ainawai. Nuadui, muja aina au Estado kuitamkamu ati tamash nunak dakituinawai, wagki ditak yaunchuk nagkamas kuitamin asag, nuniinak, dekas juju nugka juka initak, awantak yakí ashi ii takasa pujustina nunú atí tusag chichaman umikaje wampis awajunjai atuetukag.
Kakaja ikam kuitamkami tabau	01 **Iinia aidauk nunú nugkanum batsamas takainakush, wainak amuka ematsuk puyatjus kuitamas takas batsamin ainawai,** nunin asag muja Kampankisak shiig kuitamkami atakea dui iina uchiji aidau takastin atinme tusag tuinak shiig kuitamainawai. 02 **Juju aents aina duka, ijunag chichama umikag dita nugke ayamjutnumak wajiu ainawai.** 03 **Dita chimamesh, dita wajuk batsamin ainawa dusha tuja patayi aidaujai ijunag batsamas takau aina dushakam megkaemainchau imanisag awai.**
Waji aidau ima senchish kuitamainaitat	01 **Kuashat kuntin ayá duka, wakesa diimainchau nuniachkush makichkiuch awaitkuish shiig kuitamainai,** dutikaku dekas Muja kampankisan titijiya imanuiya ima senchi kuitamainai. 02 Nugkanum waji ayawa nuna augtin biólogo tutai aidau yujas diisaja nuwiya, **nugká batsamin, namaka batsamin aidaujai shiig pegkegnum ayá nunú, kuitamain.** 03 **Iinia nuwi batsamin aidaun takataiji aidau, tuja ditash tuwi, tsuwaknash, baikuanash, datemnash umin ainawa nunú, kuitamain.** 04 **Kuntinkesh, namakkesh, numikesh, ajakkesh amuegak megkaemain aidau, tuja tuké nuwi ain asa, tikich nugkanmash yujaka wechau aina nunú ima senchi puyatjusa kuitamain.**
Puyatjumain aidau	01 **Muja kampankis jutik kuitamkatin ami tusa makichik chicham umikbau atsau, ayatak pampandaibauwa duke ayau,** tuja iinia aidautik Perún apuji aidaujaish mai kajitdaisa niiniamu atsau. 02 **Nugka tai petróleo ejeyi tuvo aepjuka japiki junakti, ekematai electricidad tutaya nunu apujnasti tusa namak epenjatin, tuja jinta carro yujastin aidaushkam najannati tusajagg ashí nuna pachis augmatuidau.** 03 **Urun (oro) takainak nuwiya namak muún aidaun, nuna tsegkewe aidaujai yumin pegkegchau emainamu.**

Anentai sudaibau

Ii Kampankisa mujajin ikam, nugka, numi, kuntin aidaun daaji agatku yujasa, ashí nunú aidauk pegkeg waitkashtai ayau wainkag nunak, Wampis aidau, Awajun aidaujai yaunchuk dita muunji aidau batsamas kuitamajaku aina duwi nagkamas yamaikishkam tikich aents aidau wayawag amukainum tusa, kuitabau asa pegekejak ainawai. Nuadui anentai sudaiku juju aatsa taji:

01 Kampankisa mujaji weaja nuwi, kuntin, ikam, chigki, namak yumi, nugka, dase, aents aidau aatus ayá duka, atakea duish imanuk atin atí taji. Tau asa, **nuwi aents batsata duka dekas shiig anentaimkau batsatu asa, dita takagmainak nunú muja weaja nunak kuitamainawai tusa dekaskenum taji.**

02 **Iinia aidauk shiig imatikas anentaimas dita nugke Kampankisan kuitamin aina nunú imatiksaik agagbau ati.**

03 **Petróleo takatak, oro takat aina duka, juju nugkanmak atsusti, tuja nunak Perú apuji awemamukesh, nuniachkush tikich aentskesh takaschati, tuja nuigtushkam tikich takat muún, nugka emesmain aidauk makichkish wayashtin atinme.**

04 **Kampankisa mujaji weaja nunú nugkanum aents aidau batsata duka nunisag batsamas takagmainak uchijin yaigtin atinme.**

05 **Namak Kanus (Santiago) Morona aina nuwiya pegkegchau utsainamu namakan pegkegchau ema nunú ujumkesh mijakti tusaish tuki dutikmainaita nunú uminkati.**

ETENKRA UMIKMAU

Tsawan ikam takasmau (tu tsawantinia ikam takat umikmauwait) 2–21 agustutín 2011 tin

PIRÚ

IKUATUR

PIRÚ

Kanus entsa

Murunna entsa

Kangas entsa

Maranú entsa

- Iñashtin iwaku matsamtai
- Iruniarar matsamtai
- Shuar nuin akinkantuakar matsamtai
- Nugka Etenka Kuitamkami Timau Santiak-Kumaina (ZRSC)
- ZRSC Shuar Matsatmaunun
- Nunka tepaku akankaayamrukmi timau aiña
- Kampankisa murari

ETENKRA UMIKMAU	
Nugka uun nekapmamu	Kampankisa murarinka asarmak, tura tsererak tepakeáwai, nunisan (norte, nujinmaní)-juaki tsurnunmani (anaraní) weánteáwai, chikichik muran tii irus, tura nunisan nunka Amazunas-Loretujai tesamua nujai, noroestiá atú (muruna nugka atú) Pirunum. Asantinka 180 km, tura wankantinka 10 km, ju mura ainaka tsaká tsákatín jitkau aiñawai, nu mura tsakarmaurinka jeáwai 1,400 m yakintí. Kanakuiti Ukumat naintian murarijai, etsa akataiya atú (oeste), ikam paka 20–60 km wenkaram tepaka nújai. Ii nugka aujtusmauka etenkamuiti surnum Pugku (pongo, mura nankuniamu) Manserichi, Maranú entsanam, tura nujinmani Ikuatur nunkajai tesamúa nujai, kampankis mura Kutukujai achinia nujai. Kampankisa murarinka, tura entsa ukateámua nuka, etsa akatainmaní (oeste), Muruna etsa wataya atú (este), tura anaraninka Maranú ain nugka yaúnchuk nankamas jivaru shuar matsamtukmauwaiti, ima nekaska, wampis tura awarún shuarjai.
Nugka etegkra ismau	Kampatun semana agustutin wampush 2011 tin, yacha aiña iñash pujuti aramu aiña nuna aujtín etenkramu, yacha shuar juiyan aiña, nugka aujtusu, tura aentsu pujuti aujtusu irarsarmayi aintuk aintuk Kampankisnum nugka etegkamún **Entsa Muruna:** Punku Chinim, 2–7 agustutín, ju wampushtín 2011 **Entsa Kanús:** Entsa Kanús: Sánkat Katirpis, 7–12 agustutín, ju wampushtín 2011 Sankat Kampankis, 12–16, ju wampushtín 2011 **Entsa Maranú:** Sankat Weenum, 16–21 agustutín, ju wampushtín 2011 Nuú tsawán weára nuí, shuar etenkramu shuar matsatkamún aujtustina nuú, irarsarmayi 08 matsatkamun, apash matsatkamun tura matsatkamun uún aina nuna Maranunmayan tura, Murunanmayan (Chapis, Ajachim, Nueva Alegría, Borja, Capernaum, Saramiriza, Puerto América nuíya San Lorenzo). Atiksan aintuk aintuk matsatkamun Kanusian (Puerto Galilea, Chapiza, Soledad tura Papayaku). Tsawán 21 agustutín shuar etenkramu yujakarua nuu iñakmasarmayi nugka yujarka ismawa nuna, shuar tuakmaunun, Puerto Galilea. 2009 tin shuar etenkramu shuar matsatkau aujtustin irarsawaiti chikichich Shapar shuar matsatkamún (Shoroya Nueva) tura jimar wampis shuar matsatakamún (San Francisco, tura Nueva Alegría). Nuu tsawantín takat emamua nusha juí etseraj juík pachitkáwai.
Nugka aujtutai (geológicos) tura iñash pujutrintin aiña aujtutai (biológicos) enentaí ejeturmau	Estratigrafía, nugka iñashí (geomorfología), entsa-nunkajai aujtutai (hidrogeología), tura nugka najanakmau; ikam tepakmau tura arak aiña; namak aiña; shagka aiña tura kuntin japiñash yujau aiña, nenamtin aiña, kuntin uun muntsú aiña, tura yair aiña, tura jéncham weántu.

Shuar matsatkamu enentaí ejéturmau	Matsatkamu tura yachari kakarmari; yamai, tura yaúnchuk uruk achitkau aá jakuít mura Kampankisjai, shuar pampatai, kuit jurumtai, tura ikam uruk kuitamtaimpaít nuú uwikmau.

Iiman Iñash pujutrintin wáinramu

Kampankisa murarinka matsakawai nukap pachimtak (untsuri) pujutrintin aiña nuu. Nuigka amasunasa pakarinia ikam irutka nuka, muraña ikamjai irutkauk matsatui. Kukaria iñashcha tura entsanmaya iyashcha, tíi penker kuitamkamu waínñawai. Antsan nuu ismaka wantinui nukap tsawantín matsatkamu irus matsatka nuu kuitamki winimua nuu.

Takat ejeratsa yujarkamúa nuí waínkamji 25 árak ikamia, tura kuntín wainchatai aiña, yacha papijai nekarchamu tumáin, nuinia atsuash, ima Kampankisá nuin matsamín aiña. Ii nakamaj antsán nugka wajatkamuá nuí Andesnumia. Ikamia numi untsurinmaya anujra jukij nuiyanka, tura kuntín ukushtín aiña nuka nukap iruneáwai, nugka sejkia nui, antsu namak weántu imanchauwaiti, namakka tí warumketi muranka, turasha etenramuiti (tikich entsanmaka atsawai), nunín aiña ima nukapeti.

	Arak kampunnunmaya kuntin, namak aiña nuu anujra jukimu	Arak kampunnunmaya iña nunke unt tesamuanui wainkami timau
Arak (ikamia arak)	1,600	3,500
Namak	60	300–350
Shagka aina	60	90
Japinas yujau aina	48	90
Nenamtin	350	525
Kuntin muntsu aina	73	183

Ikamia arak anujmaunum, shagka weantu, japiñas yujau tura nenamtin aina nuu ima penker wantinui Kampankisa murarín (>700 metrus aan yaki). Nui muchin yai yaikmartinunam ima nukap wainkamji (anujkaji)-nuiya iyash muraña ikamnumia, antsag wantinui Mura Ukunmatnainñumsha, 20–60 km etsa akatainmaní (oeste).

Nugka aujtutai (geología)

Kampankisa murarí iñashinka nugka aujtutainmaka (geología) tii shir aujmatsamuiti. Kampankisa murari iyashinka najanakuiti yaunchuk initiakim tsawantin Jurásico (nuu nankamaki weáwai 160 millones wampus), nuiyasha antsan initiakim nuka (Neógeno) (nakamakni 5 millones wampush), nuiya 8 iman nugka najanakmauwaiti nugka antumamunmaya (sedimentario), nugka uun akankamua nuiya, tura nayats entsanmaya, nuigka ima nukap wantinui yáikmirtin, calizas (muchíg), tura lutitas (nusha chikich muchigkin tawai). Ju najanakmauka wantinui chikichik nugka iñashí muchin punuakmau (anticlinal) tutainumia: nuka chikichik plegamiento (pligue) nugka takuna nuu, ejaperín wantinui muchin aiña tii yaunchunkia, tura antsu yantamrín muchig uchitkau aiña. Juna muchigki tsakarmaurinka (plegamiento) nekanui kampankisa murari punuki

ETENKRA UMIKMAU	
Nugka aujtutai (geología)	wéak tsakamu (anticlinal) tutai, nuka najanaruiti nugka yumpunak tukuniamunmaya (tectónico), placa Nazcanmaya (de la placa de Nazca), jimara patamtuniaka wamunmaya (pulso): nuka nekanui 10 millones wampustin, tura tikichich, wári patamtuniakar wámunmaya, nékanui 5 tura 6 millones wampush. Nuu nugka muchitmau placa de Nazca nugkáni placa Sudamericana yapajinkai, nuni nugka meseki tura takúneak najanaruiti yamai nugka yamái wainiáj nuu. Kampankisa murarí nugka iman aruiñamuka (pachimkamua nuka) yaunchuk nugka aa jakmau (cretácicas, época cretácica) tutai nuu ima nukap irunuí, nuiya ima nukap iruna nuka nugka yaikmirtin cuarzojai pachimramu, sublitoarenitas, tura calizas (muchig, carbonato de calcio). Nuí mura iyashí (química) aramúa nuí, urutma aá jítkawa, turamtai ni najanarúa nuí, nunín ása nugka pachimtak aa jakuiti. Pujú nugkaka (arenisca) irutkawai nugka imanchaunum, arak tsapamainchau, antsu calizaska (muchin) nugka penkernum achitkawai, nuiya najaneáwai mak nugka (edafizados). Nugka najanamunam tura nui yapajinki weák najanakuiti mosaicos nuiya ikamia arak tura kuntin matsatui. Chikich nunká yakínti, uruk asarua aiña (patatkenmaya initkanmaya aiña), tura nugka jápauri aiña nuu (unidades litológicas) nuiya najanakuiti yamaí nugka waiñáj nuka.Tura nunín ása, íman (importante) arusaí yamaí uruk nugka awa nuka, ikam tepaka nuna, tura kuntin uruk matsatkawa nuu najánamunam.
Vegetación (ikam)	Kampankisa ikamrinka yapajinuí nugka urukuít (sustrato geológico) tura urutmaa yakiñait nuna iis. Nugka aujtusaj nuínka iman ikam tepakmauka ayatek chikichik uwejnak amuakeáwai (1) ikam riparia nuka saankata yantamrín iruneáwai; (2) ikam mura pakarín irunea, nuka 300 a 700 m mura yakintín nugka yaikmirnunam, kucharñunam (limo) tura nugka kutiñam awai; (3) ikam ti tsakarchau, 700–1,000 m mura tsakarmaunam, nugka pachimtakmaunum awai; (4) ikam muchinnumia, muchinnum pachitkau aiña, nuka 700–1,100 iman yaki mura tsakarmaunam awai; (5) numi sutamchik tsakakú muchignum yaikmirkamunam tura nugka kutinam irutkau, nuka mura yankintí tura mura yantamen yaki aiña nui, nuka 1,000–1,430 m mura tsakarmaunam awai. Nuiyasha, nugka paka aiña nui, muchin wajanmaunam, kanusa tura Muruna yantamrin, awai ikam tepakmau aujtuschamu: kampanak weántu tepakmau, *Mauritia flexuosa*, nepetkamu, tura pakanmaya ikam pachimtak irunui. Ikam mura nunkátin iruna nu imá nukapeti, nuka 80% imán nukap awai ii ikam aujtusaj nuinka. Nuyasha, nuu imá untsuriñaiti, áwai 200 ant nukap numi chikichik hectarea-metekmamtin chikich nugka chupitnunam nugka katsuram Amazunasnum occidental, tura nuu ima nukapeti ashí nugka úunta juí (planeta). Nu ikama nuka ima nukap irunuí mura wajatramaunam. Anujkaji ujumak ikam irutkamu, Ekuatur región ikam wajatramu (piedemonte) iruna nusha, nuya numi Pirunam wainchatai: numi uun yaki tsakaru *Gyranthera amphibiolepis* (Malvaceae). Numi mura sutar tsakarua nuiya nankamas, ikam Kampankasa murarí sutamek yakiña nuiña, 700–1,000 m, wainñawai ikam ujumek yapajimmau, turasha imanchau, ikam tepaka nui. Mura sutamek tsakarua

nuiyanka numi *Cassia swartzioides* (Fabaceae) tua *Hevea guianensis* (Euphorbiaceae) juka tuke irunñaiti.

Nugka calizas (muchin) metsankramunmaya najanakua nuka, 700–1,100 m yakika nunkaka kuti aiñawai, tura araksha tsapamaín. Nuiña ikam ju nunkanmaya tuke pachitkawai numi *Metteniusa tessmanniana* (Icacinaceae) tura numich *Sanango racemosum* (Gesneriaceae).

Ikam tí chupitín sutamek tsakakua nuka (10–15 m) muchinki yakintri, tura ikama yántame, muchin yai yaikmirtiña nuiya ima wainñawai ikam tepeka nuinka, tura yuransha uuntsuri ñaiti. Numi kankapenka nugka tuju tujutin tepakeáwai tura iruniaru (denso) nuka 30 m wankantí, tura yaki chikichik mitru netaku aiñawai. Nuka, tura musgos yutuámu. Ikam irutkamuka ti nukap tura untsuriñaiti, tura arak numinam tsákau aiña nuu, bromeliáceas, helechos, aráceas y brifitas weántu aiña nuu nukapeti. Ikam nugka yaikmirtinun iruna nuka iruneawai chikish arak ima mura Kampankisnum iruna nuke antsan metekmamtin Ukumata murarijai, tura tikich mura Ekuaturnumia, tura Pirunumia muchin yaikmirkamua nuiña. Chikich numi aiña juu nunkanam yamaram wainnaka nuka (nugkan iista), ima kampankisan irutkatsuash. Ukumata murarijai yapajina nuka kampankisia ikamka tí untsurinchuiti ankan ankan irutkau, tepuyes nankamas-ikam yaikmirtinumia Escudo Guyanés. Ikam muchin tsakaru aiña nuiyanka antsan ima murayan irutkawai, kampankisa murarin numi sutar tsakau aiña, Muraka tuke anin wainñawai, nuin pachitkawai *Podocarpus* (Podocarpaceae), tura arak *Ceroxylon*, tura *Dictyocaryum*. Ayatek ára jukiji kampankisa murarinia yaki tsakakua nuiña, kampatum nugka sutamkennum, nui utsuaji (taji) atak awentsarik nekapma umikmau amainiti tusar. Chikichik ashi metek aujtusa ikam tura arak weántu mura 1,200 m yakiya nui iyamka amainiti aán nukap arak wainchatai aiña nuu tura arak yamaram tuke irunin aiñasha (endémicas).

Yankur weántu

Shuar ikam weántun iisti timau ejer ísai 3,500 iman tumainan, arak vascular tutai aiñan, nuiña ayatek anujka jukiji 1,600 nuke. Nuu takat emamunam juukji, tura nakumkaji (fotografiar) 1,000 arak tura ejeraji nukap ikamia arak aiña. Ikam iman imtinka wainkaji murá yakintín numi iruna nui, ikam sutamek tsakarunmaya yaikmirtinum, nuiya antsan ima nukap wainraji arak yamaram (wainchtai) aiña nuu.

Anujka jukiji 8 yamaram arak pirunumia, tura 16 arak yamaram tumain apach yachatnum (yachatnum) wainchatai. Juú 16 sa juiyanka iruawai numi uun aiñan, tura shikapchich aiñasha, *Gyranthera* (Malvaceae), *Lissocarpa* (Ebenaceae), *Lozania* (Lacistemataceae), *Vochysia* (Vochysiaceae), tura *Kutchubaea*, *Palicourea*, *Psychotria*, *Rudgea*, tura *Schizocalyx* (ashí Rubiaceae), antsan chikichik numi nekashtai. 02 arak papi yachatin wainchatai tumainka nupa untsurí (géneros) *Epidendrum* (Orchidaceae), tura *Salpinga* (Melastomataceae). Wainkaji ikam matsatkamu shikapash tumain, arakri takamain, nuiya pachitkawai kampanak weántu sake (huasaí; *Euterpe* cf. *catinga*),

ETENKRA UMIKMAU	
Yankur weántu	kampanak (*Pholidostachys* cf. *synanthera*) tura *Phytelephas macrocarpa*, tura arak takatai aiña cetur (cedro; *Cedrela odorata*) weántu, tsaik (*Cedrelinga cateniformis*), marupa (*Simarouba amara*) tura kawa (*Ocotea* spp).
Namak weántu	Ajujkaji 60 namak weántu kampankisa ikamria nuiya, yaki 194 tura 487 iman yaki. Entsa kanusa tura Muruna pakarín jeástatuk aiña nuinka, amainiti 300–350 iman namak ii wekatusa aujtusaj nui. Juu imanua nuka 5 por ciento pirunum awaí namak, uun nugka tepaka nuiya (continente). Namak irutkamu Kampankisia ima untsurinaiti, chikich mura ikamri metekmamtin aiña nujai apatka iismaka, ukumata murarinia namaksha imanchawaiti, tujai namakan ujumek (warumek) akantunia (kampakisia namaksha ujumek, ukumata murarincha irunui). Juu muranmaya namak ima wantina nuka iruawai namak entsa chichirmanam yujai aiña, irumramu *Chaetostoma*, *Astroblepus*, *Hemibrycon*, *Creagrutus*, *Paradon* tura Kumpau. Wainkaji 6 iman yamaram tumain papinum wainchatai (ciencia), tura ima kampankisak yujaku amainiti, nuka namak irumramunmaya (género) *Lebiasina*, *Creagrutus*, *Astroblepus*, tura chichik Glandulocaudinae shikapchish. Namak yairmamtin aiña nuu *Prochilodus nigricans* (Kanka), mai nainta jui matsatka juu, nuyanka (exceptuar), wainkashji chikich manak iman surumain, turashkusha yumaiña nuu. Kampankisia namak-kuntinka ikam yantam iruna nujai tii irutas achitkauwaiti, nuke suáwai yumainan tura apujui (refugio). Juu namak matsamtai maak kuitamkamu wainkaji, nuu ikam jiñakainka, turashkusha namaka tseasri ikamia aiña timúa anmamtín, kuitamtsuk ajunteámka, jiñumainiti, juú muranmaya namak.
Shagka aiña tura kuntin shitamas yujau aiña	Yacha shagkan aujtin aiña (herpetólogos) wainkarai 108 shagkan imti metekmamtiñan aiña, nuiya 62 iman shagka, tura 48 kuntín shitamas yujai aiña nuna. Nekapmarji ashika 90 shagka weántu, tura 90 kuntín shitamkau aiña nuu, juu nugkanam. Anujka jukij nuiya, 12 shagka weántu tura chickichik japiñash wekain matsatkawai ayatek Piru ikamrín (kampankis), tura ekuaturnumka surnumani (kampankisa nujinchia atu, sur del Ecuador). Wainkaj nuiya ima pántin nekarmauka shagka weántu wainkaji, yamaram papijai nekarchamu tumain. Juinia kampatum yumi shagka aiñawai, irumramunmaya (género) *Pristimatis*, nuu generu tsatsaniarmauka mura nui, ima wantinui, nuiya jimar shagka simpátricas weántu, irumramu *Hyloscirtus* Iñashín metekmamtinaiti turasha kanák matsatui. Nuiyasha, yamá anujkaji Pirunum anujkashmau, shankaach entsa saarnum pujú, *Chimerella mariaelenae*, shagka nuninam puju, *Osteocephalus verruciger*, shampiu imaya nunín, *Enyalioides rubrigularis*, tura shampiu nukanam pujú, *Potamites cochranae*, nuik nekatai Ecuaturnun nuiyasha Culumbianmasha. Chikichik shagka imatiksa wainchatai matsatkamu wainkají, shánka marsupial, *Gastrotheca longipes*, nuík nekamu, imá jimar nunkanmak Pirunam.

	Ankantramua nuu, tura nukap shagka weántu muraya, tumain, *E. rubrigularis*, tura untsurí shagkash tseasrintin weántu, tura shagka kisar saarnum matsamín aiña nuu, yimí shankach yumi saarnum matsamín aiña nuu, tura shagka *Hyloscirtus*, nukap irunui tií pegker kuitamkamu kampankisa murarí weára nuí. Nuiñayasha anujka jukijí, kunkuim (*Chelonoidis* nairtin) tura yumí shagka, *Pristimantis rhodostichus*, shagka entsa saarnum pujuwa nujai metek, *C. mariaelenae*, juu shagkanka jiñumain aiñawai IUCN iísmaka. Antsarik wainiaji uun yantana nijai taméra nuu (*Paleosuchus trigonatus*), pirunum papi umiktin najanamua nuu (ley), anajmakai namput awankamu tusa.
Kuntin nenamtin weántu	Kuntin-nenamtin kampankisianka pachimtakaiti, tura amazunia pakarín kuntin iruna nujai pachimtakaiti mura wajatkau nuiya kuntinjai. Iikir, tura makinnum enkekir, kuntinan aujtín etenkramua nuu, anujkayi 350 kuntinan, takat wekatukaj nui. Nuiya 56, ikam mura nui matsamnaiti (tura nuiya 7 imatiksar wainchatai). Nekápmaji chikichik nenamtin kuntín aiña weanta nuka 525 iman tumain, juu nugka jui uun tepaka nui (región). Kampankisia kuntín papi yachamattainam atsau asamtai, eke takat nankamchamunam wainkachar, anajmakji nugka tepaku, 75 iman kuntín matsammain. Nuiya 26 amazunia nunkanmaya amain (ikam michatnunmaya, nugka paka aiña nuiya), tura 49 muranmaya (ikam michat nunmaya, nainta warustatuk iruna nuiya). Nukap kuntín imatiksa wainchatai takat ejeámunan anujraj nuinka, tumain, *Leucopternis princeps*, *Wetmorethraupis sterrhopteron*, tura *Entomodestes leucotis*, ishichik nunkanan pirunumka nekamuiti. Nugka kuntín matsamtai ima yaki aiña nuu apujui kuntin iman yujakchaun, wainchatai, turashakusha ankan ankan matsatkau, nuiya *Heliodoxa gularis*, *Campylopterus villaviscensio*, *Snowornis subalaris*, tura *Grallaria haplonota*. Kuntin matsamtai takat ejeámunam ismauka metek ikam awai. Shuar takamu tutupnik emesta nuka juu kuntín matsatai aiña, mashu, waa, chiwa, tura kuyu aiña nuu máamuka imanchawaiti, tumashkusha ujumek wainñawai. Tumai, ii ikam kuntin matsamtai ismaunmaka nugka emesturmauka ujumketi, turashakusha atsawai. Chikish aiña (algunos) kuntín nenamtin kampankis iruna nuu, penker takamchaurin iwaina nuka, timí, uun kawau, tura yukartin aiña, nuka shir wantinkau matsatui, nugka wekatusa ismaunmaka. Kuntín matsatkamu imá pegkerka wainkaji akmaka (campamento) pugku Chinimnum, tura Wee Sankatnum. Kuntinan iman akikri, tura nugka takamchau, tura kuitamkamu, tura matsamtai aiña nuu, apatkam wantinui tii pegker tsawan pirunumia kuntin kuitammaiña nuu.

ETENKRA UMIKMAU

Kuntin muntsu yair aiña tura uun aiña tura jéncham

Kuntín muntsun muntsu aiña kampankisa murarín matsatkauka tí pegkeraiti. Wekatusa iyamunam, tura shuar matsatka nuu iniasar anujraji 57, nuiya 79 kuntín yair, tura uun aiña nuu wainkami tusar nakasmawa nuiña. Wainkají 11 numinam achimas yujau aiña nuu, nuiña ima uúnka (*Ateles belzebuth*), *Lagothrix lagotricha* tura *Alouatta juara*), wainmaksha sapijmakcharmayi. Nuka iñakmawai muranka nukap kuntín mámu atsá nuna. Najamamu iisar anujkaji yimar ikamia yawa pujamu: yampinkia (*Panthera onca*) tura Japa Yawa (*Puma concolor*). Antsan yawa kuishí sutar (*Atelocynus microtis*). Nuka tutupnik ikunji chikichik tsawantai. Chikich anujkamu imaan tumainka nukapea pamau tsapus ímmau (*Tapirus terrestris*), nuka iwainawai juu kuntín uun nupaan yuwa ju jamamtachu pujamun. Yankun (*Priodontes maximus*) tura uun wishii shi (*Myrmecophaga tridactyla*). Kampatuma juu kuntinka pirunumka tura chickich nunkanmasha (internacional) wainkamu tusa nekamuiti.

Nueve kashitín jencham achikmauka, irumraji 16, nuiya 104 jencham wainkami timaunmaya. Juu kuntin etenkrami tusa timau iman atsain, iwainaji jencham imatiksa wainchatai, *Cormura brevirostris*, tura *Choeroniscus minor*, nuka ikam takamchaunam etenkas pujutan wakenawai.

Shuar matsatkamu

Shuar irutkau Mura Kampankis matsatka nuka grupo étnico Wampis (nuyasha Huambisa turashkusha Shuar, Pirunumka tutai) tura Awajún (Aguaruna) entsa kanusnum, tura Maranú. Antsan Wampis tura Shapra (antsan nekamu Shapra, turashkusa Chapara tutai) entsa Muruna. Wampiska, tura Awajunka pachitkawai ashi irumramu etnolingüístico Jivaru, tura pujutinka metekmamtin aiñawai (chichamenka metekmamtinaiti). Shapra shuarka familia Candoanam pachitkawai turasha pujutinka metekmamtin aiñawai Jivaru shuarjai. Shuar uun nugka nui matsatkauka jeáwai 20,000 shuar.

Awaí yachamatnum senchi achitkamu shuar regiónnum matsatka nuu, mura Kampankisjai. Wampush 1940–1950 weánta nui, yaunchuk uunta, yamai shuar matsatka nuna patai Kampankis matsamaá jakuiti, ankan ankan (tsurar), sankat weára nui, Jivaru shuarka akan pujustajai tichaukait nunin asa. Nuiya, misiunerus akateam (utsukam) kuanawaiti entsa untri aiña nuna yantamek iruniar matsamattsa, nuu 1974 tin nankamas nekanawaiti comunidades nativas tutai.

Takat wari takamunam papi jurjí (nekaji) chikich iturchat chicham umikmau ikam kuitamkatin, yaunchuk untan chichame najamas, juu ikam kuitamtai aiñaa nuna pachis, aja kuitamtancha pachis, kuntín maa, tura namak nijá, surutsuk yutai, tura ikam, nugka (ecología) nukap unuimatramu pachis. Juu jutiksa ikam kuitamtaka, nukap kampankisnum ikam irunea nuna achiakeáwai, nuiya, íiñuk warí arutramtaya nuna pachis, sunaisa matsamtaiya nuiya, tura mai yainitia nuna pachis (anajmasa ismí, tayu uruk ashitaimpait, asak takarmat, uruk arak aiña jurumtaimpait, tura chickich aiña). Anmamtin awai chikichik chicham umikmau tií penker (sistema) shuar wañawai tusa kuitamtai. Juu chicham jintiarmauka mura weára nui nekanrawai, matsatkamu

	nekatramurin, shuaar iruntramu aiña nuu, shuar matsatkamu, tura entsa aiña. Ima pegkerka matsatkamu pujuiña nuu nugka tesamunam matsatkanu chichaman umiñawai ecuaturnumia shuar úmak kuntina mak, tura namakan nijak wañawai tusa. Atiksarik wainiaji ashi pujutnum atuniasa takatai, wantiniawai chicham iwartanam, tura uusa, iwarsa chichat (diplomacia). Nekáji murajai achitkamuka pachitkawai nugka nekatnum, nuiña, shuar, kuntín, arak tura chikich inash irutka nuka najaneawai ashi aents iruntsa matsamtai iaña nui (pataa aiña, atunitai, nekapñaitai aiña). Mura aiñaka antsan yaunchuk uunjai inkuñaitai aiñawai, waimaktasar arutam waintai, tsaptin enentaimat ichichaimu, tura íimatai. Tumainitji, Mura Kampankisa ima ikamrinik penkerchauchawaiti, antsan iísa yachamatai wantinkayi.
Yamaisha uruk awa	Mijan 2000 tin mura Kampankiska, tura nui nunka achitramuka nugka etegka kuitamkami tusa umikmaunam Santiak-Cumaim (ZRSC) entegmawaiti. Nunka etegka kuitamkami timauka tsawan sutamchik anajmanui, ikam tepaka nuna penkeri irsar arumai nugka surimkamu atí tusa. Turasha, ataak aujtusmau amaiñiti, urutma uunkl nuu nekartasar, tura nugka surimkamuri naári ejeratsa. ZRSC-aents matsakamu etenkar yutuawai, shuar matsatkamu papiri susamu aiña nuna, turamtai shuar matsatakmu uun aiña nujai (nakumkamu iista)-ashika achiakeáwai shuar nunkentin aiña ikam nukap wampustin kuitamtai aiña nuna. Nunia asamtai, shuar nugkentín aiña nuka nugka surimkar kuitamkami timaunka nakitainawai, tura juka iña nunkea nu iwainakmau ati tusa tuiñawai.
Ikam kuitamkatnun kakarmari	01 **Shuar nugkentin aiña ikam shir kuitamka takasmi timau**, antsan mura Kampankis shir kuitamkami, tiran winiartatanunau tusa iismau. 02 **Shuar nugkentín aiña, iruntusar ikam ayamrukmi tusa waurtamu (kakanmau).** 03 **Senchi nuu chichamak chichamu, yachamatnum, tura pataijai iruntsa matsamtai tsurimainchau.**
Imaan jintiarmau kuitamkami tusa	01 **Untsurí ikam irunmau, wainchatai, turashakusa ninki**, ima nekaska Kampankisa murarín. 02 **Nugka achiniarmaunmaya, tura entsanmaya shir kuitamkamu, nunká**, ikaman aujtín yujaka waínkamu. 03 **Nugka, tura ikam tépaku, kuntín weántu, shuar matsatka nuna nekatin iman aiña, tura enentai ichistanmasha.** 04 **Kuntín weántu, turashkusa iiña nugkén, tura chikich nugkamasha imatiksar wainchatai.**

ETENKRA UMIKMAU	
Awannait iman aiña	01 **Arumaisha uruk atinkit, tura Kampankisa murarí kuitamkatin shir ejerashmau** (metek chichamrashmau), tura gubiarnujai, shuar matsatkanu metek yunumtuniashmau. 02 **Takat emtai uun aepami nuu nugka nuí tusa senchi chichamramu** (junis, pozos tura petróleo jukitin aepkamu, entsanmaya ji jukitin amikmau, yamaram jinta carru yujatai umiktin). 03 **Entsa uun aiña nu tseásmakau mercuriu ajuntam, tura chikich mineria najaweri,** tura antsan tsuat katsuram aiña nu shir takashmaunam, tura yumi takasmaunmaya.
Iman akatmammau	Yaunchuk matsamsamu, tura yamai wampis, awarun matsata nuu, tura nunka ayamrukir winimua nuu, katsuaruti, tura akik. Iman asa iturchat aiña nuna imijtan, nukap kampankisa kuitamtairí akikeánuna iís. Nuu iman waínkaji, takat wekatusaj nui, yuran, kuntín weántu, tií penker kuitamkamu. Tuma asamtai, akatmamji: 01 **Papi umiktinjai (ley) nekamu, atukmau atí, shuar matsatkamu, tura shuar kuitamsa takatai aiña, mura Kampankis** aruimaisha jamamtachu amiña nuu, antsan shuara yacharí akike, iyash pujutrintin aiña, tura nugka aiñasha. 02 **Kampankisa murarí kuitamtai, papinum armau ati, shuar isa kuitamtai, tura kuitamsa takatia nuu.** 03 **Nuu nugkaka ankanmamtiknati, kucha yumirí jítka, tura kuri weántu aiña takatka.** Tura ashi papi jirki takamu, tura papirinchausha, antsan, takat uun umikmi tusa chichamramu ikaman nukap emesmain aiña nuiyasha. 04 **Shuara yacharí emettsa senchimamtiknati tura shuar nunketín pujukí wetiña nuu.** 05 **Ejérami, tura umikmí ikam kuitamtai (chicham, enentai), tseásan imijmaina nuu, entsa Kanus, tura Muruna esantia nuisha.**

ENGLISH CONTENTS

(for Color Plates, see pages 29–52)

PARTICIPANTS

FIELD TEAM

Diana (Tita) Alvira Reyes (*social inventory*)
Environment, Culture, and Conservation
The Field Museum, Chicago, IL, USA
dalvira@fieldmuseum.org

Gonzalo Bullard (*field logistics*)
Independent consultant
Lima, Peru
gonzalobullard@gmail.com

Lucía Castro Vergara (*mammals*)
Museo de Historia Natural
Universidad Nacional Mayor de San Marcos
Lima, Peru
luciamariapaula@gmail.com

Alessandro Catenazzi (*amphibians and reptiles*)
Gonzaga University
Spokane, WA, USA
acatenazzi@gmail.com

Román Cruz Vásquez (*social inventory*)
Organización de Pueblos Indígenas del Sector Marañón (ORPISEM)
Marañón River, Loreto, Peru
romansito_78@hotmail.com

Álvaro del Campo (*coordination, field logistics, photography*)
Environment, Culture, and Conservation
The Field Museum, Chicago, IL, USA
adelcampo@fieldmuseum.org

Robin B. Foster (*plants*)
Environment, Culture, and Conservation
The Field Museum, Chicago, IL, USA
rfoster@fieldmuseum.org

Julio Grández (*field logistics*)
Universidad Nacional de la Amazonía Peruana
Iquitos, Peru
jmgr_19@hotmail.com

Max H. Hidalgo (*fishes*)
Museo de Historia Natural
Universidad Nacional Mayor de San Marcos
Lima, Peru
maxhhidalgo@yahoo.com

Julio Hinojosa Caballero (*local scientist, social inventory*)
Comunidad Nativa Puerto Galilea
Santiago River, Amazonas, Peru

Isau Huamantupa (*plants*)
Herbario Vargas (CUZ)
Universidad Nacional San Antonio de Abad
Cusco, Peru
andeanwayna@gmail.com

Gustavo Huashicat Untsui (*local scientist, biology*)
Comunidad Nativa Soledad
Santiago River, Amazonas, Peru

Dario Hurtado Cárdenas (*coordination, transportation logistics*)
Peruvian National Police
Lima, Peru

Mark Johnston (*cartography*)
Environment, Culture, and Conservation
The Field Museum, Chicago, IL, USA
mjohnston@fieldmuseum.org

Camilo Kajekai Awak (*plants*)
Fundación Jatun Sacha
Quito, Ecuador
kajekaic8@yahoo.com

Guillermo Knell (*field logistics*)
Ecologística Perú
Lima, Peru
atta@ecologisticaperu.com
www.ecologisticaperu.com

Jonathan A. Markel (*cartography*)
Environment, Culture, and Conservation
The Field Museum, Chicago, IL, USA
jmarkel@fieldmuseum.org

Italo Mesones (*field logistics*)
Universidad Nacional de la Amazonía Peruana
Iquitos, Peru
italoacuy@yahoo.es

Debra K. Moskovits (*coordination, birds*)
Environment, Culture, and Conservation
The Field Museum, Chicago, IL, USA
dmoskovits@fieldmuseum.org

Marcial Mudarra Taki (*social inventory*)
Coordinadora Regional de Pueblos Indígenas Región San Lorenzo
Río Marañón, Loreto, Peru
marcialmud@hotmail.com

David A. Neill (*plants*)
Fundación Jatun Sacha
Quito, Ecuador
davidneill53@gmail.com

Mario Pariona (*social inventory*)
Environment, Culture, and Conservation
The Field Museum, Chicago, IL, USA
mpariona@fieldmuseum.org

Gerónimo Petsain Yakum (*local scientist, biology*)
Boca Chinganasa, annex of the Comunidad Nativa Villa Gonzalo
Santiago River, Amazonas, Peru
ge.p.4@hotmail.com

Nigel Pitman (*plants*)
Center for Tropical Conservation
Nicholas School of the Environment
Duke University, Durham, NC, USA
ncp@duke.edu

Roberto Quispe Chuquihuamaní (*fishes*)
Museo de Historia Natural
Universidad Nacional Mayor de San Marcos
Lima, Peru
rquispe91@gmail.com

José Ramírez (*local scientist, biology*)
Comunidad Nativa Chapis
Kangasa River, Loreto, Peru

Filip Rogalski (*social inventory*)
École des Hautes Études en Sciences Sociales
Paris, France
frogreza@yahoo.com

Ernesto Ruelas Inzunza (*birds*)
Environment, Culture, and Conservation
The Field Museum, Chicago, IL, USA
eruelas@fieldmuseum.org

Richard Chase Smith (*coordination*)
Instituto del Bien Común
Lima, Peru
rsmith@ibcperu.org

Robert F. Stallard (*geology*)
Smithsonian Tropical Research Institute
Panama City, Panama
stallard@colorado.edu

Douglas F. Stotz (*birds*)
Environment, Culture, and Conservation
The Field Museum, Chicago, IL, USA
dstotz@fieldmuseum.org

Kacper Świerk (*social inventory*)
University of Szczecin
Szczecin, Poland
kacpersw@yahoo.com

Andrés Treneman (*social inventory*)
Instituto del Bien Común
Lima, Peru
atreneman@ibcperu.org

Rebeca Tsamarain Ampam (*local scientist, social inventory*)
Comunidad Nativa Chapiza
Santiago River, Amazonas, Peru
tsunkynua_17@hotmail.com

Manuel Tsamarain Waniak (*local scientist, biology*)
Comunidad Nativa Chapiza
Santiago River, Amazonas, Peru

Ermeto Tuesta (*social inventory, cartography*)
Instituto del Bien Común
Lima, Peru
etuesta@ibcperu.org

Pablo Venegas Ibáñez (*amphibians and reptiles*)
Centro de Ornitología y Biodiversidad
Lima, Peru
sancarranca@yahoo.es

Aldo Villanueva (*field logistics*)
Ecologística Perú
Lima, Peru
atta@ecologisticaperu.com
www.ecologisticaperu.com

Corine Vriesendorp (*coordination*)
Environment, Culture, and Conservation
The Field Museum, Chicago, IL, USA
cvriesendorp@fieldmuseum.org

Tyana Wachter (*general logistics*)
Environment, Culture, and Conservation
The Field Museum, Chicago, IL, USA
twachter@fieldmuseum.org

Alaka Wali (*social inventory*)
Environment, Culture, and Conservation
The Field Museum, Chicago, IL, USA
awali@fieldmuseum.org

Vladimir Zapata (*geology*)
Smithsonian Tropical Research Institute
Panama City, Panama
vlzapatap@gmail.com

Renzo Zeppilli (*birds*)
Centro de Ornitología y Biodiversidad
Comité de Registros de Aves del Perú
Lima, Peru
xenopsaris@gmail.com

COLLABORATORS

Santiago, Marañón and Morona watersheds

Comunidad Nativa Chapis
Kangasa River, Loreto, Peru

Ajachim, annex of Comunidad Nativa Chapis
Kangasa River, Loreto, Peru

Capernaum, annex of Comunidad Nativa Chapis
Marañón River, Loreto, Peru

Coordinadora Regional de los Pueblos Indígenas Región San Lorenzo (CORPI-SL)
San Lorenzo, Loreto, Peru

Nueva Alegría, annex of Comunidad Nativa Chapis
Marañón River, Loreto, Peru

Borja
Marañón River, Loreto, Peru

Organización de los Pueblos Indígenas del Sector Marañón (ORPISEM)
Marañón River, Loreto, Peru

San Lorenzo
Marañón River, Loreto, Peru

Saramiriza
Marañón River, Loreto, Peru

Comunidad Nativa Shoroya Nueva
Morona River, Loreto, Peru

Comunidad Nativa San Fransisco
Morona River, Loreto, Peru

Comunidad Nativa Nueva Alegría
Morona River, Loreto, Peru

Puerto América
Morona River, Loreto, Peru

Comunidad Nativa Chapiza
Santiago River, Amazonas, Peru

La Poza
Santiago River, Amazonas, Peru

Comunidad Nativa Puerto Galilea
Santiago River, Amazonas, Peru

Comunidad Nativa Papayacu
Santiago River, Amazonas, Peru

Comunidad Nativa Soledad
Santiago River, Amazonas, Peru

Federación de Comunidades Huambisa del Río Santiago (FECOHRSA)
Santiago River, Amazonas, Peru

Organización de los Pueblos Indígenas Wampis y Awajún de Kanus (OPIWAK)
Santiago River, Amazonas, Peru

Federación de Comunidades Awajún del Río Santiago (FECAS)
Santiago River, Amazonas, Peru

National and International

The Peruvian National Police, and especially:

General PNP Dario Hurtado Cárdenas
(Director of Police Aviation)

Major PNP Freddy Quiróz Guerrero *(pilot)*

Captain PNP Fredy Chávez Díaz *(pilot)*

Sob. PNP Gregorio Mantilla Cáceres *(flight engineer)*

Sot1. PNP Segundo Sánchez Quispe *(mechanic)*

Servicio Nacional de Áreas Naturales Protegidas por el Estado (SERNANP)
Lima, Peru

Asociación Interétnica de Desarrollo de la Selva Peruana (AIDESEP)
Lima, Peru

Centro de Conservación, Investigación y Manejo de Áreas Naturales (CIMA-Cordillera Azul)
Lima, Peru

Smithsonian Tropical Research Institute (STRI)
Panama City, Panama

The Field Museum

The Field Museum is a collections-based research and educational institution devoted to natural and cultural diversity. Combining the fields of Anthropology, Botany, Geology, Zoology, and Conservation Biology, museum scientists research issues in evolution, environmental biology, and cultural anthropology. One division of the Museum—Environment, Culture, and Conservation (ECCo)—is dedicated to translating science into action that creates and supports lasting conservation of biological and cultural diversity. ECCo works closely with local communities to ensure their involvement in conservation through their existing cultural values and organizational strengths. With losses of natural diversity accelerating worldwide, ECCo's mission is to direct the Museum's resources—scientific expertise, worldwide collections, innovative education programs—to the immediate needs of conservation at local, national, and international levels.

The Field Museum
1400 S. Lake Shore Drive
Chicago, IL 60605-2496 USA
312.665.7430 tel
www.fieldmuseum.org

Instituto del Bien Común (IBC)

The Instituto del Bien Común is a Peruvian non-profit organization devoted to promoting the best use of shared resources. Sharing resources is the key to our common well-being today and in the future, as a people and as a country; to the well-being of the large number of Peruvians who live in rural areas, in forests, and on the coasts; to the long-term health of the natural resources that sustain us; and to the sustainability and quality of urban life at all social levels. Among the projects led by IBC are Pro Pachitea, which focuses on local management of fish and aquatic ecosystems; the Indigenous Community Mapping project, which aims to defend indigenous territories; the ACRI project, which studies the communal use of natural resources; and the Large Landscapes Management Program, which aims to create a mosaic of sustainable use and protected areas in the Ampiyacu, Apayacu, Yaguas, and Putumayo watersheds.

Instituto del Bien Común
Av. Petit Thouars 4377
Miraflores, Lima 18, Peru
51.1.421.7579 tel
51.1.440.0006 tel
51.1.440.6688 fax
www.ibcperu.org

Tarimiat Nunka Chichamrin (TANUCH) Committee for the Biological and Social Inventory of the Kampankis Mountains

On 16 June 2011, in the auditorium of the Río Santiago District municipal office in the indigenous community of Puerto Galilea, capital of the Río Santiago District, Condorcanqui Province, Amazonas Region, representatives of the FECOHRSA, FECAS, and OPIWAK indigenous federations met with regional municipal authorities to form a committee to help coordinate the inventory described in this book. The committee supervised all activities undertaken by locally based and Field Museum researchers, and had the authority to approve or rescind agreements regarding the inventory. The committee transmitted results of the inventory over the Kanus radio station of the Río Santiago District municipal office.

The committee consisted of representatives of indigenous organizations, municipal authorities, and official witnesses. Committee members included Bernandino Chamik Pizango (ORPIAN), Wilson Lucas Rosalía and Abercio Huachapa Chumbe (FECAS), Elias López Pakunta and Alberto Yampis Chiarmach (OPIWAK), Efrén Graña Yagkur and Eliseo Chuim Chamik (FECOHRSA), and Ricardo Navarro Rojas and Abelino Besen Ugkush (municipality of Río Santiago). The witnesses were Juan Nuningo Puwai, Alberto Ayui Tsejem, Marcelino Segundo Chias, Andrés Noningo Sesén, Julio Hinojosa Caballero, Timoteo Sunka Yacum, and Víctor Singuanni Maric.

Tarimiat Nunka Chichamrin (TANUCH)
Municipality of Río Santiago
Puerto Galilea, Amazonas, Peru
51.41.811.024 tel
51.41.813.891 tel

Museo de Historia Natural de la Universidad Nacional Mayor de San Marcos

Founded in 1918, the Museo de Historia Natural is the principal source of information on the Peruvian flora and fauna. Its permanent exhibits are visited each year by 50,000 students, while its scientific collections—housing a million and a half plant, bird, mammal, fish, amphibian, reptile, fossil, and mineral specimens—are an invaluable resource for hundreds of Peruvian and foreign researchers. The museum's mission is to be a center of conservation, education, and research on Peru's biodiversity, highlighting the fact that Peru is one of the most biologically diverse countries on the planet, and that its economic progress depends on the conservation and sustainable use of its natural riches. The museum is part of the Universidad Nacional Mayor de San Marcos, founded in 1551.

Museo de Historia Natural
Universidad Nacional Mayor de San Marcos
Avenida Arenales 1256
Lince, Lima 11, Peru
51.1.471.0117 tel
www.museohn.unmsm.edu.pe

Centro de Ornitológia y Biodiversidad (CORBIDI)

The Center for Ornithology and Biodiversity (CORBIDI) was created in Lima in 2006 to help strengthen the natural sciences in Peru. The institution carries out scientific research, trains scientists, and facilitates other scientists' and institutions' research on Peruvian biodiversity. CORBIDI's mission is to encourage responsible conservation measures that help ensure the long-term preservation of Peru's extraordinary natural diversity. The organization also trains and provides support for Peruvian students in the natural sciences, and advises government and other institutions concerning policies related to the knowledge, conservation, and use of Peru's biodiversity. The institution currently has three divisions: ornithology, mammalogy, and herpetology.

Centro de Ornitología y Biodiversidad
Calle Santa Rita 105, Oficina 202
Urb. Huertos de San Antonio
Surco, Lima 33, Peru
51.1.344.1701 tel
www.corbidi.org

ACKNOWLEDGMENTS

The inventories we carried out in and around the Kampankis Mountains in 2009 and 2011 were possible because of extensive coordination with and direct help from the Wampis, Awajún, and Chapra indigenous communities who have inhabited this region of the Amazon for centuries. We are inspired by the fierce love and commitment they feel for these mountains, and dedicate this book to them and their children.

Our journey began in early 2009, two and a half years before the August 2011 inventory. Over the course of several large-scale participatory meetings, we had long and intense discussions with regional and local indigenous federations in the Morona and Santiago watersheds. The result was a joint agreement to conduct a rapid social and biological inventory of the Kampankis Mountains. The broadly participatory nature of those earliest meetings set the tone for the entire inventory and the follow-up work after its completion.

In the Santiago watershed we are deeply grateful to our primary collaborator, the committee that acted as our liaison for the duration of the inventory: Tarimiat Nunka Chichamrin (TANUCH). The committee included municipal officials and representatives of regional and local indigenous federations, and respected local leaders served as witnesses. Members included Ricardo Navarro Rojas and Abelino Besen Ugkush from the Río Santiago municipal government; Bernandino Chamik Pizango, Edwin Montenegro Dávila, and Salomón Awananch Wajush of the Organization of Indigenous Peoples of Northern Amazonia (ORPIAN-P), the regional indigenous federation; Elías López Pakunta and Alberto Yampis Chiarmach of the Organization of the Wampis and Awajún Indigenous Peoples of the Kanus (OPIWAK); Kefrén Graña Yagkur, Eliseo Chuim Chamik, Henry Ampán, Carmen Pirucho, and Tito Yagkur of the Federation of Huambisa Communities of the Santiago River (FECOHRSA); and Wilson Lucas Rosalía and Abercio Huachapa Chumbe of the Federation of Awajún Communities of the Santiago River (FECAS). The official witnesses for the committee were Juan Nuningo Puwai, Alberto Ayui Tsejem, Marcelino Segundo Chias, Andrés Noningo Sesén, Julio Hinojosa Caballero, and Timoteo Sunka Yacum.

Many other indigenous leaders and local authorities in the Santiago watershed made significant contributions to our work. They include Alex Teets Wishu, Vanessa Ahuanari, Cervando Puerta, Javier Chamik Shawit, and Julián Thaish Maanchi of ORPIAN-P; Moisés Flores Sanka, Samuel Singuani Pinas, and Walter Cobos Simón of FECOHRSA; and Fernando Flores Huansi and Rogelio Sunka, former leaders of the local chapter of the Consejo Aguaruna Huambisa (SS-CAH). We are also grateful to the Interethnic Association for the Development of the Peruvian Amazon (AIDESEP), where we received special help from Saúl Puerta and Daysi Zapata. Our most respectful thanks to everyone.

In the Morona and Marañón watersheds, we are deeply grateful to Mamerto Maicua Pérez, Jamner Manihuari Curitimai, Juan Tapayuri Murayari, and Marcos Sánchez Amaringo of the regional indigenous federation Regional Coordination of the Indigenous Peoples of San Lorenzo (CORPI-SL), as well as their advisor, Gil Inoach Shawit. We also thank the leaders of local indigenous organizations, including Tapio Shimbo Tiwiram, Samuel Sumpa Mayan, and Rafael Yampis Wajai of the Shuar Organization of the Morona River (OSHDEM); Román Cruz Vásquez, Simón Cruz Pacunda, and Wilfredo Pacunda Tan of the Organization of Indigenous Peoples of the Sector Marañón (ORPISEM); and Jorge Bisa Tirko of the Shapra Federation of the Morona River (FESHAM).

During our 2009 preparations in the region there were several people who were especially helpful, including Sundi Simon Camarampi and Marcial Mudarra Taki at CORPI-SL; Billarva López García, Santos Núñez García, and Gabilio Chamik Ti at OSHDEM; Claudio Wampuch Bitap, former mayor of the Manseriche district; and Oswaldo Chumpi Torres, former mayor of the Morona district.

We owe a special debt of gratitude to everyone who helped translate portions of this book and other important texts into Awajún and Wampis, vibrant modern languages that are spoken by tens of thousands of people in the Amazon and which schoolchildren in the Kampankis region are taught to read and write alongside Spanish. Fidel Nanantai, Gil Inoach Shawit, Anfiloquio Paz Agkuash, Marcial Mudarra Taki, and Román Cruz Vásquez helped write or review texts in Awajún, while Shapion Noningo Sesen, Andrés Noningo Sesen, Juan Nuningo Puwai, Ulices Leonardo Antich Jempe, and Gerónimo Petsain helped write or review texts in Wampis.

Our inventories are deeply collaborative and we are very fortunate to have support from many partners in the Peruvian government. Since this inventory involved years of preparation and spanned different national and regional administrations, the list of people and organizations who made our work possible is especially long.

At the Peruvian park service (SERNANP), we appreciate the hard work of Luis Alfaro and Channy Barrios in the Lima office and of Liz Kelly Clemente Torres, Alfonso Flores, Cesar Tapia, Genaro López, and Virgilio Bermeo in the Santa María de Nieva office. Diógenes Ampam Wejin, head of the Santiago-Comaina Reserved Zone, also provided support. At Peru's Ministry of Foreign Relations, Gladys García Paredes offered valuable input on the border region around the Kampankis Mountains. For his support at the regional government of Loreto we thank Luis Fernando Benites. At the Conservation International offices in Santa María de Nieva and Lima we thank Braulio Andrade, Margarita Medina, and Eddy Mendoza. Mike McColm, Lucio César Gil, and Nilda Oliveira of Nature and Culture International provided helpful context on other conservation initiatives in the Amazonas region.

The four field sites we visited in the Kampankis Mountains lie in the middle of an immense roadless area crossed by high ridges and rivers. Surveying their biodiversity in a few weeks was possible because of the help of the Peruvian National Police's fantastic helicopter pilots and crews—Mayor PNP Freddy Quiróz Guerrero, Capitán PNP Fredy Chávez Díaz, SOB PNP Gregorio Mantilla Cáceres, and SOT1 PNP Segundo Sánchez Quispe—who did an impeccable job of ferrying people and equipment from one campsite to the next. We had many opportunities to witness first-hand the skill, courage, and professionalism of these pilots, and we salute their contributions to science and conservation. Vital to the operation's success, as in so many previous rapid inventories, was Peruvian National Police General Dario Hurtado Cárdenas, who kept in daily contact with the pilots even when he was hundreds of kilometers away.

Puerto Galilea and neighboring La Poza were the staging points of the inventory, and a large number of people helped us during the several weeks that inventory members lived and worked there. First and foremost, we are grateful to local authorities: Timoteo Sunka Yacum, the *apu* (leader) of Puerto Galilea, and his wife, Clementina Tsamaren; Ricardo Navarro Rojas, mayor of the municipality of Río Santiago; Abelino Besen Ugkush, lieutenant mayor of the muncipality; Luisa Encinas, women's representative; Alberto Noningo, justice of the peace; Wilmer Dalmace Timías Chup of the Río Santiago Municipal Environmental Commission; and William Noningo Graña, secretary of the Río Santiago Civil Defense Agency. We also thank Juan Nuningo Puwai, Andrés Noningo Sesen, Flavio Noningo, Roosevelt Hinojosa, and Alfonso Graña. Enrique Antich Itijat was consistently helpful in facilitating our frequent communications with the members of the inventory coordination committee. We are indebted to everyone who attended the presentation of the preliminary inventory results in Puerto Galilea.

In La Poza we felt at home at the Hotel Cervera, where Santos Cervera, Miguel Cervera, Sra. Hilda, and Alfonso Graña were very helpful. Part of the team also stayed at Hotel Gasdalyth during the different phases of the inventory. Our very special appreciation goes to Elizabeth Rivas and Hugo Antonio Bustamante Villafana from Negocios Toño, who were extremely supportive during the entire inventory and very efficient at organizing all of the food supplies and other equipment for the inventory from their eclectic business center (store, hotel, Internet, gas station, bank, etc.). We ate wonderful meals at Isabel Dos Santos Matiaza's Mi Chabuca Restaurant, where Gladis Isabel Chilcón Dos Santos, Hugo García Curico, and Julio César López Ríos helped feed our large and hungry group.

We want to thank the residents of all the other towns we visited during the inventories for their hospitality and generosity in sharing information, and for their overall support for our work. In the community of Papayacu we are indebted to the town's *apu* and vice-*apu*, Estacio Navarro Rojas and Marcial López, and their families. Many residents of Papayacu and Alto Papayacu were extremely helpful during the inventory. We also appreciate the support we received from the *apus* of neighboring towns: Calixtho Mora Dávila (Dos de Mayo), Nelson López (Quim), Martín Elmer Flores (San Martín), and Ángel Flores Huansi (Alto Papayacu). Petronila Dávila, the women's representative of San Martín, and Fernando Flores Huansi, resident of Dos de Mayo, were a big help. We are grateful to José López Andrea and his wife; Andrés Nahuarosa Tserem and his wife Juliana; Eloy Charuk Pisango, a teacher in Papayacu; and Idaly Navarro, who cooked for the social team during our stay.

In the community of Chapiza, we thank all the residents and especially the town's *apu*, Cornelio Tsamaren. We greatly appreciate the support we received from Leandro Calvo, Leandro Calvo Nantip, Rosa Chuam, Juana Pizango,

Sra. Yampoch, and Euclides Calvo Nantip. Luz Yovananchi kept the social team well fed during our work in the community.

In the community of Soledad, we thank everyone who participated in and supported the inventory, and especially *apu* Wilson Borbor Wisum and his family. Angélica Pizango prepared meals for the social team during our visit. Special thanks to Wilson Awanari, who works at the town health clinic; Marcial López and his family; Carlos Pirucho, a teacher; Carmen Pirucho, women's representative of FECOHRSA; Sebastián Panduro, *apu* of the community of Palometa; and three residents of the community of Muchingis: Elías Wisui, secretary of the community, teacher Nicanor Samekash, and Dimas Sharian.

In the community of Chapis we are grateful to Gerardo Nayach, Dionisio Yampitsa Pakunda, Manuel Pacunda Mashian, Geremías Pisuch Teish, Lino Murayari Lopéz, Simón Chumpi Taricuarima, Margarita Cruz Rengifo, José Cruz Rengifo, Fernando Puanchin, Gavino Chupi, Delicia López Ríos, Lola López Ríos, Delita Taricuarima Murayari, Saúl López Macedo, Isaías Puanchin, Lucinda Taricuarima Tanchiva and Ramón Arias Nanantai. In the town of Borja we thank historian José Antonio Livy Ruíz.

At the municipal headquarters in Saramiriza we thank governor Néstor Neira Ortiz, judge Nabir Cenepo Culqui, former mayor Claudio Wampuch Bitap, as well as Heber Cabrera Chacaltana, Elgia Correa Huanca, Lucy López Gutiérrez, Jober Caballero Chincay, and Heber Willy Núñez Rojas. At the Saramiriza health clinic we are grateful for the help of Silvia Cabrera Chacaltana. Lucho Cruz Vásquez, former president of ORPISEM, was also very helpful.

At the municipal headquarters in Morona we received valuable help from the justice of the peace Juan Fernández Huinhapi, lieutenant governor Iván Fernando Curayape Apuela, Milton Saquiray Pizuri, Hugo Cunayapi Apuela, and Claudia Mudarra Noriega.

At the municipal headquarters in Datem del Marañón we are grateful to mayor Wilmer Carrasco Cenepo and lieutenant mayor Enith Julón Tapullima. We also received valuable information from the local teacher Máximo Puítsa Tusanga.

At the municipal headquarters of San Juan del Morona we received help from the former provincial mayor and teacher Emir Masegkai Jempe and CORPI employees Luis Payaba, Pilar del Carmen Tapullina, Elton Luis Chiroque, and Frida Rodríguez Paredes.

Logistics in the Morona River for our 2009 social inventories were planned and carried out with the help of Santos Núñez García. During the 2011 social inventories on the Santiago River the team was transported by Asunción Leveau Estrella (don Ashuco) and his son Smith Leveau.

The social team would also like to thank Janette Bulkan, a member of ECCo's social inventory team, who was unable to participate in the Kampankis field work but who was a marvelous help with planning, organization, and ideas. We also extend thanks to Rhae Cisneros for helping compile and organize a bibliography of works on the Awajún, Wampis, and Chapra ethnic groups in support of these inventories. Kacper Świerk would also like to thank Walmer Navarro López.

Before the rapid inventory biological team arrived in Kampankis, local residents spent weeks in the field building top-quality field camps, bridges, and trail systems. Many of these partners remained on hand once the scientists arrived, and their everyday acts of heroism helped make the field work a success. They include Marleni Alcántara Núñez, Leonidas Alván Croseti, Cornelio Ampam Sanda, Enrique Antich Itijat, Rodolfo Antich Tsakim, Alfeo Aridua Chumpi, Lizardo Aridua Wishu, Tito Aridua Wishu, Alejandro Aujtukai Ampam, Percy Aujtukai Itijat, Ulises Cahuasa López, Agustín Calvo Pizango, Agustín Calvo Yu, Ignacio Calvo Pizango, Emilio Cenepo Murayari, Clovis Chávez López, Fidel Chumbe Pape, Rufino Chumpi Huamac, Walter Chumpi Ruiz, Antonio Cruz Vásquez, Eduardo Dávila, Luis Dávila Flores, Avelino Gonzáles, Ramos Gonzáles, Antonio Graña, Edgar Guerra Nantip, Sergio Huachapa Shunta, Tercero Ijisam Tsakim, Ignacio Jempekit Tsejem, Jhonson Jiménez Goycochea, Rodil López Huaruch, Teodoro Macedo Sánchez, Angelo Manuel Jempe, Nelson Mashian Taish, Linder Matheus Chup, Fernando Murayari Canatanga, Pancho Nanch Fernando, Junior Navarro, Walmer Navarro, Antonio Noningo Graña, Daniel Noningo Caballero, Lucio Pacunda Cruz, Vidal Pacunda Daekai, Marcial Pacunda Jiukam, Segundo Pezo Dávila, Olegario Pirucho Shinik, Angélica Pizango, Rafael Puanchig, Joel Ramírez Paima, José Ramírez Pacunda, Roger Ramírez Jempekit, Atilio Santiago Velásquez, María Luz Santiak Sharian, Bensus Sharian Huar, Fernando Sharian López, Guillermo Shinik Tsakin, Zaqueo Shirap Antún,

Romero Shunta Ampush, Marcos Taricuarima Murayari, Diógenes Tii Chuim, Ismael Uncush Taish, Eleazar Vargas Mashian, Pisco Vargas Pacunda, Felimón Vargas Paima, Sergio Wajai Sejeak, Pablo Yampincha Pacunda, Armando Yampis Chiarmach, Claudia Yampis López, and Samuel Yuu Tsamaren.

Inventories would not be possible without the support of our trustworthy advance team leaders. Álvaro del Campo would like to extend his deep gratitude to Guillermo Knell Alegría, Aldo Villanueva Zaravia, Italo Mesones Acuy, Julio Grández Ríos and Gonzalo Bullard González, who faced and met a special challenge establishing campsites in one of the most difficult terrains we have worked in. Special thanks to Guillermo, who had to race against the clock to build a last-minute campsite.

In the field, the biological inventory teams were fed by Isabel Dos Santos Matiaza, who faced down scorpion stings, wet firewood, and a harrowing shortage of forks at one campsite to produce wonderful and nourishing meals for three weeks.

We are especially indebted to the local scientists who accompanied the biological and social teams during the 2011 field work and shared their knowledge of these forests, rivers, and communities: Rebeca Tsamarain Ampan (Chapiza), Julio Hinojosa Caballero (Puerto Galilea), Gerónimo Petsain Yakum (Boca Chinganasa), Manuel Tsamarain Waniak (Chapiza), Gustavo Huashicat Untsui (Soledad), and José Ramírez (Chapis).

The geology team would like to thank local residents Sergio Huachapa and Gerónimo Petsain for their invaluable assistance in the field; David Neill for the joint field work examining plants and soils at the Quebrada Wee campsite; Alessandro Catenazzi for loaning equipment; and Max Hidalgo, Roberto Quispe, Lucía Castro, and Isau Huamantupa for the good times we had with the camp guitar. We also thank all the people who helped lug geological samples (i.e., heavy rocks) for the good of science.

The plant team is indebted to the local residents who assisted us on our botanical forays, including Zaqueo Shirap Antún, Ignacio Jempekit, and Gustavo Huashicat Untsui. We thank Bob Magill and Jim Solomon of Missouri Botanical Garden for permission to use the floristic data from Amazonas and Loreto in the TROPICOS botanical database and to include this information in the list of species in the Appendix. Tyana Wachter coordinated the transfer of the botany team photos and specimens from the field to the herbarium in Lima, created the first set of file names for the photos, and also assisted in specimen sorting and counting. The USM herbarium at the Museo de Historia Natural in Lima kindly provided the space and facilities for drying and sorting the specimens. We are especially indebted to Hamilton Beltrán, who went out of his way to coordinate this process. Alejandro Turpo did a superb job of drying the specimens. The following taxonomists provided heroically quick identifications of the specimens and photos we brought back from Kampankis: Bil Alverson (University of Wisconsin-Madison), Günter Gerlach (Munich Botanical Garden, Germany), Eric Hágsater (Asociación Mexicana de Orquideología), Steven Heathcote (University of Oxford), Andrew Henderson (New York Botanical Garden), Nancy Hensold (The Field Museum), Sandra Knapp (Museum of Natural History, London), Blanca León (University of Texas and USM), James Luteyn (USA), José Luis Marcelo (Universidad Nacional Agraria La Molina), Fabián Michelangeli (New York Botanical Garden), Marcelino Riveros (Universidad Nacional Agraria La Molina), Irayda Salinas (Peru), Charlotte Taylor (Missouri Botanical Garden), and Kenneth Wurdack (Smithsonian Institution). Claudia Gálvez-Durand provided some very useful bibliographic resources and other information for the site descriptions.

The ichthyology team would like to thank the following specialists for their help confirming the identification of various species: Nathan Luján (Loricariidae), Anyelo Vanegas (Glandulocaudinae), and Giannina Trevejo (*Ancistrus*).

The ornithology team is indebted to Debby Moskovits and Álvaro del Campo, who contributed important records of birds they observed on the trail systems; to Pablo Venegas, who shared some observations and photographs of sleeping birds he encountered during nocturnal herpetological surveys; to Lucía Castro, who recorded a few birds in the mist nets she set up to survey bats; to Juan Díaz, who shared with us his excellent observations of birds on the lower Morona River in September–October 2010; to Kacper Świerk, Andrés Treneman, and other members of the social team who contributed observations from the campsites and communities visited during the inventory; and to the local scientists who shared their knowledge about birds. Dave Willard (The Field Museum) helped us with the positive identification of a Harpy Eagle feather and János Oláh (Birdquest) gave us permission to use his magnificent photograph of *Snowornis subalaris* as an example of birds of outlying ranges like Kampankis.

Lucía Castro would like to thank all of the local residents who helped her survey terrestrial mammals and bats, especially Gustavo Huashicat Untsui of the community of Soledad and José Ramírez of the community of Chapis, and the other scientists in the field who shared their observations. David Neill, Max Hidalgo, Roberto Quispe, Álvaro del Campo, Isau Huamantupa, and Pablo Venegas contributed mammal remains or photographs. Edith Arias at the Museo de Historia Natural de la Universidad Nacional Mayor de San Marcos (MUSM) was a special help in revising the bat collection before and after field work and helping identify some bat specimens, as were Richard Cadenillas and Sandra Velazco. Fanny Cornejo and Sandra Velazco offered valuable comments on the mammal chapter manuscript.

In Tarapoto we are grateful to Claudia Arévalo and all the staff at the Hotel Plaza del Bosque, and to Cynthia Reátegui from LAN Perú. In Lima, the Hotel Señorial once again provided a pleasant basecamp for the team. We also extend our heartfelt thanks to the following people, each of whom did their part to help make this inventory successful: Lucía "Puchi" Alegría, Sylvia del Campo, Gustavo Montoya (PNCAZ), César Alberto Reátegui, Milagritos Reátegui, Gino Salinas, and Gloria Tamayo.

As it has in many previous inventories, the Instituto del Bien Común strengthened and enriched the Kampankis inventory work by offering us advice and information, as well as technical and staff support. In IBC, we are especially grateful to Andrea Campos, María Rosa Montes de Delgado, Renzo Piana, Ana Rosa Sáenz, and Richard Chase Smith. We would like to offer a very special thanks to Andrés Treneman and Ermeto Tuesta from IBC for their participation in the social inventory team. Ermeto was especially generous in contributing his wide-ranging knowledge of and experience in this region to the process of creating, editing, and fine-tuning the various maps in this book, and also gave us invaluable assistance in the early meetings with communities in the Santiago River.

Another long-term partner of the rapid inventories program is CIMA-Cordillera Azul, the Centro de Conservación, Investigación y Manejo de Áreas Naturales. During the Kampankis inventory we received great support from Jorge "Coqui" Aliaga, Alberto Asin, Wacho Aguirre, Lotty Castro, Yesenia Huamán, Techy Marina, Jorge Luis Martínez, Tatiana Pequeño, Lucía Ruiz, Augusta Valles, Manuel Vásquez, and Melissa Vilela.

Jim Costello's team at Costello Communications never fails to impress us with their speed, patience, and skill in designing and printing a beautiful book. At Costello we are especially grateful to Nancy McCabe, Jessica Seifert, Tracy Curran, and Molly Wells.

Within Environment, Culture, and Conservation (ECCo) at The Field Museum, we are fortunate to have an incredible support team. We could not have done this inventory, or any of our conservation work, without the help of the following people. Jonathan Markel and Mark Johnston were a huge help to the expedition both before and after we returned to Tarapoto, preparing maps and providing geographical data under very tight deadlines. They were also a tremendous help during the writing and presentation stages. Tyana Wachter played a crucial role in making sure that the inventory and everyone on it was safe and working efficiently, solving problems in Chicago, Lima, Tarapoto, and La Poza. Meganne Lube, Royal Taylor, Sarah Santarelli, and Dawn Martin were wonderful in providing support from Chicago.

This rapid inventory was made possible by support from blue moon fund, The Gordon and Betty Moore Foundation, The Boeing Company, and The Field Museum.

The goal of rapid inventories—biological and social— is to catalyze effective action for conservation in threatened regions of high biological diversity and uniqueness.

Approach

During rapid biological inventories, scientific teams focus primarily on groups of organisms that indicate habitat type and condition and that can be surveyed quickly and accurately. These inventories do not attempt to produce an exhaustive list of species or higher taxa. Rather, the rapid surveys (1) identify the important biological communities in the site or region of interest, and (2) determine whether these communities are of outstanding quality and significance in a regional or global context.

During social asset inventories, scientists and local communities collaborate to identify patterns of social organization, natural resource use, and opportunities for capacity building. The teams use participant observation and semi-structured interviews to evaluate quickly the assets of these communities that can serve as points of engagement for long-term participation in conservation.

In-country scientists are central to the field teams. The experience of local experts is crucial for understanding areas with little or no history of scientific exploration. After the inventories, protection of natural communities and engagement of social networks rely on initiatives from host-country scientists and conservationists.

Once these rapid inventories have been completed (typically within a month), the teams relay the survey information to regional and national decisionmakers who set priorities and guide conservation action in the host country.

REPORT AT A GLANCE

Dates of field work 2–21 August 2011

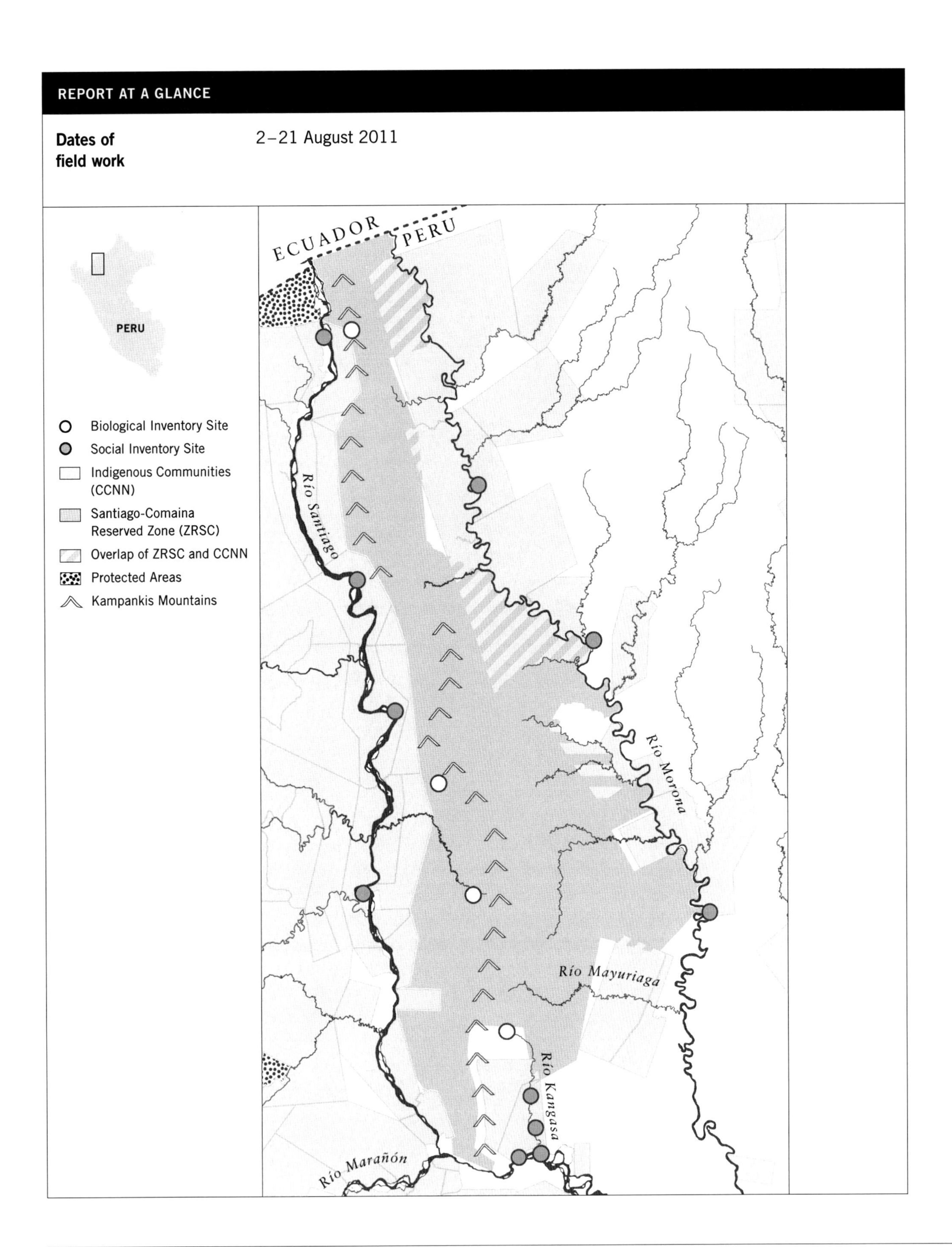

REPORT AT A GLANCE

Region	The Kampankis Mountains are a long, thin range that runs parallel to and just east of the Andes, along the Amazonas-Loreto border in northwestern Peru. Measuring ~180 km long but just 10 km wide, the Kampankis form a knife-thin ridge with a maximum elevation of 1,435 m, separated from the Cordillera del Cóndor to the west by a thin strip of lowland forest 40–60 km wide. Our study area was delimited by the Marañón River to the south (where it cuts through the Kampankis range at the Manseriche Gorge) and by the Peru-Ecuador border to the north (beyond which the Kampankis range continues as the Cordillera de Kutukú). The Kampankis Mountains and the rivers that drain them—the Santiago to the west, the Morona to the east, and the Marañón to the south—have been inhabited for centuries by Jívaro people, principally the Wampis and Awajún.
Inventory sites	During three weeks in August 2011 the biological team, scientists from local communities, a geologist, and an anthropologist visited four sites in the Kampankis Mountains: **Morona watershed:** Pongo Chinim, 2–7 August 2011 **Santiago watershed:** Quebrada Katerpiza, 7–12 August 2011; Quebrada Kampankis, 12–16 August 2011 **Marañón watershed:** Quebrada Wee, 16–21 August 2011 During the same period, the social team visited eight indigenous communities, villages, and towns in the Marañón and Morona watersheds (Chapis, Ajachim, Nueva Alegría, Borja, Capernaum, Saramiriza, Puerto América, and San Lorenzo), as well as four indigenous communities in the Santiago watershed (Puerto Galilea, Chapiza, Soledad, and Papayacu). On 21 August the biological and social teams presented preliminary results of their work in a public workshop in the indigenous community of Puerto Galilea. In 2009 a small social team visited the Chapra indigenous community Shoroya Nueva and two Wampis indigenous communities (San Francisco and Nueva Alegría) on the Morona River. Results from those visits are also included in this rapid inventory report.
Biological and geological inventories	Stratigraphy, geomorphology, hydrology and soils; vegetation and plants; fishes; amphibians and reptiles; birds; medium-sized and large mammals; bats
Social inventory	Social and cultural assets; communities' current and historical ties to the Kampankis Mountains; demography, economics, and strategies for managing natural resources
Principal biological results	The Kampankis Mountains harbor extremely diverse biological communities in which the lowland Amazonian flora and fauna mix with elements typical of Andean montane forests. The terrestrial and aquatic ecosystems we visited were in excellent condition, and this appears to be the result of a long history of protection and management by local indigenous communities.

During the rapid inventory we recorded at least 25 species of plants and animals that appear to be new to science. Some of these may be restricted to the Kampankis range. As expected for an Andean foothills site, plant and animal diversity are among the highest in the tropics (with the exception of fishes, whose relatively low diversity in tropical mountain streams is offset by higher rates of endemism):

	Species recorded during the inventory	Species estimated for the region
Plants	1,100	3,500
Fishes	60	300–350
Amphibians	60	90
Reptiles	48	90
Birds	350	525
Mammals	73	182

Our inventories of plants, amphibians, reptiles, and birds revealed an especially interesting flora and fauna in the highest parts of the Kampankis range (>700 m). The most striking species recorded during the inventory—including elements of Andean forests shared with the Cordillera del Cóndor, 40–60 km to the west—were found in forests on sandstone outcrops on the high crests and ridges.

Geology

The Kampankis Mountains are well described in the geologic literature. They are composed of continental and marine deposits that range in age from the Jurassic (160 million years old) to the Neogene (5 million years old) and include eight geologic formations in which sandstones, limestones, and siltstones predominate. These form a geological structure known as an anticline: a fold in the Earth's surface that uplifts the bedrock, exposing older rocks at the center and younger rocks on its flanks. The Kampankis anticline was generated by the collision of the Nazca and South American plates in two pulses of uplift: the first dating to 10–12 million years ago, and the second, a more rapid uplift, dating to 5–6 million years ago.

The primary formations in the Kampankis range are of Cretaceous age and include both sandstones with quartz and lithic fragments and limestones (calcium carbonate). Due to their different chemical compositions and the different degrees to which they are exposed on the surface, these formations have produced a variety of soil types. Sandstones are associated with poorly developed, nutrient-poor soils, while limestones are associated with deeper, richer soils. The creation and evolution of these soils have generated a mosaic of different soil types that are often associated with specific plant and animal species. Other factors, such as altitude, drainage (superficial for sandstones, subterranean for limestones), and the bedding angle of the different lithologic units, have determined the topography of the modern landscape and the spatial distribution of soil types, vegetation types, and animal communities there.

Vegetation

The vegetation of the Kampankis Mountains varies with geology and elevation. We defined five primary vegetation types in the areas we visited: 1) riparian vegetation along streams and rivers; 2) lower hill forests between 300 and 700 m elevation, on sandy to clayey soils; 3) mid-elevation forests at 700–1,000 m, on sandy to clayey soils; 4) forests on limestone outcrops and associated soils, between 700 and 1,100 m; and 5) low forests on sandstone outcrops and associated soils on the highest slopes and ridges of the range, at 1,000–1,435 m elevation. In the lowlands adjacent to the Morona and Santiago rivers we saw but did not visit additional forest types, including palm swamps dominated by *Mauritia flexuosa* (known as *aguajales*) and mixed lowland forest.

The lower hill forests were the most extensive forest type, covering ~80% of the sites we visited. This is also the most diverse forest type, with >200 tree species per hectare—a level of woody plant diversity similar to that of other *terra firme* forests in western Amazonia and among the highest in the world. Most plant species in this forest type are widely distributed along the base of the Andes. We recorded some range extensions of species previously known from the Andean foothills in Ecuador, including a new genus for Peru: the canopy tree *Gyranthera amphibiolepis* (Malvaceae). At higher elevations, forest structure and floristic composition change gradually until reaching the mid-elevation forests at 700–1,000 m, where common tree species include *Cassia swartzioides* (Fabaceae) and *Hevea guianensis* (Euphorbiaceae).

Soils derived from outcrops of limestone formations between 700 and 1,100 m elevation are clayey and relatively fertile. The vegetation type associated with these soils features the common tree *Metteniusa tessmanniana* (Icacinaceae) and the common treelet *Sanango racemosum* (Gesneriaceae).

The very wet, low (10–15 m canopy) forest on sandstone substrates on the ridges and upper slopes is the most distinctive vegetation type in the area, and its structure and composition are extremely variable from place to place. The tree roots in these forests form a thick, spongy mat that is up to 30 cm thick, suspended up to 1 m above the soil surface, and littered with old leaves and mosses. Plant density and diversity are very high in this habitat, and orchids, bromeliads, ferns, aroids, and bryophytes are abundant. These forests on sandstone harbor some species that are restricted to this habitat in the Kampankis range but shared with similar habitats in the Cordillera del Cóndor and other outlying sandstone mountain ranges in Ecuador and Peru. Some of the new species found in this habitat may be endemic to the Kampankis Mountains (see below). In contrast to the Cordillera del Cóndor, forests on sandstone in Kampankis contain few species and genera known from the sandstone tepuis of the Guiana Shield. Forests on the high ridges at Kampankis do contain strictly Andean taxa like *Podocarpus* (Podocarpaceae) and the palms *Ceroxylon* and *Dictyocaryum*, and these grow at lower elevations than is usual in the Andes. We were only able to survey small portions of

	the high-elevation vegetation of the Kampankis Mountains at three sites, which makes further inventories a high priority. A more comprehensive study of the Kampankis vegetation and flora above 1,200 m elevation will likely reveal more undescribed and locally endemic plant species.
Flora	The botanical team estimates a regional vascular plant flora of ~3,500 species, of which we were able to record 1,100 during the inventory. Botanists collected and photographed 1,000 specimens and identified many other species in the field. The most distinctive flora grew at the highest elevations, in low forests on sandstone substrate, and most of the new records for Peru and new species were discovered in that habitat. We recorded 8 plant species that are new for Peru and an additional 11 that appear to be new to science. The latter include trees and shrubs in the genera *Gyranthera* (Malvaceae), *Lissocarpa* (Ebenaceae), *Lozania* (Lacistemataceae), *Vochysia* (Vochysiaceae), and *Kutchubaea*, *Palicourea*, *Psychotria*, *Rudgea*, and *Schizocalyx* (all Rubiaceae), as well as a tree that we could not identify to family, and two apparently undescribed herbaceous species in the genera *Epidendrum* (Orchidaceae) and *Salpinga* (Melastomataceae). We noted modest populations of useful plants, including the palms *Euterpe catinga*, *Pholidostachys synanthera*, and *Phytelephas macrocarpa*, and valuable timber species like tropical cedar (*Cedrela odorata*; Meliaceae), *Cedrelinga cateniformis* (Fabaceae), *Simarouba amara* (Simaroubaceae), and various species of *Ocotea* (Lauraceae).
Fishes	We recorded 60 fish species in the Kampankis Mountains between 194 and 487 m elevation. When lower elevation aquatic habitats along the Santiago and Morona rivers are included, we estimate that the study region contains 300–350 species, at least 30% of Peru's continental ichthyofauna. The fish communities of Kampankis appear to be more diverse than those in many similar mountain ranges, including those in the Cordillera del Cóndor, with which they share many taxa. The most common taxa in these mountain streams include various species adapted to rapids in the genera *Chaetostoma*, *Astroblepus*, *Hemibrycon*, *Creagrutus*, *Parodon*, and *Bujurquina*. We recorded six species that are potentially new to science and that may be restricted to the Kampankis range. These include species in the genera *Lebiasina*, *Creagrutus*, *Astroblepus* and *Chaetostoma*. Apart from relatively large populations of *Prochilodus nigricans* on the eastern and western slopes of the Kampankis range, we did not find any species that are important for commercial or subsistence fishing. The Kampankis ichthyofauna depends to a large degree on riparian forests, which provide it with both food and shelter. Although the aquatic systems we visited were well-preserved, a loss of vegetation cover or the excessive use of natural fish toxins like the plant *barbasco* (*Lonchocarpus utilis*) could lead to the loss of potentially endemic species.

REPORT AT A GLANCE

Amphibians and reptiles	Herpetologists recorded 108 species during the inventory—60 amphibians and 48 reptiles—and estimate a regional herpetofauna of 90 amphibian and 90 reptile species. Of the species we recorded, 12 amphibian and one reptile species have distributions that are restricted to the Amazonian forests of northern Peru and southern Ecuador. Likewise, four species (*Dendropsophus aperomeus, Osteocephalus leoniae, Pristimantis academicus*, and *P. rhodostichus*) are only known to occur in central and northern Peru. The most important finds during the inventory were seven apparently undescribed amphibian species. Three of these are rain frogs in the genus *Pristimantis*, a genus that is especially diverse on the slopes of the Andes. Two undescribed species in the genus *Hyloscirtus* are morphologically similar and sympatric but occupied different habitats. We also made the first Peruvian collections of the glass frog *Chimerella mariaelenae*, the tree frog *Osteocephalus verruciger*, the iguanid lizard *Enyalioides rubrigularis*, and the leaf litter lizard *Potamites cochranae*, which were previously known from Ecuador and/or Colombia. Likewise, we found a rare marsupial frog, *Gastrotheca longipes*, previously known from just two sites in Peru. The diversity and abundance of species in the higher elevations of the Kampankis range (like *E. rubrigularis* and various species of poison dart frogs) and of species that live in clear, oxygen-rich streams (like glass frogs and *Hyloscirtus* frogs) were very high and indicate a healthy herpetofauna. During the inventory we recorded the yellow-footed tortoise (*Chelonoidis denticulata*) and the rain frog *Pristimantis rhodostichus*, both considered Vulnerable by the IUCN (like *C. mariaelenae*), as well as the smooth-fronted caiman (*Paleosuchus trigonatus*), considered Near Threatened in Peru.
Birds	The Kampankis avifauna is a diverse mix of lowland Amazonian and Andean foothill bird communities. Through field observations and recordings, the ornithological team registered 350 bird species, of which 56 are typically montane; 7 of these have disjunct geographic ranges. We estimate a regional avifauna of 525 species. Because so little was known about the birds of Kampankis prior to our visit, the inventory resulted in range extensions for 75 species. Of these, 26 are mostly known from lowland Amazonian forests and 49 are mostly known from premontane Andean forests. Several rare and little-known species recorded during the inventory—like *Leucopternis princeps, Wetmorethraupis sterrhopteron*, and *Entomodestes leucotis*—are known from very few sites in Peru. The high-elevation habitat 'islands' in Kampankis harbor various bird species that are rare or have restricted distributions or disjunct populations, including *Heliodoxa gularis, Campylopterus villaviscensio, Snowornis subalaris*, and *Grallaria haplonota*. The bird communities we observed during the inventory were in good condition. The intensity of direct human impacts like hunting of large game birds (curassows, tinamous, trumpeters, and guans) was moderate to low, while indirect impacts

(e.g., habitat destruction) were few to none. Various indicators of healthy bird communities—including populations of interior forest birds, large parrots, and raptors—were well represented at the sites we visited. The most intact bird communities we saw were those at the Pongo Chinim and Quebrada Wee campsites. The high diversity and excellent conservation status of bird communities in the Kampankis range make these mountains an excellent conservation opportunity for rare elements of Peru's avifauna.

Medium-sized and large mammals, and bats

The conservation status of the mammal communities we surveyed in the Kampankis Mountains was very good. Via field surveys and interviews with residents we recorded 57 of the 79 species of medium-sized and large mammals believed to occur in the area. The list includes 11 primates, the largest of which (*Ateles belzebuth*, *Lagothrix lagotricha*, and *Alouatta juara*) were quite tame and appeared unaccustomed to seeing hunters. Tracks of both large felids—jaguar (*Panthera onca*) and puma (*Puma concolor*)—were present, and the short-eared dog (*Atelocynus microtis*) was seen on one occassion. Other key results include several sightings of tapir (*Tapirus terrestris*), which indicate a healthy population of this large herbivore, and signs of giant armadillo (*Priodontes maximus*) and giant anteater (*Myrmecophaga tridactyla*). All three species are considered Vulnerable in Peru and globally.

We captured bats on nine nights and recorded 16 of the 103 species expected for the region. Despite the limited sampling in this group, we recorded rare species like *Cormura brevirostris* and *Choeroniscus minor*, which prefer undisturbed forests.

Human communities

The communities in the vicinity of the Kampankis Mountains belong to the Wampis (also known as Huambisa or Peruvian Shuar) and Awajún (Aguaruna) ethnic groups in the Santiago and Marañón watersheds, and to the Wampis and Chapra (also known as Shapra or Chápara) in the Morona watershed. The Wampis and Awajún belong to the Jívaro ethnolinguistic family and share many cultural features, including similar languages. The Chapra belong to a different linguistic family (Candoa) but are culturally similar to the Jívaro. The region has a total population of ~20,000.

Strong cultural ties connect indigenous residents with the Kampankis Mountains. Up until the 1940s and 1950s many people lived in the mountains themselves, in scattered settlements along streams and rivers, as was the Jívaro custom. Later, often with the encouragement of missionaries, residents migrated to denser nuclear settlements along the larger rivers, which were officially recognized by a 1974 Peruvian law as "indigenous communities".

During the rapid inventory we documented a complex system by which local communities manage and protect the region's natural resources. This system is based on ancestral agreements, current cultural practices including small-scale agriculture and subsistence hunting and fishing, and a deep understanding of local biology and ecology. Local

REPORT AT A GLANCE

Human communities (continued)	management encompasses a wide array of natural resources in the Kampankis Mountains and has its foundation in an indigenous concept of property within a culture of reciprocity and mutual support. Examples include the management of Oilbird colonies and the rotating use of fallow fields and other agricultural resources. Communities are also very effective at preventing access to the forest by outsiders. Local management systems are implemented in the Kampankis range based on the jurisdictions of communities, federations, societies, and watersheds. For example, communities near the Peru-Ecuador border have established special agreements to limit the impacts of Ecuadorean hunters and fishermen. We also noted that the complementary gender roles reflected in various aspects of economic and social life contribute to conflict resolution and diplomacy. We found that residents' relationships with the Kampankis Mountains are based on a view of the world in which humans, animals, plants, and other elements of the landscape form groups that are linked to each other by shared networks of social relationships (kinship, alliances, competition, etc.). The mountains also represent a link with residents' ancestors, as sites of visionary experiences in search of *ajutap/arutam* (spirit beings), and a source of spiritual inspiration and knowledge with which to face the future. In this way, the Kampankis Mountains are not only a biodiversity-rich cordillera but also a rich cultural landscape saturated with symbolic meaning for local residents.
Current status	In 2000 the Kampankis Mountains and adjacent lowlands were included in the Santiago-Comaina Reserved Zone (ZRSC). Reserved Zones are a transitory land-use category established by the Peruvian government in places that have a high potential as future protected areas but which lack the information necessary for determining, among other things, the size and type of area to be established. The ZRSC—which overlaps some titled indigenous communities and towns (see map)—encompasses forests that the region's indigenous inhabitants have protected effectively for many years. As a result, indigenous residents are in disagreement with the Reserved Zone and have proposed that it be declared part of Wampis and Awajún territory.
Principal assets for conservation	01 **Effective local management of natural resources by indigenous residents,** and a clear vision of preserving the Kampankis Mountains for future generations 02 **Dynamism among local indigenous residents for self-organizing and for defending their natural resources** 03 **Strong linguistic, cultural, and family identities**
Principal conservation targets	01 **Diverse, rare, and unique biological communities,** especially in the high-elevation portions of the Kampankis range 02 **Well-preserved terrestrial and aquatic ecosystems** in the sites visited by the biological team

	03 Places and species of cultural and spiritual importance for local indigenous peoples **04 Species that are threatened at the national or global level or that have restricted geographic ranges**
Principal threats	**01 Divergent visions of the future and of how to protect the Kampankis Mountains,** and a mutual lack of trust between the Peruvian government and local residents **02 Strong pressure to implement industrial megaprojects in the region** (e.g., large-scale oil and gas development, hydroelectric projects, new highways) **03 Pollution of the region's primary rivers and watersheds by mercury and other impacts of mining,** in addition to the inadequate handling of solid waste and sewage
Principal recommendations	The present-day and historical presence of the Wampis and Awajún peoples in the region and their management of the landscape have proven solid and effective barriers to the pressures that threaten the Kampankis Mountains, and we observed an exceptionally healthy flora and fauna at the sites we visited. Based on the results of the rapid inventory we offer the following recommendations: **01 Recognize and provide legal backing for indigenous management of the Kampankis Mountains,** in order to assure the long-term health and maintenance of the mountains' high cultural, biological, and geological values **02 Capture in writing the existing systems, visions, and practices that indigenous groups use to manage the Kampankis Mountains so that they can be maintained into the future** **03 Exclude oil, gas, and mining development from the region.** This applies to both large-scale and artisanal mining, as well as to other megaprojects that threaten large-scale modifications of the landscape **04 Support the preservation and strengthening of local indigenous cultures** **05 Develop and implement strategies to reduce pollution throughout the Santiago and Morona watersheds**

Why the Kampankis Mountains?

The tectonic collision that created the world's longest mountain range—the Andes—also lifted up a number of smaller outlying ridges in the Amazon lowlands. The Kampankis Mountains are one such range, a knife-thin ridge that rises 1,435 m above the surrounding lowlands, roughly 40 km distant from the eastern cordillera of the Andes. Draped in clouds for much of the year, the Kampankis highlands have weathered long periods of isolation over millions of years.

Today, the Cerros de Kampankis illustrate a different kind of encounter: between the megadiverse flora and fauna of the Amazonian lowlands and exclusively montane elements associated with the neighboring Cordillera del Cóndor. In this spectacular landscape of cliffs, waterfalls, and limestone and sandstone ridges, biologists have documented >560 vertebrate species, including 14 species of fish, amphibians, and reptiles not previously known to science. More than 3,500 plant species are believed to grow in the Kampankis Mountains—including the understory palm whose local name, *kampanak*, gives the range its name—and at least 11 herbs, shrubs, and trees appear to be new to science.

Inhabited for centuries by the Wampis and Awajún peoples, these mountains have for many decades attracted the attention of oil and gas, mining, and timber companies. And while there is a broad consensus among local residents and the Peruvian government that Kampankis is too valuable to sustain a new burst of large-scale extractive industries, there are divergent visions of how to balance the conservation of its biodiversity with residents' deep and long-standing connections to the land.

Our rapid inventory explored both the biological and cultural values of the Cerros de Kampankis landscape, with the aim of ensuring that both kinds of diversity enrich these mountains for generations to come.

Conservation in the Kampankis Mountains

CONSERVATION TARGETS

01 **Diverse, rare, or unusual biological communities**

- An extremely diverse flora and fauna occurring between 250 and 1,435 m elevation;
- Premontane biological communities in the higher portions of the cordillera (>700 m), where we found >20 species of plants, fish, amphibians and reptiles that are new to science or new records for Peru (see below);
- Small 'islands' of low-stature vegetation and premontane floristic elements on exposed sandstone rocks on the highest ridges of the cordillera;
- Plant communities growing on limestone outcrops at 800–900 m elevation, with a floristic composition different from that in other habitats;
- Communities of headwater fish that are especially adapted for living in fast-moving waters, including species that are probably endemic to the Kampankis Mountains

02 **Well-preserved terrestrial and aquatic ecosystems in the sites visited by the biological inventory team**

- Healthy populations of large primates, terrestrial herbivores, curassows, turtles, and other game animals that were not easily spooked by people, indicating low hunting pressure in the Kampankis Mountains;
- Large, healthy populations of the glass frog *Chimerella mariaelenae* (classified as Vulnerable by the IUCN), which belongs to a group of amphibians that has been devastated by disease in many other regions of the Neotropics;
- Healthy aquatic ecosystems and riparian vegetation in headwaters areas

03 **Places and species that are culturally and spiritually important for local indigenous peoples**

- Abundant waterfalls, *purmas* (old abandoned homesites and farm plots), cemeteries, and other landscape features that have high spiritual and cultural value for local residents;
- A landscape that is inscribed with historical incidents remembered by current residents about their ancestors, and connected via old trails that help to

maintain strong family and cultural ties among communities on the Santiago and Morona rivers;

- A landscape populated by mythical figures and places that are important to the region's indigenous peoples;
- Plant and animal species that are culturally important for local residents (e.g., *toé*, *ayahuasca*, oilbirds, white-fronted capuchins, jaguars, crabs);
- High-elevation fish species (e.g., characids, loricarids) eaten in traditional foods such as *patarashca*

04 Places and species used by local indigenous peoples

- Well-preserved populations of useful plants (i.e., plants used as food, as medicine, or for construction);
- Populations of valuable timber trees including tropical cedar (*Cedrela odorata*), *tornillo* (*Cedrelinga cateniformis*), *marupá* (*Simarouba amara*) and various species in the genus *Ocotea*;
- Healthy populations of game animals;
- Populations of stream fish, many of them used for food;
- Healthy populations of the game fish black prochilodus (*Prochilodus nigricans*) showing little fishing pressure;
- At least six caves in the Kampankis Mountains housing colonies of Oilbirds (*Steatornis caripensis*), whose chicks are a seasonal source of food (IBC and UNICEF 2010)

05 Globally or nationally threatened species

- Plants: *Ceroxylon amazonicum* (EN), *Cedrela odorata* (VU), *Elaeagia pastoensis* (VU), *Rustia viridiflora* (VU), *Trianaea naeka* (VU), *Wettinia longipetala* (VU);
- Mammals: *Ateles belzebuth* (EN), *Pteronura brasiliensis* (EN), *Lagothrix lagotricha* (VU), *Leopardus tigrinus* (VU), *Myrmecophaga tridactyla* (VU), *Priodontes maximus* (VU), *Tapirus terrestris* (VU);
- Amphibians: *Pristimantis katoptroides* (EN), *Chimerella mariaelenae* (VU), *Pristimantis rhodostichus* (VU);

- Reptiles: *Chelonoidis denticulata* (VU), *Paleosuchus trigonatus* (NT);
- Birds: *Ara chloropterus* (VU), *Ara militaris* (VU), *Mitu salvini* (VU), *Pithys castaneus* (VU), *Wetmorethraupis sterrhopteron* (VU)

06 Species that appear to be new to science

- Plants: approximately 11 species of trees, shrubs, terrestrial herbs, and epiphytes in the genera *Epidendrum* (Orchidaceae), *Gyranthera* (Malvaceae), *Lissocarpa* (Ebenaceae), *Lozania* (Lacistemataceae), *Salpinga* (Melastomataceae), *Vochysia* (Vochysiaceae), and *Kutchubaea, Palicourea, Psychotria, Rudgea*, and *Schizocalyx* (all Rubiaceae);
- Fish: six apparently undescribed species in the genera *Lipopterichthys, Creagrutus, Astroblepus, Hemigrammus*, and *Chaetostoma*;
- Amphibians: seven apparently undescribed species, including three *Pristimantis* and two *Hyloscirtus*

07 Species not recorded to date in other regions of Peru

- Plants: eight species previously known only from Ecuador or Colombia, including the canopy tree *Gyranthera amphibiolepis* (Malvaceae);
- Amphibians and reptiles: the glass frog *Chimerella mariaelenae*, the tree frog *Osteocephalus verruciger*, the red-throated wood lizard *Enyalioides rubrigularis*, and Cochran's leaf-litter lizard *Potamites cochranae*, previously known only from Ecuador and/or Colombia

08 Other species that have small geographic ranges or are restricted to the area

- Andean bird species with isolated, restricted geographic ranges (*Campylopterus villaviscencio, Heliodoxa gularis, Grallaria haplonota, Wetmorethraupis sterropteron, Snowornis subalaris, Epinecrophylla leucophthalma*);
- Plant and animal species that may be endemic to the 'islands' of premontane habitat at the highest elevations of the Kampankis range;
- Undescribed species (see above), some of which may be endemic to the Kampankis Mountains

09 Environmental services and carbon stocks

- A source of clean water for communities on tributaries of the Santiago, Morona, and Marañón rivers;
- Important above- and belowground carbon stocks typical of a rich tropical forest

10 Source areas of plant and animal populations

- A source of seeds for timber trees and other useful plants;
- Climate change refuges (forested slopes from lowlands to 1,435 m) and reproductive safe havens for game animals

ASSETS

01 A clear vision among local indigenous populations of preserving the Kampankis Mountains for future generations

- Recognition that natural resources in the Kampankis range could disappear without the necessary care;
- Effective local management of natural resource use
  - Delimited areas and traditional practices ('indigenous zoning') with different intensities of forest use (e.g., non-permanent shelters in the headwaters; controlled access to and use of natural resources);
  - Communal regulations and penalties to ensure they are respected;
  - A Shuar system of territorial management and zoning in Ecuador and agreements among indigenous federations to manage the Kutukú and Kampankis Mountains in a coordinated fashion;
  - Low levels of fishing in the headwaters;
  - Traditional management of Oilbird caves;
- Titled indigenous communities that surround the Kampankis Mountains and protect against large-scale overuse of resources by outsiders;
- A network of old trails that maintain ties between the Santiago and Morona watersheds, and facilitate management and patrolling of the area;
- Spiritual traditions of respect for all living beings in these mountains

02 The capability of local indigenous populations to organize themselves in defense of their natural resources

- Fierce cohesion of the Awajún and Wampis peoples in the face of external threats

03 A strong linguistic, cultural, and familial sense of identity

- Formal schooling in indigenous languages from an early age;
- A willingness to adapt indigenous languages to the challenges of the modern world;
- Strong and ancient family ties between the Santiago and Morona watersheds

Assets (continued)

04 Indigenous concepts of environmentally friendly development

- Low levels of consumption and a modest need for money;
- A subsistence economy based on reciprocity

05 Landscapes and plant and animal species with high value for tourism

01 **Divergent visions of the future and protection of the Kampankis Mountains and a mutual lack of trust between the Peruvian government and local populations**

02 **Interest in large-scale extraction and other development projects in the area**

- An oil and gas concession (lot 116) that overlaps the entire Kampankis range;
- An oil company's interest in building a new pipeline near the Morona River;
- Increasing gold mining activity in the large rivers and their tributaries and a consequent increase in mercury pollution at the watershed level;
- Plans to build 20 hydroelectric dams on the Marañón River (Decreto Supremo no. 020-2011-EM), including a large dam at the Manseriche Gorge;
- Controversies and social unrest spurred by developments in oil and gas, mining, and timber concessions;
- The fact that under Peruvian law hydrocarbons can be exploited in Communal Reserves;
- Peru's new forestry and wildlife legislation (Law no. 29763), which legalizes small timber concessions;
- Plans to develop a 'fluvial highway' on the Marañón River, running from Manaus and Iquitos to Puerto Morona in Ecuador

03 **Existing and planned highways**

- A projected highway (*el quinto eje vial*) intended to link the Peruvian town of Saramiriza and the Ecuadorean town of Méndez;
- The paved Méndez-Morona highway that traverses the Cordillera de Kutukú in Ecuador, providing access to the Kampankis range, and colonist settlements along the highway

04 **Demographic pressures and outside influences**

- Vigorous population growth in some indigenous communities in the region, which could put subsistence economies (self-reliance) under pressure;
- Constant and mounting pressure to 'develop' in a manner imposed by outsiders, and to accumulate money;

- Illegal loggers and some communities that allow them to extract from their forests (especially in the Morona watershed and near the Manseriche Gorge);
- Demand for bushmeat from military bases, markets in Ecuador, and others

05 **Disregard of the communal regulations that govern natural resource use**

- Evidence of fishing with the toxic plant *Lonchocarpus utilis* in aquatic ecosystems of headwaters regions;
- Tolerance of illegal hunting by Ecuadorean Shuar relatives

06 **Water pollution from sewage of Ecuadorean cities, riverside communities, mining operations on the Ecuadorean side of the Santiago River and its tributaries, and other sources**

07 **Scarcity of fish in the Santiago and Marañón rivers**

RECOMMENDATIONS

The Kampankis Mountains merit special protection for several reasons: their unique and megadiverse biological communities, their striking landscape and geology, the culturally and spiritually important landscape features they harbor, and the strong ties that bind the identities of local indigenous populations to the forest.

Serious threats jeopardize this rich landscape (see above). The historical and current presence of Wampis and Awajún peoples in the region and their management of the landscape have effectively resisted these threats, as indicated by the healthy flora and fauna we observed during our inventory.

We recommend that the presence and management of local indigenous groups be legally recognized and supported in order to ensure the long-term health of the Kampankis Mountains and their priceless cultural, biological, and geological assets.

In view of the region's importance and fragility, we offer the following recommendations:

01 **Prohibit oil, gas, and mining development (both formal and informal), as well as other megaprojects that threaten large-scale alterations to the landscape of the Kampankis range**

02 **Strengthen opportunities for dialogue between the Peruvian government and indigenous peoples:**

- To establish a shared vision for protecting the Kampankis Mountains;
- To encourage the government to consider giving priority to local indigenous peoples in the establishment of tourism or conservation concessions, or future concessions of other kinds (e.g., carbon concessions), so that indigenous communities are direct beneficiaries;
- To encourage the government to no longer promote initiatives to colonize indigenous lands and border areas

03 **Put into writing the systems indigenous residents have developed for using and managing the Kampankis Mountains, including indigenous practices and the indigenous vision of the landscape**

- Strengthen and enforce existing regulations established in communities and watersheds to protect the environment;
- Produce maps that illustrate the zones of the Kampankis Mountains that indigenous communities have designated for different uses and different intensities of use (e.g., hunting, fishing, and logging grounds, areas for permanent settlements and temporary shelters, conservation zones);
- Develop and implement a communal system of patrols, support existing patrols, and support these initiatives over the long term;
- Limit hunting of bushmeat to local consumption only

04 Strengthen local indigenous cultures so that their persistence is ensured

- Incorporate material about the Kampankis Mountains and their importance into elementary and middle-school education;
- Design and establish schools that offer opportunities for intercultural learning and help strengthen traditional cultures, such as the Arutam bilingual intercultural middle school in Boca Chinganaza;
- Recognize, strengthen, and publicize local systems and regulations governing the protection and management of the region;
- Keep local leaders and the broader population well informed about the impacts (on nature, society, and economy) of large logging, oil and gas, and mining concessions;
- Promote economic activities that are in harmony with the principles of *tarimat* (Wampis) or *tajimat* (Awajún), i.e., activities that are compatible with local cultures, economies, and nature;
- Explore alternative projects to improve quality of life and reduce pressure on natural resources (e.g., fish farms with native species, cacao in existing agroforestry systems)

05 Establish ties and common strategies among local indigenous communities and communities in neighboring areas for managing forests

- Strengthen bonds, facilitate exchanges, and share information and assets with Shuar communities in Ecuador, especially those around the Cordillera de Kutukú;
- Coordinate management strategies between the Kampankis Mountains (to the north of the Manseriche Gorge) and the Manseriche Mountains (to the south)

06 Seek opportunities for cooperation with the Peruvian military and with military bases in the region, to help conserve the area

- Open a dialogue regarding logistical help for patrolling duties;
- Prohibit military bases from hunting and buying bushmeat

07 Design and implement systems to manage solid wastes and sewage with the goal of reducing pollution throughout the Santiago and Morona watersheds

- Design and implement programs that use appropriate technologies to process solid wastes and treat sewage in all communities;
- Publicize the information collected by the Peruvian Health Ministry as part of periodic monitoring of water quality in the region's rivers;
- Develop and implement school programs and materials that emphasize the importance of adequate trash management

08 Document the current status of local fisheries, especially in the Santiago and Marañón, and identify key variables and species to monitor

Technical Report

REGIONAL PANORAMA AND SITES VISITED

Authors: Nigel Pitman, Mark Johnston, Jon Markel, Ernesto Ruelas Inzunza, Robert Stallard, Corine Vriesendorp, Alaka Wali, and Vladimir Zapata

REGIONAL PANORAMA

The eastern slopes of the Peruvian Andes, one of the most biologically diverse landscapes on Earth, extend for >1,500 km from the Bolivian border in the southeast to the Ecuadorean border in the north. At the northern tip of this crescent-shaped area a series of mountain ranges have been uplifted to the east of the main cordillera, from which they are separated by deep valleys. These outlying ranges include the Cordillera del Cóndor, the Kampankis (also known as the Campanquíz or Campanquis) Mountains, the Cordillera de Kutukú (an extension of the Kampankis to the north, also known as the Cutucú), and the Manseriche Mountains (an extension of the Kampankis to the south; Fig. 2C).

The tallest and most extensive of these ranges is the Cordillera del Cóndor, which straddles the Peru-Ecuador border and reaches a maximum elevation of ~2,900 m. The Cóndor's steep eastern slopes are drained by whitewater streams that cascade down rapids and waterfalls before emerging onto the lowlands at the base of the mountains, where elevation bottoms out at <200 m and the Santiago meets the Marañón as a meandering lowland river. But these rivers are not free of the Andes yet. Between them and the Amazon basin proper lies another mountain range: the Kampankis, a thin ridge that runs north to south for almost 200 km, trapping the two rivers in a miniature basin. That basin has only one exit: the narrow and notoriously dangerous Manseriche Gorge, through which the Marañón finally emerges onto the broad Amazonian plain (Fig. 2C).

The Cordillera del Cóndor has been the focus of several inventories of plants and animals dating back more than 30 years (Table 1). By contrast, the Kampankis, Kutukú, and Manseriche mountains have received relatively little attention. Likewise, the Santiago and Morona river basins have also been sparsely explored by biologists. Given the enormous area covered by these ranges and basins—more than three million hectares combined—and the relatively small number of studies to date, the entire landscape should be considered as very incompletely studied.

Table 1. Publications describing biological inventories in the Cóndor, Kutukú, and Kampankis mountain ranges. No column is provided for the Manseriche Mountains because we know of no publications based on biological inventories there.

Taxonomic group	Cordillera del Cóndor	Cordillera de Kutukú	Kampankis Mountains
Plants	Palacios 1997; Foster et al. 1997; Baldeón and Epiquien 2004; Neill 2007; Rodríguez Rodríguez et al. 2009; Vásquez Martínez et al. 2010	Some unpublished data; see the Flora and Vegetation chapter	Some unpublished data; see the Vegetation and Flora chapter
Fishes	Barriga 1997; Ortega and Chang 1997; Rengifo and Velásquez 2004		
Amphibians and reptiles	Almendáriz et al. 1997; Torres Gastello and Suárez Segovia 2004	Duellman and Lynch 1988; Chaparro et al. 2011	J. Cadle and R. McDiarmid, unpublished data; Dosantos 2005
Birds	Schulenberg et al. 1997; Ágreda 2004; Mattos Reaño 2004	Robbins et al. 1987	Dosantos 2005
Mammals	Berlin and Patton 1979; Patton et al. 1982; Vivar and Arana-Cardó 1994; Albuja et al. 1997; CI 2000; Mena Valenzuela 2003; Vivar and La Rosa 2004	Zapata-Ríos et al. 2006	Dosantos 2005

Helping fill these lacunae was a primary goal of our rapid inventory of the Kampankis Mountains in August 2011. While we also hoped to assess how similar the flora and fauna in the Kampankis Mountains are to those of the Cóndor and adjacent ranges, the fragmentary character of exploration in the region to date—and the fact that inventories have been carried out at different elevations, at different sampling intensities, and during different seasons—mean it is still too early to effect rigorous comparisons, even for the best-studied taxonomic groups.

Elevation and geographic isolation of the Kampankis Mountains

The study area of the rapid biological inventory corresponded closely with the boundaries of the 398,449-ha Santiago-Comaina Reserved Zone, extending from the Santiago River in the west to the Morona River in the east and from the Peru-Ecuador border in the north to the Manseriche Gorge in the south (Figs. 2A, 2B).

But while most of the Santiago-Comaina Reserved Zone consists of lowland forests at elevations of 200–300 m, we focused our efforts on the higher portions of the landscape: the Kampankis Mountains (Figs. 2A, 2B, 14). All four campsites visited during the inventory were located at the foot of the Kampankis range, at elevations between 300 and 400 m, which allowed us to sample both lowland and montane habitats.

Although we did not sample the lowest elevations (200–300 m) that comprise most of the Santiago-Comaina Reserved Zone (Fig. 14; Table 2), the lowland forests we studied at 300–400 m are expected to be broadly similar to lower-elevation forests nearby. There are exceptions to this premise, however. For example, habitats that only occur on the regional landscape at <300 m and that we were thus not able to sample effectively during the inventory include large rivers, low-gradient and muddy-bottomed streams, palm swamps and other large wetlands, floodplain forests, and disturbed areas around human communities. On the one hand, these habitats contain a significant number of plant and animal species that are not present at higher elevations on the landscape and that we did not record during the rapid inventory. On the other hand, experience suggests that most of those species are shared with lowland forests elsewhere in Loreto, Amazonas, and eastern Ecuador, and are thus not what make the biodiversity of the Kampankis range and the Santiago-Comaina Reserved Zone special.

What makes the biodiversity of Kampankis special is the fact that these mountains reach elevations high enough to provide the cold, wet, and cloudy conditions under which the hyperdiverse flora and fauna of the

Figure 14. Most of Peru's Santiago-Comaina Reserved Zone occurs at elevations below 300 m, but this rapid inventory focused on its never-before-studied higher elevations: the Kampankis Mountains. In this graph, dark gray bars indicate how much of the Reserved Zone's 398,449 ha lie at different elevations. The drawing in light gray is a visual aid to illustrate the terrain in and around the Kampankis range.

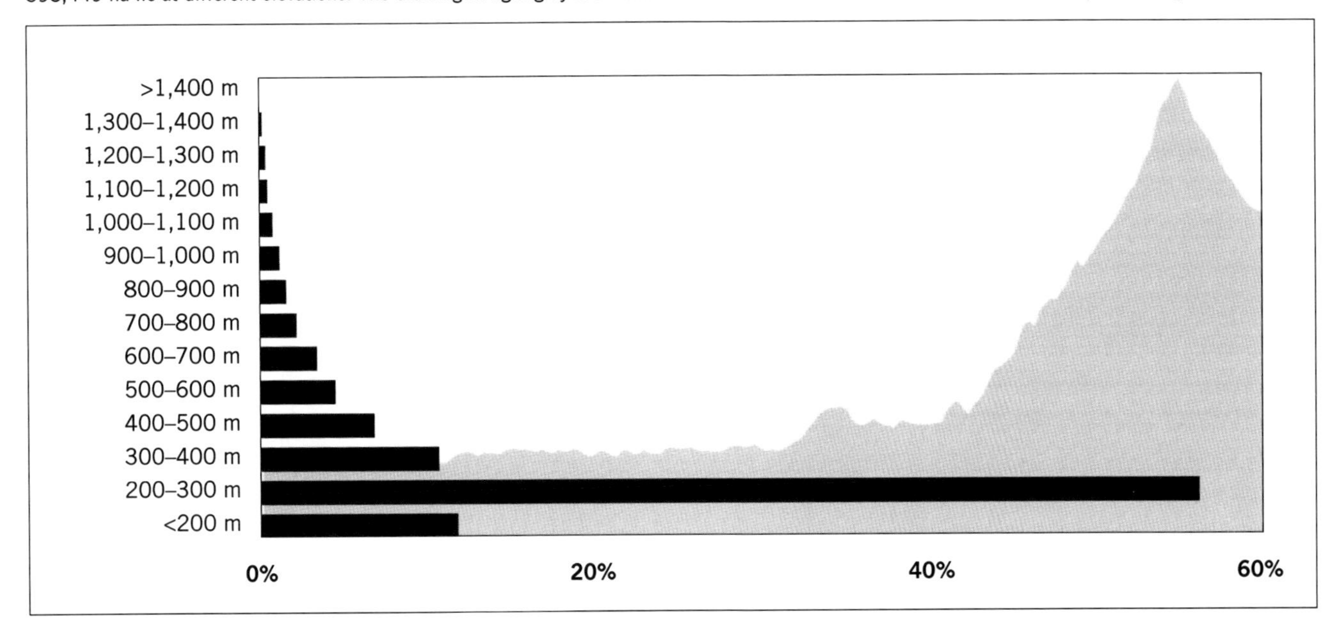

Amazonian lowlands are replaced by the hyperdiverse flora and fauna of the wet Andes.

Three things are worth noting about the Kampankis range in this respect:

01 While the peak elevations in the Kampankis range (1,435 m) are high enough for most plant and animal groups to exhibit obvious compositional turnover from lowland to montane taxa, they are much lower than the highest elevations in the Cordillera del Cóndor (~2,900 m) and the highest elevations in the closest portions of the Andean range (>3,000 m).

02 The highest portions of the Kampankis range are extremely small, and mostly concentrated in its southern half. Fewer than 8,000 ha lie above 1,000 m elevation and fewer than 1,000 ha lie above 1,300 m (Fig. 14, Table 2).

03 The highlands of the Kampankis Mountains are very much isolated from the highlands of adjacent mountain ranges, the closest of which are ~40 km to the west in the Cordillera del Cóndor (Figs. 2C, 15). In other words, a frog that is adapted to the climatic conditions of the Kampankis highlands is separated from other populations of the same species in the Cordillera del Cóndor by a deep gulf of inhospitable lowland forest habitat that it cannot conceivably cross.

These three considerations make it helpful to think of the Kampankis highlands as a series of tiny islands, located 40 km off the coast of a large and diverse continent (the Cordillera del Cóndor and the Andean range), with which they share some but not all habitat types. And since these sky islands are so distant from the metaphorical mainland, it is worth considering how that frog (and all the other montane taxa that inhabit the Kampankis highlands) got where it is today. Of course, some animals—like large birds, bats, and moths—are capable of flying across the Santiago River valley and thus capable of transferring seeds, spores, and other animals from one mountain range to another. Other, much smaller animals are surely blown between ranges now and then by especially violent storms—as are the pollen, seeds, and spores of some plants. The Kampankis thus exchanges a sporadic flow of plants, animals, and propagules with the Cordillera del Cóndor. Even if these species only move from one range to the other very rarely, their populations are not as biologically isolated as the distance between them suggests.

Figure 15. As shown by the digital elevation model map on the left, Peru's Kampankis Mountains are separated from the neighboring Cordillera del Cóndor by the broad lowland valley of the Santiago River. This means that high-elevation portions of the Kampankis range (>1,000 m) are essentially tiny islands, isolated from similar elevations in the Cóndor by roughly 40 km (topographic map on the right). In both maps, higher elevations are darker.

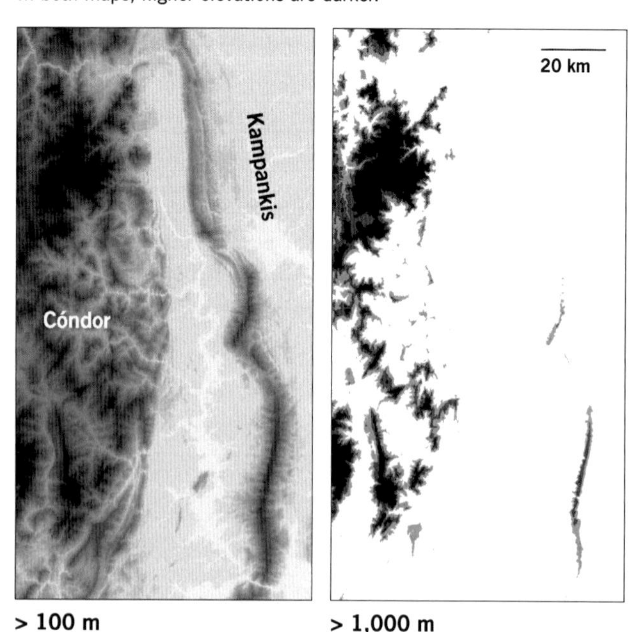

But a large number of montane plant and animal species that inhabit the Kampankis range today are not capable of traveling, actively or passively, across the Santiago River valley. Indeed, this is probably the case for most fish, amphibians, reptiles, and woody plants restricted to higher elevations in the Kampankis Mountains. How did those species get where they are today?

There several potential answers to that question. For example, it is important to note that the Santiago River valley has not always enjoyed the warm, lowland climate it has today. Twenty-one thousand years ago, during the last glacial maximum, mean temperatures in tropical South America are believed to have been 4–5°C cooler than they are today (Bush et al. 2001). This means that the Santiago River valley at that time had a mean temperature very similar to the one that currently prevails in the highest portions of the Kampankis Mountains. (The modern adiabatic lapse rate of 5.2°C per 1,000 m elevation means that the highest parts of the Kampankis range should have temperatures ~6°C cooler than the lowest parts of the Santiago River valley, all else being equal.) In other words, the plant and animal species that are currently restricted to the cooler, higher portions of the landscape have historically (and repeatedly, during the cooler portions of multiple glacial cycles) descended into the lower portions of the landscape, where populations from the Kampankis and Cóndor were in direct contact. When temperatures rose after the last glacial maximum, the populations in the valley migrated upslope and were separated once again. Thus, what today appears to be an inhospitable geographic barrier between the Kampankis and Cóndor ranges (the Santiago River valley) has instead been a much-traveled bridge connecting the two.

A second answer to the question is that some species that currently inhabit the Kampankis Mountains may have evolved there during periods of isolation from conspecific populations in the Cordillera del Cóndor (e.g., Roberts et al. 2007). It is possible that species that are endemic to the Kampankis range—potential examples of which are highlighted in the plant, fish, and herpetology chapters of this report—may have evolved in Kampankis and not yet migrated to other areas, or survived in Kampankis as remnant populations while their conspecifics underwent radiations or went extinct elsewhere. This remains highly speculative, however, since the region remains too poorly inventoried to establish with confidence yet which species in the Kampankis occur nowhere else.

The third answer to the question of how montane species reached the Kampankis highlands is that a small proportion may have been carried there by people. Indigenous peoples have a long history of transferring useful plants and animals outside their original ranges, and during the inventory we noticed that some of the local residents who accompanied us carried seeds and seedlings back to their communities. Given that many of the plant species in the Kampankis are used by local communities (see the Vegetation and Flora chapter and Appendix 9), it is likely that a handful of the plants growing in Kampankis today were planted there by ancient travelers who brought them back from trips to nearby mountain ranges.

Geology, soils, and streams

The geology of the Kampankis Mountains is well known, thanks to a long history of geological studies carried out as part of oil and gas exploration. A detailed treatment of the area's geology, soils, and streams is provided in the chapter Geology, Hydrology, and Soils. What follows is a thumbnail sketch.

The Kampankis Mountains are a deformation of the lowland Amazonian basin—an upward-bending fold of bedrock known as an anticline (Fig. 17)—that first began rising 10 million years ago and then rose rapidly at 5–6 million years ago (Kennan 2008). This makes the Kampankis a significantly younger structure than the Andes and the Cordillera del Cóndor, which experienced rapid uplift 10–12 million years ago. Modern earthquake distributions indicate that the Kampankis Mountains and adjacent areas are no longer rising (Rhea et al. 2010).

But while the Kampankis is younger than the mountain ranges to the west, many of the geological formations involved by the Kampankis anticline and exposed on the surface there are the same age (and the same formations) as those found on the eastern slopes of the Cordillera del Cóndor, and those in the Kutukú and Manseriche mountains. In the Kampankis, these sedimentary formations range in age from the Jurassic (160 million years ago) through the Neogene (5 million years ago), have marine and continental origins, and include sandstones, limestones, mudstones, and siltstones.

Due to the shape of the Kampankis anticline and the subsequent erosion of its highest portion, geological formations on the modern landscape form narrow strips that run parallel to the Kampankis ridge (Fig. 17). A person walking uphill from the base of the Kampankis to its peak thus crosses a succession of geological formations. In the southern portion of the range, where the oldest geological formations have been exposed by erosion at the highest elevations, formations increase in age with increasing elevation.

The several different kinds of geological formations exposed in the Kampankis Mountains weather in different ways and at different rates, and have generated soils that vary from sandy and poor in nutrients to clayey and rich in nutrients. In addition, faults along the base of the mountain range may bring salty water or sediment to the surface from deeply buried formations (Fig. 17). These salty areas form salt licks, locally called *collpas*, that attract a variety of animals. While this results in a spatially heterogeneous mosaic of soil types on the landscape, most soils we saw during the rapid inventory were clayey and relatively fertile, and very poor soils seemed rare. Caves formed in the limestone formations represent an important habitat (e.g., for Oilbirds and bats) that was not explored in this inventory.

Stream chemistry reflected a similar pattern. Most water samples collected during the rapid inventory were close to neutral and had intermediate conductivities, and the only blackwater streams we saw were tiny creeks. Data on the water chemistry of various streams and rivers sampled during the rapid inventory are provided in Fig. 18 and Appendix 1.

Climate

High-quality climatic data are not available for the Kampankis Mountains, for the Santiago-Comaina Reserved Zone, or for the larger region of northwestern Peru in general. In their absence, we examined three records: 1) temperature and rainfall data from some scattered weather stations that operated in the region for a few years in the 1960s (ONERN 1970); 2) five years of temperature data collected from 2006 to 2011 at a currently operating weather station at Santa María de Nieva, located ~50 km to the southwest of the Manseriche Gorge, at 227 m elevation (Fig. 2D; data available at *http://www.senamhi.gob.pe*); and 3) temperature and rainfall predictions from a 1-km grid climate surface known as the WorldClim database (data available at *http://www.worldclim.org*; Hijmans et al. 2005). We also looked through a series of 12 satellite images of the region taken in 2010–2011 to make qualitative observations on the distribution of cloud cover.

As expected for a location near the equator and near the base of the Andes, these datasets indicate that the climate of the Kampankis Mountains and surroundings is wet and aseasonal. Aseasonal in this context means that the region lacks a strong or well-defined dry season and that no single month averages <100 mm of precipitation. Annual mean rainfall recorded at scattered weather stations in the 1960s ranges from 2,233 to 3,455 mm (ONERN 1970), and is estimated by the WorldClim dataset as falling between 2,000 and 3,000 mm for the Santiago-Comaina Reserved Zone. Maps of the WorldClim data show the highest portions of the Kampankis range receiving slightly higher mean annual rainfall (2,700–3,000 mm) than the surrounding lowlands (approximately 2,500 mm). Likewise, satellite images of the region show more cloud cover on the highest portions of the landscape.

The WorldClim data also suggest that our study area lies in the middle of a striking rainfall gradient that ranges from drier to the south and east and wetter to the north and west. For example, the Cordillera del Cóndor is not only much higher than the Kampankis Mountains; it is also receives more rainfall (annual mean of >3,450 mm).

According to the WorldClim dataset, average annual temperature in the lowland portions of the Santiago and Morona river valleys is 25.5–27°C. The corresponding mean for the highest elevations in the Kampankis range is 22.5–24°C. In the 12 months preceding our rapid inventory the maximum temperature recorded at Santa María de Nieva was 36.3°C (November) and the minimum 17.3°C (July). Based on the adiabatic lapse rate (i.e., the linear relationship that describes how temperature declines with increasing altitude), this implies minimum and maximum temperatures at the highest elevations of the Kampankis range of 11°C and 30°C, respectively, for that period. While this maximum value agrees well with that of the WorldClim dataset, the minimum is about 5°C lower than WorldClim's. This is probably because the highest elevations of the Kampankis range cover such a tiny area that they are lumped with lower elevations in WorldClim's 1-km grid.

A more careful description of the region's climate remains a priority.

Human communities

The Awajún, Wampis, and Chapra peoples who live in and around the Kampankis Mountains have a long history in this region. Archaeological evidence indicates that the area was occupied at least 4,000 years ago by people who made ceramic artifacts and farmed crops (probably manioc [*Manihot esculenta*]; Rogalski 2005). Despite the enormous changes these indigenous groups have seen in the landscape and in their way of life during centuries of contact with European colonists and, more recently, with modern Peruvian society, they have managed to maintain traditional knowledge about the use and management of natural resources, cultural practices associated with their unique view of the world, and their own languages. This report contains two detailed chapters on indigenous communities: one describing the organization and cultural assets of the communities visited by the social team (see the Communities Visited chapter), and one on the use of resources in the Kampankis Mountains and leading economic activities in the region (see the Resource Use and Traditional Ecological Knowledge chapter).

The population of the area surrounding the Kampankis Mountains is approximately 19,000, including indigenous people (Awajún, Wampis, Chapra, and Shawi) and colonists (Fig. 2D, Appendix 12). On the Santiago River there are 54 Awajún and Wampis communities with a total population of 11,720. In the portion of the Marañón near the Manseriche Gorge (known locally as the Sector Marañón), there are five Awajún communities with a total population of 891. On the Morona River there are 25 Wampis, 12 Chapra, 2 Awajún, and 6 Shawi communities, with an approximate population of 4,417. The Chapra belong to the Candoa ethnic group and have links with the Candoshi people of the Pastaza River, while the Awajún and Wampis belong to the Jivaroa linguistic family and have links with the Shuar of Ecuador and the Achuar (see the Communities Visited chapter). The Shawi belong to the Cahuapana linguistic family and occupy six communities on the lower Morona. They are not discussed in detail in this report because the closest Shawi community is >30 km from the Kampankis Mountains.

The most common lifestyle is small-scale agriculture accompanied by hunting, fishing, and crop-trading in regional markets. The Awajún and Wampis peoples maintain very strong cultural and spiritual links with the Kampankis Mountains ranges. There are large expanses of healthy forest in and around titled communities. Communities have their own systems to manage and protect these forests, and they work together to protect the Kampankis Mountains and their surroundings.

Table 2. Number of hectares protected at different elevations in three conservation areas in northwestern Amazonian Peru. The numbers are from an analysis of the SRTM digital elevation model at 90-m resolution. The largest coverages at each elevational range are marked in gray. The numbers corresponding to the Kampankis Mountains are in bold type.

Elevation above sea level	Ichigkat Muja-Cordillera del Cóndor National Park	Tuntanain Communal Reserve	Santiago-Comaina Reserved Zone
>2,500 m	83	–	–
2,000–2,500 m	4,806	209	–
1,500–2,000 m	25,029	3,990	–
1,000–1,500 m	36,245	29,658	**7,713**
500–1,000 m	11,703	52,114	**51,358**
<500 m	9,104	9,019	339,217

Social and cultural information about these populations are available from a variety of sources, as well as ethnographic works and writings and speeches by Awajún and Wampis leaders. Especially notable are a 2005 report by the Interethnic Association for the Development of the Peruvian Amazon (AIDESEP; Rogalski 2005); an ethno-historical mapping project led by the Peruvian NGO Instituto del Bien Común (IBC) and UNICEF (IBC and UNICEF 2010); and the mapping of native community territories along the Morona River by IBC's Native Communities of the Peruvian Amazon Database (SICNA) project.

Conservation landscape

After a long-standing and periodically violent border dispute centering on the Cordillera del Cóndor area, Peru and Ecuador signed a peace accord in 1998. Part of the accord stipulates that national parks, also known as 'peace parks,' be created on either side of the border.

In Ecuador there are now two protected areas, both tiny: El Cóndor Biological Reserve (2,440 ha, created in 1999), and El Quimi Biological Reserve (9,071 ha, created in 2006). In addition, the large Shuar Arutam Indigenous Territory (165,631 ha) encompasses 47 communities and functions as a conservation unit without formal recognition from the government, but with explicit management by the Shuar peoples.

In Peru, two conservation areas were established in 2007: Ichigkat Muja-Cordillera del Cóndor National Park (88,477 ha) and the Tuntanain Communal Reserve (94,967 ha; Fig. 2D). Controversy continues to surround the declaration of Ichigkat Muja, shortly before which the government decided to replace half of the area originally proposed as park with mining concessions. A third area, the Santiago-Comaina Reserved Zone (398,449 ha, originally created in 2000 and modified in 2007), now encompasses the mountain range surveyed during our inventory, the Kampankis Mountains (Figs. 2B, 2D). Reserved Zones are a transitory category that indicates the Peruvian government's interest in establishing a future conservation area.

While these three Peruvian protected areas are relatively close to each other, they protect very different types of habitats (Table 2). Ichigkat Muja-Cordillera del Cóndor National Park protects some of the highest elevations in the region; most of its area is above 1,000 m. Tuntanain mostly protects intermediate elevations between 500 and 1,000 m. The Santiago-Comaina Reserved Zone, by contrast, is mostly a lowland area, approximately 85% of which is below 500 m.

The Tuntanain Communal Reserve is the closest protected area to the sites we visited during the rapid inventory, located on the eastern slopes of the Cordillera del Cóndor, just 25 km across the Santiago River valley from the Kampankis range (Fig. 2D). While very few biological inventories have been carried out in Tuntanain to date (C. Gálvez-Durand, pers. comm.), geological and topographical maps suggest that ecosystems there may be broadly similar to the ones we visited in Kampankis. It may even be the case that Tuntanain harbors a more diverse biota in a much smaller area; based on its elevational distribution it should contain most of the species we saw in Kampankis plus a suite of higher-elevation taxa that are not present in Kampankis. Biological inventories of Tuntanain and a careful comparison of the results with those reported here are needed to test these very preliminary ideas and to manage the Communal Reserve's biodiversity effectively.

The non-governmental organization Nature and Culture International in Chachapoyas, Peru, is currently pursuing a private conservation initiative with the Yutupis indigenous community on the Santiago River (M. McColm, pers. comm.). If successful, an *Área de Conservación Privada* measuring ~23,000 ha would extend from the western bank of the Santiago at Yutupis along the Yutupis River to the border with the Tuntanain Communal Reserve, encompassing four satellite communities, or *anexos* of the Yutupis community (Shiringa, Achu, Nueva Jerusalén, and Alto Yutupis).

Other protected areas in Peru probably represent important corridors for plants and animals living in the Kampankis Mountains (Fig. 2D). An archipelago of protected areas stretches southward along the eastern slopes of the Andes, including the Alto Mayo Protection Forest (182,000 ha; established 1987), Río Abiseo National Park (274,520 ha; 1983), the Cordillera Escalera Regional Conservation Area (148,870 ha; 2005), and Cordillera Azul National Park (1,353,190 ha; 2001). To the east of the Kampankis Mountains a vast wetland stretches across thousands of hectares. Known informally as the Pastaza alluvial fan, it is recognized as a Ramsar site but has no formal protection within Peru.

SITES VISITED BY THE SOCIAL TEAM

During the period 2–21 August 2011 the social team visited eight indigenous communities on the Marañón, Morona, and Kangasa rivers (Chapis, Ajachim, Nueva Alegría, Borja, Capernaum, Saramiriza, Puerto América, and San Lorenzo), as well as four Wampis communities on the Santiago River (Puerto Galilea, Chapiza, Soledad, and Papayacu). In 2009 a small group visited the Chapra indigenous community Shoroya Nueva and two Wampis indigenous communities (San Francisco and Nueva Alegría) on the Morona River (Figs. 2A, 2B, 22).

Results from both the 2009 and 2011 visits, as well as an in-depth treatment of the communities visited, are provided in two chapters of this report: Communities Visited: Social and Cultural Assets, and Resource Use and Traditional Ecological Knowledge.

SITES VISITED BY THE BIOLOGICAL TEAM

During the period 2–21 August 2011 the biological team visited four sites in the foothills of the Kampankis Mountains. While all of the camps were located between 300 and 365 m elevation, our field work focused on the higher terrain between the campsites and the top of the cordillera (Fig. 16). At three of the sites we established small overnight shelters near the top of the range to facilitate inventory work at the highest elevations.

The following features were present at all four campsites:

- Hilly terrain with mostly clayey soils
- Exposed limestone and sandstone outcrops inside the forest and far from streams, including exposed cliffs >20 m high
- Active or recent landslides
- Shallow clearwater streams running over boulders topped with rheophytic plants (plants adapted to life in fast-flowing waters)
- Small areas at the highest elevations, often in narrow strips along exposed ridges or cliff edges, where the ground was covered with a thick, spongy root mat that was suspended up to 1 m above the substrate
- Large natural clearings in the forest where stands of the treelet *Duroia hirsuta* grow (these clearings are known as *supay chacras* across much of Amazonian Peru but locally referred to as *shapshiko ajari* or *jempe ajari*)
- Mammalian claylicks, known by the Quechua term *collpa* across much of Amazonian Peru but locally referred to as *yawii* (Wampis) and *umukai* (Awajún)
- Healthy populations of large birds and mammals (tapir tracks were especially frequent on the trails)
- Evidence of hunting (old shotgun shell casings).

Figure 16. Cross sections of Peru's Kampankis cordillera at each of the four campsites visited by the biological team. The horizontal axis of every graph measures 12 km. The vertical axis of every graph has a minimum value of 200 m and a maximum value of 1,400 m. Campsite locations are indicated by the letter C, and the portions of the cordillera visited at each camp by darker lines.

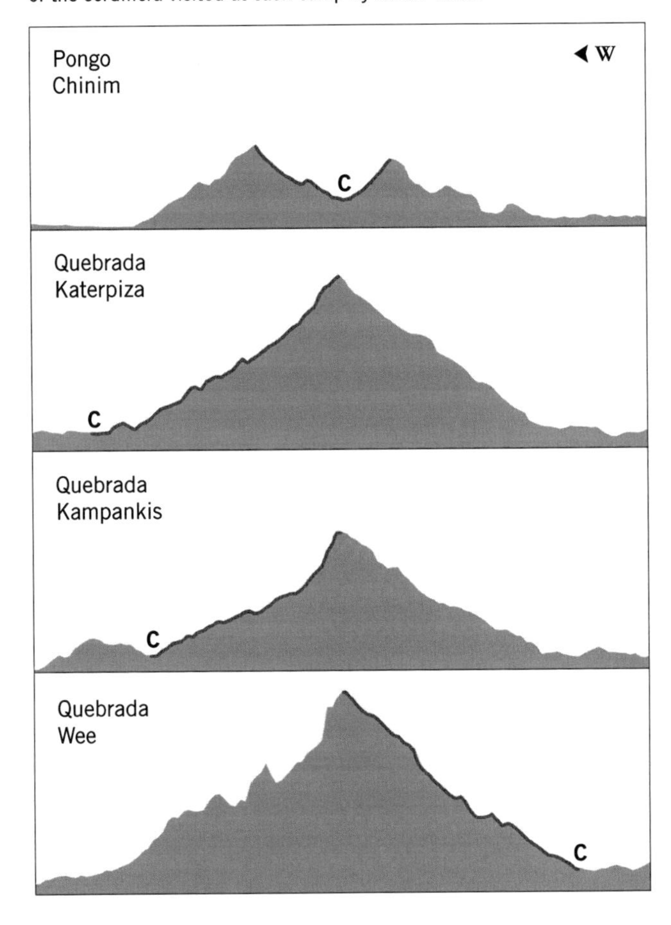

None of the following features were observed at any campsite:

- Navigable rivers
- Lakes or ponds
- Extensive areas of white sand or other extremely nutrient-poor soils, or the blackwater streams that typically drain such areas (apart from some very small creeks); large patches of what appear to be white sand forests were seen, however, during overflights of the broad plain between the Santiago and Kampankis, and are known to occur on the Morona River
- Salt glaciers (outcrops of almost pure salt which have been documented in this region of Peru) or creeks with noticeably salty water (but see the Quebrada Wee camp description below)
- Archaeological artifacts (e.g., rock pictographs, pottery shards)
- *Mauritia* swamp forests (but these are present on the Santiago and Morona floodplains)
- Large areas of forest affected by blowdowns (these are comparatively rare on satellite images of the region as well).

Pongo Chinim (2–7 August 2011; 3°6'46.8" S 77°46'34.4" W, 365–720 m)

Loreto Region, Datem del Marañón Province, Morona District

This was our first and northernmost camp. Located just 14 km south of the Peru-Ecuador border, it was 82 km north of the closest camp visited during the rapid inventory (Figs. 2A, 2B). The highest parts of the Kampankis range here consist of two ridges which run parallel and about 2.5 km apart, peaking at ~720 m (the western ridge) and ~680 m (the eastern ridge; Fig. 16). A limestone formation predominates to the west and various sandstone and mudstone formations to the east, and the spatial arrangement of these and their mixing through erosion have formed a small-scale mosaic of soil types. Most soils in the valley are relatively fertile and clayey, but some are much sandier and poorer in nutrients.

We established camp in the valley between the two ridges (Fig. 16), on the banks of a stream named Kusuim ('turbid water' in Wampis). While the Santiago river abuts the cordillera not far to the west—the river's main stem was just 1.5 hours' walk west from camp—the Kusuim is a tributary of the Morona, the main stem of which lies 21 km to the east. Near camp the Kusuim measured 4–10 m across and was mostly ankle- to knee-deep above a substrate of pebbles, sand, clay, and small boulders upon which the rheophytic plants *Dicranopygium* and *Pitcairnia aphelandriflora* were common. The Kusuim is a gently meandering stream with a modest gradient, but the vegetation along its banks indicated that in heavy rainstorms it can rise as much as 2 m. Just north of our camp the Kusuim joins a similar south-flowing stream and plunges down the eastern slope of the Kampankis range through a narrow gorge filled with large boulders: the Pongo Chinim ('gorge of the swifts' in Quechua and Wampis). The water in these and the smaller streams at this campsite was mostly neutral (pH 6.1–7.4) and had low conductivity (30–130 μS cm^{-1}; Appendix 1).

The village of Papayacu (population ~150; see the Communities Visited chapter) on the Río Santiago is just 5 km from camp, and the valley here contains culturally important features like cemeteries and historical home sites (Rogalski 2005, IBC and UNICEF 2010). In addition, an old trail traverses the cordillera here, from Papayacu in the west to San Juan de Morona in the east. Our guides told us that the walk typically took less than a day, but that some residents now prefer to cross the cordillera on the highway just across the Peru-Ecuador border. During our stay, residents of Papayacu and Dos de Mayo walked up to the Pongo Chinim to hold a meeting with residents of San Juan de Morona.

The trail system totaled 24 km at this site. Trails closest to camp explored the narrow, rich-soil floodplain of the Kusuim. Another trail climbed to the top of the western ridge. The last 300 m of this trail, at about 650–680 m elevation, ascended a striking landscape of large limestone blocks belonging to the Chonta Formation (see the Geology, Hydrology, and Soils chapter). The upper surface of these blocks was eroded into sharp, irregular shards of rock that were difficult and dangerous to walk on, and the blocks were separated by narrow crevasses up to 2 m deep. (A very similar landscape was seen at a slightly higher elevation near the Quebrada Wee campsite.) The trail ended at the edge of a high, northwest-facing limestone cliff that overlooked Papayacu and the Río Santiago valley. While the forest on most of this limestone block landscape was tall and relatively well-developed and the root mat above the blocks was scattered and often absent (resulting in large stretches of exposed rock), the forest in a narrow strip along the edge of the cliff was lower, thickly covered in moss, and growing on a thick, suspended root mat that almost covered the rocks beneath.

Three trails explored the eastern ridge and the Pongo Chinim, reaching the highest elevations there on a series of steep, brown-red clay hills north of the gorge. We saw no small-stature forest on this eastern ridge, but rather tall forests dominated by the palm *Socratea exorrhiza* and the tree *Hevea guianensis* (Euphorbiaceae), whose bright red senescent leaves were conspicuous in the canopy. One last trail headed south for >8 km to a well-known karst sinkhole where local indigenous groups have harvested Oilbird (*Steatornis caripensis*) chicks seasonally for food for as long as anyone can remember. We did not explore the outlying western and eastern flanks of the Kampankis range here.

Quebrada Katerpiza (7–12 August 2011; 4°1'13.4" S 77°35'0.7" W, 300–1,340 m)

Amazonas Region, Condorcanqui Province, Río Santiago District

This camp was situated in the western foothills of the Kampankis range, on the banks of the Katerpiza River, at an elevation of ~300 m (Figs. 2A, 2B, 16). At this elevation the Katerpiza is a broad (>50 m wide) and rocky clearwater river with a braided course and some large forested islands. The site was equidistant between our third and fourth camps (21 km to the north and south, respectively) and 103 km from our first camp. We were also 20 km east of Puerto Galilea (pop. >800), the administrative capital of the district of Río Santiago, and Yutupis (pop. >1,900), the largest community on the Santiago River in Peru.

The closest community, Kusuim, was a 3.5-hour walk downriver from camp, but a family reportedly lived at a homestead two hours downstream. Around our campsite and on both sides of the Katerpiza the forests had an uneven, vine-tangled canopy dominated by large-leaved successional trees that indicated a large-scale disturbance in the last few decades. The local scientists told us that the site had once been the home of a renowned Wampis warrior named Sharian, and we found two mature stands of the cultivated peach palm *Bactris gasipaes* which were likely a remnant of his homestead. The boulders scattered throughout the understory suggested that further disturbances may be common here in the form of large natural landslides; some smaller landslides were active near the river. Other culturally significant features in this area include an old trail that traverses the cordillera from Kusuim in the west to Consuelo in the east.

The four rapid inventory trails at this camp totaled 22 km. One followed the river downstream, passing through riparian forest and hill forest before crossing over to an island in the Katerpiza with a floodplain forest that was surprisingly well-developed (given the disturbed nature of surrounding forests and its location in the middle of a large river). Fifty to one hundred meters elevation above the river on both sides of the Katerpiza the secondary vegetation gave way to much older, taller, closed-canopy forest with an open understory and mostly clayey soils. The water of the second- and third-order streams here was neutral as in the first camp (pH 7.0–7.7) but had much higher conductivity (108–360 μS cm^{-1}; Appendix 1).

The longest trail climbed the steep western slopes, ascending 1,040 vertical meters in 7.5 km. At this site the geological formations are older with increasing elevation, and the ascending trail passed various outcrops of sandstones, shales, and limestones. At roughly 900 m elevation the trail edged up a nearly vertical sandstone cliff, on the top of which a small-statured forest grew on a thick suspended root mat. This forest type only extended for <200 m of trail, however, after which taller forest on mineral soils reappeared.

Along the highest crest of the ridge here (~1,340 m), the root mat varied from extremely thick to practically absent. The soils underlying it are derived from both limestones and sandstones, and ranged from brownish clays to white sand. Despite the narrowness of the ridge and the presence of sandy soils, the area did not appear to be well drained. A stream approximately 1 m wide ran not far below the peak, and some white sand soils nearby still held puddles 12 hours after a heavy rain. The forest growing on this ridge was not stunted, and we saw little evidence of lightning strikes. This was the first place we encountered the understory palm known locally as *kampanak* (*Pholidostachys synanthera*), whose abundance at higher elevations reportedly gives the Kampankis ridge its name.

Quebrada Kampankis (12–16 August 2011; 4°2'35.1" S 77°32'28.3" W, 325–1,020 m)

Amazonas Region, Condorcanqui Province, Río Santiago District

This campsite was located in the western foothills of the Kampankis range, in the headwaters of the Kampankis River, at an elevation of 325 m (Figs. 2A, 2B, 16). The high central ridge of the cordillera is interrupted here by a low pass whose maximum elevation is just 680 m; to the north and south of the pass the cordillera quickly rises to above 1,000 m. This break in the Kampankis range is apparently the result of a geological fault running SW-NE, along which some of the geological formations prominent in other portions of the Kampankis have been sheared off and eroded away (see the Geology, Hydrology, and Soils chapter). The site is geologically unstable, with active and past landslides evident in the higher areas of the range. Most soils here are clayey, with colors varying from red to brown to gray and yellowish, amid scattered mudstone outcrops.

An east-west trail crosses the pass from the Morona watershed to the Santiago watershed, passing an official marker of the Amazonas-Loreto border near its highest point. This old trail, which formed part of the rapid inventory trail system at this camp, appears to be fairly commonly used by hunters and travelers, especially those from the Wampis community of Chosica, 10 km to the southwest. A large number of shotgun shells were found during our time here and the density of large vertebrates appeared somewhat lower than at other camps. Maps of culturally important features in this area of Kampankis show cemeteries, *purmas* (old clearings), and areas where legends have it that mythical *tsugkutsuk* animals reside (Rogalski 2005, IBC and UNICEF 2010).

At our campsite the rocky bed of the Kampankis was 5–10 m across and the clear current mostly knee-deep. After a heavy rainstorm, however, this modest stream quickly developed into a raging, white-capped torrent of red-brown water that was impossible to cross on foot. Two hours after the rain stopped the river was still waist-deep; 12 hours later it had regained its gentle pre-storm appearance. Streams in general were more turbid at this site than at the others, perhaps because of higher levels of erosion related to the nearby fault. Stream water was neutral (pH 6.3–7.3) and conductivity varied from 50 to 230 µS cm^{-1} (Appendix 1).

The 22 km of trails at this camp mostly traversed the low hills between the Kampankis and Chapiza streams, under 600 m elevation. One trail followed gentle ridges 5.7 km uphill to an elevation of 1,015 m, where it dead-ended at the base of a near-vertical, west-facing sandstone cliff about 25 m high. By scrambling up tree roots and ledges it was possible to reach the top of the cliff, where the terrain sloped gently downhill towards the east. Most of the forest at this highest point of the ridge had a tall, closed canopy over clay soils, but at its northern edge, where the terrace fell away to an exposed north-facing cliff overlooking the pass, a thin strip of small-stature forest grew on a thick, suspended root mat. The ridgetop also featured a mudbath measuring 5 x 5 m and abundant tapir tracks and scat.

In contrast to the other three sites, at which we spent five nights and four full days, we inventoried this site for four nights and three full days.

Quebrada Wee (16–21 August 2011; 4°12'14.8" S 77°31'47.2" W, 310–1,435 m)

Loreto Region, Datem del Marañón Province, Manseriche District

This was our southernmost campsite, situated 124 km distant from the northernmost camp (Pongo Chinim), 21 km south of the nearest camp (Quebrada Katerpiza), and 29 km north of the Manseriche Gorge (Figs. 2A, 2B). It was the only one of the four camps located on the eastern side of the Kampankis range (Fig. 16).

We established camp in the headwaters of the Kangasa River, which runs south into the Marañón, but our campsite was just a few kilometers south of the headwaters of the Mayuriaga River, which runs east into the Morona. Our campsite was so far up the Kangasa that water was scarce; streams here were <10 m across, mostly dry, and with a clear, ankle-deep current between scattered pools. The scarcity of water during our visit was exacerbated by a local drought. It had not rained for three weeks and understory shrubs and herbs were beginning to wilt.

The local name for the creek next to camp (and of many creeks in the Kampankis Mountains and the Cordillera del Cóndor) is *Wee*, the Awajún and Wampis word for salt. (A 2003 rapid inventory of the Cordillera del Cóndor also worked at a site named Quebrada Wee [Pacheco 2004], but that site is ~100 km northwest of ours.) While the stream water at this camp did not taste salty, our guides indicated that several salt deposits (*minas de sal*) were present in the area. One of our trails crossed near a salt lick visited by parakeets and large parrots. Another crossed a salt lick (*collpa*) 1 km south of camp, in which visiting ungulates (mostly tapirs, deer, and peccaries) had dug a shallow pit measuring 20 x 10 x 1 m. A small spring kept the pit in deep mud despite the dry conditions. Indicative of the high levels of salts in the area, water draining from the *collpa* had a conductivity nearly six times higher than the next highest level measured during the inventory (2,140 µS cm^{-1}). The other streams at this site had a water chemistry similar to that seen at the Quebrada Katerpiza and Quebrada Kampankis camps, with neutral water (pH 7.0–7.6) and relatively high conductivities (90–359 µS cm^{-1}; Appendix 1).

Although the mammal *collpa* was known to our guides from the nearby Awajún communities as an old and treasured resource for hunters, they said it was rarely visited today because it was >15 km upriver from Ajachim, the closest community on the Kangasa, and >20 km from Chapis, the next closest. We heard of no trails that cross the cordillera in this area, and the healthy populations of large vertebrates confirmed that hunting in the area was infrequent. Some of the lower elevation forest near camp was recovering from a large-scale disturbance in the previous 50 years, judging from some extensive areas of second growth and vine tangles, but these likely have a natural origin. Our guides told us that abandoned small agricultural plots do exist farther down the Kangasa.

Most of the 18 km of trails at this site explored the low hills (<400 m elevation) in close proximity to camp. One trail, however, led due west for about 7.5 km, leading up the eastern flank of the cordillera and across a series of increasingly older sandstone and limestone formations before reaching the ridgetop at about 1,435 m elevation. A stretch of the trail at 800–900 m elevation passed through a landscape dominated by large, exposed blocks of limestone whose surfaces had been eroded into sharp, irregular projections—the same Chonta Formation visited at ~650 m elevation at our northernmost campsite, Pongo Chinim.

The highest point of the ridge here consisted of a terrace measuring about 30 m across and underlain by a lower Cretaceous sandstone which dropped steeply to the east and west and offered a spectacular view of the Santiago River valley and the Cordillera del Cóndor. The forest on this ridge and immediately below it was <15 m tall, densely covered in moss and epiphytes, and growing on a thick, wet, and spongy mat of roots and organic matter that was suspended above the sandstone substrate on a network of interlocking stilt roots. Many trees here had died standing, indicating a high frequency of lightning strikes. The tree community on the ridgetop was dominated by the Andean palm *Dictyocaryum lamarckianum*, and most of the rest of the flora also belonged to premontane taxa.

Roughly 50 m in elevation below the ridge to the east was a small terrace with tall, well-developed forest on a somewhat thinner root mat, through which white sand was sometimes visible (and where a small blackwater creek ran). Farther downslope the root mat thinned out and mostly disappeared, apart from two small patches of small-stature forest (about 6 m tall) growing on the crest of an exposed east-west ridge at 1,000–1,100 m elevation. Here the suspended root mat was similar to that observed on the peak (but drier) and we found small stands of the coniferous tree *Podocarpus oleifolius* (Podocarpaceae), a common element of Andean forests.

GEOLOGY, HYDROLOGY, AND SOILS

Authors/Participants: Robert F. Stallard and Vladimir Zapata-Pardo

Conservation targets: The various sandstones (quartz, lithic, and sublithic arenites), limestones, and shales that form the substrate upon which regional forests grow and generate soils of differing maturity and varying nutrient levels associated with specific plant communities; limestones in the higher-elevation portions of the Kampankis Mountains, which channel water to subterranean drainages and feed springs, streams, and rivers in the foothills; scattered *collpas* (salt licks and saline waters), likely associated with faults, which are sought out by animals as sources of minerals (especially sodium and chloride)

INTRODUCTION

Located in northeastern Peru, the Kampankis Mountains form a long and narrow range (about 180 x 10 km) that extends in an approximately NNW-SSE direction. The slopes tend to be steep (25–60°) and the highest summits exceed 1,400 m. The surrounding alluvial plains lie at about 200 m elevation. The range forms the divide between two tributaries of the Marañón River: the Santiago River to the west and the Morona River to the east (Figs. 2A, 2C). The divide is also the political boundary between Amazonas Region to the west and Loreto Region to the east.

The Kampankis Mountains are well described in the geologic literature. They are composed of deposits of continental and marine origin that range in age from the Jurassic to the Neogene (160 to 5 million years ago). These deposits consist of eight geologic formations in which sandstone, limestones, mudstones, and siltstones predominate. These formations are in a structure referred to as an anticline: a fold that lifts up the bedrock and is eroded to expose older rocks at the center and younger rocks in its flanks. To the west of the Kampankis Mountains, and separated from them by the Santiago sedimentary basin, lies a region of low foothills (the Comaina/Cenepa/Noraime Belt) with outcrops of sedimentary rock of Cretaceous, Jurassic and Triassic age. Farther west is the Cordillera del Cóndor, which consists of Precambrian rocks that have been intruded by Jurassic-age igneous rocks (tonalites, diorites and granodiorites; PARSEP 2001).

The objectives of the geologic work during the inventory were 1) to establish the relations between geology and topography around the four field camps; 2) to study relationships between geologic substrate, soils, and vegetation around the field camps; 3) to use published studies of the geologic history and subsurface structures to enhance the inferences based on field observations, and to identify characteristics of the Kampankis Mountains that are similar to or different from surrounding mountains such as the Cordillera del Cóndor; and 4) to identify aspects of the area's geology that enhance its conservation value or that pose threats to conservation.

Regional geology

Starting in the Permian (~299 million years ago), different phases of proto-Andean mountain building controlled sediment deposition, uplift, and erosion in western South America. Between periods of mountain building, the early ranges were eroded flat. The current Andean uplift is associated with the collision of the Nazca plate with the South America plate, starting in the Cretaceous (~145 million years ago), with the Nazca plate plunging (subducting) under the South America plate in a northeastern direction.

In Peru, the principal pulses of recent Andean uplift appear to be associated with episodes of more rapid subduction of the Nazca Plate (Pardo-Casas and Molnar 1987) and concomitant compression of the Andes Mountains (Hoorn et al. 2010). The early Miocene to late Miocene pulse of 10–16 million years ago partially lifted the modern Andes to the west and depressed a broad region to the east called the Marañón sedimentary basin or foreland basin. The Cordillera del Cóndor was uplifted and the upper Pebas Formation was deposited during this time (Navarro et al. 2005, Valdivia et al. 2006, Hoorn et al. 2010). The sedimentary fan at the mouth of the Amazon River also started forming. The next pulse of Andean uplift occurred 5–6 million years ago, close to the Miocene-Pliocene transition. Apatite-fission-track (AFT) dating indicates rapid uplift and simultaneous erosion of the Kampankis anticline at that time (Kennan 2008). Modern earthquake distributions indicate that the Kampankis Mountains and adjacent areas are not actively deforming at present (Rhea et al. 2010).

Structurally, the Kampankis Mountains form the axis of an anticline which is the surface expression of a fault propagation fold that crosses the Manseriche Gorge (Fig. 17; PARSEP 2001, Navarro et al. 2005, Valdivia et al. 2006). To the south of the gorge, the anticline is called the Manseriche Mountains, ending with the Huancabamba megashear, a zone of complicated geology marking where the alignment of the Andes changes from SSW-NNE to the north to SSE-NNW to the south (PARSEP 2001). To the north of the gorge, the Kampankis develops an asymmetry halfway along its length, becoming a monocline with bedding tilting towards the east. The deformation, developed along an older narrow sediment-filled basin (a semi-graben), involves rocks that range from the Jurassic in the subsurface and the Cretaceous through the Miocene at the surface. The principal formations involved with the uplift are Pucara and Sarayaquillo (Jurassic), Grupo Oriente, Chonta, Vivian, Cachiyacu, Huchpayacu, and Casablanca (Cretaceous), Yahuarango and Pozo (Paleogene), and Chambira and Pebas (Miocene; Navarro et al. 2005). During and after uplift, about 5,200 m of sediment has been removed through erosion along the axis of the anticline, which exposes the oldest (Cretaceous) rocks in its interior, most elevated part. The Manseriche Gorge is an important manifestation of this process. The Marañón River likely predates the Kampankis Mountains, and the gorge was probably cut as the mountains rose.

The uplift of the Kampankis Mountains separated the Santiago sedimentary basin from the Marañón sedimentary basin (PARSEP 2001, Navarro et al. 2005). The age of uplift is bracketed by the ages of the rocks involved in the uplift, and those that are not. The Pliocene conglomerates and sandstones of the Nieva Formation were deposited in these basins during or after the uplift of the anticline (Navarro et al. 2005). These sediments also appear to be of the same age as the sedimentary units Nauta 1 and 2, encountered in many rapid inventories to the east and outside the influence of volcanic erosion from Ecuador (see the discussion in Stallard 2011). The Pleistocene sediments are probably derived from the weathering erosion of the older clastic sediments during the uplifts of 5–6 million years ago. Such sediments are often referred to as second-cycle sediments or recycled sediments, and this recycling typically produces poorer substrate with each cycle of erosion and sedimentation.

The Jurassic formations, mostly quartzose (quartz-rich) sandstones, are not exposed (Fig. 17) in the Kampankis Mountains, except south of the Manseriche Gorge. The Cretaceous formations exposed in the interior of the anticline consist of limestones (calcium carbonate) and sandstones with quartz and lithic (rock) fragments.

Figure 17. A geologic cross section of Peru's Kampankis Mountains based on the roughly east-west seismic cross section Q96-231 as interpreted by PARSEP (2001: 99–100) and the geologic map of Valdivia et al. (2006). Note that the map has a two-fold vertical exaggeration. This section is about 5.5 km south of the trail system at the Quebrada Wee campsite, and the fault on the right is associated with *collpas* there. The westernmost (A) and easternmost (A') ends of the section are indicated in Fig. 2A.

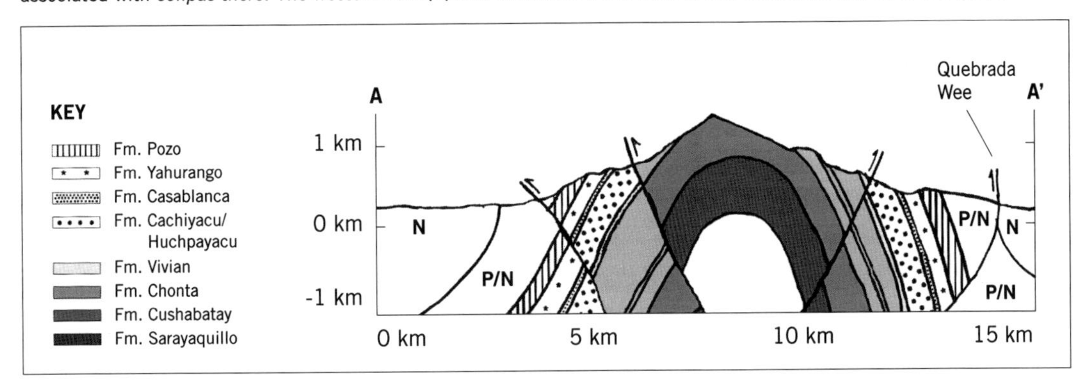

METHODS

During the rapid inventory we studied four campsites in the Kampankis Mountains, the farthest of them 120 km apart (Figs. 2A, 2B). The strategic placement of these sites allowed us to study both the central portion and the eastern and western flanks of the anticlinal structure.

Field work mostly focused on areas along the trail systems and along the stream and riverbanks at each camp. We were especially interested in sections that were oriented east-west, and thus perpendicular to the anticlinal structure. Coordinates were taken with a Magellan MobileMapper GPS using the UTM coordinate system and WGS 84 datum. Bearings and data on strike, dip, lineaments, and other structures were recorded in azimuth degrees using a Brunton compass.

Lithologic (based on rock type) units were identified and described in the field using a 10x loupe, a rock hammer, and 16% hydrochloric acid. During field work samples of the different lithologic units, fossils, and samples for micropaleontological analysis were collected. Thirty representative samples were collected from Cretaceous and Paleogene units. Fossils included a poorly preserved ammonoid associated with lower Cretaceous limestones, bivalves of the upper Cretaceous, and some seeds in apparently Pleistocene sediments. The written description of each lithostratigraphic unit (based on rock type and stratigraphic level) followed the nomenclature for describing bedding thickness of Ingram (1954) and Watkins (1971) and used Wentworth's (1922) granulometric scale. To classify the composition of limestones and clastic sediments (i.e., sediments made of particles of aluminosilicate rocks and mineral grains) we used the terminology developed by Folk (1962 and 1974 respectively).

To describe drainages and water chemistry in the region, at each campsite the second author studied between three and eight streams, ranging in size from first- to third-order. At each stream the following data were recorded: geographic location, elevation, current speed, water color, streambed composition, current width, and bank height. Water pH was measured with ColorpHast® paper strips in three ranges (pH 0–14, pH 6.5–10, and pH 4–7) and conductivity with an Amber Science model 2052 digital conductimeter. To confirm pH and conductivity measurements in the laboratory, two water samples were collected from each stream. One sample was sterilized and the other was not. Both were stored in sealed bottles with no air. Water samples were transported in Styrofoam coolers to avoid abrupt changes in temperature and light, and analyzed after the conclusion of field work in Tarapoto with a calibrated ExStick® EC500 (Extech Instruments) portable pH and conductivity meter, under similar temperatures and pressures.

Five soil cores were taken to study the soils associated with each of the primary geological formations. Soil attributes were related to topography, elevation, and marked shifts in vegetation caused by different levels of soil nutrient richness. This work was carried out at the Quebrada Wee campsite in cooperation with botanist

David Neill, with whom we studied an east-west transect running up and perpendicular to the eastern slopes of the Kampankis range. Along this transect we described samples of soils associated with Cretaceous sandstones and limestones and Paleogene sandstones and siltstones, and made observations of the plant communities at each site, with the object of understanding how texturally and compositionally different soils influenced vegetation. Samples of the top 10–15 cm of soils were taken with a 25-cm soil corer, and the topmost 5 cm discarded. Texture, color, and composition were recorded. Color descriptions followed Munsell's (1954) table.

RESULTS

The Kampankis Mountains are an anticlinal structure that begins near the Manseriche Gorge and ends approximately halfway to the Ecuadorean border (near the Quebrada Kampankis campsite). North of that point, the mountains become an east-facing monocline. The three dominant lithologies in the Kampankis, in order of occurrence, are sandstones (litharentites and quartz arenites), limestones (micrites [fine-grained limestones] and biospars [limestones dominated by fossil fragments]), and shales (sometimes sandy mudstones with organic matter and calcite). The latter are often associated with sandstone layers, especially at elevations below 300 m.

Most of the lithologic units date to the Lower and Upper Cretaceous; these are mostly sandstones and limestones. The thick layers of sandy mudstones were deposited in the Late Upper Cretaceous and the Lower Cenozoic (Paleogene). The Neogene deposits, which were not studied in the field, are located in the Santiago and Morona watersheds, on the western and eastern flanks of the Kampankis range. Together with the Quaternary deposits, these are the most widespread lithologic units in the region.

Water and soils

Drainage systems in the Kampankis run perpendicular to the mountain range, in an east-west orientation, draining to the Santiago and Morona floodplains and following valleys formed by the erosion of fine-grained sediments. Secondary channels of clear water cut through the sandstones and have a subterranean aspect in the limestone areas.

The pH and conductivity values for all the water samples collected in the field are presented in Appendix 1, together with other data on the streams we studied. The pH of most samples varied from 6.5 to 7.4. Most conductivities varied from 28 to 359 $\mu S\ cm^{-1}$, with a mean of 190 $\mu S\ cm^{-1}$. More extreme values were recorded near a *collpa*, a natural salt lick with moderately saline waters, that is discussed in detail below. Near this *collpa* at the Quebrada Wee campsite, pH was 8.1 and conductivity 2,140 $\mu S\ cm^{-1}$. Conductivity values at this site probably vary with rainfall and other seasonal changes, however.

We observed three main soils in the region: soils derived from quartz arenites, soils derived from limestones, and soils derived from fine-grained formations such as shales and siltstones. Soil development in these mountains is largely dependent on parent rocks. The quartz arenites produce the poorest in nutrients and associated with poorly developed soils, while formations with limestone, especially micrites and biospars, are associated with richer, more fertile soils. The litharenties and sublitharenites, sometimes with associated calcite, are associated with soils of intermediate fertility. Soils can also vary depending on slope and elevation. Other factors, such as surface drainage in the sandstones, subterranean drainage in the limestones, and the bedding angle of the different formations, determine modern-day topography and have had a primary role in the development of soils and the flora and fauna associated with them.

Description of the campsites

The Pongo Chinim campsite (390 m; Figs. 2A, 2B, 16) was located on sandstones of the Upper Cretaceous in the middle of a monoclinal structure tilted to the east. To the west of the camp, limestones of the Chonta Formation (Aptian-Coniacian) predominate, intercalated with lesser layers of quartz arenites. To the east are litharenites, mudstones, and to a lesser extent quartz arenites and calcarenites. The intercalation of lithologies has generated a mosaic of soils of different fertilities and with different vegetation. The area is drained by narrow second- and third-order streams with neutral pH (6.08–7.4) and low conductivity (30–130 µS cm^{-1}). Subterranean drainages are likely present in the limestone formations.

The Quebrada Katerpiza campsite (305 m; Figs. 2A, 2B, 16) was located on the western flank of the Kampankis anticline on sandstones and red-green shales of Paleogene age. As one ascends the mountain here one moves downwards in the stratigraphy, passing through interbedding of calcarenites, shales, and quartz arenites of the Upper Cretaceous until one arrives at a stratigraphic level of limestones and quartz arenites of the Lower Cretaceous, which are exposed on the surface as thick gray-to-beige layers that lie at a steep angle (up to 65°), reaching elevations of 1,240 m and forming the top of the mountains here. The layers of calcareous and clastic rocks have formed a mosaic of different soils, which are also influenced by the steep slopes and associated with certain plant species. The region is drained by first- to third-order streams with clear water that has a neutral pH (7.0–7.7) and higher conductivity than at the Pongo Chinim campsite (108–360 µS cm^{-1}).

The Quebrada Kampankis campsite (Figs. 2A, 2B, 16), located roughly halfway between the Peru-Ecuador border and the Manseriche Gorge, was located in a tectonically complex zone where a fault running southwest-northeast (possibly a strike fault with an inverse component) controls drainages on both sides of the mountain range and breaks its north-south continuity. Ascending east from camp one moves downwards in the stratigraphic column until arriving at the limestones and quartz arenites of the Lower Cretaceous (Chonta Formation). The region is geologically unstable, with large old and recent landslides visible in the headwaters of the streams. The shales and reddish and greenish soils associated with the Late Cretaceous and Paleogene formations predominate. The clayey soils are light gray, reddish, or yellow, and drained by narrow and deep second- and third-order streams capable of rapidly eroding the bedrock. Waters here were slightly turbid, with variable conductivity (50–230 µS cm^{-1}) and neutral pH (6.3–7.3). Most third-order streams here were dry during our field work, which suggests that they are only active in certain seasons.

The Quebrada Wee campsite (328 m; Figs. 2A, 2B, 16) was located on the eastern flank of the Kampankis Mountains on red-green siltstone and litharenites associated with early Paleogene deposits. Ascending the range to the west of camp one crosses over increasingly older formations, passing through litharenites, quartz arenites, and calcarenites of the Upper Cretaceous before arriving at the limestones units and calcarenites of the Chonta Formation and the Lower Cretaceous quartz arenites of the Cushabatay Formation, which form the crest of the mountains at 1,435 m. Topographic variation is directly related to substrate composition here, and clastic units and those with some calcareous content have generated a mosaic of different soil types, each with a well-defined edaphic profile and associated vegetation. Second- and third-order streams mostly occur at lower elevations. Water is mostly neutral (pH 7–7.6) and conductivity is high (90–359 µS cm^{-1}) compared to the other three camps, perhaps because of the *collpas* (where conductivity reached 2,140 µS cm^{-1}). At higher elevations streams run underground through karst formations.

DISCUSSION

In this section we discuss the relationship between geology and water quality and between geology, animals, and plants. Water chemistry is controlled by the weathering of bedrock, which also forms soils. Describing water composition also allows us to make inferences about the richness of the soils and their impact on the flora and fauna. Water composition data allow comparison among the Kampankis inventory sites and between these sites and other inventory sites in the Amazon basin. The data, discussed below, indicate that the Kampankis Mountains are a very nutrient-rich landscape compared to inventory sites in Peru's Amazonian lowlands. The abundance of limestones and the presence of salt deposits are important factors.

Water quality, geology, and *collpas*

At this point, four rapid inventories have used conductivity and pH to classify surface waters. These are RI 16 (Matsés; Stallard 2006), RI 17 (Nanay-Mazán-Arabela; Stallard 2007), RI 23 (Yaguas-Cotuhé; Stallard 2011), and the present inventory. The use of pH (pH = -log(H$^+$)) and conductivity to classify surface waters in a systematic way is uncommon, in part because conductivity is an aggregate measurement of a wide variety of dissolved ions. Winkler (1980) recognized that the hydrogen ion is roughly seven times more conductive than other simple low-molecular weight cations and most simple anions (other than hydroxide, which is only abundant at very high pH values seldom encountered in nature). This was used to develop a rapid graphical assessment of rainwater for which sample pH is plotted against the logarithm of conductivity. The approach was refined by Kramer et al. (1996).

Data are typically distributed in a boomerang shape on the graph (see Fig. 18). At values of pH less than 5.5, the seven-fold greater conductivity of hydrogen ions compared to other ions causes conductivity to increase with decreasing pH. At values of pH greater than 5.5, other ions dominate, and conductivities typically increase with decreasing pH. In the previous inventories, the relation between pH and conductivity was compared to values determined from across the Amazon and Orinoco river systems (Stallard and Edmond 1983, Stallard 1985). With the Kampankis inventory, we now have enough data to compare the Kampankis sites with other sites in Amazonian Peru and to place them within a regional context. To understand the results we offer a brief explanation.

Geologically, the Kampankis Mountains contain a broad suite of sedimentary rock types including immature (containing grains that are easily weathered) and mature (most grains are quartz) sandstones, shales, and limestones (rocks composed mostly of calcium carbonate). In addition, in the subsurface is an extensive Jurassic salt deposit between the Pucara and Sarayaquillo Formations (PARSEP 2001, Navarro et al. 2005). This salt appears to have served as decollement (initial zone of movement) in the Neogene compressive deformation. Extremely salty waters (137,000 ppm chloride, or seven times more saline than seawater) have been encountered during drilling (PARSEP 2001). Because of the involvement of salt deposits as a fault lubricant and the presence of intensely salty waters, both salt-rich sediment and salty water can reach the surface along faults.

The three previous inventories mentioned above were on sedimentary deposits formed from material that had eroded from the growing Andes. Because of this, those deposits have already been weathered at least once and are depleted in minerals that break down to produce dissolved ions. The sediments in the Kampankis Mountains include limestones and sediments that were not strongly weathered (immature sandstones and shales) before erosion and subsequent burial. The process of deep burial and cementation that produce hard rocks adds minerals. Accordingly, soils developed on most of the rocks in the Kampankis Mountains will weather to produce richer soils than in environments in eastern Peru. An important exception is mature, quartzose sandstone, which commonly weathers to produce nutrient-poor, well-drained soils.

When the Kampankis data are compared to data from the three previous inventories and with Amazon and Orinoco system waters in general, several important features stand out. First, there is no overlap between the Kampankis pH-conductivity range and any of the samples collected from waters draining the Nauta 1 or 2 geological formations, or from blackwater streams on white sands. These are formations that have low concentrations of the easily weathered minerals that contribute to nutrient-rich soils and to the dissolved ions in streams. The implication is that large areas of nutrient-poor soils were not found near the Kampankis campsites. Ignoring *collpa* samples, which will be treated separately, only three samples from Kampankis overlap with samples collected from the Pebas Formation. The Pebas Formation contains some easily weathered minerals that break down to produce plant nutrients and dissolved ions, and it is associated with nutrient-rich soils in the lowlands of eastern Peru. The overlap indicates that these three streams drain sediments (shales and sandstones) that also have an abundance of such minerals and nutrient-rich soils.

The plus symbol (+) in Fig. 18 represents the average of 35 samples collected under low-flow conditions on a stream that drains limestone on Barro Colorado Island, Panama (Lutz Creek; R. Stallard, unpublished data). Many of the samples from the Quebrada Katerpiza and Quebrada Wee camps have conductivities that are close to but lower than this limestone average. This indicates that limestones cover a substantial portion of the watersheds upstream from the sample sites (Stallard 1995).

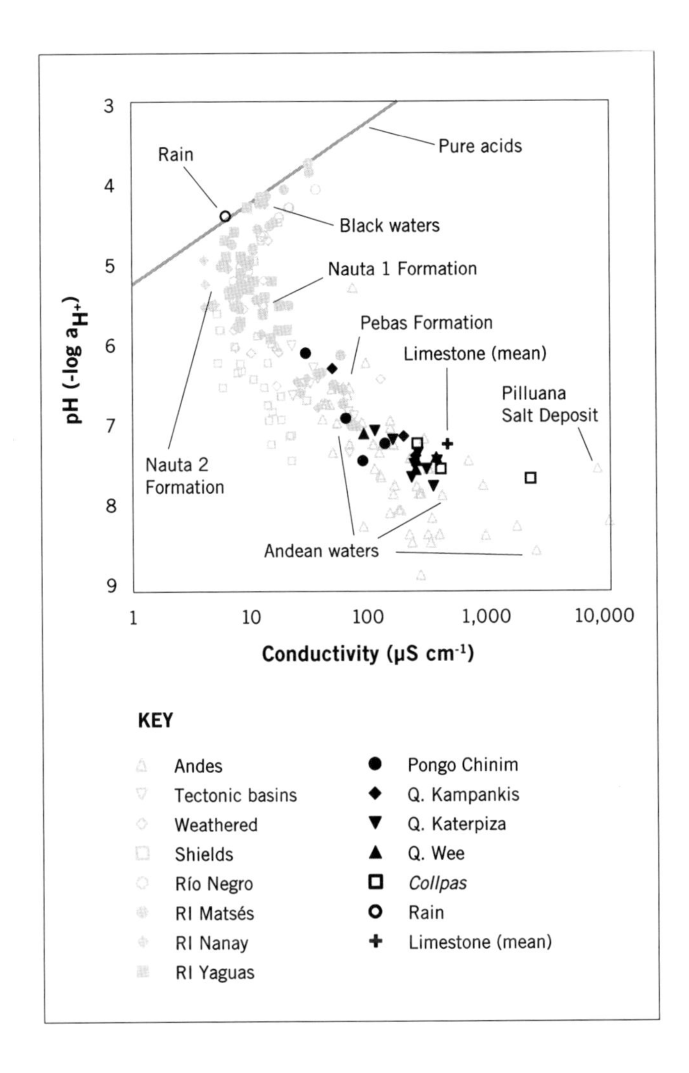

Figure 18. Field measurements of pH and conductivity (in micro-Siemens per cm) of various South American water bodies. The solid black symbols represent streamwater samples collected during this study. The solid light gray symbols represent samples collected during three previous inventories: Matsés (RI16), Nanay-Mazán-Arabela (RI18), and Yaguas-Cotuhé (RI23). The open light gray symbols correspond to numerous samples collected elsewhere across the Amazon and Orinoco basins. Note that streams from each site tend to group together and that we can characterize these groupings according to their geology and soils. In the Amazon lowlands of eastern Peru, four groups stand out: the acid black waters associated with quartz-sand soils, the low-conductivity waters associated with the Nauta 2 sedimentary unit, the slightly more conductive waters of the Nauta 1 sedimentary unit, and the substantially more conductive and higher-pH waters that drain the Pebas Formation. The most dilute waters are simply rain with tiny quantities of added cations (Nauta 2) or organic acids (black waters). Typical Andean waters overlap with the Pebas Formation, but extend to considerably higher conductivities and pH. The waters of the Kampankis Mountains span the range from Pebas-like waters to waters that drain limestones (+ symbol). Three *collpa* (salt-lick) samples are indicated. The two with lower conductivities are from the Amazon lowlands and are associated with the Pebas Formation. Their compositions can be explained from the dissolution of calcite and gypsum, two minerals found in the Pebas Formation. The high-conductivity *collpa* from near the Quebrada Wee campsite can only be explained by the dissolution of rock salt. Rock salt is not exposed at the surface in the Kampankis Mountains, but the salt itself or waters affected by the salt appear to come up to the surface along faults. The Quebrada Wee *collpa* is located on one such fault. The salty formation in the Kampankis subsurface is exposed at the surface in the Pilluana salt deposit near Tarapoto, Peru.

The remaining stream samples plot between these two groups of samples, indicating catchments with a wide mix of rock types, but with shales and sandstones predominating.

One stream (360215) in the Quebrada Katerpiza camp had tufa deposits forming in a style of deposition involving terraces of tufa referred to as a 'tufa barrage' (Ford and Pedley 1996). Similar deposits were found in a dry stream bed in Quebrada Wee camp. These tufa barrages are porous calcium-carbonate deposits that form when waters that are chemically saturated with calcium carbonate, in the presence of excess carbon dioxide (from root respiration and the decay of organic matter), lose the carbon dioxide to the atmosphere. Although tufa deposits are found worldwide (Ford and Pedley 1996), they appear to be rare in rainforest streams. Tufa deposits are often associated with cyanobacteria, whose photosynthesis removes additional carbon dioxide, aiding in the formation of calcium carbonate. Stallard (1980) described similar coatings in a salt spring near Tingo María on the Huallaga River, and Patrick (1966) attributed tufa deposits in the Quebrada de Puente Pérez, a tributary of the Huallaga River, to cyanobacteria. Such deposits are also found on Barro Colorado Island in Panama in two small streams that drain limestone (R. Stallard, personal observation).

Three samples of waters from *collpas* have been collected in the four rapid inventories. The two *collpa* samples with the lowest conductivities are from the Matsés and Yaguas-Cotuhé inventories. These both drain the Pebas Formation and also plot near the limestone pH-conductivity point. The Kampankis *collpa* has conductivities that are five times greater. The only reasonable way to get conductivities that are greater than what would be derived from limestone is to dissolve salt deposits (Stallard 1995). The *collpas* at the Quebrada Wee campsite are located on one of the principal faults that has formed the Kampankis Mountains (Fig. 17). Salt near the Quebrada Wee campsite may be derived from the salt beds that lubricated the fault or from salt waters flowing out of the fault. The *collpa* there is on a trend between limestone and the waters that drain the Pilluana salt deposit, a surface exposure of the same Jurassic salt beds, near Tarapoto, Peru (Stallard 1980). It is interesting, however, that waters collected in *collpas* during earlier inventories have similar concentrations of salts as do many of the streams sampled in the Quebrada Wee campsite. What is sought out by tapirs in the other regions is commonplace in the Kampankis Mountains, and Kampankis tapirs are seeking and selecting a much saltier site. This leads one to ask, "How much salt satisfies the cravings of a tapir?"

In summary, all streams in the Kampankis mountains are consistent with substrates that have a greater abundance of weatherable minerals than much of the Amazon lowlands to the east. Except for the *collpas*, the most concentrated samples from the lowlands, those draining the Pebas Formation, overlapped with the most dilute samples from the Kampankis, indicating that those lowland sites had easily weathered minerals but not superabundance as one finds in limestone at Kampankis. Streams that largely drain limestone were sampled in the Quebrada Katerpiza and Quebrada Wee camps. All camps had streams that showed influence of both limestones and rocks with lesser quantities of easily weathered minerals. The *collpas* of the Amazon lowlands have salt concentrations consistent with limestone and other minerals such as traces of gypsum and pyrite (Stallard 2011). In contrast, the *collpa* in the Quebrada Wee camp shows the influence of considerable additional salts (halite) and is associated with an important fault. The salty water could be deep formation waters coming up as springs or from saline sediments caught in the fault.

Geologic resource exploitation

The broader region around the Kampankis Mountains has a long history of exploration and exploitation of geologic resources, and modern-day development of these resources has the potential to impact the cultural and biological conservation targets of this area.

Early petroleum exploration in the Kampankis region took place primarily in an area known as Lot 50. Lot 50, which is now defunct, included the southern part of the Santiago and Morona river valleys and the Kampankis Mountains in between. Mobil Oil started exploration there in 1940, drilling three exploratory wells and undertaking seismic surveys (Navarro et al. 2005). Much of the primary data has been lost and only data summaries are available (PARSEP 2001). PARSEP's 2001 report refers to Lot 50 as still being open and states that recommendations were made regarding the future of the lot to Perupetro. All subsequent reports describe the lot as closed. Perupetro (then known as Petroperú) explored the region and carried out seismic surveys in the 1970s and 1980s, while Petromineros did seismic studies in the early 1990s. From 1995 through 1998, Quintana Minerals did seismic surveys and drilled four exploratory wells (PARSEP 2001, Navarro et al. 2005). Because of this long history and the large number of studies, this region is far better understood geologically than most rapid inventory sites.

Oil exploration has not ended. Instead, the old geological and geophysical data have been reinterpreted in light of new advances in oil exploration (PARSEP 2001, Navarro et al. 2005). The authors of PARSEP (2001) state that "The primary objective of this PARSEP project, was to evaluate the remaining hydrocarbon potential of the Santiago Basin and pending favorable results, to assist Perúpetro in the promotion of this area to Industry. This includes making recommendations to Perúpetro concerning block size, configuration and location for tendering purposes.... In the process of such a study, many new concepts are often utilized and new conclusions reached that may ultimately change people's perceptions on the geology of an area and it's hydrocarbon potential. Through a rigorous evaluation of all the data, we believe this report introduces significant new ideas on the evolution of the Santiago basin, which helps in our belief, to make the Santiago Basin more attractive for hydrocarbon exploration" (errors in the original text maintained). New oil and gas concessions have been created since this publication (see Fig. 11D), an indication that these recommendations have been acted upon.

Gold and related metallic ores are also being exploited. The uplands to the west of the Santiago are a source of gold for that river. The mix of bedrock types in the Cordillera del Cóndor—Precambrian rocks intruded by Jurassic-age tonalites, diorites and granodiorites—is often associated with the development of sulfide and quartz-vein metallic ore deposits, such as gold and silver. A comparison of the mining concession map (see Fig. 11D) and the geology map (PARSEP 2001) reveals three types of lots that potentially affect the Santiago River valley:

- Concessions within the Cordillera del Cóndor but outside the Ichigkat Muja-Cordillera del Cóndor National Park. These lots were created shortly after the planned area of the national park was cut in half in 2007 (see the Communities Visited chapter). Small-scale mining sometimes uses mercury, while large-scale mining typically does not. Sulfide-hosted ores can produce acid-mine drainage into rivers if improperly managed.
- Concessions along several rivers that drain the Cordillera del Cóndor. Gold eroded from upland ore bodies is typically redeposited in downstream river gravels (detrital gold placer deposits). Mercury is often used to extract gold from such gravel deposits.
- A concession for non-metallic extraction (E. Tuesta, personal communication) is located in the Manseriche Mountains (the continuation of the Kampankis range south of the Manseriche Gorge). This concession includes the Chonta Formation, within which is the thickest limestone in the Kampankis Mountains. The most likely reason for such a concession would be to use the limestone for cement production for large-scale engineering projects, such as dam building (QVI 2007).

Fortunately for conservation, the petroleum and mining potential within the Kampankis Mountains themselves appears to be low. Models indicate that potential petroleum reservoirs were breached by erosion in the 5 million-year history of the mountains (PARSEP 2001, Navarro et al. 2005). The sedimentary deposits within the Kampankis Mountains predate the erosion of the Cordillera del Cóndor and would therefore not have the detrital gold encountered in the modern Santiago drainage.

The Manseriche Gorge is a narrow deep valley through which passes a huge river, the Marañón, and as such, is a potentially ideal setting for a hydroelectric dam. The lake behind the dam would submerge a large number of indigenous communities (Fig. 11D). The possibility of building such a dam is under study (QVI 2007). Power-generation potential is proportional to the net fall at the dam site. In their study, QVI (2007) based projections on old, imprecise 1:100,000-scale topographic maps. As a result they estimate a net fall of 161 m for a reservoir that would not flood into Ecuador (the hypothetical reservoir surface would be 351 m above sea level). We used spaced-based topographic information (NASA SRTM in Google Earth) to determine that such a reservoir, if restricted to Peruvian territory, could only be 235 m above sea level and the net fall thus only 70 m. This reduces the projected power-generation potential by 56%. Such a shallow reservoir would also have a short life span, rapidly filling with sediment from the Marañón and Santiago rivers.

RECOMMENDATIONS FOR CONSERVATION

Potential threats related to mining, oil, and gas development

During field work we confirmed that igneous bodies are not present in the rocks exposed in the Kampankis Mountains. This and the composition of sediments in the region indicate that gold is very unlikely to occur in the Kampankis range. We did not observe zones of mineralization and we heard of no placer deposits related to gold, other metals, or precious stones anywhere in the mountains. This is an asset in that it means that the placer mining currently active elsewhere in the region is unlikely to extend to the Kampankis Mountains.

However, mining of limestone to make cement (for dam construction) is a possibility (see the discussion section above). Mining developments of this kind would have a direct negative impact on the integrity of ecosystems in the Kampankis Mountains, and should be regarded as a plausible threat to the area.

The fact that oil and gas prospectors have targeted this region since the 1950s does not mean that the Kampankis Mountains themselves are a target of drilling. Indeed, the Santiago and Morona floodplains are probably more attractive sites. Oil and gas production could cause irreparable damage to the complex ecological equilibrium in and around the Kampankis range. Any mining or oil and gas activity in the Santiago or Morona watersheds will have a direct negative impact on the biota of the Kampankis Mountains.

Recommendations

The Kampankis Mountains are a landscape of cliffs, steep hillsides, and ridges that has been created by tectonic and erosive processes acting over the last five million years. The diversity of soils and microhabitats helps contribute to the region's high biodiversity. The mostly fertile soils, reflected by the high conductivity and neutral pH of regional streamwater, support abundant animal populations. Adequately protected, the Kampankis Mountains can thus serve as a source of animals to repopulate areas where human impacts are more intensive.

Two high priorities are to map the *collpas* of the Kampankis range and to sample the water bodies associated with them. Although the entire Kampankis range merits protection, areas around *collpas* deserve special vigilance to protect both their unique qualities and the network of trails that animals use to visit them. Caves and other karst structures (which we did not sample in this inventory) may harbor rare or endemic organisms and should be mapped as well. Finally, tufa deposits in rainforest streams are poorly known. These deposits, too, should be mapped and protected.

Although the Kampankis range does not have metallic minerals and as such is free of gold mining, gold is present in the sediment load of the portion of the Santiago River that drains the Cordillera del Cóndor, where gold deposits do exist. The small-scale gold mining operations along the Santiago use mercury, a highly toxic element that has a direct negative impact on both fish and terrestrial animals. Mercury can be transported throughout the watershed by fish, thereby threatening the delicate equilibrium of these majestic mountains.

VEGETATION AND FLORA

Authors: David Neill, Isau Huamantupa, Camilo Kajekai and Nigel Pitman

Conservation targets: Exceptionally diverse forests at lower elevations on a variety of soil types, mostly on well-drained slopes, representative of the rich flora of western Amazonia and the sub-Andean foothill region; forests on higher slopes and ridges at 1,000–1,435 m elevation, which include many plant species with restricted ranges, including some restricted to sandstone-derived soils and some locally endemic species; several plant species new to science, known only from this inventory, and possible endemic to the Kampankis Mountains; well-preserved plant communities at the four sites we visited, with little evidence of logging or other anthropogenic disturbance; a rich flora that is culturally and economically important to local indigenous communities, and widely used by them for food, medicine, and building materials

INTRODUCTION

Prior to our inventory, several botanists made collections during the 20th century in the lowlands near the Río Santiago, the Río Morona, and at the Manseriche Gorge along the Río Marañón. Günther Tessmann in the 1920s and John Wurdack in the 1950s collected botanical specimens at the Manseriche Gorge, and their collections include several dozen type specimens for species first known from that locality. During 1979–1980, as part of an ethnobotanical study of plant names in the Wampis and Awajún languages, anthropologist Brent Berlin engaged several Wampis informants who collected fertile herbarium specimens and provided the Wampis names with their specimen data. These collectors, Víctor Huashikat and Santiago Tunqui, collected mostly along the lower Quebrada Katerpiza, below 200 m elevation near the mouth of the Katerpiza on the Río Santiago (~ 3°50'S 77°40'W), a site which is downstream from our own camp on the upper Quebrada Katerpiza. Berlin made some additional collections in the vicinity of the village of La Poza on the west bank of the Santiago. In 1987 Walter Lewis made about 500 ethnobotanical collections of medicinal plants with Wampis informants in the Río Morona settlements of Pinsha Cocha and Nuevo Nazaret (~ 4°06'S 77°12'W). These Río Santiago and Río Morona specimens are deposited at the Missouri Botanical Garden herbarium (MO), and the information is available on the TROPICOS botanical database (*http://www.tropicos.org*). Altogether, about 4,000 plant collections from the Río Santiago and Río Morona lowlands and the Manseriche Gorge, representing about 1,300 species of vascular plants, were recorded in the TROPICOS database prior to this study. The published *Flora del Río Cenepa* (Vásquez et al. 2010) includes the Río Santiago and Manseriche Gorge areas in its geographical coverage, as well as the Río Cenepa watershed farther west and the Río Marañón area between the mouth of the Río Cenepa and the Manseriche Gorge. Prior to our inventory, no botanical collections are known from the Kampankis Mountains above 300 m elevation.

METHODS

We characterized the vegetation and flora of the Kampankis Mountains by a combination of methods: observations made along the trail network established around each of the campsites, collections of voucher specimens, and semi-quantitative inventories. We attempted to make botanical collections of all vascular plant species found in flower or fruit that were within reach of 10-m clipper poles (taller trees were not climbed to obtain specimens, because of the time constraints of the rapid inventory). We searched for fertile plants along the major streams at each site, as well as the trail network. We made particular efforts to record and collect plants up to the highest elevations reached by each of the trail networks (700 m at the Pongo Chinim campsite, 1,050 m at Quebrada Kampankis, 1,340 m at Quebrada Katerpiza, and 1,435 m at Quebrada Wee).

We made 1,000 fertile plant collections representing about 900 vascular plant species. Some sterile collections were made of species not in flower or fruit, in order to compare the vegetative material with herbarium vouchers. A complete set of specimens was deposited at the herbarium of the Museo de Historia Natural (USM) of the Universidad de San Marcos in Lima. When possible, duplicate specimens will be deposited at the Universidad Nacional San Antonio Abad de Cuzco (CUZ), the National Herbarium of Ecuador (QCNE), and The Field Museum (F) in Chicago. We took digital photographs of all collected plants before pressing them, and also photographed a large number of uncollected plants and forest scenes. Selections of these photographs with identifications may be obtained by contacting *rrc@fieldmuseum.org*, and some photographs will eventually be used in rapid field guides of the Kampankis flora, which will be made available at *http://fm2.fieldmuseum.org/plantguides/*.

We made some limited observations of vegetation patterns and canopy trees from the helicopter overflights as we traveled between the four campsites.

RESULTS

Diversity and composition

We collected and photographed 1,000 herbarium specimens and photographed an additional several hundred plants in the field, totaling 118 families and approximately 1,600 species (Appendix 2). We estimate that the Kampankis region harbors 3,500 plant species. This relatively high floristic diversity is typical of Amazonian forests near the base of the Andes close to the equator (Bass et al. 2010).

For examples of the many ways that local indigenous communities use the Kampankis flora, see the chapter Resource Use and Traditional Ecological Knowledge.

Forest types

The vegetation and flora of the Kampankis Mountains are strongly influenced by the differences in elevation and geological substrate throughout the region. We identified five major vegetation types in the areas we surveyed on the ground: 1) riparian and floodplain vegetation along streams (*quebradas*); 2) forest growing on low hills between 300–700 m elevation, on an edaphic mosaic that included silty soils, clayey soils, and some areas of sand; 3) forest at intermediate elevations (700–1,000 m), also on mixed soils; 4) forest on limestone outcrops and limestone-derived soils, mostly at 700–1,000 m elevation; 5) forest on sandstone outcrops and sandstone-derived soils, mostly at the upper elevations, 1,000–1,435 m. At least two additional forest types occur on the extensive flatlands between the base of the cordillera and the Santiago and Morona rivers, which we did not survey on the ground: 6) swamp forest dominated by the palm *Mauritia flexuosa*, and 7) mixed forest on somewhat better-drained soil.

Riparian and floodplain vegetation

Near each of our four campsites ran low-velocity, low-volume streams with rounded slate rocks lining the stream bottom. Dense populations of rheophytic plants, with roots anchored directly to the bare rocks, are found in these streams. The low-growing herb *Dicranopygium* cf. *lugonis* (Cyclanthaceae) is the most abundant rheophyte; in some stretches of the streams the taller, shrubby *Pitcairnia aphelandriflora* (Bromeliaceae) with showy red inflorescences forms dense stands. The rheophytes are usually above water level but are periodically inundated when heavy rains produce flash floods, such as the one we experienced in the Quebrada Kampankis one afternoon. The Quebrada Katerpiza is a larger stream than the other three, with a larger area of periodically inundated and disturbed vegetation along its banks, with large stands of *Heliconia vellerigera, H. rostrata*, and *H. episcopalis* (Heliconiaceae) and *Calathea crotalifera* (Marantaceae). Along the stream banks, the riparian forest includes trees such as *Zygia longifolia* (Fabaceae), *Inga ruiziana* (Fabaceae), *Senna macrophylla* (Fabaceae), and *Guarea guidonia* (Meliaceae).

In the valley downstream from the Pongo Chinim camp is a tall forest with a closed canopy to 35 m tall and canopy emergents to 45 m. Trees here are characteristic of rich-soil alluvial bottomlands and include *Ceiba pentandra* (Malvaceae), *Cedrela odorata* (Meliaceae), *Hura crepitans* (Euphorbiaceae), *Chimarrhis glabriflora* (Rubiaceae), *Otoba parvifolia* (Myristicaceae), *Sterculia colombiana* (Malvaceae), and *Trichilia laxipaniculata* (Meliaceae). A similar rich-soil bottomland forest was seen on an island in the Quebrada Katerpiza downstream from our camp.

Forest on low hills and mixed soils

Tall, closed-canopy forest grows on the well-drained low hills at the base of the Kampankis Mountains, between 300 and 700 m elevation. These areas cover about 80% of the region we surveyed. The soils are mostly mixed with variable proportions of silt, clay and sand, but there are some small patches of sandy soil derived from sandstone outcrops and patches of slippery clay soil derived from limestone outcrops. In many areas the ground surface is stony, largely covered with fist-sized or larger rocks derived from the dominant geological substrate in the region of the low hills: slates of late Cretaceous and early Cenozoic origin. The forest canopy is about 30 m tall, with canopy emergents to 45 m. Common large trees include *Parkia nitida* (Fabaceae), *Hevea guianensis* (Euphorbiaceae), *Dussia tessmannii* (Fabaceae), *Tachigali chrysaloides* and *T. inconspicua* (Fabaceae), *Minquartia guianensis* (Olacaceae), *Matisia cordata* (Malvaceae), *Sterculia colombiana* (Malvaceae), *Eschweilera andina*, and *E. coriacea* (Lecythidaceae). Common palms in most areas are *Iriartea deltoidea*, *Socratea exorrhiza* and *Wettinia maynensis*.

Among the largest trees in the foothill forests is the canopy emergent *Gyranthera amphibiolepis* sp. nov. ined. (Malvaceae-Bombacoideae; Palacios in review), a new generic record for Peru. This tree has been found at numerous localities in Ecuador over the past 20 years, in the foothills of the sub-Andean cordilleras of Galeras, Kutukú and Cóndor, mostly on soils derived from limestone. The specific epithet is derived from the common name for the tree among the mestizo population in Ecuador, 'cuero de sapo' (frog skin), in reference to the mottled bark that is shed in rounded flakes. *Gyranthera* is a genus of just two other species, one from the coastal cordillera of Venezuela and another from the Darién region of Panama.

Small patches of sandy soil occur on the lower hill slopes, usually not more than 50 m across, and on these patches grow trees typical of nutrient-poor sandy soils, including *Micrandra spruceana* (Euphorbiaceae), *Sacoglottis guianensis* (Humiriaceae), and *Tovomita weddelliana* (Clusiaceae), as well as the herbaceous *Rapatea muaju* (Rapateaceae).

The forest on the low hills near the Quebrada Katerpiza camp showed much more evidence of disturbance than the other three campsites. Across the river from the camp, a stand of the cultivated palm *Bactris gasipaes* that, judging from the height of the palms, was about 40 years old at the time of our visit, indicated prior human settlement. Dense vine tangles in the Katerpiza forest understory offered further evidence of disturbance. Some of the second-growth aspect of the forest may be recovery from agricultural clearing, but most of the disturbance around the Katerpiza site appeared to be natural, not anthropogenic. The hills around camp were covered with small boulders, and landslides may be more frequent there than elsewhere in the region. The most common large palm near the Katerpiza camp, *Attalea butyracea,* was rare or absent at the other sites.

Mid-elevation forests on mixed soils

On the mid-elevation slopes of the Kampankis Mountains above about 700 m, forest composition changes gradually as one ascends higher. In this cooler, moister environment, vascular epiphytes and mosses are more abundant, the forest canopy is somewhat lower, and leaf litter on the soil surface is denser. Soils are variable, depending on the underlying parent material, with varying proportions of sand, silt and clay. Common tree species include *Eschweilera andina* (Lecythidaceae), *Cassia swartzioides* (Fabaceae), *Tachigali inconspicua* (Fabaceae), *Pourouma minor* (Urticaceae), *P. guianensis* (Urticaceae), *Caryodendron orinocense* (Euphorbiaceae), and the palms *Socratea exorrhiza* and *Wettinia maynensis.*

Mid-elevation forests on limestone outcrops and limestone-derived soils

Limestone outcrops in the Kampankis Mountains form a 'dogstooth karst' terrain similar to karst areas in other tropical regions such as Jamaica (Kruckeberg 2002). The limestone bedrock, eroded by dissolution in acidic rainwater, forms sharply serrated edges that can shred one's rubber boots in short order and requires extreme care in traversing. The most extensive limestone outcrops were found on the ridge west of the Pongo Chinim camp at 650–700 m elevation, and along the trail above the Quebrada Wee camp at 700–900 m elevation.

Growing on the bare limestone rocks under forest cover, without any accumulated soil, are herbaceous plants including *Asplundia* (Cyclanthaceae), *Anthurium* (Araceae) and a variety of terrestrial ferns. Trees and shrubs also grow on the limestone outcrops, with their roots extending into the soil below the outcrop. Among the most frequent species were *Metteniusa tessmanniana* (Icacinaceae), *Otoba glycicarpa* (Myristicaceae), and *Guarea pterorhachis* (Meliaceae).

On clay soils derived from limestone, the mid-canopy tree *Metteniusa tessmanniana* (Icacinaceae) and the understory tree *Sanango racemosum* (Gesneriaceae) are common and conspicuous. *Justicia manserichensis* (Acanthaceae), a locally endemic herb species known only from Peru's Amazonas region, is locally common on limestone-derived soils and in places its mottled leaves form a nearly continuous carpet on the ground. The limestone-derived clay soils here are relatively fertile, with a substantial humus content in the A horizon. On the trail above the Quebrada Wee camp, at 900 m elevation and just above the limestone outcrops, we noted a stand of eight large trees of *Cedrela odorata,* a species indicative of relatively fertile soils.

Forest on sandstone outcrops

The most distinctive vegetation types in the Kampankis Mountains, containing the greatest number of restricted-range species, locally endemic species, and species possibly new to science, occur on the sandstone outcrops at elevations from 1,000 m to 1,435 m. These high sandstone ridges comprise less 8,000 ha in total and represent less than 2% of the Santiago-Comaina Reserved Zone.

Forest on the sandstone crest above the Quebrada Kampankis (1,020 m)

The trail ascending from the Quebrada Kampankis campsite ended at the base of a sandstone cliff about 20 m high; we found a way up to the crest via a series of small ledges. The ridgecrest here provides a view of the Santiago valley to the west, and declines gradually toward the east. Although the bedrock is sandstone, the soil is relatively fine-grained, mostly clay and silt, light brown in color, with a relatively shallow root mat about 10 cm thick and thick leaf litter.

The forest includes many tree species typical of the lowlands, including *Parkia nitida* (Fabaceae), *Vochysia biloba* (Vochysiaceae), *Cassia swartzioides* (Fabaceae), *Tachigali inconspicua* (Fabaceae), *Virola pavonis* (Myristicaceae) and *Caryocar glabrum* (Caryocaraceae). *Aparisthmium cordatum* (Euphorbiaceae), generally considered to be a tree of disturbed and secondary vegetation in the Amazon lowlands, is common at the site, but this appears to be an anomaly as there are no other signs of extensive disturbance. Common palms are *Iriartea deltoidea, Wettinia maynensis*, and *Euterpe precatoria*. Trees typical of higher elevations include *Elaeagia pastoensis* (Rubiaceae), *Tovomita weddelliana* (Clusiaceae), and *Brunellia* sp. (Brunelliaceae). Also present here was *Schizocalyx condoricus* (Rubiaceae), a new species being published as part of a taxonomic revision of *Schizocalyx* (Taylor et al., in press). *S. condoricus* is a mid-canopy tree to 10 m tall, previously known from several localities on the sandstone plateaus of the Cordillera del Cóndor in Ecuador. Its occurrence in the Kampankis Mountains is a new record for Peru and the first report of the species outside of the Cordillera del Cóndor.

Understory trees and shrubs present on this ridgetop include *Abarema laeta* (Fabaceae), several species of *Palicourea* and *Psychotria* (Rubiaceae), and a *Lissocarpa* (Ebenaceae) found in flower that is possibly a new species. Epiphytic orchids (including the first Peruvian records of *Acineta superba* and *Houlletia wallisii*), bromeliads and ferns are abundant, and the branches of the canopy trees are festooned with *Tillandsia usneoides* (Bromeliaceae).

Forest on the sandstone crest above the Quebrada Katerpiza (1,340 m)

This summit ridge is quite narrow, hardly wider than the trail in many places, and dropping off steeply to the Río Santiago watershed to the west and to the Río Morona watershed to the east. No outcrops of the underlying sandstone bedrock were found on the summit ridge. The soil is mostly fine-grained, silt and clay with some sand, but not coarse-grained quartz sand. The root mat is about 15 cm thick, thicker and denser than the root mat on the lower crest above the Quebrada Kampankis campsite. The forest on the summit ridge, with a canopy about 15 m tall, is a mixture of lowland tree species and taxa representative of Andean cloud forests. Lowland taxa include *Abarema jupunba* (Fabaceae), *Simarouba amara* (Simaroubaceae), *Anthodiscus peruanus* (Caryocaraceae), *Cordia nodosa* (Boraginaceae) and *Virola sebifera* (Myristicaceae). Andean taxa include *Rustia rubra* (Rubiaceae), *Elaeagia pastoensis* (Rubiaceae), *Ladenbergia* sp. (Rubiaceae) and *Tovomita weddelliana* (Clusiaceae). *Schizocalyx condoricus* (Rubiaceae), the new species from the sandstone plateaus of the Cordillera del Cóndor, occurs at this site as well as on the ridge above the Quebrada Kampankis.

We were surprised to find the Andean wax palm *Ceroxylon*, with its characteristic waxy white trunk, since most species of this genus occur above 2,000 m elevation. We later determined that the species on the Kampankis ridge is *Ceroxylon amazonicum,* the lowest-elevation species of the genus, previously known from southeastern Ecuador, including the Cordillera del Cóndor region, at 800–1,500 m. Additional large palm species here are *Socratea exorrhiza* and *Wettinia maynensis*, more characteristic of the Amazon lowlands. *Pholidostachys synanthera*, a small palm about 2 m tall and abundant in the forest understory on the summit ridge, is known as 'kampanak' in Wampis. It is prized by local residents for thatching roofs and is the plant that gave the Kampankis mountain range its name.

Forest on sandstone ridges above the Quebrada Wee (800–1,100 m)

On the eastern slopes of the Kampankis Mountains above the Quebrada Wee, sandstone outcrops on several ridges at 800–1,100 m elevation support patches of low, dense forest with a canopy 10–15 m tall. The soil on these ridges is coarse quartzite sand, and the ground surface is completely covered with a thick spongy root mat. Common trees in these forests include some of the same species found at similar elevations on the sandstone plateaus of the Cordillera del Cóndor in Ecuador: *Chrysophyllum sanguineolentum* (Sapotaceae), *Elaeagia myriantha* (Rubiaceae), *Tibouchina ochypetala* (Melastomataceae), *Graffenrieda* cf. *emarginata* (Melastomataceae), *Osteophloeum platyspermum* (Myristicaceae), and the palms *Euterpe catinga* and *Wettinia longipetala*. Also present are *Podocarpus oleifolius* (Podocarpaceae) and *Alzatea verticillata* (Alzateaceae), at an unusually low altitude for these Andean trees.

Forest on the sandstone crest above Quebrada Wee (1,435 m)

The forest here, at the highest elevation reached by the Kampankis Mountains, is quite distinct from the vegetation we found anywhere else in our survey. The soil is coarse-grained quartzite sand, and the ground surface is covered with a dense spongy root mat about 30 cm thick. Many trees produce adventitious stilt roots up to a meter above the ground surface, and these are covered with a thick layer of bryophytes; this makes walking in the forest rather treacherous as one must step carefully to avoid getting stuck in the tangled mass of roots and mosses. The most common tree is the Andean palm *Dictyocaryum lamarckianum*; the wax palm *Ceroxylon amazonicum* found at the Katerpiza ridge site is not present. Additional palms include *Socratea exorrhiza, Euterpe catinga* and *Wettinia longipetala*, the latter a sandstone-restricted species known from the Cordillera del Cóndor and the Cordillera Yanachaga in central Peru. *Euterpe catinga* occurs on white sand in the Guayana Shield region and on sandstone in the Cordillera del Cóndor. On sandstone substrates in the Kampankis Mountains it replaces the common *E. precatoria*, which is found at lower elevations on mixed soils. Additional tree species of Andean affinity on this crest include *Gordonia fruticosa* (Theaceae), *Cybianthus magnus* (Myrsinaceae), *Clusia* sp. (Clusiaceae), *Magnolia bankardionum* (Magnoliaceae), *Tovomita weddelliana* (Clusiaceae), *Graffenrieda* sp. (Melastomataceae), *Alzatea verticillata* (Alzateaceae), and *Rhamnus sphaerosperma* (Rhamnaceae). The small tree *Lozania nunkui* (Lacistemataceae) is a new species (Neill and Asanza, in press) known previously from the Cordillera del Cóndor in Ecuador and Peru.

Differences between forests on the sandstone crests above the Quebrada Katerpiza and Quebrada Wee

We found substantial differences in the structure and floristic composition of the forest between the two highest-elevation sites we surveyed: the main crest of the Kampankis Mountains above the Quebrada Katerpiza (1,340 m) and the crest above the Quebrada Wee (1,435 m). These sites are about 20 km apart, with an elevational difference of less than 100 m, and the bedrock underlying both sites is the same formation of early Cretaceous sandstone. Subtle differences in the composition of the parent material and in the degree of weathering of the rock appear to have produced different soil characteristics that are reflected in striking differences in vegetation and flora.

The bedrock at the Quebrada Wee ridgecrest is quartzarenite, and the soil derived therefrom is rather coarse sand that is highly acidic and, apparently, extremely nutrient-poor. The vegetation at this site forms a dense, thick, spongy root mat more than 30 cm thick in most places, with adventitious stilt roots a meter or more above the soil surface. The bedrock at the Quebrada Katerpiza ridgecrest is sublitharenite, with a lower composition of crystalline quartz, and has given rise to a more weathered, smaller-texture soil that is apparently somewhat more fertile and less acidic. The root mat on the Quebrada Katerpiza ridgecrest is much thinner than at the Quebrada Wee site, generally about 10–15 cm thick.

The flora of the Quebrada Katerpiza ridgecrest is closer to that of a 'normal' Andean cloud forest at a similar altitude, whereas the Quebrada Wee ridgecrest includes more species that commonly occur on the sandstone plateaus of the Cordillera del Cóndor with its very nutrient-poor soils and thick root mat. The Quebrada Wee ridgecrest also has more species that, we believe, are new to science and possibly locally endemic to the Kampankis Mountains.

Mauritia *palm swamps and mixed forest on flat terrain*

All of our campsites were located in the foothills region of the Kampankis Mountains and our ground surveys did not include the extensive areas of flat terrain between the base of the cordillera and the Santiago and Morona rivers. We were able to view these areas briefly during the helicopter overflights. Easily recognizable from the air are large areas of palm swamps dominated by *Mauritia flexuosa*. Interspersed with the swamp forests, in areas with somewhat better-drained soils, are mixed forests, with *Iriartea deltoidea* (Arecaceae), *Wettinia maynensis* (Arecaceae), *Ceiba pentandra* (Malvaceae), and *Erythrina poeppigiana* (Fabaceae) among the tree species recognizable from the air.

Lowland forest on sandstone outcrops

Satellite imagery alerted us to an area in the lowlands between the Quebrada Kampankis and the Quebrada Katerpiza (~3°54'S, 77°37'30"W) that appears to be a sandstone plateau raised slightly above the surrounding plain at 300 m elevation. We were not able to visit this site on the ground, but we viewed it from the helicopter. This low plateau is deeply dissected by small streams forming vertical cliffs about 50 m tall, and geologist Vladimir Zapata confirmed that it is composed of sandstone, probably with intercalated shales and mudstones, and lacks calcareous rocks. The palm *Oenocarpus bataua*, uncommon elsewhere in the region, was very abundant on this plateau; no additional tree species could be identified from the air during the brief overflight. At least eight similar lowland sandstone plateaus are visible in the satellite imagery, between the base of the cordillera and the Santiago river, from ~ 4°05'S to 4°15'S; they are elevated about 40–50 m above the surrounding plains. The vegetation on these lowland sandstone outcrops appears to be a forest with a relatively low, dense, even canopy, characteristic of forest on lowland white sand areas. (The sandstones of these areas are not the same formation as the Early Cretaceous sandstone on the highest crests of the Kampankis Mountains, but rather are of much younger age, Oligocene-Miocene.) These areas may have a lowland white sand vegetation similar to other white sand areas in Amazonian Peru (Fine et al. 2010), which is very distinct from anything that we surveyed on the ground. Exploration of these areas should be a top priority for future floristic research in the region.

New species, range extensions, and species of special conservation concern

New species

Epidendrum sp. nov. (Orchidaceae). This epiphytic herb measures up to 1.2 m tall and has pink-purple flowers. We found it growing in very tall trees in the upper-elevation forests above the Quebrada Katerpiza and Quebrada Wee campsites. Photographic voucher IH8482.

Gyranthera amphibiolepis sp. nov. ined. (Malvaceae-Bombacoideae; Palacios, in review), a large canopy emergent tree to 40 m, is a new generic record for Peru. It was previously known from the sub-Andean cordilleras of Ecuador. Col. no. IH15571.

Lissocarpa sp. nov. (Ebenaceae). This small tree was found growing on the ridgecrest above the Quebrada Katerpiza campsite. Col no. IH15773.

Lozania nunkui sp. nov. ined. (Lacistemataceae; Neill and Asanza, in press) is a new species previously known from the Cordillera del Cóndor in Ecuador and Peru. The collection from Kampankis has somewhat smaller leaves than the material from the Cordillera del Cóndor, but probably should be included in *L. nunkui*. We only recorded it on the highest crest we visited, above the Quebrada Wee campsite. Col. no. IH15936.

Salpinga sp. nov. (Melastomataceae). This terrestrial herb is much smaller than other known members of the genus, and has just one fruit per branch. Col. no. IH15910.

Schizocalyx condoricus sp. nov. ined. (Rubiaceae; Taylor et al., in press) is a tree previously known only from the Cordillera del Cóndor and Cordillera Kutukú in Ecuador. In Kampankis we found healthy populations on the highest ridges above the Quebrada Katerpiza, Quebrada Kampankis, and Quebrada Wee campsites. Col. no. IH15801.

Vochysia sp. nov. (Vochysiaceae) is an undescribed tree to 35 m previously known only from southern Ecuador, in the Napo River basin. We only encountered it in the Pongo Chinim and Quebrada Katerpiza campsites, on limestone-derived soils. It has showy yellow flowers and brown capsular fruits. Col. no. IH15157.

Four Rubiaceae shrubs in the genera *Palicourea* (col. no. IH15190), *Psychotria* (col. no. IH15685), *Rudgea* (col. no. IH15221), and *Kutchubaea* (photographic voucher DN1687) are believed to be new species (C. Taylor, pers. comm.). Some of them have been previously collected in Ecuador.

Species new to Peru

Acineta superba (Kunth) Rchb. f. (Orchidaceae) is an epiphyte previously known from Panama to Ecuador, Venezuela, and Suriname. In Kampankis it was recorded in the upper-elevation forests on limestone-derived soils above the Quebrada Kampankis campsite. Photographic voucher IH9696.

Ceroxylon amazonicum G.A. Galeano (Arecaceae), a species of the Andean 'wax palm' genus, was previously known from just four populations in the Cordillera del Cóndor region and other areas of southeastern Ecuador. It is listed in the IUCN Red List of Threatened Species as Endangered. Photographic voucher DN1814.

Coussarea dulcifolia D.A. Neill, C.E. Cerón & C.M. Taylor (Rubiaceae) is a white-fruited shrub previously known from Amazonian Ecuador. The species is considered Near Threatened at the global scale by the IUCN. Col. no. IH15161.

Erythrina schimpffii Diels (Fabaceae) is a small tree to 6 m with showy red flowers similar to those of *E. edulis*. It was considered endemic to Ecuador until we recorded it on the low-elevation clay hills at the Quebrada Katerpiza campsite. The species is considered Near Threatened at the global scale by the IUCN. Col. no. IH15599.

Houlletia wallisii Linden & Rchb. f. (Orchidaceae) is an epiphytic herb with showy cream-yellow flowers with dark flecks. We found it growing in upper-elevation forests above the Quebrada Wee campsite. It was previously considered endemic to southeastern Ecuador. Photographic voucher IH6517.

Monophyllorchis microstyloides (Rchb. f.) Garay (Orchidaceae) is a terrestrial herb with leaves that are purple below and with showy white lines above. It was relatively common in the lower-elevation forests around the Quebrada Kampankis campsite. The species is well known from various Central American countries, but this is the first record of the genus and species for Peru. Photographic voucher IH9193.

Rustia viridiflora Delprete (Rubiaceae) is a small tree previously known from Ecuador. The species is considered Vulnerable at the global scale by the IUCN. Col. no. IH15485.

Trianaea naeka S. Knapp (Solanaceae) is a shrubby epiphyte 2–3 m tall with pendulous brown-cream flowers that are pollinated by bats. Until the Kampankis rapid inventory it was considered endemic to southeastern Ecuador. The species is considered Vulnerable at the global scale by the IUCN. Col. no. IH15856.

Other species of special conservation concern

The leading timber tree in the region, *Cedrela odorata* (Meliaceae), is classified as globally Vulnerable by the IUCN.

Elaeagia pastoensis (Rubiaceae) is considered Vulnerable at the global scale by the IUCN.

Justicia manserichensis (Acanthaceae) is a locally endemic terrestrial herb. It was classified as Endangered in the *Red Book of Peru's Endemic Plants* (León 2006a) but does not yet have a formal threat classification at the national or global level.

Licania cecidiophora (Chrysobalanaceae). Described in 1978 from three collections on the Cenepa River (Berlin & Prance 1978), this large tree has not been collected since (León 2006b). During the Kampankis rapid inventory we asked several indigenous residents about the species, mentioning both the documented Jívaro use of spherical galls on its leaves to make traditional capes and the species' Jívaro name (*dúship*). Some informants told us that they knew of the tree, and that it was present in the Santiago watershed at lower elevations than the ones we sampled, but we did not encounter it. The species has been classified as Endangered in the *Red Book of Peru's Endemic Plants* (León 2006b) but does not yet have a formal threat classification at the national or global level.

Wettinia longipetala (Arecaceae) is classified as Vulnerable at the global scale by the IUCN.

DISCUSSION

On the high sandstone ridges of the Kampankis Mountains between 1,000–1,435 m we found many of the same plants that are characteristic of the sandstone plateaus of the Cordillera del Cóndor at similar elevations. These species, such as *Wettinia longipetala, Cybianthus magnus, Gordonia fruticosa*, and *Alzatea verticillata*, are evidently adapted to tolerate the very nutrient-poor, acidic soils derived from quartzite sandstone, and have been able to disperse between the Cordillera del Cóndor and the Kampankis Mountains as well as to other areas of nutrient-poor soils in the Andes and other sub-Andean cordilleras, such as the Cordillera de Yanachaga in central Peru.

We expected and searched diligently for, but did not find, any of the distinctive Guyana Shield genera which have been found as disjuncts on the sandstone plateaus of the Cordillera del Cóndor: *Phainantha* (Melastomataceae), *Stenopadus* (Asteraceae), *Digomphia* (Bignoniaceae) and the *Crepinella* group of *Schefflera* (Araliaceae; *Schefflera harmsii*; Frodin et al. 2010). Nor did we find other sandstone- and white sand-restricted taxa that occur in the Cordillera del Cóndor, such as *Pagamea* and *Retiniphyllum* (Rubiaceae).

The absence of these taxa in areas of presumably appropriate habitat in the Kampankis Mountains (quartzite sandstone above 1,000 m elevation) may be explained in terms of island biogeography. The appropriate sandstone habitat for these taxa comprises thousands of hectares in the Cordillera del Cóndor: an archipelago of sandstone plateau 'islands' of different sizes and at different elevations. By contrast, the only appropriate sandstone habitat in the Kampankis Mountains is essentially a single small 'island' at 1,000–1,400 m along the summit ridge. The total area above 1,000 m in the entire cordillera of Kampankis is about 8,000 ha, but the area with soil derived from quartzite sandstone is much smaller, probably less than 1,000 ha and primarily in the southern portion of the range.

The distance from the summit ridge of the Kampankis Mountains to the closest ridges of the Cordillera del Cóndor is about 50 km, but the closest Cóndor ridges may not be composed of quartzite sandstone. The closest areas of the Cordillera del Cóndor in Ecuador with the sandstone plateaus known to harbor the Guyana Shield disjunct taxa are about 120 km from the high ridges of the Kampankis Mountains. This dispersal distance between the Kampankis and the Cóndor for the sandstone-restricted taxa does not appear to be prohibitively far, but the tiny size of the Kampankis high-elevation 'island' may be too small to support the full suite of sandstone-adapted taxa that occur on the larger archipelago of the Cordillera del Cóndor plateaus. On the other hand, it is likely that some of these species do in fact occur on the Kampankis upper ridge but were not found during our very brief inventory.

RECOMMENDATIONS FOR CONSERVATION

Some important vegetation types in the region were not surveyed adequately, or not surveyed at all, during our fieldwork in 2011. One vegetation type that merits further botanical exploration is that growing on high ridges above 1,000 m elevation, especially areas with low dense forest on sandstone outcrops where additional endemic species and sandstone-restricted species shared with the Cordillera del Cóndor are likely to be found. Another high priority for future inventories are the lowland sandstone plateaus between the base of the Kampankis Mountains and the Río Santiago. One particularly intriguing sandstone area that may have shrubby or herbaceous white-sand vegetation along the edges of the plateau appears to be quite easily accessible. It is located southeast of the village of Democracia, at ~ 4°15'S 77°40'W.

FISHES

Authors: Roberto Quispe and Max H. Hidalgo

Conservation targets: Headwater communities of fish highly adapted to rapids, including species of *Astroblepus, Chaetostoma, Creagrutus*, and *Lipopterichthys* that may be endemic to this region; fragile and exceptionally well-preserved aquatic ecosystems characterized by short, fierce high-water events; fishing grounds for culturally and economically important species such as *Prochilodus nigricans* (black prochilodus); primary riparian forests on which these aquatic ecosystems depend for resources; apparently undescribed species in the genera *Astroblepus, Creagrutus, Hemigrammus*, and *Synbranchus* that may be endemic to the Kampankis Mountains

INTRODUCTION

The Kampankis Mountains are the northeasternmost mountain range in Peru, bordered by the Andes to the west and the Amazonian lowlands to the east. The Kampankis range is drained by the Santiago and Morona rivers and traversed in the south by the Marañón River at the Manseriche Gorge.

While the fish communities of the Kampankis range had never been studied before the rapid inventory, some relatively recent information does exist for the ichthyofauna of the Santiago and Morona rivers and of the Manseriche Gorge. These data come from an ecological and economic zoning study of these rivers (INADE 2001), environmental impact studies carried out on the upper Morona (in lot 64, a gas and oil concession; Talisman 2004), and expeditions that led to the description of two new loricarid species from the Manseriche Gorge (Luján and Chamon 2008). Much older publications written by some of the first foreign biologists to work in Amazonian Peru list some fish species recorded in the Santiago, Morona, and Marañón rivers (Cope 1872, Eigenmann and Allen 1942).

The primary aim of this chapter is to provide information that will help the Awajún and Wampis indigenous groups extend their long history of protecting and managing the region's aquatic ecosystems. The specific aims of our study included: 1) determining the composition of fish communities in the streams and rivers of the Kampankis Mountains; 2) assessing the conservation status of the bodies of water we visited; and 3) outlining measures for their long-term management and conservation.

METHODS

Field work

During 15 complete field days between 2 August and 20 August 2011 we studied 17 sampling stations at the four campsites visited. All stations were clear-water lotic habitats. They included one large river and 16 streams and small tributaries in the Santiago River watershed (at the Quebrada Katerpiza and Quebrada Kampankis campsites), the Morona watershed (at the Pongo Chinim campsite), and the Marañón watershed (at the Quebrada Wee campsite). The lowest station was at 194 m elevation and the highest at 487 m.

Our goal was to explore the broadest possible range of available microhabitats, despite the fact that foothill landscapes offer relatively few of these. We reached all sampling stations by foot, both via the trail systems at each campsite and by walking up or down the banks of the main streams and rivers. At each station fish communities were sampled intensively, using a variety of methods that varied depending on the microhabitat being sampled, along a stretch varying in length from 300 to 1,000 m. At some sites we made exploratory collections or sampled at night in order to record the highest possible number of species for each sampling station.

Most of the aquatic ecosystems we studied (eight stations) were small first- and second-order streams less than 5 m wide. The largest water bodies we sampled were the Kampankis River at its juncture with the Quebrada Chapiza (at the Quebrada Kampankis campsite), where it measured 20 m wide, and the Quebrada Katerpiza at the lowest elevation we sampled, where it measured 15 m wide.

Most of the habitats we sampled had slow currents, and pebbly bottoms interspersed with large rocks were the most common substrate. We identified at least five principal microhabitat types for fish: pools, rapids, straight stretches, sandy beaches, and waterfalls. The attributes of each sampling station are described in detail in Appendix 3.

Specimen collections and analyses

Collection methods included dragnet sweeps, searches under rocks and trunks in rapids, exploration of muddy areas between roots, and manual captures of fish in holes or under rocks. We used seines measuring 5 and 10 m long with 5- and 7-mm mesh, a circular cast net (*atarraya*), hand nets, and gill nets 5 m long and with 6.35-cm mesh. Sampling effort was recorded for every station and varied depending on collection techniques and the size of the habitat (i.e., effort was usually greater at larger habitats with more microhabitats). For example, we typically made 5 to 20 sampling attempts with the seines. Sampling effort was lowest in small streams with low water levels and few available habitats, where only specialized species were likely to be present, and highest in larger bodies of water with a larger number of species and habitats.

We spent much more time collecting and preserving specimens at the beginning of the inventory, when most taxa were new to our species list. Towards the end of the inventory we only collected species that we had not previously recorded or species that are poorly known. At each sampling station we kept specimens to be photographed live at camp separate from specimens to be preserved. Most collections were fixed in 10% formalin for posterior analysis and identification. For some individuals, the entire body or part of a muscle was preserved in 96% alcohol for future genetic studies.

Twenty-four hours after specimens were fixed we identified them in camp using field guides and experience from previous inventories. The great majority of species were identified to species, but some were sorted into morphospecies (e.g., *Astroblepus* sp. 1, *Astroblepus* sp. 2) and photographed to facilitate later revision with the help of specialists in specific taxonomic groups and the technical literature.

The methods described here have been used during all of the Field Museum rapid inventories carried out to date in Peru. All fish specimens collected in these inventories have been deposited in the ichthyological collection of the Natural History Museum of the Universidad Nacional Mayor de San Marcos in Lima.

RESULTS

Species richness and composition

We recorded a total of 60 fish species through sampling and direct observations. These species belong to six orders, 17 families, and 39 genera (Appendix 4). Most species (88% of the total) are members of the superorder Ostariophysi, which dominates the Neotropical continental ichthyofauna (Ortega et al. 2011).

The most diverse orders of this superorder were Characiformes (scaled fish with spineless fins) with 29 species (50% of the total), Siluriformes (armored and naked catfish) with 21 species (36%), and Gymnotiformes (electric fish) with one species (2%). Fish with a marine origin were represented by Perciformes with four species (7%), Myliobatiformes with one species (2%), and Cyprinodontiformes (annual fish) and Synbranchiformes (swamp eels), with two species and one species (3% and 2%) respectively.

Characiformes and Siluriformes

These two orders typically dominate ichthyofaunas in Amazonian Peru. While Characiformes taxa tend to be more abundant and diverse in the Amazonian lowlands, at higher elevations Siluriformes increases and Characiformes decreases in importance. Above 1,500 m most native fish species are Siluriformes and Characiformes taxa are rare.

It is not surprising that we only recorded four other orders in Kampankis. This is typical of montane aquatic ecosystems on the eastern slopes of the Andes in Peru, as demonstrated by inventories in Megantoni National Sanctuary, Cordillera Azul National Park, the Cordillera del Cóndor, Yanachaga-Chemillén National Park, and the Machiguenga and Amarakaeri communal reserves.

Characidae was the most diverse family, with 21 species (36% of the total). Characids are small fish (<15 cm standard length as adults) whose preferred habitat is the water column. They are commonly observed in schools, and sometimes mixed-species schools. The genera *Hemibrycon, Creagrutus, Knodus, Ceratobranchia*, and *Astyanax*, which include the characids found at the highest elevations, were common in the streams we visited in the Kampankis range.

Genera that are typically diverse in the Amazonian lowlands were less abundant in Kampankis. These include *Hemigrammus, Odontostilbe, Serrapinnus, Paragoniates, Poptella*, and *Leptagoniates*. Their presence in Kampankis, in association with genera that are more typical of foothills, suggests that we were sampling an ecotone between lowland fish communities and fish communities more typical of the eastern slopes of the Andes.

Other Characiformes families that we registered in Kampankis include genera such as *Prochilodus, Steindachnerina, Hoplias, Characidium, Melanocharacidium*, and *Parodon*. The lebiasinid *Piabucina* cf. *elongata* was one of the most common species in Kampankis, and we found it at high elevations together with *Chaetostoma, Ituglanis*, and *Astroblepus*. This last genus was present at the highest elevation we sampled (487 m).

The most diverse family in Siluriformes was Loricariidae, with 12 species (21% of the total). The most diverse loricariid genus was *Chaetostoma*. Together with *Ancistrus, Lypopterichthys, Farlowella*, and *Rineloricaria*, this genus includes small and medium-sized fish (up to

20 cm long) that co-occur in these habitats with *Hypostomus* and *Spatuloricaria*, which can reach larger sizes and are usually more common in sandy-bottomed water bodies or habitats with submerged vegetation. The second most important family was Astroblepidae, with four species. This family is well known for including species that are endemic to particular small watersheds (Schaefer et al. 2011).

Other families of Siluriformes were less well represented in the Kampankis compared to other sites at similar elevations. This is probably due to the absence of certain microhabitats in the low-order streams that we sampled in Kampankis. In the family Hepapteridae, common in foothills regions, we recorded three morphospecies in the genus *Rhamdia* that may prove under further study to be new records for Peru. The other Siluriformes we recorded at Kampankis were *Batrochoglanis* (Pseudopimelodidae) and *Ituglanis* (Trichomycteridae), which were present both in the foothills and at lower elevations.

Other orders

We only recorded one species of electric fish: *Gymnotus* cf. *carapo* (Gymnotiformes, Gymnotidae). Electric fish are more frequent and abundant in the lowlands, especially in periodically flooded areas and palm swamps, than they are at higher elevations. All the species we recorded in the order Perciformes belong to the family Cichlidae, of which we recorded the genera *Bujurquina* (three species) and *Crenicichla* (one species) in every camp we visited. Of these two genera, *Crenicichla* is larger and includes one of the few predatory fish we recorded during the inventory. Species of *Bujurquina* were very common. These fish, which occur in clear-water streams at various sites on the eastern slopes of the Andean foothills, were conspicuous in Kampankis, where their characteristic parental care behavior was easy to observe.

In Cyprinodontiformes, the species of *Rivulus* we recorded are known for their ability to lay resistant eggs that can survive the dry season, even in streams that typically run dry during that time. In Kampankis it was common to find them in partially dry streams, cut-off stream pools, and even on the trails, in rain-fed puddles.

Synbranchus is the only genus of the family Synbranchidae and the order Synbranchiformes. Its taxonomy is currently being revised, and there are several undescribed species in addition to the two formally described ones. We found a species that is very different from *S. marmoratus*, the only described species whose distribution includes our study area, which means that it is probably new to science.

Finally, thanks to a photograph taken on the Quebrada Kangasa, we identified one species of stingray: *Potamotrygon* cf. *castexi*.

Pongo Chinim campsite

The habitats we sampled here were somewhat different from those at the other campsites. Streams had a large number of pools (the dominant microhabitat), slow currents, and dead submerged vegetation, especially in the main stream (the Quebrada Kusuim). It is worth noting that this was the only campsite we visited in the Morona watershed; it was also the only one located in the center of the Kampankis range rather than on its slopes (see the campsite description in the Regional Panorama and Sites Visited chapter). The Quebrada Kusuim runs along a valley between two ridges and exits the mountains via the steep Chinim Gorge, which probably prevents species that prefer quieter waters, and species that are common at lower elevations, from migrating up into the valley. The sampling stations we visited on the Quebrada Kusuim itself had more diverse fish communities than the smaller streams at this campsite, which are tributaries of the Kusuim and had fewer microhabitats.

The elevations sampled at this campsite varied from 343 to 487 m, comprising the highest elevational range and the highest point sampled during the rapid inventory: a series of small creeks where we only observed individuals of *Piabucina, Rivulus, Chaetostoma,* and *Astroblepus*.

We recorded a total of 18 species belonging to Characiformes (eight species and 44% of the total), Siluriformes (six and 33%), Perciformes (two and 11%), Gymnotiformes, and Cyprinodontiformes (one species each). This campsite had the fewest species overall and the second lowest number of individuals. It was the only site in the rapid inventory where we recorded electric fish (*Gymnotus* cf. *carapo*).

Many of the genera observed at this campsite are adapted to fast-flowing water, including *Astyanacinus, Rhamdia, Ancistrus*, and *Bujurquina*. Genera typical of the lowlands, like *Charax* and *Hemigrammus*, were poorly represented. Predatory fish were notable for their absence; we recorded just two species in the genera *Crenicichla* and *Rhamdia*. Most of the species we observed are omnivores with benthic (*Astroblepus, Chaetostoma, Parodon*) or pelagic habits (*Astyanacinus, Astyanax, Creagrutus, Knodus*). The interesting records from this campsite include a probably undescribed species of *Hemigrammus*.

Quebrada Katerpiza campsite

The Quebrada Katerpiza (which is really a small river) was the second-largest aquatic habitat we surveyed during the rapid inventory. The altitudinal range we sampled here was 239–387 m, the broadest at any campsite but intermediate in elevation, which resulted in a lower number of species recorded here than at the two campsites discussed below. The substrate types and faster currents in the Katerpiza reflected its steep descent from the Kampankis foothills to the Santiago River and were very different from those in streams at the Pongo Chinim campsite. The uniform slope of the Katerpiza allows species from the Santiago to migrate upriver with no apparent barrier and distribute themselves along an elevational gradient.

We identified a total of 25 species at this campsite, making this the second least diverse of the four sites we visited. By contrast, the number of individuals collected was the second highest, likely because of the size of the Quebrada Katerpiza.

The most diverse sampling station at this campsite was the one farthest down the Quebrada Katerpiza. While most of the 20 species recorded there were also seen farther up the Katerpiza, this downstream site also featured species like *Paragoniates alburnus*, which was common. Additional sampling in this habitat will probably turn up other species that normally co-occur with *Paragoniates*.

The least diverse sampling stations at this campsite were small, high-elevation creeks in which we only found fishes adapted to such conditions, such as the genera *Piabucina, Chaetostoma, Astroblepus*, and *Rivulus*.

Characiformes was dominant again at this campsite, with 15 species (60% of the total) in the families Characidae (12 species), Crenuchidae (two species of *Characidium*), and Lebiasinidae (one species, the conspicuous *Piabucina* cf. *elongata*). The second most important order was Siluriformes, with seven species (28% of the total) in the families Loricariidae (five species of *Chaetostoma, Ancistrus*, and *Hypostomus*), Astroblepidae (naked sucker-mouth catfishes), and Trichomycteridae (pencil catfishes or candirus), with one species apiece. As at the Pongo Chinim campsite, the orders Perciformes (two species) and Cyprinodontiformes (one species) completed the list.

In Characiformes, in addition to the above-mentioned genera that prefer clear water, rapids, and hard substrates, we recorded *Hemibrycon* cf. *jelskii*, a species that like *Ceratobranchia* was expected but not recorded at the Pongo Chinim campsite. These genera appear to prefer habitats like those in the Quebrada Katerpiza. While *Piabucina* reached the highest elevations at this campsite, populations of *Hemibrycon* can also migrate up steep-gradient streams with small waterfalls, like *Knodus orteguasae*. On the other hand, we also saw more genera that are common in the lowlands, such as *Paragoniates, Odontostilbe*, and *Serrapinnus*, which confirmed the Santiago River's influence on fish communities in the Katerpiza.

In Siluriformes, species of *Chaetostoma, Ancistrus*, and *Hypostomus* (Loricariidae) were common in these habitats. Notable for their absence were members of the subfamily Loricariinae (*shitaris*), which prefer lower-elevation habitats with sandy substrates and overhanging riparian vegetation. *Ituglanis* and *Astroblepus* were expected in the habitat types visited at this campsite. As at the Pongo Chinim campsite, some species in the orders Perciformes (two species) and Cyprinodontiformes, specifically species of *Crenicichla, Bujurquina* and *Rivulus*, were common at Katerpiza.

A notable record at this campsite was a species of *Lipopterichthys*, closely related to *Chaetostoma*, a genus previously only known from the Cordillera del Cóndor. The species is probably new to science, since it differs from the only valid species in the genus, *Lipopterichthys carrioni*, reported from the Ecuadorean portion of the Cordillera del Cóndor.

Quebrada Kampankis campsite

This campsite featured the lowest elevations sampled during the rapid inventory (194–290 m). The lowest sampling station was at the confluence of the Quebrada Kampankis and the Quebrada Chapiza, where the two streams form the Kampankis River, whose size and habitat types were the closest we saw to a lowland river during the inventory. In diversity of microhabitat types this campsite most closely resembled the Quebrada Katerpiza campsite. The Quebrada Kampankis was the primary drainage and its constant flow connected the region's aquatic ecosystems to the Santiago River. The location and structure of the Quebrada Kampankis, its relatively short length, and its steady downward gradient towards its juncture with the Chapiza offered the same habitats we saw on the Katerpiza. Additional microhabitats typical of lowland regions, such as sandy-pebbly beaches and overhanging riparian vegetation, provided extra refuges for fish and explain the higher diversity observed at this campsite.

As expected, we found the highest abundance and diversity in this campsite (and in the entire inventory) at the station farthest down the Kampankis River, where we recorded 24 species. Based on our experience in such areas, we believe that additional sampling in these sites will increase that number considerably.

At this campsite we recorded 34 species, most of them belonging to the orders Characiformes (21 species and 63% of the total) and Siluriformes (nine species and 30%). As in the other campsites, the remaining orders—Cyprinodontiformes and Perciformes—contributed very few species. Total diversity at this campsite was the second highest in the inventory, largely due to the fact that more fish were captured here than at any other campsite. This is due to the low-elevation habitat types described above.

Characidae was again the most diverse family of Characiformes, with 16 species. The other five families in the order—Crenuchidae, Lebiasinidae, Erythrinidae, Prochilodontidae, and Curimatidae—were represented by one species apiece. The latter two families are especially interesting because they typically contain lowland species. Indeed, *Steindachnerina* sp. and its congeners are known to prefer and feed on soft-bottomed habitats. Black prochilodus (*Prochilodus nigricans*), which has similar feeding habits, was an important indicator of the modest fishing pressure in this region.

Characid genera like *Leptagoniates*, *Poptella*, and *Chrysobrycon* represent contributions from the lowest-elevation sampling station. Taken together with the other characid species recorded higher up the Quebrada Kampankis, they make the Quebrada Kampankis campsite the most diverse for this family. The presence of other families of Characiformes, with genera of larger-sized fish like *Hoplias*, *Steindachnerina*, and *Prochilodus*, was another indication of the increasing dominance of this order at lower elevations. By contrast, as expected, Characidae were scarce in the higher-elevation streams we sampled.

The most diverse family of Siluriformes was Loricariidae (six species of armored catfishes), which at this campsite included species that prefer sandy-bottomed habitats, such as *Rineloricaria* and *Farlowella*. We also recorded typically lowland species capable of migrating upriver in foothills regions, but not as many as in Characiformes. Astroblepidae, Heptapteridae, and Pseudopimelodidae complete the list of Siluriformes families with one species apiece. *Batrochoglanis* cf. *raninus*, which belongs to Pseudopimelodidae, is another example of the typically lowland species found at this campsite.

The species list at this campsite also includes Perciformes, with two species of *Bujurquina* and *Crenicichla*, and Cyprinodontiformes, with one species of *Rivulus*.

Among the notable records at this campsite is *Chaetostoma* sp. B, which has been confirmed as new to science. This fish reaches an impressive size in these streams: up to 25 cm standard length. We also recorded a new species of *Creagrutus*, a genus of fishes adapted to foothills habitats and often endemic to small watersheds. This species, collected at the lowest elevation sampled in the Quebrada Kampankis, has previously unrecorded coloration on the dorsal fin and body, in addition to other morphological features that make it an interesting record. In the Quebrada Kampankis we also collected what is likely a new species of *Lipopterichthys*. Another notable record is a likely new species of *Astroblepus*, a genus of catfish that often have small geographic ranges and are endemic to small watersheds (Schaefer, 2003).

Quebrada Wee campsite

The streams we inventoried at this campsite were the smallest of any campsite, with very low currents running between small pools that contained most of the fish. In the lower sections of the Quebrada Wee, however, we saw habitats with deeper pools and a progressive change from rocky to sandy substrates. This stream system drains into the Marañón River just downstream of the Manseriche Gorge. As at the other campsites, the proximity of a large river probably explains the large number of species we recorded.

The altitudinal range we sampled here was the narrowest of any campsite (270–307 m) and relatively low. Frequent microhabitats included backwaters or pools in streams, alternating with short rapids and waterfalls in the small streams.

We recorded more species here than at any other campsite. Diversity was very similar to that seen at the Quebrada Kampankis campsite, with which this site shared similar habitats and hydrology. Abundances, however, were lower at the Quebrada Wee campsite than anywhere else, largely due to the low water levels. We believe that fish populations here are relatively large, however, especially in the lower sections of the Quebrada Wee, which serves as a refuge for larger fish.

The 36 species at this campsite were distributed in five of the six orders recorded during the rapid inventory. Characiformes was the dominant order, with 17 species (49% of the total) and Characidae the most diverse family, repeating the general pattern of community structure seen in the inventory. The characids consisted of 12 species of small fish, some adapted for rapids and others typical of the lowlands. As at the Quebrada Kampankis campsite, we also recorded larger Characiformes like *Hoplias malabaricus*, *Prochilodus nigricans*, and *Steindachnerina* sp.

Siluriformes was the second most important order, with 13 species (37%), and was significantly more diverse and more important in community structure than at the other campsites. As seen elsewhere, Cyprinodontiformes (represented by *Rivulus*) and Perciformes contributed relatively little to the species list.

The order Characiformes showed the same community structure here as at the Quebrada Kampankis campsite, while the increased importance of Siluriformes was due to an increased number of species of *Ancistrus*, *Chaetostoma*, *Rhamdia*, and *Astroblepus*. We also recorded *Spatuloricaria* sp., a loriicarinid catfish (*shitari*) larger than those recorded at the Quebrada Kampankis campsite. Common in sandy-bottomed habitats, this species has been previously recorded in other mountain ranges in the Andean foothills.

One notable record was a large specimen of *Synbranchus* collected in a small creek in the headwaters of the Quebrada Wee. While the order Synbranchiformes was expected, this specimen appears to be a new species. We also found two cichlid species in the genus *Bujurquina* which require additional revision and may also be undescribed.

DISCUSSION

The fish community of the Kampankis Mountains appears to be one of the most diverse known among Peruvian mountain ranges with similar elevation, hydrological, and geological attributes. The 60 species we recorded represent a higher richness than that found in nearby areas like the Cordillera del Cóndor, both on the Ecuadorean side (35 species in the Nangaritza watershed; Barriga 1997) and on the Peruvian side (16 species in the Alto Comaina watershed reported by Ortega and Chang [1997] and 51 species in the Alto Cenepa reported by Rengifo and Velásquez [2004]).

Given that the Cordillera del Cóndor is a larger mountain range, is closer to the main body of the Andes, and boasts a more diverse geology, the higher fish diversity in Kampankis may be attributable to its closer proximity to the Amazonian lowlands. In Kampankis short distances separate aquatic habitats with rock substrates from those with soft substrates, making it possible for a larger number of lowland species to migrate into the lower portions of the Kampankis foothills. Since fish communities are typically more diverse in the Amazonian lowlands than in the Andean foothills, such migrations are a reasonable explanation for the higher diversity recorded in Kampankis.

Our sampling was restricted to first- to third-order streams in the headwaters of large rivers with diverse ichthyofaunas (the Santiago, Marañón, and Morona). The narrowness of the Kampankis range means that streams travel a short distance before reaching a large river. From an ecological viewpoint, this means that streams draining the Kampankis Mountains probably pack more microhabitat diversity into a given distance than streams in other ranges, and lack large stretches dominated by a single kind of substrate.

The elevations we sampled during the Kampankis rapid inventory ranged from a high of 487 m to a low of 194 m, and from typical montane streams to rivers that showed a mix of montane and lowland Amazonian attributes. In other sites that we have inventoried on the eastern slopes of the Andes, an elevation of 194 m would inevitably correspond to thoroughly lowland, sandy-bottomed environments. This was not the case in Kampankis, perhaps because the range is located within the lowlands, relatively distant from the main cordillera, and bounded by two soft-bottomed watersheds (the Santiago and Morona). It may also be that the relatively recent rise of these mountains has not permitted substrates to reach an equilibrium as they have at older sites, instead allowing headwaters conditions to persist at low elevations. This is reflected by the substrates and banks consisting of angular, instable rocks, in which active landslides are frequent, abrupt changes from rocky to sandy-pebbly stream bottoms are common, and habitats with rounded, well-eroded rocks and pebbles are rare.

A comparison of the Kampankis inventory results with those from other mountainous regions of Peru reveals a higher diversity than in the Alto Pauya watershed (Cordillera Azul National Park), where 21 species were recorded between 300 and 700 m (De Rham et al. 2001); a higher diversity than Yanachaga-Chemillén National Park, where 52 species were collected between 350 and 2,200 m (unpublished data); and a higher diversity than Megantoni National Sanctuary, where 22 species were collected between 700 and 2,300 m (Hidalgo and Quispe 2004). Even if we restrict the comparison to sampling stations above 300 m elevation, Kampankis had 35 species at just nine stations, which is more diverse than Alto Pauya and Megantoni despite a lower sampling effort.

While Cordillera Azul, Yanachaga-Chemillén, and Megantoni are much farther south than Kampankis, the larger size of their watersheds and their proximity to large, continuous areas of the Andes should, in theory, result in more diverse fish communities there. The elevational range in these areas is also much broader than in Kampankis, and offers all the microhabitats we saw in Kampankis plus some additional ones that we did not see. Despite all this, fish communities in the Kampankis Mountains remain surprisingly more diverse than those documented in other regions using similar methods and sampling effort.

Another factor that highlights the surprisingly diverse fish communities in Kampankis is that the Kampankis range is markedly smaller than those sampled in the other inventories. The width of the Kampankis ridgeline from west to east averages just ~10 km, which means that streams pass from rocky to sandy substrates over short distances. This could explain why we recorded both fishes typical of the Amazon lowlands, which migrated upstream from the Santiago or Morona (e.g., *Prochilodus nigricans*), and species that are specially adapted to rapids, like *Astroblepus* catfish, at stations just 3 km apart on the Kampankis and Wee streams. The location of these mountains and their proximity to large lowland rivers with a diverse ichthyofauna are probably thus the leading explanations for the high diversity we documented.

Species accumulation curves based on our inventory data generated with the program EstimateS (Colwell 2005) suggest a projected total fish diversity of 85 species for the Kampankis Mountains (Fig. 19). When we identify the unique species contributed by different campsites and watersheds, it is clear that the Morona (Pongo Chinim campsite, six species) and Marañón (Quebrada Wee campsite, seven species) watersheds contributed less diversity than the Santiago. The Santiago

Figure 19. Species accumulation curve for fish in Peru's Kampankis Mountains and two estimators of total diversity.

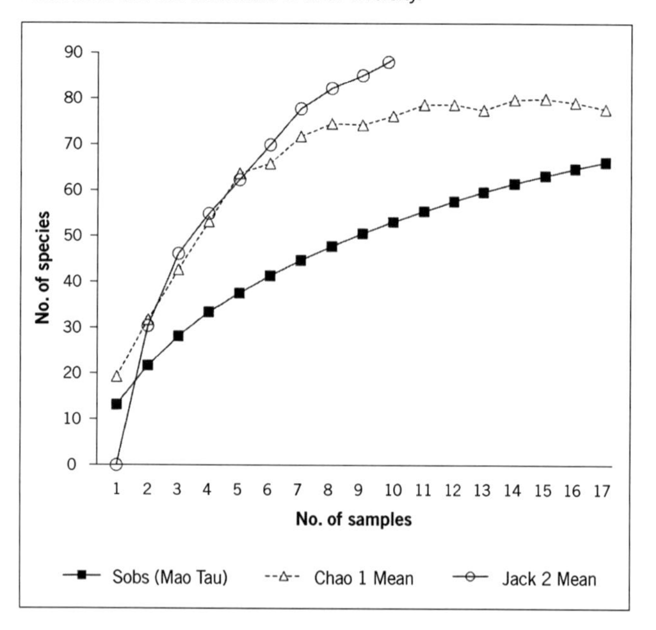

Figure 20. Cluster analysis comparing the fish species composition of Peru's Kampankis Mountains with that of six other mountainous areas in Peru and Ecuador.

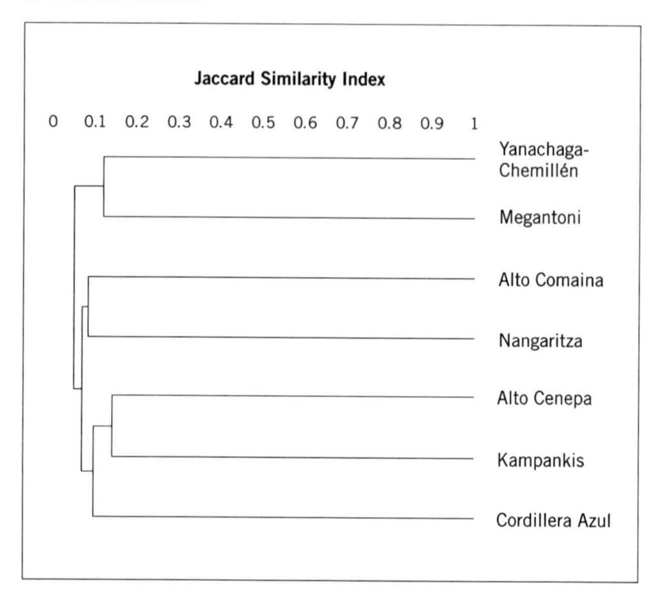

watershed contributed 17 unique species; however, we sampled two campsites in that basin and only one campsite in the other two rivers. Most of the unique species contributed by the Santiago watershed were recorded at the Quebrada Kampankis campsite and specifically at the lowest-elevation sampling stations. This suggests that the relative contributions of the different watersheds in our study probably reflects the different elevational ranges sampled more than watershed-level differences themselves, since all three lowland rivers run together near the Kampankis.

In order to place the Kampankis ichthyofauna in a regional context we carried out a cluster analysis of species composition data collected at seven sites on the eastern slopes of the Peruvian and Ecuadorean Andes (unweighted pair-group method using arithmetic averages, or UPGMA; Fig. 20). Compositional similarity was measured with the Jaccard similarity index. For this analysis we used species-level presence-absence data from the seven inventories and disregarded morphospecies. The results indicate that the ichthyofauna of the Kampankis Mountains is most similar to that of the Cordillera del Cóndor. It is striking, however, how low the similarity between these two sites is (Jaccard similarity index of <0.2; Fig. 20). Kampankis is more similar to the Alto Cenepa, with which it is grouped together with the Alto Pauya in Cordillera Azul. Alto Comaina and Nangaritza form a group with lower similarity, and the ichthyofaunas most dissimilar to those at Kampankis are those from the sites farthest away: Yanachaga-Chemillén and Megantoni.

This analysis also revealed that most of the species we recorded in Kampankis have not yet been recorded at the other sites in the analysis (36 unshared species, 61% of the total from Kampankis). If we combine all the inventories carried out to date in the Cordillera del Cóndor, that region stands out as possessing the ichthyofauna most similar to Kampankis, with 17 species in common (29% of the total). Areas farther south share only 17%. When compared to different drainages in the Cordillera del Cóndor, the Kampankis ichthyofauna showed greater affinity with the Alto Cenepa (14 shared species, 24%) than with the Alto Comaina (six species, 10%).

These results suggest that Kampankis may best be thought of in a biogeographic context as an island. This hypothesis is supported by the presence of apparently endemic species, especially in the typically montane genera *Chaetostoma* and *Astroblepus*, as well as in *Ceratobranchia*. There are also six potentially new species that may also prove to be endemic, as well as species that are currently only known in Peru from the Cordillera del Cóndor (*Creagrutus kunturus* and *Piabucina* cf. *elongata*). Another example of a potentially restricted species is the loricariid *Lipopterichthys* aff. *carrioni,* a new record for Peru from the Alto Cenepa inventory. While we have not yet compared the Kampankis specimens with those from the Alto Cenepa, we do have confirmation that the Kampankis *Lipopterichthys* is an undescribed species.

At a landscape level, considering the Santiago River to the west, the Morona to the east, and the Manseriche Gorge and Marañón to the south, ichthyological diversity of the Kampankis Mountains appears to be very high. As the large rivers are more completely inventoried, we believe their diversity will prove comparable to that of the Pastaza watershed, for which 277 species have been recorded on the Peruvian side of the border and 315 on both the Ecuadorean and Peruvian portions (Willink et al. 2005). Considering those numbers, our conservative estimate for the diversity of the Kampankis study area is between 300 and 350 species.

Undescribed species

We recorded six fish species that are probably new to science. These include two species in the family Characidae: one *Creagrutus* and one *Hemigrammus.* The former was collected in the lower section of the Quebrada Kampankis, at its confluence with the Quebrada Chapiza, while the latter was collected at the Pongo Chinim campsite. It is likely that the undescribed *Hemigrammus* species is the same taxon reported from the Alto Mazán by Hidalgo and Willink (2007).

Silurid catfishes contributed two new loricariid species in the genera *Chaetostoma* and *Lipopterichthys*, as well as a new *Astroblepus*. The *Chaetostoma* (listed as sp. B in Appendix 4) was only recorded in the Quebrada Kampankis downstream from camp and was the largest loricariid we found (Fig. 7A). The *Lipopterichthys* was more common, being recorded in three different streams: two at the Quebrada Katerpiza campsite and one at the Quebrada Kampankis campsite. *Astroblepus* sp. C was rarer, and represented by just two individuals: one captured at the Quebrada Kampankis campsite and the other at the Quebrada Wee campsite.

We suspect that the lone *Synbranchus* specimen we collected in a small tributary of the Quebrada Wee is new to science, given that it does not have the same coloration as the one described species expected for the area (*S. marmoratus*).

RECOMMENDATIONS FOR CONSERVATION

Protecting the Kampankis Mountains and adjacent areas

- Maintain the excellent conservation status of the aquatic habitats we documented in the field. This should require measures at the watershed scale that integrate management of the water bodies themselves with management of the plants and animals that live in them. These measures should focus on minimizing impacts to the highest and lowest portions of the landscapes: the fragile aquatic ecosystems of the mountainous regions and the periodically flooded areas along the Santiago and Morona rivers.
- Strengthen and improve enforcement of local communities' existing agreements and regulations for preventing the use of toxic substances (particularly *barbasco*) in water bodies, both in the Kampankis Mountains and in the larger rivers. These regulations make it clear that communities recognize the risks posed by these unsustainable fishing practices, which in the medium and long term can have serious effects on both the ecosystem and the availability of fish for indigenous residents of the area.

Research, management, and monitoring

- Carry out a survey of fishery resources in the region, focused on the Santiago and Marañón rivers; in the latter case the study should include areas just above and below the Manseriche Gorge. In the field we were told that food fish had grown scarcer in the Santiago, and clarifying the situation requires collecting information on which species are fished, in what quantities, in which places, and with what methods. The study should be linked to quantitative sampling of fish communities and fishing catches in order to determine the trends behind local perceptions.

This preliminary study should indicate key species and environmental variables to monitor over the long term in order to inform measures for improving fisheries management.

- Promote aquacultural activities, focused on fish but also potentially including other aquatic organisms like snails or turtles. Such operations should follow technical recommendations to increase sustainability and avoid drastic modifications to existing aquatic ecosystems (e.g., damming streams). Aquaculture in the area should only make use of locally occurring or Peruvian species.

Additional studies

- Carry out taxonomic inventories of the fish communities in the Santiago and Morona rivers. While these rivers have been partially explored, well-developed species lists are still lacking.
- Carry out phylogeographic studies of *Astroblepus, Chaetostoma*, and trichomycterids in order to evaluate phylogenetic relationships and genetic variation between isolated populations in Kampankis or between Kampankis and nearby mountain ranges.
- Carry out comprehensive inventories of the ichthyofauna in the mountains to the west of the Kampankis range, such as the eastern slopes of the Cordillera del Cóndor and the Tuntanain Communal Reserve. This will provide broader information on fish species distributions across the region, which remains poorly studied.

AMPHIBIANS AND REPTILES

Authors: Alessandro Catenazzi and Pablo J. Venegas

Conservation targets: Isolated amphibian and reptile communities in the highest portions of the Kampankis Mountains; species with distributions restricted to the northwestern Amazon basin (Ecuador and northern Peru); amphibian communities in clear-water, sandy- and rocky-bottomed creeks and streams in the headwaters; seven potentially undescribed amphibian species and one potentially undescribed reptile, apparently restricted to the ridgetops of the Kampankis Mountains; four amphibian species currently known only from Peru; one amphibian species classified as Endangered by the IUCN (terrestrial breeding frog, *Pristimantis katoptroides*); two amphibian species classified as Vulnerable by the IUCN (glass frog, *Chimerella mariaelenae,* and terrestrial breeding frog, *Pristimantis rhodostichus*); populations of threatened or near-threatened reptile species hunted by local communities: yellow-footed tortoise (*Chelonoidis denticulata*) and smooth-fronted caiman (*Paleosuchus trigonatus*)

INTRODUCTION

The herpetofauna of the Kampankis Mountains, which lie between the Santiago and Morona rivers, has been very poorly studied to date. The mountain range's location in the Amazonian lowlands, its proximity to the Cordillera del Cóndor, and its connection with the Cordillera de Kutukú in southern Ecuador all suggest that it harbors a unique mixture of widespread Amazonian species, Andean piedmont species, and species endemic to the upper watershed of the Santiago River. Given its geographical location, the herpetofauna of the Kampankis range is best placed in a biogeographic context by studies carried out in the Cordillera de Kutukú (Duellman and Lynch 1988), in the Cordillera del Cóndor (Almendáriz et al. 1997), and in the Pastaza River basin of Ecuador and Peru. And while there are no published studies on the herpetofauna of the Kampankis Mountains, between 1974 and 1980 John E. Cadle and Roy W. McDiarmid collected a large number of specimens in the Santiago and Cenepa watersheds, including around the towns of Puerto Galilea and La Poza, and on the Quebrada Katerpiza near its confluence with the Santiago. These localities fall within our area of interest, which is bounded by the Santiago and Morona rivers, and they include floodplain habitats that we did not sample during our rapid inventory.

The rapid inventory of the Kampankis Mountains represented the first opportunity to explore herpetological communities in the hill forests, premontane forests, and upper headwaters of the Santiago and Morona rivers. The Kampankis range forms a long, narrow 'peninsula' of hill forest and premontane forest that extends from the Cordillera de Kutukú to the Manseriche Gorge in Peru. Despite their unique character, at the time of the inventory these habitats had been poorly studied and their conservation status was unknown.

METHODS

During the period 2–21 August 2011 we worked at four campsites in the watersheds of two tributaries of the Santiago River (the Katerpiza and Kampankis), one tributary of the Morona River (the Quebrada Kusuim), and one tributary of the Marañón River (the Quebrada Wee; Figs. 2A, 2B). We also established two satellite camps between 1,100 and 1,400 m in the upper headwaters of the Wee and Katerpiza. We searched for amphibians and reptiles in an opportunistic fashion during slow walks along the trails both during the day (10:00–14:30) and at night (19:30–02:00); via directed searches in streams and creeks; and by sampling leaf litter in potentially favorable areas (e.g., where the litter was especially deep, or around buttressed trees, tree trunks, and fallen palm leaves). Total sampling effort summed to 251 person-hours, allocated as 67.5, 69.5, 48, and 66 person-hours at the Pongo Chinim, Quebrada Katerpiza, Quebrada Kampankis, and Quebrada Wee campsites respectively. At the Quebrada Katerpiza campsite our sampling effort totaled 27.5 person-hours at lower elevations and 42 person-hours at higher elevations. Likewise, at the Quebrada Wee campsite, we sampled the lower elevations for 36 person-hours and the ridgetops for 30 person-hours. The time we spent at each campsite varied from four days at Quebrada Kampankis to five days at the other sites.

We recorded the number of individuals of each species that we observed and/or collected. Several species were identified by their advertisement call, or via observations made by other researchers and team members. We also recorded the advertisement calls of several amphibian species. These recordings allowed us to distinguish between cryptic species, and they offer valuable insights into the natural history of these species. At least one specimen of most species observed during the inventory was photographed; a guide to the Kampankis herpetofauna, based on these photographs, is available at *http://fm2.fieldmuseum.org/plantguides/*.

For hard-to-identify species, species that are potentially undescribed or new to Peru, and species that are poorly represented in museums, we made a reference collection of 444 specimens (350 amphibians and 94 reptiles). These specimens were deposited in Lima in the herpetological collections of the Centro de Ornitología and Biodiversidad (CORBIDI; 242 specimens) and the Museo de Historia Natural of the Universidad Nacional Mayor de San Marcos (MUSM; the remaining specimens).

From material posted on the webpage www.herpnet.org we obtained information on the collections made by Cadle and McDiarmid, including the number of specimens collected, a list of identified specimens, the locales where they were collected, and the dates on which they were collected. We did not personally see any of these specimens. Except for some species that have been mentioned in notes on geographic distributions or in taxonomic revisions (e.g., *Gastrotheca longipes*, *Hyloxalus italoi*), these collections have not resulted in a publication on the region's herpetofauna. It is possible that some identifications in the databases linked to Herpnet are out of date and/or erroneous. Our final species list of the Cadle and McDiarmid material, which is presented in Appendix 5, is restricted to specimens collected in the vicinity of Puerto Galilea and La Poza, and at the mouth of the Quebrada Katerpiza. Puerto Galilea and La Poza are located ~20 km to the west of our Quebrada Katerpiza campsite. The mouth of the Quebrada Katerpiza (180 m elevation) near the town of Chinganaza is ~20 km to the northwest of our camp on the same river at 300 m elevation.

RESULTS

Diversity and composition of the herpetofauna

In the four campsites visited during the rapid inventory we recorded a total of 687 individuals belonging to 108 species, of which 60 were amphibians and 48 reptiles

(Appendix 5). We estimate regional diversities at 90 species for both groups. The species accumulation curves for the data from the four campsites (Fig. 21) suggest a similar number of species for reptiles and amphibians (at least for samples up to 150 individuals) and show that our survey significantly underestimated reptile diversity. The species accumulation curve for amphibians offers a reasonable estimate for total species number.

It is important to emphasize that these curves and the estimates of regional diversity offered in the previous paragraph are based on the field work we did in the hill forests and premontane forests in the Kampankis Mountains. The total number of species known for the entire study area, limited by the Santiago River to the west and the Morona River to the east, is 96 amphibians and 97 reptiles (see discussion below). These numbers include both species collected by Cadle and McDiarmid around La Poza, Puerto Galilea, and the mouth of the Quebrada Katerpiza (59 amphibians and 80 reptiles), and species which we only recorded in the Kampankis Mountains (37 amphibians and 17 reptiles).

The list of amphibians tallied during the rapid inventory includes representatives of the three known orders (Anura, Caudata, and Gymnophiona), grouped in 10 families and 27 genera. The most diverse families were Strabomantidae and Hylidae, with 22 species in five genera and 17 species in eight genera, respectively. The list of reptiles includes one species in each of the orders Amphisbaenia, Crocodylia, and Testudines, and 45 species in the order Squamata, grouped in 14 families and 36 genera. The most diverse families in Squamata were Gymnophthalmidae and Colubridae, with eight species in five genera and 21 species in 16 genera, respectively.

The herpetofauna found in Kampankis is a mixture of species that are typical of the Amazon lowlands and are widely distributed there and species of the Andean foothills, which are typically restricted to hill forests and premontane forests on the eastern slopes of the Andes. The herpetofauna in Kampankis is mostly associated with four habitat types: high hill forest, premontane forest, riparian vegetation, and streams.

High hill forests were the dominant habitat at all the campsites, except for the satellite camps. The amphibian communities of these forests were dominated by frogs

Figure 21. Species accumulation curves for amphibians and reptiles recorded over 18 days at the four rapid inventory campsites in Peru's Kampankis Mountains.

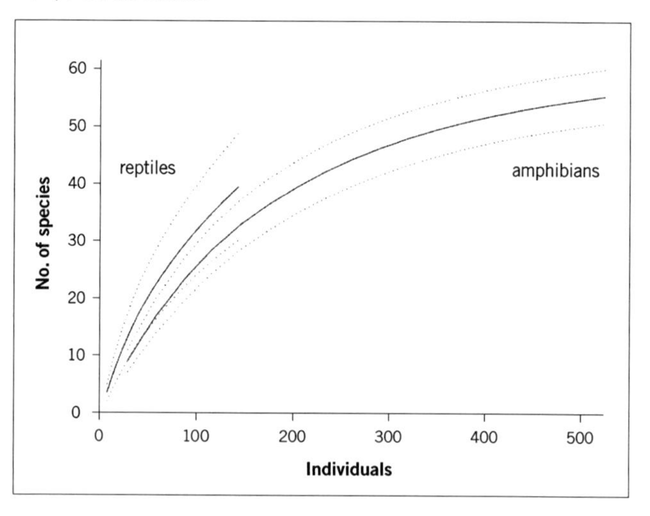

with direct development in the family Strabomantidae, especially those in the genus *Pristimantis*, as well as some representatives of the families Bufonidae, Dendrobatidae, and Hylidae, which are associated with lotic water bodies, where they are sometimes restricted to riparian vegetation or the stream itself (e.g., *Hyloxalus italoi*, *H. nexipus*, *H.* sp., *Hypsiboas boans*, *H. cinerascens*, *Hyloscirtus* sp. 1, *Osteocephalus buckleyi*, *O. mutabor*, and *Rhinella margaritifera*).

The amphibian community in the premontane forests around the satellite campsites was also mostly composed of frogs with direct development (nine species of *Pristimantis*, *Hypodactylus*, and *Noblella*). The remaining eight species, which depend on water bodies to reproduce, belonged to four families (Bufonidae, Centrolenidae, Dendrobatidae, and Hylidae) and six genera (*Chimerella*, *Dendropsophus*, *Hyloscirtus*, *Osteocephalus*, *Rhinella*, and *Allobates*).

Most of the reptiles recorded in Kampankis are broadly distributed in the Amazon basin and are not strictly associated with certain habitats, as is the case for amphibians. Exceptions include the big-scaled stream lizard *Potamites strangulatus*, restricted to streams in high hill forests of the Andean foothills, and the dwarf boa *Tropidophis* sp., apparently restricted to premontane and/or montane habitats on the eastern slopes of the Andes. During the rapid inventory we also recorded the red-throated wood lizard *Enyalioides rubrigularis* and Cochran's leaf-litter lizard *Potamites cochranae*, which are restricted to premontane habitats on the eastern Andean slopes above 1,000 m elevation.

Pongo Chinim campsite

At this campsite we recorded 57 species (33 amphibians and 24 reptiles). The most representative amphibian families were Strabomantidae (frogs with direct development), with 10 species in the genus *Pristimantis*, and Hylidae (tree frogs), with eight species, three of them in the genus *Osteocephalus*. We recorded one species of *Pristimantis* that is probably new to science and that we did not find at any other campsite (*Pristimantis* sp. 1; see Appendix 5). Another notable record was the marsupial frog *Gastrotheca longipes*, one of the rarest amphibians in the Amazon and known in Peru only from two localities in the Amazonas Region (Almendáriz and Cisneros-Heredia 2005). Among the reptiles recorded there was no dominant genus (e.g., *Anolis* lizards represented the most diverse genus with two species). We did, however, record more snake species at this campsite (14) than anywhere else.

Quebrada Katerpiza campsite

At this campsite we recorded 58 species (39 amphibians and 19 reptiles) at two different sampling localities: one around the main camp on the Quebrada Katerpiza, where we sampled habitats between 300 and 700 m (denoted below as the lower elevations of this campsite), and one around the satellite camp in the Katerpiza headwaters, where we sampled habitats between 1,000 and 1,400 m (higher elevations). Given the significant differences in elevation and habitat between these two localities, we report separately the species composition and notable finds observed at each location.

Quebrada Katerpiza campsite (lower elevations)

We recorded 37 species at this locality (22 amphibians and 15 reptiles). The general composition of the herpetofauna here was very similar to that at the Pongo Chinim campsite. Among amphibians the genus *Pristimantis* was dominant, with six species, followed by *Hypsiboas*, *Osteocephalus*, and *Rhinella*, with fewer than three species each. The most diverse reptile groups were non-venomous snakes in the Colubridae family (five species) and leaf litter lizards in the Gymnophthalmidae family (three species).

Quebrada Katerpiza campsite (higher elevations)

At this satellite campsite we recorded 21 species (17 amphibians and 4 reptiles). The dominant frog families at this elevation were Strabomantidae and Hylidae, with nine and five species respectively. In the Strabomantidae two species of *Pristimantis* merit special mention. One, *Pristimantis katoptroides*, was only recorded at this locality, which represents the first record for Peru. *P. katoptroides* is classified as Endangered by the IUCN (Coloma et al. 2004). The other species is probably new to science (*Pristimantis* sp. 2; see Appendix 5). Among the tree frogs a notable record is *Osteocephalus verruciger*, the first Peruvian record of this species previously known from Ecuador (Ron et al. 2010). This locality also yielded three important range extensions of poorly known species with restricted distributions in Peru: *Dendropsophus aperomeus*, *Osteocephalus leoniae*, and *Pristimantis rhodostichus* (Duellman 1982, Jungfer and Lehr 2001, Chávez et al. 2008, Duellman and Lehr 2009). It is worth noting that *Pristimantis rhodostichus* was previously only known from the type locality in San Martín Region (Duellman and Lehr 2009) and is classified as Vulnerable by the IUCN (Rodríguez et al. 2004).

At this satellite camp we also documented the first Peruvian record of the glass frog *Chimerella mariaelenae*, classified as Vulnerable by the IUCN (Cisneros-Heredia 2010) and previously known only from Ecuador (Cisneros-Heredia and McDiarmid 2006, Cisneros-Heredia 2009). The population here was very healthy. We counted 50 individuals in an hour of searching, successfully recorded the species' advertisement call, and took notes of reproductive behavior of various individuals in amplexus or laying eggs.

While reptile diversity was not high at these elevations (four species), three important records merit mention: the first Peruvian records of Cochran's leaf litter lizard *Potamites cochranae* (only recorded at this locality) and the red-throated wood lizard *Enyalioides rubrigularis*, both previously only known from Ecuador (Torres-Carvajal et al. 2009, 2011), and our collection of the dwarf boa *Tropidophis* sp., which may be a new species related to *T. taczanowskyi*. The boa we found during the inventory differs from *T. taczanowskyi* in having slightly keeled dorsal scales (strongly keeled in *T. taczanowskyi*). *T. taczanowskyi* has a relatively broad distribution (Ecuador, Peru, and Brazil), but is known in Peru only from the Piura and Cajamarca regions (Carrillo de Espinoza and Icochea 1995).

Quebrada Kampankis campsite

We recorded a total of 48 species (32 amphibians and 16 reptiles) at this campsite. As at the Pongo Chinim and Quebrada Katerpiza campsites, the most diverse amphibian families were Strabomantidae and Hylidae, with ten and eight species respectively. We also recorded the marsupial frog *Gastrotheca longipes* in riparian vegetation, as we had at Pongo Chinim. The most diverse reptile family was Colubridae (non-venomous snakes), with six species.

Quebrada Wee campsite

At this campsite we recorded 68 species (45 amphibians and 23 reptiles) at two different sampling localities: one around the main camp on the Quebrada Wee, where we sampled habitats between 300 and 700 m (denoted below as the lower elevations), and one around a satellite camp (higher elevations) in the stream's headwaters, where we sampled habitats between 1,000 and 1,400 m.

Quebrada Wee campsite (lower elevations)

We recorded 53 species (32 amphibians and 21 reptiles) at this locality. The frog community was dominated by the families Strabomantidae (11 species) and Hylidae (nine species). Dendrobatidae was also diverse here, contributing five of the seven species recorded in the entire inventory. Among the dendrobatids we found a species of *Hyloxalus* that is similar to *H. italoi* but probably new to science; the same species was also recorded at the Quebrada Katerpiza and Quebrada Kampankis campsites.

Among the reptiles, the diversity of the lizard family Gymnophthalmidae was especially high, and the five species recorded here were more than any other campsite. Two gymnophthalmid stream lizards were especially common: *Potamites ecpleopus*, which occupied creeks with sandy bottoms covered with leaf litter, branches, and tree trunks, and *P. strangulatus*, which showed a preference for more open areas, like streams with coarse substrate made of pebbles and cobble. The leaf litter gecko *Lepidoblepharis festae*, known in Peru only from Andoas in northern Loreto, was another notable record here (Duellman and Mendelson III 1995).

Quebrada Wee campsite (higher elevations)

We found a total of 15 species (13 amphibians and two reptiles) at this locality. Species composition was very similar to that observed at the higher elevations of the Quebrada Katerpiza campsite. The most notable records include three of the four new records for Peru first recorded at the Quebrada Katerpiza campsite: the frogs *Chimerella mariaelenae* and *Osteocephalus verruciger*, and the red-throated wood lizard *Enyalioides rubrigularis*. We also recorded the frog *Pristimantis rhodostichus* and the tree frog *Dendropsophus aperomeus*, both with restricted distributions in Peru.

Abundances at the campsites

The most abundant amphibian species we saw during the inventory, as measured by the total number of observations, was *Chimerella mariaelenae*. This is mostly due to the great concentration of individuals, especially breeding males, that we observed in creeks in the higher elevation locality of the Quebrada Katerpiza campsite. We also found one individual of this species at the higher elevations of the Quebrada Wee campsite. This species is likely restricted to the highest portions of the Kampankis Mountains, above 1,200 m.

The most common, widely distributed species in the lower foothills of the Kampankis Mountains are frogs associated with lotic habitats or riparian vegetation, including *Hyloxalus nexipus*, *H. italoi*, and *Pristimantis malkini*, and species that live in the leaf litter, such as *Ameerega parvula* and *Rhinella festae* (and, above 1,200 m, *Pristimantis* sp. 2). The only species that reproduces in standing water and/or pools with very low currents that we found frequently was *Engystomops petersi*. Together with the frogs *Trachycephalus venulosus* and *Osteocephalus buckleyi*, this species seemed to take advantage of the pools and abundant perching microhabitats formed where the forest was cleared to make room for heliports near streams. At the Pongo Chinim and Quebrada Wee campsites we observed concentrations of these three species a few days or weeks after the heliports were opened. Among terrestrial-breeding frogs, most *Pristimantis* species were rare, with several species represented by fewer than five individuals.

The most abundant reptiles were lizards in the genera *Enyalioides*, *Potamites*, and *Anolis*. *Enyalioides laticeps* was especially common at the Pongo Chinim campsite, while *E. rubrigularis* (the first record for Peru) was common from elevations of 900–1,000 m, where it occupied limestone cliff walls, up to the highest ridgetops at 1,435 m. While our data suggest that *E. rubrigularis* is the most common lizard, this reflects a greater effort searching for these animals during nocturnal surveys. *Anolis fuscoauratus*, a widely distributed species in the lowlands and in the lower foothills of the Kampankis Mountains, is probably the most abundant reptile. The abundance of *Potamites* stream lizards is primarily due to the presence of creeks and streams, the preferred habitats of *P. ecpleopus* and *P. strangulatus*. In addition, *P. cochranae* (the first record for Peru), which we only saw sleeping on top of leaves in the understory, was common at the higher elevations of the Quebrada Katerpiza campsite, where we captured 13 individuals in two nights of sampling. Other relatively abundant lizards were *Anolis nitens* at the Pongo Chinim campsite, *Kentropyx pelviceps* in understory clearings and on the beaches of the Quebrada Katerpiza, and *Alopoglossus buckleyi* in the leaf litter on the slopes and ridgetops of the Kampankis Mountains. The most commonly spotted snake was *Imantodes cenchoa* (nine occasions). The next most commonly sighted species were only seen on three or fewer occasions (e.g., *Oxyrhopus petola* and *Oxybelis argenteus*).

DISCUSSION

Amphibian communities in mountainous Andean regions like Kampankis are typically characterized by a high diversity of frogs with direct development (e.g., terrestrial breeding frogs in the genus *Pristimantis*), since such species do not need water bodies, which are scarce in such regions, to reproduce. These frogs hatch from terrestrial eggs as fully formed individuals and need only moist leaf litter to reproduce. By contrast, species with larval development are more important in the lowlands, because the temporary or permanent bodies of water they need to reproduce are more commonly found in swampy lowland areas such as lakes and *Mauritia* palm swamps, and rare in the mountains. For this reason, we believe that the herpetofauna of the lowlands adjacent to the Kampankis Mountains is much more diverse than it appears based on our inventory results. Low-lying areas along the Santiago and Morona and the lower foothills of the Kampankis Mountains harbor many typically lowland habitats, such as periodically flooded forests, oxbow lakes, and palm swamps, that we did not visit during the rapid inventory.

In this respect, the collections made by Cadle and McDiarmid between 1974 and 1980 near Puerto Galilea, La Poza, and the lower Quebrada Katerpiza open a useful window on the lowland herpetofauna (see Appendix 5). These collections, which are currently deposited in the Museum of Vertebrate Zoology, Berkeley, and the National Museum of Natural History, Washington, D.C., and which we were not able to study for this report, consist of 2,504 specimens of 60 amphibian species and 80 reptile species. (Some additional specimens were collected at other localities along the Santiago and Cenepa rivers, and along streams on the slopes of the Cordillera del Cóndor, but we did not include them in this discussion because they are outside of our area of interest.) The most diverse amphibian families in these collections are Hylidae and Leptodactylidae, while the most diverse reptilian families are Colubridae, Polychrotidae, Sphaerodactylidae, and Viperidae.

When our inventory results (60 amphibian and 48 reptile species) are combined with Cadle and McDiarmid's collections (59 amphibian and 80 reptile species), the total known herpetofauna for the area between the Santiago River and the peaks of the Kampankis range sums to 193 species: 96 amphibians and 97 reptiles. Among the amphibians, 37 species that we recorded in our inventory were not collected by Cadle and McDiarmid despite their intensive sampling over multiple years at sites just 20 km from our campsites. This contrast in species composition suggests high beta-diversity for amphibians along the elevational gradient running from the Santiago River to the highest portions of the Kampankis Mountains. It is very likely that the eastern slopes of the Kampankis and the floodplain of the Morona River, which has a greater quantity and variety of lentic environments than the Santiago floodplain, harbor additional amphibian and reptile species, and this would boost the total regional herpetofauna to more than 200 species.

Comparisons with inventories of nearby regions

Various obstacles prevent a rigorous comparison of our results with those of other inventories. For example, recent taxonomic changes in several amphibian genera and families complicate comparisons of modern-day inventories with older ones. Poison dart frogs are a case in point. Previously grouped in a single family (Dendrobatidae) with a small number of genera, they have since been subdivided into various families that better reflect phylogenetic relationships in the group (Grant et al. 2006). In the specific case of the rapid inventories carried out in the Cordillera del Cóndor, it is impossible to identify taxa listed as '*Epipedobates* sp.' or 'dendrobatid sp.' without reviewing the specimens, which was beyond the scope of this report. The same problem affects records in other genera and families, such as *Hyla* sp. (Hylidae) and *Eleutherodactylus* sp. (Strabomantidae). Most of the species that previously belonged to *Eleutherodactylus* have been placed in the genus *Pristimantis*, the product of one of the most impressive evolutionary radiations among living terrestrial vertebrates.

A more superficial comparison of the list of herpetofauna from the Kampankis Mountains with the lists reported by Almendáriz et al. (1997) from inventories in the Cordillera del Cóndor shows some similarities. For example, there is broad agreement that *Pristimantis* is very diverse in these mountainous regions. Some of the species reported in those publications, such as *P. trachyblepharys* and the leaf-litter lizard *Potamites cochranae*, also occur at high elevations in the Kampankis Mountains. It is more challenging to compare our results with those of Duellman and Lynch (1988), who studied anurans in the Cordillera de Kutukú, because two of the three localities they studied exceed 1,700 m in elevation and thus harbor species that we did not find in Kampankis.

One notable result from Kutukú is the presence there of three species of *Atelopus* (Duellman and Lynch 1988); J. E. Cadle also collected specimens of *Atelopus spumarius* on the lower Quebrada Katerpiza in the late 1970s. During our field work in Kampankis, despite visiting several streams and creeks that appeared to be ideal habitat for *Atelopus* species, we recorded not a single individual. This is worrisome, since frogs in this genus are considered seriously threatened across their range (La Marca et al. 2005), and populations of other *Atelopus* species have diminished elsewhere in the Peruvian Andes (Catenazzi et al. 2011, Venegas et al. 2008).

The recent taxonomic treatise of Duellman and Lehr (2009) on the family Strabomantidae allows us to compare the known elevational ranges of various species of *Hypodactylus*, *Noblella*, *Oreobates*, and *Pristimantis* in the Kampankis Mountains, the Abra Pardo Miguel (Pardo Miguel Pass, eastern slopes of the Cordillera Central of the Andes), the Cordillera del Cóndor, and the Cordillera de Kutukú (Table 3). The Kampankis Mountains share similar numbers of species with the Pardo Miguel Pass to the south (6) and with the Cóndor and Kutukú ranges to the west and north (5). Five species were only recorded for Kampankis. (It remains unclear whether *P. peruvianus* occurs in Cóndor and Kutukú.)

In a broad sense, this comparison confirms our impression that the Kampankis Mountains offer a unique mixture in Peru of species of the eastern slopes of the Andean Cordillera Central, such as *Dendropsophus aperomeus*, *Cochranella croceopodes*, *Osteocephalus leoniae*, *Pristimantis rhodostichus*, and *Ranitomeya variabilis*; species of the Cordilleras del Cóndor and Kutukú, such as *Chimerella mariaelenae* and *Enyalioides rubrigularis*; and species of the upper Pastaza watershed in Ecuador, such as *Osteocephalus verruciger* and *Potamites cochranae*.

Table 3. Altitudinal distributions of strabomantid species on the eastern slopes of the Andes in southern Ecuador and northern Peru, in meters elevation. The data from the Cordillera de Kutukú, Cordillera del Cóndor, and Abra Pardo Miguel are from Duellman and Lehr (2009).

Species	Cordillera de Kutukú	Cordillera del Cóndor	Kampankis Mountains	Abra Pardo Miguel
Hypodactylus nigrovittatus	–	–	1,200–1,400	–
Hypodactylus sp.	–	–	1,350	–
Noblella myrmecoides	–	1,138	300–1,400	–
Oreobates quixensis	–	–	280–400	300–500
O. saxatilis	–	–	–	500–900
Pristimantis acuminatus	–	–	300–350	300–950
P. ardalonychus	–	–	–	680–1,200
P. bearsei	–	–	–	500–900
P. bromeliaceus	1,700	1,500–1,600	–	2,000–2,050
P. citriogaster	–	–	–	600–800
P. condor	1,975	1,500–1,750	–	–
P. croceinguinis	–	–	1,250–1,350	–
P. exoristus	–	665–1,550	–	–
P. galdi	1,700–1,975	1,500–1,550	–	–
P. ganonotus	1,700	–	–	–
P. incomptus	–	1,300	–	–
P. infraguttatus	–	–	–	1,900–2,000
P. katoptroides	–	–	1,250–1,350	–
P. lanthanites	–	–	–	300–1,600
P. lirellus	–	–	–	470–1,200
P. martiae	–	–	280–350	300–450
P. muscosus	–	2,000	–	1,700–1,750
P. nephophilus	–	–	–	1,100–2,000
P. nigrogriseus	1,700	1,150	–	–
P. ockendeni	–	–	280–350	300–700
P. pecki	1,700	1,138–1,550	280–1,300	–
P. peruvianus	?	?	280–1,400	300–1,000
P. percnopterus	–	1,138–1,750	–	–
P. prolatus	1,700	–	–	–
P. proserpens	1,700	1,550	–	–
P. rhodostichus	–	–	1,250–1,400	1,080
P. quaquaversus	1,700	1,500–1,550	–	–
P. rufioculis	–	1,138–1,750	–	1,950–2,000
P. spinosus	–	1,550	–	–
P. trachyblepahris	–	600–1,600	300–350	–
P. ventrimarmoratus	1,700	–	300–350	–
P. versicolor	–	665–1,750	–	–
Pristimantis sp. 1	–	–	280	–
Pristimantis sp. 2	–	–	300–1,435	–
Strabomantis sulcatus	–	–	450	300–450

New species

Tropidophis sp. This species of small boa appears to be related to *T. taczanowskyi*, which in Peru is known from Piura and Cajamarca. The specimen we collected at the higher elevations of the Quebrada Katerpiza campsite has slightly keeled dorsal scales (strongly keeled in *T. taczanowskyi*). The only species of *Tropidophis* known from the Amazonian lowlands, *T. paucisquamis*, has smooth dorsal scales.

Pristimantis sp. 1 and sp. 2. These two species of *Pristimantis* are unlike any described to date in the genus. The first species, which is small and has yellow dots on its groin and flank, was collected as a single specimen at the Pongo Chinim campsite. The second was one of the most common amphibians in the higher portions of the Kampankis Mountains, where it appears to dominate anuran assemblages.

Hyloscirtus sp. 1 and sp. 2. These two species belong to the *H. phyllognathus* group, which comprises frogs that reproduce in lotic environments. During our stay in Tarapoto to write this report we succeeded in recording and collecting males of the typical form, at a site less than 50 km from the type locality of *H. phyllognathus*. A comparison of these males and their songs with the material we collected and recorded during the inventory made it clear that the Kampankis forms are new to science.

Allobates sp. We found a potentially new species of the leaf litter frog genus *Allobates* at the Pongo Chinim campsite and at higher elevations of the Quebrada Katerpiza campsite. We collected several specimens and recorded male advertisement calls, and that material should allow us to determine the taxonomic placement of these small frogs.

Colostethus spp. and *Hyloxalus* sp. Two species of leaf litter frogs in the genus *Colostethus* and one species in the genus *Hyloxalus* are potentially undescribed. We found the first *Colostethus* species at the Pongo Chinim campsite and the second in the forests and creeks on the eastern slopes of the Kampankis Mountains at the Quebrada Wee campsite. The *Hyloxalus* species differs clearly in morphological characters from the recently described *Hyloxalus italoi* (Páez-Vacas et al. 2010), and may represent a cryptic species in the *H. bocagei* complex.

Other examples of variation in morphology and coloration include the *Osteocephalus buckleyi*, *Pristimantis altamazonicus*, and *Trachycephalus venulosus* specimens we observed in the Kampankis Mountains, which show important variation in coloration and morphology that could indicate subspecies or species that differ from the typical forms. More detailed comparisons of the material we collected with type specimens and other collections, song analyses, and/or molecular studies are necessary to establish the phylogenetic relationships between these populations.

New records for Peru

Chimerella mariaelenae. This glass frog with red eyes and green dorsal coloration dotted with black was described in 2006 from a site near Zamora in the Ecuadorean portion of the Cordillera del Cóndor (Cisneros-Heredia and McDiarmid 2006). Before the Kampankis inventory its known distribution included the eastern slopes of the Ecuadorean Andes (Cisneros-Heredia 2009). The populations we found in the Kampankis Mountains are the first for Peru and extend the species' geographic range 150 km to the east.

Osteocephalus verruciger. This species, commonly confused in Peru with *O. mimeticus* (Jungfer 2010), has been erroneously recorded in Peru since Trueb and Duellman (1970). According to Ron et al.'s (2010) recent revision, *O. verruciger* has a distribution restricted to Ecuador, with the southernmost limit of its range in the province of Morona-Santiago. The two individuals recorded in the Kampankis inventory represent the first confirmed record for Peru and a range extension of 203 km to the southeast of its previous southernmost known locality in the watershed of Ecuador's Abanico River (Morona-Santiago province; Ron et al. 2010).

Pristimantis katoptroides. This *Pristimantis* species was previously known only from the type locality, 1 km to the west of Puyo, in the Ecuadorean province of Pastaza, at an elevation of 1,050 m (Flores 1988). The population we discovered in the higher elevations of the Quebrada Katerpiza campsite is the first record for Peru and extends the species' geographic range 281 km to the southeast.

Enyalioides rubrigularis. This species was recently described from the Cordillera del Cóndor (Zamora-Chinchipe) in Ecuador (Torres-Carvajal et al. 2009). The populations we discovered during the rapid inventory, in addition to representing the first Peruvian record of this lizard, extend the known distribution of the species 150 km to the southeast. As this is a montane species, it is likely that the population we found at higher elevations of the Quebrada Wee campsite represents the eastern limit of its distribution.

Potamites cochranae. This leaf litter lizard, the males of which are strikingly colored with a white throat bordered by a black labial stripe and orange ventral parts, is mostly known from central Ecuador, although one record exists from the Cordillera del Cóndor (Almendáriz et al. 1997). The population found during the rapid inventory at the higher elevations of the Quebrada Katerpiza campsite is the first record for Peru.

Other notable records

Cochranella croceopodes. This species was previously known only from the type locality 23.2 km (by highway) northeast of Tarapoto, in Peru's San Martín province and region, at 800 m elevation (Duellman and Schulte 1993). Our record at the Quebrada Kampankis campsite is the second known locality for the species and represents a range extension of 310 km to the northwest.

Gastrotheca longipes. This species is rare in collections and has been infrequently recorded in Peru. Among the confirmed historical records is a specimen collected in 1980 on the Quebrada Katerpiza, near its confluence with the Santiago River (Almendáriz and Cisneros-Heredia 2005). Thanks to the inventory, we were able to contribute additional records from the Pongo Chinim and Quebrada Kampankis campsites.

Osteocephalus leoniae. This species of tree frog is currently endemic to Peru, where it is known from two other localities in the central (Pasco) and southern (Cusco) regions, at elevations between 300 and 1,000 m (Jungfer and Lehr 2001, Chávez et al. 2008). The population found at higher elevations in the Quebrada Katerpiza and Quebrada Wee campsites represents a range extension of approximately 680 km to the northwest.

Pristimantis rhodostichus. This species was previously known only from the type locality on the western slopes of the Abra Tangarana, 7 km (by highway) northeast of San Juan de Pacaysapa in Peru's Lamas province and San Martín region, at 1,080 m elevation (Duellman and Lehr 2009). Our records from the higher elevations above the Quebrada Katerpiza and Quebrada Wee campsites represent the second known locality for the species and a range extension of 287 km to the northwest.

RECOMMENDATIONS FOR CONSERVATION

Threats

Exploration for and extraction of hydrocarbon and mining resources are potential threats. The presence of oil and gas concessions and mining concessions could potentially lead to pollution through operational wastes, occasional oil spills, the use of heavy metals, and the loss of forest cover, as well as a greater demand for edible amphibians and reptiles. The headwaters of rivers and streams are especially vulnerable to water pollution, and many species of amphibians and reptiles in headwaters regions are sensitive to anthropogenic disturbances because of their low population densities and specialized life histories.

Uncontrolled harvests of edible species like the yellow-footed tortoise and the smooth-fronted caiman can put these populations at risk and even lead to local extinctions (Vogt 2008). For that reason, it is important to prohibit commercial hunting and overharvesting, and where necessary to strengthen the existing management regulations developed by indigenous communities in the region.

Monitoring

- Carry out a search for the species *Atelopus spumarius* (currently classified as Vulnerable by the IUCN [Azevedo-Ramos et al. 2010] and collected by J.E. Cadle in Puerto Galilea and Katerpiza in 1979) to determine whether it still occurs in the area and if so to design a long-term monitoring plan for the species. The monitoring plan should include studies of the species' ecology and reproductive biology. Harlequin frogs (*Atelopus* spp.) are extremely vulnerable amphibians that merit urgent research and conservation measures (La Marca et al. 2005).

Research

- During the inventory we noted that local indigenous communities commonly harvested frogs in the Leptodactylidae, Hylidae, and Strabomantidae families for food, as well as the eggs of frogs in the genus *Phyllomedusa*. Indigenous guides also mentioned a medicinal use of some amphibian species (e.g., the cutaneous secretions of the tree frog *Trachycephalus venulosus* are used to treat leishmaniasis). The Kampankis region is thus an ideal site for carrying out ethnoherpetological studies, and for evaluating how the populations of some edible species respond to regular harvests.
- We recommend carrying out a complementary inventory of the Kampankis herpetofauna in the rainy season, as this will record species that were not active during our inventory. Surveys of the lower-lying areas of the Kampankis region, near the Santiago and Morona rivers, are also a priority since these contain distinct habitats that we did not sample during the rapid inventory and their exploration will undoubtedly increase the herpetofauna list of the region.
- Given the elevational gradient of the Kampankis Mountains (between 200 and 1,435 m), and a corresponding habitat diversity that ranges from *Mauritia* palm swamps and periodically flooded forests in the lowlands to premontane forests on the ridgetops, this is an ideal site for studies on the effects of topography and soil composition on amphibian and reptile communities.

Conservation

- Our primary recommendation is to recognize local indigenous communities' integrated management of the Kampankis Mountains, which has so far done an excellent job of preserving the herpetofauna. We recommend that areas managed in this fashion include the greatest possible number and diversity of aquatic habitats, from palm swamps and oxbow lakes on the Santiago and Morona floodplains to the streams and creeks on the highest ridgetops of the Kampankis Mountains. Including these habitats will increase the number of amphibian and reptile species to a significant degree, as we have shown above in comparing the results of our inventory with collection records from the Santiago floodplain.
- The Kampankis Mountains are connected with other cordilleras and geomorphological units both to the north (the Cordillera de Kutukú) and the south (the Manseriche Mountains) of our study area. In order to ensure that these regions remain connected, we recommend establishing biological corridors between protected areas in Ecuador and Peru and the Kampankis Mountains. This is especially important for the narrow band of hill and premontane forests.
- We recommend excluding forestry and oil and gas concessions from the Kampankis Mountains. These extractive industries bring serious environmental impacts and threaten both the diversity of amphibian and reptile communities and the abundance of amphibian and reptile populations.
- Providing long-term protection for the well-preserved forests and streams of the Kampankis Mountains represents a unique opportunity to conserve amphibian and reptile communities not known to occur in any other part of Peru. The Kampankis Mountains harbor species associated with very distinct herpetofaunas, including the Amazon lowlands, the Kutukú and Cóndor mountain ranges, and the Cordillera Central of Peru. The Kampankis Mountains also form a biological corridor that connects different communities of premontane and montane forests in Ecuador and Peru. It is possible that the elevation gradient of 200–1,435 m may offer 'thermal refugia' for lowland species threatened by increasing temperatures as global climate changes. Most lowland species occur far from mountain ranges and have no escape route if their habitats become much warmer. In a similar fashion, populations in hill forests and premontane forests can

serve as reservoirs from which species can recolonize lowland areas that have been altered or overexploited by human activities.

BIRDS

Authors/Participants: Ernesto Ruelas Inzunza, Renzo Zeppilli Tizón, and Douglas F. Stotz

Conservation targets: Poorly known bird species with insular distributions restricted to isolated outlying ridges, such as Pink-throated Brilliant (*Heliodoxa gularis*), Napo Sabrewing (*Campylopterus villaviscencio*), Gray-tailed Piha (*Snowornis subalaris*), and Orange-throated Tanager (*Wetmorethraupis sterrhopteron*); healthy populations of game birds, especially Gray-winged Trumpeter (*Psophia crepitans*), Salvin's Curassow (*Mitu salvini*), and Wattled Guan (*Aburria aburri*); birds of significant interest to birdwatchers, such as Orange-throated Tanager; an elevational gradient with continuous, well-preserved habitats hosting an ecologically functional bird community

INTRODUCTION

The Kampankis Mountains, an orogenic-origin mountain range running parallel to the Andes, are younger than them and have a distinct geological history. They are one of a small group of mid-elevation isolated ridges (no higher than 1,500 m) located in the eastern foothills of the Peruvian Andes, many of which host distinctive biological communities (Fitzpatrick et al. 1977, Dingle et al. 2006, Roberts et al. 2007).

The avifauna of the Kampankis Mountains has not been studied, and filling this lacuna has been a research and conservation priority for decades (e.g., Davis 1986, O'Neill 1996). The only ornithological information available for this region was compiled by Alfredo Dosantos Santillán in an unpublished technical report sponsored by the Interethnic Association for the Development of the Peruvian Amazon (AIDESEP) and the Center for Territorial Planning and Information (CIPTA; Rogalski 2005) and based on a May 2005 field survey of butterflies, amphibians, reptiles, birds, and mammals of the mid- and upper Santiago and Morona rivers.

Nearby, on the lower Morona River, Juan Díaz Alván (pers. comm.) made some unpublished ornithological observations in September and October 2010. The adjacent lower zones of the Morona have received some attention from ornithologists. For example, it was there that the White-masked Antbird (*Pithys castaneus*) was recently rediscovered (Lane et al. 2006).

More information is available on the birds of surrounding areas. The avifauna of the Cordillera de Kutukú in Ecuador (the northern extension of the Kampankis Mountains) has been studied by Robbins et al. (1987), Fjelså and Krabbe (1999), and others, and their work was recently summarized in a global report by BirdLife International (2011). The avifauna of the Cordillera del Cóndor, located 40–80 km to the west of Kampankis, has been studied during two rapid inventories led by Conservation International (Schulenberg and Awbrey 1997, Mattos Reaño 2005).

In this chapter we present the results of an ornithological survey of the Kampankis Mountains carried out as part of a rapid inventory in August 2011. Our primary focus during the survey was on the ecology and conservation of bird communities there.

METHODS

Sampling dates and localities

We inventoried four campsites in the Kampankis Mountains: Pongo Chinim (2–6 August 2011), Quebrada Katerpiza (7–12 August 2011), Quebrada Kampankis (13–15 August 2011), and Quebrada Wee (16–20 August 2011; see map in Figs. 2A, 2B). Ernesto Ruelas and Renzo Zeppilli observed birds for a total of approximately 90 hours at each of the following campsites: Pongo Chinim, Quebrada Katerpiza, and Quebrada Wee. At the Quebrada Kampankis campsite the total was approximately 72 hours, one workday less than the rest of the localities. Observations made by other members of the inventory team, particularly D. K. Moskovits and Á. del Campo, supplemented our records.

Areas surveyed

At each campsite (except Quebrada Kampankis) we surveyed the entire trail system, recording birds by sight and by ear. We observed birds separately and on different trails each day to maximize the area of our daily observations, with the exception of the first day, on which both observers surveyed the same trail to unify methodological criteria and familiarize themselves with the local avifauna. Surveys started at sunrise (approximately 06:00) and typically lasted until 17:00. Each observer surveyed 5–14 km of trails per day, depending on the length of the trails and the difficulty of the topography at each campsite. The estimated daily average distance covered by each observer was 8 km.

At the Quebrada Katerpiza and Quebrada Wee campsites we also spent nights at satellite camps near the highest portions of the trail system in order to sample elevations of approximately 1,400 m, and at the Quebrada Kampankis campsite we made a one-day visit to a ridge at 1,020 m. We made special efforts to record species characteristic of upper elevations, to sample birds at different times of day (e.g., at dawn, at dusk, at night), and to search for species typically recorded in flight from open areas such as heliports, riverbanks, and lookouts along the trail system.

We used 10 x 42 and 7 x 42 binoculars, Sony PCM D50 and Marantz PMD 661 sound recorders, each with a Sennheiser ME62 unidirectional microphone, iPods with reference vocalizations of Peruvian birds, and speakers used for 'playback' to species that could not be identified readily. Our primary reference for bird identifications was Schulenberg et al. (2010), and we also occasionally consulted Ridgely and Tudor (2009).

At the end of each day we met to compile a list of the species observed and to quantify the number of individuals recorded for each species. These daily lists allowed us to estimate the frequencies with which we recorded each species, and those frequencies then served as proxies of relative abundances. Due to the short duration of the inventory, our abundance estimates should be interpreted with caution.

We used four categories to characterize the relative abundance of each species. 'Common' (C) includes species that we recorded daily by sight or by ear and of which we saw more than 10 individuals. 'Fairly common' (F) applies to species that we recorded on a daily basis but of which we saw fewer than 10 individuals. 'Uncommon' (U) corresponds to species that were recorded more than twice in each campsite but that were not seen every day. Finally, 'Rare' (R) includes species that were recorded once or twice at each campsite. We used an additional category, 'Uncertain' (X), for species that could not easily be assigned to the other categories because they were incidental records obtained outside of our systematic sampling (e.g., during travel between campsites or via indirect evidence).

Table 4. Bird species recorded at four campsites and surrounding areas in Peru's Kampankis Mountains on 2–22 August 2011.

Site	Number of species
Pongo Chinim campsite	179
Quebrada Katerpiza campsite	190
Quebrada Kampankis campsite	166
Quebrada Wee campsite	190
Travel between sites; military posts in Candungos, Ampama, and Puerto Galilea; the native community of La Poza	42

We also included in our list bird species recorded by other researchers during the inventory via photographs, collected feathers or other body parts, accidental mist net captures during bat sampling by Lucía Castro, and observations made while traveling between campsites, at military posts, or in the towns of La Poza and Puerto Galilea. Finally, we obtained Wampis bird names from local scientists to complement the indigenous names reported by Dosantos (2005). Both are presented in Appendix 10 of this book.

RESULTS

Species richness and range extensions

During field work we recorded between 166 and 190 bird species at each campsite (Table 4), for a total of 350 bird species belonging to 49 families. The complete list of birds recorded at each locality and their respective abundance categories are provided in Appendix 6. Based on our field work during the inventory, on work done in nearby regions of Ecuador (the Cordillera de Kutukú and the Cordillera del Cóndor) and Peru (the Cordillera del Cóndor), and on what is known about general distribution patterns in the region (Schulenberg et al. 2010), we believe that the Kampankis Mountains avifauna consists of at least 525 species.

Table 5. Notable bird species recorded during fieldwork in Peru's Kampankis Mountains, Peru, on 2–22 August 2011.

Species restricted to isolated outlying ridges	Especially significant range extensions	Very rare or poorly known
Pink-throated Brilliant Napo Sabrewing Gray-tailed Piha Orange-throated Tanager Short-tailed Antthrush (*Chamaeza campanisona*) Half-collared Gnatwren (*Microbates cinereiventris*)	White-eared Solitaire (*Entomodestes leucotis*) Military Macaw (*Ara militaris*)	Barred Hawk (*Leucopternis princeps*) Pink-throated Brilliant Napo Sabrewing Plain-backed Antpitta (*Grallaria haplonota*) Buckley's Forest-Falcon (*Micrastur buckleyi*) Rufous-headed Woodpecker (*Celeus spectabilis*)

For 75 of the species we recorded in the field, the Kampankis Mountains represent an extension of their previously known distributional range (Appendix 6). Twenty-six of these species are typical of lowland Amazonian and 49 have Andean premontane and montane affinities. Most of these records (n = 46) were documented with audio recordings.

Notable records

The most important records obtained during the inventory are presented in Table 5. These include species known from very few records in Peru, species that we did not expect to find in the Kampankis region, and very rare species about which very little is known.

We recorded several species that belong to a poorly known group of birds restricted to the higher elevations of isolated ridges near the eastern slopes of the Andes. Many of these do not occur in the Andes and are restricted to elevations between 700 and 1,400 m. An example is Pink-throated Brilliant, a very little known species recorded above 700 m at the Quebrada Kampankis and Quebrada Wee campsites. At the Quebrada Wee satellite camp we recorded Napo Sabrewing, a bird with a narrow distribution in northern Peru and southern Ecuador, where it appears to be restricted to the crests of isolated ridges. Another species in this group, Gray-tailed Piha, was also recorded near the Quebrada Wee satellite camp.

Another notable record is Orange-throated Tanager, observed on both the western and eastern flanks of the Kampankis cordillera. This species was relatively frequent, and was observed by at least 10 members of the inventory team. We photographed it and recorded its song, and closely observed a family group with juveniles and adults as it foraged in *Cecropia putumayonis* infrutescences. One two separate occasions this species was found together with Paradise Tanager (*Tangara chilensis*). These records were made at elevations between 313 and 860 m.

Among the birds with premontane and montane affinities the most important record was White-eared Solitaire, which had not previously been recorded north of the Marañón River. At present, our sighting locality—the highest point above the Quebrada Wee campsite, at 1,435 m elevation—represents the northernmost limit of the species' distributional range. At this same locality we observed a pair of Military Macaws, a species whose closest known record in Peru is from Alto Mayo, San Martín (200 km to the south) and around Tamborapa, Jaén (approximately 250 km to the southwest). Unlike White-eared Solitaire, this species is also known from localities much farther north, including Ecuador. We observed three individuals in total: two females and one male.

We recorded Barred Hawk at the highest point of the Kampankis Mountains, a lookout above the Quebrada Wee (1,435 m). This species has a very restricted distribution in northern Peru and there are no specimens known from the country; ours is one of a handful of sightings of the species (Schulenberg et al. 2010). Another notable record was Plain-backed Antpitta, a species considered to be rare and poorly known. Following previous records from the Cordillera del Cóndor and ridges near Tarapoto, ours is also one of very few records for Peru (Schulenberg et al. 2010). This species was observed for approximately 10 minutes as it took hopping steps across the forest floor in an area with scant understory vegetation. When it noticed the observer it kept moving its wings and showing its dorsal region, and then turning to show its underparts. This sighting was at 1,200 m near the satellite campsite in upper-elevation forest above the Quebrada Wee campsite.

Two especially significant records among birds of lowland Amazonian affinity are Buckley's Forest-Falcon and Rufous-headed Woodpecker. The first species, whose behavior and habitat preferences are poorly known, was recorded singing during the dawn chorus. The second was observed near streams.

Game birds

During the inventory we recorded six species of guans, curassows, and chachalacas belonging to the Cracidae family. At every campsite we had multiple records of Spix's Guan (*Penelope jacquacu*) and Salvin's Curassow.

Nocturnal Curassow (*Nothocrax urumutum*) was recorded singing at night at the Quebrada Wee campsite, and the local scientists found the complete tail of an individual that had apparently been attacked by a predator in the forests near our camp.

At the Quebrada Katerpiza and Quebrada Wee campsites, where the ornithology team camped near the highest elevations in the Kampankis Mountains, we recorded Wattled Guan singing at dawn and dusk. Gray-winged Trumpeters were present at three of the four campsites (the exception was Quebrada Katerpiza). Most game birds fell into the 'Uncommon' abundance category, which indicates that they were recorded roughly twice at each campsite, but not on a daily basis.

Army-ant swarm followers

At the Pongo Chinim and Quebrada Kampankis campsites we observed several species of army-ant specialists (Willson 2004) following foraging army-ants (*Eciton burchelli*). 'Obligate' species included Sooty Antbird (*Myrmeciza fortis*), Bicolored Antbird (*Gymnopithys leucaspis*), White-plumed Antbird and the 'facultative' follower Scale-backed Antbird (*Willisornis poecilinotus*). Other species taking advantage of the resources stirred up by the army-ants included Plumbeous Antbird (*Myrmeciza hyperythra*), Southern Nightingale-Wren (*Microcerculus marginatus*), Musician Wren (*Cyphorhinus arada*), Cinereous Antshrike (*Thamnomanes caesius*), Red-crowned Ant-Tanager (*Habia rubica*), and Buff-breasted Wren (*Cantorchilus leucotis*).

Migration

As expected given the August date of the inventory, we did not find boreal migrants and only observed one austral migrant. This species, Brown-chested Martin (*Phaeoprogne tapera fusca*), was recorded during a layover at the Ampama military base, where we observed six individuals perched on the base's antennas. We were able to observe the details of the white throat and the transverse brown line in the central portion of the breast. According to local scientists, macaws are also only present in Kampankis during certain seasons.

Reproduction

We observed some signs of reproductive behavior during the inventory. Most records were passerines, including sightings of two nests with eggs (not yet identified) and various recently fledged juveniles.

For more than ten minutes, Renzo Zeppilli watched a nest of Gray Antbird (*Cercomacra cinerascens*) that had been constructed among the roots of an epiphytic melastome, probably in the genus *Blakea*. The male returned to the nest several times carrying insects, one of which we identified as a katydid, probably of the genera *Copiphora* or *Bucrates*.

A single White-chested Puffbird (*Malacoptila fusca*) was observed exiting a nest hole dug into a low bluff in the forest. We also observed juveniles of Plain-throated Antwren (*Myrmotherula hauxwelli*), Golden-headed Manakin (*Pipra erythrocephala*), Gray-breasted Wood-Wren (*Henicorhina leucophrys*), Paradise Tanager, Bay-headed Tanager (*Tangara gyrola*), and Orange-throated Tanager. Variegated Tinamou (*Crypturellus variegatus*) was the only non-passeriform species for which we observed signs of reproductive activity (chicks).

Mixed-species flocks

At each campsite we found 4–7 mixed flocks per day per observer. Flocks were composed of forest interior species, but the number of individuals and species per flock was highly variable. On average, each flock consisted of five individuals. This is a very small number compared to those recorded during other inventories in similar areas, but those areas had extensive floodplain forests.

The number of species per flock was also variable. At the Quebrada Kampankis campsite, where we saw the largest number of mixed flocks, Renzo Zeppilli recorded five flocks with an average of seven species per flock. Just before a heavy, two-hour rainstorm, we observed an understory mixed flock join together with a canopy mixed flock to form a single flock that stretched from the forest floor to the treetops and contained 14 species. Chestnut-shouldered Antwren (*Terenura humeralis*, both sighted and audio-recorded) was consistently present in the mixed-species flocks we saw.

At the Quebrada Katerpiza campsite it was common to observe pairs of Cinereous Antshrike leading small understory flocks, often accompanied by Wedge-billed Woodcreeper (*Glyphorynchus spirurus*), White-flanked Antwren (*Myrmotherula axillaris*), Red-crowned Ant-Tanager, and Half-collared Gnatwren (*Microbates cinereiventris*).

Mixed-species flocks at the Pongo Chinim campsite included a canopy flock that was apparently led by Fulvous Shrike-Tanager (*Lanio fulvus*) and consisted of Turquoise Tanager (*Tangara mexicana*), Yellow-bellied Tanager (*T. xanthogastra*), Yellow-backed Tanager (*Hemithraupis flavicollis*), Green Honeycreeper (*Chlorophanes spiza*), Rufous-bellied Euphonia (*Euphonia rufiventris*), Lemon-throated Barbet (*Eubucco richardsoni*), and Chestnut-shouldered Antwren. At the same campsite we recorded another canopy mixed flock led by Fulvous Shrike-Tanager and also including Moustached Antwren (*Myrmotherula ignota*), White-flanked Antwren, and Olive-striped Flycatcher (*Mionectes olivaceus*).

At 900 m elevation near this campsite we observed a mixed flock containing Tropical Parula (*Parula pitiayumi*), Rufous-winged Antwren (*Herpsilochmus rufimarginatus*), Bananaquit (*Coereba flaveola*), Dusky-capped Greenlet (*Hylophilus hypoxanthus*), and Bay-headed Tanager. Slightly higher at the same locality (1,100 m), we observed a mixed flock with montane-associated species, including Yellow-breasted Antwren (*Herpsilochmus axillaris*), Slate-throated Redstart (*Myioborus miniatus*), Spectacled Bristle-Tyrant (*Phylloscartes orbitalis*), and White-throated Woodpecker (*Piculus leucolaemus*). This last species was above its known altitudinal range.

While our observations of mixed-species flocks were not made in a systematic fashion, they allowed us to detect the key role played by Cinereous Antshrike and Fulvous Shrike-Tanager in understory and midstory mixed flocks, respectively, in lowland forests (approximately <500 m), and their 'replacement' by core species such as Slate-throated Redstart (*Myioborus miniatus*) and Common Bush-Tanager (*Chlorospingus ophthalmicus*) above 700 m.

Altitudinal distributions and species turnover

At three elevations we observed somewhat clear transitions among birds of different altitudes. The first is the boundary between lowland and mid-elevation species assemblages, which starts at ~400 m elevation. Although assigning discrete limits for sets of species may seem arbitrary—since the altitudinal distribution of individual species is heterogeneous—sightings of many species restricted to lowland forests, such as Chestnut Woodpecker (*Celeus elegans*), Chestnut-shouldered Antwren, and Buff-throated Woodcreeper (*Xiphorhynchus guttatus*), dropped significantly as we moved above this boundary. We observed that mixed-species flocks, which were frequently led in the lowlands by Cinereus Antshrikes, apparently shifted to different core species, such as Red-crowned Ant-tanagers (*Habia rubica*), from this point upward.

A second noticeable turnover point was above 700 m elevation, where species of higher-elevation affinity became more frequent. Above this point, a larger number of Amazonian lowland species become rare or absent. Among the species we found at this elevation were Pink-throated Brilliant, Violet-headed Hummingbird (*Klais guimeti*), Channel-billed Toucan (*Ramphastos vitellinus*), and Plain Antvireo (*Dysithamnus mentalis*). From this elevation upward, we observed mixed-species flocks led by Three-striped Warbler (*Basileuterus tristriatus*) and Fulvous Shrike-tanager. Many peripheral members of these flocks, however, such as Wedge-billed Woodcreeper, seemed to be as common in lowland flocks as they are in mid-elevation flocks.

The third transitional point occurred at 1,000 m elevation. This seemed to be the most abrupt transition, and species like Deep-blue Flowerpiercer (*Diglossa glauca*), Spotted Nightingale-thrush (*Catharus dryas*), and Slate-throated Redstart (*Myioborus miniatus*) were exclusively found above this elevation.

More species seem to be shared between the low- and mid-elevations described above than between mid- and high-elevations, and we failed to find a single shared species between the highlands above 1,000 m and the lowlands below 400 m.

Among the altitudinal replacements observed, White-breasted Wood-wren (*Henicorhina leucosticta*) of the lowlands and mid-elevations replaced by Gray-breasted Wood-wren in the highlands, and the Cinereus Antshrike, perhaps the most important of the core species in lowland mixed-species flocks, completely replaced in its function by Common Bush-tanager at the crests of the cordillera.

Above 1,000 m we found no obligate army-ant followers or any signs of reproductive activity.

DISCUSSION

Species richness and comparisons with adjacent regions

The bird species richness we observed in the Kampankis Mountains is comparable to that of well-conserved Amazonian regions sampled for a similar amount of time.

The Dosantos (2005) report contains records of many bird species that were not recorded by us, including a) some identifications that appear to be erroneous and b) various records of species adapted to disturbed habitats, which we only visited very briefly. The species composition we found corresponds more closely to the unpublished observations made by Juan Díaz Alván (pers. comm.) on the lower Morona River. As expected for a site to the southeast of Kampankis, however, his data include more species with lowland Amazonian affinities, fewer species with premontane and montane affinities, and various species restricted to specific habitats, like white-sand forests, that we did not visit.

Comparing our results with those reported by Schulenberg and Awbrey (1997) for the Cordillera del Cóndor, and Robbins et al. (1987) and Fjeldså and Krabbe (1999) for the Cordillera de Kutukú, is more fruitful. The Cordillera del Cóndor has a more extensive altitudinal gradient than Kampankis, and the inventory carried out there recorded a larger number of higher-elevation species. The Cóndor's proximity to the Andes means it harbors a relatively larger number of species with Andean premontane and montane affinities. Likewise, the Cordillera de Kutukú includes elevations higher than those in the Kampankis Mountains; apart from that difference, the Kutukú avifauna is the most similar to the one we report on here.

Species richness was similar at all the campsites we visited, with the exception of the Quebrada Kampankis site, where we worked one day less. We hypothesize that the slightly lower number of species found at the Pongo Chinim campsite is attributable to the more limited elevational range there relative to the other campsites.

Notable records

The presence of seven bird species restricted to outlying ridges gives the Kampankis Mountains a special value among the small group of isolated mountainous areas east of the Peruvian Andes that harbor species of intermediate elevations (approximately 700–1,500 m).

Some of our records are especially important in this respect. Range-restricted species such as Napo Sabrewing and Barred Hawk are known in Peru from very few records, many of which lack specimens, or have only been recorded in the country via photographs or recordings. Other rare species with broader Amazonian-affinity distributions, such as Buckley's Forest-Falcon and Rufous-headed Woodpecker, are associated with wet lowland forests. The ranges of many of these species were previously believed to be limited to the west by the Morona River, or by the crest of the Kampankis cordillera that forms the boundary between the Loreto and Amazonas regions. For these species our records represent modest range extensions.

The most common range extensions, however, were for species with Andean premontane and montane affinities, and these were also the most significant in terms of distance from previously known geographic distributions (fide Schulenberg et al. 2010).

Game birds

The number of game species recorded in Kampankis was high relative to other inventories. The presence, absence, and behavior of game birds are often used to determine the presence and extent or anthropogenic pressure, and they made it clear to us that hunting activity varied between the campsites we visited. For example, in the Quebrada Katerpiza and Quebrada Kampankis campsites Spix's Guan (*Penelope jacquacu*) was more skittish—calling and flushing upon detecting the presence of humans—than at the other sites. It is important to note that despite this type of observation the populations of these groups were relatively healthy and the impact of hunting appears moderate or hardly noticeable (Table 7).

Army-ant following birds

This guild of birds is sensitive to changes in the cycles and population dynamics of army-ants, such as those that occur following habitat fragmentation (Willson 2004). The bird species assemblages we found following swarms were different from the ones typically found in floodplain forests. The absence of Reddish-winged Bare-eye (*Phlegopsis erythroptera*) was especially striking, since that genus is considered to dominate the hierarchy of these groups. Other species that often form part of this guild, such as Hairy-crested Antbird (*Rhegmatorthina melanosticta*) in the lowlands and White-backed Fire-eye (*Pyriglena leuconota*) in middle to upper elevations, were also not recorded. Given that we only noted modest alterations in the habitats we visited, it is a research priority to explain why this guild is less well represented in these foothills.

Elevational distributions and species turnover

With its continuous forest cover along a broad elevational gradient, the Kampankis cordillera offers a unique opportunity to advance what is known about the altitudinal distribution of Peruvian birds. Understanding the drivers that determine species distribution and species turnover along altitudinal gradients remains one of the most interesting questions in avian ecology (Terborgh 1971, Forero-Medina et al. 2011). How elevation interacts with behaviors such as mixed-species flocking (Stotz 1993) and reproductive seasonality (Stutchbury and Morton 2001), and how this information can be applied to specific population and habitat conservation goals, remain similarly high research priorities. A detailed analysis of these distribution patterns is, however, beyond the scope of this chapter and will be addressed in depth in a separate report.

Conservation status of the Kampankis Mountains and comparisons among sites visited

Our impression of the conservation status of bird communities at the sites we visited during the inventory is that the Kampankis Mountains host a functional avifauna that has suffered barely perceptible to moderate alterations. The Kampankis avifauna contains elements of all the trophic groups and foraging guilds typical of tropical forest species assemblages (e.g., insectivores, frugivores, nectarivores, carnivores). Considering the size of the avifauna, relatively few species are considered threatened or near threatened at the national and international levels (Table 6).

Game species (guans, tinamous, trumpeters, and curassows), species often sold as pets (parrots and macaws), and species that sometimes come into conflict with human activities (like large birds of prey) were all found in good conditions. This was even the case at the Quebrada Katerpiza and Quebrada Kampankis campsites, where human activities were more obviously present (Table 7).

Likewise, at nearly all of the sites we visited it was relatively easy to find bird species that are sensitive to habitat degradation, such as forest interior species and species that occupy positions high on the food chain, such as Harpy Eagle (*Harpia harpyja*).

Table 6. Bird species of Peru's Kampankis Mountains classified as near threatened or vulnerable by the Peruvian government (2009) and the IUCN (2011).

Species	Peruvian classification	IUCN classification
Blue-throated Piping-Guan (*Pipile cumanensis*)	Near threatened	–
Wattled Guan	Near threatened	–
Salvin's Curassow	Vulnerable	Least concern
Nocturnal Curassow		Least concern
Harpy Eagle	Near threatened	–
Military Macaw	Vulnerable	Vulnerable
Red-and-green Macaw (*Ara chloropterus*)	Vulnerable	Least concern
Pink-throated Brilliant	Near threatened	–
Napo Sabrewing	Near threatened	–
White-masked Antbird	Vulnerable	Near threatened
Orange-throated Tanager	Vulnerable	Vulnerable

This conclusion is based on a qualitative assessment of the conservation status of various groups of birds in the four campsites we visited (Table 7). We believe that each of these groups is susceptible to both direct pressures (impacts that directly affect bird populations) and indirect pressures (impacts that fragment, reduce in size, or degrade the habitats that birds use).

Species associated with disturbed vegetation and early or intermediate successional habitats are marginally present, which indicates that species that depend more strictly on well-conserved forests are more numerous. The great majority of species characteristic of degraded habitats were recorded during travel between campsites, at military posts, or in the communities we visited.

Species not recorded

Our inventory is clearly biased in favor of more abundant bird species and of bird species that are present in Kampankis during the season we visited. Our list does not include some rare and inconspicuous species that are expected for the region, nor migratory species present during other times of year, and the eventual inclusion of these species will augment the species list presented here.

For example, White-masked Antbird is a rare species that was recently rediscovered near the Quebrada Chapis (Lane et al. 2006). Andrés Treneman (pers. comm.) recorded the species in 1994 on the Quebrada Kangasa and in the community of Ajachim, located 15 km to the south of our Quebrada Wee campsite. These records have been confirmed via specimens deposited in the Museo de Historia Natural of the Universidad Nacional Mayor de San Marcos.

During his recent work on the lower Morona River, Juan Díaz Alván inventoried various species associated with white-sand forests, which were not encountered during our inventory. Our trail systems did not include poor-soil habitats and we saw no sign of the presence of species associated with such habitats. However, during our overflights the botanical team identified what appeared to be low sandstone terraces with large populations of the palm *Oenocarpus bataua* between the Quebrada Kampankis and Quebrada Wee campsites, where white-sand vegetation and birds could potentially occur. Other species associated with particular habitats, such as *collpas* or bamboo forests, were also absent from our inventory.

We did not have direct sightings of Oilbird (*Steatornis caripensis*) at any campsite. However, local residents provided detailed information on the identification of adults, juveniles, and chicks, on the location of six caves with Oilbird colonies, and on the long-term management of these reproductive sites by local communities (IBC-UNICEF 2009), and we consider these indirect records unequivocal evidence of the species' occurrence in the region.

Threats

The primary potential threat to the regional avifauna would appear to be an increase in landscape transformation and the loss of forest cover. Subsistence hunting in the areas we visited has had a minimal impact on game bird species to date, and their populations are in good shape. However, this opinion may be biased by the fact that our fieldwork was carried out at sites that are far from the communities where most of the region's population lives.

The animal trade could represent a threat over the medium term if communities in the area (e.g., La Poza and Soledad) increase the harvest and transport of birds—especially large parrots, macaws, trumpeters,

Table 7. Groups of birds found at each campsite visited in Peru's Kampankis Mountains, classified by their sensitivity to anthropogenic impacts. The comparisons are qualitative due to the short duration of our fieldwork.

Group of species	Sensitivity to anthropogenic impacts			
	Pongo Chinim	Quebrada Katerpiza	Quebrada Kampankis	Quebrada Wee
Birds of successional and/or disturbed habitats	Not detected	Marginal presence	Marginal presence	Not detected
Forest interior birds	Well represented	Regular presence	Regular presence/ Well represented	Well represented
Riparian birds	Marginal presence	Regular presence	Marginal presence	Marginal presence
Army-ant swarm following specialists	Well represented	Marginal presence	Regular presence	Well represented
Mixed flocks	Well represented	Regular presence	Regular presence	Well represented
Game birds	Regular presence	Marginal presence	Regular presence	Well represented
Large parrots	Regular presence	Regular presence	Regular presence	Well represented
Birds of prey	Well represented	Regular presence/ Marginal presence	Regular presence	Well represented

and some toucans and tanagers—to Saramiriza, Bagua, Chiclayo, and other places where locals told us birds from Kampankis are currently sold.

Because harvesting Oilbird chicks is a decades-long tradition, local communities have a long-standing concern about managing colonies of these birds in a sustainable fashion.

RECOMMENDATIONS

It is vital to maintain and strengthen the traditional agreements and management techniques that for many years have allowed the sustainable use of bird communities in the region, such as the management of Oilbird colonies and game bird hunting. These low-impact practices have kept bird populations relatively healthy, and their loss would undoubtedly degrade the avifauna's current conservation status.

If communities decide to develop low-impact economic alternatives in the region, one option that we recommend involves sustainable tourism initiatives focused on the birdwatching and ecotourism market, since these can provide economic resources for communities without generating heavy impacts on forest habitats. As with any other potential development project in the region, ecotourism should be based on clear management practices that are just as effective as those which have protected the Kampankis avifauna to date.

In addition to continuing the inventory of the Kampankis avifauna, future research should collect data on seasonal patterns in order to determine the region's role and value in the boreal and austral migration routes of some species, and to better understand altitudinal distribution and migrations along the elevational gradient we studied.

CONCLUSIONS

The avifauna of the Kampankis Mountains is comparable in diversity to that of similar regions (i.e., well-preserved sites with a comparable elevational range). However, a few special elements make it unique. Especially notable is the combination of elements of the lowland Amazonian avifauna, elements of the Andean foothills, and species that appear to be restricted to outlying isolated ridges.

The high conservation value of the site has been recognized at the international level. For example, BirdLife International (Devenish et al. 2009) classifies the bird conservation value of sites worldwide by using criteria such as bird species richness, the presence of endemic or restricted-range species, sites of importance for migratory birds, and the proportion of the global population of a species that inhabit an area, and designates the highest-ranking locations meriting the most conservation attention as Important Bird Areas. In Peru, BirdLife International has identified 116 such areas, half of which currently enjoy some protection (Devenish et al. 2009). The region including the Cordillera del Cóndor and the Kampankis Mountains has been designated as IBA PE104, based on its high species richness, the unique elements of its avifauna, and its well-preserved conservation status.

The Kampankis Mountains host an ecologically intact avifauna with a healthy conservation status. Human activities that directly impact bird populations are selective, and their impact is moderate or hardly noticeable. The combination of high diversity and the excellent functional integrity of bird communities and their habitats in the Kampankis Mountains makes them an excellent opportunity for conservation.

MAMMALS

Author: Lucía Castro Vergara

Conservation targets: Healthy populations of several primate species and especially large primates like spider monkeys (*Ateles belzebuth,* EN) and woolly monkeys (*Lagothrix lagotricha,* VU), which are under hunting pressure throughout Amazonia; large carnivores like jaguars (*Panthera onca,* NT), which require large expanses of land, and giant river otters (*Pteronura brasiliensis,* EN), which require sites with few human impacts, classified as threatened or near-threatened at the international level; two rare canid species, short-eared dog (*Atelocynus microtis,* NT) and bush dog (*Speothos venaticus,* NT); the herbivorous lowland tapir (*Tapirus terrestris,* VU), an important herbivore and seed disperser; giant anteater (*Myrmecophaga tridactyla,* VU) and giant armadillo (*Priodontes maximus,* VU), rare species that influence forest dynamics by helping control invertebrate populations; a diverse community of herbivores, especially species that are sought after by hunters, important seed dispersers, or a source of protein for local residents

INTRODUCTION

Prior to the 2011 rapid inventory the mammal community of the Kampankis Mountains had been studied on at least two occasions. The first study was carried out between 1978 and 1982 as part of the Second Ethnobiological Expedition of the University of California, Berkeley. During that intensive survey, specimens of 108 mammal species were collected at three sites on the Santiago and Cenepa rivers (Berlin and Patton 1979, Patton et al. 1982). Of these, 55 species were collected very close to our study area: in the town of La Poza on the Santiago River. In 2004, Alfredo Dosantos studied the flora and fauna of the Kampankis range via field observations and interviews with local residents, which resulted in a list of 68 mammal species (Dosantos 2005).

Other studies have focused on mammal communities in areas adjacent to the Kampankis Mountains: both to the west, in the Cordillera del Cóndor (Schulenberg and Awbrey 1997, Vivar and La Rosa 2004), and to the east, on the Pastaza Fan (CDC and WWF 2002). The Cordillera del Cóndor comprises mostly montane forest while the Pastaza Fan is entirely lowland forest, and these habitat differences are reflected in their respective mammal communities. The Kampankis Mountains, by contrast, form a narrow ridge that harbors lowland forest at its base and premontane forest at its peak. Given these differences, it seemed clear before going into the field for the 2011 rapid inventory that the Kampankis mammal community would feature a mixture of lowland and montane or inter-Andean valley taxa.

The primary goals of the rapid inventory were to document the composition of the mammal communities at the four sites we visited and to assess how well preserved they were. I was especially interested in primates, since they are highly sensitive to hunting and disturbance and are important agents of ecosystem function.

METHODS

Before commencing field work I drew up a checklist of expected species, consisting of all lowland or montane mammal taxa whose known geographic ranges include or come close to the Kampankis Mountains. For large

Table 8. Mammal sampling effort at four campsites in the Kampankis Mountains over the period 2–20 August 2011.

Taxonomic group	Unit of sampling effort	Campsites			
		Pongo Chinim	Quebrada Katerpiza	Quebrada Kampankis	Quebrada Wee
Large and medium-sized mammals	Kilometers surveyed	19.44	19.2	10.5	15.48
Bats	m² net-hours	1,110	1,035	960	840

and medium-sized mammals I used the maps in Emmons and Feer (1999) and Tirira (2007), while for bats I also consulted Gardner (2008). Each species was crosschecked with the most up-to-date checklist of Peruvian mammals (Pacheco et al. 2009). This list of expected species, which represents the best current estimate of the mammal community in the Kampankis Mountains, is presented in Appendix 7.

Surveys of large and medium-sized mammals

During 15 full field days in the period 2–21 August 2011 I recorded large and medium-sized mammals along the trails established at each of the campsites visited by the biological team (Figs. 2A, 2B; see the Regional Panorama and Sites Visited chapter). At each campsite I carried out four daily surveys between 06:30 and 15:00 (three at the Quebrada Kampankis campsite). Sampling effort for each campsite is quantified in Table 8.

Surveys were carried out by walking the trails at an average speed of 1 km/hour, searching for signs of the species of interest. Records included direct observations of animals, vocalizations, tracks, scat, hairs, bones, dens, wallows, *collpas* (salt licks), rooted-up soil, feeding scraps, and other sign. Whenever I encountered a mammal I attempted to record the number of individuals, their genders, and their behavior. I was also alert to observations made by other researchers in the field.

At each campsite I interviewed three or four residents of local communities, giving preference to those from the closest towns. These interviews helped increase the species list by indicating which mammals were likely present around the campsites and which mammals preferred habitats at lower elevations than the ones we visited, along rivers and large tributaries. Informants also provided Wampis and Awajún names for a large number of mammals (Appendix 7 & 10). In most cases these names were spelled out during the interviews, and spelling was checked later by Ermeto Tuesta.

During each interview I showed the informant the mammal plates in Emmons and Feer (1999) and asked which species he knew to occur at that site. Whenever an informant provided an ambiguous or unexpected answer I requested that he describe the species and asked questions about specific diagnostic characters. When necessary, I offered various possible answers (e.g., color, size, habits). I also recorded when the informant seemed unsure of the information provided, and this helped confirm or exclude individual species in the final list.

Surveys of small mammals

To inventory bats I opened three to five mist nets measuring 12 x 2.5 m between 18:00 and 21:00 on a total of nine nights. Sampling effort in the four campsites totaled 3,945 m² net-hours; sampling efforts at the individual campsites are given in Table 8.

I set up the mist nets along streams, in clearings, and along forest edges near the main campsites and on the trail systems. At the Quebrada Katerpiza and Quebrada Wee campsites I mist-netted the higher-elevation forests around the satellite campsites. Every captured bat was field-identified via an examination of its external morphology and then released.

Because of the short duration of the inventory, I did not capture rodents and marsupials. Rodents, bats, and small marsupials were also excluded from the interviews, since species-level identification of these small mammals depends on a detailed review of external and internal characters. Larger marsupial species were included in the interviews.

Table 9. Number of mammal species recorded at each of four campsites in the Kampankis Mountains during the period 2–20 August 2011, sorted by taxonomic order. The table only includes species recorded during field observations and mist-net captures; species recorded only in interviews are not included.

Order	Campsites				Total (all localities)
	Pongo Chinim	Quebrada Katerpiza	Quebrada Kampankis	Quebrada Wee	
Didelphimorphia	0	0	0	1	1
Cingulata	4	3	4	4	4
Pilosa	1	2	1	0	3
Primates	8	6	2	7	9
Rodentia	5	6	4	5	6
Carnivora	4	4	4	5	9
Perissodactyla	1	1	1	1	1
Cetartiodactyla	4	3	2	3	4
Chiroptera	6	4	5	6	16
Species recorded in the field	**33**	**29**	**23**	**32**	**53**

RESULTS

The scientific literature on the mammals of Peru and Ecuador suggests that approximately 79 species of large and medium-sized mammals are expected to occur in the Kampankis Mountains. During the rapid inventory I recorded 57 of these species (72% of the expected total; Appendix 7) corresponding to eight orders that are characteristic of the Amazon and the eastern slopes of the Andes (Table 9). Appendix 7 lists all of the expected species, the species I recorded during the rapid inventory, and the species reported by Patton et al. (1982) and Dosantos (2005).

Several species recorded in Kampankis are considered to be globally threatened. Five are classified by the IUCN as Vulnerable (*Priodontes maximus*, *Myrmecophaga tridactyla*, *Lagothrix lagotricha*, *Leopardus tigrinus*, and *Tapirus terrestris*), two Endangered (*Ateles belzebuth* and *Pteronura brasiliensis*) and five Near Threatened (*Leopardus wiedii*, *Panthera onca*, *Atelocynus microtis*, *Speothos venaticus*, and *Tayassu pecari*; IUCN 2011). Pumas (*Puma concolor*) are considered Near Threatened by Peruvian law (MINAG 2004).

In no campsite did we find evidence of spectacled bears (*Tremarctos ornatus*). Interviews with local residents confirmed that the species occurs in the Cordillera del Cóndor but not in the Kampankis Mountains.

I recorded 16 of the 104 species of bats expected to occur in the Kampankis Mountains (Table 9; Appendix 8). Both the confirmed and the expected bat species have distributions in the Amazon and the eastern slopes of the Andes. Although sampling effort for bats was limited, the list includes species that provide valuable ecosystem services such as pollination, seed dispersal, and insect control.

Pongo Chinim campsite

In four days of field surveys here 27 species of large and medium-sized mammals were recorded. When interviews are considered, the total sums to 53 species. The forest was well preserved, as indicated by various primate troops that were not spooked by our presence. We also documented some important carnivores such as jaguar (*Panthera onca*), river otter (*Lontra longicaudis*), and the rare short-eared dog (*Atelocynus microtis*).

Two species catalogued at this campsite were not recorded again during the rapid inventory surveys: white-lipped peccary (*Tayassu pecari*, recorded by tracks) and short-eared dog (*Atelocynus microtis*, direct observation).

Over three nights six bat species in two families were captured. These include insectivorous, nectivorous, and frugivorous species, as well as one omnivore. Notable captures include two rare species, *Cormura brevirostris* and *Choeroniscus minor*. Both avoid secondary forests and disturbed areas, another indicator of the well-preserved condition of forests here.

Quebrada Katerpiza campsite

At this campsite we recorded 52 species: 24 during the trail surveys and 28 others in interviews. While encounters with large primate troops were less frequent here, one troop of nine howler monkeys (*Alouatta juara*) with two infants and a juvenile was seen. No rare carnivores were recorded during field surveys. These lower relative abundances reflect the proximity of this campsite to a community. Our trails crossed several hunting trails, and hunting had clearly impacted the mammal community.

Two species catalogued here were not recorded at any other campsite: titi monkey (*Callicebus discolor*) and tayra (*Eira barbara*).

The four bat species captured here included two nectivores (*Anoura cultrate* and *A. fistulata*) and two frugivores (*Platyrrhinus nigellus* and *Sturnira tildae*) whose geographic ranges include premontane forests on the Andean slopes. These species were captured on the Kampankis ridgetop, where elevations reached 1,300 m.

Quebrada Kampankis campsite

During the three days at this campsite we recorded 18 species in the field and 35 others through interviews. While this campsite was also relatively close to a community (Chosica), we saw several monkey troops that were not spooked by our presence, as well as felids and a river otter. Two notable records were the several giant armadillo (*Priodontes maximus*) dens seen near 1,000 m elevation and the skeleton of a southern tamandua (*Tamandua tetradactyla*) found on a beach of the Quebrada Kampankis.

Bat surveys yielded five frugivorous species without strict habitat or elevational preferences, which occur from the lowlands to 2,000 m (*Carollia brevicauda*, *C. perspicillata*, *Rhinophylla pumilio*, *Artibeus lituratus*, and *A. obscurus*).

Quebrada Wee campsite

Surveys at this campsite yielded 26 species and interviews 30 more. The abundance of monkey troops was again impressively high, and seven species were spotted. Another striking feature here were three mammalian *collpas* (salt licks) observed along the trails and streams. Fresh jaguar (*Panthera onca*) tracks were spotted near the tents we used at the satellite camp near the ridgetop and puma (*Puma concolor*) tracks were spotted at a stream nearby. Lowland tapir (*Tapirus terrestris*) tracks and scat were especially frequent at this campsite; one individual was seen at a *collpa*.

The bats catalogued here included four common frugivorous species (*Artibeus lituratus*, *A. obscurus*, *A. planirostris*, and *C. brevicauda*), a common omnivore (*Platyrrhinus infuscus*), and an infrequent insectivore (*Saccopteryx bilineata*) that is widely distributed in the Amazonian lowlands and on the slopes of the Andes.

DISCUSSION

The Kampankis Mountains and its mammal community have been managed for centuries by the Wampis and Awajún peoples. Residents of the area have established and maintain various regulations to ensure that harvests of large and medium-sized mammals remain sustainable. As a result of these impressive measures, the mammal communities of the Kampankis Mountains show relatively few impacts of hunting today.

The situation is different, however, at lower elevations in the study area, where most settlements occur and hunting pressure is heavier. Mammal communities in those areas were not studied during the rapid inventory, but I did collect some indirect indicators of their status. On the positive side of the scale, the social team confirmed that hunting was managed in several of the indigenous communities they visited, via rules and penalties designed to regulate hunting and limit excesses (see the Communities Visited chapter). On the negative side, it appears that bushmeat is currently sold to military bases in the area (e.g., Candungos), and this could feed an unsustainable pressure on the populations of hunted species. In some communities visited by the social team, they were told that monkey and ungulates were growing scarcer and that hunters sometimes returned from the forest empty-handed.

Given the importance of large and medium-sized mammals for the well-being of local communities and for the long-term maintenance of healthy forests, there is a clear need to monitor mammal densities and hunting intensity in forests near local communities.

Affinities and differences with neighboring regions

While the large and medium-sized mammal community in Kampankis is relatively well known (i.e., significant changes and novelties are unlikely with additional studies), it is still too early to say with precision how different or similar it is to comparable communities in the Cordillera del Cóndor (Schulenberg and Awbrey 1997, Vivar and La Rosa 2004) and on the Pastaza Fan (CDC and WWF 2002). In the meantime, I make some general observations.

Spectacled bears (*Tremarctos ornatus*) inhabit the Cordillera del Cóndor, but apparently not the Kampankis Mountains (see below). Likewise, the Cordillera del Cóndor inventories reported lower abundances of primates than observed at Kampankis, due to the Cóndor's higher elevations. Several of the bats recorded in Kampankis are also present in the Cordillera del Cóndor, and it is possible that Kampankis also harbors some bat species that are not yet known from Peru but inhabit the eastern Andean slopes of Ecuador (e.g., *Lichonycteris obscura, Lophostoma yasuni*, and *Molossus currentium*). Since taxonomy and overall knowledge of Neotropical bats remain undeveloped, specimen collections will be very important to document species distributions in the region and improve our understanding of these communities.

The list of large and medium-sized mammal species reported from the Pastaza Fan is similar to that of Kampankis, with the difference that small primate species were more common on the Pastaza Fan and dolphins were recorded by direct observation. At Kampankis I saw few saddleback tamarins (*Saguinus fuscicollis*) and titi monkeys (*Callicebus discolor*), and did not record any pygmy marmosets (*Callithrix pygmaea*) during the inventory. This is because pygmy marmosets prefer floodplain forests along large rivers, as well as forest edges along pastures and farm plots (Soini in Defler 2010). The largest populations have been documented along the Samiria River in Loreto. In our area the species may occur near the communities on the Morona River.

For their part, titi monkeys (*C. discolor*) prefer poorly developed riparian forests in low-lying, poorly drained areas (Defler 2010). *S. fuscicollis* is widely distributed in a variety of habitats but common in lowland secondary forests. In interviews local residents noted that both species are common along the banks of the Morona and Santiago rivers.

Notes on the mammal list of Dosantos (2005)

The mammal survey carried out in the Kampankis area by Dosantos (2005) resulted in a list of 68 species recorded along transects and via interviews. Many of the species listed in the publication, however, represent dubious records. For example, *Bassariscus sumichrasti* and *Procyon lotor* (Carnivora: Procyonidae), recorded only in interviews, range from North America to Panama and are not known from South America (Reid 1997). Likewise, at least three of the five squirrel species in the genus *Sciurus* reported as recorded in field surveys should not be considered reliable, since the coloration of these animals' fur is extremely variable and the difficulty of studying them carefully in the field makes it impossible to identify species by direct sightings. Specimen collections will be necessary to determine which squirrel species occur in the Kampankis Mountains.

Dosantos (2005) also recorded *Isothrix bistriata* by vocalization. While the songs of some species of climbing spiny rats are known (e.g., *Dactylomys*), and while *I. bistriata* has been collected in La Poza (Patton et al. 1982), the lack of evidence for *Isothrix* vocalizations make it possible that the vocalizations heard in the field were made by another species. *Myoprocta acouchi*, reported by Dosantos (2005) as observed in the field, probably corresponds to *Myoprocta pratti*, which is also listed, and which is the *Myoprocta* species that occurs in Peru. *Conepatus semistriatus* (Carnivora: Mephitidae), recorded in interviews, is known from the Peruvian coast and the western slopes of the Andes. It occurs in montane forests but not in lowland forests (Emmons and Feer 1999). It was probably confused with another species that has similar coloration: the greater grison (*Galictis vittata*), which has a stripe of white hair on its head and back. The armadillo *Euphractus sexcinctus*, recorded by tracks, is not considered to occur in Peru; this record probably corresponds to a different armadillo. Finally, the pacarana (*Dinomys branickii*) was not recorded during the rapid inventory surveys or interviews, but was reported in interviews carried out by the social team.

Most bats reported by Dosantos resulted from his interviews with residents. Interviews are not a reliable method for inventorying small mammals, which tend to be poorly known and morphologically variable. Nevertheless, the four bat species he recorded in this way are expected for the region. One (*Saccopteryx bilineata*) was captured during the rapid inventory and two (*Noctilio leporinus* and *Trachops cirrhosus*) are carnivorous species with hunting behaviors that make it feasible for them to have been identified via interviews.

Other notable records

Pithecia aequatorialis is a species of saki monkey that occurs in Ecuador and Peru. In Peru it is known from the area between the Tigre and Napo rivers, and is limited to the south by the Marañón River in Loreto, where *Pithecia monachus* also occurs (Aquino and Encarnación 1994). *P. aequatorialis* has orange fur from the neck to the belly, a character that makes it easily distinguishable from *P. monachus* when individuals are seen up close (as in hunted specimens). For this reason the species was easily recognized by various informants, who confirmed that *P. aequatorialis* is present in the study area. If this record is confirmed with specimens, it will extend the known distribution of the species, which is listed on Appendix II of CITES (2011). In Ecuador the species has been reported rarely and only in primary forests (Tirira 2007).

Some species that we did not observe in the field are associated with habitats that occur at lower elevations than those we visited, along rivers and large streams. For example, the giant otter (*Pteronura brasiliensis*) uses oxbow lakes to fish and establish dens. Such habitats were absent from the sites we visited and the species was only recorded in interviews, as was the case with the two Amazonian dolphin species. According to the informants, giant otters occur in both the Santiago and Morona watersheds, but have much larger populations on the Morona due to the larger number of oxbow lakes on that river.

After the field surveys were complete, Ermeto Tuesta of the Instituto del Bien Común informed me that in the Wampis community of Shapaja (on the Morona River at a latitude between our Pongo Chinim and Quebrada Kampankis campsites) he heard a story about a hunter who had killed a spectacled bear (*Tremarctos ornatus*) 20 years earlier in the headwaters of the Quebrada Shapaja, on the eastern slopes of the Kampankis Mountains (approximately 03°15'25" S 77°37'55" W, 790 m). The hunter was said to have kept the animal's bones for medicinal uses. The story is striking because none of our informants had seen or heard any evidence for bears in the Kampankis Mountains. (By contrast, its presence in the Cordillera del Cóndor is widely known). I have no additional information regarding this story. It may reflect an isolated event or even correspond to a species other than *T. ornatus*, since the portions of the Kampankis range that exceed 1,000 m elevation are insular and spectacled bears typically occur between 1,000 and 4,500 m (with a few scattered records below 1,000 m; Tirira 2007). It would appear that the very narrow width of the Kampankis does not offer enough highland resources to support a viable population of the species. Furthermore, the Kampankis range has been well explored by local residents, thanks to the network of trails maintained by communities. For these reasons it is unlikely that a population of spectacled bears exists in the mountains and has not been noticed by local residents.

Another interesting record was noted in 2009 in Santa María de Nieva, capital of Nieva Province, south of Condorcanqui. Noticing that a woman in Nieva had a juvenile raccoon (*Procyon cancrivorus*) as a pet, biologist Margarita Medina of Conservation International asked residents of various communities on the Santiago River about the species. She was told by some indigenous residents that raccoons were associated with the devil and thus neither kept as pets nor eaten (because of their bitter-tasting meat). Only a few of our informants in the field reported having seen one.

RECOMMENDATIONS FOR CONSERVATION

Opportunities

The results of the rapid inventory suggest that the exceptional commitment with which the Wampis and Awajún communities have protected the Kampankis Mountains has succeeded in maintaining healthy forests where mammals of all kinds have the resources they need to survive and contribute to seed dispersal, forest regeneration, and other ecological processes.

The Wampis and Awajún proposal to declare the area part of their peoples' territory deserves support. Its legal recognition will help ensure for the long term their effective caretaking of the forests in and around the Kampankis Mountains.

Threats

In recent decades population growth in the settlements along the Morona and Santiago rivers has increased hunting pressure on various mammal species, and the conservation status of these species along those rivers and their main tributaries needs to be assessed. These areas were not visited during the rapid inventory and it is likely that mammal abundances are very different from those in the sites we visited because of hunting. An analysis of hunting intensities will help determine whether current harvests are sustainable or if they should be reduced for certain especially sensitive species such as primates and tapirs, whose long reproductive cycles mean that they take a relatively long time to recuperate from impacts.

The field work carried out by Dosantos (2005) involved local residents in mammal censuses along transects, and this indicates that some local residents already have basic training in collecting the field data necessary to evaluate the conservation status of animal species. It is important to take advantage of this experience and begin collecting data, so that future analyses can examine the sustainability of hunting rates. Such analyses represent a crucial decision-making tool for designing and implementing management plans for the region's fauna.

Research

While this inventory has helped improve our understanding of the Kampankis Mountains' biodiversity, there remains a great deal more to study. Our inventory focused on habitats close to the Kampankis Mountains and relatively far from towns and communities. It was also far from large rivers, which explains why giant otters and dolphins were only recorded in interviews. A better understanding of the region's mammalian fauna and its conservation status will require surveys in other sites with different habitats (e.g., large rivers, lakes, and disturbed areas).

It also remains a priority to collect specimens of primate species that are at the limits of their distributions, in order to confirm these records and the range extensions they imply. This is the case for the owl monkey (*Aotus vociferans*) and the saki monkey (*Pithecia aequatorialis*), identified by residents in interviews. Such collections can be made with the help of local hunters and should include pelts, a sample of muscle tissue, bones, and where possible a blood sample of monogamous species (*Callicebus, Pithecia*, and *Aotus*) since they have stable karyotypes. It is also necessary to collect small mammals like bats, rodents, and marsupials in order to better understand those poorly studied communities. There is still a great deal that we have yet to discover about mammals, ranging from variation in morphological characters to the precise geographic ranges of species in the Amazon. Small species are the most diverse group of mammals, and the ones that inhabit the Kampankis range could potentially include new records for Peru or species new to science.

COMMUNITIES VISITED: SOCIAL AND CULTURAL ASSETS

Authors/Participants (in alphabetical order): Diana Alvira, Julio Hinojosa Caballero, Mario Pariona, Gerónimo Petsain, Filip Rogalski, Kacper Świerk, Andrés Treneman, Rebeca Tsamarain Ampam, Ermeto Tuesta, and Alaka Wali

Conservation targets: Land-zoning systems developed autonomously by local communities; trails that traverse the Kampankis Mountains and represent an important component of communication networks between communities; ancestral homesites and old cemeteries; management practices in diversified farm plots; traditional practices of hunting, fishing, and harvesting other natural resources; lands set aside and protected as refuges for wildlife; oxbow lakes managed for fish production; agroforestry plots; culturally important Oilbird colonies and traditional practices to manage them; spiritually and historically important waterfalls; myths and songs

INTRODUCTION

The peoples who live in and around the Kampankis Mountains today have occupied and interacted with this region for a long time. In the Santiago and Marañón watersheds the principal ethnic groups are the Wampis (also known in the literature as Huambisa) and the Awajún (Aguaruna); in the Morona watershed the Wampis and the Chapra[1] predominate. The Wampis and Awajún belong to the Jívaro ethnolinguistic family and share many cultural features (including similar languages), while the Chapra are classified in the Candoa linguistic family, which is culturally closely related to the Jívaro family. The population of the area surrounding the Kampankis Mountains is approximately 19,000 (Appendix 12).

The aim of social inventories is to document social and cultural assets and practices that communities use to manage and harvest natural resources, using a methodological framework established in prior rapid inventories. During visits to communities the social team holds workshops and meetings with residents to explain the aims and methods of the inventory. We also use visual materials including posters, pamphlets, maps, and photographic field guides to plants and animals.

Several recent publications have provided important background information on social and cultural conditions in this region of Peru. The most important of these are a report carried out by the Interethnic Association for the Development of the Peruvian Amazon (AIDESEP; Rogalski 2005); the final report of the Instituto de Bien Común (IBC) and the United Nations Children's Fund (UNICEF) project to map historical and cultural features of the Wampis and Awajún peoples in the Santiago River basin (Barclay Rey de Castro 2008, IBC and UNICEF 2010); and the final report on an IBC project to map geographic and topographic features of native communities on the Morona River for the Native Communities of the Peruvian Amazon Information System (SICNA; IBC 2011). We also reviewed published ethnographic studies (e.g., Brown 1984, 1985; Guallart 1990; Greene 2009; Surrallés 2007) and written documents and speeches by Awajún and Wampis leaders. The information we collected during the rapid social inventory complements this literature by focusing on the links between the region's peoples and their environment. Our observations can also help inform strategies for caring for these landscapes and preserving the cultural autonomy of the people who live in them.

In this chapter we describe the methods used during the inventory, the history and current status of local populations, their organizational assets and their relationships with the natural world. We conclude by describing the threats they perceive to their way of life, their vision of the future for the Kampankis Mountains, and our recommendations for protecting local cultures and landscapes. For a description of traditional ecological knowledge and the use of natural resources, see the next chapter.

METHODS

Field work was carried out in two stages. In May 2009 anthropologists Alaka Wali and Kacper Świerk, together with local school teacher Billarva López García (then president of the Shuar Organization of the Morona River, OSHDEM), visited three indigenous communities on the

1 All of the ethnic groups in the region have changed or are thinking of changing their names. The Wampis we spoke to mentioned that they were considering changing their name to Shuar or Peruvian Shuar (Shuar del Perú). The Awajún are also considering using their own name: Aents. As these changes have not yet been made, here we use the names Wampis and Awajún. The Chapra residents of Shoroya Nueva told us that they had recently decided to spell the name of their group with 'ch' instead of the more commonly used 'sh.' Another way to spell the name is 'Chapara' (Tuggy 2008).

Figure 22. Communities visited by the social team and sites visited by the biological team during the rapid inventory of the Kampankis Mountains of northern Peru.

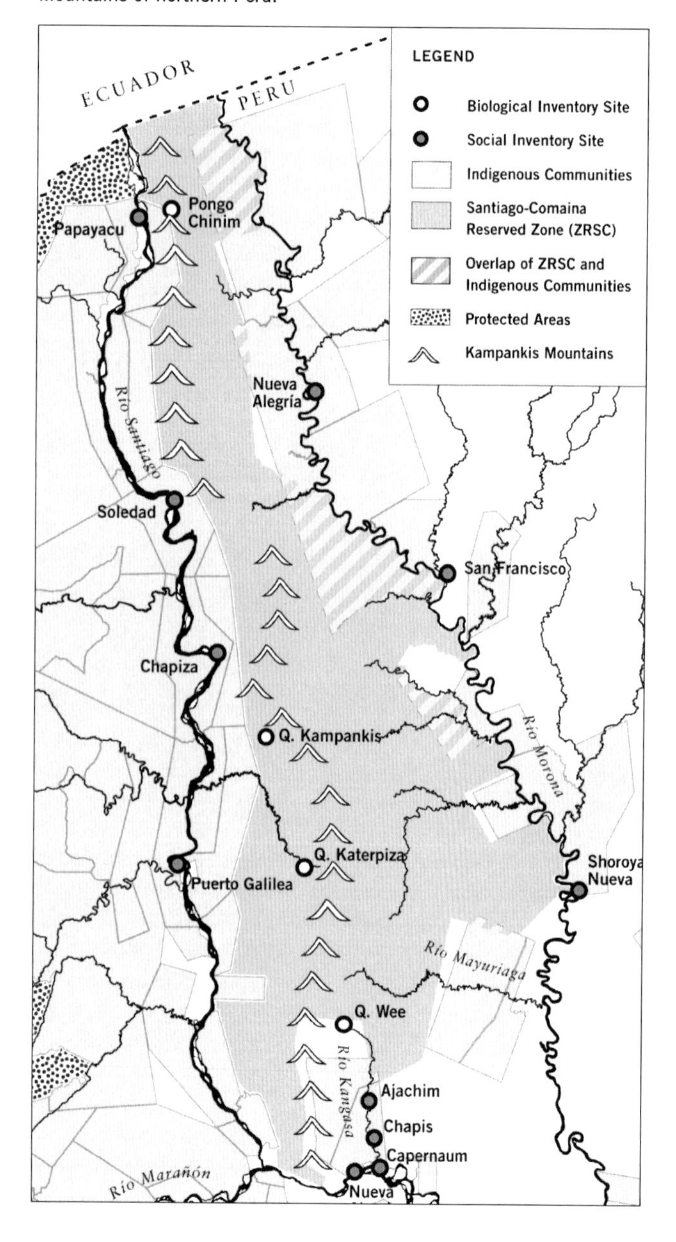

Morona River: Shoroya Nueva (Chapra)[2], San Francisco (Wampis), and Nueva Alegría (Wampis; Figs. 2A, 2B, 22). Due to the Amazonian strike and the tragedy in Bagua (see below), we were forced to suspend and postpone the 2009 inventory activities.

We carried out the second stage of the inventory in August 2011. During that month, we divided the social team into three groups. One group visited two indigenous communities on the middle Santiago (Puerto Galilea and Chapiza) and two communities on the upper Santiago (Soledad and Papayacu). The second group worked in the Marañón drainage, especially in the community Chapis and its annexes (Ajachim, Nueva Alegría, and Capernaum) on the Kangasa River (Figs. 2A, 2B, 22). This group also interviewed some leaders and local authorities in Borja, Saramiriza, Puerto América, and San Lorenzo. The third group, composed of one anthropologist and three local scientists, collected information on local knowledge of the flora and fauna in the campsites of the biological inventory (Figs. 2A, 2B). In this chapter and the next we present information collected in both 2009 and 2011.

Our inventory team was multicultural and multidisciplinary. It included three anthropologists, a forester, an anthropologist/linguist, a GIS specialist, a socio-ecologist, and three local scientists. We received support from various Wampis and Awajún leaders and groups, especially the Regional Coordination of the Indigenous Peoples of San Lorenzo (CORPI-SL) on the Morona River and the Biological Inventory Coordination Committee (Tarimiat Nunka Chichamrin, TANUCH) on the Santiago River.

We used a variety of qualitative methods to collect information (Pitman et al. 2011). These included participatory mapping exercises of community lands and surrounding lands[3], interviews of residents (leaders, teachers, and women), participation in day-to-day activities, and informal conversations with residents. We also recorded the life stories of various leaders and older residents in order to have a diachronic perspective on cultural changes and processes. In this last case, the information we collected in communities was complemented with data from the above-mentioned reports and publications. The information we present here thus synthesizes and updates a variety of both qualitative and quantitative data.

2 During our 2009 visit to Shoroya Nueva we invited leaders and residents of the community of Shoroya Vieja to participate in the inventory activities. We also invited the *apus* (leaders) of six other Chapra communities that belong to the Chapra Federation of the Morona River (FESHAM). Leaders of six communities (Unanchay, Nueva Esperanza, Pifayal, Unión Indígena, San Salvador, and Naranjal) attended the workshop and participated in interviews and mapping exercises.

3 We carried out mapping exercises in the communities visited in the Morona watershed in 2009 and in the communities visited in the Kangasa watershed in 2011. Participants were divided into small groups, each of which used a large sheet of paper to sketch a map of their community and the different areas they use: farm plots, hunting and fishing grounds, and special sites like *collpas* (salt licks), tombs, or old homesites. In the community of Chapis in the Sector Marañón residents sketched their resource use and management systems on base maps.

RESULTS AND DISCUSSION

The historical context and current status of the communities visited

The Kampankis Mountains form part of the ancestral territory of the Awajún and Wampis[4] peoples of Peru. The Awajún and Wampis belong to the Jívaro ethnolinguistic family, which also includes the Shuar of Ecuador and the Achuar in Ecuador and Peru. With a population of approximately 150,000, the Jívaro are one of the largest indigenous groups in Amazonian Peru and in the Amazon itself. In Peru, the Awajún and Wampis peoples number approximately 75,000 residents and occupy a large area in the northeastern portion of the Andean slopes, in the upper and lower Marañón and the Alto Mayo, in the regions of Loreto, Amazonas, Cajamarca, and San Martín (Fig. 23).

A third ethnic group, the Chapra, also lives near the Kampankis Mountains, in the Morona watershed. Together with the Candoshi of the Pastaza River, the Chapra form part of the Candoa ethnolinguistic family. Although the Candoa have a different language from the Jívaro peoples, they are culturally similar due to centuries of proximity and interaction. Today approximately 600 Chapra live in seven communities in the district of Morona, the province of Datem del Marañón, and the region of Loreto.

The people of this region have historically been known for their warlike spirit, strong sense of identity, and determined attachment to their ancestral territory. These qualities have allowed them to resist several historical attempts at conquest and domination, both by the Inca and by Spanish colonists. It was only well into the republican era of Peruvian history, in the middle of the twentieth century, that these peoples began a gradual process of integration into Peruvian society. They themselves view this process of integration as a long struggle to persuade Peruvian society and authorities to recognize their rights to the territory and natural resources that form the foundation of their subsistence, identity, and sustainable development (Greene 2004).

The Incan and pre-Incan eras

Archaeological evidence indicates that the area occupied today by Jívaro peoples was occupied at least 4,000 years ago by people who made ceramic artifacts and farmed crops (probably manioc; Rogalski 2005). A ceramic vase found in good condition in the community of Candungos, on the upper Santiago River, was identified in 2010 by archaeologist Daniel Morales, a specialist in Amazonian archaeology at the Universidad Nacional Mayor de San Marcos, as belonging to the Chambira culture, which is believed to have existed between 1,000 and 2,000 BC (Morales 1998; D. Morales, personal communication).

Linguistic evidence suggests that before the Incan empire expanded into the equatorial Andes, societies that spoke Jívaro languages lived in the Andean and Amazonian regions of what is today Ecuador. The Palta, Malacatos and Guayacundo may have spoken Jívaro languages (Murra 1946) and some anthropologists have suggested that Jívaro peoples may have formed a 'bridge' between the Amazon and the Gulf of Guayaquil (e.g., Whitten 1976).

The earliest historical references to Jívaro societies describe Incan attempts to extend their empire to Jívaro territory. The Incas Tupac Yupanqui and Huayna Cápac failed in their attempts to conquer the Jívaro peoples (Stirling 1938) and were forced to abandon their campaigns and return to the Andes.

The colonial era and the first years of the Peruvian republic

Spanish conquistadors first made contact with Jívaro peoples when they founded the town of Jaén de Bracamoros in 1549 and the town of Santa María de Nieva shortly afterwards. For a time the Spaniards succeeded in maintaining peaceful relations with the Jívaro. Because the Spaniards' primary interest in the region was exploiting gold mines, however, they soon began to enslave indigenous residents and abuse them in other ways, leading to a series of revolts that culminated in the great Jívaro rebellion of 1599, in which indigenous residents burned the city of Logroño and killed the governor and a large portion of the population (Brown 1985).

4 Wampis is the name that Shuar in Peru use for their ethnic group. Together with the Ecuadorean Shuar, they form a single people or subgroup of the Jívaro linguistic family. The term Wampis comes from *wampi* (*Salminus* sp.), a quick-moving fish which lives in tributaries of the Santiago River.

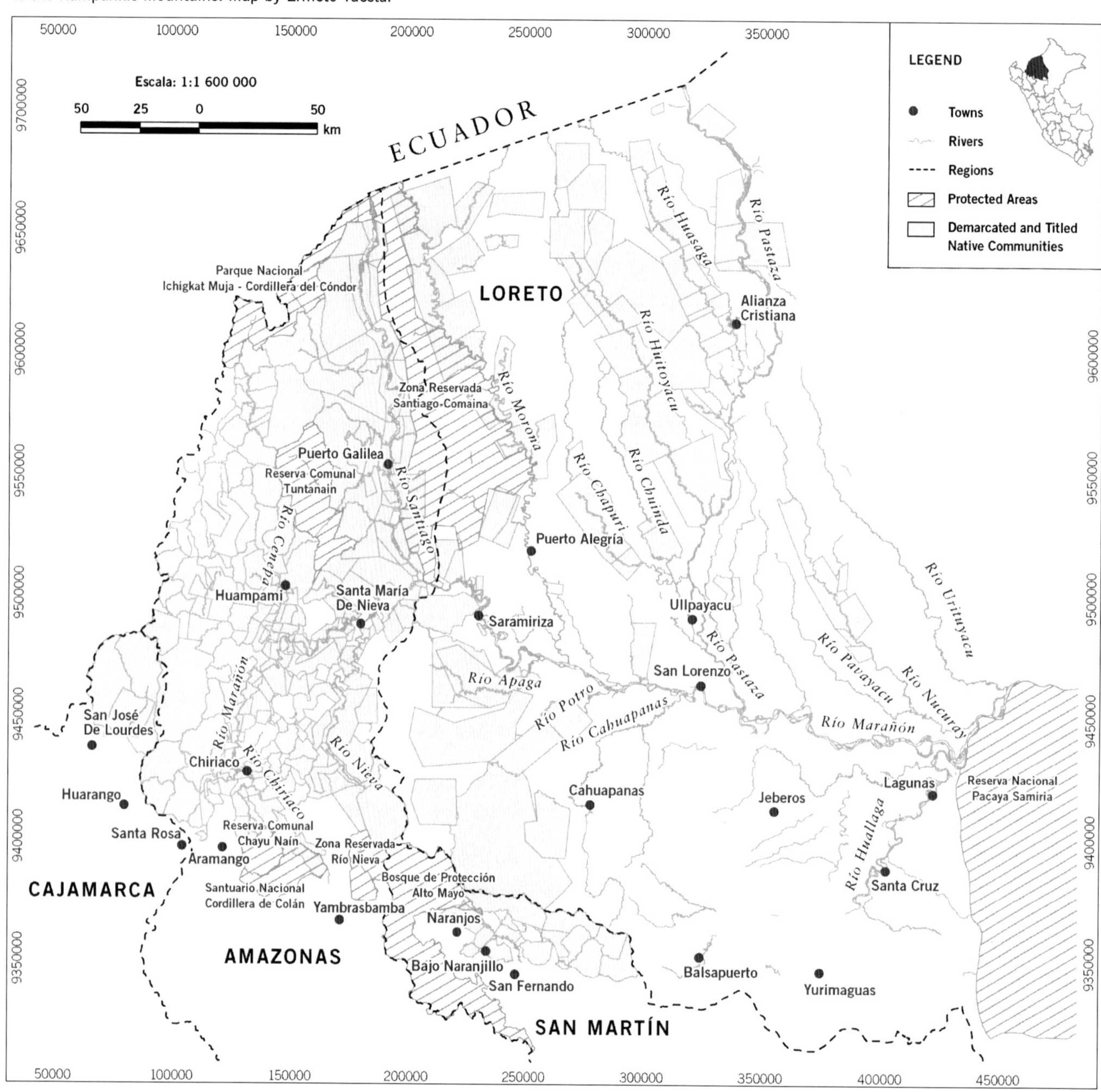

Figure 23. Jívaro and Candoa indigenous communities in Peru that have historical ties to the Kampankis Mountains. Map by Ermeto Tuesta.

After this rebellion the Spanish were obliged to retreat from and cede control of the region for many years. Starting in 1600, missionaries made various attempts to conquer or convert the Jívaro to Christianity. These campaigns proved so unsuccessful that in 1704 Rome prohibited the Jesuits from continuing missionary work among these peoples (Brown 1985).

Peru's war of independence in the 19th century interrupted missionary work in the country's Amazonian regions, and the Awajún, Wampis, and other Jívaro peoples were left undisturbed until the middle of the century. In 1865, the Peruvian government established an agricultural colony at Borja, but the following year it was destroyed by the Awajún and Wampis. The rubber boom (1880–1930) had fewer negative effects on the Jívaro than on other Amazonian indigenous groups, but it was during that era that the Jívaro began trading with outside merchants and middlemen, exchanging latex and animal skins for modern goods, including firearms, on the edges of their territories.

From the 20th century to the present

At the start of the 20th century relations between the Jívaro and mestizo colonists were still extremely hostile. In 1925, however, the Nazarene protestant mission was established among the Awajún and in 1947 the Summer Institute of Linguistics (SIL) sent the first group of linguists to work with the same group. In 1949 the Jesuits established a mission and boarding school in Chiriaco. Starting around 1950, the Awajún and Wampis were slowly introduced to school-based education in SIL's bilingual schools and the Jesuit boarding schools (Regan 2002, 2003).

After the 1941 war between Ecuador and Peru and the 1942 signing of the Rio de Janeiro peace treaty refashioned the border between the countries, stricter controls were applied to the border area. Travel and communication between Ecuadorean and Peruvian territories were blocked, cutting off Wampis families from Shuar relatives and compromising blood and kinship ties. Some families that lived near the border were forced to move farther away in order to avoid military conflicts.

Starting in the 1940s and 1950s, the influence of middlemen and merchants, the arrival of missionaries and the establishment of schools, the collateral effects of the 1941 war, the peace treaty, and changed borders ushered in a process of profound changes for the Awajún, Wampis, and Chapra. This process intensified in the 1960s and 1970s with the Indigenous Community Law of 1974 (DS 20653). Among other things, the law promoted a shift from the traditional pattern of dispersed settlements in the headwater regions to a new way of life in established communities along the large rivers, where residents had access to schools and health clinics and where their right to titled indigenous territory was recognized by the Peruvian state.

These changes also necessitated closer contact and more frequent interaction between indigenous peoples and the Peruvian government. Following the 1942 Rio de Janeiro peace treaty Peru established various military posts in the region, which were unpopular with the Wampis because soldiers mistreated local women. Later, following the discovery of petroleum in Loreto region, the construction of the Northern Peru pipeline and various highways that directly affected Awajún and Wampis territory led to directed and undirected migration that favored colonist settlements along the highways, the establishment of new towns and intensive agricultural practices, cattle ranching, and other activities that degraded fragile forest ecosystems. These changes generated conflicts between colonists and indigenous communities.

They also prompted the Awajún, Wampis, and Chapra to organize in defense of their collective interests and territory by forming organizations and federations at the local, regional, and national levels (see the assets section below and Greene 2009).

Following the 1974 Agrarian Reform law (DL No. 20653) passed during Juan Velasco Alvarado's government, the Awajún and Wampis won legal recognition as indigenous communities and the state granted them communal title to the ancestral territories they possessed and used. In 1978, another law (22175) confirmed indigenous communities' property rights to lands suitable for agriculture and cattle ranching and gave them the rights to use but not own lands suitable for forestry (*reconocimiento de sesión de uso*). In 2003, following the approval of a new Peruvian constitution under President Alberto Fujimori and the passage of the Law of Private Investment for the Development of Economic Activities in National Lands and Campesino and Indigenous Communities (DL No. 26505), territories of indigenous communities lost the inalienable rights they had been granted by the 1993 constitution and were only recognized as permanent legal entities, a change that threatened indigenous peoples' rights to their ancestral communities—rights recognized under Agreement 169 on Indigenous and Tribal Peoples in Independent Countries of the International Labor Organization, ratified by Peru in 2004.

Today the great majority of indigenous communities on both sides of the Kampankis Mountains are titled. Many have internal annexes and most are located along large rivers or tributaries. Most communities are easily accessed by river, but some are inland near the mountains and only reached by several hours of travel up streams or overland.

Appendix 12 presents a list of indigenous communities and settlements in the Santiago and Morona watersheds, as well as information on population size, legal status, and total area.

The 1998 peace agreement between Peru and Ecuador and the creation of the Santiago-Comaina Reserved Zone

Another watershed event in the history of the Wampis, Awajún, and Chapra peoples and their relationship with the Peruvian government was Ecuador and Peru's 1998 ratification of the Brasilia Peace Agreement. The treaty represented a shift in the Peruvian government's strategy for the region, from one focused on development and defense to one focused on development and binational partnership.

The terms of the 1998 peace treaty included commitments by Ecuador and Peru to create two conservation areas, one on either side of the border. (The conservation area on the Ecuadorean side measured 12,000 ha and that on the Peruvian side approximately 25,000 ha). In 1999, Peru established the 863,277-ha Santiago-Comaina Reserved Zone (ZRSC; DS No. 005-99-AG). The ZRSC overlapped a large portion of titled Awajún and Wampis communities in the Cenepa and Santiago watersheds. Faced with complaints about this overlap and the lack of any consultation with local communities prior to the ZRSC's creation, the Peruvian government launched an initiative to involve communities in the process. Under this initiative, communities' request that the ZRSC be extended east to the Morona River to include the Kampankis Mountains was honored in 2002 and the ZRSC enlarged to 1,642,567 ha (DS N° 029-2000-AG; ODECOFROC 2009).

Starting in 2002, the Peruvian government began a process to determine the future of the ZRSC in consultation with Awajún and Wampis communities and organizations. The Peruvian institutions responsible for this work were the National Institute of Natural Resources (INRENA) and the Directory of Natural Protected Areas (today the National Service of Natural Protected Areas, a department of Peru's Environment Ministry).

The process was partially funded by projects and initiatives specifically intended to help determine the ZRSC's future. Two examples were the Indigenous Participation in and Monitoring of Protected Areas (PIMA) project, overseen by INRENA with funding from the Global Environmental Facility (GEF), and the Peace and Binational Conservation in the Cordillera del Cóndor project, overseen by Conservation International Peru (CI-Peru) with funding from the International Tropical Timber Organization (ITTO; Braddock and Raffo 2004, Cárdenas et al. 2008). These projects were carried out in cooperation with INRENA and focused on different geographic areas. PIMA's aim was to facilitate the declaration of the Tuntanain and Kampankis ranges as Communal Reserves, while CI-Perú's aim was to facilitate the declaration of the Cordillera del Cóndor as a National Park (CI et al. 2004a, b).

These initiatives offered an opportunity to strengthen cooperation between the Peruvian government and indigenous peoples and to develop models for co-managing protected areas, which would have benefitted both conservation and support sustainable development in communities. Unfortunately, after lengthy negotiations that dragged on for more than 10 years and were marked by agreements and promises and advances and retreats on both sides, trust between indigenous peoples and the state deteriorated instead of improving. The Wampis and Awajún were especially unhappy with the initiative because the state did not respect the initial agreements that had been reached regarding the creation of Ichigkat Muja-Cordillera del Cóndor National Park (IMNP). Established in 2007, IMNP covered only half of the original territory agreed upon with the communities; the areas left out, which are culturally and spiritually important areas of Awajún and Wampis territory, were declared mining concessions (ODECOFROC 2009).

While the Tuntanain Communal Reserve was established in 2007, negotiations surrounding Kampankis hit an impasse when the state proposed that the northern portion of the range be declared a National Sanctuary and the southern portion a Communal Reserve—a proposal that ran counter to prior agreements and the communities' vision of the entire area as a Communal Reserve. When the government and the communities failed to reach a compromise agreement, the categorization process for Kampankis ground to a halt and negotiations have been locked in stalemate ever since.

Concurrent with these developments, the Awajún and Wampis were growing more and more worried about various looming threats related to the exploitation of natural resources in their territories. In the wake of several decrees by the government of Alan García[5] that, from an indigenous point of view, threatened their territorial integrity and survival as peoples, the Awajún and Wampis decided to join an Amazonian strike led by AIDESEP. In 2009 they joined a march on the Devil's Curve in the city of Bagua, where they actively supported the strike for more than 50 days. On 5 June 2009 Peru's national police attempted to dislodge the strikers, resulting in a tragedy in which 35 police officers and indigenous strikers were killed and dozens wounded. The resulting lawsuits and charges lodged by both sides remain unresolved to date. The strike and its fallout seriously worsened the distrust that indigenous peoples, and especially the Awajún and Wampis, feel towards the Peruvian government.

Nevertheless, indigenous peoples and their organizations have continued to develop proposals and initiatives to consolidate and ensure the protection and management of their territories, their identities, and their cultural values. In recent years, for example, CORPI-SL, a regional partner of AIDESEP, has developed a proposal under which the Peruvian government would recognize 'integrated indigenous territories' that result from a process of autonomous land zoning (Fig. 24). This process has been recognized by a municipal ordinance of the province of Datem del Marañón, and the proposal has received support and been disseminated by indigenous federations in the Santiago River and by the Organization of Indigenous Peoples of Northern Amazonia (ORPIAN), which represent those federations at the national level.

Likewise, during 2008 and 2009 indigenous federations in the Santiago watershed teamed with IBC and UNICEF to map historical and cultural features of the Wampis and Awajún peoples in the Santiago River basin (IBC and UNICEF 2010). This project documented more than 5,000 landscape features that are important to local peoples' worldview because they are associated with geographic, historical, cultural, and natural aspects of the region. The map produced by the project constitutes a crucial database for developing educational materials in local schools and for initiating a process of territorial zoning and integrated management of territory in communities and in the district of Río Santiago. The project also documented the deep knowledge that Wampis and Awajún communities possess about their natural surroundings, and testified to the historical occupation of and ongoing interactions with ancestral lands, which these peoples aim to continue preserving and managing for the benefit of current and future generations.

Current status of the communities visited

The 12 communities we visited in 2009 and 2011 have different ages, sizes, and legal status (Appendix 12). Population density in the region—0.67 and 1.5 inhabitants per square kilometer in the districts of Morona and Río Santiago respectively—is relatively low for the Peruvian Amazon. The fact that new communities are still being established in the region reflects social processes like divisions in existing communities and immigration to the area.

Settlement patterns and infrastructure in the visited communities are typical of much of Amazonian Peru. Most communities have a semi-nuclear settlement pattern around a soccer field and/or along a river or stream. Most houses are built with local materials (wood, palm thatch, *tamshi* vines, etc.); a few feature tin roofs, concrete, and nails. Most communities have soccer fields, communal meeting houses, latrines, schools, and health clinics, but lack clean drinking water and sewage systems. Water comes from rivers, streams, lakes, and rainfall. Some communities, like Soledad, pipe water from water tanks to houses. Most communities rely on shortwave radios and a Gilat satellite phone for communication.

The Morona, Santiago, Marañón, and Kangasa rivers are the primary avenues of communication, commerce, and transportation in the region. The most commonly used boats are paddle canoes or canoes with *peque-peque* or outboard motors. There are also several trails and tracks that traverse the Kampankis range and connect some communities (see below).

Communities typically have basic infrastructure and services for education and health, including pre-schools

5 These decrees were related to the implementation of the Free Trade Agreement between Peru and the United States of America.

Figure 24. A proposal put forward by the Regional Coordination of the Indigenous Peoples of San Lorenzo (CORPI-SL) for an integrated territory that would include nine indigenous groups in the provinces of Datem del Marañón and Alto Amazonas in northern Peru. Map by Ermeto Tuesta.

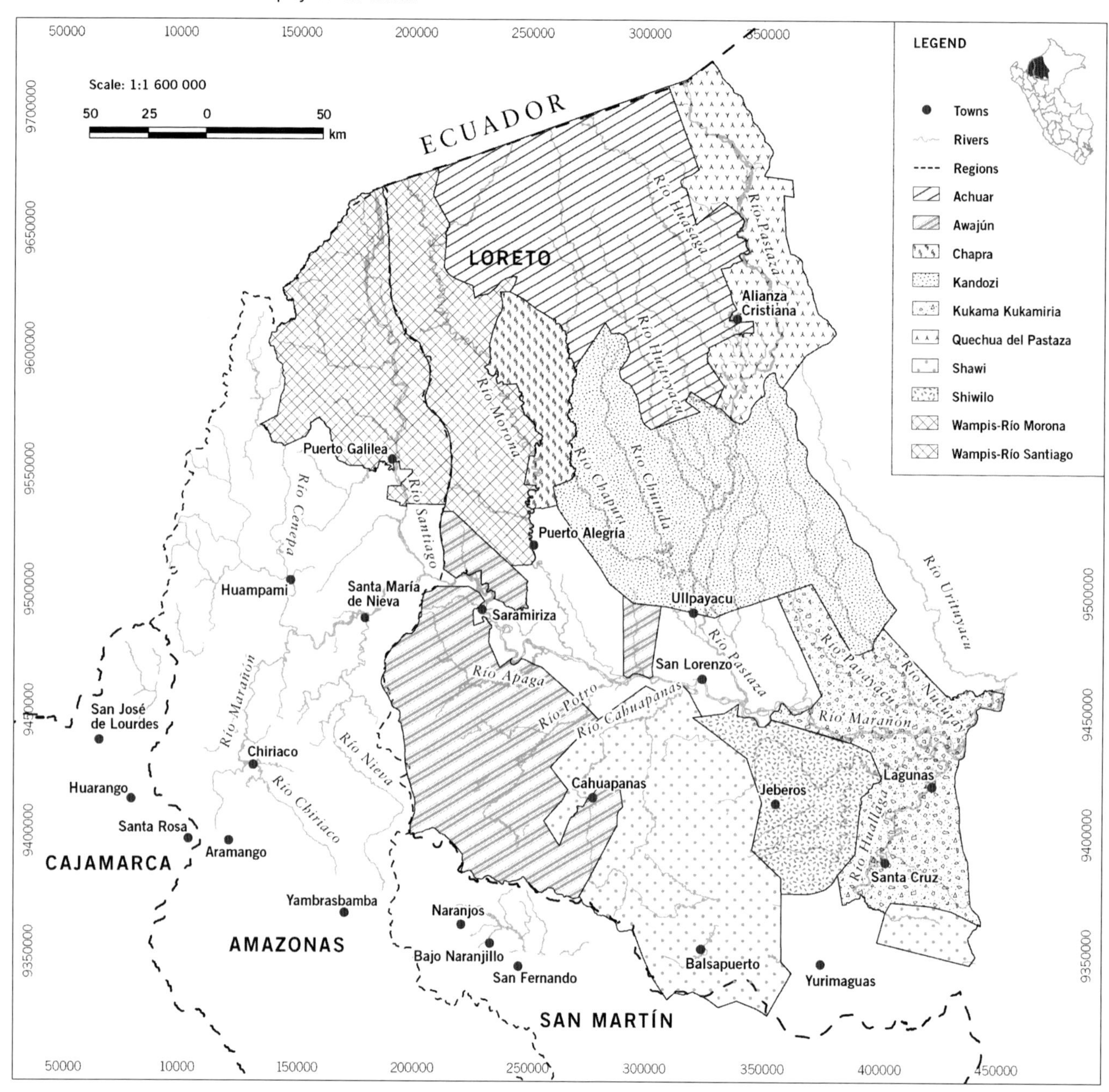

(*escuela inicial*), elementary schools, and middle schools. Education in the elementary schools is bilingual and intercultural. Titled communities have health clinics run by technicians of the Peruvian Health Ministry (MINSA) and operated in coordination with other clinics at the district and provincial levels.

The community of Soledad on the Santiago River hosts the main office of the Federation of Huambisa Communities of the Santiago River (FECOHRSA). The community of Chapiza hosts the Organization of the Wampis and Awajún Indigenous Peoples of the Kanus (OPIWAK). Nueva Alegría on the Morona River hosts the main office of OSHDEM. In the district of Manseriche, Chapis hosts the Organization of Indigenous Peoples of the Sector Marañón (ORPISEM).

Social and cultural assets

As described in the previous section, some aspects of local life have undergone changes while others have remained constant. Against this background local communities have developed certain social and cultural assets that we consider important because they help residents care for their surroundings, maintain a close relationship with nature, and preserve the pride they feel in belonging to their ethnic group. In this section we describe these assets. While some assets are very similar to those we have seen in other areas of the Amazon, others are unique to the Jívaro and Candoa peoples.

Patterns of social organization and leadership: From extended families to nuclear communities

In ancestral times, Awajún and Wampis societies lived in large houses that contained extended families and were mostly located in the headwater regions, healthy areas where they were safe from enemy invasions or attacks. These settlements were run by family clans and these social structures presided over by a great visionary leader known as the *waemaku*[6] (Brown 1984, Greene 2009).

The *waemaku* governed with great power and authority. His words were law. Among his responsibilities were periodic visits to other extended families living in his jurisdiction. The goal of these visits was to exchange information and strengthen alliances so as to be prepared in the event of an external threat. Other obligations of the leader included organizing parties to maintain his 'power,' sharing food and drink, organizing groups to build communal houses, clearing and planting large farm plots, and hunting and fishing. The *waemaku* was in constant connection with the spiritual world to keep his 'vision' strong (Brown 1985, Greene 2009).

As described in the previous section, this clan-based organization changed in the 1940s and 1950s. Changes in settlement patterns led to changes in leadership styles, as ancestral customs were adapted to the national system. It is in this process of adaptation that the Awajún and Wampis possess an asset relative to other Amazonian societies. In this case, the role of the *apu*, the modern-day community leader, is similar to that of the *waemaku*. The system of government imposed by the Indigenous Community Law (Decree 20653) of electing an *apu* and an executive board has caused trouble for many Amazonian societies because it is different from their traditional way of electing leaders. The Awajún and Wampis, by contrast, have succeeded in adapting their traditions of leadership to the new system, and grant today's *apu* the same power they gave *waemaku* or *waisam* in the past.

In the communities we visited, the *apu* and his executive board make key decisions for the community and often act as advisors. They seek to promote order and peace in the community and represent the community in the event of conflicts. Many of these roles are described in the *estatuto comunal*, each community's regulations, and agreements are formalized in written documents. While the *apu* is often a young person (as we saw in San Francisco on the Morona River in 2009 and in Soledad on the Santiago River in 2011), older people and especially the founding members of the communities are highly respected and their opinions influential. One difference between today's *apus* and the *waemaku* of older times is that the *apu* does not necessarily base his reputation as a leader on visions and connections with the spiritual world. The source of his power can lie elsewhere. For example, *apus* and other powerful individuals are typically descendants of communities' founding members. Others are descendants of the rubber and timber patrons who dominated economic life of the region in earlier times.

These leadership skills and the tradition of respecting strong individuals (these are mostly men, but women can also serve as *waemaku* if they can speak vigorously; Greene 2009) have also helped develop organizations that transcend communities, such as federations. The Awajún and Wampis were among the first indigenous groups in Peru to organize themselves, establishing the Aguaruna-Huambisa Council (CAH) in 1977. Over time they have created additional organizations to better represent and support particular groups. The CAH was a founding member of AIDESEP.

On the Santiago River there are today three federations affiliated with AIDESEP: the Federation of Huambisa

6 According to ethnographers, in order to be considered a *waemaku* a person needed to seek their 'vision' and establish a reputation for leadership through a strong speaking style (Greene 2009). An individual named a *waemaku* could further increase his ower by achieving the status of *kakájam*, leader and warrior. The *waisam* was another respected leader, specifically a leader who knew how to use the *wais* plant (Greene 2009).

Communities of the Santiago River (FECOHRSA), founded in 1995, the Organization of the Wampis and Awajún Indigenous Peoples of the Kanus (OPIWAK), originally the Chapiza chapter of the CAH, and the Federation of Awajún Communities of the Santiago River (FECAS), founded in 2010. In the Morona watershed each ethnic group has its federation: the Shuar Organization of the Morona River (OSHDEM) and the Shapra [=Chapra] Federation of the Morona River (FESHAM). The Kangasa River hosts the Organization of Indigenous Peoples of the Sector Marañón (ORPISEM), which represents the titled community of Chapis and its annexes.

The leaders of these federations, elected every two or three years, live in different communities but meet periodically and at least once a year. In general, federations maintain an office in one community and have their own shortwave radio and sometimes a boat and motor. Some of these federations have achieved important successes. For example, in 2008 OSHDEM and FESHAM settled a border dispute between Wampis and Chapra territories, thereby resolving a conflict between the Chapra community of Inca Roca and the Wampis community of San Francisco.

Another achievement of Awajún and Wampis leaders has been to reach leadership positions at regional (e.g., CORPI and ORPIAN) and national levels (several Awajún and Wampis have served as president of AIDESEP). This participation at all levels of indigenous organizations has helped efforts to title communal lands and requests to enlarge communities. Today, various indigenous representatives participate in local governments and public institutions, and they are commonly known as *kakájam*: the teacher Emir Masegkai Jempe (ex-mayor of the province of Datem del Marañón), Claudio Wampuch Bitap (ex-mayor of the district of Manseriche), and the Awajún congressman Eduardo Nayap Kinin.

Strong leaders who are capable of expressing themselves clearly and without fear are a special feature of the Jívaro peoples. Anthropologist Shane Greene (2009) has pointed out that this individualistic focus is not very common in Amazonian societies. When the Jívaro lived in dispersed headwaters settlements, these strong individuals could quickly pull people together to face crises, since they commanded everyone's trust and respect.

This tradition of individual leaders who can unite people lives on in the management styles of indigenous federations, whose leaders catalyze action whenever the need arises to defend their territory, culture, or rights. Indeed, the organizational process is often sparked by the appearance of a threat. The communal leader first analyzes the threat and then invites other leaders to discuss plans and strategies for addressing it. Once a plan is formulated, it is quickly communicated to other members of the communities and rapidly spread throughout the region. Leaders then discuss the issue with allies in meetings and visits to communities and publicize the resulting agreements. If the threat is serious everyone becomes involved and committees are formed to oversee different aspects of the situation. These committees often end up becoming organizations of their own.

Leaders today use available technology (i.e., shortwave radio and community telephones) to keep in contact with communities. They also share information via visits to relatives (see the section below on trails between communities). During the 2009 inventory it was impressive to see how fast news of the Amazonian strike spread along the Morona River. While no one had a cell phone, Facebook account, or any of the other social networking tools that we are accustomed to, local residents were able to spread news quickly and effectively with visits and shortwave radios. Both men and women played important roles in spreading the leaders' messages. We also witnessed the persistence and unity shown by communities during the Amazonian strike and the events in Bagua in June 2009.

The residents we interviewed also perceived some organizational weaknesses in the communities and the federations. Some felt that the leaders were not doing their job and criticized them energetically. In this context, it is important to note that federations typically have few resources and their leaders receive no salaries. This means that none of the leaders are able to dedicate their full attention to the organization. The difference between this system and the ancestral system of *waemaku* and *kakájam* is that today organizations are based on regulations and structures that are beyond the control of individual communities. When federations or individual leaders fail, they thus have difficulty regaining people's trust. In this way, the social asset of strong leaders has some risks when applied to the modern context of today's politics and settlement patterns.

In summary, we observed that power mostly resides in visionary leaders and typically older individuals (e.g., the council of elders in Chapis and its annexes). These leaders have great influence in dealing with local (municipal) authorities, with support institutions, and with extractive activities.

Other organizations

Apart from the political organizations described above, people in these communities show a great dynamism and capacity for organizing themselves both formally and informally. During the inventory we observed organizations related to economic activities (cooperatives of cacao farmers); organizations that support pregnant mothers, single mothers, children, and older people (the Vaso de Leche program, the Programa Juntos support group, community groups such as the Defensoría Comunitaria, mothers' clubs); community initiatives (e.g., the communal dining hall in Puerto Galilea, run by the mothers' club); schools and associated groups (pre-schools, elementary schools, middle schools, evangelical and Catholic churches, and the school parents' associations [APAFA]); committees to organize sporting events; committees of volunteer park guards who patrol Ichigkat Muja-Cordillera del Cóndor National Park on the upper Santiago; and the committee on the Santiago River to help coordinate this biological and social inventory, Tarimiat Nunka Chichamrin (TANUCH).

Kinship relationships and support networks

Maintaining a subsistence economy requires that people's social relationships are based on reciprocity and linked by support networks among relatives and neighbors. Such social relationships help societies share resources and also minimize pressure on forests and rivers. According to anthropologist Eric Wolf, societies built on reciprocal relationships have economies and lifestyles typically based on kinship systems (Wolf 1982). Although the Chapra, Awajún, and Wampis have participated in the market economy for centuries, they still retain reciprocal relationships.

In all the communities we visited we observed that family ties are very strong both within and between communities. During our visit to Shoroya Nuevo in 2009, for example, the *apu* Masurashi, vice president of FESHAM, was related to 11 of the community's 27 families. All of the families in Shoroya had relatives in other Chapra communities on the Morona River, and some had relatives in Candoshi communities on the Pastaza or in Wampis communities on the Morona. The community of San Francisco is a special case because all of the families are related to the community's founder. In Nueva Alegría, participants in the community mapping exercise noted that they had relatives in the neighboring communities of Shapaja, Triunfo, Kusuim, Shinguito, and San Juan de Morona. In Ajachim, we noticed that Margarita Cruz Rengifo, a 70 year-old woman, walked to the community of Mayuriaga to visit her relatives. Residents of Papayacu on the Santiago River told us that they frequently visit and receive visits from their Shuar families and friends in Ecuador, and from the community of San Juan on the Morona River. In Soledad we were told that parties were commonly held with the community of Shinguito on the Morona River, and that students from Shinguito studied in Soledad. Communication and cooperation between the communities of Chapis and Mayuriaga are further promoted by the health care professionals stationed in those communities.

It was clear during the inventory that resources are constantly shared between families. Whenever someone returns from a hunt with a relatively large animal, he gives meat to his relatives. During our visit to Shoroya, when Masurashi's son arrived home with more than 40 fish he had caught in the oxbow lake, several were given to his aunt. Likewise, after two collared peccaries were hunted in Papayacu the meat was shared among several neighbors and families. In Chapis, we noted that the women who helped a friend harvest manioc were invited to harvest some for themselves as well. Something similar occurs with Oilbird colonies. During Oilbird season the colonies' owners invite friends and relatives to harvest Oilbird chicks.

We saw this practice of sharing resources in communities and annexes in all the communities we visited.

In all three ethnic groups men live with or near their wives' parents (uxorilocal residence) and help their parents-in-law. Work groups often consist of a man and his sons-in-law. This means it is rare for a couple to care for their farm plots alone. Working together also means that one does not have to pay laborers to help in the fields. These reciprocal relationships between relatives are still common in Amazonian communities, and daily life there is often focused on keeping family relationships strong.

Communal work

As mentioned above, the establishment of communities is a fairly recent development for these three ethnic groups. Since living together in communities can provoke conflicts, groups have developed various mechanisms to establish authorities (following the Peruvian system) and resolve problems. In the communities we visited the mechanisms set up for these aims appear to be effective. In the three communities on the Morona River we visited in 2009, residents told us that serious internal conflicts (e.g., land disputes) are rare, and that most people respect communal work groups organized by local authorities to maintain soccer fields or common areas or carry out other communal tasks.

On the day we left Nueva Alegría, for example, everyone (including the non-indigenous residents) was working together to clean the communal plaza. In San Francisco the community has organized men's and women's soccer teams and the *apu* bought uniforms and a trophy to celebrate the anniversary of the community's establishment. In the afternoons it is common for residents to play soccer together while music plays on the community loudspeakers. The loudspeakers also play music in the morning to wake people up. In all the communities we observed that most residents who are invited to meetings or events attend. We noted that people often spend the afternoons visiting neighbors, chatting, drinking *masato* together, or playing soccer or volleyball (which women also play). All of this attests to the fact that people have grown accustomed to living communally.

The practice of helping friends and neighbors is a fundamental part of social structure and emphasizes that people are increasingly living in communities rather than family groups. One example of this are *mingas*, communal work groups of families, neighbors, and friends. *Mingas* are a symbol of work-based solidarity common to many Amazonian communities. The beneficiary of the *minga* provides food and manioc *masato* for the rest of the work group. These communal work parties, which may last from a few hours to a day, cultivate farm plots and carry out other tasks to meet a basic necessity (e.g., build a house or canoe). *Mingas* are also used to clean the community. This practice of communal work groups reduces the need to pay for labor and maintains a certain level of economic equality among residents, in addition to strengthening social ties. As we have noted in other inventories, these cultural practices help Amazonian societies thrive in a fragile ecosystem because they do not require intensive resource extraction.

It is interesting to note how the collective systems that organize daily life and the subsistence economy coexist with the individualistic political systems of these ethnic groups. This mixture of collective and individual systems of organization in community life is a unique aspect of this region. Any initiative related to quality of life and environmental protection in this region should take both systems into account.

Gender complementarity and women's roles

Gender relations in Amazonian societies have been well documented (McCallum 2001). In general, labor is divided in such a way that women have domestic responsibilities but also participate in agriculture and fishing. The division is not strict, however, and in many Amazonian societies visited during the inventories we have seen men doing domestic chores (e.g., cooking, caring for children) and women working in farm plots, hunting, clearing land, etc. There are similarly diverse ways in which women participate in public life and decision-making.

While Jívaro societies have various gender relations, women exercise power in different ways. Women participated in all of our workshops and in all the meetings we saw during our visits. Although they often did not speak as forcefully as the men, they did not hesitate to express their opinions when the subject interested them. For example, during our meetings they often expressed worries about taking care of their surroundings and about the things they felt threatened their future. They were extremely knowledgeable about the environment and were active contributors to the communal mapping exercises.

Most communities select a female authority known as *mujer líder* every two years. This leader has the capacity to call women's meetings and coordinate different activities of common well being, such as community clean-ups and other work to maintain common areas tidy. In some communities we participated in women's meetings in which different topics were discussed over shared *masato* while the women made handicrafts with seeds and feathers collected in the Kampankis Mountains. We also interviewed several female leaders, among them the *mujer líder* of FECOHRSA. She told us that women selected for this two-year position typically get on well with their husbands, have families that are widely admired, are capable of speaking up for women's concerns, know traditional myths and legends, know how to make handicrafts, and both know and teach magical songs (see below). We also interviewed the female director of Puerto Galilea's Vaso de Leche program, who is also the director of the Juntos poverty alleviation program (which provides a monthly sum of cash to families in extreme poverty), and who formerly worked in a UNICEF program to support women's and children's rights. She emphasized that women play very important roles in helping other women and their families. She has made women's and children's rights a high priority of her work and has played an important role in ensuring that these rights are respected, since few women know about their rights and how commonly those rights are violated. Women in the Vaso de Leche and Juntos programs meet to discuss various aspects of their lives, as well as organizing different cultural activities. Whenever women receive payments from the Juntos program, they get together to cook food and sell it to raise additional money.

The role of women in resolving conflicts is also interesting. Residents of Ajachim recalled the efforts of three women who led a diplomatic initiative during a conflict between the Awajún of Chapis and the Wampis of Mayuriaga. The initiative created an opening for men in the communities to establish agreements to bring the conflict to an end and create a lasting peace. We also heard in Nueva Alegría that when the men were on strike in Bagua and the women remained in the communities, the women took on all the domestic responsibilities and supported the strike by sending food, information, and songs of spiritual support.

Women's roles have also undergone significant changes. While men monopolized authority in former times, when the population lived in dispersed houses, women now participate in communal meetings and in some cases occupy positions on communities' executive boards. Women also play an important role in keeping indigenous languages alive and passing on ancestral knowledge, which are important assets in all the communities we visited. It was especially evident how magic *anen* songs are transmitted from generation to generation by women.

In summary, it is clear that societies in the region have preserved ancestral forms of organization both in the political sphere and in daily life, and have also adopted new forms due to the changes in settlement patterns and influences of Peruvian society.

Customary systems of management, control, and land zoning

Both previous studies and the information collected during our inventory demonstrate that indigenous communities administer an effective system of rights to and management of lands throughout the Kampankis Mountains—a system that regulates both the use of natural resources and the entry of outsiders and outside organizations. This customary system of government and resource management constitutes the foundation of the modern-day indigenous political system, which is composed of traditional elements of Jívaro-Candoa societies and new indigenous political institutions that arose during recent decades in response to these societies' need to interact with the Peruvian state.

The system functions at various levels of organization: within communities, between communities in the same watersheds, and between different watersheds. While individual communities maintain a significant level of political independence—since important decisions at the watershed or federation level always require the support of all community authorities—the Wampis and Awajún are fiercely cohesive and highly organized when faced with exterior threats, as mentioned above. This solidarity transcends differences and rivalries between communities or ethnic groups. One example is the joint resistance of the Wampis and Awajún against attempts by Andean colonists to establish settlements in the Santiago basin[7], or the active participation in the recent protests in Bagua against the government decrees that threatened the integrity of indigenous peoples in general (the 'Baguazo').[8]

Communities have written internal regulations that formalize the customary indigenous legislation that governs the principal aspects of social and economic life. These documents establish rules for living together in communities, rules regarding the entry of outsiders, and rules for managing territorial resources. A large portion of these regulations are related to controlling territory and access to natural resources.[9]

Indigenous communities that border the Kampankis Mountains moderate the impact of hunting on wildlife populations via internal regulations. For example, according to Gerónimo Petsain Yakum, the president of the Villa Gonzalo community (and its seven annexes) on the Santiago River, community regulations state that a hunter who encounters a herd of white-lipped peccaries may only kill two. The same regulations also prohibit killing animals to sell bushmeat. Not all communities, however, prohibit the sale of animal products. While collared peccary pelts are sold in both the Morona and Santiago watersheds, those pelts come from animals hunted for their meat and not for their pelts.

Another activity that is formally regulated is the use of plant toxins such as *barbasco* (*Lonchocarpus utilis*) and *huaca* (*Tephrosia* sp.) for fishing. Indigenous residents recognize the impacts that the careless use of these toxins can have on fish populations, and many regulations limit or totally prohibit the use of *barbasco*, especially in headwaters areas.[10]

An analysis of internal regulations and case studies indicates that this system of control and management is based on the indigenous concept that property rights grant *priority* in access, rather than *exclusive* access, to space and resources.[11] Indeed, community regulations often permit residents of other communities to harvest resources there, under the condition that harvests are coordinated in advance with community authorities (the president and/or community assembly). For example, a resident of one community may harvest leaves of the *kampanak* palm (*Pholidostachys synanthera*) in another community if the *apu* of that community approves the harvest in advance.

It is important to emphasize that these regulations for resource management are not restricted to the lands legally recognized by the Peruvian state (titled lands) but extend across the entire Kampankis range. For that reason, the system of control and management provides a vision of customary zoning of the Kampankis Mountains. To provide an example of this zoning, we will examine in greater detail the region of the Kangasa and Mayuriaga watersheds (Fig. 25). Titled lands occupy the middle and lower Kangasa watershed, from the crest of the Kampankis Mountains to the border of the town of Borja, plus a section of the north bank of the Marañón. This territory is controlled by four communities: Chapis and its annexes Ajachim, Nueva Alegría, and Capernaum. The headwaters of the Kangasa River are outside the titled lands, but inside the territory controlled and used by their owners. To the north of the Kangasa headwaters are the headwaters of the Mayuriaga, a west-bank tributary of the Morona River on which is located the Wampis community of Mayuriaga. The interviews we carried out in the Kangasa communities allowed us to reconstruct the regional subsystem of territorial control and resource use.

7 One example was the forcible removal in the 1980s of a settlement of ranchers who had colonized the Yutupis Quebrada, a tributary of the Santiago (Rogalski 2005: 138).

8 To a certain extent, this political model—local groups that are independent in times of peace but fiercely cooperative when external threats loom—is a modification of the traditional model that predates communities, under which family groups that were independent in times of peace all moved to the *kakajam* warrior leader's house in times of war and submitted themselves to his authority (Descola 1993).

9 Territorial management is phrased in defensive terms. For example, Article 32 of the internal regulations of the Villa Gonzalo community states that 'Every community member will defend community territory in the event of an invasion or occupation by outsiders' (Rogalski 2005: 137).

10 A 2007 incident illustrates how controversial the use of *barbasco* is. According to our informants, a man who lived near the Kampankis Mountains (in the headwaters of the Ajachim, a tributary of the Morona) frequently fished with *barbasco* in a stream called Kusuim. This upset the residents of the community of Kusuim, on the banks of the Morona, who worried about its effects on the fish in that stream. When the man continued fishing with *barbasco* despite requests that he stop, residents of Kusuim went to his house and burned it. The man abandoned his homestead and moved to the community of Soledad on the Santiago River.

11 A detailed analysis of the Achuar's concept of property is provided by Descola (1982).

Figure 25. A map showing the different cultural and land-use zones established by the Awajún indigenous community of Chapis on the Marañón River, in northern Peru's Manseriche District.

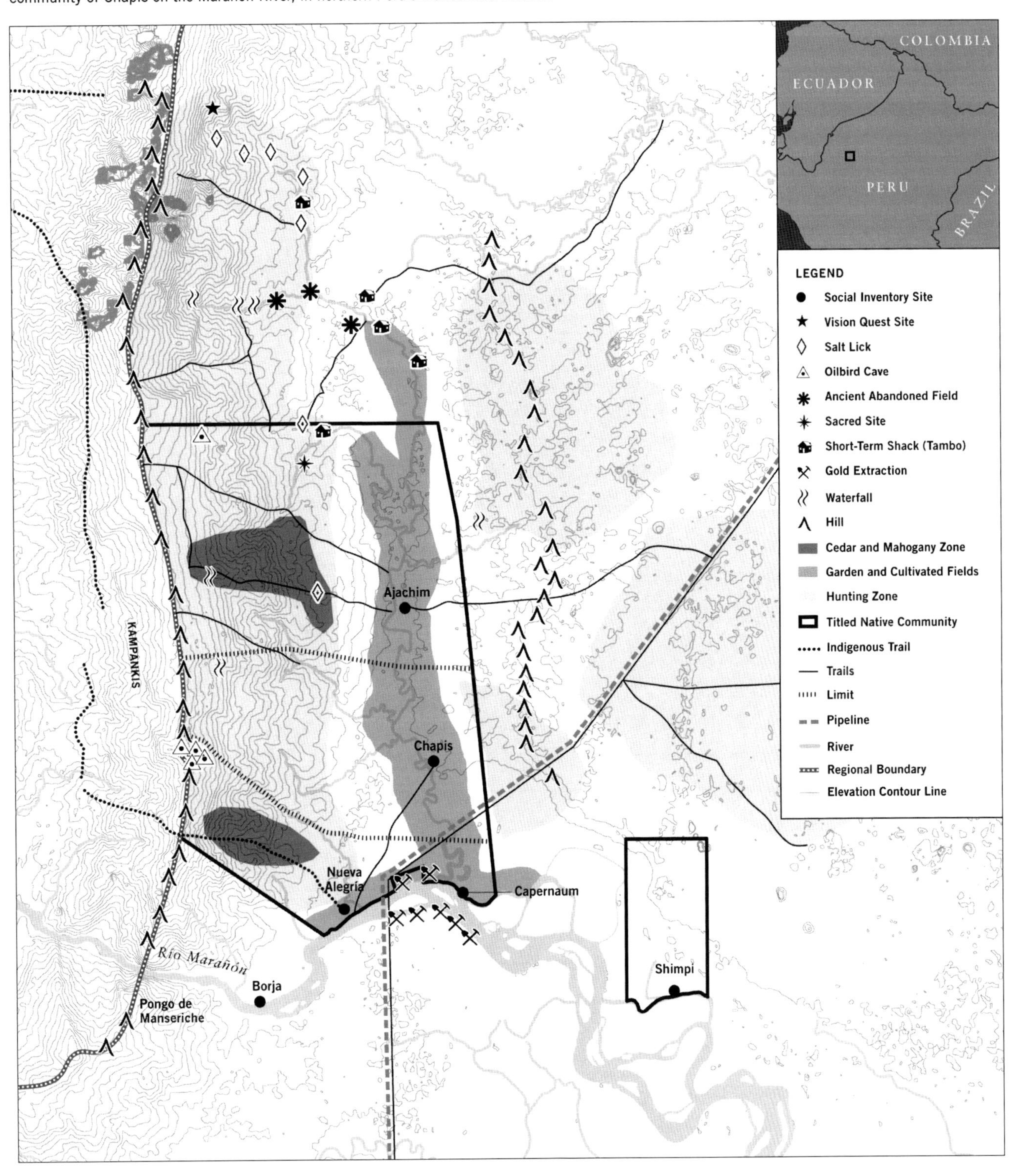

While Chapis and its annexes share a single property title, they have established internal borders within it, both for agricultural areas and for forest (Fig. 25). The land defined as Nueva Alegría's under this system lies along the north bank of the Marañón, from the Agua Azul Stream (which forms the border between Chapis and Borja) to the mouth of the Kangasa. Capernaum's land lies in the triangle defined by the Northern Peru pipeline, the eastern bank of the Kangasa and northern bank of the Marañón, and the border of the community of El Banco. Chapis's land covers both sides of the Kangasa from where the pipeline crosses the river to the mouth of the Shajam (or Ajamar) Stream. From that point farther upriver, the Kangasa watershed belongs to Ajachim.

These borders are defined most precisely close to rivers, where most cultivated land is. Farther inland, towards the Kampankis Mountains, the internal borders are less exact. However, the ridgetop of the Kampankis is a well-defined border between all the communities of the Kangasa watershed and those of the Santiago River.[12]

A trail mapped by CORPI using GIS separates the Awajún territories in the Marañón-Kangasa watershed from the Wampis territories in the Mayuriaga watershed. This trail begins on the Kampankis ridgetop, follows the divide between the two watersheds, and then crosses the Northern Peru pipeline at a point known as 'kilometer 209.'

These borders between communities are used to delimit both agricultural lands and areas where forest resources are harvested. Nueva Alegría manages and harvests resources from the watersheds of the Agua Azul, Chinkún, and Cocha streams; Capernaum uses areas to the southeast of the pipeline; Chapis uses the Putuim, Suantsa, and Sawintsa streams to the west of the pipeline. Ajachim oversees the upper Kangasa watershed. The headwaters of the Kangasa (the Wee and Daúm streams) are communal hunting grounds for Chapis and Ajachim.

These communities have established a large number of rules and internal regulations concerning the management of natural resources. According to our informants in the Kangasa headwaters, communal hunting is only permitted twice a year, and specifically to harvest meat for two large celebrations: Mothers' Day (the second Sunday in May) and the birth-date of St. John the Baptist (21–24 June). Another example of management is the one-year ban on black prochilodus (*Prochilodus nigricans*) fishing in the Cocha Stream imposed by residents of Nueva Alegría. We were told that the ban succeeded in increasing the species' population. In similar fashion, Chapis decided to ban *carachama* (Loricaridae) fishing in the Putuim Stream.

In summary, indigenous communities oversee an effective system of management in the Kampankis Mountains, in regards to both natural resource management and the entry of outsiders and outside institutions.

The trail network in the Kampankis Mountains

One of the most convincing indicators of the economic, social, and cultural importance of the Kampankis Mountains for the Wampis and Awajún peoples is the well-developed network of trails that link the Santiago, Morona, and Marañón watersheds throughout the range. These trails are a crucially important part of local residents' customary system of property rights and management of the Kampankis Mountains. A large number of these trails have been documented during our inventory and in previous studies (Fig. 26). Two studies merit special mention in this respect: the AIDESEP study (Rogalski 2005) and IBC's mapping of the historical and cultural features of the Awajún and Wampis peoples (IBC and UNICEF 2010).

These trails are extremely important for residents of the region, because of the role they play in maintaining social identity and connections to their ancestral lands. In the years 1940–1950, when the Wampis began to establish settlements on the banks of the Santiago and Morona rivers, family groups were split up as some members moved to the Santiago and others to the Morona. Today's trails are thus critical for maintaining family ties between relatives who live in different watersheds. The trails also serve as routes for commerce and exchange of goods. Residents of the Morona transport fish, river turtles, and blowguns made by the Achuar and Wampis there to the Santiago, where these

12 None of the participants of the ethnographic mapping exercise we led in Chapis and its annexes proposed mapping any landscape feature on the western slopes of the Kampankis Mountains (with the sole exception of the trail that links Nueva Alegría to Gereza on the Santiago River). This demonstrates that the Kampankis ridgetop represents (in the southern portion of the range) a border between territories in the Marañón-Kangasa and Santiago watersheds.

Figure 26. A map showing some of the trails used by Awajún and Wampis residents in and around the Kampankis Mountains of northern Peru.

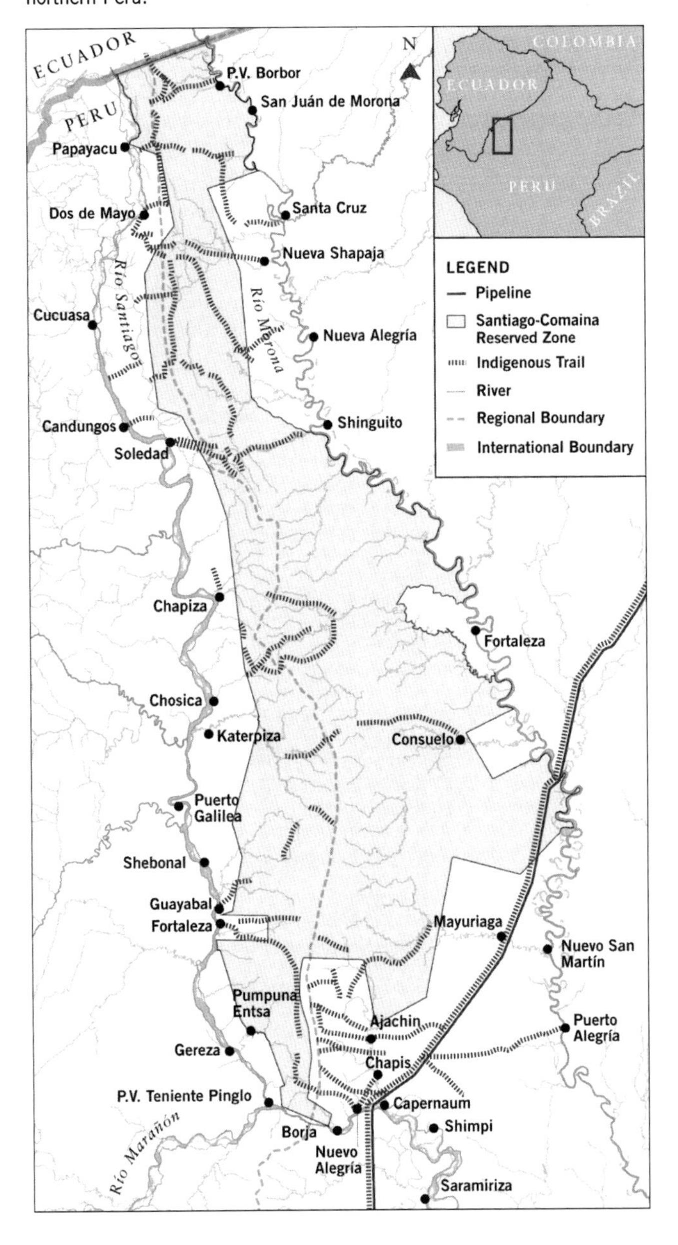

items are rarer and can be sold for a higher price than on the Morona. Many of these trails are quite old, and some predate today's communities. In earlier times residents of the Kampankis Mountains used them to access resources along the large rivers (i.e., river turtles) and goods sold by traveling merchants.

The following trails have been documented by us and in previous studies: 1) from Papayacu (Santiago) to San Juan de Morona (use of this trail is declining because of the highway that now links the two watersheds in Ecuador); 2) from Soledad (Santiago) to Shinguito (Morona); 3) from Kusuim (on the Katerpiza, a tributary of the Santiago) to Consuelo (on the Uchich Wachiyaku, a tributary of the Morona). During our inventory we also documented a network of trails in the southeastern region of Kampankis which link the Santiago, Marañón, Kangasa, Mayuriaga, and Morona watersheds. One trail connects Nueva Alegría on the Marañón River with Gereza on the Santiago (a 10-hour walk), while another connects Awajún communities on the Kangasa with the Wampis community of Mayuriaga on the Epónima, a tributary of the Morona (an eight-hour walk). Most of this second trail follows the Northern Peru pipeline. At kilometer 214 of the pipeline a trail branches off and leads to Puerto Alegría on the Morona river (a 10-hour walk). Another trail crosses the headwaters of the Kangasa and Mayuriaga and arrives at an isolated house inhabited by the Wampis shamans who occasionally offer their services to the Awajún on the Kangasa.

Above all, this network of trails provides access to natural resources. Trails lead to salt licks (*collpas*), Oilbird colonies, salt mines, deposits of clay used in ceramics, and old homesites where some cultivated peach palms (*Bactris gasipaes*) still produce fruit. They also lead to historically and culturally important places, such as historical settlements, sites where battles once took place, and waterfalls.

Connections between humans and the natural world in indigenous thought

In the Wampis, Awajún, and Chapra ways of seeing the world, the links between humans and their natural surroundings form a complex system of mutual interdependence that transcends simple relationships of subsistence and resource use. This indigenous cosmovision and way of thinking represent an important contribution of Jívaro and Candoa peoples to the rest of humanity.[13] In this section we address four aspects of indigenous cosmology: 1) the relationship

13 The cosmovision and thought of the Jívaro and Candoa peoples have been the subject of several anthropological studies (Awajún: Brown 1984; Shuar: Karsten 1988 [1935], Harner 1973; Achuar: Descola 1987, 1998; Kandozi: Surrallés 2007, 2009). Viveiros de Castro (1996) provides a good summary of the current status of anthropological knowledge of Amazonian societies. For a good synthesis of perspectivist cosmovisions see Viveiros de Castro (2004).

with one's surroundings as a social relationship; 2) the Kampankis Mountains as a place where the *ajutap/ arutam* ancestors still reside; 3) the world of animals as a source of behaviors and attitudes that are important for the reproduction of human society; and 4) the role this cosmovision plays in the management of natural resources.

The relationship with one's surroundings as a social relationship

Relationships between the Jívaro-Candoa peoples and their environment are based on animist logic with perspectivist elements. Systems of thought which consider most animals and plants and some meteorological phenomena to be part of the human community (see for example the story of the hummingbird and the other myths in Appendix 11 on myths and folktales) are known as animist cosmologies, and stand in sharp contrast to the Western cosmovision based on a dualism in which nature and culture occupy separate spheres (Descola 2004, Surrallés 2007). From the indigenous point of view, the social realm transcends human relationships with other humans and includes human relationships with their surroundings (as exemplified in the myth of the moon and "his" wife Ayamama, included in Appendix 11). The Jívaro-Candoa cosmovision not only recognizes the mutual interdependence of plants and animals in trophic chains, along which organisms exchange matter and energy, but also recognizes the possibility of social relationships between humans and non-humans. Indeed, success in hunting, fishing, and farming depends on each person's capacity for establishing and maintaining good relationships with the masters of the plant and animal species (known as *amana* in Awajún). For example, in order to produce large quantities of manioc and other produce in her farm plot, a woman must cultivate a relationship with the feminine spirit *Nunkui,* mistress of cultivated lands.[14]

In a similar fashion, according to perspectivist logic, populations of animals, large trees, and certain smaller plants are collectives with an internal organization analogous to that of human society. These plants and animals see other members of their species in human form, their dens as houses, parts of their bodies as jewelry or other adornments, and so on (Viveiros de Castro 2004). For example, white-lipped peccaries (*Tayassu pecari*) see each other as humans, live in large houses, obey rules of kinship and alliance, and cultivate farm plots. Although hunters perceive peccaries as quadrupedal animals, in some situations it is possible for a hunter's point of view to shift in such a way that he starts to see their human form. This ontological shift is the primary theme of the myths we collected during our field work about men kidnapped by peccaries or tapirs. The myth about a hunter kidnapped by a tapir tells the story of a man who has hunted too many tapirs and who one day encounters in the forest an unknown man dressed in traditional Awajún clothing. The stranger takes the man for a walk in the forest and shows him his crops of plantain, banana, etc. The guide eventually reveals his true identity to the hunter: he is a tapir. He asks that the hunter have pity on him and stop killing his relatives. He then leads the man to the trail where he can find his way home. Before saying goodbye, the tapir-man teaches the hunter that whenever he sees a large tapir track he should not say "A tapir (*pamau*) passed this way" but rather "My Uncle Mashinkash passed this way." Likewise, when he sees a small tapir track he should say "My Aunt Yampauch passed this way." Similar stories feature in other myths and dreams. The constant feature is that excessive hunting of animals leads the animals to establish a social relationship with the hunter (in the case of the tapir hunter, the relationship is maternal uncle/uterine nephew).

Anen *songs*

Animist cosmologies do not live solely in oral myths and traditions, but also make their presence known in day-to-day life. Among the Jívaro-Candoa, songs known as *anen*[15] play a leading role in the relationship between human society and other collectives. *Anen* are short songs. To be effective they need not be sung out loud; they may simply be recited in silence. It can be said that an *anen* serves the role of communication when words alone are not sufficient, as when the target the song is

14 It is worth emphasizing that a cosmovision that considers elements of one's surroundings to be endowed with intentionality applies similarly to resources that are harvested to be sold. For example, the valuable timber tree longleaf mahogany (*Swietenia macrophylla*) is said to be 'evasive,' i.e., it does not reveal itself easily to searchers.

15 In this book we use the Awajún term *anen*. The Wampis and Achuar use the term *anent*.

intended for belongs to another ontological category (like game animals or their spiritual masters, *amana*) or is far away (like a son or lover who is away on a trip).[16] According to our Awajún informants, the singer of an *anen* plants a feeling in the heart of the song's intended recipient.

Traditionally everyone in these societies knew a repertory of *anen* songs appropriate for different situations in life. During the inventory we collected various types of *anen* among the Awajún of the Marañón River: songs for farming, for raising domestic animals, for hunting with dogs, and for resolving conflicts. We were also told that there are special *anen* for war.[17] Most *anen* are based on the Awajún's and Wampis's keen knowledge of animal behavior. Their magic power is based on a logic of identities. A person who sings an *anen* aims to arouse in the song's recipient a behavior or attitude typical of a certain animal. In such a way, ethology serves as a repertory of attitudes and behaviors that can be adopted by humans.

To illustrate how these songs work, we offer here a quick analysis of an *anen* used to resolve conflicts. It is used in the following specific situation: a man seduces a woman, her husband discovers what has happened, and her husband is angry with the seducer. The seducer wants to approach the husband to discuss the situation. But because he fears that he will be received with fury, insults, and even violence, the seducer sings a particular *anen* before going to talk with his lover's husband. The *anen* serves as a preview of the encounter between the seducer and the husband.

In this specific *anen*, various animals represent various behaviors: the Gray-winged Trumpeter (*Psophia crepitans*), the *yampits* quail-dove (*Geotrygon* sp.), and the silky anteater (*Cyclopes didactylus*). The singer wants the husband to receive him with the same tenderness as a mother trumpeter receives her chicks, or as freely and easily as *yampits* quail-doves walk in groups through open forest that is free of vines and weeds. The *anen* is intended to inspire in the husband the demeanor of a silky anteater, an animal well known for its tranquil, quiet behavior. The singer wants his rival to receive him as a silky anteater would, quiet and attentive, so that he can offer his apologies. The full *anen* is reproduced in Appendix 11.

Ajutap/arutam *ancestors and the idea of 'vision'*

The idea of 'vision' is central to the lives of the Wampis and Awajún who live in the vicinity of the Kampankis Mountains, and it has important implications for cosmovision, territoriality, and the construction of personality. According to the Jívaro, to succeed in life one must have 'vision'—a word that in these societies has a more complex meaning than in English. In the indigenous context, one who has 'vision' has both plans for the future (establishing a large farm plot, building a house, etc.) and the determination required to overcome the obstacles that lie between one and one's goals. The Wampis and Awajún call respected persons in their society *waemaku*, which means visionary. A visionary is someone whose capacity for action greatly exceeds that of other people. Some even believe that a *waemaku* is capable of influencing the weather. The idea of 'vision' also plays a crucial role in political leadership among Jívaro peoples. Whenever assemblies are convoked for entire watersheds (and especially in the Santiago watershed), both the formal authorities of the communities and the male and female leaders considered to be visionaries are invited.

The idea of 'vision' is closely related to the concept of *ajutap* (*arutam* in Wampis, *arutma* in Chapra), which is present in all Jívaro-Candoa societies (with small variations which we will not treat here; see Descola 1998 for a detailed discussion). In general, *ajutap* refers to the spirit of an eminent ancestor and to people's visions of that spirit. Contact with the *ajutap* is an intense existential experience and an extremely important event in a person's life.

In order to meet the *ajutap* one must partake in a ritual to facilitate an encounter. In its mildest form, the ritual consists of isolating oneself in a place far from the community, in a hut built for the purpose near a waterfall. The novice remains there for a few

16 There is an extensive literature on the *anen* songs of the Jívaro peoples (e.g., Descola 1983, Taylor and Chau 1983, Chumpi Kayap 1985, Mader 2004, Napolitano 1988, Brown 1985).

17 Because knowing and singing *anen* are intimate practices, people often deny familiarity with the songs. This can give the erroneous impression of a cultural practice that has lost importance. The fact that we were able to collect *anen* from both older and younger informants suggests, however, that these songs are still actively sung. The Wampis and Awajún also use these songs in modern-day aspects of their social life. For example, during the Wampis and Awajún's removal of the colonists on the Yutupis stream in the 1980s and during the Bagua protests of 2009, women supported their husbands by singing *anen* intended to break their adversaries' spirit.

days, fasting, bathing in the waterfall, and awaiting the appearance of the *ajutap* vision. If no vision appears, the novice may ingest psychoactive substances[18] while continuing to fast and bathe in the waterfall. Visions of the *ajutap* begin with the frightening appearance of a monstrous being. (Our Awajún informants from Kangasa described the following beings: *buúkeau*, an enormous head with enormous teeth; *ampujau*, an enormous stomach with teeth; *tuapio*, an ocelot that transforms itself into a jaguar; and *payar* [Wampis], a comet or another monstrous apparition). Faced with one of these apparitions, the novice must overcome his fear and touch it. If he succeeds, the monster will disappear with a horrible roar and the novice will fall asleep. In his dream he will encounter the *ajutap* in the human form of an ancestor who will reveal his identity to the novice and deliver his message.[19]

How the indigenous cosmovision influences the management of natural resources and the indigenous concept of property

There is a tight relationship between the indigenous cosmovision and the indigenous system of managing natural resources. The myths of greedy hunters kidnapped by animals are one example of how indigenous thought values moderation in hunting. The ways in which Oilbird (*Steatornis caripensis*; *tayu* in Awajún) colonies are managed open another window on this relationship.

Oilbirds are nocturnal birds that feed on palm and Lauraceae fruit. They nest in colonies in karst caves and sinkholes, where they lay eggs once a year. The Wampis and Awajún prize Oilbird chicks for their fat-rich meat, and harvest them in March when they are fat but have not yet left the nest. To harvest chicks they build ladders of wood and vines to descend into the caves. The Wampis and Awajún of the Santiago, Kangasa, and Morona rivers know a number of Oilbird colonies throughout the Kampankis range.

Harvests of Oilbird chicks are carried out under an indigenous system of control and management. The person who discovers a colony is considered its owner, and has priority at harvest time. When the owner of a colony dies, ownership passes to his sons. Despite these individual property rights, Oilbird chick harvests are a collective activity in Wampis and Awajún tradition, and the colony owners invite family and neighbors to participate. To ensure sustainable management of the resource, the Wampis and Awajún take care not to eat adult Oilbirds, and according to our informants they always leave at least one chick per nest.

According to the indigenous cosmovision, the Oilbirds in a given cave are watched over by the *tayu amana* ('the master of the Oilbirds'), a light-colored Oilbird that is larger than the others. This authority appears in the myth told about two brothers who are trapped in an Oilbird cave when their companions leave them behind and cut the ladder so that the brothers cannot escape. After one brother dies, the other encounters the *tayu amana*, who tells him that he would help him escape if the man had not harvested so many of his children.[20] The trapped man eventually succeeds in escaping with the help of a jaguar. This myth indicates that adequately managing Oilbird colonies is a very old concern among the Wampis and Awajún.

That the indigenous cosmovision considers Oilbird colonies to have their own masters underpins the management system under which the human owner of the cave does not have exclusive right to decide how he will harvest the chicks. Indeed, the harvest system is the result of a negotiation of rights between the human owner and the Oilbird *amana*.

The way *collpas* (salt licks) are managed provides another example of the interdependence between the indigenous cosmology and the management of natural resources. According to our informants, those who hunt at *collpas* must obey certain restrictions. First, hunters must abstain from sexual activity. Second, they must not fire guns in the *collpa* itself, but only at a certain distance. If these rules are not respected, animals may stop visiting the *collpa*. To 'ruin' a *collpa* in this way is locally known

18 Novices use three psychoactive substances: 1) *ayahuasca* (*Banisteriopsis caapi*); 2) *chacruna* (*Psychotria* spp.); and 3) *toé* (*Brugmansia suaveolens*)—as well as tobacco (*Nicotiana tabacum*).

19 Sometimes an ancestor may appear in a dream to a youth who is not actively seeking a vision. Such dreams are considered signs that the youth is destined to receive a vision. This was the case of a man in Ajachim, who dreamed a vision of his dead grandfather, one of the first Awajún to colonize the watershed of that river. When the man's grandmother heard of the dream, she encouraged her grandson to take toé in order to receive the full vision.

20 In another version of the myth the Oilbirds try to lift the man out of the cave but are unable to because there are too few of them (because the men have overharvested the chicks). The complete myth is given in Appendix 11.

as *salar*. According to our informants from Ajachim (Kangasa), the customary prohibition of firing guns in *collpas* has been formalized in a written agreement that forms part of the community's regulations.

Given this social conception of nature, how do indigenous people understand the concept of "preserving" natural resources or forests? We surmise that what indigenous people want to preserve is a physical space in which these relations of exchange and use between diverse beings (animals and humans, past and present) can take place. In modern conservation practice, we have seen a change in perspective toward the definition of conservation parameters. Today, it is more acceptable to conceive of conservation as a 'spectrum' of efforts that maintains a landscape with a high degree of biological diversity. On one side of the spectrum are efforts dedicated to the maintenance of isolation of a protected area with strict control and vigilance against human presence. At the other end of the spectrum are activities that include human use of the natural resources but with minimal impact on the environment through management and regulation. Between these two ends, there is a range of short, medium and long-range strategies for conservation. These new forms permit more adaptive management approaches that are inclusive of the diverse perspectives of forest-dwellers.

CONCERNS/THREATS

Both during our visits to communities in the social inventory and during the planning and consultation processes before the inventory, we spoke to residents about their concerns and the threats they perceived to their quality of life. Most of these threats are listed in the Report at a Glance (pages 201–209) and the threats section (pages 217–218). Here we detail a few more specific concerns:

- In areas close to the Ecuador-Peru border, Ecuadorean hunters sometimes enter Peruvian territory to hunt and fish without obeying community regulations.
- The community park guards who patrol Ichigkat Muja-Cordillera del Cóndor National Park do not have the authority to handle infractions themselves, and can only report them to the main park office in Nieva.
- Agreements between communities and at the municipal and district levels are sometimes not respected.
- Inconsistencies in Peruvian law, such as the Law of Water and the Law of Indigenous Communities, cause conflicts in governance.
- Local populations are sometimes undermined by poor communication and the poor use of information.
- Opportunities for developing leadership skills among young people are scarce.

In addition to the concerns expressed by local residents, the social team also identified other concerns from our perspective:

- The constant changes in leadership result in a lack of continuity in local politics. Leaders themselves recognize that this causes problems for effective governance. As noted above, these changes are due in part to the adjustments that the population has made in the process of assimilating to Peruvian systems of governance.
- Increasing access to markets is causing rapid change. While as noted above most residents continue to live in independent subsistence conditions, in some areas closer to the largest population centers (such as Puerto Galilea) we noticed changes in economic patterns that could compromise people's capacity to retain the vital elements of their cultural knowledge and practices. Young people are especially vulnerable to the pressure of economic processes that push them to seek more and more money instead of strengthening their own ways of living.

RECOMMENDATIONS

In this section we offer some specific recommendations to complement the broader recommendations listed on pages 219–220 of this report.

- Improve health care infrastructure in communities in order to better address problems associated with water pollution and solid waste. This could involve the installation of water systems in communities that do not have them, the construction of sewage systems, and the treatment of waste with appropriate and sustainable technologies.

- Promote programs to strengthen leadership skills in young people as an integral part of the expansion of programs of intercultural and bilingual education.
- Carry out research on decreasing fish populations in the Santiago River, and carry out social and environmental studies of the impacts of extractive activities.

RESOURCE USE AND TRADITIONAL ECOLOGICAL KNOWLEDGE

Authors/Participants: Kacper Świerk, Filip Rogalski, Alaka Wali, Diana Alvira, Mario Pariona, Ermeto Tuesta, and Andrés Treneman, in collaboration with Gerónimo Petsain Yakum, Gustavo Huashicat Untsui, Manuel Tsamarain Waniak, Rebeca Tsamarain Ampan, Flavio Noningo, and Julio Hinojosa Caballero

INTRODUCTION

The Wampis, Awajún, and Chapra peoples use a vast array of natural resources in the landscape they inhabit. The importance of these resources to their lives is reflected in the way they speak about their forests. Many times we have heard them say: "The forest is our market, from which we can bring home whatever we need."

We begin this chapter by describing some examples of how forest and aquatic resources are used in and around the communities visited by the social team during the rapid inventory (Fig. 22), and then go on to describe agricultural practices and day-to-day household economics. In addition to listing various uses these societies have for the plants and animals they share the landscape with, we also provide examples of people's knowledge of the biota's medicinal and other properties, as well as knowledge and uses associated with these cultures' cosmological conception of the world.

For shorthand we mostly refer to plants or animals in the text using English or Spanish common names and scientific names. Corresponding names in Awajún, Chapra, and Wampis are provided in Appendix 10.

Use of forest resources

Indigenous residents of the Santiago and Morona rivers use a great number of plants and animals for a variety of different means: for food, as medicine, as construction material, and for other uses. Many of these useful species occur in the Kampankis Mountains. While most of the Wampis and Awajún communities on the Kangasa and upper Santiago rivers make frequent and constant use of resources in the Kampankis range, communities on the lower Santiago use them to a lesser degree, because the Kampankis Mountains are a farther distance away. Wampis communities on the Morona River rely to a significant degree on forest resources from the western bank of the river, including the Kampankis range. Among the Chapra, resource use in the Kampankis range is somewhat more sporadic.

Several earlier studies have examined the use of natural resources among the Jívaro peoples of this region, as well as the associated ethnobiological nomenclature. Notable examples of these studies include publications by José María Guallart (1962, 1964, 1968a, 1968b, 1975) and Brent Berlin (e.g., Berlin 1976, 1977, 1979; Berlin and Berlin 1977).

During field work in the region in 2009 and 2011 we collected information on the uses of several dozen plant and animal species in primary and secondary forests. The informants who provided most of the information presented here were Gustavo Huashicat Untsui (community of Soledad), Gerónimo Petsain Yakum (Boca Chinganaza), and Manuel Tsamarain Waniak (Chapiza). Some of the plants mentioned in this chapter were identified by botanists Isau Huamantupa, Camilo Kajekai, David Neill, and Nigel Pitman.

The information presented below has no pretense of being comprehensive. Instead, our aim is to provide some examples of the depth of knowledge that indigenous peoples of this region possess about local ecology and the local flora and fauna. For that reason, our focus here is on the most common uses, as well as some uses that seem especially interesting to us.

RESULTS AND DISCUSSION

Useful plants and animals

Palms

Palms are the quintessential useful plants of this region, where their leaves are commonly used to thatch roofs, and one of the most commonly used plants in the region is the *yarina* palm (*Phytelephas macrocarpa*). During our visits to the communities we noticed that residents successfully cultivate this species in farm plots and around houses. The leaves of smaller understory palms, including *Pholidostachys synanthera* (*kampanak* in Wampis) and *Geonoma* sp., are also used for roofing. *Kampanak* palms mostly grow in the Kampankis Mountains and, according to several informants, are the source of the name Kampankis. Residents told us that roofs of *kampanak* leaves can last 15–20 years.

Palms have many other uses. The wood of *Iriartea deltoidea* is used for house building (especially flooring). The wood of peach palms (*Bactris gasipaes*) is used by the Wampis to make blowguns (*uum* in Wampis, *sunganasi* in Chapra), spears, and other objects. Indigenous residents plait the fibers of *Astrocaryum chambira* into string used to make handbags (*wampach* in Wampis) and snares for tinamous. The aromatic flowers of the *yaun* palm (for which we do not have a scientific name) serve as perfume and are used to make *pusangas* (love potions or objects). These flowers were traditionally worn on necklaces or on women's *tarash* dresses. Palms are also important sources of food, and the fruits and/or heart of the following species are especially prized: *aguaje* (*Mauritia flexuosa*), *ungurahui* (*Oenocarpus bataua*), *yarina*, *pona* (*Iriartea deltoidea*), and *cashapona* (*Socratea* sp.).

Other trees

An enormous number of tree and shrub species have been identified in the region (see the Vegetation and Flora chapter), and many of them serve local residents as sources of wood, fruits, and other resources.

The primary timber trees are tropical cedar (*Cedrela odorata*), *tornillo* (*Cedrelinga cateniformis*), and *catahua* (*Hura crepitans*). Long-leaf mahogany (*Swietenia macrophylla*) is present in the region, but rare. These species are used to make various commonly used objects like canoes, paddles, and stools, and their timber is sold commercially. Some communities in the Morona watershed harvest timber to sell, and sometimes allow non-indigenous loggers to harvest timber in their territories and in the Kampankis Mountains. Very little timber is sold in the Santiago watershed, since community regulations place strict limits on how much timber can be extracted commercially.

Residents also harvest bark, resins, and other products from trees. The bark of a tree named *yeis* in Wampis (Annonaceae, probably the genus *Guatteria*) is used for rope. The *leche caspi* tree (*Couma macrocarpa*) yields a sticky resin that is used to draw colored patterns on ceramic pots, and as a kind of tar used in canoe making. The aromatic latex of the *Dacryodes* tree was traditionally burned as lanterns, and the same tree's colored resin is used to make both traditional and modern tattoos.

Various fruit trees are cultivated in farm plots (see below and Appendix 9), while others are used during trips in the forest. For example, the Wampis eat the fruits of the wild *sharimat* or *saka* tree (*Eugenia* sp.), as well as those of the *zapote* (*Matisia cordata*), which grows wild in the Kampankis Mountains but is also cultivated.

Potalia sp., a treelet called *yampak* in Wampis, is used to treat snakebite by washing the bitten area with an infusion of the plant's bark and leaves. *Yampak* also features in shamanistic rituals, in which an infusion mixed with the bark of tropical cedar and other ingredients is used to 'cure' shamans, i.e., to eliminate a person's shamanic powers so that he cannot hurt others. According to the Jívaro peoples, the powers of shamans (*uwishin*) reside in their saliva or phlegm, which contains shamanic darts (*tsentsak*; the local Spanish name is *virotes*). If the shaman uses these *tsentsak* to harm people, others try to eliminate his power by forcing him to drink an infusion of *yampak* which makes him vomit his darts. This curing ritual is very important because, as the informants pointed out, the alternative is to kill the *uwishin*, a draconian option favored by no one.

The treelet *Tabernaemontana sananho* is used to improve blowgun hunting skills. Its bark is scraped into a pot of cold water, and the next morning the water is drunk and subsequently vomited. Another plant related to blowgun skills is *bobinzana* (*Calliandra* sp.), which improves the aim and strengthens one's body.

Various woody plants have medicinal uses. For example, the Wampis cure *caracha* (certain skin conditions) with the leaves of *sepuch*, a treelet in the genus *Picramnia*. Likewise, the bitter white latex of *T. sananho* is applied externally to cure infections. The bark of *huacapú* (*Minquartia guianensis*), a tree whose wood is used for house beams, is used to treat fractures. The bark is boiled in water to produce a black liquid that the patient drinks for seven days. According to our informants, the treatment is only effective if the patient refrains from sexual activity for ten days.

Vines

As in other parts of the Amazon, the cat's claw vine (*Uncaria tomentosa*) is used to cure various maladies. An infusion of the plant's bark is sometimes drunk and sometimes applied externally. According to Gerónimo Petsain, the liana called *sarsa* in Wampis is very effective at curing leishmaniasis, pellagra, and other wounds, as well as intestinal infections. A thick liana called *pankinek* in Wampis (probably the genus *Tetracera*) is used to treat the bite of an unidentified invertebrate described in regional Spanish as a type of worm (*lombriz*). A piece of the liana is burnt and its smoke blown on the bitten area.

The *tamshi* vine (*Thoracocarpus bissectus*) is used to make pretty baskets and ropes. This plant is common in the Kampankis Mountains, where it is frequently collected by residents. Another liana, which is called *ewe* in Wampis but for which we do not have a scientific name, is used to construct ladders to descend into the deep sinkholes where Oilbirds nest.

Herbs and mushrooms

Residents of the region use a large number of herbaceous plants for a variety of reasons. For example, the edible leaves of the herb *Anthurium* sp., called *eep* in Jívaro languages, are harvested both in the forest and in farm plots. Another edible herb is *Matelea rivularis*, which grows along riverbanks and on the rocks in streams. Residents add both plants to their *patarashca*: a stew made with roasted meat, fish or mushrooms wrapped in *bijao* leaves (*Calathea* spp.).

On the upper Santiago River and on the Quebrada Kangasa grow large stands of the giant bamboo *Guadua angustifolia*, whose culms are used to build houses and fences. Small pieces of this bamboo are also used to make traditional horns and flutes (*pinkui* in Wampis). The leaves of the Panama hat plant, *Carludovica palmata*, are used as roofing.

Mushrooms that grow in decaying wood (*esem* in Wampis) are commonly eaten in the region. Our Wampis informants told us that if edible mushrooms encountered in the forest are not collected, the mushrooms will feel offended and curse the person with bad luck in hunting. Edible mushrooms are commonly eaten, mostly in *patarashca* or in soups.

Wild animals

The Wampis, Awajún, and Chapra are excellent hunters. They mostly hunt with shotguns, spears, and blowguns, but also use snares to catch tinamous, rodents, and other small animals. Dogs are also commonly used for hunting. Hunters either actively search for prey or wait in hides on the ground or on a platform in a tree. Prized hunting sites are often near *collpas* (*napurak*), or mineral licks, where animals visit to drink water or eat the salt-rich soils.

While bushmeat is an important source of food for the Wampis, Awajún, and Chapra, game animals are not simply a source of protein. For the Jívaro-Candoa people, as with many other Amazonian cultures, hunting is culturally important as the basis of masculine identity, and game animals are considered rivals or adversaries. (Some animals are more respected than others, though. For example, hunters respect white-lipped peccaries [*T. pecari*] but not armadillos).

Women also hunt, especially with dogs, and typically capture armadillos, pacas, and turtles. Caring for hunting dogs is traditionally a women's task. Male hunters track animals over large distances, while women mostly hunt around garden plots, especially black agouti (*Dasyprocta fuliginosa*) and green acouchi (*Myoprocta pratti*), rodent pests that eat manioc roots in garden plots.

Indigenous residents hunt a variety of birds, including large and small tinamous (*Crypturellus* sp. and *Tinamus tao*, respectively). According to our informants, *T. tao* is especially common in the Kampankis Mountains. Other birds that are prized by indigenous hunters include

Blue-throated Piping-guan (*Pipile cumanensis*), Spix's Guan (*Penelope jacquacu*), Salvin's Curassow (*Mitu salvini*), and Wattled Guan (*Aburria aburri*), which lives in the Kampankis highlands. Oilbirds (*Steatornis caripensis*) have a special social and cultural importance for the Wampis and Awajún (see the Communities Visited chapter).

The Wampis, Awajún, and Chapra hunt various species of primates, including howler monkeys (*Alouatta juara*), spider monkeys (*Ateles belzebuth*), woolly monkeys (*Lagothrix lagotricha*), white-fronted capuchins (*Cebus albifrons*), brown capuchins (*Cebus apella*), squirrel monkeys (*Saimiri sciureus*), and titi monkeys (*Callicebus cupreus*). Terrestrial mammals hunted by the Wampis include black agouti (*Dasyprocta fuliginosa*), paca (*Cuniculus paca*), armadillos (*Dasypus* sp.), red brocket deer (*Mazama americana*), collared peccaries (*Pecari tajacu*), white-lipped peccaries (*Tayassu pecari*), and lowland tapirs (*Tapirus terrestris*).

It is worth noting that until recently the Awajún and Wampis did not eat some animals that are commonly hunted today, including tapirs and deer. In the case of deer, the prohibition was based on the belief that human souls may reside in deer. Some residents, especially older people, still prefer not to eat venison.

Invertebrates are also harvested for food. The Wampis, Awajún, and Chapra eat *Atta* ants, which are prized for their large, fatty abdomens, during swarming season (July–September). The thick white larvae of beetles in the genus *Rhynchophorus* that live in decaying palm trunks are even cultivated to some extent. Walking through the forest, residents sometimes fell palms and cut their trunks so that beetles can lay their eggs there. When they come back two or three months later, the trunks are full of larvae.

Some animals have medicinal or magical uses. For example, the Wampis use the sticky, toxic secretions of the tree frog *Trachycephalus venulosus* to cure leishmaniasis. The bones of certain birds are used as love potions (*pusangas*) to seduce women. For example, scrapings from the bones of the Buff-rumped Warbler, *Phaeothlypis fulvicauda* (in Wampis *musap chinki*, which means 'little love potion bird'), are mixed with perfume and a plant found growing where the bird was buried to make a love potion, which is then applied by touching the unsuspecting target. Our informants emphasized that only some people use *pusangas*, and noted that people who use them frequently have poor luck raising animals (especially chickens).

Fish and other aquatic animals

Fishing is an important part of the day-to-day economy of the Wampis, Awajún, and Chapra who live around the Kampankis Mountains. Residents use a variety of fishing techniques: gill nets, circular fish traps, spears and machetes, hook and line, vegetable toxins like *barbasco* (*Lonchocarpus utilis*) and *huaca* (*Tephrosia* sp.), and hand captures. While most fish are eaten locally, fishermen in the Morona watershed prepare and sell salted fish. In the Santiago watershed some communities have begun building fish farms with native species like black prochilodus (*Prochilodus nigricans*), tambaqui (*Colossoma macropomum*), and *paco* (*Piaractus brachypomus*). Residents of the communities of Shoroya and San Francisco farm fish in oxbow lakes. In San Francisco, Wampis residents released freshwater snails (*Pomacea* sp.) obtained from the Secoya indigenous group in Ecuador into their oxbow lake, where the edible mollusks have multiplied and are thriving. In the community of Soledad on the Santiago River we observed a nursery of aquatic snails in one of the houses. Fishing in the rivers is especially important during the *mijano* season (July–August), when migratory species travel upstream in large schools. Most residents of the Kangasa and Marañón rivers travel to the Manseriche Gorge area at that time of year to fish.

The Morona River appears to have the largest fish stocks in the region. For example, during two short stays in the community of Shoroya we documented a large quantity of fish belonging to the following species: *zorrillo* (*Acestrorhynchus* sp.), *shiripira* (*Sorubim lima*), *fasaco* (*Hoplias malabaricus*), *sardina* (*Triportheus* sp.), *lisa* (*Leporinus* sp.), *paña* (*Serrasalmus* sp.), *sábalo* (*Brycon* sp.), *carachamas* (loricarids), *chambira* (*Rhaphiodon vulpinus*), *novia* (unidentified species, *pururu* in Chapra), and *palometa* (*Metynnis hypsauchen*).

Apart from fish and aquatic snails, the Wampis, Awajún, and Chapra also eat *hualo* frogs (*Leptodactylus* sp.), horned frogs (*Ceratophrys* sp.), and other frogs in the families Hylidae and Strabomantidae. We were also able to document other uses of frogs. For example, the Awajún use *pujusham* frogs (probably *Phyllomedusa* spp.) to 'cure' hunting dogs. This is done by collecting and drying the cutaneous secretions of the frog. After the dog's skin is singed with a burning piece of liana, the substance is applied to the burn. Dogs treated this way lose consciousness and begin to dream, and it is said that in their dreams they begin to chase animals.

Inanimate resources

In addition to plants and animals, Wampis residents also make use of various abiotic natural resources, such as the salt mines near the Quebrada Ajachim and the Quebrada Ipakuim (in the upper Morona watershed). Another such resource is clay, which is used to make bowls and jars. This clay is found, for example, in the hills near Kampo Taish. While clay ceramics are not made as commonly as a few decades ago due to the availability of plastic containers, which are inexpensive and less fragile than clay, the tradition of pottery lives on in certain families, techniques are still widely known, and ceramics are seen in almost all the communities. Another example of a culturally important abiotic resource is the water known as *wakank* which flows in some caves or rocky areas in the Kampankis Mountains and which is also used as a *pusanga* (love potion).

Agriculture and household economics

Most subsistence needs of local residents are satisfied by farm plots and resources harvested from the forest, rivers, streams, and fish farms. We also observed that most families raise chickens, ducks, and/or turkeys, and in some cases guinea pigs.

Farm plots (chacras)

The most common farming method in Amazonia also predominates among the Wampis, Awajún, and Chapra: slash-and-burn cultivation of multiple crops simultaneously in diversified farm plots or *chacras*. During our field work we visited several of these plots: those of Delita Taricuarima (Nueva Alegría, Marañón), Julia Pakunda (Ajachim, Kangasa), Dionisio Yampitsa Pakunda (Chapis, Kangasa), and Manuel Pakunda (Ajachim, Kangasa). Delita Taricuarima's farm plot, where she was able to identify 45 cultivated plant species, is a good example of a diversified farm plot. In Manuel Pakunda's plot we identified 69 useful plant species (see Appendix 9).

Each family typically manages a farm plot measuring 0.5–2 ha. Planting season is from July to December. In all the communities we visited, plantain (*Musa* spp.) and manioc (*Manihot esculenta*) were the primary crops as well as the most commonly eaten foods. Other crops we recorded in the plots were corn (*Zea mays*), various fruit trees (papaya [*Carica papaya*], *caimito* [*Pouteria* spp.], varieties of citrus [*Citrus* sp.], *guaba* [*Inga* spp.], soursop [*Annona muricata*]), watermelon (*Citrullus lanatus*), sweet potato (*Ipomoea batatas*), sugarcane (*Saccharum officinarum*), hot peppers (*Capsicum* spp.), *huitina* (*Xanthosoma* sp.), *sacha papa* (*Dioscorea* sp.), *sacha inchi* (*Plukenetia volubilis*), *zapote* (*Matisia cordata*), *caigua* (*Cyclanthera pedata*), *zapallo* (*Cucurbita* sp.), pineapple (*Ananas comosus*), *achiote* (*Bixa orellana*), peanuts (*Arachis hypogaea*), and beans. We also noted that cotton (*Gossypium* sp.) was planted in various gardens in the Morona, Santiago, and Kangasa, where the crop is used to weave cloth and for blowgun hunting. In all the communities we visited people cultivated medicinal plants, including ginger (*Zingiber officinale*), *sangre de grado* (*Croton lechleri*), cat's claw (*Uncaria tomentosa*), and *pituca* (valued for its sticky latex).

We noticed a few farm plots that were dominated by a single crop (e.g., manioc or corn fields), but were told that following the harvest they would be cultivated with trees and left to recuperate as secondary forest. One feature of farm plots in this region that we had not seen elsewhere in Loreto was the frequency of cultivated tropical cedar trees (*Cedrela odorata*) and cultivated palms, including *yarina* (*Phytelephas macrocarpa*), peach palm (*Bactris gasipaes*), *shebón* (*Attalea butyracea*), and *palmiche* (*Pholidostachys synanthera* and *Geonoma* spp.).

Local farmers told us that harvests are good and that they have few problems with plant diseases despite not using pesticides or fertilizers. After farm plots are used intensively for a period, they are typically left to recuperate as secondary forest for three to five years in some areas and six to ten years in others.

Each family maintains multiple active farm plots and various secondary forest plots that were previously *chacras*. It is worth noting that both the environmental impact and the social efficiency of this system of clearing and rotating plots depend on community size. In satellite images of the Santiago and Morona watersheds we noticed that in most small communities farm plots are close to the community center and individual plots tend to be surrounded by forest, an arrangement that appears to be sustainable and relatively convenient for farmers. In much more populous communities like Puerto Galilea, La Poza, and Yutupis, however, farm plots have been cleared up to 5 km from the town centers and individual plots tend to border other plots. In these communities there is greater pressure on secondary forests and farmers have to walk farther and farther to find a place to cultivate. Despite the multiple uses of forests and the various economic activities in the region, however, forests remain standing around most communities. Oliveira et al. (2007), who measured deforestation rates across the Peruvian Amazon, demonstrated that they have been exceptionally low in this particular region.

In general, men and women have different roles in cultivating and caring for farm plots. Men are responsible for clearing the land, which they often do in communal work parties (*mingas*) with relatives and neighbors. Women prepare and serve *masato* (a fermented drink made with manioc) and food for the participants, and are responsible for most planting and harvesting. For more details on *mingas* and other mechanisms of reciprocity in indigenous communities, see the Communities Visited chapter.

Commercial crops

Most products harvested in farm plots are for subsistence, but some plantain and manioc is sold in nearby towns and to itinerant merchants. For example, in the Santiago watershed we saw people selling to Ecuadorean merchants who travel the river by boat buying plantain, manioc, dried salted fish, and bushmeat. Farmers in the Morona watershed also sell products to merchants who travel the river in *peque-peque* boats. Peanuts are the most commonly sold crop in the Morona watershed.

Residents of the Morona told us that they do not receive good prices for their products and prefer to sell them in San Lorenzo, on the Marañón River. During our visit to San Francisco, for example, meat was being sold for 4 or 5 nuevos soles (Peruvian currency) per kilogram and salted fish for 2 soles per kilogram. Chickens were worth between 15 and 25 soles. It is easier for residents of Shoroya and Chapis, who are closer to the Marañón, to take their goods to San Lorenzo and Saramiriza, but very few travel all the way to those towns from San Francisco. Residents of Nueva Alegría also sell to itinerant merchants, but rarely sell bushmeat and fish because there is not much available close to the community.

In the community of Chapis on the Kangasa River, and in the other communities we visited, poultry and farm produce are sources of economic income.

It is important to note that communities on the upper Santiago have close connections to Ecuadorean markets. Every Thursday residents travel by *peque-peque* to the border to sell their products, mostly plantain and manioc, for which they receive a very good price (almost three times as much as they would make in La Poza or Puerto Galilea). Communities on the upper Santiago also sell fish at the market in the town of Minas. There, with the money they make selling their produce, they purchase gasoline and basic household necessities.

Cacao cultivation

In the Santiago watershed we found that cacao (*Theobroma cacao*) cultivation is an important commercial activity for most families. Cacao plantations were first promoted in the Cenepa and Santiago watersheds in the 1970s, but the lack of technical assistance and sparse experience with the crop meant that many plants fell prey to disease and many farmers lost interest. In 2004 the World Wildlife Fund (WWF) began to promote cacao cultivation as an environmentally friendly economic alternative for the region. As the activity has grown, the AGROVIDA organization has offered technical assistance with production (nurseries, grafting), post-harvest management (drying and storage) and commerce for farmers who sell to the CEPICAFE cooperative in Piura. We noted that cacao cultivation is an activity in which entire families participate, and that both men and women have learned grafting techniques. Communities carry out *mingas* specifically for cacao plantations.

Both farmers associated with the cooperative and independent farmers told us that each family typically plants 0.5–2 ha of cacao. There have been some attempts to promote cacao cultivation in agroforestry systems with fruit trees, especially *Inga* species, but in most cases cacao is grown with manioc and corn in farm plots and secondary forests. After the two years it takes cacao trees to produce fruit, farmers are able to sell cacao seeds (wet or dry) every 15 days.

In order to sell a high-quality product that commands a high price, farmers told us that they have established cooperatives of cacao producers. Cacao seeds are taken to four centers that have been established in the Santiago watershed (in the communities of Belén, Yutupis, Chapiza, and Soledad) where they are weighed, stored, dried, and sold. Independent farmers sell their cacao seeds individually to a variety of buyers, sometimes in La Poza and sometimes to an Ecuadorean merchant who travels the Santiago river every two weeks to buy cacao. Likewise, it sometimes happens that farmers associated with the cooperative who need to sell sooner than the cooperative can pay them sell to other buyers, a practice which hurts the cooperative. Communities on the upper Santiago transport their cacao to the Ecuadorean border, where prices are better.

The price of cacao varies depending on where it is sold. Broadly speaking, a kilogram of dry cacao seeds sells in communities for 5 nuevos soles and a kilogram of wet seeds for 3 soles. We were told that a typical family sells 30–40 kg of cacao each month, which sums to approximately 150–200 soles. This is a considerable sum for families, and we were told that the money is typically used to purchase basic household necessities, invested in education and health care, or spent on items like canoes and *peque-peque* motors.

It seems clear that cacao cultivation is an economic alternative that influences communities in different ways. On the one hand, it yields consistent income for families. On the other hand, significant areas of primary and secondary forest and farm plots are being dedicated to this permanent crop. Unless measures are taken to ensure an adequate use of these resources in these communities, problems may arise in the future. It is also very important to continue to promote shade-grown cacao in agroforestry systems with fruit trees and legumes in order to maintain adequate levels of nutrient cycling, productivity, and pest control.

Cattle ranching

We saw few cattle in the Santiago and in the *Sector Marañón*, but there were herds in La Poza. Cattle ranching is more important on the Morona River, where the Chapra communities have cooperative agreements to manage pastureland. In the case of Shoroya Nuevo, only six families have cattle (from two to ten head) and maintain their own pastures. In Unión Indígena, the three families with cattle graze them on a 5-ha communal pasture. These cattle were purchased with money earned from logging (see the next section). The Chapra communities with the least access to money, such as San Salvador (where only four families currently live), do not have cattle. Some Wampis communities on the Morona River also have pastures and cattle; participants of our mapping workshop in Nueva Alegría drew family-managed pastures on their maps. Beef consumption remains low in the region, and cattle ranching is mostly a mechanism for saving and making money. According to Kacper Świerk, who visited the region in 2004 as part of an AIDESEP project, there were very few cattle at that time. During our 2009 visit, however, we saw an increase in cattle ranching in the Morona watershed.

In a few communities, including Nueva Alegría and La Poza, we saw some families raising pigs. Residents told us that families who raise pigs, goats, and sheep sometimes live far from the rest of the community so that the animals do not create problems between neighbors.

Logging

During our 2009 visit to the Morona River we noticed that logging was an occasional activity in Shoroya Nuevo and San Francisco. In Shoroya, by contrast, residents told us that they wanted to protect their forests and did not cut timber commercially. According to information from San Francisco, middlemen buy timber by the log and pay one nuevo sol per cubic foot. In Nueva Alegría, by contrast, logging is more common. During our visit to that community we were told that eight families had traveled to Iquitos to seek payment from middlemen who owed them money. Some residents in San Francisco also sell timber to middlemen. These two communities have several valuable timber species, including tropical cedar, *lupuna* (*Ceiba* spp.), *moena* (Lauraceae spp.), *tornillo* (*Cedrelinga cateniformis*), *estoraque* (*Myroxylon balsamum*), and, reportedly, mahogany (*Swietenia macrophylla*). Residents of Chapis on the Kangasa River told us that that had logged mahogany and cedar but that the results had been poor, due to the unfavorable terms negotiated between community members and middlemen based in Saramiriza.

We did not see logging during our visit to the Santiago, but we heard of a recent community forestry management initiative by the NGO FUNDECOR in various annexes of the community of Alianza Progreso. We were told that residents' lack of consensus about the initiative had created various conflicts there.

Oil and mining activity

The Morona watershed has historically seen employment opportunities with oil companies, and some opportunities continue today. Talisman is the most recent company to employ community members. Some young men in Shoroya told us that they had worked as guides in the company's ferries. According to several people in the communities, work with oil companies is sporadic. In the Santiago watershed a few residents recalled that their fathers or grandfathers had once worked with oil companies.

Small-scale gold mining at the mouth of the Kangasa and on the banks of the Marañón River represents another source of income. Residents of the Marañón find occasional employment in Saramiriza and Perúpetro.

CONCLUSION

The cultural practices described in this chapter testify to the deep knowledge local communities possess about the region's forest and aquatic resources. We consider this knowledge to be an important strength of the communities that live around the Kampankis Mountains. Indigenous populations have developed this wisdom and passed it down through centuries via careful observations of their surroundings and experiments with different uses of the flora and fauna, and have recorded their experiences in myths and stories. The very facts that indigenous residents have preserved this knowledge and remain proud of it today are evidence of their commitment to the landscape.

Despite their episodic contact with the market (and more recently, in the Santiago watershed, with cacao cultivation), indigenous residents of the region do not think of themselves as poor. The crops cultivated in local farm plots offer a great variety of foods and the staples of manioc and plantain are never lacking. The forest provides the material necessary for building and repairing houses, as well as household and everyday objects (baskets, bowls, furniture, canoes, etc.). With the occasional sale of bushmeat or salted fish or an occasional job, they earn enough money to cover the expenses of their basic needs. We conclude that people's quality of life in the region depends to a large extent on the health of their forests, rivers, and lakes.

Apéndices/Appendices

1

APÉNDICE/APPENDIX 1

Muestras de agua/ Water Samples

Página/Page 320

Sitios/Sites
- C1 = Pongo Chinim
- C2 = Quebrada Katerpiza
- C3 = Quebrada Kampankis
- C4 = Quebrada Wee
- T = Trocha/Trail

Corriente/River flow
- G = Buena/Good
- M = Moderada/Moderate
- Sl = Débil/Weak
- St = Fuerte/Strong
- Tr = Muy débil/Trickle
- V = Muy fuerte/Very strong

Apariencia del agua/ Appearance of the water
- Br = Marrón/Brown
- Cl = Clara/Clear
- Gr = Gris/Gray
- Ob = Marrón orgánico/ Organic brown
- Ts = Algo turbia/Slightly turbid
- Tu = Turbia/Turbid
- Y = Amarilla/Yellow

Lecho/Bed
- Ba = Ramas/Branches
- Ga = Grava/Gravel
- Mg = Grava de lodolito/ Mudstone gravel
- Mu = Fango/Mud
- Sa = Arena/Sand
- Sb = Bloques de arenisca/ Sandstone blocks
- Si = Limo y materia orgánica/ Silt and organic debris
- Tf = Tufa/Tufa

2

APÉNDICE/APPENDIX 2

Plantas vasculares/ Vascular Plants

Página/Page 322

Fuente/Source
- Col = Colección/Collection
- Fot = Foto/Photo
- Obs = Observación/Observation

Espécimen/Voucher
- IH = Isau Huamantupa números de colección/collection numbers, con/with D. Neill, C. Kajekai y/and N. Pitman
- DN = Observación de/observation by David Neill
- NP = Observación de/observation by Nigel Pitman

3

APÉNDICE/APPENDIX 3

Estaciones de muestreo de peces/ Fish Sampling Stations

Página/Page 342

4

APÉNDICE/APPENDIX 4

Peces/Fishes

Página/Page 344

- NR = Nuevo registro para el Perú/ New record for Peru
- NS = Potenciales nuevas especies/ Potentially new to science

Tipo de registro/ Type of record
- col = Colectado/Collected
- obs = Observado/Observed

Pesquería de consumo/ Commercially fished
- CO = Para consumo/For food
- OR = Como ornamental/ As ornamentals
- * = Usos documentados en otras partes de la Amazonía (no observado en Kampankis)/ Documented uses in other regions of the Amazon (not observed at Kampankis)

5

APÉNDICE/APPENDIX 5

Anfibios y reptiles/ Amphibians and Reptiles

Página/Page 350

Tipo de registro/Record type
- aud = Registro auditivo/ Auditory record
- col = Colectado/Collection
- obs = Observación visual/ Visual record
- rfo = Registro fotográfico/ Photographic record

Tipo de vegetación/ Vegetation type
- BC = Bosque de colina/ Hill forest
- VR = Vegetación ribereña/ Riparian vegetation
- QU = Quebrada/ Along or in stream
- BP = Bosque premontano/ Premontane forest

Actividad/Activity
- D = Diurno/Diurnal
- N = Nocturno/Nocturnal
- ? = Desconocido/Unknown

Microhábitat/Microhabitat
- acua = Acuático/Aquatic
- arbo = Arborícola/Arboreal
- brom = Uso de bromelias/Bromeliads
- clar = Clasto rodado/ Cobbles and pebbles
- foso = Fosorial/Fossorial (underground)
- loti = Lótico/Lotic
- sfos = Semifosorial/Semifossorial
- terr = Terrestre/Terrestrial

Distribución/Distribution
- Am = Amplia en la cuenca amazónica/Widespread in the Amazon basin
- Bo = Bolivia
- Br = Brasil/Brazil
- Co = Colombia
- Ec = Ecuador
- Pe = Perú/Peru
- ? = Desconocido/Unknown

Categorías de la UICN/ IUCN categories
- EN = En peligro/Endangered
- VU = Vulnerable
- LC = Baja preocupación/ Least concern
- DD = Datos deficientes/ Data deficient
- nc = No categorizado/ Not evaluated
- NO = No amenazado/Not threatened

Notas/Notes
- * = Especies registradas en el poblado de La Poza en agosto 2011/Species found in the town of La Poza in August 2011.

6

APÉNDICE/APPENDIX 6

Aves/Birds

Página/Page 368

Abundancia/Abundance
- C = Común (≥10 individuos registrados cada día)/ Common (≥10 individuals recorded daily)
- F = Relativamente común (≤9 individuos registrados cada día)/Fairly common (≤9 individuals recorded daily)
- U = Poco común (observada más de dos veces por campamento, pero no diariamente)/ Uncommon (seen more than twice at each camp but not daily)
- R = Rara (uno o dos registros por campamento)/Rare (one or two records at each camp)
- X = Incierta (difícil de asignar a alguna de las categorías anteriores porque fue registrada incidentalmente o fuera de los periodos y sitios de observaciones sistemáticas)/ Uncertain (not assigned to another category because it was recorded incidentally or outside of systematic sampling)

Registros notables/Notable records
- Am = Ampliación de rango amazónico/Amazonian range extension
- An = Ampliación de rango andina/ Andean range extension
- Ca = Cordilleras aisladas/ Outlying ridges
- ? = Subespecie o forma geográfica sin identificar, imposible determinar su afinidad de distribución/Unidentified subspecies or geographic form, distributional affinity impossible to determine

7

APÉNDICE/APPENDIX 7

Mamíferos medianos y grandes/Large and Medium-Sized Mammals

Página/Page 388

Categorías de la UICN/ IUCN categories
- EN = En peligro/Endangered
- VU = Vulnerable
- NT = Casi amenazado/ Near threatened
- DD = Datos deficientes/ Data deficient
- LC = Baja preocupación/ Least concern

Registros/Records
- C = Colectas/Voucher collection
- A = Avistamientos directos/ Direct sightings
- V = Vocalizaciones/Vocalizations
- H = Huellas/Tracks
- R = Otros rastros (rasguños en árboles, heces, signos de alimentación, etc.)/Other signs (scratched trees, scat, feeding evidence, etc.)
- E = Entrevistas/Interviews

Notas/Notes
- * Los registros de Patton et al. (1982) corresponden al poblado de La Poza (4.02°S 77.77°O, 170 m), a orillas del río Santiago./The records in Patton et al. (1982) are from the town of La Poza (4.02°S 77.77°W, 170 m), on the Santiago River.
- ** Los registros de Dosantos (2005) corresponden a varios lugares de muestreo cerca a las comunidades de Soledad, Chapiza, Quim y Kusuim, así como algunos en los Cerros de Kampankis hasta los 705 m. No se incluyen registros considerados dudosos (ver página 132)./The records in Dosantos (2005) are from various localities near the communities of Soledad, Chapiza, Quim, and Kusuim, as well as other sites in the Kampankis Mountains, up to 705 m elevation. Species considered dubious were not included in the list (see page 286).
- † El primer número representa las especies registradas durante el inventario rápido; entre paréntesis, el número total esperado./The first number are the species recorded during the rapid inventory; in parentheses, the number of species expected.
- †† Este animal no fue identificado a nivel de especie durante el inventario; probablemente corresponde a un género que ya está incluido en esta lista./This animal was not identified to species during the inventory; probably belongs to a genus that is already included in this list.
- ‡ La presencia de esta especie es poco probable (ver texto)./This species is considered unlikely to occur in Kampankis (see text).
- ˆ Número de especies en categorías de amenaza o casi amenaza./ Total number of threatened or near threatened species.

8

APÉNDICE/APPENDIX 8

Murciélagos/Bats

Página/Page 398

Categorías de la UICN/ IUCN categories
- EN = En peligro/Endangered
- VU = Vulnerable
- NT = Casi amenazado/ Near threatened
- DD = Datos deficientes/ Data deficient
- LC = Baja preocupación/ Least concern
- NE = No evaluado/Not evaluated

Registros/Records
- C = Colectas/Voucher collection
- R = Observado en un refugio/ Observed in a roost
- A = Avistamientos directos/ Direct sightings
- E = Entrevistas/Interviews

Notas/Notes
- * Los registros de Patton et al. (1982) corresponden al poblado de La Poza (4.02°S 77.77°O, 170 m), a orillas del río Santiago./The records in Patton et al. (1982) are from the town of La Poza (4.02°S 77.77°W, 170 m) on the Santiago River.
- ** Los registros de Dosantos (2005) corresponden a varios lugares de muestreo cerca a las comunidades de Soledad, Chapiza, Quim y Kusuim, así como algunos en los Cerros de Kampankis hasta los 705 m./The records in Dosantos (2005) are from various localities near the communities of Soledad, Chapiza, Quim, and Kusuim, as well as other sites in the Kampankis Mountains, up to 705 m elevation.
- † El primer número, entre corchetes, representa las especies registradas durante el inventario rápido; entre paréntesis, el número total esperado./The first number, in brackets, are the species recorded during the rapid inventory; in parentheses, the number of species expected.

9

APÉNDICE/APPENDIX 9

Plantas útiles/ Useful Plants

Página/Page 406

BO = Frutos del bosque aprovechados según Lino Murayari López (Nueva Alegría)/Forest fruits used, according to Lino Murayari López (Nueva Alegría)

CH = Plantas cultivadas en la chacra de Delita Taricuarima Murayari (Nueva Alegría)/ Cultivated plants in the home garden of Delita Taricuarima Murayari (Nueva Alegría)

PM = Huerto de plantas medicinales de Manuel Pacunda Mashiam (Ajachim)/Medicinal plant garden of Manuel Pacunda Mashiam (Ajachim)

10

APÉNDICE/APPENDIX 10

Nombres comunes de plantas y animales/ Common Names of Plants and Animals

Página/Page 410

11

APÉNDICE/APPENDIX 11

Cuentos y cantos indígenas/Indigenous Stories and Songs

Página/Page 432

12

APÉNDICE/APPENDIX 12

Comunidades nativas, caseríos y centros poblados/ Native Communities and Towns

Página/Page 441

Muestras de agua recolectadas por Vladimir Zapata en los alrededores de los cuatro campamentos visitados durante el inventario rápido de los Cerros de Kampankis, Loreto y Amazonas, Perú, del 2 al 21 de agosto de 2011. Se empleó el sistema WGS 84 para registrar las coordenadas geográficas. Las medidas de pH y conductividad de laboratorio fueron realizadas por Robert Stallard.

MUESTRAS DE AGUA / WATER SAMPLES

Sitio/ Site	Descripción/ Description	Muestra/ Sample	Fecha/ Date	Hora/ Time	Latitud/ Latitude	Longitud/ Longitude
C1 T2	Quebrada/Stream	360200-1	8/4	10:25	3°06'53.64259" S	77°46'53.59528" W
C1 T2	Quebrada/Stream	360203-1	8/4	11:40	3°06'47.55440" S	77°46'46.26922" W
C1 T3	Quebrada/Stream	360204-1	8/5	14:40	3°06'0.32940" S	77°46'13.26825" W
C1 Q. Kusuim	Quebrada/Stream	360208-1	8/6	16:40	3°06'47.22110" S	77°46'34.75989" W
C2 R. Katerpiza	Río/River	360209-1	8/8	13:30	4°01'6.54253" S	77°34'4.99977" W
C2 T1	Quebrada/Stream	360211-1	8/9	10:40	4°01'42.52901" S	77°34'53.33736" W
C2 T1	Quebrada/Stream	360213-1	8/9	15:40	4°01'22.17871" S	77°35'24.36020" W
C2 T3	Quebrada/Stream	361214-1	8/10	14:30	4°01'8.25770" S	77°35'16.94963" W
C2 T3	Quebrada/Stream	360215-1	8/10	16:30	4°01'14.81000" S	77°35'1.97707" W
C2 T3	Quebrada/Stream	360216-1	8/10	17:20	4°01'23.67575" S	77°34'57.10859" W
C2 T2	Quebrada/Stream	360217-1	8/11	14:30	4°01'2.98819" S	77°34'48.62300" W
C2 T2	Quebrada/Stream	360219-1	8/11	17:10	4°00'31.25798" S	77°34'54.82063" W
C3 T. Morona	Quebrada/Stream	360221-1	8/12	16:50	3°50'13.74808" S	77°38'14.35819" W
C3 Q. Kampankis	Quebrada/Stream	360222-1	8/13	14:30	3°50'39.54552" S	77°37'44.07220" W
C3 En campamento/ At the campsite	Quebrada/Stream	360224-1	8/15	16:45	3°50'30.75226" S	77°38'19.48968" W
C4 En campamento/ At the campsite	Quebrada/Stream	360226-1	8/16	17:45	4°12'14.38616" S	77°31'47.77444" W
C4 T2	Río/River	360235-1	8/19	12:45	4°12'45.40006" S	77°31'42.35939" W
C4 T2	Collpa/Mineral lick	360236-1	8/19	15:50	4°12'45.86609" S	77°31'34.90916" W
C4 T1	Quebrada/Stream	360238-1	8/20	9:55	4°12'0.42490" S	77°32'3.05648" W
C4 T1	Río/River	360239-1	8/20	12:10	4°12'10.78311" S	77°31'57.49939" W

Leyendas/Legends

Apéndices/Appendices 1–12

Water samples collected by Vladimir Zapata at four camps during the rapid inventory of the Kampankis Mountains, Loreto and Amazonas, Peru, on 2–21 August 2011. Geographic coordinates use WGS 84. Laboratory measurements of pH and conductivity were carried out by Robert Stallard.

Elevación/ Elevation (m)	Corriente/ Flow	Apariencia/ Appearance	Lecho/ Bed	Ancho/ Width (m)	Altura de las riberas/ Bank height (m)	pH en campo/ Field pH	pH en laboratorio/ Lab pH	Conductividad en campo/ Field conductivity (µS/cm)	Conductividad en laboratorio/ Lab conductivity (µS/cm)
462	M	Cl	Sa, Ba, Mu	3.8	4.0	7.0	7.19	179	131.5
430	Sl	Cl	Mg, Sa	2.0	3.0	5.3	6.08	48	28.7
330	St	Y-Br	Mg, Sa	4.7	4.0	6.5	6.88	86	62.1
326	G	Cl	Sa, Sb	4.0	1.8	7.4	7.40	109	85.9
350	St	Cl	Sb, Sa, Mg	12.0	2.0	7.4	7.60	258	220
381	Sl	Cl, Ts	Mg, Mu, Sa	0.3	4.2	7.4	7.30	294	249
313	Sl	Cl	Sa, Mu	2.0	5.0	7.7	7.44	328	231
–	M	Cl, Ts	Sa, Mg, Mu	1.5	2.0	7.7	7.40	374	359
315	M	Cl	Sb, Sa, Mu, Tf	2.0	2.0	7.7	7.50	334	293
370	M	Cl	Sb, Sa, Mg	1.0	2.5	7.4	7.71	316	333
335	St	Cl, Ts	Sb, Sa	1.0	1.0	7.1	7.03	153	108.7
–	G-St	Cl	Sb, Sa	4.3	3.0	7.7	7.14	207	153.4
358	G-St	Cl-Br, Ts	Sb, Mg	3.0	4.0	6.3	6.27	58	48.1
342	St	Cl	Sa, Ga	5.0	3.0	7.0	7.10	222	189.2
313	Sl	Cl-Y	Ga, Sa	1.4	1.0	7.4	7.34	–	238
310	Sl		Ba, Ga	2.0	0.4	7.4	7.36	–	353
290	St	Cl	Sa, Ba, Sb	5.0	0.5	7.4	7.51	–	238
300	Tr	Cl	Si, Mu, Mg	10.0	15.0	8.1	7.62	–	2140
381	M	Ob, Ts	Mg, Mu	3.0	8.0	7.1	7.07	–	87.5
343	G	Gr-Br, Tu	Gr, Sb, Ga	8.0	2.5	7.4	7.40	–	242

Plantas vasculares registradas en cuatro sitios durante el Inventario Rápido Kampankis, del 2 al 21 de agosto de 2011 en Loreto y Amazonas, Perú. Recopilado por Robin Foster. Las colecciones, fotos y observaciones fueron hechas por los miembros del equipo botánico, liderado por David Neill, con la participación de Isau Huamantupa, Camilo Kajekai y Nigel Pitman. Todas las colecciones del equipo botánico fueron combinadas bajo los números de Isau Huamantupa, quien fue el principal colector. Los nombres de las familias de plantas son los utilizados a enero de 2012 en la página web Tropicos del Missouri Botanical Garden.

PLANTAS VASCULARES / VASCULAR PLANTS

Nombre científico/ Scientific name	Fuente/ Source	Botánico/ Botanist	Vouchers
SPERMATOPHYTA			
Acanthaceae			
Aphelandra aurantiaca	Col	IH	15706
Aphelandra spp.	Col	IH	15210, 15258, 15898
Fittonia albivenis	Col	IH	16003
Fittonia sp.	Col	IH	15422
Herpetacanthus rotundatus	Col	IH	15411
Justicia chloanantha	Col	IH	16028
Justicia manserichensis	Col	IH	15562, 15703
Justicia spp.	Col	IH	15267, 15397, 15412
Kalbreyeriella sp.	Col	IH	15170, 15223, 15407
Pseuderanthemum spp.	Col	IH	15381, 15867
Pulchranthus adenostachyus	Col	IH	15174
Razisea ericae	Col	IH	15201, 15882
Ruellia chartacea	Col	IH	15252, 15569
Ruellia sp.	Col	IH	15863
Sanchezia oblonga	Col	IH	15145, 15631
Sanchezia skutchii	Col	IH	15226, 15295
Sanchezia spp.	Col	IH	15316, 15548, 16051
Sp.	Col	IH	16053
Achariaceae (Flacourtiaceae)			
Mayna odorata	Col	IH	15651
Actinidiaceae			
Saurauia prainiana	Col	IH	15700
Alstroemeriaceae			
Bomarea spp.	Col	IH	15517, 15582
Alzateaceae			
Alzatea verticillata	Obs	DN	–
Amaryllidaceae			
Eucharis sp.	Col	IH	15239
Anacardiaceae			
Anacardium giganteum	Col	IH	15905, 16009
Astronium sp.	Obs	NP	–
Tapirira guianensis	Obs	NP	–
Annonaceae			
Anaxagorea sp.	Col	IH	16088
Annona spp.	Col	IH	15374, 15443
Cremastosperma spp.	Col	IH	15313, 15676
Guatteria spp.	Col	IH	15261, 15463,15963, 16133
Oxandra sp.	Obs	NP	–
Pseudoxandra spp.	Col	IH	15601,15672, 15779
Trigynaea duckei	Col	IH	15725, 16099
Spp.	Col	IH	15199,15285, 15315,15358,15734
Apocynaceae			
Aspidosperma sp.	Col	IH	15826

Vascular plants recorded at four sites during a rapid inventory of the Kampankis Mountains, Loreto and Amazonas, Peru on 2–21 August 2011. Compiled by Robin Foster. Collections, photos, and observations by members of the botany team, led by David Neill with Isau Huamantupa, Camilo Kajekai, and Nigel Pitman. Collections of the botany team were all combined under the numbers of Isau Huamantupa, who was the principal collector. The plant family names are those in use in January 2012 on the Tropicos website of the Missouri Botanical Garden.

PLANTAS VASCULARES / VASCULAR PLANTS

Nombre científico/ Scientific name	Fuente/ Source	Botánico/ Botanist	Vouchers
Couma macrocarpa	Obs	NP	–
Himatanthus sucuuba	Obs	NP	–
Lacmellea sp.	Col	IH	16116
Prestonia spp.	Col	IH	15584, 15590
Tabernaemontana sp.	Col	IH	15870
Apocynaceae (Asclepiadaceae)			
Matelea rivularis	Col	IH	15393
Aquifoliaceae			
Ilex spp.	Col	IH	15939, 15993
Araceae			
Anthurium eminens	Col	IH	15343
Anthurium spp.	Col	IH	15209, 15336, 15359, 15370, 15432, 15449, 15451, 15521, 15660, 15667, 15670, 15687, 15760, 15775, 15841, 15878, 15935, 15979, 16032, 16069, 16085
Caladium smaragdinum	Fot	–	–
Chlorospatha sp.	Col	IH	15189
Dieffenbachia sp.	Col	IH	15234
Monstera obliqua	Col	IH	15364
Monstera pinnatipartita	Col	IH	15329
Philodendron sp.	Col	IH	15340
Rhodospatha latifolia	Col	IH	15600
Spathiphyllum spp.	Col	IH	15240, 15421, 15851
Stenospermation spp.	Col	IH	15399, 15536, 15721
Xanthosoma viviparum	Col	IH	15414
Xanthosoma sp.	Col	IH	15427
Araliaceae			
Dendropanax caucanus	Obs	NP	–
Dendropanax querceti	Col	IH	15171, 15789
Schefflera spp.	Col	IH	15938, 16115
Arecaceae			
Aiphanes spicata cf.	Fot	–	–
Aiphanes ulei	Col	IH	15646
Aiphanes weberbaueri	Col	IH	15927
Ammandra dasyneura	Col	IH	15281
Astrocaryum chambira	Obs	DN	–
Astrocaryum murumuru	Obs	DN	–
Attalea butyracea	Fot	–	–
Bactris gasipaes	Obs	DN	–
Ceroxylon amazonicum	Fot	–	–
Chamaedorea pinnatifrons	Col	IH	15543
Chelyocarpus ulei	Fot	–	–
Dictyocaryum amazonicum	Obs	NP	–
Euterpe catinga	Obs	DN	–
Euterpe precatoria	Obs	NP	–

PLANTAS VASCULARES / VASCULAR PLANTS			
Nombre científico/ Scientific name	**Fuente/ Source**	**Botánico/ Botanist**	**Vouchers**
Geonoma longepedunculata cf.	Col	IH	15219
Geonoma macrostachys	Col	IH	15146, 15180, 15321
Geonoma maxima	Col	IH	15140, 15163
Geonoma stricta	Col	IH	15254, 15306
Geonoma stricta aff.	Col	IH	15808
Geonoma spp.	Col	IH	15154, 15452
Hyospathe elegans	Col	IH	15290, 15474, 15519
Iriartea deltoidea	Obs	NP	–
Mauritia flexuosa	Obs	DN	–
Oenocarpus bataua	Obs	DN	–
Pholidostachys synanthera	Col	IH	15503
Phytelephas macrocarpa	Obs	DN	–
Prestoea acuminata	Col	IH	15763, 15798
Prestoea schultzeana	Col	IH	15147
Prestoea sp.	Fot	–	–
Socratea exorrhiza	Fot	–	–
Syagrus smithii	Fot	–	–
Wettinia longipetala	Col	IH	15945
Wettinia maynensis	Obs	NP	–
Wettinia sp.	Fot	–	–
Aristolochiaceae			
Aristolochia sp.	Col	IH	15352
Asteraceae			
Clibadium spp.	Col	IH	15681, 15862
Liabum sp.	Col	IH	15718
Mikania spp.	Col	IH	15404, 15522, 15709, 15954, 16049
Piptocarpha sp.	Col	IH	16072
Tilesia baccata	Fot	–	–
Verbesina sp.	Col	IH	15823
Vernonia s.l. spp.	Col	IH	15445, 15614, 16120
Viguiera sp.	Col	IH	16126
Sp.	Col	IH	15541
Balanophoraceae			
Helosis cayennensis	Col	IH	15662
Lophophytum mirabile	Col	IH	15873
Ombrophytum peruvianum	Col	IH	15447
Begoniaceae			
Begonia rossmanniae	Col	IH	15152
Begonia spp.	Col	IH	15556, 15743, 15831
Bignoniaceae			
Jacaranda copaia	Obs	NP	–
Tabebuia sp.	Col	IH	15550
Boraginaceae			
Cordia nodosa	Col	IH	15354
Cordia sp.	Obs	NP	–

PLANTAS VASCULARES / VASCULAR PLANTS			
Nombre científico/ Scientific name	**Fuente/ Source**	**Botánico/ Botanist**	**Vouchers**
Tournefortia spp.	Col	IH	15602, 16102, 16136
Bromeliaceae			
Aechmea poitaei	Col	IH	15661
Aechmea rubiginosa	Col	IH	15333
Aechmea spp.	Col	IH	15908, 15986, 16015, 16077
Chevaliera veitchii	Obs	DN	–
Guzmania conifera	Col	IH	15559
Guzmania globosa	Col	IH	15965
Guzmania jaramilloi	Col	IH	15436
Guzmania squarrosa	Col	IH	15477
Guzmania spp.	Col	IH	15244, 15947, 15732
Mezobromelia pleiosticha	Col	IH	15871
Neoregelia sp.	Col	IH	15810
Pitcairnia aphelandriflora	Col	IH	15139
Pitcairnia bakeri	Col	IH	16001
Pitcairnia pungens	Col	IH	15309
Pitcairnia spp.	Col	IH	15169, 15975, 16030, 16132
Racinaea ropalocarpa	Col	IH	15515
Racinaea spiculosa	Col	IH	15817
Racinaea spp.	Col	IH	15777, 15803, 15940
Tillandsia fendleri	Col	IH	15933
Tillandsia usneoides	Obs	DN	–
Tillandsia spp.	Col	IH	15151, 15312
Vriesia sp.	Col	IH	15318
Sp.	Col	IH	15864
Brunelliaceae			
Brunellia sp.	Obs	NP	–
Burmanniaceae			
Burmannia kalbreyeri	Col	IH	15950
Gymnosiphon sp.	Col	IH	15840
Burseraceae			
Protium aracouchini	Obs	DN	–
Protium nodulosum	Obs	NP	–
Protium sagotianum	Obs	DN	–
Protium spp.	Col	IH	15776, 16107
Calophyllaceae (Clusiaceae)			
Calophyllum brasiliense	Fot	–	–
Campanulaceae			
Burmeistera spp.	Col	IH	15881, 15920
Centropogon tessmannii	Col	IH	15825, 16023
Centropogon spp.	Col	IH	15420, 15649, 15683, 15730
Caricaceae			
Jacaratia digitata	Obs	DN	–
Caryocaraceae			
Anthodiscus peruanus	Obs	DN	–
Caryocar glabrum	Obs	DN	–

PLANTAS VASCULARES / VASCULAR PLANTS			
Nombre científico/ Scientific name	**Fuente/ Source**	**Botánico/ Botanist**	**Vouchers**
Celastraceae			
Maytenus sp.	Col	IH	15378
Perrottetia spp.	Col	IH	15708, 15794
Celastraceae (Hippocrateaceae)			
Peritassa spp.	Col	IH	15768, 15879
Spp.	Col	IH	16038, 16105
Chloranthaceae			
Hedyosmum sp.	Col	IH	15534
Chrysobalanaceae			
Couepia spp.	Col	IH	15389, 15472, 15570, 15592, 15745
Licania sp.	Col	IH	16039
Parinari sp.	Col	IH	15889
Cleomaceae (Capparaceae)			
Podandrogyne sp.	Col	IH	15563
Clusiaceae			
Chrysochlamys membranacea	Col	IH	15367
Chrysochlamys spp.	Col	IH	15148, 15204, 15335, 15795, 15816
Clusia spp.	Col	IH	15379, 15533, 15772, 15783, 15790, 15806, 15919, 15941, 15978, 15985
Garcinia macrophylla	Obs	NP	–
Garcinia sp.	Obs	NP	–
Marila sp.	Obs	NP	–
Symphonia globulifera	Obs	NP	–
Tovomita weddelliana	Obs	DN	–
Tovomita spp.	Col	IH	15248, 15326, 15744
Sp.	Col	IH	15976
Combretaceae			
Buchenavia parvifolia	Fot	–	–
Combretum sp.	Obs	NP	–
Commelinaceae			
Dichorisandra spp.	Col	IH	15311, 15401
Floscopa spp.	Col	IH	15416, 15738, 16057
Geogenanthus ciliatus	Col	IH	15396
Sp.	Col	IH	15141
Connaraceae			
Connarus sp.	Col	IH	15229
Costaceae			
Costus scaber	Col	IH	15330
Cucurbitaceae			
Cayaponia sp.	Col	IH	15656
Gurania spp.	Col	IH	16042, 16063
Sp.	Col	IH	15655

PLANTAS VASCULARES / VASCULAR PLANTS			
Nombre científico/ Scientific name	**Fuente/ Source**	**Botánico/ Botanist**	**Vouchers**
Cunoniaceae			
Weinmannia lentiscifolia	Col	IH	15961
Cyclanthaceae			
Asplundia sp.	Obs	DN	–
Dicranopygium lugonis cf.	Obs	DN	–
Dicranopygium spp.	Col	IH	15448, 15868
Sphaeradenia spp.	Col	IH	15791, 15852
Spp.	Col	IH	15179, 15344, 15426, 15564, 15888, 16036
Cyperaceae			
Scleria sp.	Col	IH	16104
Sp.	Col	IH	15435
Dichapetalaceae			
Tapura peruviana	Col	IH	15530
Tapura sp.	Col	IH	15220
Dioscoreaceae			
Dioscorea spp.	Col	IH	15545, 15948
Elaeocarpaceae			
Sloanea robusta	Col	IH	15857
Sloanea sp.	Col	IH	15596
Ericaceae			
Cavendishia spp.	Col	IH	15946, 15991
Ceratostema lanigera	Col	IH	15387
Ceratostema spp.	Col	IH	15473, 15778
Psammisia pauciflora	Col	IH	15465
Psammisia sodiroi	Col	IH	15516, 15970
Satyria sp.	Col	IH	15944
Sphyrospermum buxifolium	Col	IH	15995
Erythroxylaceae			
Erythroxylum macrophyllum	Col	IH	16037
Euphorbiaceae			
Acalypha spp.	Col	IH	15183, 15405, 15555, 15608, 15621, 15622, 15737, 15784, 16045, 16067
Alchornea triplinervia	Obs	NP	–
Aparisthmium cordatum	Col	IH	15774
Caryodendron orinocense	Obs	NP	–
Conceveiba guianensis	Obs	NP	–
Croton tessmannii	Obs	NP	–
Croton spp.	Col	IH	15256, 15588, 15854
Hevea guianensis	Obs	DN	–
Hieronyma alchorneoides	Obs	NP	–
Hieronyma sp.	Col	IH	16110
Hura crepitans	Obs	DN	–
Mabea sp.	Col	IH	15769
Manihot sp.	Col	IH	15657

PLANTAS VASCULARES / VASCULAR PLANTS			
Nombre científico/ Scientific name	**Fuente/ Source**	**Botánico/ Botanist**	**Vouchers**
Maprounea guianensis	Fot	–	–
Micrandra spruceana	Fot	–	–
Nealchornea yapurensis	Col	IH	16111
Pausandra trianae	Obs	NP	–
Pseudosenefeldera inclinata	Obs	DN	–
Richeria grandis	Obs	DN	–
Sapium sp.	Obs	NP	–
Tetrorchidium spp.	Col	IH	15419, 15717
Sp. nov.	Col	IH	15918
Sp.	Col	IH	15690
Fabaceae-Caes			
Bauhinia brachycalyx cf.	Col	IH	15266
Bauhinia tarapotensis	Col	IH	15440
Brownea macrophylla	Fot	–	–
Cassia swartzioides	Obs	DN	–
Macrolobium spp.	Col	IH	15722, 15741
Senna macrophylla	Obs	DN	–
Senna spp.	Col	IH	15691, 15696
Tachigali chrysaloides	Fot	–	–
Tachigali inconspicua	Obs	DN	–
Fabaceae-Mimos			
Abarema laeta	Col	IH	15162, 15561, 15839
Abarema jupunba	Obs	DN	–
Cedrelinga cateniformis	Obs	NP	–
Inga ciliata	Col	IH	16106
Inga marginata	Col	IH	15713
Inga punctata	Col	IH	15613, 15645, 16070
Inga ruiziana	Col	IH	15697
Inga spp.	Col	IH	15392, 15678
Marmaroxylon basijugum	Obs	DN	–
Mimosa guilandinae	Col	IH	15347
Parkia multijuga	Obs	DN	–
Parkia nitida	Obs	DN	–
Parkia sp.	Fot	–	–
Pseudopiptadenia suaveolens	Obs	DN	–
Stryphnodendron porcatum	Obs	DN	–
Zygia basijuga	Col	IH	15235
Zygia coccinea	Col	IH	15579, 15932
Zygia longifolia	Obs	DN	–
Fabaceae-Papil			
Andira sp.	Obs	NP	–
Browneopsis ucayalina	Obs	NP	–
Clitoria pozuzoensis	Col	IH	15714
Desmodium purpusii	Col	IH	15723
Dussia tessmannii	Obs	DN	–
Erythrina poeppigiana	Obs	DN	–

PLANTAS VASCULARES / VASCULAR PLANTS			
Nombre científico/ Scientific name	**Fuente/ Source**	**Botánico/ Botanist**	**Vouchers**
Erythrina schimpfii	Col	IH	15599
Erythrina ulei	Col	IH	15612
Mucuna sp.	Col	IH	16112
Platymiscium stipulare	Col	IH	16059
Swartzia simplex	Obs	DN	–
Swartzia subauriculata	Col	IH	15196, 15544, 15673, 16096
Gentianaceae			
Macrocarpaea sp.	Col	IH	15525
Gesneriaceae			
Besleria aggregata	Col	IH	15273
Codonanthe uleana	Col	IH	16129
Columnea ericae	Col	IH	15323
Columnea guttata cf.	Col	IH	15728, 15874, 16027
Columnea tenensis cf.	Col	IH	15242, 16100
Columnea tessmannii	Col	IH	15891
Columnea villosissima	Col	IH	15640, 15726
Columnea sp.	Col	IH	16041
Cremosperma ecuadoranum	Col	IH	15665, 15860
Cremosperma sp.	Col	IH	15996
Diastema racemiferum	Fot	–	–
Diastema scabrum	Col	IH	16008, 16026
Drymonia affinis	Col	IH	15580, 15607
Drymonia coccinea	Col	IH	15998, 16065
Drymonia doratostyla	Col	IH	15750
Drymonia urceolata	Col	IH	15832
Drymonia warszewicziana	Col	IH	15731
Drymonia sp.	Col	IH	15884
Gasteranthus corallinus	Col	IH	15578
Monopyle dodsonii	Col	IH	15626
Nautilocalyx forgetii	Col	IH	15733
Nautilocalyx lynchii	Col	IH	15859
Nautilocalyx sp.	Col	IH	15610
Paradrymonia spp.	Col	IH	15212, 15937, 15964
Pearcea sprucei	Col	IH	15792
Pearcea spp.	Col	IH	15375, 15499
Sanango racemosum	Col	IH	15299, 16018
Spp.	Col	IH	15431, 15495
Heliconiaceae			
Heliconia aemygdiana	Col	IH	15365
Heliconia episcopalis	Col	IH	15585
Heliconia hirsuta	Col	IH	15824
Heliconia rostrata	Col	IH	15615
Heliconia schumanniana	Col	IH	15260
Heliconia stricta	Col	IH	15686
Heliconia vellerigera	Col	IH	15332, 16019
Heliconia velutina	Col	IH	15213, 15279

PLANTAS VASCULARES / VASCULAR PLANTS			
Nombre científico/ Scientific name	**Fuente/ Source**	**Botánico/ Botanist**	**Vouchers**
Humiriaceae			
Sacoglottis guianensis	Obs	DN	–
Sp.	Col	IH	15166
Hypericaceae (Clusiaceae)			
Vismia spp.	Col	IH	15402, 15872
Icacinaceae			
Metteniusa tessmanniana	Col	IH	15999
Sp.	Obs	NP	–
Lacistemaceae			
Lacistema aggregatum	Col	IH	15518, 15800
Lacistema sp.	Col	IH	15218
Lozania nunkui	Col	IH	15936
Lamiaceae (Verbenaceae)			
Aegiphila spp.	Col	IH	15272, 15320, 15650, 15802, 15861, 15901
Vitex sp.	Fot	–	–
Lauraceae			
Caryodaphnopsis fosteri	Obs	NP	–
Endlicheria spp.	Col	IH	15317, 15804
Licaria sp.	Col	IH	16098
Nectandra sp.	Col	IH	16117
Ocotea sp.	Col	IH	15913
Persea areolacostae	Col	IH	15971
Pleurothyrium insigne	Col	IH	15384
Pleurothyrium sp.	Col	IH	15509
Spp.	Col	IH	15480, 15491, 15619, 15719, 15848, 15969, 16020, 16029, 16076, 16121, 16122
Lecythidaceae			
Couratari sp.	Obs	NP	–
Eschweilera andina	Col	IH	15243, 16046, 16055
Eschweilera coriacea	Obs	NP	–
Eschweilera gigantea	Obs	NP	–
Eschweilera sp.	Col	IH	15453
Grias neuberthii	Obs	NP	–
Lissocarpaceae (Ebenaceae)			
Lissocarpa sp. nov.*?*	Col	IH	15773
Loganiaceae			
Strychnos spp.	Col	IH	15819, 16123
Loranthaceae			
Spp.	Col	IH	15253, 15915
Lythraceae			
Cuphea sp.	Col	IH	16135
Magnoliaceae			
Magnolia (Talauma) bankardionum	Col	IH	15916

PLANTAS VASCULARES / VASCULAR PLANTS			
Nombre científico/ Scientific name	**Fuente/ Source**	**Botánico/ Botanist**	**Vouchers**
Malpighiaceae			
Bunchosia spp.	Col	IH	15546, 15604, 15707
Hiraea spp.	Col	IH	15695, 16131
Stigmaphyllon sp.	Col	IH	15624
Malvaceae (Bombacaceae)			
Ceiba pentandra	Obs	DN	–
Gyranthera amphibiolepis in ed.	Col	IH	15275, 15571, 15735
Matisia cordata	Obs	NP	–
Matisia malacocalyx	Col	IH	15644
Matisia obliquifolia	Obs	DN	–
Matisia sp. nov.	Col	IH	15264, 15907
Matisia spp.	Col	IH	15198, 15215, 15324
Pachira insignis	Obs	DN	–
Patinoa sphaerocarpa	Col	IH	15669
Pseudobombax sp.	Col	IH	15663
Quararibea wittii	Obs	NP	–
Quararibea sp.	Col	IH	16011
Malvaceae (Sterculiaceae)			
Pterygota amazonica	Col	IH	15551, 15902
Sterculia colombiana	Obs	DN	–
Sterculia frondosa cf.	Obs	NP	–
Sterculia spp.	Col	IH	15271, 15909, 15997
Theobroma subincanum	Obs	NP	–
Malvaceae (Tiliaceae)			
Apeiba membranacea	Obs	NP	–
Marantaceae			
Calathea altissima	Col	IH	15270
Calathea crotalifera	Obs	DN	–
Calathea spp.	Col	IH	15211, 15245, 15259, 15327, 15328, 15391, 15444, 15583, 15587, 15727, 15761, 15813, 15896, 16035
Ischnosiphon spp.	Col	IH	15679, 15748
Monotagma spp.	Col	IH	15346, 15406, 15828
Marcgraviaceae			
Marcgravia sp.	Col	IH	16000
Souroubea sp.	Col	IH	15505
Melastomataceae			
Adelobotrys spp.	Col	IH	15214, 15897, 16014
Bellucia sp.	Col	IH	15658
Blakea spp.	Col	IH	15143, 15339, 15377, 15382, 15595, 15921, 16066
Centronia laurifolia	Col	IH	15951, 15959
Clidemia dimorphica	Col	IH	15195, 15225, 16054
Clidemia heterophylla	Fot	–	–
Clidemia spp.	Col	IH	15507, 15560, 15641, 15858
Graffenrieda emarginata cf.	Obs	DN	–

PLANTAS VASCULARES / VASCULAR PLANTS			
Nombre científico/ Scientific name	**Fuente/ Source**	**Botánico/ Botanist**	**Vouchers**
Leandra spp.	Col	IH	15203, 15705
Miconia bubalina	Col	IH	15165, 15230, 15704
Miconia paleacea	Col	IH	15263, 15415, 15639
Miconia procumbens	Col	IH	15618, 15833
Miconia spp.	Col	IH	15310, 15357, 15363, 15438, 15446, 15464, 15475, 15479, 15520, 15552, 15572, 15594, 15629, 15693, 15702, 15770, 15797, 15821, 15865, 15924, 15943, 15966, 15988, 16022, 16025, 16079
Monolaena primulaeflora	Col	IH	15417, 15956
Mouriri grandiflora	Col	IH	16091
Mouriri spp.	Col	IH	15300, 15424
Salpinga sp. nov.?	Col	IH	15910
Tessmannianthus heterostemon	Obs	DN	–
Tibouchina ochypetala	Col	IH	15926
Tococa caquetana	Col	IH	16083
Tococa spp.	Col	IH	15815, 16021
Triolena sp.	Col	IH	15893
Spp.	Col	IH	15466, 15510, 15575, 15739, 15740, 15805, 15846, 15983
Meliaceae			
Cabralea canjerana	Obs	NP	–
Cedrela nebulosa	Col	IH	15992
Cedrela odorata	Obs	DN	–
Guarea guidonia	Col	IH	15410
Guarea kunthiana	Col	IH	15144, 15302
Guarea pterorhachis	Col	IH	16062
Guarea spp.	Col	IH	15173, 15566 15636, 15652, 15664, 15887
Ruagea glabra	Col	IH	15484
Trichilia laxipaniculata	Obs	DN	–
Trichilia pallida	Col	IH	15820
Trichilia solitudinus	Col	IH	15442
Trichilia spp.	Col	IH	15837, 16050
Menispermaceae			
Chondodendron sp.	Col	IH	15653
Elephantomene eburnea	Col	IH	15348
Monimiaceae			
Mollinedia killipii	Col	IH	15153, 15155, 15205
Mollinedia spp.	Col	IH	15637, 15931
Moraceae			
Brosimum rubescens	Obs	NP	–
Clarisia biflora	Obs	DN	–
Clarisia racemosa	Obs	DN	–
Ficus paraensis	Col	IH	15277

PLANTAS VASCULARES / VASCULAR PLANTS			
Nombre científico/ Scientific name	**Fuente/ Source**	**Botánico/ Botanist**	**Vouchers**
Ficus popenoei	Col	IH	16047
Ficus spp.	Col	IH	15632, 15680, 15710, 16097, 16113
Helicostylis sp.	Obs	NP	–
Maquira calophylla	Obs	NP	–
Naucleopsis sp.	Obs	NP	–
Perebea guianensis	Obs	NP	–
Perebea xanthochyma	Obs	NP	–
Pseudolmedia laevigata	Obs	NP	–
Sorocea steinbachii	Col	IH	16068
Sp.	Col	IH	15952
Myristicaceae			
Compsoneura sp.	Col	IH	15301
Iryanthera spp.	Col	IH	15177, 15192, 15233, 15293
Osteophloeum platyspermum	Obs	NP	–
Otoba glycicarpa	Obs	NP	–
Otoba parvifolia	Obs	NP	–
Virola calophylla	Obs	NP	–
Virola pavonis	Obs	DN	–
Virola sebifera	Obs	DN	–
Virola sp.	Col	IH	15305
Myrtaceae			
Calyptranthes spp.	Col	IH	15291, 15749
Eugenia biflora	Col	IH	15331
Eugenia spp.	Col	IH	15380, 15818
Myrcia sp.	Col	IH	15489
Spp.	Col	IH	15150, 15609, 15666, 15765, 15767, 15796, 15989
Nyctaginaceae			
Neea spp.	Col	IH	15168, 15237, 15314, 15490, 15642, 15648, 16006, 16090
Ochnaceae			
Ouratea pendula cf.	Col	IH	15746
Ouratea williamsii	Fot	IH	15513, 15611, 15845
Ochnaceae (Quiinaceae)			
Quiina amazonica	Col	IH	16002
Olacaceae			
Heisteria spp.	Col	IH	15433, 15638
Minquartia guianensis	Obs	NP	–
Orchidaceae			
Acineta superba	Fot	–	–
Dichaea sp.	Fot	–	–
Elleanthus spp.	Fot	–	–
Epidendrum whittenii	Fot	–	–
Epidendrum sp.nov.	Fot	–	–
Epidendrum sp.	Fot	–	–

PLANTAS VASCULARES / VASCULAR PLANTS			
Nombre científico/ Scientific name	**Fuente/ Source**	**Botánico/ Botanist**	**Vouchers**
Erythrodes s.l. sp.	Fot	–	–
Houlletia wallisii	Fot	–	–
Lepanthes sp.	Fot	–	–
Maxillaria spp.	Fot	–	–
Monophyllorchis microstyloides	Fot	–	–
Palmorchis sp.	Fot	–	–
Pleurothallis cordata aff.	Fot	–	–
Prosthechea sp.	Fot	–	–
Psygmorchis sp.	Fot	–	–
Sobralia siligera cf.	Fot	–	–
Stelis spp.	Fot	–	–
Xerorchis trichorhiza	Fot	–	–
Spp.	Fot	–	–
Oxalidaceae			
Biophytum globuliferum	Col	IH	15241
Passifloraceae			
Passiflora auriculata cf.	Col	IH	15659
Passiflora spinosa	Col	IH	15350
Passiflora sp.	Col	IH	15581
Phyllanthaceae (Euphorbiaceae)			
Phyllanthus sp.	Col	IH	16103
Phytolaccaceae			
Trichostigma octandrum	Col	IH	15228
Picramniaceae			
Nothotalisia peruviana	Col	IH	15589, 15605, 15677
Picramnia magnifolia	Col	IH	16093
Picramnia spp.	Col	IH	15413, 15654, 15906, 16137
Piperaceae			
Peperomia cardenasii	Col	IH	15720
Peperomia jamesoniana	Col	IH	15349, 15736
Peperomia obtusifolia	Col	IH	15282, 15356, 15785, 16012
Peperomia serpens	Col	IH	15390
Peperomia triphylla cf.	Col	IH	15809
Peperomia spp.	Col	IH	15181, 15430, 15528, 15756, 15786, 16004, 16031, 16082, 16134
Piper laevigatum	Col	IH	15593
Piper nudilimbum cf.	Col	IH	15668
Piper scutilimbum	Col	IH	15217
Piper spp.	Col	IH	15207, 15222, 15246, 15342, 15425, 15428, 15429, 15434, 15437, 15627, 15630, 15836, 15842, 15890, 15892, 15962,16005, 16044
Poaceae			
Orthoclada laxa	Fot	–	–
Pariana sp.	Col	IH	15527

PLANTAS VASCULARES / VASCULAR PLANTS			
Nombre científico/ Scientific name	**Fuente/ Source**	**Botánico/ Botanist**	**Vouchers**
Spp.	Col	IH	15812, 16034, 16114, 16127
Podocarpaceae			
Podocarpus oleifolius	Col	IH	15984
Polygonaceae			
Coccoloba densifrons	Obs	NP	–
Coccoloba sp.	Obs	NP	–
Triplaris americana	Col	IH	15288, 15712
Primulaceae			
Cybianthus flavovirens	Col	IH	16092
Cybianthus guyanensis	Col	IH	15923
Cybianthus magnus	Col	IH	15925
Cybianthus spp.	Col	IH	15493. 15635, 15742, 15758, 15934
Myrsine sp.	Col	IH	15949
Stylogyne sp.	Col	IH	15362
Spp.	Col	IH	15351, 15468, 15674
Proteaceae			
Roupala sp.	Obs	NP	–
Putranjivaceae (Euphorbiaceae)			
Drypetes sp.	Obs	NP	–
Rapateaceae			
Rapatea muaju cf.	Col	IH	15319, 15567
Rhamnaceae			
Gouania lupuloides	Col	IH	15699
Rhamnus sphaerosperma	Col	IH	15980
Ziziphus cinnamomum	Obs	NP	–
Rubiaceae			
Alibertia s.l. spp.	Col	IH	15249, 15303, 15308, 15689, 15814, 15869
Amphidasya colombiana	Col	IH	15900
Chimarrhis glabriflora cf.	Col	IH	16075
Chiococca alba	Col	IH	15557
Coussarea dulcifolia	Col	IH	15161
Coussarea klugii	Col	IH	15418
Coussarea spp.	Col	IH	15496, 15538, 15757, 15838
Dolichodelphys chlorocrater	Col	IH	15176
Duroia hirsuta	Col	IH	16124
Elaeagia myriantha	Col	IH	15929
Elaeagia pastoensis	Col	IH	15478
Faramea anisocalyx	Col	IH	15904, 16048
Faramea phyllonomoides	Col	IH	15398
Faramea uniflora	Col	IH	15894, 16138
Faramea spp.	Col	IH	15178, 15194, 15751, 15787
Ferdinandusa chlorantha	Col	IH	15849
Gonzalagunia bunchosioides	Col	IH	15598
Hillia sp.	Col	IH	15540

PLANTAS VASCULARES / VASCULAR PLANTS			
Nombre científico/ Scientific name	**Fuente/ Source**	**Botánico/ Botanist**	**Vouchers**
Hippotis scarlatina	Col	IH	15408, 15634, 15759, 15885
Hippotis tubiflora	Col	IH	16033, 16109
Hippotis sp.	Col	IH	15554
Hoffmannia sp.	Col	IH	15369
Isertia laevis	Col	IH	15457, 16056
Ixora killipii	Col	IH	15257
Ixora panurensis	Col	IH	15216
Ixora spp.	Col	IH	15265, 15781
Joosia dichotoma	Col	IH	15591
Joosia umbellifera	Col	IH	15526
Kutchubea sp.nov.	Fot	–	–
Ladenbergia acutifolia	Col	IH	15450
Ladenbergia spp.	Col	IH	15459, 15847
Macrocnemum roseum	Col	IH	16061
Manettia sp.	Col	IH	16040
Notopleura epiphytica	Col	IH	15373
Notopleura leucantha	Col	IH	15231, 15573
Notopleura macrophylla	Col	IH	15755
Palicourea gemmiflora cf.	Col	IH	15917
Palicourea jatunsachensis aff.	Col	IH	15811
Palicourea lasiantha	Col	IH	15388, 15501, 15876
Palicourea luteonivea	Col	IH	15471
Palicourea nigricans	Col	IH	15958
Palicourea sp.	Col	IH	15957
Pentagonia sp.	Obs	NP	–
Phitopis peruviana	Col	IH	15142
Psychotria bertieroides	Col	IH	15537, 15903
Psychotria borucana	Fot	–	–
Psychotria capitata	Col	IH	15284
Psychotria cenepensis	Col	IH	15729
Psychotria compta cf.	Fot	–	–
Psychotria conophoroides	Col	IH	15981
Psychotria flaviflora	Col	IH	15193, 15238
Psychotria hoffmannseggiana	Col	IH	15782
Psychotria iodotricha	Col	IH	15224
Psychotria micrantha	Col	IH	15716
Psychotria oinchrophylla	Col	IH	15843
Psychotria ostreophora	Col	IH	15788
Psychotria peruviana cf.	Col	IH	15167
Psychotria pilosa	Col	IH	15403
Psychotria poeppigiana	Col	IH	15462
Psychotria rhodothamna cf.	Fot	–	–
Psychotria sacciformis	Col	IH	15160
Psychotria schunkei	Col	IH	15159, 15355
Psychotria stenostachya	Col	IH	15158, 15286, 15297
Psychotria viridis	Col	IH	15671

PLANTAS VASCULARES / VASCULAR PLANTS			
Nombre científico/ Scientific name	**Fuente/ Source**	**Botánico/ Botanist**	**Vouchers**
Psychotria wurdackii	Col	IH	15922
Psychotria zevallosii	Col	IH	15834
Psychotria sp.nov.	Col	IH	15685
Psychotria spp.	Col	IH	15190, 15227
Randia armata	Obs	NP	–
Randia sp.	Col	IH	15481
Raritebe palicoureoides	Col	IH	15278, 15822
Rudgea sessiliflora	Col	IH	15322, 16086
Rudgea sp.nov.	Col	IH	15221
Rudgea spp.	Col	IH	15182, 15287, 15529, 15877
Rustia rubra	Obs	DN	–
Rustia viridiflora	Col	IH	15485
Schizocalyx condoricus	Col	IH	15470, 15801
Warszewiczia sp.	Obs	NP	–
Spp.	Col	IH	15172, 15175, 15247, 15494, 15511, 15830
Rutaceae			
Esenbeckia amazonica	Obs	NP	–
Zanthoxylum spp.	Col	IH	15967, 16125
Sabiaceae			
Meliosma frondosa cf.	Col	IH	16108
Meliosma sp.	Col	IH	15487
Ophiocaryum manausense	Col	IH	15827
Salicaceae (Flacourtiaceae)			
Banara guianensis	Col	IH	15866
Casearia combaymensis	Col	IH	15633
Casearia prunifolia	Col	IH	15289
Casearia ulmifolia cf.	Col	IH	15262, 15304, 15574
Casearia spp.	Col	IH	15553, 15752, 15899, 16013
Neosprucea tenuisepala	Col	IH	15164, 15586
Ryania speciosa	Col	IH	15274
Tetrathylacium macrophyllum	Col	IH	15682
Sapindaceae			
Allophylus amazonicus	Col	IH	16064
Allophylus spp.	Col	IH	15197, 15568, 16017
Cupania sp.	Obs	NP	–
Paullinia spp.	Col	IH	15250, 15268, 15337, 15549, 15558, 15688, 16060, 16074
Sapotaceae			
Chrysophyllum manaosensis cf.	Col	IH	15334
Chrysophyllum sanguinolentum	Obs	DN	–
Chrysophyllum venezuelanense	Obs	NP	–
Chrysophyllum sp.	Obs	NP	–
Diploon cuspidatum	Obs	NP	–
Manilkara sp.	Fot	–	–
Micropholis egensis	Obs	NP	–

PLANTAS VASCULARES / VASCULAR PLANTS			
Nombre científico/ Scientific name	**Fuente/ Source**	**Botánico/ Botanist**	**Vouchers**
Micropholis venulosa	Obs	NP	–
Micropholis sp.	Col	IH	15535
Pouteria multiflora	Obs	DN	–
Pouteria torta	Col	IH	15360
Pouteria spp.	Col	IH	15294, 15298
Simaroubaceae			
Simarouba amara	Obs	NP	–
Siparunaceae			
Siparuna guianensis	Col	IH	15156
Siparuna macrotepala	Col	IH	15883
Siparuna spp.	Col	IH	15191, 15386, 15498, 15754, 15850, 15977
Smilacaceae			
Smilax spp.	Col	IH	15236, 15524, 15960
Solanaceae			
Capsicum sp.	Col	IH	15255
Cestrum schlechtendahlii	Col	IH	15292
Cestrum spp.	Col	IH	15623, 15628, 15694, 15895
Cuatresia sp.	Col	IH	15251
Lycianthes inaequilatera	Col	IH	16052
Solanum barbeyanum	Col	IH	15577
Solanum leptopodum	Col	IH	15441
Solanum spp.	Col	IH	15200, 15439, 15617, 15643, 16007, 16016, 16101
Solanum (Cyphomandra) occultum	Col	IH	15698, 16071
Trianaea naeka	Col	IH	15856
Witheringia sp.	Col	IH	16024
Sp.	Col	IH	15620
Staphyleaceae			
Turpinia occidentalis	Obs	DN	–
Theaceae			
Gordonia fruticosa	Col	IH	15968
Thymelaeaceae			
Daphnopsis sp.	Col	IH	15202
Schoenobiblus peruvianus	Col	IH	15206
Sp.	Col	IH	15476
Tropaeolaceae			
Tropaeolum sp.	Col	IH	15423
Urticaceae			
Myriocarpa stipitata	Col	IH	15616
Pilea sp.	Col	IH	15208
Urticaceae (Cecropiaceae)			
Cecropia herthae	Obs	NP	–
Cecropia sciadophylla	Obs	NP	–
Pourouma minor	Obs	NP	–
Pourouma guianensis	Obs	DN	–

PLANTAS VASCULARES / VASCULAR PLANTS			
Nombre científico/ Scientific name	**Fuente/ Source**	**Botánico/ Botanist**	**Vouchers**
Pourouma sp.	Col	IH	15625
Verbenaceae			
Petrea tomentosa cf.	Col	IH	15325
Violaceae			
Leonia crassa cf.	Col	IH	15269
Leonia glycycarpa	Col	IH	15762
Rinorea viridifolia	Col	IH	15296
Rinorea sp.	Col	IH	15565
Viscaceae			
Phoradendron sp.	Col	IH	15972
Vitaceae			
Cissus flavifolia	Col	IH	15711
Cissus peruviana	Col	IH	16128
Cissus verticillata	Col	IH	15715
Cissus sp.	Col	IH	16080
Vochysiaceae			
Qualea trichanthera	Col	IH	15855, 15953
Vochysia biloba cf.	Obs	DN	–
Vochysia bracelinae	Fot	–	–
Vochysia mapirensis	Col	IH	15928
Vochysia vismiifolia	Col	IH	15853
Vochysia sp.nov.	Col	IH	15157
Vochysia spp.	Col	IH	15799, 15835
Zamiaceae			
Zamia sp.	Fot	–	–
(Desconocido/Unknown)			
Sp. 1	Col	IH	15232
Sp. 2	Col	IH	15353
PTERIDOPHYTA, ETC.			
Adiantum anceps	Col	IH	15542
Adiantum spp.	Col	IH	15606, 15955
Asplenium spp.	Col	IH	15368, 15400
Blechnum spp.	Col	IH	15455, 15482
Bolbitis oligarchica	Col	IH	15454, 15684
Bolbitis pandurifolia	Col	IH	15675
Bolbitis serrata	Col	IH	15880
Bolbitis serratifolia	Col	IH	16089
Cyathea spp.	Fot	–	–
Cyclodium trianae	Col	IH	16094
Danaea trichomanoides	Col	IH	15467
Didymochlaena truncatula	Col	IH	15753
Diplazium lechleri	Col	IH	15497
Diplazium praestans	Col	IH	15383
Diplazium sp.	Col	IH	15341
Elaphoglossum spp.	Col	IH	15512, 15692
Huperzia sp.	Col	IH	15523

LEYENDA/LEGEND

Fuente/Source

Col = Colección/Collection

Fot = Foto/Photo

Obs = Observación/Observation

Especimen/Voucher

IH = Isau Huamantupa números de colección/collection numbers, con/with D. Neill, C. Kajekai y/and N. Pitman

DN = observación de/observation by David Neill

NP = observación de/observation by Nigel Pitman

PLANTAS VASCULARES / VASCULAR PLANTS

Nombre científico/ Scientific name	Fuente/ Source	Botánico/ Botanist	Vouchers
Lindsaea sp.	Col	IH	15990
Lygodium radiatum	Col	IH	15597
Microgramma acatallela	Col	IH	16081
Microgramma bifrons	Col	IH	15149
Microgramma percussa	Col	IH	15395
Microgramma sp.	Col	IH	15547
Moranopteris sp.	Col	IH	15829
Nephrolepis spp.	Col	IH	15376, 16084
Niphidium crassifolium	Col	IH	16119
Ophioglossum palmatum	Col	IH	15483
Pecluma ptelodon	Col	IH	15409
Polybotrya fractiserialis	Col	IH	15701
Pteris spp.	Col	IH	15371, 15504
Salpichlaena volubilis	Col	IH	15780
Selaginella exaltata	Obs	DN	–
Selaginella quadrifaria	Col	IH	16130
Selaginella sp.	Col	IH	15508
Serpocaulon fraxinifolium	Col	IH	15531
Tectaria plantaginea	Col	IH	15603
Tectaria spp.	Col	IH	15366, 15886
Thelypteris angustifolia	Col	IH	15394
Thelypteris sp.	Col	IH	15283
Trichomanes elegans	Col	IH	15486
Trichomanes fimbriatum cf.	Col	IH	15974
Trichomanes sp.	Col	IH	15982

Resumen de las principales características de las estaciones de muestreo de peces durante el inventario biológico rápido de los Cerros de Kampankis, Amazonas y Loreto, Perú, del 2 al 20 de agosto de 2011, por Roberto Quispe y Max H. Hidalgo. Todas las estaciones muestrearon ambientes lóticos con aguas claras y bosque primario como el tipo de vegetación riparia dominante.

ESTACIONES DE MUESTREO DE PECES / FISH SAMPLING STATIONS

Sitios de muestreo/ Sampling sites	Ubicación geográfica/ Geographic location			Dimensiones/ Size (m)		Tipo de corriente/ Current type	
	Latitud/ Latitude	Longitud/ Longitude	Altitud/ Elevation (m)	Ancho/ Width	Profundidad/ Depth	Lenta/ Slow	Moderada/ Moderate
Campamento Pongo Chinim/ Pongo Chinim Campsite (2–6 de agosto de 2011/2–6 August 2011)							
Quebrada Kusuim	3°05'51.2" S	77°46'32.8" W	343	7.0	1.0	x	–
Quebrada T2 800 m	3°06'53.4" S	77°46'53.7" W	455	3.5	0.2	x	x
Quebradas T2 4350–4100 m	3°07'24.7" S	77°47'03.3" W	487	1.0	0.2	x	–
Quebrada Kusuim río arriba/upstream	3°06'47.2" S	77°46'31.0" W	363	10.0	1.0	x	–
Campamento Quebrada Katerpiza/ Quebrada Katerpiza Campsite (7–11 de agosto de 2011/7–11 August 2011)							
Quebrada Katerpiza	4°01'12.2" S	77°34'37.2" W	304	15.0	1.5	–	x
Quebrada afluente de Katerpiza/ Tributary of Katerpiza	4°01'11.6" S	77°34'32.5" W	316	5.0	0.5	x	–
Quebrada Katerpiza	4°00'17.8" S	77°35'52.0" W	239	7.0	0.4	–	x
Quebradas T1 0–4850 m	4°01'13.6" S	77°35'00.5" W	315	1.0	0.2	x	–
Quebrada T3 3900 m	4°00'44.7" S	77°34'48.8" W	387	3.0	0.3	x	–
Campamento Quebrada Kampankis/ Quebrada Kampankis Campsite (12–15 de agosto de 2011/12–15 August 2011)							
Quebrada Kampankis	3°50'33.8" S	77°38'07.2" W	290	13.0	0.8	–	x
Confluencia Kampankis y Chapiza/ Confluence of Kampankis and Chapiza	3°50'20.0" S	77°40'19.3" W	194	20.0	1.2	–	x
Quebrada Kampankis	3°50'17.5" S	77°39'08.1" W	223	12.0	1.3	–	x
Quebrada Trocha y afluente/ Q. Trocha and tributary	3°50'01.5" S	77°38'35.9" W	271	8.0	0.5	x	–
Campamento Quebrada Wee/ Quebrada Wee Campsite (16–20 de agosto de 2011/16–20 August 2011)							
Quebrada T2 900 m	4°12'21.2" S	77°31'25.9" W	289	4.0	0.4	x	–
Quebrada Wee	4°12'53.2" S	77°31'37.9" W	295	12.0	1.5	–	x
Quebrada T2 3150 m	4°12'45.8" S	77°31'37.3" W	270	3.0	1.0	x	–
Quebradas T1 400–900 m	4°12'52.4" S	77°31'51.3" W	307	3.0	0.6	x	–
Totales/Totals						**11**	**7**

Attributes of the fish sampling stations studied during the rapid biological inventory of the Kampankis Mountains, Amazonas and Loreto, Peru, on 2–20 August 2011, by Roberto Quispe and Max H. Hidalgo. All the stations were lotic environments with clear water and primary forest as the dominant riparian vegetation type.

Tipo de substrato/ Substrate			**Tipo de cauce/ Channel type**		**Microhábitats/ Microhabitats***	* Todas las estaciones incluían pozas./All stations had pools.			**Vegetación de fondo/ Bottom vegetation**	
Arenoso y con gravas finas/ Sand and fine gravel	**Areno-pedregoso/ Sand and pebbles**	**Pedregoso con rocas/ Pebbles and rocks**	**Encajonado/ Entrenched**	**Con playas/ With beaches**	**Rápidos/ Rapids**	**Cauce recto/ Straight stretch**	**Playas arenosas/ Sandy beaches**	**Cascadas/ Waterfalls**	**Perifiton/ Periphyton**	**Palizada u hojarasca/ Tree trunks or leaf litter**
–	X	–	X	–	X	X	–	–	–	X
–	–	X	X	–	X	–	–	X	X	–
–	–	X	X	–	X	–	–	X	X	–
X	–	–	X	–	–	X	–	–	X	X
–	–	X	X	–	X	X	–	–	X	X
–	–	X	X	–	X	X	–	–	X	X
–	–	X	X	X	X	X	X	–	X	X
–	X	X	X	–	X	X	–	X	X	–
–	–	X	X	–	X	–	–	X	X	–
–	X	–	X	–	X	X	–	–	X	–
–	X	–	–	X	–	X	X	–	X	X
–	–	X	X	–	X	X	–	–	X	–
–	–	X	X	–	X	–	–	X	X	–
–	–	X	X	–	X	–	–	X	X	–
–	X	X	X	–	X	X	–	–	X	X
–	–	X	X	–	X	–	–	X	X	–
–	–	X	X	–	X	–	–	X	X	–
1	**5**	**13**	**16**	**2**	**15**	**10**	**2**	**8**	**16**	**7**

Especies de peces registradas durante un inventario biológico rápido en los Cerros de Kampankis, Amazonas y Loreto, Perú, del 2 al 20 de agosto de 2011, por Roberto Quispe y Max H. Hidalgo. Órdenes siguen la clasificación de CLOFFSCA (Reis et al. 2003).

PECES / FISHES

Nombre científico/ Scientific name	Nombre común en el Perú/ Common name in Peru	Registros por campamento/ Records by campsite				Número de individuos/Number of individuals
		Pongo Chinim	Quebrada Katerpiza	Quebrada Kampankis	Quebrada Wee	
MYLIOBATIFORMES (1)						
Potamotrygonidae (1)						
Potamotrygon cf. *castexi*	raya	–	–	–	1	1
CHARACIFORMES (29)						
Characidae (21)						
Astyanacinus cf. *moorii*	mojarra/sardinita	6	25	13	76	120
Astyanax bimaculatus	mojarra/sardinita	–	–	8	1	9
Astyanax cf. *fasciatus*	mojarra/sardinita	1	–	2	4	7
Astyanax cf. *maximus*	mojarra/sardinita	–	1	2	10	13
Ceratobranchia sp.	mojarra/sardinita	–	15	5	15	35
Charax tectifer	dentón	8	1	2	10	21
Chrysobrycon cf. *hesperus*	mojarra/sardinita	–	–	2	–	2
Creagrutus cf. *amoenus*	mojarra/sardinita	–	30	5	73	108
Creagrutus kunturus	mojarra/sardinita	48	–	–	–	48
Creagrutus sp.	mojarra/sardinita	–	–	7	–	7
Hemibrycon cf. *jelskii*	mojarra/sardinita	–	65	123	15	203
Hemigrammus sp.	mojarra/sardinita	4	–	–	–	4
Knodus cf. *orteguasae*	mojarra/sardinita	290	329	320	80	1019
Knodus sp.	mojarra/sardinita	–	6	25	–	31
Leptagoniates steindachneri	pez vidrio	–	–	1	–	1
Odontostilbe sp.	mojarra/sardinita	–	21	7	12	40
Paragoniates alburnus	mojarra/sardinita	–	10	–	–	10
Poptella orbicularis	mojarra/sardinita	–	–	1	–	1
Serrapinnus heterodon	mojarra/sardinita	–	1	–	1	2
Serrapinnus cf. *piaba*	mojarra/sardinita	–	–	1	–	1
Scopaeocharax rhinodus	mojarra/sardinita	–	8	–	1	9
Crenuchidae (3)						
Characidium etheostoma	mojarra/sardinita	–	3	–	10	13
Characidium sp.	mojarra/sardinita	–	3	–	–	3
Melanocharacidium rex	mojarra/sardinita	–	–	1	–	1
Curimatidae (1)						
Steindachnerina sp.	chiochio	–	–	1	1	2
Prochilodontidae (1)						
Prochilodus nigricans	boquichico	–	–	4	40	44
Lebiasinidae (1)						
Piabucina cf. *elongata*	mojarra/sardinita	113	10	8	32	163
Parodontidae (1)						
Parodon cf. *buckleyi*	lisa	2	–	–	–	2
Erythrinidae (1)						
Hoplias malabaricus	fasaco/huasaco	–	–	1	1	2

Fish species recorded during a rapid biological inventory of the Kampankis Mountains, Amazonas and Loreto, Peru, on 2–20 August 2011, by Roberto Quispe and Max H. Hidalgo. Ordinal classification follows CLOFFSCA (Reis et al. 2003).

Nuevo registro para el Perú o potencial nueva especie/New record for Peru or potential new species	Tipo de registro/ Type of record	Usos/ Uses	
		Consumo de subsistencia/ Subsistence consumption	Pesquería de consumo u ornamental/ Comercial or ornamental fisheries*
–	obs	–	OR
–	col/obs	x	–
–	col	x	–
–	col	x	–
–	col	x	–
–	col	–	–
–	col	x	–
–	col	–	–
–	col	x	–
–	col	x	–
NS	col	x	–
–	col	x	–
NS	col	–	–
–	col	x	–
–	col	–	–
–	col	–	OR
–	col	–	–
–	col	x	–
–	col	–	–
–	col	–	–
–	col	–	–
–	col	–	–
–	col/obs	–	–
–	col	–	–
–	col	–	–
–	col	x	CO
–	col/obs	x	CO
–	col	x	–
–	col	x	–
–	obs	x	–

PECES / FISHES						
Nombre científico/ Scientific name	Nombre común en el Perú/ Common name in Peru	Registros por campamento/ Records by campsite				Número de individuos/Number of individuals
		Pongo Chinim	Quebrada Katerpiza	Quebrada Kampankis	Quebrada Wee	
GYMNOTIFORMES (1)						
Gymnotidae (1)						
Gymnotus cf. *carapo*	macana	1	–	–	–	1
SILURIFORMES (22)						
Loricariidae (13)						
Chaetostoma aff. *lineopunctatum*	carachama	–	14	–	7	21
Chaetostoma cf. *microps*	carachama	8	26	34	8	76
Chaetostoma sp. A	carachama	1	–	–	1	2
Chaetostoma sp. B	carachama	–	–	7	–	7
Lipopterichthys sp.	carachama	–	3	2	–	5
Ancistrus malacops	carachama	17	–	–	29	46
Ancistrus sp.	carachama	–	2	–	–	2
Farlowella sp.	shitari	–	–	3	–	3
Hypostomus cf. *niceforoi*	carachama	–	2	–	–	2
Hypostomus pyrineusi	carachama	–	–	4	1	5
Hypostomus oculeus	carachama	–	–	–	1	1
Rineloricaria lanceolata	shitari	–	–	3	–	3
Spatuloricaria sp.	shitari	–	–	–	1	1
Astroblepidae (4)						
Astroblepus cf. *sabalo*	bagre de torrente	–	–	–	1	1
Astroblepus sp. A	bagre de torrente	2	–	–	1	3
Astroblepus sp. B	bagre de torrente	–	7	3	2	12
Astroblepus sp. C	bagre de torrente	–	–	1	1	2
Heptapteridae (3)						
Rhamdia cf. *quelen*	cunshi/bagre	–	–	1	–	1
Rhamdia sp. A	cunshi/bagre	3	–	–	1	4
Rhamdia sp. B	cunshi/bagre	–	–	–	1	1
Pseudopimelodidae (1)						
Batrochoglanis cf. *raninus*	sapocunchi	–	–	1	–	1
Trichomycteridae (1)						
Ituglanis amazonicus	canero	1	1	–	–	2
CYPRINODONTIFORMES (2)						
Rivulidae (2)						
Rivulus sp. A	pez anual	28	–	–	–	28
Rivulus sp. B	pez anual	–	5	8	3	16
SYNBRANCHIFORMES (1)						
Synbranchidae (1)						
Synbranchus sp.	atinga	–	–	–	1	1

	Nuevo registro para el Perú o potencial nueva especie/New record for Peru or potential new species	Tipo de registro/ Type of record	Usos/ Uses	
			Consumo de subsistencia/ Subsistence consumption	Pesquería de consumo u ornamental/ Comercial or ornamental fisheries*
	–	col	–	OR
	–	col	x	–
	–	col	x	–
	–	col	x	–
	NS	col	x	–
	NR/NS	col	–	–
	–	col	x	OR
	–	col	x	OR
	–	col	–	–
	–	col	x	OR
	–	col	x	OR
	–	col	x	–
	–	col	–	OR
	–	col	x	–
	–	col	–	–
	–	col	–	–
	–	col	–	–
	NS	col	–	–
	–	col	x	–
	–	col/obs	x	–
	–	col	x	–
	–	col	–	–
	–	col/obs	–	–
	–	col	–	OR
	–	col	–	OR
	NS	col	x	–

PECES / FISHES						
Nombre científico/ Scientific name	Nombre común en el Perú/ Common name in Peru	Registros por campamento/ Records by campsite				Número de individuos/Number of individuals
		Pongo Chinim	Quebrada Katerpiza	Quebrada Kampankis	Quebrada Wee	
PERCIFORMES (4)						
Cichlidae (4)						
Bujurquina hophrys	bujurqui	25	–	–	–	25
Bujurquina cf. *moriorum*	bujurqui	–	19	17	11	47
Bujurquina sp.	bujurqui	–	–	–	1	1
Crenicichla anthurus	añashua	8	1	5	2	16
Número de especies/ Number of species		**18**	**25**	**34**	**36**	**60**
Número de individuos/ Number of individuals		**566**	**608**	**628**	**456**	**2258**

Nuevo registro para el Perú o potencial nueva especie/New record for Peru or potential new species	Tipo de registro/ Type of record	Usos/ Uses	
		Consumo de subsistencia/ Subsistence consumption	Pesquería de consumo u ornamental/ Comercial or ornamental fisheries*
–	col	x	OR
–	col	x	OR
–	col	x	–
–	col	x	–
6		**34**	**14**

Anfibios y reptiles observados durante el inventario biológico rápido en los Cerros de Kampankis, Amazonas y Loreto, Perú, del 2 al 20 de agosto de 2011, por Alessandro Catenazzi y Pablo J. Venegas, seguidos por anfibios y reptiles colectados en los alrededores de La Poza y Puerto Galilea y en las partes bajas de la Quebrada Katerpiza, en la planicie aluvial del río Santiago, Amazonas, Perú, entre el 5 de agosto de 1974 y el 27 de agosto de 1980, por John E. Cadle y Roy W. McDiarmid (registros obtenidos usando *www.herpnet.org*, material no revisado).

ANFIBIOS Y REPTILES / AMPHIBIANS AND REPTILES

Nombre científico/ Scientific name	Campamentos del inventario rápido/ Rapid inventory campsites (Catenazzi & Venegas 2011)						Vegetación/ Vegetation
	Pongo Chinim	Q. Katerpiza (280–500 m)	Q. Katerpiza (1,000–1,400 m)	Q. Kampankis	Q. Wee (partes bajas/lower elevations)	Q. Wee (altura/higher elevations)	
AMPHIBIA (96)							
ANURA (92)							
Aromobatidae (2)							
Allobates zaparo	1	1	–	1	1	–	BC
Allobates sp.	1	–	1	–	–	–	BC, BP
Bufonidae (4)							
Atelopus spumarius	–	–	–	–	–	–	–
Rhinella festae	1	1	1	1	1	1	BC, BP
Rhinella marina	1	–	–	–	1	–	BC
Rhinella margaritifera	1	1	–	1	1	–	BC, VR
Centrolenidae (3)							
Chimerella mariaelenae	–	–	1	–	–	1	BP
Cochranella croceopodes	–	–	–	1	–	–	VR
Teratohyla midas	1	–	–	1	–	–	VR
Ceratophryidae (1)							
Ceratophrys cornuta	–	–	–	–	–	–	–
Dendrobatidae (9)							
Adelphobates quinquevittatus	–	–	–	–	–	–	–
Ameerega parvula	1	1	–	1	1	–	BC
Colostethus sp.1	1	–	–	–	–	–	BC, BP
Colostethus sp.2	–	–	–	–	1	–	BC, BP
Hyloxalus italoi	1	–	–	1	1	–	QU
Hyloxalus nexipus	1	–	–	1	1	–	QU
Hyloxalus sp.	–	1	–	–	1	–	QU
Ranitomeya variabilis	1	1	–	1	–	–	BC
"Dendrobates" sp.	–	–	–	–	–	–	–
Hemiphractidae (1)							
Gastrotheca longipes	1	–	–	1	–	–	VR
Hylidae (34)							
Cruziohyla craspedopus	–	–	–	–	–	–	–

Amphibians and reptiles recorded during the rapid biological inventory of the Kampankis Mountains, Amazonas and Loreto, Peru, on 2–20 August 2011, by Alessandro Catenazzi and Pablo J. Venegas, followed by amphibians and reptiles recorded around the towns of La Poza and Puerto Galilea and on the lower Katerpiza River, in the floodplain of the Santiago River, Amazonas, Peru, between 5 August 1974 and 27 August 1980, by John E. Cadle and Roy W. McDiarmid (records obtained from *www.herpnet.org*, material not revised).

Tipo de registro/ Record type	Lugares de colecta/ Collecting sites (Cadle & McDiarmid 1974–1980)			Microhábitat/ Microhabitat	Actividad/ Activity	Distribución/ Distribution	UICN/ IUCN
	Q. Katerpiza (190 m)	Puerto Galilea	La Poza				
col	–	–	–	terr	D	Ec, Pe	LC
col	–	–	–	terr	D	?	LC
–	1	1	1	loti	D	Am	VU
col	–	1	1	terr	D, N	Ec, Pe	NT
col	–	–	1	terr	D, N	Am	LC
col	1	1	1	terr	D, N	Am	LC
col	–	–	–	arbo	N	Ec	VU
col	–	–	–	arbo	N	Pe	DD
col	–	–	–	arbo	N	Am	LC
–	–	1	–	terr	N	Am	LC
–	1	–	1	terr	D	Br, Pe	LC
col	–	1	1	terr	D	Ec, Pe	LC
col	–	–	–	terr	D	Ec	DD
col	–	–	–	terr	D	?	nc
col	–	–	–	clar	D	Ec, Pe	LC
col	–	–	–	clar	D	Ec, Pe	LC
col	–	–	–	clar	D	?	nc
col	–	–	–	arbo, brom	D	Pe	DD
–	1	1	1	terr	D	?	nc
col	1	–	–	arbo	N	Ec, Pe	LC
–	–	1	–	arbo	N	Am	LC

ANFIBIOS Y REPTILES / AMPHIBIANS AND REPTILES							
Nombre científico/ Scientific name	**Campamentos del inventario rápido/ Rapid inventory campsites (Catenazzi & Venegas 2011)**						**Vegetación/ Vegetation**
	Pongo Chinim	**Q. Katerpiza (280–500 m)**	**Q. Katerpiza (1,000–1,400 m)**	**Q. Kampankis**	**Q. Wee (partes bajas/lower elevations)**	**Q. Wee (altura/higher elevations)**	
Dendropsophus aperomeus	–	–	1	–	–	1	BP
Dendropsophus bifurcus	–	–	–	–	–	–	–
Dendropsophus bokermanni	–	–	–	–	–	–	–
Dendropsophus brevifrons	–	–	–	–	–	–	–
Dendropsophus marmoratus	–	–	–	1	1	–	VR
Dendropsophus parviceps	–	–	–	–	–	–	–
Dendropsophus rhodopeplus	–	–	–	–	–	–	–
Dendropsophus sarayacuensis	–	–	–	–	–	–	–
Dendropsophus triangulum	–	–	–	–	–	–	–
"Hyla" sp.	–	–	–	–	–	–	–
Hyloscirtus sp. (lótico)	1	–	1	–	1	–	QU
Hyloscirtus sp. (arborícola)	–	–	1	–	–	–	BP
Hypsiboas boans	1	1	–	1	1	–	VR
Hypsiboas calcaratus	–	–	–	–	–	–	–
Hypsiboas cinerascens	1	1	–	1	1	–	VR
Hypsiboas fasciatus	–	–	–	–	–	–	–
Hypsiboas lanciformis	–	–	–	–	1	–	BC, VR
Hypsiboas punctatus	–	–	–	–	–	–	–
Osteocephalus buckleyi	1	–	–	1	1	–	VR
Osteocephalus deridens	1	1	–	1	–	–	BC
Osteocephalus leoniae	–	–	1	–	1	1	BC, BP
Osteocephalus mutabor	1	1	–	1	1	–	BC, VR
Osteocephalus pearsoni	–	–	–	–	–	–	–
Osteocephalus planiceps	–	–	–	–	–	–	–
*Osteocephalus taurinus**	–	–	–	–	–	–	–
Osteocephalus verruciger	–	–	1	–	–	1	BP
Phyllomedusa tarsius	–	–	–	–	–	–	–
Phyllomedusa tomopterna	–	–	–	1	–	–	BC
Phyllomedusa vaillanti	1	1	–	–	–	–	BC
Scinax garbei	–	–	–	–	–	–	–

Tipo de registro/ Record type	Lugares de colecta/ Collecting sites (Cadle & McDiarmid 1974–1980)			Microhábitat/ Microhabitat	Actividad/ Activity	Distribución/ Distribution	UICN/ IUCN
	Q. Katerpiza (190 m)	Puerto Galilea	La Poza				
col	–	–	–	arbo	N	Pe	LC
–	1	1	1	arbo	N	Am	LC
–	1	1	1	arbo	N	Am	LC
–	1	1	1	arbo	N	Am	LC
aud	1	1	1	arbo	N	Am	LC
–	–	1	1	arbo	N	Am	LC
–	–	1	1	arbo	N	Am	LC
–	–	1	1	arbo	N	Am	LC
–	1	1	1	arbo	N	Am	LC
–	–	–	1	?	?	?	nc
col	–	–	–	clar	N	?	nc
col	–	–	–	arbo	N	?	nc
obs, aud	1	–	1	arbo	N	Am	LC
–	–	1	–	arbo	N	Am	LC
col	1	1	1	arbo	N	Am	LC
–	1	1	1	arbo	N	Am	LC
col	1	1	1	arbo	N	Am	LC
–	–	1	1	arbo	N	Am	LC
col	1	1	1	arbo	N	Am	LC
col	–	–	–	arbo, brom	N	Ec, Pe	LC
col	–	–	–	arbo, brom	N	Pe	LC
col	–	–	–	arbo	N	Ec, Pe	LC
–	–	1	1	arbo	N	Pe, Bo, Br	LC
–	1	1	–	arbo	N	Col, Ec, Pe	LC
fot	1	1	1	arbo	N	Am	LC
col	–	–	–	arbo	N	Ec	LC
–	1	1	1	arbo	N	Am	LC
col	1	1	1	arbo	N	Am	LC
col	1	1	1	arbo	N	Am	LC
–	–	1	1	arbo	N	Am	LC

ANFIBIOS Y REPTILES / AMPHIBIANS AND REPTILES							
Nombre científico/ Scientific name	Campamentos del inventario rápido/ Rapid inventory campsites (Catenazzi & Venegas 2011)						Vegetación/ Vegetation
	Pongo Chinim	Q. Katerpiza (280–500 m)	Q. Katerpiza (1,000–1,400 m)	Q. Kampankis	Q. Wee (partes bajas/lower elevations)	Q. Wee (altura/higher elevations)	
*Scinax ruber**	–	–	–	–	–	–	–
Trachycephalus venulosus	1	1	–	1	1	–	VR
Trachycephalus sp.	–	–	–	–	–	–	–
Leiuperidae (1)							
Engystomops petersi	1	1	–	1	1	–	BC, VR
Leptodactylidae (10)							
Leptodactylus hylaedactylus	–	–	–	–	–	–	–
Leptodactylus knudseni	1	–	–	–	–	–	BC
Leptodactylus leptodactyloides	–	–	–	–	–	–	–
Leptodactylus lineatus	–	1	–	1	1	–	BC
Leptodactylus mystaceus	–	–	–	–	–	–	–
Leptodactylus pentadactylus	1	–	–	1	–	–	BC
Leptodactylus stenodema	–	–	–	–	–	–	–
Leptodactylus wagneri	–	–	–	–	–	–	–
Leptodactylus sp.	–	1	–	–	–	–	BC
Leptodactylus sp.	–	–	–	–	–	–	–
Microhylidae (1)							
Syncope sp.	–	–	–	–	–	–	–
Pipidae (1)							
Pipa pipa	–	–	–	–	–	–	–
Strabomantidae (25)							
Hypodactylus nigrovittatus	–	–	1	–	–	1	BP
Hypodactylus sp.	–	–	1	–	–	–	BP
Noblella myrmecoides	1	–	1	–	–	1	BP
Oreobates quixensis	1	1	–	1	1	–	BC
Pristimantis academicus	–	–	–	1	–	–	BC
Pristimantis achuar	1	1	–	1	1	–	BC
Pristimantis acuminatus	–	–	–	1	–	–	VR
Pristimantis altamazonicus	1	1	–	1	–	–	BC
Pristimantis carvalhoi	–	–	–	–	1	–	BC

Tipo de registro/ Record type	Lugares de colecta/ Collecting sites (Cadle & McDiarmid 1974–1980)			Microhábitat/ Microhabitat	Actividad/ Activity	Distribución/ Distribution	UICN/ IUCN
	Q. Katerpiza (190 m)	Puerto Galilea	La Poza				
obs	–	1	1	arbo	N	Am	LC
col	–	–	–	arbo	N	Am	LC
–	–	–	1	arbo	N	Am	LC
col	–	1	–	terr	N	Col, Ec, Pe	LC
–	–	1	1	terr	N	Am	LC
aud	–	–	1	terr	N	Am	LC
–	–	1	1	terr	N	Am	LC
col	–	1	–	terr	N	Am	LC
–	–	1	1	terr	N	Am	LC
col	–	–	1	terr	N	Am	LC
–	–	1	–	terr	N	Am	LC
–	–	1	1	terr	N	Am	LC
aud	–	–	–	terr	N	?	nc
–	–	–	1	terr	N	?	nc
–	–	1	–	terr	N	?	nc
–	1	–	–	acua	N	Am	LC
col	–	–	–	terr	N	Col, Ec, Pe	LC
col	–	–	–	terr	N	?	nc
col	–	–	–	terr	D, N	Ec	LC
col	1	1	1	terr	N	Am	LC
col	–	–	–	arbo	N	Pe	nc
col	–	–	–	arbo	N	Ec, Pe	LC
col	–	1	–	arbo	N	Am	LC
col	1	1	1	arbo	N	Am	LC
col	1	1	–	arbo	N	Am	LC

ANFIBIOS Y REPTILES / AMPHIBIANS AND REPTILES

Nombre científico/ Scientific name	Campamentos del inventario rápido/ Rapid inventory campsites (Catenazzi & Venegas 2011)						Vegetación/ Vegetation
	Pongo Chinim	Q. Katerpiza (280–500 m)	Q. Katerpiza (1,000–1,400 m)	Q. Kampankis	Q. Wee (partes bajas/lower elevations)	Q. Wee (altura/higher elevations)	
Pristimantis croceoinguinis	1	1	1	1	1	1	BC, BP
Pristimantis diadematus	–	–	–	–	–	–	–
Pristimantis katoptroides	–	–	1	–	–	–	BP
Pristimantis lacrimosus	–	–	–	–	–	–	–
Pristimantis malkini	1	–	–	1	1	–	VR
Pristimantis martiae	1	–	–	–	–	–	BC
Pristimantis ockendeni	–	1	–	1	1	–	BC
Pristimantis pecki	–	1	1	1	1	1	BC, BP
Pristimantis peruvianus	1	1	1	1	1	1	BC, BP
Pristimantis rhodostichus	–	–	1	–	–	1	BP
Pristimantis trachyblepharis	–	–	–	–	1	–	BC
Pristimantis ventrimarmoratus	1	–	–	–	1	–	BC
Pristimantis sp.1 *(con puntos en ingle)*	1	–	–	–	–	–	BC
Pristimantis sp.2 *(vientre marron)*	–	–	1	–	–	1	BC, BP
Pristimantis sp.	–	–	–	–	–	–	–
Strabomantis sulcatus	–	–	–	–	1	–	BC
CAUDATA (1)							
Plethodontidae (1)							
Bolitoglossa altamazonica	–	–	–	1	–	–	BC
GYMNOPHIONA (3)							
Caecilidae (3)							
Oscaecilia bassleri	–	–	–	–	–	–	–
Potomotyphlus kaupii	–	–	–	–	–	–	–
*Siphonops annulatus**	–	–	–	–	1	–	–
REPTILIA (97)							
AMPHISBAENIA (1)							
Amphisbaenidae (1)							
Amphisbaena fuliginosa	–	–	–	–	1	–	BC

	Tipo de registro/ Record type	Lugares de colecta/ Collecting sites (Cadle & McDiarmid 1974–1980)			Microhábitat/ Microhabitat	Actividad/ Activity	Distribución/ Distribution	UICN/ IUCN
		Q. Katerpiza (190 m)	Puerto Galilea	La Poza				
	col	–	–	–	arbo	N	Col, Ec, Pe	LC
	–	–	1	–	arbo	N	–	LC
	col	–	–	–	arbo	N	?	nc
	–	1	–	1	arbo	N	Am	LC
	col	–	1	–	arbo, terr	N	Am	LC
	col	–	–	–	arbo	N	Col, Ec, Pe	LC
	col	1	1	1	arbo	N	Am	LC
	col	–	–	–	arbo	N	Ec, Pe	LC
	col	1	1	1	arbo, terr	N	Am	LC
	col	–	–	–	arbo	N	Pe	VU
	col	–	–	–	arbo	N	Ec, Pe	LC
	col	–	–	–	arbo	N	Am	LC
	col	–	–	–	arbo	N	?	nc
	col	–	–	–	arbo	N	?	nc
	–	–	1	1	?	?	?	nc
	col	1	1	1	terr	N	Am	LC
	col	–	–	–	arbo	N	Am	LC
	–	1	1	1	foso	?	Am	LC
	–	–	–	1	foso	?	Am	LC
	rfo	–	–	1	foso	?	Am	LC
	col	–	–	1	foso	D	Am	nc

ANFIBIOS Y REPTILES / AMPHIBIANS AND REPTILES							
Nombre científico/ Scientific name	Campamentos del inventario rápido/ Rapid inventory campsites (Catenazzi & Venegas 2011)						Vegetación/ Vegetation
	Pongo Chinim	Q. Katerpiza (280–500 m)	Q. Katerpiza (1,000–1,400 m)	Q. Kampankis	Q. Wee (partes bajas/lower elevations)	Q. Wee (altura/higher elevations)	
CROCODYLIA (1)							
Crocodylidae (1)							
Paleosuchus trigonatus	1	–	–	1	1	–	QU
TESTUDINES (5)							
Chelidae (2)							
Phrynops gibbus	–	–	–	–	–	–	–
Platemys platycephala	–	–	–	–	–	–	–
Kinosternidae (1)							
Kinosternon scorpioides	–	–	–	–	–	–	–
Podocnemididae (1)							
Podocnemis unifilis	–	–	–	–	–	–	–
Testudinidae (1)							
Chelonoidis denticulata	1	1	–	1	1	–	BC
SQUAMATA (90)							
Hoplocercidae (2)							
Enyalioides laticeps	1	–	–	1	–	–	BC
Enyalioides rubrigularis	–	–	1	–	–	1	BP
Phyllodactylidae (1)							
Thecadactylus solimoensis	–	–	–	–	–	–	–
Sphaerodactylidae (5)							
Gonatodes albogularis	–	–	–	–	–	–	–
Gonatodes humeralis	–	–	–	–	–	–	–
Lepidoblepharis festae	–	–	–	–	1	–	BC
Pseudogonatodes guianensis	–	1	–	–	–	–	BC
Pseudogonatodes peruvianus	–	–	–	–	–	–	–
Gymnophthalmidae (13)							
Alopoglossus buckleyi	–	1	1	1	1	–	BC, BP
Alopoglossus copii	–	–	–	–	–	–	–
Arthrosaura reticulata	–	–	–	–	–	–	–
Bachia trisanale	–	–	–	–	–	–	–

Tipo de registro/ Record type	Lugares de colecta/ Collecting sites (Cadle & McDiarmid 1974–1980)			Microhábitat/ Microhabitat	Actividad/ Activity	Distribución/ Distribution	UICN/ IUCN
	Q. Katerpiza (190 m)	Puerto Galilea	La Poza				
obs	–	–	–	capa	D, N	Am	LC
–	–	1	1	acua	D, N	Am	nc
–	1	1	1	acua	D, N	Am	nc
–	1	–	–	acua	D, N	Am	nc
–	1	–	–	acua	D	AM	VU
rfo	1	1	1	terr	D	Am	VU
col	1	1	1	terr	D	Am	nc
col	–	–	–	terr	D	Ec	nc
–	1	1	1	arbo	N	Am	nc
–	1	1	1	terr	D	Am	nc
–	1	1	1	terr	D	Am	nc
col	–	–	–	terr	N	Ec, Pe, Br	nc
col	–	–	1	terr	D	Am	nc
–	1	–	–	terr	D	Col, Pe	nc
col	–	1	–	terr	D, N	Am	nc
–	–	1	–	terr	D	Am	nc
–	–	1	–	terr	D	Am	nc
–	–	1	1	terr	D	Am	DD

ANFIBIOS Y REPTILES / AMPHIBIANS AND REPTILES							
Nombre científico/ Scientific name	**Campamentos del inventario rápido/ Rapid inventory campsites (Catenazzi & Venegas 2011)**						**Vegetación/ Vegetation**
	Pongo Chinim	**Q. Katerpiza (280–500 m)**	**Q. Katerpiza (1,000–1,400 m)**	**Q. Kampankis**	**Q. Wee (partes bajas/lower elevations)**	**Q. Wee (altura/higher elevations)**	
Cercosaura argulus	–	–	–	–	1	–	BC
Cercosaura manicatus	1	–	–	–	–	–	BC
Cercosaura oshaughnessyi	–	–	–	–	–	–	–
Cercosaura sp.	–	–	–	–	–	–	–
Iphisa elegans	–	–	–	–	1	–	BC
Leposoma parietale	1	1	–	1	–	–	BC
Potamites cochranae	–	–	1	–	–	–	BP
Potamites ecpleopus	–	1	–	1	1	–	QU
Potamites strangulatus	1	–	–	1	1	–	QU
Polychrotidae (7)							
Anolis fuscoauratus	1	1	–	1	1	–	BC
Anolis nitens	1	–	–	–	–	–	BC
Anolis ortonii	–	–	–	–	–	–	–
Anolis punctatus	–	–	–	–	1	–	BC
Anolis transversalis	–	–	–	–	–	–	–
Anolis sp.	–	–	–	–	–	–	–
Polychrus marmoratus	–	–	–	–	–	–	–
Scincidae (1)							
Mabuya mabouya	–	–	–	–	–	–	–
Teiidae (3)							
Kentropyx altamazonica	–	–	–	–	–	–	–
Kentropyx pelviceps	1	1	–	1	1	–	BC
Tupinambis teguixin	–	–	–	–	–	–	–
Tropiduridae (3)							
Plica plica	–	–	–	–	–	–	–
Plica umbra	1	1	–	–	–	–	BC
Uracentron flaviceps	–	–	–	–	–	–	–
Aniliidae (1)							
Anilius scytale	–	–	–	–	–	–	–

	Tipo de registro/ Record type	Lugares de colecta/ Collecting sites (Cadle & McDiarmid 1974–1980)			Microhábitat/ Microhabitat	Actividad/ Activity	Distribución/ Distribution	UICN/ IUCN
		Q. Katerpiza (190 m)	Puerto Galilea	La Poza				
	col	1	–	1	terr	D	Am	LC
	col	–	–	–	terr	D	Ec, Pe	nc
	–	1	1	–	terr	D	Am	nc
	–	–	1	1	terr	D	?	nc
	col	–	–	–	terr	D	Am	nc
	col	1	1	1	terr	D	Am	LC
	col	–	–	–	acua	D	Ec, Pe	LC
	col	–	1	1	loti	D, N	Am	nc
	col	–	–	–	loti	D, N	Ec, Pe	nc
	col	1	1	1	arbo	D	Am	nc
	col	1	1	1	arbo	D	Am	nc
	–	1	1	1	arbo	D	Am	nc
	col	–	1	1	arbo	D	Am	nc
	–	–	1	–	arbo	D	Am	nc
	–	–	–	1	arbo	D	?	nc
	–	–	1	1	arbo	D	Am	nc
	–	–	1	1	terr	D	Am	nc
	–	–	1	1	terr	D	Am	nc
	col	–	–	–	terr	D	Am	nc
	–	–	1	1	terr	D	Am	nc
	–	1	1	1	arbo	D	Am	nc
	col	–	1	1	arbo	D	Am	nc
	–	1	–	–	arbo	D	Am	nc
	–	–	–	1	terr	N	Am	nc

ANFIBIOS Y REPTILES / AMPHIBIANS AND REPTILES							
Nombre científico/ Scientific name	**Campamentos del inventario rápido/ Rapid inventory campsites (Catenazzi & Venegas 2011)**						**Vegetación/ Vegetation**
	Pongo Chinim	Q. Katerpiza (280–500 m)	Q. Katerpiza (1,000–1,400 m)	Q. Kampankis	Q. Wee (partes bajas/lower elevations)	Q. Wee (altura/higher elevations)	
Anomalepididae (1)							
Anomalepis sp.	–	–	–	–	–	–	–
Boidae (3)							
Boa constrictor	–	–	–	–	–	–	–
Corallus hortulanus	–	–	–	–	–	–	–
Epicrates cenchria	–	1	–	–	–	–	BC
Colubridae (36)							
Atractus elaps	1	–	–	–	–	–	BC
Chironius exoletus	–	–	–	–	1	–	BC
Chironius fuscus	–	–	–	1	1	–	BC
Chironius multiventris	–	–	–	–	–	–	–
Chironius scurrulus	–	–	–	–	–	–	–
Clelia clelia	1	–	–	–	–	–	BC
Dendrophidion dendrophis	1	–	–	–	–	–	BC
Dipsas catesbyi	–	–	–	–	–	–	–
Dipsas indica	1	–	–	–	–	–	BC
Dipsas pavonina	–	–	–	1	–	–	BC
Drepanoides anomalus	–	–	–	–	–	–	–
Drymoluber dichrous	–	–	–	–	–	–	–
Erythrolamprus mimus	–	–	–	–	–	1	BP
Helicops angulatus	–	–	–	–	–	–	–
Helicops leopardinus	–	–	–	–	1	–	QU
Imantodes cenchoa	1	1	–	1	1	–	BC
Imantodes lentiferus	1	1	–	1	1	–	BC
Leptodeira annulata	–	1	–	1	–	–	BC
Leptophis ahaetulla	–	–	–	–	–	–	–
Liophis reginae	–	–	–	–	–	–	–
Liophis typhlus	–	–	–	–	–	–	–
Oxybelis fulgidus	–	–	–	–	–	–	–
Oxyrhopus formosus	–	–	–	–	1	–	BC

Tipo de registro/ Record type	Lugares de colecta/ Collecting sites (Cadle & McDiarmid 1974–1980)			Microhábitat/ Microhabitat	Actividad/ Activity	Distribución/ Distribution	UICN/ IUCN
	Q. Katerpiza (190 m)	Puerto Galilea	La Poza				
–	–	1	–	terr	?	?	nc
–	1	1	1	terr	D, N	Am	nc
–	1	–	1	arbo	N	Am	nc
obs	1	–	1	terr, arbo	D, N	Am	nc
col	1	1	1	terr, sfos	N	Am	nc
col	1	1	1	arbo, terr	D	Am	nc
col	–	–	1	arbo, terr	D	Am	nc
–	–	1	1	arbo, terr	D	Am	nc
–	–	1	1	arbo, terr	D	Am	nc
rfo	–	–	–	terr	D, N	Am	nc
col	–	1	–	terr	D	Am	nc
–	1	1	1	arbo	N	Am	nc
col	1	1	–	arbo	N	Am	nc
col	–	–	–	arbo, terr	N	Am	LC
–	1	–	–	terr	N	Am	nc
–	–	1	–	terr	D	Am	nc
col	–	–	–	terr	D	Am	nc
–	–	1	1	acua	N	Am	nc
rfo	–	–	–	loti	N	Am	nc
col	–	–	1	arbo	N	Am	nc
col	–	1	1	arbo	N	Am	nc
col	–	1	1	terr	N	Am	nc
–	–	–	1	arbo	N	Am	nc
–	–	–	1	terr	D	Am	nc
–	1	–	–	terr	D	Am	nc
–	–	1	–	arbo	D	Am	nc
col	–	–	1	terr	D, N	Am	nc

ANFIBIOS Y REPTILES / AMPHIBIANS AND REPTILES							
Nombre científico/ Scientific name	**Campamentos del inventario rápido/ Rapid inventory campsites (Catenazzi & Venegas 2011)**						**Vegetación/ Vegetation**
	Pongo Chinim	**Q. Katerpiza (280–500 m)**	**Q. Katerpiza (1,000–1,400 m)**	**Q. Kampankis**	**Q. Wee (partes bajas/lower elevations)**	**Q. Wee (altura/higher elevations)**	
Oxyrhopus petola	1	1	–	–	1	–	BC
Oxyrhopus vanidicus	–	1	–	–	–	–	BP
Philodryas viridissima	1	–	–	–	–	–	BC
Pseudoboa coronata	–	–	–	–	–	–	–
Pseudoeryx plicatilis	–	–	–	–	1	–	QU
Pseustes poecilonotus	–	–	–	–	–	–	–
Siphlophis compressus	1	–	–	–	–	–	BC
Spilotes pullatus	1	–	–	–	–	–	BC
Tantilla melanocephala	–	–	–	–	–	–	–
Umbrivaga pygmaea	–	–	–	–	–	–	–
Xenodon rabdocephalus	–	–	–	–	–	–	–
*Xenodon severus**	–	–	–	–	1	–	–
Xenoxybelis argenteus	–	–	–	1	–	–	BC
Dipsadidae (1)							
Xenopholis scalaris	–	–	–	–	–	–	–
Typhlopidae (1)							
Typhlops reticulatus	–	–	–	–	–	–	–
Tropidophidae (1)							
Tropidophis sp.	–	–	1	–	–	–	BP
Elapidae (5)							
Leptomicrurus narduccii	–	–	–	–	–	–	–
Micrurus lemniscatus	–	1	–	–	–	–	BC
Micrurus margaritiferus	–	–	–	–	–	–	–
Micrurus spixii	–	–	–	–	–	–	–
Micrurus surinamensis	–	–	–	–	–	–	–
Viperidae (6)							
Bothriopsis bilineata	–	–	–	–	–	–	–
Bothriopsis taeniata	–	–	–	–	–	–	–
Bothrocophias hyoprora	1	–	–	1	–	–	BC
Bothrops atrox	1	–	–	–	–	–	VR

Tipo de registro/ Record type	Lugares de colecta/ Collecting sites (Cadle & McDiarmid 1974–1980)			Microhábitat/ Microhabitat	Actividad/ Activity	Distribución/ Distribution	UICN/ IUCN
	Q. Katerpiza (190 m)	Puerto Galilea	La Poza				
col	1	1	1	terr	N	Am	nc
col	–	1	1	terr	N	Col, Ec, Pe	nc
rfo	–	–	–	arbo	D	Am	nc
–	–	–	1	terr	N	Am	nc
rfo	–	–	–	acua	D	Am	nc
–	1	1	–	arbo	D, N	Am	nc
col	–	–	–	arbo	N	Am	nc
obs	–	1	–	arbo, terr	D	Am	nc
–	1	–	–	terr	D	Am	nc
–	–	–	1	terr	N	Col, Ec, Pe	nc
–	–	1	1	terr	D	Am	nc
rfo	1	1	1	terr	D	Am	nc
col	1	1	1	arbo	D	Am	nc
–	–	–	1	terr	N	Am	LC
–	–	–	1	foso	?	Am	LC
col	–	–	–	terr	N	?	nc
–	–	1	1	terr	N	Am	LC
col	–	1	–	terr, foso	D, N	Am	nc
–	–	–	1	terr	N	Am	LC
–	1	1	–	terr	N	Am	LC
–	1	–	–	acua	N	Am	LC
–	1	1	1	arbo	D, N	Am	nc
–	1	1	–	arbo	D, N	Am	LC
col	1	–	–	terr	D, N	Am	nc
col	1	1	1	terr	D, N	Am	nc

ANFIBIOS Y REPTILES / AMPHIBIANS AND REPTILES							
Nombre científico/ Scientific name	**Campamentos del inventario rápido/ Rapid inventory campsites (Catenazzi & Venegas 2011)**						**Vegetación/ Vegetation**
	Pongo Chinim	**Q. Katerpiza (280–500 m)**	**Q. Katerpiza (1,000–1,400 m)**	**Q. Kampankis**	**Q. Wee (partes bajas/lower elevations)**	**Q. Wee (altura/higher elevations)**	
Bothrops brazili	1	–	–	–	–	–	BC
Lachesis muta	1	–	–	–	–	–	BC

Tipo de registro/ Record type	Lugares de colecta/ Collecting sites (Cadle & McDiarmid 1974–1980)			Microhábitat/ Microhabitat	Actividad/ Activity	Distribución/ Distribution	UICN/ IUCN
	Q. Katerpiza (190 m)	Puerto Galilea	La Poza				
rfo	1	1	1	terr	D, N	Am	nc
rfo	–	–	–	terr	N	Am	nc

Aves registradas por Ernesto Ruelas Inzunza y Renzo Zeppilli Tizón durante el inventario rápido de los Cerros de Kampankis, Amazonas y Loreto, Perú, del 2 al 22 de agosto de 2011.

AVES / BIRDS

Nombre científico/ Scientific name	Nombre oficial en castellano/ Spanish official name	Nombre en inglés/ English name
Tinamidae (7)		
Tinamus tao	Perdiz Gris	Gray Tinamou
Tinamus major	Perdiz Grande	Great Tinamou
Crypturellus cinereus	Perdiz Cenicienta	Cinereous Tinamou
Crypturellus soui	Perdiz Chica	Little Tinamou
Crypturellus undulatus	Perdiz Ondulada	Undulated Tinamou
Crypturellus variegatus	Perdiz Abigarrada	Variegated Tinamou
Crypturellus bartletti	Perdiz de Bartlett	Bartlett's Tinamou
Cracidae (6)		
Penelope jacquacu	Pava de Spix	Spix's Guan
Pipile cumanensis	Pava de Garganta Azul	Blue-throated Piping-Guan
Aburria aburri	Pava Carunculada	Wattled Guan
Ortalis guttata	Chachalaca Jaspeada	Speckled Chachalaca
Nothocrax urumutum	Paujil Nocturno	Nocturnal Curassow
Mitu salvini	Paujil de Salvin	Salvin's Curassow
Odontophoridae (2)		
Odontophorus gujanensis	Codorniz de Cara Roja	Marbled Wood-Quail
Odontophorus stellatus	Codorniz Estrellada	Starred Wood-Quail
Ardeidae (3)		
Tigrisoma lineatum	Pumagarza Colorada	Rufescent Tiger-Heron
Butorides striata	Garcita Estriada	Striated Heron
Ardea alba	Garza Grande	Great Egret
Cathartidae (4)		
Cathartes aura	Gallinazo de Cabeza Roja	Turkey Vulture
Cathartes melambrotus	Gallinazo de Cabeza Amarilla Mayor	Greater Yellow-headed Vulture
Coragyps atratus	Gallinazo de Cabeza Negra	Black Vulture
Sarcoramphus papa	Cóndor de la Selva	King Vulture
Accipitridae (11)		
Leptodon cayanensis	Elanio de Cabeza Gris	Gray-headed Kite
Elanoides forficatus	Elanio Tijereta	Swallow-tailed Kite
Harpagus bidentatus	Elanio Bidentado	Double-toothed Kite
Ictinia plumbea	Elanio Plomizo	Plumbeous Kite
Leucopternis princeps	Gavilán Barrado	Barred Hawk
Leucopternis albicollis	Gavilán Blanco	White Hawk
Buteogallus urubitinga	Gavilán Negro	Great Black-Hawk
Buteo brachyurus	Aguilucho de Cola Corta	Short-tailed Hawk
Harpia harpyja	Águila Harpía	Harpy Eagle
Spizaetus tyrannus	Águila Negra	Black Hawk-Eagle
Spizaetus ornatus	Águila Penachuda	Ornate Hawk-Eagle
Psophiidae (1)		
Psophia crepitans	Trompetero de Ala Gris	Gray-winged Trumpeter
Rallidae (2)		
Aramides cajanea	Rascón Montés de Cuello Gris	Gray-necked Wood-Rail
Laterallus melanophaius	Gallineta de Flanco Rufo	Rufous-sided Crake

Birds recorded by Ernesto Ruelas Inzunza and Renzo Zeppilli Tizón during the rapid inventory of the Kampankis Mountains, Amazonas and Loreto, Peru, on 2–22 August 2011.

	Campamento/ Campsite				Otras localidades/ Other localities	Registros notables/ Noteworthy records
	Pongo Chinim	Quebrada Katerpiza	Quebrada Kampankis	Quebrada Wee		
	R	R	–	–	–	–
	U	R	U	U	–	–
	U	R	–	–	–	–
	–	–	R	R	x	–
		R	–	–	–	Am
	U	R	R	–	–	–
	–	R	–	–	–	–
	U	U	U	U	–	–
	–	R	–	–	–	–
	–	U	–	U	–	–
	–	U	U	U	–	–
	–	–	–	R	–	–
	U	–	R	R	–	–
	–	U	R	–	–	Am
	–	U	–	–	–	–
	x	–	–	–	–	–
	–	R	–	–	x	–
	–	–	–	x	–	–
	–	–	–	–	x	–
	U	U	U	–	x	–
	–	R	–	R	x	–
	–	U	U	R	–	–
	–	R	–	–	–	–
	–	–	R	R	x	–
	–	–	U	–	–	–
	–	–	–		x	–
	–	–	–	R	–	An
	R	R		R	–	Am
	x	–	–	–	–	–
	R	–	–	–	x	–
	R	–	–	–	–	–
	–	U	R	R	–	–
	R	R	–	R	–	–
	U	–	U	U	–	Am
	–	–	–	R	–	–
	–	–	–	–	x	–

AVES / BIRDS		
Nombre científico/ Scientific name	**Nombre oficial en castellano/ Spanish official name**	**Nombre en inglés/ English name**
Laridae (1)		
Sternula superciliaris	Gaviotín de Pico Amarillo	Yellow-billed Tern
Columbidae (7)		
Columbina talpacoti	Tortolita Rojiza	Ruddy Ground-Dove
Patagioenas plumbea	Paloma Plomiza	Plumbeous Pigeon
Patagioenas subvinacea	Paloma Rojiza	Ruddy Pigeon
Leptotila verreauxi	Paloma de Puntas Blancas	White-tipped Dove
Leptotila rufaxilla	Paloma de Frente Gris	Gray-fronted Dove
Geotrygon saphirina	Paloma-Perdiz Zafiro	Sapphire Quail-Dove
Geotrygon montana	Paloma-Perdiz Rojiza	Ruddy Quail-Dove
Cuculidae (4)		
Piaya cayana	Cuco Ardilla	Squirrel Cuckoo
Piaya melanogaster	Cuco de Vientre Negro	Black-bellied Cuckoo
Crotophaga ani	Garrapatero de Pico Liso	Smooth-billed Ani
Tapera naevia	Cuclillo Listado	Striped Cuckoo
Strigidae (7)		
Megascops choliba	Lechuza Tropical	Tropical Screech-Owl
Megascops watsonii	Lechuza de Vientre Leonado	Tawny-bellied Screech-Owl
Megascops guatemalae	Lechuza Vermiculada	Vermiculated Screech-Owl
Lophostrix cristata	Búho Penachudo	Crested Owl
Ciccaba virgata	Búho Café	Mottled Owl
Ciccaba huhula	Búho Negro Bandeado	Black-banded Owl
Glaucidium brasilianum	Lechucita Ferruginosa	Ferruginous Pygmy-Owl
Steatornithidae (1)		
Steatornis caripensis	Guácharo	Oilbird
Nyctibiidae (3)		
Nyctibius grandis	Nictibio Grande	Great Potoo
Nyctibius aethereus	Nictibio de Cola Larga	Long-tailed Potoo
Nyctibius griseus	Nictibio Común	Common Potoo
Caprimulgidae (4)		
Chordeiles rupestris	Chotacabras Arenisco	Sand-colored Nighthawk
Nyctidromus albicollis	Chotacabras Común	Common Pauraque
Nyctiphrynus ocellatus	Chotacabras Ocelado	Ocellated Poorwill
Hydropsalis climacocerca	Chotacabras de Cola Escalera	Ladder-tailed Nightjar
Apodidae (5)		
Streptoprocne zonaris	Vencejo de Collar Blanco	White-collared Swift
Chaetura cinereiventris	Vencejo de Lomo Gris	Gray-rumped Swift
Chaetura egregia	Vencejo de Lomo Pálido	Pale-rumped Swift
Chaetura brachyura	Vencejo de Cola Corta	Short-tailed Swift
Tachornis squamata	Vencejo Tijereta de Palmeras	Fork-tailed Palm-Swift
Trochilidae (19)		
Topaza pyra	Topacio de Fuego	Fiery Topaz
Doryfera johannae	Pico-lanza de Frente Azul	Blue-fronted Lancebill

	Campamento/ Campsite				Otras localidades/ Other localities	Registros notables/ Noteworthy records
	Pongo Chinim	Quebrada Katerpiza	Quebrada Kampankis	Quebrada Wee		
	–	–	–	–	x	–
	–	–	–	–	x	Am
	C	C	U	F	–	–
	C	C	U	U	–	–
	–	–		R	–	–
	U	R	R	R	–	–
	R	R		U	–	Am
	–	–	–	R	–	–
	U	C	–	R	–	–
	R	–	R	R	–	–
	–	–	–	–	x	–
	–	–	–	–	x	–
	–	–	–	R	–	–
	U	C	R	R	–	–
	–	–	–	R	–	An
	R	C	U	R	–	–
	R	R	–	R	–	–
	–	–	R	–	–	–
	–	U	–	–	–	–
	x	–	–	x	–	–
	–	R	–	U	–	–
	–	–	U	R	–	–
	–	–	R	–	–	–
	–	–	–	–	x	–
	–	–	–	R	x	–
	R	–	–	R	–	Am
	–	–	R	–	–	–
	U	–	U	–	–	–
	U	R	–	R	–	–
	U	–	U	U	–	–
	–	–	U	U	–	Am
	U	–	U	–	x	Am
	–	–	R	–	–	–
	R	–	–	–	–	–

AVES / BIRDS		
Nombre científico/ Scientific name	**Nombre oficial en castellano/ Spanish official name**	**Nombre en inglés/ English name**
Colibri delphinae	Oreja Violeta Parda	Brown Violetear
Florisuga mellivora	Colibrí de Nuca Blanca	White-necked Jacobin
Eutoxeres condamini	Pico de Hoz de Cola Canela	Buff-tailed Sicklebill
Threnetes leucurus	Ermitaño de Cola Pálida	Pale-tailed Barbthroat
Phaethornis ruber	Ermitaño Rojizo	Reddish Hermit
Phaethornis guy	Ermitaño Verde	Green Hermit
Phaethornis bourcieri	Ermitaño de Pico Recto	Straight-billed Hermit
Phaethornis superciliosus	Ermitaño de Cola Larga	Long-tailed Hermit
Ocreatus underwoodi	Colibrí Cola de Raqueta	Booted Racquet-tail
Heliodoxa gularis	Brillante de Garganta Rosada	Pink-throated Brilliant
Heliodoxa aurescens	Brillante de Pecho Castaño	Gould's Jewelfront
Chlorostilbon mellisugus	Esmeralda de Cola Azul	Blue-tailed Emerald
Klais guimeti	Colibrí de Cabeza Violeta	Violet-headed Hummingbird
Campylopterus largipennis	Ala de Sable de Pecho Gris	Gray-breasted Sabrewing
Campylopterus villaviscencio	Ala de Sable del Napo	Napo Sabrewing
Thalurania furcata	Ninfa de Cola Ahorquillada	Fork-tailed Woodnymph
Amazilia fimbriata	Colibrí de Garganta Brillante	Glittering-throated Emerald
Trogonidae (7)		
Pharomachrus pavoninus	Quetzal Pavonino	Pavonine Quetzal
Trogon melanurus	Trogón de Cola Negra	Black-tailed Trogon
Trogon viridis	Trogón de Cola Blanca	White-tailed Trogon
Trogon violaceus	Trogón Violáceo	Violaceous Trogon
Trogon curucui	Trogón de Corona Azul	Blue-crowned Trogon
Trogon rufus	Trogón de Garganta Negra	Black-throated Trogon
Trogon collaris	Trogón Acollarado	Collared Trogon
Alcedinidae (1)		
Chloroceryle americana	Martín Pescador Verde	Green Kingfisher
Momotidae (3)		
Electron platyrhynchum	Relojero de Pico Ancho	Broad-billed Motmot
Baryphthengus martii	Relojero Rufo	Rufous Motmot
Momotus momota	Relojero de Corona Azul	Blue-crowned Motmot
Galbulidae (3)		
Galbula albirostris	Jacamar de Pico Amarillo	Yellow-billed Jacamar
Galbula chalcothorax	Jacamar Purpúreo	Purplish Jacamar
Jacamerops aureus	Jacamar Grande	Great Jacamar
Bucconidae (6)		
Notharchus hyperrhynchus	Buco de Cuello Blanco	White-necked Puffbird
Nystalus striolatus	Buco Estriolado	Striolated Puffbird
Malacoptila fusca	Buco de Pecho Blanco	White-chested Puffbird
Monasa nigrifrons	Monja de Frente Negra	Black-fronted Nunbird
Monasa morphoeus	Monja de Frente Blanca	White-fronted Nunbird
Monasa flavirostris	Monja de Pico Amarillo	Yellow-billed Nunbird
Capitonidae (2)		
Capito auratus	Barbudo Brilloso	Gilded Barbet

Campamento/ Campsite				Otras localidades/ Other localities	Registros notables/ Noteworthy records
Pongo Chinim	Quebrada Katerpiza	Quebrada Kampankis	Quebrada Wee		
R	U	–	–		An
–	–	R	R	x	–
–	R	R	–	–	–
R	R	R	–	–	–
–	R	–	–	–	–
–	–	–	R	–	An
R	U	F	U	–	–
U	U	U	R	–	–
–	–	–	R	–	An
–	–	R	U	–	An/Ca
R	–	–	–	–	–
R	–	–	–	–	Am
–	R	–	–	–	An
U	–	–	–	–	–
–	–	–	R	–	An/Ca
U	R	–	–	–	–
–	–	–	R	–	–
R	–	R	–	–	–
U	–	–	–	–	–
R	F	R	R	–	–
–	U	U	R	–	–
R	–	R	–	–	–
R	–	R	R	–	–
F	R	R	U	–	–
–	R	R	R	–	–
–	R	–	–	–	–
–	–	–	R	–	–
R	R	–	R	–	–
–	–	R	–	–	–
R	U	R	–	–	–
U	R	R	R	–	–
–	–	–	R	–	–
–	R	R	R	–	Am
–	–	R	–	–	–
R	R	–	–	–	–
–	R	U	R	–	–
–	U	–	R	–	–
C	C	C	C	–	–

AVES / BIRDS

Nombre científico/ Scientific name	Nombre oficial en castellano/ Spanish official name	Nombre en inglés/ English name
Eubucco richardsoni	Barbudo de Garganta Limón	Lemon-throated Barbet
Ramphastidae (6)		
Ramphastos tucanus	Tucán de Garganta Blanca	White-throated Toucan
Ramphastos vitellinus	Tucán de Pico Acanalado	Channel-billed Toucan
Aulacohynchus derbianus	Tucaneta de Puntas Castañas	Chestnut-tipped Toucanet
Selenidera reinwardtii	Tucancillo de Collar Dorado	Golden-collared Toucanet
Pteroglossus inscriptus	Arasari Letreado	Lettered Aracari
Pteroglossus azara	Arasari de Pico Marfil	Ivory-billed Aracari
Picidae (11)		
Picumnus lafresnayi	Carpinterito de Lafresnaye	Lafresnaye's Piculet
Melanerpes cruentatus	Carpintero de Penacho Amarillo	Yellow-tufted Woodpecker
Veniliornis passerinus	Carpintero Chico	Little Woodpecker
Veniliornis affinis	Carpintero Teñido de Rojo	Red-stained Woodpecker
Piculus leucolaemus	Carpintero de Garganta Blanca	White-throated Woodpecker
Celeus grammicus	Carpintero de Pecho Escamoso	Scale-breasted Woodpecker
Celeus elegans	Carpintero Castaño	Chestnut Woodpecker
Celeus spectabilis	Carpintero de Cabeza Rufa	Rufous-headed Woodpecker
Dryocopus lineatus	Carpintero Lineado	Lineated Woodpecker
Campephilus rubricollis	Carpintero de Cuello Rojo	Red-necked Woodpecker
Campephilus melanoleucos	Carpintero de Cresta Roja	Crimson-crested Woodpecker
Falconidae (9)		
Herpetotheres cachinnans	Halcón Reidor	Laughing Falcon
Micrastur ruficollis	Halcón Montés Barrado	Barred Forest-Falcon
Micrastur gilvicollis	Halcón Montés de Ojo Blanco	Lined Forest-Falcon
Micrastur semitorquatus	Halcón Montés Acollarado	Collared Forest-Falcon
Micrastur buckleyi	Halcón Montés de Buckley	Buckley's Forest-Falcon
Ibycter americanus	Caracara de Vientre Blanco	Red-throated Caracara
Daptrius ater	Caracara Negro	Black Caracara
Milvago chimachima	Caracara Chimachima	Yellow-headed Caracara
Falco rufigularis	Halcón Caza Murciélagos	Bat Falcon
Psittacidae (14)		
Ara ararauna	Guacamayo Azul y Amarillo	Blue-and-yellow Macaw
Ara militaris	Guacamayo Militar	Military Macaw
Ara chloropterus	Guacamayo Rojo y Verde	Red-and-green Macaw
Ara severus	Guacamayo de Frente Castaña	Chestnut-fronted Macaw
Aratinga leucophthalmus	Cotorra de Ojo Blanco	White-eyed Parakeet
Aratinga weddellii	Cotorra de Cabeza Oscura	Dusky-headed Parakeet
Pyrrhura peruviana	Perico de Pecho Ondulado	Wavy-breasted Parakeet
Forpus sclateri	Periquito de Pico Oscuro	Dusky-billed Parrotlet
Brotogeris cyanoptera	Perico de Ala Cobalto	Cobalt-winged Parakeet
Pionites melanocephala	Loro de Cabeza Negra	Black-headed Parrot
Pyrilia barrabandi	Loro de Mejilla Naranja	Orange-cheeked Parrot
Pionus menstruus	Loro de Cabeza Azul	Blue-headed Parrot
Amazona amazonica	Loro de Ala Naranja	Orange-winged Parrot

Campamento/ Campsite				Otras localidades/ Other localities	Registros notables/ Noteworthy records
Pongo Chinim	Quebrada Katerpiza	Quebrada Kampankis	Quebrada Wee		
U	R	R	R	–	–
C	C	C	F	–	–
–	R	–	R	–	–
–	U	–	R	–	An
U	U	–	R	–	–
R	–	–	–	–	–
–	R	–	R	–	–
–	–	R	–	–	–
R	C	U	U	x	–
R	–	R	R	x	–
–	–	R	R	–	–
U	–	R	U	–	Am
–	R	R	–	–	–
R	R	–	R	–	–
x	x	–	–	–	–
R	R	–	–	–	–
U	R	R	U	–	–
–	R	–	R	–	–
–	R	R	–	–	–
R	–	–	–	–	–
–	–	R	R	–	–
R	–	R	–	–	–
R	–	–	–	–	–
R	C	F	U	–	–
–	–	–	–	x	–
–	R	–	–	x	Am
–	–	–	–	x	–
R	–	–	R	–	Am
–	–	–	R	–	An
–	U	–	U	–	Am
–	–	–	R	–	–
–	R	U	–	–	–
–	U	–	U	–	–
U	R	R	R	–	–
–	–	–	U	–	–
C	C	C	U	x	–
–	–	U		–	Am
U	–	U	R	–	–
U	R	U	R	x	–
–	R	–	R	–	–

AVES / BIRDS		
Nombre científico/ Scientific name	**Nombre oficial en castellano/ Spanish official name**	**Nombre en inglés/ English name**
Amazona farinosa	Loro Harinoso	Mealy Parrot
Thamnophilidae (37)		
Cymbilaimus lineatus	Batará Lineado	Fasciated Antshrike
Thamnophilus tenuepunctatus	Batará Listado	Lined Antshrike
Thamnophilus schistaceus	Batará de Ala Llana	Plain-winged Antshrike
Thamnophilus murinus	Batará Murino	Mouse-colored Antshrike
Thamnophilus aethiops	Batará de Hombro Blanco	White-shouldered Antshrike
Dysithamnus mentalis	Batarito de Cabeza Gris	Plain Antvireo
Thamnomanes ardesiacus	Batará de Garganta Oscura	Dusky-throated Antshrike
Thamnomanes caesius	Batará Cinéreo	Cinereous Antshrike
Pygiptila stellaris	Batará de Ala Moteada	Spot-winged Antshrike
Epinecrophylla leucophthalma	Hormiguerito de Ojo Blanco	White-eyed Antwren
Epinecrophylla ornata	Hormiguerito Adornado	Ornate Antwren
Epinecrophylla erythrura	Hormiguerito de Cola Rufa	Rufous-tailed Antwren
Myrmotherula brachyura	Hormiguerito Pigmeo	Pygmy Antwren
Mymotherula ignota	Hormiguerito Bigotudo	Moustached Antwren
Myrmotherula hauxwelli	Hormiguerito de Garganta Llana	Plain-throated Antwren
Myrmotherula axillaris	Hormiguerito de Flanco Blanco	White-flanked Antwren
Myrmotherula schisticolor	Hormiguerito Pizarroso	Slaty Antwren
Myrmotherula longipennis	Hormiguerito de Ala Larga	Long-winged Antwren
Myrmotherula menetriesii	Hormiguerito Gris	Gray Antwren
Herpsilochmus rufimarginatus	Hormiguerito de Ala Rufa	Rufous-winged Antwren
Herpsilochmus axillaris	Hormiguerito de Pecho Amarillo	Yellow-breasted Antwren
Hypocnemis peruviana	Hormiguero Peruano	Peruvian Warbling-Antbird
Terenura humeralis	Hormiguero de Hombro Castaño	Chestnut-shouldered Antwren
Cercomacra cinerascens	Hormiguero Gris	Gray Antbird
Cercomacra serva	Hormiguero Negro	Black Antbird
Myrmoborus myotherinus	Hormiguero de Cara Negra	Black-faced Antbird
Myrmoborus leucophrys	Hormiguero de Ceja Blanca	White-browed Antbird
Sclateria naevia	Hormiguero Plateado	Silvered Antbird
Schistocichla leucostigma	Hormiguero de Ala Moteada	Spot-winged Antbird
Myrmeciza atrothorax	Hormiguero de Garganta Negro	Black-throated Antbird
Myrmeciza melanoceps	Hormiguero de Hombro Blanco	White-shouldered Antbird
Myrmeciza hyperythra	Hormiguero Plomizo	Plumbeous Antbird
Myrmeciza fortis	Hormiguero Tiznado	Sooty Antbird
Pithys albifrons	Hormiguero de Plumón Blanco	White-plumed Antbird
Gymnopithys leucaspis	Hormiguero Bicolor	Bicolored Antbird
Hylophylax naevius	Hormiguero de Dorso Moteado	Spot-backed Antbird
Willisornis poecilinotus	Hormiguero de Dorso Escamoso	Scale-backed Antbird
Conopophagidae (1)		
Conopophaga castaneiceps	Jejenero de Corona Castaña	Chestnut-crowned Gnateater
Grallaridae (4)		
Grallaria guatimalensis	Tororoi Escamoso	Scaled Antpitta

	Campamento/ Campsite				Otras localidades/ Other localities	Registros notables/ Noteworthy records
	Pongo Chinim	Quebrada Katerpiza	Quebrada Kampankis	Quebrada Wee		
	U	–	R	–	–	–
	U	U	U	R	–	–
	–	–	R	–	–	An
	C	C	U	R	–	–
	R	–	–	–	–	–
	U	–	–	–	–	Am
	U	R	–	R	–	An
	C	R	U	R	–	–
	C	C	C	F	–	–
	R	–	R	–	–	–
	–	R	–	–	–	Am/ Ca (?)
	–	U	U	R	–	–
	R	U	R	R	–	–
	F	U	–	–	–	–
	R	–	U	R	–	–
	R	R	R	–	–	–
	C	U	C	R	–	–
	–	U	–	–	–	An
	R	U	U	R	–	–
	U	R	R	U	–	–
	R	U	U	R	–	An
	–	–	–	U	–	An
	F	U	U	U	–	–
	U	–	U	U	–	Am
	U	R	U	U	–	–
	R	R	R	–	–	–
	C	F	C	U	–	–
	–	R	–	–	–	–
	R	–	–	–	–	Am
	R	U	R	R	–	–
	–	–	R	–	–	–
	–	U	–	–	–	–
	R	–	–	–	–	Am
	F	R	U	R	–	–
	R	–	R	–	–	–
	R	–	R	–	–	–
	U	F	U	U	–	–
	R	U	U	U	–	–
	–	R	–	–	–	An
	–	–	–	R	–	An

AVES / BIRDS		
Nombre científico/ Scientific name	**Nombre oficial en castellano/ Spanish official name**	**Nombre en inglés/ English name**
Grallaria haplonota	Tororoi de Dorso Llano	Plain-backed Antpitta
Grallaria dignissima	Tororoi Ocre Listado	Ochre-striped Antpitta
Myrmothera campanisona	Tororoi Campanero	Thrush-like Antpitta
Rhinocryptidae (1)		
Liosceles thoracicus	Tapaculo de Faja Rojiza	Rusty-belted Tapaculo
Formicariidae (5)		
Formicarius colma	Gallito-Hormiguero de Gorro Rufo	Rufous-capped Antthrush
Formicarius analis	Gallito-Hormiguero de Cara Negra	Black-faced Antthrush
Formicarius rufipectus	Gallito-Hormiguero de Pecho Rufo	Rufous-breasted Antthrush
Chamaeza nobilis	Rasconzuelo Estriado	Striated Antthrush
Chamaeza campanisona	Rasconzuelo de Cola Corta	Short-tailed Antthrush
Furnariidae (26)		
Sclerurus caudacutus	Tira-hoja de Cola Negra	Black-tailed Leaftosser
Sclerurus albigularis	Tira-hoja de Garganta Gris	Gray-throated Leaftosser
Glyphorynchus spirurus	Trepador Pico de Cuña	Wedge-billed Woodcreeper
Sittasomus griseicapillus	Trepador Oliváceo	Olivaceous Woodcreeper
Deconychura longicauda	Trepador de Cola Larga	Long-tailed Woodcreeper
Dendrocolaptes certhia	Trepador Barrado Amazónico	Barred Woodcreeper
Xiphocolaptes promeropirhynchus	Trepador de Pico Fuerte	Strong-billed Woodcreeper
Xiphorhynchus ocellatus	Trepador Ocelado	Ocellated Woodcreeper
Xiphorhynchus elegans	Trepador Elegante	Elegant Woodcreeper
Xiphorhynchus guttatus	Trepador de Garganta Anteada	Buff-throated Woodcreeper
Xiphorhynchus triangularis	Trepador de Dorso Olivo	Olive-backed Woodcreeper
Dendroplex picus	Trepador de Pico Recto	Straight-billed Woodcreeper
Campylorhamphus trochilirostris	Pico-Guadaña de Pico Rojo	Red-billed Scythebill
Lepidocolaptes albolineatus	Trepador Lineado	Lineated Woodcreeper
Xenops minutus	Pico-Lezna Simple	Plain Xenops
Philydor ruficaudatum	Limpia Follaje de Cola Rufa	Rufous-tailed Foliage-gleaner
Philydor erythrocercum	Limpia Follaje de Lomo Rufo	Rufous-rumped Foliage-gleaner
Hyloctistes subulatus	Rondabosque Rayado	Striped Woodhaunter
Automolus ochrolaemus	Hoja-Rasquero de Garganta Anteada	Buff-throated Foliage-gleaner
Automolus infuscatus	Hoja-Rasquero de Dorso Olivo	Olive-backed Foliage-gleaner
Automolus rubiginosus	Hoja-Rasquero Rojizo	Ruddy Foliage-gleaner
Automolus rufipileatus	Hola-Rasquero de Corona Castaña	Chestnut-crowned Foliage-gleaner
Premnoplex brunnescens	Cola-Púa Moteado	Spotted Barbtail
Cranioleuca gutturata	Coliespina Jaspeada	Speckled Spinetail
Synallaxis albigularis	Coliespina de Pecho Oscuro	Dark-breasted Spinetail
Synallaxis gujanensis	Coliespina de Corona Parda	Plain-crowned Spinetail
Tyrannidae (29)		
Tyrannulus elatus	Moscareta de Corona Amarilla	Yellow-crowned Tyrannulet
Ornithion inerme	Moscareta de Lores Blancos	White-lored Tyrannulet
Corythopis torquata	Coritopis Anillado	Ringed Antpipit
Zimmerius gracilipes	Moscareta de Pata Delgada	Slender-footed Tyrannulet

	Campamento/ Campsite				Otras localidades/ Other localities	Registros notables/ Noteworthy records
	Pongo Chinim	Quebrada Katerpiza	Quebrada Kampankis	Quebrada Wee		
	–	–	–	R	–	An
	U	–	–	–	–	–
	–	R	U	–	–	–
	C	U	C	U	–	–
	R	–	–	–	–	–
	C	F	U	U	–	–
	–	R	–	–	–	An
	–	R	R	–	–	–
	–	–	–	R	–	An/ Ca
	R	R	–	–	–	–
	–	–	–	R	–	An
	C	C	C	U	–	–
	R	–	–	–	–	–
	R	R	–	R	–	–
	–	–	R	R	–	–
	–	R	R	–	–	Am
	R	R	–	–	–	–
	R	U	U	R	–	–
	C	C	C	C	x	–
	–	–	–	R	–	An
	–	U	–	–	–	Am
	–	–	–	R	–	–
	–	R	–	–	–	–
	–	–	–	R	–	–
	–	R	–	R	–	–
	R	R	–	R	–	–
	U	R	R	R	–	–
	–	U	U	U	–	–
	U	–	R	R	–	–
	R	R	–	–	–	–
	–	–	–	R	–	–
	–	R	–	–	–	An
	R	–	R	R	–	–
	–	–	–	–	x	–
	–	R	R	–	–	–
	U	R	–	–	–	–
	R	R	U	–	–	–
	R	–	–	–	–	–
	–	–	–	R	–	Am

AVES / BIRDS		
Nombre científico/ Scientific name	**Nombre oficial en castellano/ Spanish official name**	**Nombre en inglés/ English name**
Phylloscartes orbitalis	Mosqueta Cerdosa de Anteojos	Spectacled Bristle-Tyrant
Mionectes olivaceus	Mosquerito Rayado de Olivo	Olive-striped Flycatcher
Mionectes oleagineus	Mosquerito de Vientre Ocráceo	Ochre-bellied Flycatcher
Leptopogon amaurocephalus	Mosquerito de Gorro Sepia	Sepia-capped Flycatcher
Myiotriccus ornatus	Mosquerito Adornado	Ornate Flycatcher
Lophotriccus vitiosus	Tirano-Pigmeo de Doble Banda	Double-banded Pygmy-Tyrant
Hemitriccus zosterops	Tirano-Todi de Ojo Blanco	White-eyed Tody-Tyrant
Poecilotriccus latirostris	Espatulilla de Frente Rojiza	Rusty-fronted Tody-Flycatcher
Todirostrum chrysocrotaphum	Espatulilla de Ceja Amarilla	Yellow-browed Tody-Flycatcher
Rhynchocyclus olivaceus	Pico-Plano Oliváceo	Olivaceous Flatbill
Tolmomyias flaviventris	Pico-Ancho de Pecho Amarillo	Yellow-breasted Flycatcher
Platyrinchus coronatus	Pico Chato de Corona Dorada	Golden-crowned Spadebill
Myiobius barbatus	Mosquerito de Lomo Azufrado	Sulphur-rumped Flycatcher
Terenotriccus erythrurus	Mosquerito de Cola Rojiza	Ruddy-tailed Flycatcher
Sayornis nigricans	Mosquero de Agua	Black Phoebe
Legatus leucophaius	Mosquero Pirata	Piratic Flycatcher
Myiozetetes similis	Mosquero Social	Social Flycatcher
Myiozetetes granadensis	Mosquero de Gorro Gris	Gray-capped Flycatcher
Myiozetetes luteiventris	Mosquero de Pecho Oscuro	Dusky-chested Flycatcher
Pitangus sulphuratus	Bienteveo Grande	Great Kiskadee
Megarynchus pitangua	Mosquero Picudo	Boat-billed Flycatcher
Tyrannus melancholicus	Tirano Tropical	Tropical Kingbird
Rhytipterna simplex	Plañidero Grisáceo	Grayish Mourner
Myiarchus tuberculifer	Copetón de Cresta Oscura	Dusky-capped Flycatcher
Attila spadiceus	Atila Polimorfo	Bright-rumped Attila
Cotingidae (8)		
Pipreola frontalis	Frutero de Pecho Escarlata	Scarlet-breasted Fruiteater
Pipreola chlorolepidota	Frutero Garganta de Fuego	Fiery-throated Fruiteater
Ampelioides tschudii	Frutero Escamoso	Scaled Fruiteater
Phoenicircus nigricollis	Cotinga Roja de Cuello Negro	Black-necked Red-Cotinga
Rupicola peruviana	Gallito de las Rocas Andino	Andean Cock-of-the-Rock
Snowornis subalaris	Sirio de Cola Gris	Gray-tailed Piha
Querula purpurata	Cuervo Frutero de Garganta Púrpura	Purple-throated Fruitcrow
Lipaugus vociferans	Sirio Gritón	Screaming Piha
Pipridae (6)		
Tyranneutes stolzmanni	Tirano Saltarín Enano	Dwarf Tyrant-Manakin
Lepidothrix coronata	Saltarín de Corona Azúl	Blue-crowned Manakin
Manacus manacus	Saltarín de Barba Blanca	White-bearded Manakin
Chiroxiphia pareola	Saltarín de Dorso Azul	Blue-backed Manakin
Pipra pipra	Saltarín de Corona Blanca	White-crowned Manakin
Pipra erythrocephala	Saltarín de Cabeza Dorada	Golden-headed Manakin
Tityridae (4)		
Schiffornis turdina	Schiffornis Pardo	Thrush-like Manakin
Laniocera hypopyrra	Plañidero Cinéreo	Cinereous Mourner

Campamento/ Campsite				Otras localidades/ Other localities	Registros notables/ Noteworthy records
Pongo Chinim	Quebrada Katerpiza	Quebrada Kampankis	Quebrada Wee		
–	–	–	R	–	An
R	–	R	–	–	An
U	R	–	–	–	–
–	–	–	R	–	–
–	F	U	F	–	An
R	–	–	–	–	–
R	U	–	–	–	–
–	R	–	–	–	–
–	–	–	–	x	–
R	–	–	–	–	–
R	–	–	–	–	–
U	F	U	U	–	–
R	–	R		–	–
–	–	R	U	–	–
–	R	–	–	–	–
–	–	–	–	x	–
–	R	U	–	–	–
–	–	R	–	–	–
R	R	U	–	–	–
–	–	R	–	–	–
–	R	–	–	–	–
–	U	R	–	x	–
R	–	R	R	–	–
U	U	U	R	–	–
U	R	U	U	–	–
–	–	–	R	–	An
–	R	–	R	–	–
–	–	–	R	–	An
U	–	–	–	–	–
–	F	R	R	–	An
–	–	–	R	–	An/Ca
C	–	–	R	–	–
C	R	C	C	–	–
R	R	U	–	–	–
C	C	U	R	–	–
R	–	–	–	–	–
C	R	F	R	–	–
–	–	R	R	–	–
C	U	–	U	–	–
R	U	R	–	–	–
R	–	U	–	–	–

AVES / BIRDS		
Nombre científico/ Scientific name	**Nombre oficial en castellano/ Spanish official name**	**Nombre en inglés/ English name**
Pachyramphus polychopterus	Cabezón de Ala Blanca	White-winged Becard
Pachyramphus minor	Cabezón de Garganta Rosada	Pink-throated Becard
Incertae Sedis A (1)		
Piprites chloris	Piprites de Ala Barrada	Wing-barred Manakin
Vireonidae (5)		
Vireolanius leucotis	Vireón de Gorro Apizarrado	Slaty-capped Shrike-Vireo
Vireo leucophrys	Víreo de Gorro Pardo	Brown-capped Vireo
Vireo olivaceus	Víreo de Ojo Rojo	Red-eyed Vireo
Hylophilus hypoxanthus	Verdillo de Gorro Oscuro	Dusky-capped Greenlet
Hylophilus ochraceiceps	Verdillo de Corona Leonada	Tawny-crowned Greenlet
Corvidae (1)		
Cyanocorax violaceus	Urraca Violácea	Violaceous Jay
Hirundinidae (2)		
Stelgidopteryx ruficollis	Golondrina Ala-Rasposa Sureña	Southern Rough-winged Swallow
Progne tapera	Martín de Pecho Pardo	Brown-chested Martin
Troglodytidae (8)		
Microcerculus marginatus	Cucarachero de Pecho Escamoso	Southern Nightingale-Wren
Campylorhynchus turdinus	Cucarachero Zorzal	Thrush-like Wren
Pheugopedius coraya	Cucarachero Coraya	Coraya Wren
Cantorchilus leucotis	Cucarachero de Pecho Anteado	Buff-breasted Wren
Troglodytes aedon	Cucarachero Común	House Wren
Henicorhina leucosticta	Cucarachero Montés de Pecho Blanco	White-breasted Wood-Wren
Henicorhina leucophrys	Cucarachero Montés de Pecho Gris	Gray-breasted Wood-Wren
Cyphorhinus arada	Cucarachero Musical	Musician Wren
Polioptilidae (3)		
Microbates cinereiventris	Soterillo de Cara Leonada	Half-collared Gnatwren
Ramphocaenus melanurus	Soterillo de Pico Largo	Long-billed Gnatwren
Polioptila plumbea	Perlita Tropical	Tropical Gnatcatcher
Turdidae (5)		
Myadestes ralloides	Solitario Andino	Andean Solitaire
Catharus dryas	Zorzal Moteado	Spotted Nightingale-Thrush
Entomodestes leucotis	Solitario de Oreja Blanca	White-eared Solitaire
Turdus lawrencii	Zorzal de Lawrence	Lawrence's Thrush
Turdus albicollis	Zorzal de Cuello Blanco	White-necked Thrush
Thraupidae (34)		
Cissopis leveriana	Tangara Urraca	Magpie Tanager
Cnemoscopus rubrirostris	Tangara Montesa de Capucha Gris	Gray-hooded Bush Tanager
Tachyphonus cristatus	Tangara Cresta de Fuego	Flame-crested Tanager
Tachyphonus surinamus	Tangara Cresta Leonada	Fulvous-crested Tanager
Tachyphonus luctuosus	Tangara de Hombro Blanco	White-shouldered Tanager
Tachyphonus rufus	Tangara de Líneas Blancas	White-lined Tanager
Lanio fulvus	Tangara Leonada	Fulvous Shrike-Tanager
Ramphocelus nigrogularis	Tangara Carmesí Enmascarada	Masked Crimson Tanager
Ramphocelus carbo	Tangara de Pico Plateado	Silver-beaked Tanager

	Campamento/ Campsite				Otras localidades/ Other localities	Registros notables/ Noteworthy records
	Pongo Chinim	Quebrada Katerpiza	Quebrada Kampankis	Quebrada Wee		
	–	R	–	–	x	–
	R	–	–	R	–	–
	–	–	R	R	–	–
	U	U	U	U	–	–
	–	–	–	R	–	An
	R	U	R	–	–	–
		U	U	R	–	–
	R	R	R	R	–	–
	–	U	R	–	–	–
	–	–	–	–	x	–
	–	–	–	–	x	–
	C	C	C	U	–	–
	U	R	–	–	–	–
	U	R	R	–	–	–
	R	–	–	–	–	–
	–	–	–	x	–	–
	U	–	U	–	–	–
	–	F	R	U	–	An
	R	–	U	–	–	–
	U	U	R	R	–	An/ Ca
	–	R	–	R	–	–
	U	U	R	R	–	–
	–	–	–	R	–	An
	–	–	–	U	–	An
	–	–	–	R	–	An
	–	–	–	R	–	–
	R	R	R	–	–	–
	–	U	–	R	x	–
	–	–	–	R	–	–
	–	R	U	–	–	–
	R	R	U	R	–	–
	–	R	–	–	–	–
	–	R	–	–	–	–
	U	–	U	U	–	–
	U	U	R		–	–
	U	R	U	–	x	–

AVES / BIRDS		
Nombre científico/ Scientific name	Nombre oficial en castellano/ Spanish official name	Nombre en inglés/ English name
Thraupis episcopus	Tangara Azuleja	Blue-gray Tanager
Thraupis palmarum	Tangara de Palmeras	Palm Tanager
Wetmorethraupis sterrhopteron	Tangara de Garganta Naranja	Orange-throated Tanager
Anisognathus somptuosus	Tangara de Montaña de Ala Azul	Blue-winged Mountain-Tanager
Chlorochrysa calliparaea	Tangara de Oreja Naranja	Orange-eared Tanager
Tangara nigrocincta	Tangara Enmascarada	Masked Tanager
Tangara xanthogastra	Tangara de Vientre Amarillo	Yellow-bellied Tanager
Tangara mexicana	Tangara Turquesa	Turquoise Tanager
Tangara chilensis	Tangara del Paraíso	Paradise Tanager
Tangara velia	Tangara de Lomo Opalino	Opal-rumped Tanager
Tangara callophrys	Tangara de Corona Opalina	Opal-crowned Tanager
Tangara gyrola	Tangara de Cabeza Baya	Bay-headed Tanager
Tangara schrankii	Tangara Verde y Dorada	Green-and-gold Tanager
Tangara arthus	Tangara Dorada	Golden Tanager
Tersina viridis	Azulejo Golondrina	Swallow Tanager
Dacnis lineata	Dacnis de Cara Negra	Black-faced Dacnis
Dacnis flaviventer	Dacnis de Vientre Amarillo	Yellow-bellied Dacnis
Dacnis cayana	Dacnis Azul	Blue Dacnis
Cyanerpes caeruleus	Mielero Púrpura	Purple Honeycreeper
Chlorophanes spiza	Mielero Verde	Green Honeycreeper
Hemithraupis guira	Tangara Guira	Guira Tanager
Hemithraupis flavicollis	Tangara de Dorso Amarillo	Yellow-backed Tanager
Diglossa glauca	Pincha-Flor Azul Intenso	Deep-blue Flowerpiercer
Diglossa caerulescens	Pincha-Flor Azulado	Bluish Flowerpiercer
Coereba flaveola	Mielero Común	Bananaquit
Incertae Sedis B (3)		
Saltator grossus	Pico Grueso de Pico Rojo	Slate-colored Grosbeak
Saltator maximus	Saltador de Garganta Anteada	Buff-throated Saltator
Saltator coerulescens	Saltador Grisáceo	Grayish Saltator
Emberizidae (6)		
Ammodramus aurifrons	Gorrión de Ceja Amarilla	Yellow-browed Sparrow
Volatinia jacarina	Semillerito Negro Azulado	Blue-black Grassquit
Chlorospingus ophthalmicus	Tangara Montesa Común	Common Bush-Tanager
Chlorospingus flavigularis	Tangara Montesa de Garganta Amarilla	Yellow-throated Bush-Tanager
Oryzoborus angolensis	Semillero de Vientre Castaño	Chestnut-bellied Seed-Finch
Arremon brunneinucha	Matorralero de Gorro Castaño	Chestnut-capped Brush-Finch
Cardinalidae (1)		
Habia rubica	Tangara Hormiguera de Corona Roja	Red-crowned Ant-Tanager
Parulidae (4)		
Parula pitiayumi	Parula Tropical	Tropical Parula
Myioborus miniatus	Candelita de Garganta Plomiza	Slate-throated Redstart
Basileuterus tristriatus	Reinita de Cabeza Listada	Three-striped Warbler
Phaeothlypis fulvicauda	Reinita de Lomo Anteado	Buff-rumped Warbler

	Campamento/ Campsite				Otras localidades/ Other localities	Registros notables/ Noteworthy records
	Pongo Chinim	Quebrada Katerpiza	Quebrada Kampankis	Quebrada Wee		
	–	–	–	–	x	–
	–	–	R	–	x	–
	–	–	U	U	–	Am/ Ca (?)
	–	–	–	R	–	An
	–	–	–	U	–	An
	–	–	–	R	–	–
	R	–	R		–	–
	R	R		R	–	–
	C	C	C	F	–	–
	R	R	–	–	–	–
	R	–	–	–	–	–
	U	U	U	U	–	–
	U	R	U	U	–	–
	R	R	–	–	–	An
	–	R	–	–	–	–
	R	–	–	–	–	–
	–	–	–	R	–	–
	R	–	–	–	–	–
	R	–	U	–	–	–
	U	R	R	R	–	–
	–	–	–	R	–	Am
	U	U	U	R	–	–
	–	R	R	R	–	An
	–	R	–	–	–	An
	–	C	–	–	–	An
	U	R	U	R	–	–
	R	–	R	–	–	–
	–	–	–	–	x	–
	–	–	–	–	x	–
	–	–	–	–	x	–
	–	U	R	–	–	An
	–	F	–	R	–	An
	R	–	–	R	x	–
	–	R	–	R	–	An
	U	R	U	R	–	–
	–	R	–	R	–	An
	–	–	–	C	–	An
	–	–	–	R	–	An
	F	–	F	U	–	–

AVES / BIRDS

Nombre científico/ Scientific name	Nombre oficial en castellano/ Spanish official name	Nombre en inglés/ English name
Icteridae (3)		
Psarocolius decumanus	Oropéndola Crestada	Crested Oropendola
Psarocolius bifasciatus	Oropéndola Olivo	Olive Oropendola
Cacicus cela	Cacique de Lomo Amarillo	Yellow-rumped Cacique
Fringillidae (4)		
Euphonia minuta	Eufonia de Subcaudales Blancas	White-vented Euphonia
Euphonia xanthogaster	Eufonia de Vientre Naranja	Orange-bellied Euphonia
Euphonia rufiventris	Eufonia de Vientre Rufo	Rufous-bellied Euphonia
Chlorophonia cyanea	Clorofonia de Nuca Azul	Blue-naped Chlorophonia

Campamento/ Campsite				Otras localidades/ Other localities	Registros notables/ Noteworthy records
Pongo Chinim	Quebrada Katerpiza	Quebrada Kampankis	Quebrada Wee		
–	U	–	–	x	–
R	R	R	R	–	–
R	R	U	–	x	–
–	R	–	–	–	–
U	R	R	R	–	–
R	R	–	R	–	–
–	R	–	–	–	An

Mamíferos registrados por Lucía Castro Vergara durante el inventario rápido de los Cerros de Kampankis, Amazonas y Loreto, Perú, del 2 al 20 de agosto de 2011. El listado también incluye especies reportadas de la zona por Patton et al. (1982) y Dosantos (2005), así como especies que son esperadas para la zona según su rango de distribución pero que todavía no han sido registradas allí. El ordenamiento y la nomenclatura siguen Pacheco et al. (2009).

MAMÍFEROS MEDIANOS Y GRANDES / LARGE AND MEDIUM-SIZED MAMMALS				
Nombre científico/ Scientific name	**Nombre indígena/ Indigenous name**		**Nombre común en el Perú/ Common name in Peru**	**Nombre en inglés/ English common name**
	Awajún	**Wampis**		
Didelphimorphia 7 (16)†				
Didelphidae (16)				
Caluromys lanatus	–	–	Zarigüeyita lanuda	Eastern woolly opossum
Caluromysiops irrupta	–	–	Zarigüeyita de estola negra	Black-shouldered opossum
Glironia venusta	–	–	Zarigüeyita de cola poblada	Bushy-tailed opossum
Chironectes minimus	–	–	Zorra de agua	Water opossum
Didelphis marsupialis	–	–	Zorra, zarigüeya común	Common opossum
Gracilinanus agilis	–	–	Comadrejita marsupial ágil	Agile gracile mouse opossum
Marmosa lepida	–	–	Comadrejita marsupial radiante	Little rufous mouse opossum
Marmosa murina	–	–	Comadrejita marsupial ratona	Linnaeus's mouse opossum
Marmosa rubra	–	–	Comadrejita marsupial rojiza	Red mouse opossum
Marmosops impavidus	–	–	Comadrejita marsupial pálida	Andean slender mouse opossum
Marmosops noctivagus	–	–	Comadrejita marsupial noctámbula	White-bellied slender mouse opossum
Metachirus nudicaudatus	–	–	Raposa marrón de cuatro ojos	Brown four-eyed opossum
Micoureus regina	–	–	Comadrejita marsupial reina	Short-furred woolly mouse opossum
Monodelphis adusta	–	–	Marsupial sepia de cola corta	Sepia short-tailed opossum
Philander andersoni	–	–	Zarigüeyita negra de Anderson	Anderson's four-eyed opossum
Philander opossum	–	–	Zarigüeyita gris de cuatro ojos	Gray four-eyed opossum
Philander sp. ††	–	–	Raposa de cuatro ojos	Four-eyed opossum
Cingulata (5/5)				
Dasypodidae (5)				
Dasypus kappleri	Sema	Shushui/Muits	Carachupa	Great long-nosed armadillo
Dasypus novemcinctus	Bakup	Sima	Carachupa	Nine-banded armadillo
Dasypus septemcinctus	Ichin	Ichin	Carachupa	Seven-banded armadillo
Cabassous unicinctus	Tuish	Tuish	Carachupa	Eastern naked-tailed armadillo
Priodontes maximus	Yankun	Yankun	Yungunturu, armadillo gigante	Giant armadillo

Mammals recorded by Lucía Castro Vergara during the rapid inventory of the Kampankis Mountains, Amazonas and Loreto, Peru, on 2–20 August 2011. The list also includes species reported for the region by Patton et al. (1982) and Dosantos (2005), as well as species that are expected to occur in Kampankis based on their geographic ranges but that have not yet been recorded there. Sequence and nomenclature follow Pacheco et al. (2009).

Registros en los campamentos/ Records in campsites				Reportes previos/ Earlier reports		Esperada en Kampankis/ Expected in Kampankis	Estado de conservación/ Conservation status		
Pongo Chinim	Quebrada Katerpiza	Quebrada Kampankis	Quebrada Wee	Patton et al. (1982)*	Dosantos (2005)**		UICN/ IUCN 2011	CITES 2011	En el Perú/ In Peru (DS 034-2004)
E	E	E	E	C	–	–	LC	–	–
E	E	E	E	–	–	–	LC	–	–
–	–	–	–	–	–	x	LC	–	–
E	E	E	E	–	H, E	–	LC	–	–
E	E	E	E	C	A, E	–	LC	–	–
–	–	–	–	–	–	x	LC	–	–
–	–	–	–	–	–	x	LC	–	–
–	–	–	–	C	–	–	LC	–	–
–	–	–	–	–	–	x	DD	–	–
–	–	–	–	C	–	–	LC	–	–
–	–	–	–	–	–	x	LC	–	–
E	E	E	E	C	–	–	LC	–	–
–	–	–	–	C	–	–	LC	–	–
–	–	–	A††	–	–	–	LC	–	–
–	–	–	–	–	E	–	LC	–	–
–	–	–	–	C	A, E	–	LC	–	–
E	E	E	E	–	–	–	–	–	–
H, R, E	R, E	R, E	R, E	–	H	–	LC	–	–
H, R, E	R, E	R, E	H, R, E	C	H	–	LC	–	–
H, R, E	A, R, E	R, E	R, E	–	H	–	LC	–	–
E	E	E	E	–	H	–	LC	–	–
R, E	E	R, E	R, E	–	H	–	VU	I	VU

MAMÍFEROS MEDIANOS Y GRANDES / LARGE AND MEDIUM-SIZED MAMMALS				
Nombre científico/ Scientific name	**Nombre indígena/ Indigenous name**		**Nombre común en el Perú/ Common name in Peru**	**Nombre en inglés/ English common name**
	Awajún	**Wampis**		
Pilosa 5 (6)				
Bradypodidae (1)				
Bradypus variegatus	Kuyush	Uñush	Perezoso de tres dedos, pelejo	Three-toed sloth
Megalonychidae (2)				
Choloepus didactylus	Kuyush	Uñush	Perezoso de dos dedos, pelejo	Linné's two-toed sloth
Choloepus hoffmanni	Kuyush	Uñush	Perezoso de dos dedos de Hoffmann, pelejo	Hoffmann's two-toed sloth
Choloepus sp. ††	Kuyush	Uñush	Perezoso de dos dedos	Two-toed sloth
Cyclopedidae (1)				
Cyclopes didactylus	Bíkua	Mikua	Serafín de platanal	Silky anteater
Myrmecophagidae (2)				
Myrmecophaga tridactyla	Wishishi	Wishiishi	Oso hormiguero, oso bandera	Giant anteater
Tamandua tetradactyla	Manchun	Manchun	Oso hormiguero, shihui	Southern tamandua
Primates 11 (14)				
Cebidae (7)				
Callithrix pygmaea	–	–	Mono leoncito	Pygmy marmoset
Saguinus fuscicollis	Pinchi	Pinchichi/ Tseepai	Pichico común, mono de bolsillo	Saddleback tamarin
Aotus nancymaae	Butush	Ujukam	Musmuqui	Nancy Ma's night monkey
Aotus vociferans	Butush	Ujukam	Musmuqui	Spix's night monkey
Cebus albifrons	Bachinki/Tseje	Tsere	Mono blanco	White-fronted capuchin
Cebus apella	Wajiam	Yukapik	Mono negro	Brown capuchin
Saimiri sciureus	Tseem	Tseem	Fraile	Squirrel monkey
Pitheciidae (3)				
Callicebus discolor	Sunkamat	Sunkamat	Tocón	White-tailed titi monkey
Pithecia aequatorialis	Pentsemes	Pentsepents/ Sepur	Huapo ecuatorial	Ecuadorian saki monkey
Pithecia monachus	Pentsemes	Pentsepents/ Sepur	Huapo negro	Monk saki monkey

	Registros en los campamentos/ Records in campsites				Reportes previos/ Earlier reports		Esperada en Kampankis/ Expected in Kampankis	Estado de conservación/ Conservation status		
	Pongo Chinim	Quebrada Katerpiza	Quebrada Kampankis	Quebrada Wee	Patton et al. (1982)*	Dosantos (2005)**		UICN/ IUCN 2011	CITES 2011	En el Perú/ In Peru (DS 034-2004)
	E	E	E	E	C	A	–	LC	II	–
	–	–	–	–	–	A, E	–	LC	–	–
	–	–	–	–	–	E	–	LC	III	–
	R, E	E	E	E	–	–	–	LC	–	–
	E	E	E	E	C	E	–	LC	–	–
	E	R, E	E	E	C	A, H, E	–	VU	II	VU
	E	A, E	R, E	E	C	E	–	LC	–	–
	–	–	–	–	–	–	x	LC	II	–
	A, E	–	–	–	–	–	–	LC	II	–
	–	–	–	–	–	–	x	LC	II	–
	E	E	E	E	C	A	–	LC	II	–
	V, E	A, E	E	A, E	–	A, V	–	LC	II	–
	A, R, E	E	E	A, E	–	A, V	–	LC	II	–
	A, E	A, E	E	A, E	–	A	–	LC	II	–
	E	A, V, E	E	E	C	A	–	LC	II	–
	E	E	E	E	–	–	–	LC	II	–
	A, E	E	A, E	A, E	C	A	–	LC	II	–

MAMÍFEROS MEDIANOS Y GRANDES / LARGE AND MEDIUM-SIZED MAMMALS				
Nombre científico/ Scientific name	**Nombre indígena/ Indigenous name**		**Nombre común en el Perú/ Common name in Peru**	**Nombre en inglés/ English common name**
	Awajún	**Wampis**		
Atelidae (4)				
Alouatta juara	Yakum	Yakum	Mono coto, aullador	Red howler monkey
Ateles belzebuth	Washi	Washi	Maquisapa	White-fronted spider monkey
Lagothrix lagotricha	Chuu	Chuu	Mono choro	Brown woolly monkey
Lagothrix poeppigii	Chuu	Chuu	Mono choro	Poeppig's woolly monkey
Rodentia 7 (12)				
Sciuridae (4)				
Microsciurus flaviventer	Apubishim	Wichim	Ardilla pequeña	Amazon dwarf squirrel
Sciurus ignitus	Kunam	Kunam	Ardilla ígnia	Bolivian squirrel
Sciurus igniventris	Kunam	Kunam	Ardilla roja	Northern Amazon red squirrel
Sciurus spadiceus	Kunam	Kunam	Ardilla baya	Southern Amazon red squirrel
Erethizontidae (3)				
Coendou bicolor	Kuju	Kuru	Cashacushillo, puerco espín	Bicolor-spined porcupine
Coendou ichillus	Kuju	Kuru	Cashacushillo, puerco espín	Ecuadorian dwarf porcupine
Coendou prehensilis	Kuju	Kuru	Cashacushillo, puerco espín	Brazilian porcupine
Coendou sp.††	Kuju	Kuru	Cashacushillo, puerco espín	Porcupine
Dinomyidae (1)				
Dinomys branickii	–	–	Machetero, pacarana	Pacarana
Caviidae (1)				
Hydrochoerus hydrochaeris	Unkumiu	Unkumia	Ronsoco	Capybara
Dasyproctidae (2)				
Dasyprocta fuliginosa	Kanyuk	Kanyup/Kayuk	Añuje	Black agouti
Myoprocta pratti	Yunkits	Yunkits	Punchana	Green acouchi
Cuniculidae (1)				
Cuniculus paca	Kashai	Kashai	Majaz	Paca
Lagomorpha 1 (1)				
Leporidae (1)				
Sylvilagus brasiliensis	Wapjush	Wapukrush	Conejo	Tapeti

Registros en los campamentos/ Records in campsites				Reportes previos/ Earlier reports		Esperada en Kampankis/ Expected in Kampankis	Estado de conservación/ Conservation status		
Pongo Chinim	Quebrada Katerpiza	Quebrada Kampankis	Quebrada Wee	Patton et al. (1982)*	Dosantos (2005)**		UICN/ IUCN 2011	CITES 2011	En el Perú/ In Peru (DS 034-2004)
A, R, E	A, E	A, E	A, V, E	–	A, V	–	LC	II	–
A, V, E	V, E	E	A, V, E	–	A	–	EN	II	EN
A, V, E	A, E	E	A, V, E	–	A	–	VU	II	VU
–	–	–	–	–	–	x	VU	II	NT
A, E	A, E	A, E	A, E	–	A	–	DD	–	–
–	–	–	–	–	A	–	DD	–	–
A, E	A, E	E	A, E	–	–	–	LC	–	–
–	–	–	–	–	A	–	LC	–	–
–	–	–	–	C	V	–	LC	–	–
–	–	–	–	–	–	x	DD	–	–
–	–	–	–	–	–	x	LC	–	–
E	E	E	E	–	–	–	LC	–	–
–	–	–	–	–	H, E	–	VU	–	EN
E	R, E	H, E	E	C	H	–	LC	–	–
R, E	A, H, R, E	E	H, R, E	C	A, H	–	LC	–	–
A, R, E	A, E	A, E	A, E	–	A	–	LC	–	–
H, E	H, E	H, R, E	H, R, E	C	H	–	LC	III	–
E	E	E	E	C	E	–	LC	–	–

MAMÍFEROS MEDIANOS Y GRANDES / LARGE AND MEDIUM-SIZED MAMMALS				
Nombre científico/ Scientific name	**Nombre indígena/ Indigenous name**		**Nombre común en el Perú/ Common name in Peru**	**Nombre en inglés/ English common name**
	Awajún	**Wampis**		
Carnivora 14 (18)				
Felidae (6)				
Leopardus pardalis	Yatam	Yanankam	Tigrillo, ocelote	Ocelot
Leopardus tigrinus	Untusham	Untusham	Tigrillo pequeño, gato tigre	Oncilla
Leopardus wiedii	Wamburush	Wamburush/ Untusham	Huamburushu	Margay
Panthera onca	Puagkat/Kaish (color negro)	Uun yawa/ Sokawa (color negro)	Otorongo, jaguar	Jaguar
Puma concolor	Japayua	Japayawa	Puma	Puma
Puma yagouaroundi	–	–	Yahuarundi	Jaguarundi
Canidae (2)				
Atelocynus microtis	Pashu	Washim/Tuwin	Perro de orejas cortas	Short-eared dog
Speothos venaticus	Putukam	Tuwin	Perro de monte	Bush dog
Ursidae (1)				
Tremarctos ornatus ‡	–	–	Oso andino, oso de anteojos	Spectacled bear
Mustelidae (5)				
Lontra longicaudis	Uñu/Uuyu	Uñu/Uuyu	Nutria	Neotropical river otter
Pteronura brasiliensis	Uankanim	Uankanim	Lobo de río	Giant otter
Eira barbara	Amich	Amich	Manco	Tayra
Galictis vittata	Kayukyawa	Kayukyawa	Hurón grande, grisón	Greater grison
Mustela africana	–	–	Comadreja	Amazon weasel
Procyonidae (4)				
Bassaricyon alleni	–	–	Olingo	Allen's olingo
Nasua nasua	Kushi	Kushi	Achuni	South American coati
Potos flavus	Kuji	Kuji	Chosna	Kinkajou
Procyon cancrivorus	–	–	Osito lavador, mapache	Crab-eating raccoon

Registros en los campamentos/ Records in campsites				Reportes previos/ Earlier reports		Esperada en Kampankis/ Expected in Kampankis	Estado de conservación/ Conservation status		
Pongo Chinim	Quebrada Katerpiza	Quebrada Kampankis	Quebrada Wee	Patton et al. (1982)*	Dosantos (2005)**		UICN/ IUCN 2011	CITES 2011	En el Perú/ In Peru (DS 034-2004)
E	H, E	H, E	E	–	A	–	LC	I	–
–	–	E	E	–	E	–	VU	I	–
E	E	H, E	H, E	–	A	–	NT	I	–
H, E	E	H, E	H, E	–	H	–	NT	I	NT
E	H, E	E	H, E	–	H	–	LC	I	NT
–	–	–	–	–	H	–	LC	II	–
A, E	E	E	E	C	E	–	NT	–	–
E	E	E	E	–	E	–	NT	I	–
–	–	–	–	–	–	x	VU	I	EN
A, E	E	A, E	A, E	–	H	–	DD	I	–
E	E	E	E	–	–	–	EN	I	EN
E	A, E	E	E	C	A	–	LC	III	–
–	–	–	E	C	E	–	LC	III	–
–	–	–	–	–	–	x	LC	–	–
–	–	–	–	–	A	–	LC	–	–
E	R, E	E	A, E	–	H	–	LC	–	–
A, E	E	E	E	C	A	–	LC	III	–
–	–	–	E	–	E	–	LC	–	–

MAMÍFEROS MEDIANOS Y GRANDES / LARGE AND MEDIUM-SIZED MAMMALS				
Nombre científico/ Scientific name	**Nombre indígena/ Indigenous name**		**Nombre común en el Perú/ Common name in Peru**	**Nombre en inglés/ English common name**
	Awajún	**Wampis**		
Perissodactyla 1 (1)				
Tapiridae (1)				
Tapirus terrestris	Pamau	Pamau	Sachavaca	Lowland tapir
Cetartiodactyla 6 (6)				
Tayassuidae (2)				
Pecari tajacu	Yunkipak	Yunkipik/ Uchich paki	Sajino	Collared peccary
Tayassu pecari	Paki	Uun paki	Huangana	White-lipped peccary
Cervidae (2)				
Mazama americana	Japa	Ainjapa	Venado rojo	Red brocket deer
Mazama nemorivaga	Yunkits	Sujapa	Venado gris	Amazonian gray brocket deer
Delphinidae (1)				
Sotalia fluviatilis	–	–	Delfìn gris	Gray river dolphin
Iniidae (1)				
Inia geoffrensis	Apuúpu	Apuup	Delfín rosado	Pink river dolphin
Total				**79**
Especies registradas en campo/ Species recorded in the field (L. Castro)				**37**
Especies registradas únicamente por entrevistas/ Species only reported in interviews (L. Castro)				**20**
Total de especies registradas/ Total number of species recorded (L. Castro)				**57**

	Registros en los campamentos/ Records in campsites				Reportes previos/ Earlier reports		Esperada en Kampankis/ Expected in Kampankis	Estado de conservación/ Conservation status		
	Pongo Chinim	Quebrada Katerpiza	Quebrada Kampankis	Quebrada Wee	Patton et al. (1982)*	Dosantos (2005)**		UICN/ IUCN 2011	CITES 2011	En el Perú/ In Peru (DS 034-2004)
	H, R, E	H, R, E	A, V, H, R, E	A, H, R, E	–	H	–	VU	II	VU
	A, V, H, R, E	H, R, E	R, E	R, E	C	A, H	–	LC	II	–
	H, R, E	E	E	E	–	A, H	–	NT	II	–
	H, R, E	A, H, R, E	H, E	V, H, R, E	C	A, H	–	DD	–	–
	H, E	H, E	E	H, E	C	H	–	LC	–	–
	E	E	E	E	–	–	–	DD	I	–
	E	E	E	E	C	–	–	DD	–	–
					28	**54**	**12**	**15^**	**36**	**11**
	27	**25**	**18**	**26**						
	26	**27**	**35**	**30**						
	53	**52**	**53**	**56**						

Murciélagos registrados por Lucía Castro Vergara durante el inventario rápido de los Cerros de Kampankis, Amazonas y Loreto, Perú, del 2 al 20 de agosto de 2011. El listado también incluye especies reportadas de la zona por Patton et al. (1982) y Dosantos (2005), así como especies que son esperadas para la zona según su rango de distribución pero que todavía no han sido registradas allí.

MURCIÉLAGOS / BATS

Nombre científico/ Scientific name	Nombre en castellano/ Spanish name	Nombre en inglés/ English common name
CHIROPTERA [16] (103) †		
Emballonuridae [2] (8)		
Diclidurus albus	Murciélago blanco común	Northern ghost bat
Centronycteris centralis	Murciélago peludo de Centro América	Thomas's shaggy bat
Cormura brevirostris	Murciélago castaño de sacos alares	Chestnut sac-winged bat
Peropteryx kappleri	Murciélago de sacos de Kappler	Greater dog-like bat
Peropteryx macrotis	Murciélago de sacos orejudo	Lesser dog-like bat
Rhynchonycteris naso	Murcielaguito narigudo	Proboscis bat
Saccopteryx bilineata	Murcielaguito negro de listas	Greater white-lined bat
Saccopteryx leptura	Murcielaguito pardo de listas	Lesser sac-winged bat
Phyllostomidae [14] (69)		
Desmodontinae (3)		
Desmodus rotundus	Vampiro común	Common vampire bat
Diaemus youngi	Vampiro aliblanco	White-winged vampire bat
Diphylla ecaudata	Vampiro peludo	Hairy-legged vampire bat
Glossophaginae (11)		
Anoura caudifer	Murciélago longirostro menor	Tailed tailless bat
Anoura cultrata	Murciélago longirostro negruzco	Handley's tailless bat
Anoura fistulata	Murciélago longirostro de grandes labios	Long-lipped tailless bat
Anoura geoffroyi	Murciélago longirostro sin cola	Geoffroy's tailless bat
Choeroniscus minor	Murcielaguito longirostro amazónico	Little long-nosed bat
Glossophaga soricina	Murciélago longirostro de Pallas	Pallas's long-tongued bat
Lichonycteris degener	Murciélago longirostro oscuro	Pale brown long-tongued bat
Lionycteris spurrelli	Murciélago longirostro pequeño	Chestnut long-tongued bat
Lonchophylla handleyi	Murciélago longirostro de Handley	Handley's nectar bat
Lonchophylla robusta	Murciélago longirostro acanelado	Orange nectar bat
Lonchophylla thomasi	Murciélago longirostro de Thomas	Thomas's nectar bat
Phyllostominae (18)		
Chrotopterus auritus	Falso vampiro	Woolly false vampire bat
Glyphonycteris daviesi	Murciélago orejudo de Davies	Davies's graybeard bat
Lonchorhina aurita	Murciélago de espada	Common sword-nosed bat

Bats recorded by Lucía Castro Vergara during the rapid inventory of the Kampankis Mountains, Amazonas and Loreto, Peru, on 2–20 August 2011. The list also includes species reported for the region by Patton et al. (1982) and Dosantos (2005), as well as species that are expected to occur in Kampankis based on their geographic ranges but that have not yet been recorded there.

Número de individuos registrados en cada campamento/ Number of individuals recorded at each campsite				Reportes previos/ Earlier reports		Esperada en Kampankis/ Expected in Kampankis	Estado de conservación/ Conservation status
Pongo Chinim	Quebrada Katerpiza	Quebrada Kampankis	Quebrada Wee	Patton et al. (1982)*	Dosantos (2005)**		UICN/ IUCN 2011
–	–	–	–	–	–	x	LC
–	–	–	–	–	–	x	LC
1	–	–	–	–	–	–	LC
–	–	–	–	–	–	x	LC
–	–	–	–	–	–	x	LC
–	–	–	–	C	A, E	–	LC
–	–	–	R	–	E	–	LC
–	–	–	–	–	–	x	LC
–	–	–	–	C	–	–	LC
–	–	–	–	–	–	x	LC
–	–	–	–	–	–	x	LC
–	–	–	–	–	–	x	LC
–	1	–	–	–	–	–	NT
–	1	–	–	–	–	–	DD
–	–	–	–	–	–	x	LC
1	–	–	–	–	–	–	LC
–	–	–	–	C	–	–	LC
–	–	–	–	–	–	x	NE
–	–	–	–	–	–	x	LC
–	–	–	–	–	–	x	LC
–	–	–	–	–	–	x	LC
–	–	–	–	–	–	x	LC
–	–	–	–	–	–	x	LC
–	–	–	–	–	–	x	LC
–	–	–	–	–	–	x	LC

MURCIÉLAGOS / BATS		
Nombre científico/ Scientific name	**Nombre en castellano/ Spanish name**	**Nombre en inglés/ English common name**
Lophostoma brasiliense	Murciélago de orejas redondas pigmeo	Pygmy round-eared bat
Lophostoma silvicolum	Murciélago de orejas redondas de garganta blanca	White-throated round-eared bat
Macrophyllum macrophyllum	Murciélago pernilargo	Long-legged bat
Micronycteris hirsuta	Murciélago de orejas peludas	Hairy big-eared bat
Micronycteris megalotis	Murciélago orejudo común	Little big-eared bat
Micronycteris minuta	Murciélago orejudo de pliegues altos	Tiny big-eared bat
Mimon crenulatum	Murciélago de hoja nasal peluda	Striped hairy-nosed bat
Phylloderma stenops	Murciélago de rostro pálido	Pale-faced bat
Phyllostomus discolor	Murciélago hoja de lanza menor	Pale spear-nosed bat
Phyllostomus elongatus	Murciélago de hoja de lanza alargado	Lesser spear-nosed bat
Phyllostomus hastatus	Murciélago hoja de lanza mayor	Greater spear-nosed bat
Tonatia saurophila	Murciélago orejón grande	Stripe-headed round-eared bat
Trachops cirrhosus	Murciélago verrugoso, come-sapos	Fringe-lipped bat
Trinycteris nicefori	Murciélago de orejas puntiagudas	Niceforo's big-eared bat
Vampyrum spectrum	Gran falso vampiro	Spectral bat
Carolliinae (5)		
Carollia brevicauda	Murciélago frutero colicorto	Silky short-tailed bat
Carollia castanea	Murciélago frutero castaño	Chestnut short-tailed bat
Carollia perspicillata	Murciélago frutero común	Seba's short-tailed bat
Rhinophylla fischerae	Murciélago frutero castaño	Fischer's little fruit bat
Rhinophylla pumilio	Murciélago pequeño frutero común	Dwarf little fruit bat
Stenodermatinae (31)		
Artibeus anderseni	Murcielaguito frugívoro de Andersen	Andersen's fruit-eating bat
Artibeus glaucus	Murciélago frutero plateado	Silver fruit-eating bat
Artibeus gnomus	Murciélago frutero enano	Dwarf fruit-eating bat
Artibeus lituratus	Murcielaguito frugívoro mayor	Great fruit-eating bat
Artibeus obscurus	Murcielaguito frugívoro negro	Dark fruit-eating bat
Artibeus planirostris	Murciélago frutero de rostro plano	Flat-faced fruit-eating bat
Chiroderma salvini	Murciélago de listas claras	Salvin's big-eyed bat
Chiroderma trinitatum	Murciélago menor de listas	Little big-eyed bat
Chiroderma villosum	Murciélago de líneas tenues	Hairy big-eyed bat

Número de individuos registrados en cada campamento/ Number of individuals recorded at each campsite				Reportes previos/ Earlier reports		Esperada en Kampankis/ Expected in Kampankis	Estado de conservación/ Conservation status
Pongo Chinim	Quebrada Katerpiza	Quebrada Kampankis	Quebrada Wee	Patton et al. (1982)*	Dosantos (2005)**		UICN/ IUCN 2011
–	–	–	–	–	–	x	LC
–	–	–	–	C	–	–	LC
–	–	–	–	–	–	x	LC
–	–	–	–	–	–	x	LC
–	–	–	–	–	–	x	LC
–	–	–	–	–	–	x	LC
–	–	–	–	–	–	x	LC
–	–	–	–	–	–	x	LC
–	–	–	–	–	–	x	LC
1	–	–	–	–	–	–	LC
–	–	–	–	–	–	x	LC
–	–	–	–	–	–	x	LC
–	–	–	–	–	E	–	LC
–	–	–	–	–	–	x	LC
–	–	–	–	–	–	x	NT
3	–	2	3	–	–	–	LC
–	–	–	–	–	–	x	LC
2	–	1	–	C	–	–	LC
–	–	–	–	–	–	x	LC
–	–	1	–	–	–	–	LC
–	–	–	–	–	–	x	LC
–	–	–	–	–	–	x	LC
–	–	–	–	–	–	x	LC
–	–	1	1	–	–	–	LC
–	–	1	1	–	–	–	LC
–	–	–	1	C	–	–	LC
–	–	–	–	–	–	x	LC
–	–	–	–	–	–	x	LC
–	–	–	–	–	–	x	LC

MURCIÉLAGOS / BATS		
Nombre científico/ Scientific name	**Nombre en castellano/ Spanish name**	**Nombre en inglés/ English common name**
Enchisthenes hartii	Murciélago frutero aterciopelado	Velvety fruit-eating bat
Mesophylla macconnelli	Murcielaguito cremoso	Macconnell's bat
Platyrrhinus albericoi	Murciélago de nariz ancha de Alberico	Alberico's broad-nosed bat
Platyrrhinus brachycephalus	Murciélago de nariz ancha de cabeza pequeña	Short-headed broad-nosed bat
Platyrrhinus incarum	Murciélago de nariz ancha inca	Incan broad-nosed bat
Platyrrhinus infuscus	Murciélago de nariz ancha de listas tenues	Buffy broad-nosed bat
Platyrrhinus ismaeli	Murciélago de nariz ancha de Ismael	Ismael's broad-nosed bat
Platyrrhinus nigellus	Murciélago de nariz ancha negrito	Little black broad-nosed bat
Sphaeronycteris toxophyllum	Murciélago apache	Visored bat
Sturnira aratathomasi	Murciélago de hombros amarillos de Aratathomas	Aratathomas's yellow-shouldered bat
Sturnira bidens	Murciélago de hombros amarillos de dos dientes	Bidentate yellow-shouldered bat
Sturnira lilium	Murciélago de charreteras amarillas	Little yellow-shouldered bat
Sturnira magna	Murciélago de hombros amarillos grande	Greater yellow-shouldered bat
Sturnira oporaphilum	Murciélago de hombros amarillos de oriente	Tschudi's yellow-shouldered bat
Sturnira tildae	Murciélago de charreteras rojizas	Tilda's yellow-shouldered bat
Uroderma bilobatum	Murciélago constructor de toldos	Tent-making bat
Uroderma magnirostrum	Murciélago amarillento constructor de toldos	Brown tent-making bat
Vampyressa melissa	Murciélago de orejas amarillas de Melissa	Melissa's yellow-eared bat
Vampyressa thyone	Murciélago de orejas amarillas ecuatoriano	Northern little yellow-eared bat
Vampyriscus bidens	Murcielaguito de lista dorsal	Bidentate yellow-eared bat
Vampyriscus brocki	Murcielaguito de Brock	Brock's yellow-eared bat
Vampyrodes caraccioli	Murciélago de listas pronunciadas	Great stripe-faced bat
Mormoopidae (2)		
Pteronotus gymnonotus	Murciélago de espalda desnuda	Big naked-backed bat
Pteronotus parnellii	Murciélago bigotudo	Common mustached bat
Noctilionidae (2)		
Noctilio albiventris	Murciélago pescador menor	Lesser bulldog bat
Noctilio leporinus	Murciélago pescador mayor	Greater bulldog bat
Furipteridae (1)		
Furipterus horrens	Murciélago sin pulgar	Thumbless bat

	Número de individuos registrados en cada campamento/ Number of individuals recorded at each campsite				Reportes previos/ Earlier reports		Esperada en Kampankis/ Expected in Kampankis	Estado de conservación/ Conservation status
	Pongo Chinim	Quebrada Katerpiza	Quebrada Kampankis	Quebrada Wee	Patton et al. (1982)*	Dosantos (2005)**		UICN/ IUCN 2011
	–	–	–	–	–	–	x	LC
	–	–	–	–	–	–	x	LC
	–	–	–	–	–	–	x	LC
	–	–	–	–	C	–	–	LC
	–	–	–	–	–	–	x	NE
	–	–	–	2	–	–	–	LC
	–	–	–	–	–	–	x	VU
	–	1	–	–	–	–	–	LC
	–	–	–	–	–	–	x	DD
	–	–	–	–	–	–	x	NT
	–	–	–	–	–	–	x	LC
	–	–	–	–	–	–	x	LC
	–	–	–	–	C	–	–	LC
	–	–	–	–	–	–	x	NT
	–	2	–	–	–	–	–	LC
	–	–	–	–	C	–	–	LC
	–	–	–	–	–	–	x	LC
	–	–	–	–	–	–	x	VU
	–	–	–	–	–	–	x	LC
	1	–	–	–	–	–	–	LC
	–	–	–	–	–	–	x	LC
	–	–	–	–	–	–	x	LC
	–	–	–	–	–	–	x	LC
	–	–	–	–	–	–	x	LC
	–	–	–	–	C	–	–	LC
	–	–	–	–	–	E	–	LC
	–	–	–	–	–	–	x	LC

MURCIÉLAGOS / BATS		
Nombre científico/ Scientific name	**Nombre en castellano/ Spanish name**	**Nombre en inglés/ English common name**
Thyropteridae (1)		
Thyroptera tricolor	Murciélago de ventosas de vientre blanco	Spix's disk-winged bat
Molossidae (13)		
Cynomops abrasus	Murciélago de cola libre	Cinnamon dog-faced bat
Cynomops paranus	Murciélago cara de perro de Pará	Brown dog-faced bat
Eumops auripendulus	Murciélago de cola libre común	Black bonneted bat
Eumops glaucinus	Murciélago de bonete de Wagner	Wagner's bonneted bat
Eumops hansae	Murciélago de bonete de Sanborn	Sanborn's bonneted bat
Eumops nanus	Murciélago de bonete enano	Dwarf bonneted bat
Eumops perotis	Murciélago de cola libre gigante	Greater bonneted bat
Molossus molossus	Murciélago mastín común	Common mastiff bat
Molossus rufus	Murciélago mastín negro	Black mastiff bat
Nyctinomops aurispinosus	Murciélago cola de ratón	Peale's free-tailed bat
Nyctinomops macrotis	Murciélago mastín mayor	Big free-tailed bat
Promops centralis	Murciélago mastín acanelado	Big crested mastiff bat
Tadarida brasiliensis	Murciélago de cola libre brasileño	Brazilian free-tailed bat
Vespertilionidae (8)		
Eptesicus chiriquinus	Murciélago marrón chiriquino	Chiriquinan brown bat
Eptesicus brasiliensis	Murciélago marrón brasileño	Brazilian brown bat
Lasiurus blossevillii	Murciélago rojizo	Red bat
Myotis albescens	Murcielaguito plateado	Silver-tipped myotis
Myotis nigricans	Murciélago negruzco común	Black myotis
Myotis oxyotus	Murciélago negruzco grande	Montane myotis
Myotis riparius	Murciélago vespertino ripario	Riparian myotis
Myotis simus	Murciélago vespertino aterciopelado	Velvety myotis

	Número de individuos registrados en cada campamento/ Number of individuals recorded at each campsite				Reportes previos/ Earlier reports		Esperada en Kampankis/ Expected in Kampankis	Estado de conservación/ Conservation status
	Pongo Chinim	Quebrada Katerpiza	Quebrada Kampankis	Quebrada Wee	Patton et al. (1982)*	Dosantos (2005)**		UICN/ IUCN 2011
	–	–	–	–	C	–	–	LC
	–	–	–	–	–	–	x	DD
	–	–	–	–	–	–	x	DD
	–	–	–	–	–	–	x	LC
	–	–	–	–	–	–	x	LC
	–	–	–	–	–	–	x	LC
	–	–	–	–	–	–	x	NE
	–	–	–	–	–	–	x	LC
	–	–	–	–	–	–	x	LC
	–	–	–	–	–	–	x	LC
	–	–	–	–	–	–	x	LC
	–	–	–	–	–	–	x	LC
	–	–	–	–	–	–	x	LC
	–	–	–	–	–	–	x	LC
	–	–	–	–	–	–	x	LC
	–	–	–	–	–	–	x	LC
	–	–	–	–	–	–	x	LC
	–	–	–	–	C	–	–	LC
	–	–	–	–	C	–	–	LC
	–	–	–	–	–	–	x	LC
	–	–	–	–	–	–	x	LC
	–	–	–	–	–	–	x	DD

Plantas útiles identificadas durante la caracterización social en las comunidades anexas Nueva Alegría y Ajachim de la comunidad nativa Chapis, en el río Marañón, Loreto, Perú, en agosto de 2011, por Mario Pariona, Filip Rogalski y Román Cruz.

PLANTAS ÚTILES / USEFUL PLANTS

Local/ Site	Nombre en Awajún/ Awajún name	Nombre común en Perú/ Common name in Peru	Nombre científico/ Scientific name
BO, PM	Achu	Aguaje	*Mauritia flexuosa*
CH, PM	Ajeg	Jengibre	*Zingiber officinale*
BO, PM	Akagnum	Macambillo, huacambillo	*Theobroma subincanum*
BO, PM	Apai	Sachamangua, Sachamango	*Grias neuberthii*
BO	Apaich	Sacha chopé	–
CH	Baikua	Toe	*Brugmansia suaveolens*
CH	Bakau	Cacao	*Theobroma cacao*
CH	Basú	Huaca	*Tephrosia* sp.
BO, PM	Batae	Chambira	*Astrocaryum chambira*
BO	Bijaku	Fruto de árbol	–
PM	Bishkin	Orégano	*Origanum vulgare*
CH	Caihua	Caigua	*Cyclanthera pedata*
CH	Chapi	Yarina	*Phytelephas macrocarpa*
BO, PM	Chimi	Chimicua, Mimicua	*Perebea* sp.
PM	Chinchak	Alimento de pájaros	–
PM	Chirimoya	Chirimoya	*Annona cherimola*
PM	Chiyag	Guisador	*Curcuma longa*
BO	Chujun	Sacha ciruelo	–
BO, PM	Daek pau	Zapote de soga, Naranja polvillo	–
PM	Daitak	Ocuera	–
CH	Dale dale	Dale dale	*Calathea allouia*
BO	Dapujuk	Shimbillo de altura	*Inga* sp.
PM	Datem	Ayahuasca	*Banisteriopsis caapi*
BO, PM	Daum	Leche caspi, Leche huayo	*Couma macrocarpa*
BO	Détak	Azúcar huayo	*Hymenaea* sp.
CH	Duse	Maní	*Arachis hypogaea*
CH, PM	Eep	Repollo de monte	*Anthurium* sp.
PM	Humari	Humari	*Poraqueiba sericea*
CH	Idauk	Camote	*Ipomoea batatas*
BO, PM	Inák	Chupé	–
PM	Ipak	Achiote	*Bixa orellana*
CH	Ipak mama	Achiote yuca	*Manihot esculenta*
CH	Iquitos yujumak	Yuca	*Manihot esculenta*
CH	Jima	Ají	*Capsicum* sp.
CH	Jima moun	Ají dulce	*Capsicum* sp.
CH	Kai	Palta	*Persea americana*
PM	Kaip	Ajo sacha	*Manson alliacea*
BO	Kashu	Marañón	*Anacardium giganteum*
CH	Kegke	Sachapapa	*Dioscorea* sp.
BO	Kegke ajach	Papa de monte	–
CH	Kugkuin yujumak	Yuca	*Manihot esculenta*
PM	Kuku	Coco	*Cocos nucifera*
CH, PM	Kukuch	Cocona	*Solanum sessiliflorum*
PM	Kumpía	Achira	–
BO, PM	Kunchai	Copal	*Dacryodes* sp.

Useful plants identified during a rapid social inventory in the communities Nueva Alegría and Ajachim, annexes of the Chapis native community on the Marañón river, Loreto, Perú, August 2011, by Mario Pariona, Filip Rogalski and Román Cruz.

PLANTAS ÚTILES / USEFUL PLANTS

Local/ Site	Nombre en Awajún/ Awajún name	Nombre común en Perú/ Common name in Peru	Nombre científico/ Scientific name
BO	Kunhakip	Sanango	*Tabernaemontana* sp.
BO, PM	Kunkut	Ungurahui	*Oenocarpus bataua*
PM	Kupat	Cashapona	*Socratea* sp.
BO, PM	Kushikam	Cacahuillo, cacahuillo menudo	*Thebroma* sp.
PM	Kusutakich	Remedio para ameba	–
PM	Kuwakish	Shebón	*Attalea butyracea*
CH	Mama	Yuca	*Manihot esculenta*
BO	Mua mua	Shimbillo grande	*Inga* sp.
BO, CH	Munchi	Granadilla	*Passiflora* sp.
BO	Naam	Metohuayo, almendra	*Careyodendron orinocense*
CH	Nabau	Ashipa	*Pachyrrhizus tuberosus*
PM	Naji	Shimbillo grande	*Inga* sp.
CH	Namúk	Cecana	*Cucurbita* sp.
CH	Nanpuin yujumak	Yuca	*Manihot esculenta*
PM	Nuim Datem	Ayahuasca grande	*Banisteriopsis* sp.
CH	Pagát	Caña de azúcar	*Saccharum officinarum*
CH	Pampa	Plátano	*Musa* sp.
CH	Papai	Papaya	*Carica papaya*
BO	Pau	Zapote	*Matisia cordata*
CH	Paum yujumak	Paloma yuca	*Manihot esculenta*
BO, PM	Pegkaenum	Chorohuayo, Charichuelo	*Garcinia* sp.
CH, PM	Pijipij, Pijipij	Piri piri	*Cyperus* sp.
CH, PM	Pina	Piña	*Ananas comosus*
CH, PM	Pitu	Pan de árbol	*Artocarpus altilis*
CH, PM	Putuút	Papachina	*Alocasia macrorrhizos*
PM	Puma rosa, mamay	Poma rosa	*Eugenia malaccensis*
CH, PM	Pumpú	Bijao	*Heliconia* sp., *Calathea* sp.
CH	Pumpuna	Bombonaje	*Carludovica palmata*
CH	Punku mama	Yuca	*Manihot esculenta*
CH	Puyam mama	Yuca	*Manihot esculenta*
CH	Sagku	Huitino	*Xanthosoma* sp.
CH	Senhorita yujumak	Yuca	*Manihot esculenta*
PM	Sentuch	Huarmicaspi, comedero de aves	*Sterculia* sp.
CH	Setach	Plátano de seda	*Musa* sp.
PM	Setuj	Cedro	*Cedrela odorata*
CH	Shaa	Maíz	*Zea mays*
BO	Shajimat	Fruto de árbol	–
BO	Shagkuina	Fruto de árbol	–
PM	Shashag	Sonaja de brujo	*Lagenaria siceraria*
PM	Shawi	Guayaba	*Psidium guajava*
BO, PM	Shimpi	Sinamillo	*Oenocarpus mapora*
PM	Shishim	Ayahuma	*Couroupita subsessilis*
BO, PM	Shuwiya	Uvilla	*Pourouma* sp.
PM	Sugkach	Chimicua grande	*Perebea* sp.

LEYENDA/LEGEND

BO = Frutos aprovechados del bosque según Lino Murayari López (Nueva Alegría)/Forest fruits used, according to Lino Murayari López (Nueva Alegría)

CH = Plantas cultivadas en la chacra de Delita Taricuarima Murayari (Nueva Alegría)/ Cultivated plants in the garden of Delita Taricuarima Murayari (Nueva Alegría)

PM = Huerto de plantas medicinales de Manuel Pacunda Mashiam (Ajachim)/Medicinal plant garden of Manuel Pacunda Mashiam (Ajachim)

PLANTAS ÚTILES / USEFUL PLANTS

Local/ Site	Nombre en Awajún/ Awajún name	Nombre común en Perú/ Common name in Peru	Nombre científico/ Scientific name
PM	Sugkip	Patikina	*Dieffenbachia picta*
BO	Sunkuch	Fruto de árbol	–
PM	Tapirihua	Taperibá	*Spondias* sp.
BO, CH, PM	Tauch	Chicle huayo	*Lacmellea edulis*
CH	Timu	Barbasco	*Lonchocarpus* sp.
CH	Tomate	Tomate	*Solanum lycopersicum*
PM	Tsapa	Pate	*Crescentia cujete*
CH	Tsapak yujumak	Yuca	*Manihot esculenta*
PM	Tsempu	Cumala	*Virola* sp.
BO, PM	Tuntuam	Huacrapona	*Iriartea deltoidea*
CH	Uchi entsau/ tekenunch	Cobertura vegetal	*Scutellaria* sp.
PM	Ugtugtu	Caña agria	*Costus* sp.
PM	Ujushnúm	Sangre de grado	*Croton lechleri*
PM	Ushu	Remedio para gusano, patikina	–
BO, PM	Uwan	Huicungo	*Astrocaryum murumuru*
CH, PM	Uyai	Pijuayo	*Bactris gasipaes*
PM	Wakam	Macambo	*Theobroma bicolor*
BO, PM	Wampa	Guaba	*Inga* sp.
PM	Wampu	Ojé	*Ficus* sp.
PM	Wampushik	Shimbillo amarillo	*Inga* sp.
PM	Yaas	Caimito	*Pouteria caimito*
PM	Yais	Carahuasca	Annonaceae sp.
PM	Yajei	Chacruna	*Psychotria* sp.
BO	Yakum sampi	Shibillo Colorado	*Inga* sp.
PM	Yankua	Anonilla	*Rollinia* sp.
BO	Yapukuit	Fruto de árbol	–
BO, PM	Yayu	Huasaí	*Euterpe precatoria*
PM	Yukat	Yanahuara	–
PM	Yujach	Fruto de sachavaca	–
PM	Yumug	Limón sutil	*Citrus* sp.
CH	Yuwí	Zapallo para cocinar	*Cucurbita* sp.

Nombres comunes (vernáculo, Wampis, Awajún y Chapra) de varias plantas y animales presentes en los Cerros de Kampankis, Amazonas y Loreto, Perú.

NOMBRES COMUNES / COMMON NAMES

Tipo de organismo/ Kind of organism	Familia/ Family	Nombre científico/ Scientific name	Nombre común en Perú/ Common name in Peru
Árbol/Tree	Anacardiaceae	*Tapirira retusa*	huira caspi
Árbol/Tree	Apocynaceae	*Aspidosperma excelsum*	quillobordón
Árbol/Tree	Apocynaceae	*Couma macrocarpa*	leche caspi, leche huayo
Árbol/Tree	Apocynaceae	*Tabernaemontana sananho*	vegetal, sanango
Árbol/Tree	Burseraceae	*Dacryodes* sp.	copal
Árbol/Tree	Clusiaceae	*Calophyllum brasiliense*	lagarto caspi
Árbol/Tree	Combretaceae	*Terminalia oblonga*	yacushapana
Árbol/Tree	Elaeocarpaceae	*Sloanea floribunda*	cepanchina
Árbol/Tree	Fabaceae	*Dialium guianense*	palo de sangre
Árbol/Tree	Fabaceae	*Dimorphandra pennigera*	pashaco
Árbol/Tree	Fabaceae	*Hymenaea courbaril*	azúcar huayo
Árbol/Tree	Fabaceae	*Tachagali formicarum*	tangarana de altura
Árbol/Tree	Fabaceae	*Cedrelinga cateniformis*	tornillo
Árbol/Tree	Fabaceae	*Inga multijuga*	shimbillo
Árbol/Tree	Fabaceae	*Parkia igneiflora*	pashaco blanco
Árbol/Tree	Fabaceae	*Diplotropis martiusii*	chontaquiro
Árbol/Tree	Fabaceae	*Dipteryx micrantha*	charapilla
Árbol/Tree	Fabaceae	*Hymenolobium pulcherrimum*	mari mari
Árbol/Tree	Fabaceae	*Ormosia coccinea*	huayruro
Árbol/Tree	Lauraceae	*Anaueria brasiliensis*	añuje moena
Árbol/Tree	Lauraceae	*Mezilaurus itauba*	itauba
Árbol/Tree	Lauraceae	*Ocotea* spp.	moena
Árbol/Tree	Lauraceae	*Ocotea aciphylla*	moena amarilla
Árbol/Tree	Lauraceae	*Ocotea javitensis*	canela moena
Árbol/Tree	Lecythidaceae	*Cariniana decandra*	papelillo caspi
Árbol/Tree	Malvaceae	*Matisia cordata*	sapote
Árbol/Tree	Meliaceae	*Carapa guianensis*	andiroba
Árbol/Tree	Meliaceae	*Cedrela odorata*	cedro colorado
Árbol/Tree	Meliaceae	*Trichilia poeppigii*	requia blanca
Árbol/Tree	Meliaceae	*Swietenia macrophylla*	caoba
Árbol/Tree	Moraceae	*Brosimum rubescens*	palisangre
Árbol/Tree	Moraceae	*Brosimum utile*	chingonga
Árbol/Tree	Myristicaceae	*Iryanthera tricornis*	pucuna caspi
Árbol/Tree	Myristicaceae	*Otoba parvifolia*	aguano cumala
Árbol/Tree	Myristicaceae	*Virola* spp.	cumala
Árbol/Tree	Myristicaceae	*Virola albidiflora*	cumala caupuri
Árbol/Tree	Myristicaceae	*Virola calophylla*	cumala blanca
Árbol/Tree	Myristicaceae	*Virola multinervia*	cumala negra
Árbol/Tree	Myristicaceae	*Virola surinamensis*	cumala caupuri
Árbol/Tree	Myrtaceae	*Eugenia* sp.	–
Árbol/Tree	Olacaceae	*Minquartia guianensis*	huacapú
Árbol/Tree	Picramniaceae	*Picramnia* sp.	–
Árbol/Tree	Rubiaceae	*Capirona decorticans*	capirona de altura
Árbol/Tree	Simaroubaceae	*Simarouba amara*	marupá

Common names (vernacular, Wampis, Awajún, and Chapra) of various plants and animals known to occur in the Cerros de Kampankis, Amazonas and Loreto, Peru.

Nombre en Wampis/ Wampis name	Nombre en Awajún/ Awajún name	Nombre en Chapra/ Chapra name
–	tsaik	–
–	–	–
naum	daúm	–
kunapik	kunakip	–
shiripik	shijikap	–
–	yantana numi	–
–	naagnum	–
–	–	–
urushnum	muun ujuchnum	–
–	tagkam	–
–	petakag	–
tankana	mujaya tagkam	–
tsaik, tsek	tsaik	–
sampi	sejempach	–
–	muun tagkam	–
–	wayas	–
–	–	–
–	–	–
etse	etse	–
–	–	–
–	–	–
–	tinchi	–
–	kawa	–
–	tinchi	–
–	shuwat	–
saput	pau	–
–	–	–
cetru, cetru jinkae, seetur	kapantu setug	–
–	yantsau	–
awan	awan	–
–	shina	–
–	–	–
–	uum numi	–
–	awan tsempu	–
–	tsempu	–
–	tsempu numiji	–
–	ejeshig	–
–	shuwin tsempu	–
–	tsempu	–
sharimat, saka	chinchak	–
unkunchae, paini	wakapu	–
sepuch	–	–
–	uwachaunim	–
tsarur kunchae	–	–

NOMBRES COMUNES / COMMON NAMES			
Tipo de organismo/ Kind of organism	**Familia/ Family**	**Nombre científico/ Scientific name**	**Nombre común en Perú/ Common name in Peru**
Árbol/Tree	Vochysiaceae	*Vochysia lomatophylla*	quillosisa
Árbol/Tree	Vochysiaceae	*Vochysia venulosa*	mauba
Arbusto/Shrub	Fabaceae	*Calliandra* sp.	–
Arbusto/Shrub	Fabaceae	*Tephrosia* sp.	huaca
Arbusto/Shrub	Gentianaceae	*Potalia* sp.	–
Bejuco/Liana	Cyclanthaceae	*Thoracocarpus bissectus*	tamshi
Bejuco/Liana	Dilleniaceae	*Tetracera* sp.	–
Bejuco/Liana	Fabaceae	*Lonchocarpus* sp.	barbasco
Bejuco/Liana	Rubiaceae	*Uncaria tomentosa*	uña de gato
Hierba/Herb	Araceae	*Anthurium* sp.	–
Hierba/Herb	Asclepiadaceae	*Matelea rivularis*	–
Hierba/Herb	Cyclanthaceae	*Carludovica palmata*	bombonaje
Palmera/Palm	Arecaceae	*Aiphanes ulei*	chontilla
Palmera/Palm	Arecaceae	*Astrocaryum chambira*	chambira
Palmera/Palm	Arecaceae	*Astrocaryum jauari*	huirima
Palmera/Palm	Arecaceae	*Astrocaryum murumuru*	huicungo
Palmera/Palm	Arecaceae	*Attalea butyracea*	shebón
Palmera/Palm	Arecaceae	*Attalea insignis*	yagua, contillo
Palmera/Palm	Arecaceae	*Attalea maripa*	inayuga
Palmera/Palm	Arecaceae	*Attalea microcarpa* cf.	catarina
Palmera/Palm	Arecaceae	*Bactris bifida*	ñejilla
Palmera/Palm	Arecaceae	*Bactris gasipaes*	pejibaye
Palmera/Palm	Arecaceae	*Bactris hirta*	ñejilla
Palmera/Palm	Arecaceae	*Bactris killipii*	ñejilla
Palmera/Palm	Arecaceae	*Bactris maraja*	ñejilla
Palmera/Palm	Arecaceae	*Bactris riparia*	ñejilla
Palmera/Palm	Arecaceae	*Bactris simplicifrons*	ñejilla
Palmera/Palm	Arecaceae	*Chamaedorea pinnatifrons*	cashipaña
Palmera/Palm	Arecaceae	*Chelyocarpus ulei*	sacha aguajillo
Palmera/Palm	Arecaceae	*Desmoncus giganteus*	vara casha
Palmera/Palm	Arecaceae	*Desmoncus mitis*	vara casha
Palmera/Palm	Arecaceae	*Desmoncus orthocarpus*	vara casha
Palmera/Palm	Arecaceae	*Desmoncus polyacanthos*	vara casha
Palmera/Palm	Arecaceae	*Euterpe precatoria*	huasaí
Palmera/Palm	Arecaceae	*Geonoma aspidifolia*	palmiche macho
Palmera/Palm	Arecaceae	*Geonoma brongniartii*	palmiche
Palmera/Palm	Arecaceae	*Geonoma camana*	palmiche
Palmera/Palm	Arecaceae	*Geonoma deversa*	palmiche, crisñeja
Palmera/Palm	Arecaceae	*Geonoma leptospadix*	palmiche
Palmera/Palm	Arecaceae	*Geonoma macrostachys*	palmiche
Palmera/Palm	Arecaceae	*Geonoma maxima*	palmiche
Palmera/Palm	Arecaceae	*Geonoma poeppigiana*	palmiche
Palmera/Palm	Arecaceae	*Geonoma stricta*	palmiche
Palmera/Palm	Arecaceae	*Geonoma* sp.	palmiche
Palmera/Palm	Arecaceae	*Hyospathe elegans*	palmicho

	Nombre en Wampis/ Wampis name	Nombre en Awajún/ Awajún name	Nombre en Chapra/ Chapra name
	–	–	–
	–	–	–
	–	samík	–
	–	basu	–
	yampak	–	–
	kaap	kaap	–
	pankinek	–	–
	timu	timu	–
	–	ajagke	–
	eep	eep	–
	tsamantsma	tsemantsem	–
	pumpuna	pumpuna	–
	tuntuam, ampakai	kamancha	–
	matau, mata	batae	–
	–	–	–
	awant	kuwakish	–
	kuakish, kuakshinere	kuwakish	–
	–	Inayua	–
	unayau	Inayua	–
	–	kuwakish	–
	kamancha	kamancha	–
	uwí	uyai	–
	kamancha	kamanchá	–
	kamancha	kamanchá	–
	kamancha	kamanchá	–
	kamancha	kamanchá	–
	kamancha	yugkup	–
	–	yugkup	–
	–	pumpushak	–
	–	bakaya	–
	–	bakaya	–
	–	bakaya	–
	–	bakaya	–
	sakee	yayu	–
	supap	yugkup	–
	supap	tujujik	–
	supap	tujujik	–
	supap	kampanak	–
	supap	takanak	–
	supap	takanak	–
	supap	tujujik	–
	–	tujujik	–
	–	yugkup	–
	turujai, takanak	kampanak	–
	–	kampanak	–

NOMBRES COMUNES / COMMON NAMES			
Tipo de organismo/ Kind of organism	Familia/ Family	Nombre científico/ Scientific name	Nombre común en Perú/ Common name in Peru
Palmera/Palm	Arecaceae	*Iriartea deltoidea*	pona, huacrapona
Palmera/Palm	Arecaceae	*Iriartea setigera*	casha ponita
Palmera/Palm	Arecaceae	*Lepidocaryum tenue*	irapay
Palmera/Palm	Arecaceae	*Manicaria saccifera*	ubí
Palmera/Palm	Arecaceae	*Mauritia flexuosa*	aguaje
Palmera/Palm	Arecaceae	*Mauritiella armata*	aguajillo
Palmera/Palm	Arecaceae	*Oenocarpus balickii*	sinami, sinamillo
Palmera/Palm	Arecaceae	*Oenocarpus bataua*	ungurahui
Palmera/Palm	Arecaceae	*Oenocarpus mapora*	sinami, sinamillo
Palmera/Palm	Arecaceae	*Pholidostachys synanthera*	palmiche grande
Palmera/Palm	Arecaceae	*Phytelephas macrocarpa*	yarina
Palmera/Palm	Arecaceae	*Prestoea schultzeana*	chincha
Palmera/Palm	Arecaceae	*Socratea exhorrhiza*	cashapona
Palmera/Palm	Arecaceae	*Socratea salazarii*	cashapona de altura
Palmera/Palm	Arecaceae	*Syagrus smithii*	kuik
Palmera/Palm	Arecaceae	*Wettinia drudei*	ponilla
Hongos comestibles/ Edible mushrooms	–	–	callampa
Hormiga/Ant	–	*Atta* sp.	curuhuinsi, cortahoja
Escarabajo/Beetle	–	*Rhynchophorus* sp.	suri
Pez/Fish	Acestrorhynchidae	*Acestrorhynchus lacustris*	pejezorro
Pez/Fish	Acestrorhynchidae	*Acestrorhynchus* sp.	zorrillo
Pez/Fish	Achiridae	*Achirus achirus*	pangaraya
Pez/Fish	Anostomidae	*Caentropus labyrinthicus*	lisa
Pez/Fish	Anostomidae	*Leporinus friderici*	lisa
Pez/Fish	Anostomidae	*Schizodon fasciatus*	lisa
Pez/Fish	Auchenipteridae	*Ageneiosus* spp.	bocón
Pez/Fish	Callichthyidae	*Centromochlus heckelli*	aceitero
Pez/Fish	Callichthyidae	*Corydoras arcuatus*	shirui
Pez/Fish	Callichthyidae	*Corydoras elegans*	shirui
Pez/Fish	Callichthyidae	*Dianema longibarbis*	shirui
Pez/Fish	Characidae	*Acestrocephalus boehlkeri*	dentón
Pez/Fish	Characidae	*Brycon cephalus*	sábalo
Pez/Fish	Characidae	*Brycon melanopterus*	sábalo
Pez/Fish	Characidae	*Charax tectifer*	dentón
Pez/Fish	Characidae	*Colossoma macropomum*	gamitana
Pez/Fish	Characidae	*Moenkhausia colletti*	mojarita
Pez/Fish	Characidae	*Moenkhausia comma*	mojarita
Pez/Fish	Characidae	*Moenkhausia grandisquamis*	mojarita
Pez/Fish	Characidae	*Moenkhausia jamesi*	mojarita
Pez/Fish	Characidae	*Moenkhausia lepidura*	mojarita
Pez/Fish	Characidae	*Moenkhausia melogramma*	mojarita
Pez/Fish	Characidae	*Moenkhausia oligolepis*	mojarita
Pez/Fish	Characidae	*Mylossoma duriventre*	palometa
Pez/Fish	Characidae	*Paragoniates alburnus*	mojarra

Nombre en Wampis/ Wampis name	Nombre en Awajún/ Awajún name	Nombre en Chapra/ Chapra name
tuntuam, ampakai	tuntuam	–
–	kupat	–
–	takanak	–
–	–	–
achu	achu	–
–	–	–
–	shimpi	–
kunkuk	kugkuk	–
–	kugkuk	–
kampanak	kampanak	–
chapi	chapi	–
–	–	–
wanka	kupat	–
wanka	kupat	–
–	kuwik	–
–	kuun	–
esem	esem	–
week	week	–
muchin, charancham	–	–
wampikus	wampikus	–
wampiuk	–	kusirma
nukakashap	kantash kashap	–
–	kuu	–
katish	yawa katish	–
pirumkatish	kagka katish	–
–	wapatag	–
–	chanuag	–
wapurus, tsutsum	paki buuk	–
tsutsun	paki buuk	–
shinkian	paki buuk	–
–	suyam	–
kusea	kusea	tandrima
–	kusea	–
wonchit, waenchup	suyam	–
–	muun kamit	–
–	mamayak chamakai	–
machikan	mamayak	–
–	mamayak	–
–	chichap mamayak	–
–	tsajug	–
tsaerur	mamayak	–
tsaerur	wantsa	–
paumit	paumit	–
misachu	bisachu	–

NOMBRES COMUNES / COMMON NAMES			
Tipo de organismo/ Kind of organism	**Familia/ Family**	**Nombre científico/ Scientific name**	**Nombre común en Perú/ Common name in Peru**
Pez/Fish	Characidae	*Piaractus brachypomus*	paco
Pez/Fish	Characidae	*Pygocentrus nattereri*	paña roja
Pez/Fish	Characidae	*Salminus iquitensis*	sábalo macho
Pez/Fish	Characidae	*Serrasalmus spilopleura*	paña amarilla
Pez/Fish	Characidae	*Tetranogopterus argenteus*	mojarra
Pez/Fish	Characidae	*Triprotheus pictus*	sardina
Pez/Fish	Cichlidae	*Apistogramma agassizi*	bujurqui
Pez/Fish	Cichlidae	*Bujurquina huallagae*	bujurqui
Pez/Fish	Cichlidae	*Stanoperca jurupari*	bujurqui
Pez/Fish	Curimatidae	*Curimata vittata*	chiochio
Pez/Fish	Curimatidae	*Potamorhina altamazonica*	yambina
Pez/Fish	Cynodontidae	*Hydrolycus pectoralis*	chambira
Pez/Fish	Doradidae	*Amblyodoras hancockii*	bagre
Pez/Fish	Doradidae	*Oxydoras niger*	turushuqui
Pez/Fish	Erythrinidae	*Erytrhinus erythrinus*	shuyo
Pez/Fish	Erythrinidae	*Hoplias malabaricus*	fasaco
Pez/Fish	Gasteropelecidae	*Carnegiella strigata*	pechito
Pez/Fish	Gasteropelecidae	*Thoracocharax stellatus*	pechito
Pez/Fish	Gymnotidae	*Electrophorus electricus*	anguila
Pez/Fish	Hemiodontidae	*Hemiodus unimaculatus*	yulilla
Pez/Fish	Loricariidae	*Hypostomus ericius*	carachama
Pez/Fish	Loricariidae	*Nannoptopoma spectabile*	carachamita
Pez/Fish	Loricariidae	*Panaque schaeferi*	carachama gigante
Pez/Fish	Loricariidae	*Peckoltia furcata*	carachama
Pez/Fish	Loricariidae	*Pterygoplichthys scrophus*	carachama
Pez/Fish	Parodontidae	*Parodon* sp.	lisa
Pez/Fish	Pimelodidae	*Brachyplatystoma filamentosum*	saltón
Pez/Fish	Pimelodidae	*Brachyplatystoma juruense*	cebra
Pez/Fish	Pimelodidae	*Brachyplatystoma platynemum*	vaselina
Pez/Fish	Pimelodidae	*Brachyplatystoma rosseauxii*	dorado
Pez/Fish	Pimelodidae	*Calophysus macropterus*	mota
Pez/Fish	Pimelodidae	*Cheirocerus eques*	cunchi
Pez/Fish	Pimelodidae	*Hemisorubim platyrhynchos*	toa
Pez/Fish	Pimelodidae	*Leiarius marmoratus*	ashara
Pez/Fish	Pimelodidae	*Phractocephalus hemioliopterus*	pejetorre
Pez/Fish	Pimelodidae	*Pimelodes blochii*	cunchi
Pez/Fish	Pimelodidae	*Pimelodina flavipinnis*	cunchi
Pez/Fish	Pimelodidae	*Pimelodus ornatus*	cunchi
Pez/Fish	Pimelodidae	*Pinirampus pinirampu*	bagre
Pez/Fish	Pimelodidae	*Platysilurus mucosus*	cunchi
Pez/Fish	Pimelodidae	*Pseudoplatystoma fasciatum*	doncella
Pez/Fish	Pimelodidae	*Pseudoplatystoma tigrinum*	tigrezúngaro
Pez/Fish	Pimelodidae	*Sorubimichthys planiceps*	achacubo
Pez/Fish	Pimelodidae	*Sorubim lima*	shripira

	Nombre en Wampis/ Wampis name	Nombre en Awajún/ Awajún name	Nombre en Chapra/ Chapra name
	pako	kamit	–
	tsamopani, tsamaupani	pani kapantu	–
	wampi	wampi aishmag	–
	pañi	pani	–
	tsapaum	wachik mamayak	–
	yuviya, sartiña	tsapaum	tsapapa
	kantash, wajekantash	kantash	–
	kantash	kantash	–
	wapurus	pukuag	–
	–	kiukiu	–
	yawarachi, yawarach	yawajach	–
	champirana, champuram	wampikus	–
	kashetium, muwaá	kashap	chamvirma
	turushkim	tujushik	–
	kanimo, kuntset	yuwich	–
	kunkui	kugkui	–
	ispik	waugchap	–
	ispik	waugchap	–
	tsungiru	jagkiya	–
	tseikna, kankakum	kagka kuu	–
	putu	putu	puturma
	kerum, shacham	shaji	–
	yampanputu	putu	–
	naraputu, nankiputu	nagki putu	puturma
	naimputu, wichiputu	nayum putu	puturma
	kuwin, kuwinkus	kuwig	–
	sartun, tunkau	muun tugkae	–
	inchiltunko, inchit tunkau	buta agagbau	–
	titin, kusham	titim	–
	–	muun tugkae	–
	muta	buta	–
	kuir, yutui	yutui	–
	kunkush	ija tugkae	–
	–	–	–
	–	yusa tugkae	–
	kunchi	kunchi	–
	kumar	kusham	–
	kusham	putush	–
	manito	buta	–
	unyutui	muun yutui	–
	amian	tugkae	–
	yawatunko, chankitmar	agaekiam	–
	wachitunko	wachi tugkae	–
	titim, tunke	titim	–

NOMBRES COMUNES / COMMON NAMES			
Tipo de organismo/ Kind of organism	**Familia/ Family**	**Nombre científico/ Scientific name**	**Nombre común en Perú/ Common name in Peru**
Pez/Fish	Pimelodidae	*Zungaro zungaro*	zúngaro
Pez/Fish	Potomotrygonidae	*Potamotrygon aiereba*	raya
Pez/Fish	Potomotrygonidae	*Potamotrygon* cf. *motoro*	raya
Pez/Fish	Potomotrygonidae	*Potamotrygon orbygni*	raya
Pez/Fish	Prochilodontidae	*Prochilodus nigricans*	boquichico
Pez/Fish	Prochilodontidae	*Semaprochilodus insignis*	yaraqui
Pez/Fish	Pseudopimelodidae	*Microglanis* cf. *iheringi*	bagre
Pez/Fish	Sciaenidae	*Plagiosion squamosissimus*	corvina
Pez/Fish	Tetradontidae	*Colomesus asellus*	pez globo
Pez/Fish	Trichomycteridae	*Ituglanis amazonicus*	canero
Pez/Fish	Trichomycteridae	*Pseudostegophilus nemurus*	canero
Pez/Fish	Trichomycteridae	*Vandelilia* spp.	canero
Anfibio/Amphibian	Aromobatidae	*Allobates conspicuus*	–
Anfibio/Amphibian	Aromobatidae	*Allobates femoralis*	–
Anfibio/Amphibian	Aromobatidae	*Allobates* spp.	–
Anfibio/Amphibian	Bufonidae	*Dendrophryniscus minutus*	–
Anfibio/Amphibian	Bufonidae	*Rhinella margaritifera*	–
Anfibio/Amphibian	Bufonidae	*Rhinella marina*	–
Anfibio/Amphibian	Ceratophrydae	*Ceratophrys cornuta*	cornudito, rana cornuda
Anfibio/Amphibian	Dendrobatidae	*Ameerega hahneli*	rana venenosa
Anfibio/Amphibian	Dendrobatidae	*Ameerega trivittata*	rana venenosa
Anfibio/Amphibian	Dendrobatidae	*Ranitomeya uakarii*	rana venenosa
Anfibio/Amphibian	Dendrobatidae	*Ranitomeya flavovittata*	rana venenosa
Anfibio/Amphibian	Dendrobatidae	*Ranitomeya ventrimaculata*	rana venenosa
Anfibio/Amphibian	Hylidae	*Dendropsophus allenorum*	–
Anfibio/Amphibian	Hylidae	*Dendropsophus bokermanni*	–
Anfibio/Amphibian	Hylidae	*Dendropsophus brevifrons*	–
Anfibio/Amphibian	Hylidae	*Dendropsophus haraldschultzi*	–
Anfibio/Amphibian	Hylidae	*Dendropsophus koechlini*	–
Anfibio/Amphibian	Hylidae	*Dendropsophus marmoratus*	–
Anfibio/Amphibian	Hylidae	*Dendropsophus parviceps*	–
Anfibio/Amphibian	Hylidae	*Dendropsophus rhodopeplus*	–
Anfibio/Amphibian	Hylidae	*Dendropsophus rossalleni*	–
Anfibio/Amphibian	Hylidae	*Dendropsophus sarayacuensis*	–
Anfibio/Amphibian	Hylidae	*Dendropsophus* sp. 1	–
Anfibio/Amphibian	Hylidae	*Dendropsophus triangulum*	–
Anfibio/Amphibian	Hylidae	*Hypsiboas boans*	–
Anfibio/Amphibian	Hylidae	*Hypsiboas calcaratus*	–
Anfibio/Amphibian	Hylidae	*Hypsiboas cinarescens*	–
Anfibio/Amphibian	Hylidae	*Hypsiboas fasciatus*	–
Anfibio/Amphibian	Hylidae	*Hypsiboas geographicus*	–
Anfibio/Amphibian	Hylidae	*Hypsiboas lanciformis*	–
Anfibio/Amphibian	Hylidae	*Hypsiboas microderma*	–
Anfibio/Amphibian	Hylidae	*Hypsiboas punctatus*	–
Anfibio/Amphibian	Hylidae	*Osteocephalus planiceps*	–

Nombre en Wampis/ Wampis name	Nombre en Awajún/ Awajún name	Nombre en Chapra/ Chapra name
nukuntum	dukum	–
yawakashap	yawa kashap	–
kashap	kashap	–
–	kashap	–
tanka, kanka	kagka	–
tseintna	mamayak ujuke paich	–
puwa	namakum	–
uun kantash	muun kantash	–
karinkam	kajigkam	–
teres, kerekere	muyuch	–
kanir	bauts	–
apupnamak	kaneg	–
–	taetaem	–
–	paki	–
–	tsakajaip	–
–	majamag	–
takash	takash	–
sapu	takash	–
yuchatae kiria	suwi	–
–	wijisam	–
–	wijisam	–
–	wijisam	–
–	wijisam	–
–	wijisam	–
–	shagka	–
–	shagka	–
–	shagka	–
–	shagka	–
–	dukata	–
–	shagka	–
–	shagka	–
kuwa	puwach	–
–	puwach	–
–	puwach	–
–	puwach	–
–	kuwau	–
–	suakaraip	–
–	suakaraip	–
–	kagkig	–
–	suakaraip	–
–	suakaraip	–
–	suakaraip	–
–	wijisam	–
–	pujusham	–
kuachi nuwari	kuwau	–

NOMBRES COMUNES / COMMON NAMES			
Tipo de organismo/ Kind of organism	**Familia/ Family**	**Nombre científico/ Scientific name**	**Nombre común en Perú/ Common name in Peru**
Anfibio/Amphibian	Hylidae	*Osteocephalus subtilis*	–
Anfibio/Amphibian	Hylidae	*Osteocephalus taurinus*	–
Anfibio/Amphibian	Hylidae	*Osteocephalus yasuni*	–
Anfibio/Amphibian	Hylidae	*Phyllomedusa bicolor*	–
Anfibio/Amphibian	Hylidae	*Phyllomedusa tarsius*	–
Anfibio/Amphibian	Hylidae	*Phyllomedusa tomopterna*	–
Anfibio/Amphibian	Hylidae	*Scarthyla goinorum*	–
Anfibio/Amphibian	Hylidae	*Scinax cruentommus*	–
Anfibio/Amphibian	Hylidae	*Scinax funereus*	–
Anfibio/Amphibian	Hylidae	*Scinax garbei*	–
Anfibio/Amphibian	Hylidae	*Scinax pedromedinae*	–
Anfibio/Amphibian	Hylidae	*Scinax ruber*	–
Anfibio/Amphibian	Hylidae	*Sphaenorhynchus carneus*	–
Anfibio/Amphibian	Hylidae	*Sphaenorhynchus lacteus*	–
Anfibio/Amphibian	Hylidae	*Trachycephalus resinifictrix*	–
Anfibio/Amphibian	Hylidae	*Trachycephalus venulosus*	–
Anfibio/Amphibian	Leuiperidae	*Engystomops petersi*	–
Anfibio/Amphibian	Leptodactylidae	*Hydrolaetare schmidti*	–
Anfibio/Amphibian	Leptodactylidae	*Leptodactylus andreae*	–
Anfibio/Amphibian	Leptodactylidae	*Leptodactylus bolivianus*	hualo
Anfibio/Amphibian	Leptodactylidae	*Leptodactylus diedrus*	–
Anfibio/Amphibian	Leptodactylidae	*Leptodactylus discodactylus*	–
Anfibio/Amphibian	Leptodactylidae	*Leptodactylus leptodactyloides*	–
Anfibio/Amphibian	Leptodactylidae	*Leptodactylus lineatus*	–
Anfibio/Amphibian	Leptodactylidae	*Leptodactylus mystaceus*	–
Anfibio/Amphibian	Leptodactylidae	*Leptodactylus pentadactylus*	hualo
Anfibio/Amphibian	Leptodactylidae	*Leptodactylus petersii*	–
Anfibio/Amphibian	Leptodactylidae	*Leptodactylus rhodomystax*	–
Anfibio/Amphibian	Leptodactylidae	*Leptodactylus stenodema*	–
Anfibio/Amphibian	Leptodactylidae	*Leptodactylus wagneri*	–
Anfibio/Amphibian	Microhylidae	*Chaiasmocleis ventrimaculata*	–
Anfibio/Amphibian	Microhylidae	*Ctenophryne geayi*	–
Anfibio/Amphibian	Microhylidae	*Hamptophryne boliviana*	–
Anfibio/Amphibian	Pipidae	*Pipa pipa*	pipa
Anfibio/Amphibian	Strabomantidae	*Oreobates quixensis*	–
Anfibio/Amphibian	Strabomantidae	*Pristimantis achuar*	–
Anfibio/Amphibian	Strabomantidae	*Pristimantis altamazonicus*	–
Anfibio/Amphibian	Strabomantidae	*Pristimantis carvaloi*	–
Anfibio/Amphibian	Strabomantidae	*Pristimantis delius*	–
Anfibio/Amphibian	Strabomantidae	*Pristimantis ockendeni*	–
Anfibio/Amphibian	Strabomantidae	*Pristimantis diadematus*	–
Anfibio/Amphibian	Strabomantidae	*Noblella myrmecoides*	–
Anfibio/Amphibian	Plethodontidae	*Bolitoglossa altamazonica*	salamandra
Reptil/Reptile	Chelidae	*Mesoclemmys gibba*	–
Reptil/Reptile	Chelidae	*Phrynops nasutus*	–

Nombre en Wampis/ Wampis name	Nombre en Awajún/ Awajún name	Nombre en Chapra/ Chapra name
–	kuwau	–
–	puwash/kuwau	–
–	puwash/kuwau	–
–	pujusham	–
–	pujusham	–
–	pujusham	–
–	sekeruash	–
–	baku	–
–	shagka	–
–	shagka	–
–	shagka	–
–	shagka	–
–	wijisam	–
wampuchi nukuri	jarajara	–
–	shagka	–
eaá, shanka	shagka	–
–	shagka	–
juat	tepen puwin	–
–	baku	–
tepem	shiig puwin	–
pakui	Juwat	–
–	Juwat	–
–	kashai	–
–	wijisam	–
–	suakaraip	–
–	yantsejuch	–
–	baku	–
–	–	–
–	–	–
–	shaam	–
–	–	–
–	–	–
–	wampiru	–
–	wampiru	–
–	baku	–
–	shaam	–
–	shaam	–
–	–	–
–	–	–
–	–	–
–	–	–
–	suakaraip	–
–	–	–
charap	chajap	–
–	shutat	–

NOMBRES COMUNES / COMMON NAMES			
Tipo de organismo/ Kind of organism	**Familia/ Family**	**Nombre científico/ Scientific name**	**Nombre común en Perú/ Common name in Peru**
Reptil/Reptile	Alligatoridae	*Caiman crocodilus*	lagarto, caimán blanco
Reptil/Reptile	Alligatoridae	*Paleosuchus trigonatus*	caiman de quebrada
Reptil/Reptile	Amphisbaenidae	*Amphisbaena fuliginosa*	–
Reptil/Reptile	Gymnophthalmidae	*Alopoglossus angulatus*	–
Reptil/Reptile	Gymnophthalmidae	*Cercosaura argulus*	–
Reptil/Reptile	Gymnophthalmidae	*Cercosaura ocellata*	–
Reptil/Reptile	Gymnophthalmidae	*Iphisa elegans*	–
Reptil/Reptile	Phyllodactylidae	*Thecadactylus solimoensis*	–
Reptil/Reptile	Polychrotidae	*Anolis fuscoauratus*	–
Reptil/Reptile	Polychrotidae	*Anolis nitens scypheus*	–
Reptil/Reptile	Polychrotidae	*Anolis trachyderma*	–
Reptil/Reptile	Scincidae	*Mabuya altamazonica*	–
Reptil/Reptile	Spaherodactylidae	*Gonatodes hasemani*	–
Reptil/Reptile	Spaherodactylidae	*Gonatodes humeralis*	–
Reptil/Reptile	Teiidae	*Ameiva ameiva*	–
Reptil/Reptile	Teiidae	*Kentropyx pelviceps*	–
Reptil/Reptile	Anilidae	*Anilus scytale*	–
Reptil/Reptile	Boidae	*Corallus hortulanus*	–
Reptil/Reptile	Colubridae	*Atractus torquatus*	–
Reptil/Reptile	Colubridae	*Chironius fuscus*	–
Reptil/Reptile	Colubridae	*Chironius scurrulus*	–
Reptil/Reptile	Colubridae	*Dendrophidion dendrophis*	–
Reptil/Reptile	Colubridae	*Dipsas indica*	–
Reptil/Reptile	Colubridae	*Drepanoides anomalus*	–
Reptil/Reptile	Colubridae	*Helicops angulatus*	–
Reptil/Reptile	Colubridae	*Helicops polylepis*	–
Reptil/Reptile	Colubridae	*Imantodes cenchoa*	–
Reptil/Reptile	Colubridae	*Leptodeira annulata*	–
Reptil/Reptile	Colubridae	*Liophis reginae*	–
Reptil/Reptile	Colubridae	*Pseudoboa coronata*	–
Reptil/Reptile	Colubridae	*Pseustes poecilonotus*	–
Reptil/Reptile	Colubridae	*Taeniophallus brevirostris*	–
Reptil/Reptile	Colubridae	*Thamnodynastes pallidus*	–
Reptil/Reptile	Colubridae	*Xenodon rabdocephalus*	–
Reptil/Reptile	Colubridae	*Xenoxybelis argenteus*	–
Reptil/Reptile	Elapidae	*Micrurus obscurus*	nacanaca, coral
Reptil/Reptile	Elapidae	*Micrurus surinamensis*	nacanaca, coral
Reptil/Reptile	Viperidae	*Bothriopsis bilineata*	loro machaco
Reptil/Reptile	Viperidae	*Bothrocophias hyoprora*	–
Reptil/Reptile	Viperidae	*Bothrops atrox*	jergón
Ave/Bird	Tinamidae	*Tinamus tao*	
Ave/Bird	Tinamidae	*Tinamus major*	
Ave/Bird	Tinamidae	*Crypturellus soui*	
Ave/Bird	Tinamidae	*Crypturellus* spp.	perdices, panguanas

	Nombre en Wampis/ Wampis name	Nombre en Awajún/ Awajún name	Nombre en Chapra/ Chapra name
	yantana uchiri	yantana	–
	yantana	yantana	–
	ampujka	ampug	–
	–	imujus	–
	shampiu	maemae shampiu	–
	–	shampiu	–
	takarsa	imujus	–
	–	takajus	–
	shumpa	wakeken	–
	–	wakeken	–
	–	wakeken	–
	–	maemae shampiu	–
	–	takajus	–
	–	takajus	–
	–	shampiu	–
	uniat	shampiu	–
	titigkia	itigkia	–
	–	buwash	–
	–	ipak dapi	–
	mayas	pegku	–
	mayas	pegku	–
	–	pegku	–
	–	chichi	–
	–	pegku	–
	–	yamuntse	–
	nukam	dukam	–
	–	wachi	–
	wapu	wachi	–
	–	pegku	–
	–	pegku	–
	–	pegku	–
	–	pegku	–
	–	wachi	–
	makanch, nemanrush	bakanch	–
	–	chichi	–
	titinkia	itigkia	–
	titinkia	yamuntse	–
	kawaykam, suikna	suwigna	–
	–	yamuntse	–
	makanchi	buwash	–
	sekush, wamkish, wankesh	waga	–
	wamkish	sekuch	–
	tsuan	tsuwam	–
	waa	waga	–

NOMBRES COMUNES / COMMON NAMES			
Tipo de organismo/ Kind of organism	**Familia/ Family**	**Nombre científico/ Scientific name**	**Nombre común en Perú/ Common name in Peru**
Ave/Bird	Cracidae	*Penelope* spp.	pavas, pucacungas
Ave/Bird	Cracidae	*Pipile cumanensis*	pava del monte
Ave/Bird	Cracidae	*Aburria aburri*	pava de altura
Ave/Bird	Cracidae	*Ortalis guttata*	manacaracu
Ave/Bird	Cracidae	*Nothocrax urumutum*	montete
Ave/Bird	Cracidae	*Mitu salvini*	–
Ave/Bird	Odontophoridae	*Odontophorus* spp.	codornices, porotobangos
Ave/Bird	Cathartidae	*Cathartes melambrotus*	–
Ave/Bird	Cathartidae	*Coragyps atratus*	–
Ave/Bird	Cathartidae	*Sarcoramphus papa*	cóndor de la selva
Ave/Bird	Accipitridae	*Leptodon cayanensis*	–
Ave/Bird	Accipitridae	*Elanoides forficatus*	gavilán tijereta
Ave/Bird	Accipitridae	*Ictinia plumbea*	–
Ave/Bird	Accipitridae	*Leucopternis albicollis*	–
Ave/Bird	Accipitridae	*Leucopternis princeps*	–
Ave/Bird	Accipitridae	*Buteogallus urubitinga*	–
Ave/Bird	Accipitridae	*Spizaetus ornatus*	águila penachuda
Ave/Bird	Falconidae	*Herpetotheres cachinnans*	–
Ave/Bird	Falconidae	*Micrastur semitorquatus*	–
Ave/Bird	Falconidae	*Ibycter americanus*	tatatau, atatau
Ave/Bird	Falconidae	*Daptrius ater*	–
Ave/Bird	Falconidae	*Milvago chimachima*	shihuango
Ave/Bird	Psophiidae	*Psophia crepitans*	trompetero
Ave/Bird	Rallidae	*Aramides cajanea*	unchala
Ave/Bird	Columbidae	*Patagioenas plumbea*	–
Ave/Bird	Columbidae	*Patagioenas subvinacea*	–
Ave/Bird	Columbidae	*Geotrygon saphirina*	–
Ave/Bird	Columbidae	*Geotrygon montana*	–
Ave/Bird	Psittacidae	*Ara ararauna*	–
Ave/Bird	Psittacidae	*Ara chloropterus*	–
Ave/Bird	Psittacidae	*Ara severus*	–
Ave/Bird	Psittacidae	*Aratinga weddellii*	–
Ave/Bird	Psittacidae	*Brotogeris cyanoptera*	pihuicho
Ave/Bird	Psittacidae	*Pionites melanocephala*	chirriclés
Ave/Bird	Psittacidae	*Pionus menstruus*	–
Ave/Bird	Psittacidae	*Amazona amazonica*	–
Ave/Bird	Psittacidae	*Amazona farinosa*	–
Ave/Bird	Cuculidae	*Piaya* spp.	cucos, chicuas
Ave/Bird	Strigidae	*Lophostrix cristata*	–
Ave/Bird	Steatornithidae	*Steatornis caripensis*	tayo, guácharo
Ave/Bird	Nyctibiidae	*Nyctibius grandis*	–
Ave/Bird	Nyctibiidae	*Nyctibius griseus*	ayaymama
Ave/Bird	Caprimulgidae	*Nyctidromus albicollis*	–
Ave/Bird	Apodidae	*Streptoprocne zonaris*	–

Nombre en Wampis/ Wampis name	Nombre en Awajún/ Awajún name	Nombre en Chapra/ Chapra name
aunts	aunts	–
kuyu	kuyu	–
awacha	uwachau	–
wakats	wakats	–
iwachi, ayachui	ayachui	–
mashu	bashu	–
push	puush	–
ukumat, ukumak chuan	ukumat	–
chon, ijia chuan	chuwag	–
ukumat	ukumat	–
tseemna pincho, kauta	sai pinchu	–
nayap	nayap	–
isip	–	–
pincho	–	–
pepe pincho	–	–
mashu pincho	–	–
ukukuí, churuwia pincho	ukukui	–
makantua	bakatau	–
pepee pincho	–	–
mashu tampu	–	–
shana shana, shanashna	shanashna	–
shana shana, shanashna	–	–
chiwia	chiwa	–
uun seuk	seuk	–
shimpa	shimpa	–
shimpa, shimpia	shimpa	–
papui	–	–
samau yampits, tsama yampits	tsabau yampits	–
yampuna	takum	–
takum	yusa	–
shamak	chipi	–
shantanta	shamak	–
chim	–	–
pirish	chijikas	–
tuish	tuwish	–
chawit	–	–
pushunch, awarmas	uwagmas	–
icancham, ikianchim	ikancham	–
suu ampush	suu ampush	–
tayu	tayu	–
kau	kau	–
auju	auju	–
wampu sukuya	–	–
chinim	–	–

NOMBRES COMUNES / COMMON NAMES			
Tipo de organismo/ Kind of organism	**Familia/ Family**	**Nombre científico/ Scientific name**	**Nombre común en Perú/ Common name in Peru**
Ave/Bird	Trochilidae	Todos los colibríes/All hummingbirds	colibríes, picaflores
Ave/Bird	Trochilidae	*Campylopterus largipennis*	–
Ave/Bird	Trogonidae	*Trogon* spp.	trogones
Ave/Bird	Trogonidae	*Trogon violaceus*	–
Ave/Bird	Alcedinidae	*Chloroceryle americana*	–
Ave/Bird	Momotidae	*Momotus* spp.	relojeros
Ave/Bird	Galbulidae	*Galbula* spp.	jacamares
Ave/Bird	Bucconidae	*Nystalus striolatus*	–
Ave/Bird	Bucconidae	*Malacoptila fusca*	–
Ave/Bird	Bucconidae	*Monasa* spp.	monjas, tihuacuros
Ave/Bird	Ramphastidae	*Ramphastos* spp.	tucanes, pinchas
Ave/Bird	Ramphastidae	*Aulacohynchus derbianus*	–
Ave/Bird	Ramphastidae	*Selenidera reinwardtii*	–
Ave/Bird	Ramphastidae	*Pteroglossus* spp.	arasaris, tabaqueros
Ave/Bird	Picidae	*Melanerpes cruentatus*	–
Ave/Bird	Picidae	*Piculus leucolaemus*	–
Ave/Bird	Picidae	*Celeus* spp.	carpinteros
Ave/Bird	Picidae	*Dryocopus lineatus*	–
Ave/Bird	Picidae	*Campephilus* spp. y otros carpinteros grandes/*Campephilus* spp. and other large woodpeckers	carpinteros
Ave/Bird	Thamnophilidae	Todos los hormigueros/ All antwrens and antbirds	hormigueros
Ave/Bird	Thamnophilidae	*Myrmeciza melanoceps*	–
Ave/Bird	Formicariidae	*Chamaeza nobilis*	–
Ave/Bird	Furnariidae	Todos los trepatroncos/ All woodcreepers	trepatroncos, trepadores
Ave/Bird	Furnariidae	*Glyphorynchus spirurus*	–
Ave/Bird	Tyrannidae	Todos los mosqueros/All flycatchers	mosqueros
Ave/Bird	Tyrannidae	*Tyrannus melancholicus*	pepite
Ave/Bird	Cotingidae	*Rupicola peruviana*	gallito-de-las-rocas
Ave/Bird	Cotingidae	*Querula purpurata*	–
Ave/Bird	Pipridae	Todos los saltarines/All manakins	saltarines
Ave/Bird	Pipridae	*Lepidothrix coronata*	–
Ave/Bird	Pipridae	*Manacus manacus*	–
Ave/Bird	Pipridae	*Pipra pipra*	–
Ave/Bird	Pipridae	*Pipra erythrocephala*	–
Ave/Bird	Vireonidae	Todos los vireos/All vireos	–
Ave/Bird	Hirundinidae	Todas las golondrinas/All swallows	golondrinas
Ave/Bird	Troglodytidae	Todos los cucaracheros/All wrens	cucaracheros
Ave/Bird	Thraupidae	*Ramphocelus* spp.	tangaras
Ave/Bird	Thraupidae	*Thraupis episcopus*	sui-sui
Ave/Bird	Thraupidae	*Wetmorethraupis sterrhopteron*	–
Ave/Bird	Thraupidae	*Tangara* spp.	tangaras

	Nombre en Wampis/ Wampis name	Nombre en Awajún/ Awajún name	Nombre en Chapra/ Chapra name
	jempe	jempe	–
	ujaj jempe	jempe	–
	kutui, tawai	–	–
	tawe, tipiur tawai	tawai	–
	shikapash tirakam, charakat	chaji	–
	yukuro	yukuju	–
	jeempemor, jempemur	jempemu	–
	shiik, shik	shiik	–
	tirakam, yukuro	yukuju	–
	tiukcha	tsukagka	–
	tuskagka	tsukagka	–
	ikak	kauntsam	–
	pininch, pirisat	pininch	–
	pininch, pirisat	pininch	–
	tatasham	tatasham	–
	uun naichum	dai	–
	sawakea, sawake	sawakea	–
	naichum	–	–
	tatasham	tatasham	–
	tsere chinki, katsep	–	–
	kuchacho	–	–
	puampua	puampua	–
	yukua yukua, wikiuakiua	–	–
	tushim	–	–
	marit, kantut, kupi	kantut	–
	kantut	kantut	–
	tsunka, sunka	sugka	–
	pau chinki	–	–
	wisham	–	–
	seetcha	–	–
	akaru chinki	–	–
	chinki	chigki	–
	achayap	achayap	–
	juitiam	–	–
	shurpip, suirpip	shuwimpip	–
	panki atashri	–	–
	pichi	–	–
	suich	suwich	–
	inchituch	inchitush	–
	secha	–	–

NOMBRES COMUNES / COMMON NAMES

Tipo de organismo/ Kind of organism	Familia/ Family	Nombre científico/ Scientific name	Nombre común en Perú/ Common name in Peru
Ave/Bird	Incertae Sedis B	*Saltator* spp.	saltadores
Ave/Bird	Emberizidae	*Arremon* spp.	gorriones
Ave/Bird	Emberizidae	*Oryzoborus* spp.	semilleros
Ave/Bird	Parulidae	*Phaeothlypis fulvicauda*	–
Ave/Bird	Icteridae	*Psarocolius decumanus*	paucar
Ave/Bird	Icteridae	*Cacicus cela*	–
Ave/Bird	Fringillidae	*Euphonia* spp.	–
Mamífero/Mammal	Dasypodidae	*Dasypus kappleri*	carachupa
Mamífero/Mammal	Dasypodidae	*Dasypus novemcinctus*	carachupa
Mamífero/Mammal	Dasypodidae	*Dasypus septemcinctus*	carachupa
Mamífero/Mammal	Dasypodidae	*Cabassous unicinctus*	carachupa
Mamífero/Mammal	Dasypodidae	*Priodontes maximus*	yungunturu, carachupa mama
Mamífero/Mammal	Bradypodidae	*Bradypus variegatus*	perezoso de tres dedos, pelejo
Mamífero/Mammal	Megalonychidae	*Choloepus* sp.	perezoso de dos dedos, pelejo
Mamífero/Mammal	Cyclopedidae	*Cyclopes didactylus*	serafín de platanal
Mamífero/Mammal	Myrmecophagidae	*Myrmecophaga tridactyla*	oso hormiguero, oso bandera
Mamífero/Mammal	Myrmecophagidae	*Tamandua tetradactyla*	oso hormiguero, shihui
Mamífero/Mammal	Cebidae	*Saguinus fuscicollis*	pichico común, mono de bolsillo
Mamífero/Mammal	Cebidae	*Aotus vociferans*	musmuqui
Mamífero/Mammal	Cebidae	*Cebus albifrons*	machín blanco
Mamífero/Mammal	Cebidae	*Cebus apella*	machín negro
Mamífero/Mammal	Cebidae	*Saimiri sciureus*	fraile, frailecillo
Mamífero/Mammal	Pitheciidae	*Callicebus discolor*	tocón
Mamífero/Mammal	Pitheciidae	*Pithecia aequatorialis*	huapo ecuatorial
Mamífero/Mammal	Pitheciidae	*Pithecia monachus*	huapo negro
Mamífero/Mammal	Atelidae	*Alouatta juara*	mono coto, aullador
Mamífero/Mammal	Atelidae	*Ateles belzebuth*	maquisapa
Mamífero/Mammal	Atelidae	*Lagothrix lagotricha*	mono choro
Mamífero/Mammal	Sciuridae	*Microsciurus flaviventer*	ardilla pequeña
Mamífero/Mammal	Sciuridae	*Sciurus igniventris*	ardilla roja
Mamífero/Mammal	Erethizontidae	*Coendou* sp.	cashacushillo, puerco espín
Mamífero/Mammal	Caviidae	*Hydrochoerus hydrochaeris*	ronsoco
Mamífero/Mammal	Dasyproctidae	*Dasyprocta fuliginosa*	añuje
Mamífero/Mammal	Dasyproctidae	*Myoprocta pratti*	punchana
Mamífero/Mammal	Cuniculidae	*Cuniculus paca*	majaz
Mamífero/Mammal	Leporidae	*Sylvilagus brasiliensis*	conejo
Mamífero/Mammal	Felidae	*Leopardus pardalis*	tigrillo, ocelote
Mamífero/Mammal	Felidae	*Leopardus tigrinus*	tigrillo pequeño, gato tigre
Mamífero/Mammal	Felidae	*Leopardus wiedii*	huamburushu
Mamífero/Mammal	Felidae	*Panthera onca*	otorongo, jaguar, tigre
Mamífero/Mammal	Felidae	*Panthera onca* (negro/black)	otorongo, jaguar, tigre
Mamífero/Mammal	Felidae	*Puma concolor*	puma, tigre colorado
Mamífero/Mammal	Canidae	*Atelocynus microtis*	perro de orejas cortas
Mamífero/Mammal	Canidae	*Speothos venaticus*	perro de monte
Mamífero/Mammal	Mustelidae	*Lontra longicaudis*	nutria

	Nombre en Wampis/ Wampis name	Nombre en Awajún/ Awajún name	Nombre en Chapra/ Chapra name
	shaep	–	–
	shaep	–	–
	shaep	–	–
	musap chinki	–	–
	chuwi, tsanke	chuwi	–
	sharshasha, chikit	teesh	–
	ushap	ushap	–
	shushui, muits	shushui	–
	sima	shushui	–
	ichin	ichig	–
	tuish	tuwich	–
	yankun	yagkun	–
	uñush	uyush	–
	uñush	uyush	–
	mikua	bíkua	–
	wishiishi	wishishi	–
	manchun	manchug	–
	pinchichi, tseepai	pinchi	–
	ujukam	butuch	–
	tsere	bachig, tseje	–
	yukapik, yukapkia	wajiam	–
	tseem	tseem	–
	sunkamat	sugkamat	–
	pentsepents, sepur	pentsemes	–
	pentsepents, sepur	pentsemes	–
	yakum	yakum	–
	washi	washi	–
	chuu	chuu	–
	wichim	wichig	–
	kunam	kunam	–
	kuru	kuju	–
	unkumia	ugkubiu	–
	kanyup, kayuk	kayuk	–
	yunkits	yugkits	–
	kashai	kashai	–
	wapukrush	wapujush	–
	yanankam	yatam	–
	untusham	untucham	–
	wamburush, untusham	untucham	–
	uun yawa	puagkat	–
	sokawa	kaich	–
	japayawa	japayua	–
	washim, tuwin	pashuu	–
	tuwin	putukam	–
	uñu, uuyu	uyu	–

NOMBRES COMUNES / COMMON NAMES			
Tipo de organismo/ Kind of organism	**Familia/ Family**	**Nombre científico/ Scientific name**	**Nombre común en Perú/ Common name in Peru**
Mamífero/Mammal	Mustelidae	*Pteronura brasiliensis*	lobo de río
Mamífero/Mammal	Mustelidae	*Eira barbara*	manco
Mamífero/Mammal	Mustelidae	*Galictis vittata*	hurón grande, grisón
Mamífero/Mammal	Procyonidae	*Nasua nasua*	achuni, coatí
Mamífero/Mammal	Procyonidae	*Potos flavus*	chosna
Mamífero/Mammal	Procyonidae	*Procyon cancrivorus*	osito lavador, mapache
Mamífero/Mammal	Tapiridae	*Tapirus terrestris*	sachavaca
Mamífero/Mammal	Tayassuidae	*Pecari tajacu*	sajino
Mamífero/Mammal	Tayassuidae	*Tayassu pecari*	huangana
Mamífero/Mammal	Cervidae	*Mazama americana*	venado rojo
Mamífero/Mammal	Cervidae	*Mazama nemorivaga*	venado gris
Mamífero/Mammal	Delphinidae	*Sotalia fluviatilis*	delfín gris, bufeo gris
Mamífero/Mammal	Iniidae	*Inia geoffrensis*	delfín rosado, bufeo colorado

Nombre en Wampis/ Wampis name	Nombre en Awajún/ Awajún name	Nombre en Chapra/ Chapra name
uankanim	wagkanim	–
amich	amich	–
kayukyawa	pashuu	–
kushi	kushi	–
kuji	kuji	–
–	washibau	–
pamau	pabau	–
yankipik, yunkipik, uchich paki	yugkipak	kashuma
uun paki	paki	huangana
ainjapa	japa	–
sujapa	yugkits	–
–	apuupu	–
apuúpu	apuupu	–

TRANSCRIPCIONES DE CUENTOS Y CANCIONES TRADICIONALES DE LAS CULTURAS AWAJÚN, WAMPIS Y CHAPRA/ TRANSCRIPTIONS OF TRADITIONAL STORIES AND SONGS OF THE AWAJÚN, WAMPIS, AND CHAPRA CULTURES

Nantu auju (Luna y la ayaymama/Moon and the Great Potoo) (Wampis)

Contado por/Told by: Manuel Tsamarain Waniak

Grabado por Kacper Świerk el 9 de agosto de 2011/Recorded by Kacper Świerk on 9 August 2011

Transcrito por/Transcribed by: Gerónimo Petsain Yakum

	Wampis	Castellano	English
1	Nantu Aujujai, Nantu Auju nuwe aá jakuiti nantuka nunik	Luna y la Ayaymama: Luna era esposa de Ayaymama.[1]	The moon and the Great Potoo (Ayaymama), the moon was the Great Potoo's wife.[1]
2	Nantu kashik nuwe chichareak yuwi ajanam tepearma nú tsamaku aiña jukam pujurú amajturta:	Entonces Luna le decía temprano a su mujer que fuera a la chacra para juntar los zapallos maduros que había. Dijo:	Early one day the moon told his wife to go to their farm plot and harvest the ripe squash there. He said:
3	Washin kashik tukura utitjai tau timayi	—"Temprano traeré maquisapas cazadas", le decía.	"I'm going to hunt spider monkeys, and I'll bring some back soon."
4	Nunik wee washin kashikmas tukur itaá tuke nuwen tarin nuwaru yuwi suruita tusa tau timayi	Entonces se fue a cazar maquisapas y regresó temprano; llegando, le decía a su mujer: —"Mujer, sírveme zapallo."	He went to hunt spider monkeys and soon returned. Arriving, he said to his wife: "Woman, serve me some squash."
5	Nunik Auju chichak ayu tusa yuwin kuiran enker apujtusu wenkuk eptusu timayi	Entonces Auju le sirvió zapallos verdes.	Then Auju served him unripe squash.
6	Nutikam Nantu chichak yuwi tsamaku arma nusha tau	Entonces Luna dijo: —"¿Dónde están los zapallos maduros que había [en la chacra]?"	And the moon said: "Where are the ripe squash that were [in the farm plot]?"
7	Urukakua junincha aetcha suram tuma amukchaumektau. Tutai Auju chichak:	—"¿Por qué me sirves [zapallos] verdes? De repente [te] acabaste [los maduros]!" le decía. Auju contestando dijo:	"Why have you served me unripe [squash]? Have you eaten [the ripe ones]?" Auju answered him:
8	Atsa wisha wari wenenma yuattaj tusa Auju tau timayi wene apar pujus	—"No, ¿yo con qué boca voy a comer?" dijo la mujer Ayaymama después de haber cosido su boca.	"No. Me? How could I have eaten them without a mouth?" said the Great Potoo, who had sewn her mouth shut.
9	Nutikamtai Nantu kajek nuwen Aujun suimataj kawaá etsenki ajua ai aintiakua awamtak ewek	Entonces Luna se enojó, le quiso pegar a su esposa, le hizo correr y le siguió hasta que [ella] se metió debajo de la cama.	Then the moon got angry and wanted to beat his wife. He chased after her and she hid under the bed.
10	Tuke tsutsukar iñes kajek wenen iwankau timayi	Después, muy enojado, agarró a su mujer y le abrió la boca.	Furious, he grabbed his wife and pulled her mouth open,
11	Nutikak wenen jarkau timayi	Haciendo esto le rompió la boca.	Breaking it.
12	Nantu Auju nuwen turam chichaku timayi	Mientras Luna hacía [esto] a su mujer, Ayaymama habló diciendo:	As he did this he told his wife the Great Potoo:
13	Aujun usukiak, Auju aruman tusa kusi tutai Aujuka: auju, ju, ju, tau timayi Auju najanak	—"Ayaymama ave serás", conjuró; al decir así, Ayaymama lloró: —"Auju, ju, ju", así dijo al convertirse en ave.	"Ayaymama, I swear you will become a bird." Hearing this, the Great Potoo began to cry—"Auju, ju, ju"—and turned into a bird.
14	Nawaiti tura tikich nutikak Nantuka kajek weu	Después de haber hecho esto, Luna, muy enojado, se fue.	After having done this, the moon, still furious, left.

	Wampis	Castellano	English
15	Neak netamunam waka wea weakua yajá jas wakausai Kunam pujamunam	[Se fue a] donde había una soga [liana] colgada y empezó subir por ella hasta que llegó a donde estaba su cuñado Ardilla.	He went to a place where a long liana (vine) hung and climbed up it until he encountered his brother-in-law, Squirrel.
16	Jea chichareak sairu perea pereakuam najanam neak tsupistatuk umasta	Al llegar, decía a su cuñado que mascara la soga y que la dejara cerca de cortarla.	He told Squirrel to gnaw the liana, but not all the way through.
17	Nutikam arum nuwar winittawai tusa tutai	—"Después vendrá mi mujer [Ayaymama]", decía Luna.	"My wife [Ayaymama] will come soon," said the moon.
18	Ayu tusa Kunamcha aitkasan perea pereakua tsupistatak ekentsau timayi	Cumpliendo las órdenes, Ardilla marcó la soga y la dejó cerca de cortar.	Obeying the order, Squirrel began to gnaw the liana.
19	Nutikak Aujusha aitkasan yarumak ashi japimuk, jakachich takatairi aiñanka ashi yaruak minin nisha	Entonces la Ayaymama también juntó todas sus cositas, como escoba, tinajas y todo lo que es útil de la cocina y así se fue.	Meanwhile, the Great Potoo was getting together all of her belongings—a broom, bowls, and kitchen implements—and she soon left the house.
20	Aishri wakunam neaknum weaweakua imau waka wakattak weamunum Kunam yaki eketea nú tsupik ajua timayi	Subía por la misma soga por la cual subió su esposo y seguía subiendo hasta que subió bien alto; Ardilla, que estaba arriba, trozó la soga y empezó bajar [caerse].	She climbed up the same liana that her husband had climbed. She climbed a long way. Up above, Squirrel cut the rope and [Ayaymama] began to fall.
21	Auju tareak ukasaá iña timayi	La Ayaymama bajaba muy fuertemente.	She fell fast and hard.
22	Iñak senchi iña timayi, pujaku timayi	Decían que al caer fuertemente se [le] reventó la barriga.	They say that when she hit the ground her stomach ruptured.
23	Nutikak Nantu chichak kusui usukia Auju nuwe katsuin, nuwe katsuichu, nuwe tama aruman tau timayi	La Luna conjuró diciendo: —"Ayaymama serás". Donde cayó Ayaymama quedaron arcillas duraderas y arcillas no duraderas.	The moon swore: "You will become the Ayaymama bird." Where the Great Potoo fell there remained clay that is useful for making ceramics and clay that is not useful.
24	Tumak awai nuwe katsuin, nuwe katsuichu	Entonces actualmente se sabe que hay arcillas duraderas y arcillas no duraderas.	And that is why today we know that some kinds of clay last more than others.
25	Tuu nuwe maa timayi	Así [Luna] mató a su esposa [Ayaymama].	And so the moon killed his wife [Ayaymama].

1 Manuel se equivocó. Debe ser: Aujuka Nantu nuwe aá jaku (Ayaymama era esposa de Luna)./
Manuel misspoke. It should be: Aujuka Nantu nuwe aá jaku (Ayaymama, the Great Potoo, was the moon's wife).

El cuento de Kumpanam/The story of Kumpanam (Wampis)

Contado por/Told by: Gerónimo Petsain Yakum
Grabado por Kacper Świerk el 8 de agosto de 2011/
Recorded by Kacper Świerk on 8 August 2011

Castellano

El Cerro no se llamaba anteriormente Kampankis sino se llamaba Kumpanam por lo que se sabía anteriormente del Pongo de Manseriche. Entonces en ese cerro hay dos cerros de frente, a cada lado del río. En el otro lado vivía el que le llamaban Yus[2]. Después, en otro lado, vivía Kumpanam y eran cuñados. Yus tenía una hija y Kumpanam se había enamorado de la hija de Yus; la hija de Yus quedó embarazada. Yus de cólera se enojó, arrojó sus maletas, sus asientos, lo que queda [ahí] actualmente [se ha] transformado en rocas [en el Pongo de Manseriche]. Entonces Yus allí conjuró al Kumpanam que [Yus] se estaba yendo por cólera, por lo que [Kumpanam] había hecho. Y diciendo eso Yus subió al cielo, dicen, y el Kumpanam quedó solo después de eso. Y [Kumpanam] ha caminado todo este Cerro porque quedó triste, solo. Empezó a caminar por todo este Cerro. Por eso este Cerro de Kampankis, que actualmente se conoce, se llamaba Cerro de Kumpanam. Y el nombre de Kampankis salió por una equivocación de escritura que hizo un científico: el padre Guallart. De repente por equivocación decimos [Kampankis] porque no era el nombre de este Cerro pero actualmente ya [lo] conocemos con el nombre de Kampankis. Así fue la historia según nosotros.

English

The name for these mountains wasn't always Kampankis. According to people who lived around the Manseriche Gorge, they used to be called Kumpanam. At the gorge there are hills to either side of the river. Yus[2] lived on one side of the river and his brother-in-law Kumpanam lived on the other. Kumpanam fell in love with Yus's daughter, and she got pregnant. This made Yus so angry that he threw all his furniture and belongings down the hill, where they were transformed into the rocks you see today at the Manseriche Gorge. Furious with Kumpanam, Yus vowed to leave and never come back. They say he ascended to heaven, leaving Kumpanam by himself. Sad and alone, Kumpanam wandered the entire mountain range on foot. That's why the Kampankis Mountains used to be called the Kumpanam Mountains. The name Kampankis came from an error made by the scientist-missionary Padre Guallart. We started using Kampankis, which wasn't the name of the mountain range, and we've used it ever since. That's the story that people tell.

2 Esta es una versión Wampis del mito. En versiones Awajún recolectadas por Filip Rogalski, el personaje que aquí lleva nombre de Yus se llama Apajui. Según Gerónimo Petsain Yakum, el nombre Yus viene de la palabra castellana 'Dios.'/ This is a Wampis version of the myth. In the Awajún versions recorded by Filip Rogalski, the Yus character is called Apajui. The name 'Yus' is a modification of the Spanish word Dios (God), according to Gerónimo Petsain Yakum.

El cuento de dos hermanos en la cueva del tayu/The story of two brothers in the oilbird cave (Wampis)

Contado por/Told by: Gerónimo Petsain Yakum
Anotado por Kacper Świerk en el 15 de agosto de 2011/
Transcribed by Kacper Świerk on 15 August 2011
Se ofrecen más detalles de este cuento en el capítulo *Comunidades visitadas: fortalezas sociales y culturales.*/
This story is discussed in the chapter *Communities Visited: Social and Cultural Assets.*

Castellano

Esto pasó en Ecuador. Un grupo de gente se fue para sacar pichones de *tayu* (guácharos) de una cueva. En el grupo habían dos hermanos a quienes los demás aborrecían. A un primo de ellos le gustaba la esposa de uno de estos hermanos.

Entonces bajaron a la cueva. Después de recolectar pichones, todos subieron y salieron de la cueva. Cuando sólo quedaban adentro los dos hermanos, los demás cortaron la escalera y se fueron. Los hermanos se quedaron en la cueva, en la oscuridad, desesperados. Sus familiares vivían lejos y no había mucha esperanza que alguien pudiera venir a salvarlos. Uno de los hermanos vio una luciérnaga y pensando que era luz traída por alguna persona que vino (por una ruta desconocida) para salvarles, le siguió, se cayó en un hueco en la cueva y se murió. El otro hermano se quedó solo. Los guácharos volando cagaban sobre él, le bañaban con sus cacas. Por eso empezaron a caérsele los pelos. Los perdió todos y se quedó completamente calvo. El *amana* (dueño o madre) de los *tayus* le dijo que le salvaría si fuera otro, pero como es uno de los que vienen a acabar con sus hijos y sus nietos, entonces no le salvará. Muchas veces le hacía pruebas—los guácharos en cantidad le agarraban con sus picos y le levantaban casi a nivel del borde de la cueva pero después de nuevo le bajaban. El hombre estuvo en la cueva como dos semanas o dos meses. Vino un tigre (por ruta subterránea—los huecos que él conocía) para comer pichones de *tayu*. El hombre pensó: "Que me coma. No voy a seguir sufriendo". Se acercó al tigre y le tocó, pero éste era su *arutam* en forma de jaguar (*arutam yawa*). El tigre le dijo: "He pasado al lado de la chacra de tu madre y la he visto llorando. Sígueme y vas a salir de la cueva. No vas a ver mis huellas pero podrás seguirme tocándolas. Ahora voy a comer los pichones y cuando vuelva me sigues." Cuando el tigre regresó el hombre le siguió escuchando sus rugidos y tocando sus huellas en arena. Llegaron en un lugar con agua. Ahí el tigre le dijo: "Ahora que respires bien, entras en el agua y vas a salir nadando por el otro lado." Así lo hizo el hombre y de esa manera salió de la cueva. Llegó donde su mamá. Le pidió que mate un chancho para que él coma para recuperar su fuerza. Así lo hizo

English

This happened in Ecuador. One day some people went to harvest oilbird chicks in a cave. In the group there were two brothers who were hated by the others, including a cousin of theirs who lusted after the wife of one of the brothers.

Everyone climbed down into the cave on a ladder. When they had finished collecting chicks some of the group climbed back out of the cave, leaving the two brothers inside. Before leaving, they cut the ladder so that the brothers could not escape. Left alone in the darkness of the cave, the brothers were terrified. Their families lived a long ways away and there was little chance that someone would come to save them. One of the brothers saw a firefly and, thinking it was the torch of someone who had come to save them, ran after it. In the darkness he fell into a hole in the cave and died, leaving his brother alone. The oilbirds flew around the remaining brother, shitting on him until he was covered with guano. This made his hair fall out until eventually he was entirely bald. The *amana* (an oilbird who was the leader of the colony) told the brother that because the brother had come to eat his sons and grandsons he would not help him escape. Several times a flock of oilbirds grabbed the man with their beaks and started to lift him out of the cave, but then they put him back down. The brother was in the cave for two weeks, or two months. One day a jaguar who knew underground passages into the cave came to eat oilbird chicks. The brother thought: "He might as well eat me, since it will end my suffering." He went up to the jaguar and touched it, but the jaguar turned out to be his *arutam* (*arutam yawa*; a vision in the form of a jaguar). The jaguar said to him: "I passed by your mother's garden and saw her crying. Follow me and I'll show you a way out of the cave. You won't be able to see my tracks in the dark but you can follow me by feeling them with your fingers. I'm going to eat some chicks and when I come back follow me." When the jaguar came back the brother followed him through the dark, listening for his growls and feeling for his tracks in the sand. They arrived at a part of the cave with water, and the jaguar said: "Take a deep breath, dive into the water, and you'll come out on the other side." The man followed the jaguar's instructions and

CUENTOS Y CANTOS INDÍGENAS / INDIGENOUS STORIES AND SONGS

El cuento de dos hermanos en la cueva del tayu/The story of two brothers in the oilbird cave (Wampis) cont.

Castellano	English
su mamá. El hombre comió. Lavó su cabeza con huito para que pareciera que tenía pelo. Después comenzó hacer su lanza de pijuayo. Su mamá le dijo que su esposa ahora estaba con otro—su primo de él. Cuando el hombre terminó su lanza se fue a su casa llegando como cualquier visitante. Cuando llegó a la casa, solo encontró a sus niños, bien crecidos desde el tiempo cuando salió a la cueva. Los niños le preguntaron si él era el papá de ellos. Él les dijo: "No soy su papá" (no quiso que los niños le avisaran a su primo sobre quién había llegado). Los niños se quejaron [y le dijeron que] desde que su papá desapareció, su padrastro les aborrece, les da de comer solo piezas chiquitas y a su propio hijo le da las mejores. Cuando los niños salieron a avisar a su familia que vino un visitante, el hombre cerró una puerta de la casa dejando abierta la otra (principal) y se sentó con su lanza. Los niños dijeron a su madre y a su padrastro que había llegado un visitante muy parecido a su padre. Su madre les dijo: "Su padre nunca va a volver". El hombre escuchó esto. Cuando su primo y esposa entraron en la casa, el primo le reconoció y dijo: "¿Primo? ¿Viniste?" El hombre se levantó y le atravesó con la lanza. La mujer quiso escaparse por la otra puerta (de la cocina) pero la encontró cerrada. El hombre atravesó a su mujer, pegada a la puerta. Después regresó a su primo y le atravesó varias veces, después de nuevo a su mujer, otra vez al primo y otra vez a ella. Así les mató y se quedó con sus niños.	succeeded in escaping from the cave. He walked to his mother's house and asked her to slaughter a pig so that he could regain his strength. His mother killed the pig and the brother ate it. He washed his bald head with *huito* (a fruit that stains skin black) so that it looked like he had hair. Next, he began to make a spear out of *pijuayo* (peach palm) wood. His mother told him that his wife was now living with another man: the treacherous cousin. When the brother finished making his spear he walked to his house as though on a casual visit. The only people he found there were his children, who had grown a lot during his time in the cave. The children asked if he was their father. He said he was not, because he didn't want the children to tell his cousin that he had arrived. The children complained that since their father had disappeared their stepfather was cruel to them, giving them scraps to eat and saving the choicest pieces for his own son. When the cousin and the man's wife arrived, the children ran out to meet them and tell them a visitor had arrived. The brother closed one door of the house, leaving the main entrance open, and sat down inside with his spear. The children told their mother and stepfather that a visitor resembling their father had arrived. The brother heard their mother reply: "Your father will never return." The man heard that. When his cousin and wife entered the house, the cousin recognized him and cried: "Cousin—you've come?" The brother stood up and ran him through with the spear. The woman tried to escape but found the other door (the kitchen door) blocked. The brother speared his wife. Then he speared his cousin several more times, then speared his wife again, then his cousin again, and then his wife again. In that way he killed them both and lived with his children.

Cuento de picaflor/Story of a Hummingbird (Chapra)

Contado por/Told by: Yampisa Shutka Mashamporo
Apuntado por Kacper Świerk el 21 de mayo de 2009/
Recorded by Kacper Świerk on 21 May 2009

Castellano

Un hombre vivía solo con su mamá. Una vez, tuvo un sueño-visión en el cual oyó que podría conseguir una mujer. Solamente tendría que acostarse en el camino y esperar tranquilo hasta que un gusano cayera en su ombligo. Después de ocurrido esto, tendría que llevar el gusano a su casa donde, de noche, este se transformaría en su mujer. No podía, sin embargo, decir nada a la madre. De día podría guardar a su mujer en su canasta, transformada de nuevo en gusano.

El hombre hizo lo que le dijeron. Se acostó en el camino. Después de un tiempo le cayó un gusano en el ombligo y empezó a moverse. El hombre lo agarró y lo llevó a su casa donde lo guardó en su canastita. De noche el gusano se transformó en una mujer, y ahí duermen juntos y conversan, etc. Y así vivía el hombre. Su madre no sabía nada. Él le pidió que cuando estuviera limpiando no tocara su canastita. Sin embargo, durante una ausencia del hombre su madre abrió la canasta, vio el gusano y lo cortó con un machete.

De regreso a casa el hombre encontró a su mujer cortada, escapándose. Intentó pararla, pero ella escapó y desapareció. El hombre se quedó triste.

Al día siguiente vienieron cóndores y gallinazos (el hombre les vio con forma humana) y le dijeron que vieron a su mujer en el cielo y que podrían llevarle para allá bajo la condición de que mate a su mamá para que ellos coman. Él mató a su mamá y ellos comieron. Después de esto el hombre se montó en un gallinazo pero éste llegó sólo a la altura de una onkucha y se cansó. Entonces el hombre montó al cóndor, que llegó a la altura de copas de los árboles, y se cansó también. El hombre estaba desesperado. Los gallinazos le pidieron disculpas, diciéndole que creyeron que podrían transportarlo pero que no pueden. El hombre se quedó solo.

Entonces vino un joven con su pucuna, silbando. Este era el picaflor que ofreció al hombre llevarlo al cielo donde estaba su esposa. El hombre no lo podía creer. El picaflor le dice que el

English

Once upon a time a man and his mother lived alone. One day the man had a dream-vision in which he heard that he would soon receive a wife. All he had to do was lie down in the trail and wait calmly until a worm fell into his navel. When that happened, he had to take the worm to his house, and when night arrived the worm would be transformed into a woman. However, he had to keep all of this a secret from his mother. During the day he could hide his wife, in her worm form, in a basket.

The man followed the instructions. He lay down in the trail. After a while a worm fell into his navel and began to wriggle. The man grabbed the worm and took it home, where he hid it in his basket. At night the worm was transformed into a woman who slept with the man, talked with him, and so on. And in this way the man lived. His mother suspected nothing. He told his mother that whenever she cleaned the house she shouldn't touch his basket. But one day when the man was away his mother opened his basket, saw the worm, and cut it with a machete.

Returning home, the man found his woman wounded and trying to escape. He tried to stop her but she escaped and disappeared. The man was sad.

The next day some condors and vultures arrived (the man saw them in their human form) and told him that they had seen his woman in heaven. They told him they could take him there under the condition that he kill his mother and give her to them to eat. The man killed his mother and the birds ate her. After this the man climbed onto a vulture, but it only succeeded in lifting him up as high as a *Xanthosoma* plant before getting tired. The man then climbed on to the condor, which lifted him up as high as the forest canopy, but then got tired too. The man was growing desperate. The vultures asked his forgiveness, saying that they thought they could carry him but they can't. The man was now alone.

Just then a young man arrived, whistling and carrying a blowgun. This was the hummingbird, who offered to carry the man up to

Cuento de picaflor/Story of a Hummingbird (Chapra) continúa

Español	English
único obstáculo son dos filos que se abren y cierran, como tijeras. Tendrán que pasar entre estos filos. En hombre se embarcó y volaron alto. Llegaron hasta la tijera y la pasaron, pero en el último momento los filos se cerraron y cortaron la punta de la cola del picaflor. Por eso el picaflor tiene ahora su cola bien cortadita. Después de llegado al cielo, el hombre buscó y encontró a su mujer. Ella es hija de Trueno. Dice que su padre podría estar enojado por su llegada y no aceptarlo. Pero hay remedio. La mujer dio al hombre un piripiri con el cual él sobó todo su cuerpo. El piripiri le dio fuerza y lo convertió en un trueno joven. Vino el Trueno Viejo y viendo al hombre, se enojó. Preguntó: "¿Quién eres tú?" y produjo su sonido (acá va la onomatopeya imitando un trueno lejano). El hombre que ahora era el Trueno Joven le contestó con una voz mucho más fuerte (aquí va la onomatopeya de un trueno cercano, bien ruidoso). Entonces el Trueno Viejo le aceptó como su yerno y el hombre se quedó en el cielo con su esposa.	heaven where his wife was. The man could not believe the offer. The hummingbird told him that the only obstacle were two ridges that open and shut like scissors. They would have to pass through those ridges. The man climbed on and they flew high in the air. They arrived at the scissor-ridges and managed to get through them, but the ridges closed at the last minute and cut off the end of the hummingbird's tail. That is why the hummingbird today has such a straight and even tail. After arriving in heaven, the man searched for and found his woman. She was the daughter of Thunder. She said that her father might be angry with the man's arrival and might not accept him, but that there was a solution. The woman gave the man a *piripiri* herb which he rubbed over his entire body. The herb gave him strength and converted him into a young thunder. The Old Thunder arrived and, seeing the man, grew angry. He asked: "Who are you?" and made a sound of thunder [at this point in the story the storyteller made an onomatopoeic sound imitating distant thunder]. The man who was now a Young Thunder answered him in a much louder voice [at this point in the story the storyteller made an onomatopoeic sound imitating thunder that is close and very noisy]. The Old Thunder accepted the man as his son-in-law and the man stayed in heaven with his wife.

II. CANTO *ANEN* AWAJÚN PARA APACIGUAR A UN RIVAL/AWAJÚN *ANEN* SONG TO PACIFY A RIVAL

Cantado por José Cruz de la comunidad Ajachim el 8 de agosto de 2011 y traducido al castellano con la ayuda de Román Cruz Vásquez y Ermeto Tuesta./Sung by José Cruz of the Ajachim community on 8 August 2011 and translated to Spanish with the help of Román Cruz Vásquez and Ermeto Tuesta.

Se ofrecen más detalles de esta canción y de las canciones *anen* en general en el capítulo *Comunidades visitadas: fortalezas sociales y culturales.*/This song and *anen* songs in general are discussed in the chapter *Communities Visited: Social and Cultural Assets.*

Awajún	Castellano	English
wikaya, wikaya, wikaya chiwa tankuchi	yo soy cría de trompetero	I'm a trumpeter chick
wikaya asanuwa yunuma yunuma	yo me estoy apegando	I'm nestling under my mother
churuwi churuwi	onomatopeya (las crías de trompetero se congregan cerca de su madre)	onomatopoeia (sound of chicks gathering around their mother)
yapaya yapaya	abriendo, levantando las alas	opening, lifting my wings
wikaya minajaita	yo vengo	I approach
waitu anenjumain	mi aspecto provoca pena	my appearance inspires pity
kakaákan chichamtukaim	sin hablar fuertemente	without shouting
bikúamkuam chichamtukaim	sin hablar como el serafín	without talking, like the silky anteater
aawaj titaajai	le hablaré	I'll talk to him
yampis tankuchi	cría de paloma	A quail-dove chick
wikaya asanuwa	yo era	I was
tsatsap chinuma	sin obstáculos (en un bosque libre)	free and easy, in an open forest
tajim tajima	caminando con seguridad	walking safely
yapaya yapaya	moviendo sus alas	moving his wings
amitmankutan	avanza amistándose	he advances in a friendly way
wikaya minajai	estoy viniendo	I'm coming
yana tankujimpe	de quién es la cría	whose chick is that?
nuuna tankujiya	la cría de alguien	it's someone's chick
kakaákan chichankainpa	no me hables con fuerza	don't shout at me
kakaákan antinkainpa	no me pegues con fuerza	don't hit me hard
aanu kupinamtaim	si me haces mal	if you hurt me
aancha chicham atatui	va a haber otro problema	there will be another problem
tusaya tusayanu	así diciéndole	so he says to him
bikúamkuam chichamjutainkaim	él, como serafín, no dice nada	like the silky anteater, he says nothing

Guía de pronunciación para las palabras Wampis y Awajún/
Guide to pronouncing Wampis and Awajún words

a – se pronuncia casi como *o* cuando precede a la *u*; y como *e* cuando precede a la *i*/
pronounced like the Spanish *o* when it precedes the letter *u*, and like the Spanish *e* when it precedes the letter *i*

b – varía entre la *b* oclusiva y la *mb*/
varies from an occlusive *b* to an *mb* sound

d – varía entre la d oclusiva y la *nd*/
varies from an occlusive *d* to an *nd* sound

e – se pronuncia como la *e* castellana, pero con la lengua en posición como para pronunciar la *u*/
pronounced like the Spanish *e*, but with the tongue positioned as when pronouncing the Spanish *u*

g – en la posición inicial de la sílaba se pronuncia como la *g* castellana, en posición final de sílaba se pronuncia como *ng*/
pronounced like the Spanish *g* at the start of *a* syllable and as the Spanish *ng* at the end of a syllable

w – cuando precede a la *i*, se pronuncia como *v*/
pronounced as *v* when it precedes the letter *i*

h – una oclusiva glotal (Larson 1966, Wipio Deicat 1996)/
a glottal occlusive (Larson 1966, Wipio Deicat 1996)

Comunidades y caseríos asentados en el área de influencia de los Cerros de Kampankis, Amazonas y Loreto, Perú. La información para los ríos Kangasa y Morona es de 2010 y 2011 respectivamente y proviene del Sistema de Información Sobre Comunidades Nativas de la Amazonía Peruana (SICNA), administrado por el Instituto del Bien Común (IBC), en convenio con la Coordinadora Regional de los Pueblos Indígenas de San Lorenzo (CORPI-SL). La información para el río Santiago es de 2000 y proviene del SICNA, en convenio con la Federación de Comunidades Huambisas del Río Santiago (FECOHRSA) y el Consejo Aguaruna-Huampis (CAH)-Subsede Chapiza.

Comunidades Nativas, Caseríos y Centros Poblados/ Native Communities and Towns

CASERÍOS Y CENTROS POBLADOS / NATIVE COMMUNITIES AND TOWNS

Nombre/ Name	Ubicación geográfica/ Geographic location	Identidad/ Ethnic group	Población/ Population	Año de inscripción/ Year of establishment	Año de titulación/ Year titled	Área total/ Total area (ha)
Ajachim	Río Kangasa	Awajún	257	–	–	–
Capernaum	Río Kangasa	Awajún	54	–	–	–
Chapis	Río Kangasa	Awajún	375	1982	1983	8,650.00
Nueva Alegría	Río Kangasa	Awajún	205	–	–	–
Wee	Río Kangasa	Awajún	–	1999	1999	12,389.48
Amaya	Río Morona	Ribereño	0	–	–	–
Ankuash	Río Morona	Wampis	38	En trámite/ Underway	–	–
Bagazán	Río Morona	Wampis	70	1975	1977	3,355.00
Bancal	Río Morona	Shawi	116	2008	–	–
Bella Vista	Río Morona	Chapra	34	–	–	–
Caballito	Río Morona	Wampis	175	1993	1994	8,925.44
Capirona	Río Morona	Chapra	25	–	–	–
Consuelo	Río Morona	Wampis	185	–	–	–
Copales Unidos	Río Morona	Ribereño	70	–	–	–
Fernando Rosas	Río Morona	Ribereño	70	–	–	–
Filadelfia	Río Morona	Colono/Colonist	28	–	–	–
Fortaleza	Río Morona	Wampis	28	–	–	–
Gallito	Río Morona	Wampis	18	En trámite/ Underway	–	–
Inca Roca	Río Morona	Chapra	402	1975	1977	10,960.00
Jerusalén	Río Morona	Awajún	39	–	–	–
Kusuim	Río Morona	Wampis	127	–	–	–
Mayuriaga	Río Morona	Wampis	350	1993	1993	27,177.13
Musa Kandashi	Río Morona	Wampis	48	En trámite/ Underway	–	–
Naranjal	Río Morona	Chapra	75	–	–	–
Nazareth	Río Morona	Wampis	204	–	–	–
Nueva Alegría	Río Morona	Wampis	163	1993	1993	22,974.23
Nueva Comunidad Chapra	Río Morona	Chapra	21	En trámite/ Underway	–	–
Nueva Esperanza	Río Morona	Chapra	22	–	–	–
Nueva Vida	Río Morona	Shawi	45	2008	–	–
Nuevo Milagro	Río Morona	Shawi	60	2008	–	–
Nuevo Paragua Poza	Río Morona	Shawi	99	2008	–	–
Nuevo San Martín	Río Morona	Shawi	60	2008	–	–
Numpatkaim	Río Morona	Wampis	156	1997	1997	4,995.00
Panguanita	Río Morona	Chapra	82	–	–	–
Patria Nueva	Río Morona	Ribereño	62	–	–	–
Pinsha Cocha	Río Morona	Ribereño	70	–	–	–
Puerto Alegría	Río Morona	Ribereño	1,200	–	–	–
Puerto América	Río Morona	Ribereño	0	–	–	–
Puerto Libre	Río Morona	Ribereño	0	–	–	–

Apéndice/Appendix 12

Comunidades Nativas, Caseríos y Centros Poblados/ Native Communities and Towns

Communities and towns established in the areas surrounding the Kampankis Mountains, Amazonas and Loreto, Peru. The information for the Kangasa and Morona rivers is from 2010 and 2011, respectively, and comes from the Instituto del Bien Común's (IBC) Native Communities of Amazonian Peru Database (SICNA), in cooperation with the Regional Coordination of Indigenous Peoples of San Lorenzo (CORPI-SL). The information for the Santiago River is from 2000 and comes from IBC's SICNA, in cooperation with the Federation of Huambisa Communities of the Santiago River (FECOHRSA) and the Chapiza chapter of the Aguaruna-Huampis Council (CAH).

CASERÍOS Y CENTROS POBLADOS / NATIVE COMMUNITIES AND TOWNS

Nombre/ Name	Ubicación geográfica/ Geographic location	Identidad/ Ethnic group	Población/ Population	Año de inscripción/ Year of establishment	Año de titulación/ Year titled	Área total/ Total area (ha)
Puerto Pijuayal	Río Morona	Chapra	268	–	–	–
San Francisco	Río Morona	Wampis	150	En trámite/ Underway	–	–
San José de Paragua Poza	Río Morona	Ribereño	26	–	–	–
San Juan	Río Morona	Wampis	51	1982	1993	16,772.73
San Salvador	Río Morona	Wampis	48	–	–	–
Sánchez Cerro	Río Morona	Wampis	66	1975	1977	6,475.00
Santa Cruz	Río Morona	Wampis	78	–	–	–
Santa Rosa	Río Morona	Ribereño	135	–	–	–
Shapaja	Río Morona	Wampis	80	–	–	–
Shinguito	Río Morona	Wampis	155	1975	1977	7,153.00
Shinkatam	Río Morona	Wampis	111	–	–	–
Shoroya Nuevo	Río Morona	Chapra	180	1976	1977	–
Shoroya Viejo	Río Morona	Chapra	10	–	–	–
Tierra Blanca	Río Morona	Ribereño	32	–	–	–
Tipishca	Río Morona	Wampis	56	1975	1977	7,650.00
Tres de Mayo	Río Morona	Wampis	30	–	–	–
Triunfo	Río Morona	Wampis	62	–	–	–
Tunim	Río Morona	Wampis	23	–	–	–
Unanchay	Río Morona	Chapra	146	–	–	–
Unión Indígena	Río Morona	Chapra	17	–	–	–
Vista Alegre	Río Morona	Shawi	54	2008	–	–
Yamakai	Río Morona	Awajún	125	1998	1998	3,068.00
Yawa Entsa	Río Morona	Wampis	65	En trámite/ Underway	–	–
Achu	Río Santiago	Awajún	60	–	–	–
Aintam	Río Santiago	Wampis	222	1999	1999	12,316.88
Ajachim	Río Santiago	Wampis	109	–	–	–
Alianza Progreso	Río Santiago	Wampis	276	1975	1975	16,342.49
Alto Yutupis	Río Santiago	Awajún	229	–	–	–
Ampama	Río Santiago	Wampis	100	–	–	–
Ayambis	Río Santiago	Wampis	270	–	–	–
Belén	Río Santiago	Awajún	573	1975	1975	12,406.86
Boca Chinganaza	Río Santiago	Wampis	276	–	–	–
Candungos	Río Santiago	Wampis	535	1976	1976	83,898.65
Catarpiza	Río Santiago	Wampis	175	–	–	–
Chapiza	Río Santiago	Wampis	450	–	–	–
Chosica	Río Santiago	Wampis	340	–	–	–
Cucuasa	Río Santiago	Wampis	280	–	–	–
Democracía	Río Santiago	Colono/Colonist	120	–	–	–
Dos de Mayo	Río Santiago	Wampis	195	–	–	–
Fortaleza	Río Santiago	Awajún	240	1997	1998	3,318.80

Comunidades Nativas, Caseríos y Centros Poblados/ Native Communities and Towns

CASERÍOS Y CENTROS POBLADOS / NATIVE COMMUNITIES AND TOWNS

Nombre/ Name	Ubicación geográfica/ Geographic location	Identidad/ Ethnic group	Población/ Population	Año de inscripción/ Year of establishment	Año de titulación/ Year titled	Área total/ Total area (ha)
Gereza	Río Santiago	Awajún	140	–	–	–
Guabal	Río Santiago	Wampis	293	–	–	–
Guayabal	Río Santiago	Wampis	276	1976	1976	6,502.27
Isla Grande	Río Santiago	Awajún	246	–	–	–
Kagkas	Río Santiago	Awajún	275	1996	1997	13,080.00
Kamit Entsa	Río Santiago	Awajún	69	–	–	–
Kayamas	Río Santiago	Awajún	64	1998	1998	5,193.13
Kunkukim	Río Santiago	Awajún	108	–	–	–
Kunt Entsa	Río Santiago	Wampis	–	1993	1995	51,035.54
Kusuim	Río Santiago	Wampis	60	2005	–	–
La Poza	Río Santiago	Ribereño	–	–	–	–
Muchinguis	Río Santiago	Wampis	186	–	–	–
Muwaim	Río Santiago	Wampis	136	1993	1995	30,125.00
Nauta	Río Santiago	Wampis	108	–	–	–
Nazareth	Río Santiago	Wampis	24	–	–	–
Nueva Esperanza	Río Santiago	Wampis	283	–	–	–
Nueva Jerusalén	Río Santiago	Awajún	102	1997	1997	3,058.20
Onanga	Río Santiago	Wampis	135	–	–	–
Palometa	Río Santiago	Wampis	45	–	–	–
Pampaentsa	Río Santiago	Wampis	68	–	–	–
Pantsa	Río Santiago	Wampis	40	–	–	–
Papayacu o San Martín	Río Santiago	Wampis	134	1976	1976	33,111.66
Pashkus	Río Santiago	Wampis	–	1993	1995	41,747.50
Puerto Galilea	Río Santiago	Wampis	805	–	–	–
Pumpuna Entsa	Río Santiago	Awajún	53	–	–	–
Quim	Río Santiago	Wampis	96	–	–	–
San Juan	Río Santiago	Awajún	180	1996	1996	4,068.13
San Martín	Río Santiago	Wampis	40	–	–	–
San Rafael	Río Santiago	Awajún	280	–	–	–
Santa Rosa	Río Santiago	Awajún	140	–	–	–
Sawi Entsa	Río Santiago	Awajún	40	–	–	–
Shebonal	Río Santiago	Wampis	120	–	–	–
Shiringa	Río Santiago	Wampis	240	–	–	–
Soledad	Río Santiago	Wampis	252	1976	1976	36,315.94
Varadero	Río Santiago	Wampis	95	–	–	–
Villa Gonzalo	Río Santiago	Wampis	492	1975	1975	13,427.53
Wichim	Río Santiago	Wampis	101	–	–	–
Yujagkim	Río Santiago	Awajún	304	1984	1988	13,687.00
Yutupis	Río Santiago	Awajún	1,360	1975	1975	36,880.57
Total			**18,841**			**557,061.13**

LITERATURA CITADA/LITERATURE CITED

Ágreda, A. 2004. Informe técnico del proyecto 'Una exploración de las aves de la Cordillera del Cóndor que permita generar pautas para su conservación.' Corporación Ornitológica del Ecuador (CECIA), Quito.

Albuja, L., A. Luna, L. H. Emmons, y/and V. Pacheco. 1997. Mamíferos de la cordillera del Cóndor/Mammal fauna of the Cordillera del Cóndor. Pp. 71–84 en/in T. S. Schulenberg y/and K. Awbrey, eds. *The Cordillera del Cóndor region of Ecuador and Peru: A biological assessment.* RAP Working Papers 7. Conservation International, Washington, D. C.

Almendáriz, A., R. P. Reynolds, y/and J. Icochea M. 1997. Reptiles y anfibios de la Cordillera del Cóndor/Reptiles and amphibians of the Cordillera del Cóndor. Pp. 80–90 en/in T. S. Schulenberg y/and K. Awbrey, eds. *The Cordillera del Cóndor region of Ecuador and Peru: A biological assessment.* RAP Working Papers 7. Conservation International, Washington, D. C.

Almendáriz, A., y D. F. Cisneros-Heredia. 2005. Nuevos datos sobre la distribución e historia natural de *Gastrotheca longipes* (Boulenger, 1882), una rana marsupial amazónica poco conocida (Amphibia: Anura: Hylidae). Politécnica 26 (1) Biología 6:20–27.

Aquino, R., and F. Encarnación. 1994. Primates of Peru/ Los primates del Perú. Primate Report 40:1–127.

Azevedo-Ramos, C., S. Ron, L. A. Coloma, M. R. Bustamante, A. Salas, R. Schulte, S. Lötters, A. Angulo, F. Castro, J. Lescure, C. Marty, E. La Marca, and M. Hoogmoed. 2010. *Atelopus spumarius.* IUCN Red List of Threatened Species, Version 2011.2. Available online at *http://www.iucnredlist.org.*

Baldeón, S., y M. Epiquien. 2004. La vegetación de la Cuenca del Alto Cenepa. Pp. 19–43 en V. Pacheco, ed. *Evaluación biológica realizada en la cuenca del río Cenepa (Amazonas-Perú).* Informe Técnico, Documento 12. Conservation International, Instituto Nacional de Recursos Naturales e International Tropical Timber Organization, Lima.

Barclay Rey de Castro, F. 2008. Insumos para el Mapeo del Espacio Histórico-Cultural de los Pueblos Wampis y Awajún a partir de fuentes secundarias. Materiales elaborados para el Instituto del Bien Común en el marco del proyecto 'Mapeando el espacio histórico-cultural de los pueblos Wampis y Awajún del distrito de Río Santiago,' desarrollado por el IBC en convenio con el Fondo de las Naciones Unidas para la Infancia (UNICEF).

Barriga, R. 1997. Fauna de peces en el río Nangaritza y sus tributarios/Fish fauna of the río Nangaritza and tributaries. Pp. 86–87 y/and 90–92 en/in T. S. Schulenberg y/and K. Awbrey, eds. *The Cordillera del Cóndor region of Ecuador and Peru: A biological assessment.* RAP Working Papers 7. Conservation International, Washington, D. C.

Bass, M. S., M. Finer, C. N. Jenkins, H. Kreft, D. F. Cisneros-Heredia, S. F. McCracken, N. C. A. Pitman, P. H. English, K. Swing, G. Villa, A. Di Fiore, C. C. Voigt, and T. H. Kunz. 2010. Global conservation significance of Ecuador's Yasuní National Park. PLoS ONE 5(1):e8767. Available at *www.plosone.org*

Berlin, B. 1976. The concept of rank in ethnobiological classification: Some evidence from Aguaruna folk botany. American Ethnologist 3:381–399.

Berlin, B. 1977. The nature of subsistence in Amazonia: The Aguaruna Jívaro of Amazonas, Peru. Paper presented at the Symposium "Ethnoscience in Native America" Annual Meeting of the Association for Advancement of Science, Denver, Colorado, 23 Feb. 1977.

Berlin, B. 1979. *Aspectos de la etnología aguaruna.* University of California, Berkeley. 61 pp.

Berlin, B., and E. A. Berlin. 1977. *Ethnobiology, subsistence and nutrition in a tropical forest society: The Aguaruna Jívaro.* Studies in Aguaruna Jívaro Ethnobiology. Report No. 1. Language Behavior Research Laboratory. University of California, Berkeley.

Berlin, N. B., and J. L. Patton. 1979. La clasificación de los mamíferos de los Aguaruna, Amazonas, Perú. Report of the Language Behavior Research Laboratory, Berkeley.

Berlin, B., and G. T. Prance. 1978. Insect galls and human ornamentation: The ethnobotanical significance of a new species of *Licania* from Amazonas, Peru. Biotropica 10(2):81–86.

BirdLife International. 2011. Important Bird Areas factsheet: Cordillera de Kutukú. Available online at *http://www.birdlife.org.* BirdLife International, Cambridge.

Braddock, M., and E. Raffo. 2004. Amazon Project: Promotion of sustainable human development along the Santiago River (Peru-Ecuador). Final Evaluation Report. Independent review prepared for the Ministry of Foreign Affairs of Finland, the governments of Peru and Ecuador, and the United Nations Children's Fund (UNICEF).

Brown, M. F. 1984. *Una paz incierta: Historia y cultura de las comunidades aguarunas frente al impacto de la Carretera Marginal.* Serie Antropológica No. 5, Centro Amazónico de Antropología y Aplicación Práctica (CAAAP), Lima. 264 pp.

Brown, M. F. 1985. *Tsewa's gift: Magic and meaning in an Amazonian society.* Smithsonian Institution Press, Washington, D.C. 192 pp.

Bush, M. B., M. Stute, M.-P. Ledru, H. Behling, P. A. Colinvaux, P. E. De Oliveira, E. C. Grimm, H. Hooghiemstra, S. Haberle, B. W. Leyden, M.-L. Salgado-Labouriau, and R. Webb. 2001. Paleotemperature estimates for the lowland Americas between 30°S and 30°N at the last glacial maximum. Pages 293–306 in V. Markgraf, ed. *Interhemispheric climate linkages: Present and past interhemispheric climate linkages in the Americas and their societal effects.* Academic Press, New York.

Cárdenas, C., P. Peñaherrera, H. Rubio Torgler, D. Sánchez, L. Espinel, R. Petsain, R. Yampintsa y C. Fierro (eds.). 2008. *Tarimiat nunkanum inkiunaiyamu/Tajimat nunkanum inkuniamu/Experiencias y conocimientos generados a partir de un proceso para la conservación en la Cordillera del Cóndor, Ecuador-Perú.* CGPSHA-Ecuador, ODECOAC-Perú, ODECOFROC-Perú, Conservación Internacional y Fundacion Natura-Ecuador, Lima.

Carrillo de Espinoza, N., y J. Icochea. 1995. Lista taxonómica preliminar de los reptiles vivientes del Perú. Publicaciones del Museo de Historia Natural, Universidad Nacional Mayor de San Marcos 49:1–27.

Catenazzi, A., E. Lehr, L. O. Rodríguez, and V. T. Vredenburg. 2011. *Batrachochytrium dendrobatidis* and the collapse of anuran species richness and abundance in the upper Manu National Park, Peru. Conservation Biology 25:382–391.

CDC y WWF (Centro de Datos para la Conservación y World Wildlife Fund). 2002. Complejo de humedales del Abanico del Río Pastaza, Loreto-Perú: Evaluación ecológica del Abanico del Río Pastaza. Centro de Datos para la Conservación (Universidad Nacional Agraria La Molina) y World Wildlife Fund (Oficina del Programa Perú), Lima. Available online at *http://www.ibcperu.org.*

Chaparro, J. C., O. Jiménez Robles, J. Brito M., J. V. Sandoval-Sierra, y J. Muñóz. 2011. Anfibios y reptiles de la Cordillera del Cutucú, Ecuador. Photographic field guide available online at *http://www.masterenbiodiversidad.org.*

Chávez, G., M. Medina-Müller, and A. Pereyra. 2008. Amphibia, Anura, Hylidae, *Osteocephalus leoniae*: Distribution extension. Check List 4(4):401–403.

Chumpi Kayap, M. M. 1985. *Los anent: Expresión religiosa y familiar shuar.* Abya-Yala, Quito.

CI (Conservación Internacional Perú), INRENA (Instituto Nacional de los Recursos Naturales) e ITTO (International Tropical Timber Organization). 2004a. Documento 3. Estrategia de Conservación para la región fronteriza de nororiente amazónico del Perú. Con incidencia en los departamentos de Cajamarca, Amazonas, San Martín y Loreto. 31 pp.

CI (Conservación Internacional Perú), INRENA (Instituto Nacional de los Recursos Naturales) e ITTO (International Tropical Timber Organization). 2004b. Documento 9. Información socioeconómica de la Zona Reservada Santiago-Comaina. Documento de Trabajo. 26 pp.

Cisneros-Heredia, D. F. 2009. Amphibia, Anura, Centrolenidae, *Chimerella mariaelenae* (Cisneros-Heredia and McDiarmid, 2006), *Rulyrana flavopunctata* (Lynch and Duellman, 1973), *Teratohyla pulverata* (Peters, 1873), and *Teratohyla spinosa* (Taylor, 1949): Historical records, distribution extension and new provincial record in Ecuador. Check List 5(4):912–916.

Cisneros-Heredia, D. F. 2010. *Centrolene mariaelenae.* IUCN Red List of Threatened Species, Version 2011.2. Available online at *http://www.iucnredlist.org.*

Cisneros-Heredia, D. F., and R. W. McDiarmid. 2006. A new species of the genus *Centrolene* (Amphibia: Anura: Centrolenidae) from Ecuador with comments on the taxonomy and biogeography of Glassfrogs. Zootaxa 1244:1–32.

CITES (Convention on International Trade in Endangered Species of Wild Fauna and Flora). 2011. Apéndices I, II y III en vigor a partir del 27 de abril de 2011. Available online at *http://www.cites.org/esp/app/S-Apr27.pdf.*

Coloma, L. A., S. Ron, D. Almeida, and F. Nogales. 2004. *Pristimantis katoptroides.* IUCN Red List of Threatened Species, Version 2011.2. Available online at *http://www.iucnredlist.org.*

Colwell, R. K. 2005. EstimatesS: Statistical estimation of species richness and shared species from samples, version 7.5 (*purl.oclc.org/estimates*). University of Connecticut, Storrs.

Cope, E. D. 1872. On the fishes of the Ambyiacu River. Proceedings of the Academy of Natural Sciences of Philadelphia 23:250–294.

Davis, T. J. 1986. Distribution and natural history of some birds from the Departments of San Martin and Amazonas, northern Peru. The Condor 88:50–56.

Defler, T. R. 2010. *Historia natural de los primates colombianos.* Conservación Internacional Colombia y Universidad Nacional de Colombia, Bogotá.

de Rham, P., M. Hidalgo, y/and H. Ortega. 2001. Peces/Fishes. Pp. 64–69 y/and 137–141 en/in W. S. Alverson, L. O. Rodríguez, y/and D. K. Moskovits, eds. *Perú: Biabo-Cordillera Azul.* Rapid Biological Inventories Report 2. The Field Museum, Chicago.

Descola, P. 1982. Territorial adjustments among the Achuar of Ecuador. Social Science Information 21(2):301–320.

Descola, P. 1983. Le jardin de colibri: Procès de travail et catégorizations sexuelles chez les Achuar de l'Equateur. L'Homme 23(1):61–89.

Descola, P. 1987. *La selva culta, simbolismo y praxis en la ecología de los Achuar*. Instituto Francés de Estudios Andinos, Lima.

Descola, P. 1993. Les affinités sélectives: Alliance, guerre et prédation dans l'ensemble jivaro. L'Homme 33(2–4):171–190.

Descola, P. 1998. *Spears of twilight: Life and death in the Amazon jungle*. The New Press, New York. 464 pp.

Descola, P. 2004. Las cosmologías indígenas de la Amazonía. Pp. 25–36 en A. Surrallés y P. García Hierro, eds. *Tierra adentro: Territorio indígena y percepción del entorno*. Tarea Gráfica Educativa, Lima.

Devenish, C., D. F. Díaz Fernández, R. P. Clay, I. J. Davidson, and I. Yépez Zabala (eds.). 2009. *Important Bird Areas of the Americas: Priority sites for biodiversity conservation*. BirdLife Conservation series No. 16. BirdLife International, Quito.

Dingle, C., I. J. Lovette, C. Canaday, and T. B. Smith. 2006. Elevational zonation and the phylogenetic relationships of the *Henicorhina* wood-wrens. The Auk 123:119–134.

Dosantos, A. 2005. Fauna de la Cordillera de Kampankis. Pp. 41–62 en F. S. Rogalski, ed. *Territorio Indígena Wampis-Awajún "Cerro de Kampankis:" Informe* técnico. Asociación Interétnica de Desarrollo de la Selva Peruana (AIDESEP) y Centro de Información y Planificación Territorial AIDESEP (CIPTA), Iquitos.

Duellman, W. E. 1982. A new species of small yellow *Hyla* from Peru (Anura: Hylidae). Amphibia-Reptilia 3:153–160.

Duellman, W. E., and E. Lehr. 2009. *Terrestrial-breeding frogs (Strabomantidae) in Peru*. Nature und Tier Verlag, Munster, Germany.

Duellman, W. E, and J. D. Lynch. 1988. Anuran amphibians from the Cordillera de Cutucú, Ecuador. Proceedings of the Academy of Natural Sciences of Philadelphia 140:125–142.

Duellman, W. E., and J. R. Mendelson III. 1995. Amphibians and reptiles from Northern Departamento Loreto, Peru: Taxonomy and biogeography. The University of Kansas Science Bulletin 55:329–376.

Duellman, W. E., and R. Schulte. 1993. New species of centrolenid frogs from northern Peru. Occasional Papers of the Museum of Natural History, University of Kansas 155:1-33.

Eigenmann, C. H., and W. R. Allen. 1942. *Fishes of western South America. Part I. The intercordilleran and Amazonian lowlands of Peru*. University of Kentucky, Lexington. 494 pp.

Emmons, L. H., and F. Feer. 1999. *Mamíferos de los bosques húmedos de América tropical*. Editorial F.A.N., Santa Cruz de la Sierra.

Fine, P. V. A., R. García-Villacorta, N. C. A. Pitman, I. Mesones, and S. W. Kembel. 2010. A floristic study of the white-sand forests of Peru. Annals of the Missouri Botanical Garden 97(3):283–305.

Fitzpatrick, J. W., J. W. Terborgh, and D. E. Willard. 1977. A new species of wood-wren from Peru. The Auk 94:195–201.

Fjeldså, J., y N. Krabbe. 1999. Aves de las áreas de Makuma-Mutints, Cutucú y Canelos-Chapetón. Pp. 180-192 en H. Borgtoft, F. Skov, J. Fjeldså, I. Schjellerup y B. Ollgard, eds. *La gente y la biodiversidad: Dos estudios en comunidades de las estribaciones de los Andes en Ecuador*. Centre for Research on the Cultural and Biological Diversity of Andean Rainforests (DIVA) y Ediciones Abya Yala, Kalø, Dinamarca y Quito, Ecuador.

Flores, G. 1988. Two new species of Ecuadorian *Eleutherodactylus* (Leptodactylidae) of the *E. crucifer* assembly. Journal of Herpetology 22:34–41.

Folk, R. L. 1962. Spectral subdivision of limestone types. Pp. 62–84 in W. E. Ham, ed. *Classification of carbonate rocks: A symposium*. 1st edition. American Association of Petroleum Geologists Memoir 1.

Folk, R. L. 1974. *Petrology of sedimentary rocks*. Hemphill Publishing Co., Austin. 182 pp.

Ford, T. D., and H. M. Pedley 1996. A review of tufa and travertine deposits of the world. Earth-Science Reviews 41(3–4):117–175.

Forero-Medina, G., J. Terborgh, S. J. Socolar, and S. L. Pimm. 2011. Elevational ranges of birds on a tropical montane gradient lag behind warming temperatures. PLoS ONE 6:e28535.

Foster, R. B., H. Beltrán, y/and L. H. Emmons. 1997. Vegetación y flora de la cordillera del Cóndor/Vegetation and flora of the eastern slopes of the Cordillera del Cóndor. Pp. 44–63 en/in T. S. Schulenberg y/and K. Awbrey, eds. *The Cordillera del Cóndor region of Ecuador and Peru: A biological assessment*. RAP Working Papers 7. Conservation International, Washington, D. C.

Frodin, D. G., P. P. Lowry II, and G. M. Plunkett. 2010. *Schefflera* (Araliaceae): Taxonomic history, overview and progress. Plant Diversity and Evolution 128(304):561–696.

Gardner, A. L. (ed.). 2008. *Mammals of South America. Volume 1: Marsupials, xenarthrans, shrews and bats*. The University of Chicago Press, Chicago.

Grant, T., D. R. Frost, J. P. Caldwell, R. Gagliardo, C. F. B. Haddad, P. J. R. Kok, B. D. Means, B. P. Noonan, W. Schargel, and W. C. Wheeler. 2006. Phylogenetic systematics of dart-poison frogs and their relatives (Anura: Athesphatanura: Dendrobatidae). Bulletin of the American Museum of Natural History 299:1–262.

Greene, S. 2004. Indigenous People Incorporated? Culture as politics, culture as property in pharmaceutical bioprospecting. Current Anthropology 45(2):211–226.

Greene, S. 2009. *Customizing indigeneity: Paths to a visionary politics in Peru.* Stanford University Press, Stanford.

Guallart, J. M. 1962. Nomenclatura jíbara-aguaruna de especies de mamíferos en el Alto Marañón. Biota 4(32):155–164.

Guallart, J. M. 1964. Nomenclatura jíbaro-aguaruna de especies de aves en el Alto Marañón. Biota 5(41):210–222.

Guallart, J. M. 1968a. Nomenclatura jíbaro-aguaruna de la fauna del Alto Marañón (Reptiles, peces y anfibios/Invertebrados). Biota 7(56):177–209.

Guallart, J. M. 1968b. Nomenclatura jíbaro-aguaruna de palmeras en el distrito de Cenepa. Biota 7(57):230–251.

Guallart, J. M. 1975. Contribución al estudio de la etnobotánica aguaruna. Biota 10(83):336–351.

Guallart, J. M. 1990. *Entre pongo y cordillera.* Centro Amazónico de Antropología y Aplicación Práctica, Lima.

Harner, M. J. 1973. *The Jivaro: People of the sacred waterfalls.* Anchor Books Edition, New York.

Hidalgo, M., y/and P. W. Willink. 2007. Peces/Fishes. Pp. 56–67 y/and 125–130 en/in C. Vriesendorp, J. A. Álvarez, N. Barbagelata, W. S. Alverson, y/and D. Moskovits, eds. *Perú: Nanay-Mazán-Arabela.* Rapid Biological Inventories Report 18. The Field Museum, Chicago.

Hidalgo, M. H., y/and R. Quispe. 2004. Peces/Fishes. Pp. 84–92 y/and 192–198 en/in C. Vriesendorp, L. Rivera C., D. Moskovits, y/and J. Shopland, eds. *Perú: Megantoni.* Rapid Biological Inventories Report 15. The Field Museum, Chicago.

Hijmans, R. J., S. E. Cameron, J. L. Parra, P. G. Jones, and A. Jarvis. 2005. Very high resolution interpolated climate surfaces for global land areas. International Journal of Climatology 25:1965–1978.

Hoorn, C., F. P. Wesselingh, H. ter Steege, M. A. Bermudez, A. Mora, J. Sevink, I. Sanmartín, A. Sánchez-Meseguer, C. L. Anderson, J. P. Figueredo, C. Jaramillo, D. Riff, F. R. Negri, H. Hooghiemstra, J. Lundberg, T. Stadler, T. Särkinen, and A. Antonelli. 2010. Amazonia through time: Andean uplift, climate change, landscape evolution, and biodiversity. Science 330:927–931.

IBC (Instituto del Bien Común). 2011. Comunidades nativas de los ríos Santiago, Marañón y Morona georeferenciadas por IBC en convenio con Organizaciones Indígenas, bajo la responsabilidad técnica de Ermeto Tuesta. Lima, Perú.

IBC (Instituto del Bien Común) y UNICEF (Fondo de las Naciones Unidas para la Infancia. 2010. *Informe final: Proyecto Mapeo del Espacio Histórico-Cultural Wampis Awajún del Río Santiago.* Instituto del Bien Común y el Fondo de las Naciones Unidas para la Infancia, Lima. 13 pp.

INADE (Instituto Nacional de Desarrollo). 2001. *Estudio de macrozonificación ecológica-económica Condorcanqui-Imaza.* Volumen I. Instituto Nacional de Desarrollo, Lima. 189 pp.

Ingram, R. L. 1954. Terminology for the thickness of stratification and cross-stratification in sedimentary rocks. Geological Society of America Bulletin 65:937–938.

IUCN (International Union for the Conservation of Nature). 2011. IUCN Red List of Threatened Species. Version 2011.1. Available online at http://www.iucnredlist.org. International Union for the Conservation of Nature, Gland.

Jungfer, K.-H., and E. Lehr. 2001. A new species of *Osteocephalus* with bicoloured iris from Pozuzo (Peru: Departamento de Pasco) (Amphibia: Anura: Bufonidae). Zoologische Abhandlungen. Staatliches Museum für Tierkunde in Dresden 51:321–329.

Jungfer, K.-H. 2010. The taxonomic status of some spiny-backed treefrogs, genus *Osteocephalus* (Amphibia: Anura: Hylidae). Zootaxa 2407:28–50.

Karsten, R. 1988 [orig. 1935]. *Cazadores de cabezas del Amazonas occidental: La vida y la cultura de los Jíbaros del este del Ecuador.* Abya-Yala, Quito.

Kennan, L. 2008. Fission track ages and sedimentary provenance studies in Peru, and their implications for Andean paleogeographic evolution, stratigraphy and hydrocarbon systems. Presentation to VI INGEPET, EXPR-3-LN-09, Lima, Peru. 16 pp.

Kramer, M., M. Schule, and L. Schutz. 1996. A method to determine rainwater solutes from pH and conductivity measurements. Atmospheric Environment 30(19):3291–3300.

Kruckeberg, A. R. 2002. *Geology and plant life: The effect of landforms and rock types on plants.* University of Washington Press, Seattle.

La Marca, E., K. R. Lips, S. Lötters, R. Puschendorf, R. Ibáñez, J. V. Rueda-Almonacid, R. Schulte, C. Marty, F. Castro, J. Manzanilla-Puppo, J. E. García-Pérez, F. Bolaños, G. Chaves, J. A. Pounds, E. Toral, and B. E. Young. 2005. Catastrophic population declines and extinctions in Neotropical Harlequin frogs (Bufonidae: *Atelopus*). Biotropica 37:190–201.

Lane, D. F., T. Valqui H., J. Álvarez A., J. Armenta, and K. Eckhardt. 2006. The rediscovery and natural history of the White-Masked Antbird (*Pithys castaneus*). The Wilson Journal of Ornithology 118:13–22.

Larson, M. L. 1966. *Vocabulario Aguaruna de Amazonas.* Serie Lingüística Peruana No. 3. Instituto Lingüístico de Verano, Yarinacocha.

León, B. 2006a. Acanthaceae endémicas del Perú. Revista Peruana de Biología 13(2):23s–29s.

León, B. 2006b. Chrysobalanaceae endémicas del Perú. Revista Peruana de Biología 13(2):258s–259s.

Lujan, N. K., and C. Chamon. 2008. Two new species of Loricariidae (Teleostei: Siluriformes) from main channels of the upper and middle Amazon Basin, with discussion of deep water specialization in loricariids. Ichthyological Exploration of Freshwaters 19:271–282.

Mader, E. 2004. Un discurso mágico del amor: Significado y acción en los hechizos shuar (anent). Pp. 51–80 en M. S. Cipolletti, ed. *Los mundos de abajo y los mundos de arriba: Individuo y sociedad en las tierras bajas, en los Andes y más allá.* Abya-Yala, Quito.

Mattos Reaño, J. 2004. Inventario ornitológico de la cuenca del Río Alto Cenepa. Pp. 115–136 en V. Pacheco, ed. *Evaluación biológica realizada en la cuenca del río Cenepa (Amazonas-Perú).* Informe Técnico, Documento 12. Conservation International, Instituto Nacional de Recursos Naturales e International Tropical Timber Organization, Lima.

McCallum, C. 2001. *Gender and sociality in Amazonia: How real people are made.* Berg Publishers, Oxford.

Mena Valenzuela, P. 2003. Evaluación ecológica rápida de mamíferos en el sector sur de la Cordillera del Cóndor, Provincia de Zamora Chinchipe, Ecuador. Fundación Natura, Quito.

MINAG (Ministerio de Agricultura). 2004. Aprueban categorización de especies amenazadas de fauna silvestre y prohíben su caza, captura, tenencia, transporte o exportación con fines comerciales. Decreto Supremo No. 034-2004-AG. Diario Oficial El Peruano, Lima.

Morales, D. 1998. Chambira: Una cultura de sabana árida en la Amazonía peruana. Investigaciones Histórico Sociales de la Universidad Nacional Mayor de San Marcos 2(2):61–75.

Munsell Color Company. 1954. Soil color charts. Munsell Color Company, Baltimore.

Murra, J. V. 1946. The historic tribes of Ecuador. Pp. 785–821 and plates 161–168 in J. H. Steward (ed.) *Handbook of South American Indians.* Smithsonian Institution, Bureau of American Ethnology Bulletin 143, Volume 2: *The Andean Civilizations.* US Government Printing Office, Washington, D.C.

Napolitano, E. (ed.). 1988. *Shuar y anent: El canto sagrado en la historia de un pueblo.* Abya-Yala, Quito.

Navarro, L., P. Baby, and R. Bolaños. 2005. Structural style and hydrocarbon potential of the Santiago Basin. Technical paper for the International Seminar V INGEPET (EXPR-3-LN-09). INGEPET, Lima. 16 pp.

Neill, D. A. 2007. Botanical exploration of the Cordillera del Cóndor. Unpublished report to the National Science Foundation. Available online at *http://www.mobot.org/MOBOT/Research/ecuador/cordillera/welcome.shtml*

Neill, D. A., and M. Asanza. In press. *Lozania nunkui* (Lacistemataceae), a new species from the sandstone plateaus of the Cordillera del Cóndor in Ecuador and Peru. Novon.

ODECOFROC (Organización de Desarrollo de las Comunidades Fronterizas del Cenepa). 2009. *Perú: Crónica de un engaño. Los intentos de enajenación del territorio fronterizo Awajún en la Cordillera del Cóndor a favor de la minería.* International Working Group of Indigenous Affairs, Organización de Desarrollo de las Comunidades Fronterizas del Cenepa y Racimos de Ungurahui, Lima. 62 pp.

Oliveira, P. J. C., G. P. Asner, D. E. Knapp, A. Almeyda, R. Galván-Gildemeister, S. Keene, R. F. Raybin, and R. C. Smith. 2007. Land-use allocation protects the Peruvian Amazon. Science 317:1233–1236.

O'Neill, J. P. 1996. Sugerencias para áreas protegidas basadas en la avifauna peruana. Pp. 60–64 en L. O. Rodríguez, ed. *Diversidad biológica del Perú: Zonas prioritarias para su conservación.* Proyecto FNPE, GTZ-INRENA, Lima.

ONERN (Oficina Nacional de Evaluación de Recursos Naturales). 1970. *Inventario, evaluación e integración de los recursos naturales de la zona de los ríos Santiago y Morona.* Oficina Nacional de Evaluación de Recursos Naturales, Lima.

Ortega, H., and F. Chang. 1997. Ictiofauna del alto río Comainas/ Fish fauna of the upper Río Comainas. Pp. 87–89, 92–94, y/and 210–211 en/in T. S. Schulenberg y/and K. Awbrey, eds. *The Cordillera del Cóndor region of Ecuador and Peru: A biological assessment.* RAP Working Papers 7. Conservation International, Washington, D. C.

Ortega, H., M. Hidalgo, E. Correa, J. Espino, L. Chocano, G. Trevejo, V. Meza, A. M. Cortijo y R. Quispe. 2011. *Lista anotada de los peces de aguas continentales del Perú: Estado actual del conocimiento, distribución, usos y aspectos de conservación.* Ministerio del Ambiente, Dirección General de Diversidad y Museo de Historia Natural, Universidad Nacional Mayor de San Marcos, Lima. 48 pp.

Pacheco, V. (ed.). 2004. *Evaluación biológica realizada en la cuenca del río Cenepa (Amazonas-Perú).* Informe Técnico, Documento 12. Conservation International, Instituto Nacional de Recursos Naturales e International Tropical Timber Organization, Lima. 160 pp.

Pacheco, V., R. Cadenillas, E. Salas, C. Tello, y H. Zeballos. 2009. Diversidad y endemismo de los mamíferos del Perú. Revista Peruana de Biología 16(1):5–32.

Páez-Vacas, M., L. A. Coloma, and J. C. Santos. 2010. Systematics of the *Hyloxalus bocagei* complex (Anura: Dendrobatidae), description of two new cryptic species, and recognition of *H. maculosus.* Zootaxa 2711:1–75.

Palacios, W. A. 1997. Cuenca del río Nangaritza (Cordillera del Cóndor), una zona para conservar/Botany and landscape of the Río Nangaritza basin. Pp. 37–45 en/in T. S. Schulenberg y/and K. Awbrey, eds. *The Cordillera del Cóndor region of Ecuador and Peru: A biological assessment.* RAP Working Papers 7. Conservation International, Washington, D. C.

Palacios, W. In review. *Gyranthera amphibiolepis*: Una nueva especie de Bombacaceae del Ecuador. Submitted to Caldasia.

Pardo-Casas, F., and P. Molnar. 1987. Relative motion of the Nazca (Farallon) and South American Plates since Late Cretaceous time. Tectonics 6(3):233–248.

PARSEP (Proyecto de Asistencia para La Reglamentación del Sector Energético del Perú). 2001. Final report on the Santiago Basin. The hydrocarbon potential of NE Peru Huallaga, Santiago and Marañón Basins Study. PARSEP, Lima. 110 pages.

Patrick, R. 1966. Limnological observations and discussion of results. Pp. 5–40 in *The Catherwood Foundation Peruvian-Amazon Expedition: Limnological and Systematic Studies*. Academy of Natural Sciences, Philadelphia.

Patton, J. L., B. Berlin, and E. A. Berlin. 1982. Aboriginal perspectives of a mammal community in Amazonian Peru: Knowledge and utilization patterns among the Aguaruna Jívaro. Pp. 111–128 in M. A. Mares and H. H. Genoways, eds. *Mammalian biology in South America*. Special publication series, Volume 6. Pymatuning Laboratory of Ecology. University of Pittsburgh, Linesville, Pennsylvania.

Pitman, N., C. Vriesendorp, D. K. Moskovits, R. von May, D. Alvira, T. Wachter, D. F. Stotz, y/and Á. del Campo (eds.). 2011. *Perú: Yaguas-Cotuhé*. Rapid Biological and Social Inventories Report 23. The Field Museum, Chicago. 378 pp.

QVI (Q & V Ingenieros). 2007. *Informe final: Elaboración de resúmenes ejecutivos y fichas de estudios de las centrales hidroeléctricas con potencial para la exportación a Brasil*. Informe no publicado de QVI para el Ministerio de Energía y Minas del Perú, Lima. 79 pp.

Regan, J. 2002. Valoración cultural de los pueblos Awajún y Wampis. Conservación Internacional, Lima. Informe Técnico, Documento 10. Conservation International, Instituto Nacional de Recursos Naturales e International Tropical Timber Organization, Lima. 56 pp.

Regan, J. 2003. Situación de conflicto territorial entre aguarunas y colonos: Marco histórico estructural. Conservación Internacional, Lima.

Reid, F. A. 1997. *A field guide to the mammals of Central America and Southeast Mexico*. Oxford University Press, New York.

Reis, R. E., S. O. Kullander, and C. J. Ferraris. 2003. *Checklist of the freshwater fishes of Central and South America*. Editora Universitária da Pontifícia Universidade do Rio Grande do Sul, Porto Alegre. 742 pp.

Remsen, J. V., Jr., C. D. Cadena, A. Jaramillo, M. Nores, J. F. Pacheco, J. Pérez-Emán, M. B. Robbins, F. G. Stiles, D. F. Stotz, and K. J. Zimmer. 2011. A classification of the bird species of South America. American Ornithologists' Union, Washington, D.C. Available online at *http://www.museum.lsu.edu/~Remsen/SACCBaseline.html*

Rengifo, B., y M. Velásquez. 2004. Ictiofauna de la cuenca del Río Alto Cenepa, Amazonas. Pp. 62–88 en V. Pacheco, ed. *Evaluación biológica realizada en la cuenca del río Cenepa (Amazonas-Perú)*. Informe Técnico, Documento 12. Conservation International, Instituto Nacional de Recursos Naturales e International Tropical Timber Organization, Lima.

Rhea, S., G. Hayes, A. Villaseñor, K. P. Furlong, A. C. Tarr, and H. M. Benz. 2010. Seismicity of the Nazca Plate and South America. U.S. Geological Survey Open-File Report 2010–1083-E. Scale 1:12,000,000.

Ridgely, R. S., and G. Tudor. 2009. *Birds of South America, Passerines*. Christopher Helm, London.

Robbins, M. B., R. S. Ridgely, T. S. Schulenberg y F. B. Gill. 1987. The avifauna of the Cordillera de Cutucú, Ecuador, with comparisons to other Andean localities. Proceedings of the Academy of Natural Sciences of Philadelphia 139:243–259.

Roberts, J. L., J. L. Brown, R. Schulte, W. Arizabal, and K. Summers. 2007. Rapid diversification of colouration among populations of a poison frog isolated on sky peninsulas in the central cordilleras of Peru. Journal of Biogeography 34:417–426.

Rodríguez, L., J. L. Martínez, W. Arizabal, D. Neira, D. Almeida, and F. Nogales. 2004. *Pristimantis rhodostichus*. IUCN Red List of Threatened Species, Version 2011.2. Available online at *http://www.iucnredlist.org*.

Rodríguez Rodríguez, E. F., S. J. Arroyo Alfaro, D. A. Neill, R. Vásquez Martínez, R. Rojas Gonzáles, B. León, J. R. Campos de la Cruz y M. Mora Costilla. 2009. Notas sobre el conocimiento de la flora en la Cordillera del Cóndor y áreas adyacentes en el Perú. Arnaldoa 109–121.

Rogalski, F. S. (ed.). 2005. *Territorio Indígena Wampis-Awajún "Cerro de Kampankis:" Informe técnico*. Asociación Interétnica de Desarrollo de la Selva Peruana (AIDESEP) y Centro de Información y Planificación Territorial AIDESEP (CIPTA), Iquitos. 170 pp.

Ron, S. R., E. Toral, P. J. Venegas, and C. W. Barnes. 2010. Taxonomic revision and phylogenetic position of *Osteocephalus festae* (Anura: Hylidae) with description of its larva. ZooKeys 70:67–92.

Schaefer, S. 2003. Family Astroblepidae. Pp. 312–317 in R. E. Reis, S. O. Kullander, and C. J. Ferraris, eds. *Checklist of the freshwater fishes of South and Central America*. Editora Universitária da Pontifícia Universidade do Rio Grande do Sul, Porto Alegre.

Schaefer, S, P. Chakrabarty, A. Gevena, and M. Sabaj. 2011. Nucleotide sequence data confirm diagnosis and local endemism of variable morphospecies of Andean astroblepid catfishes (Siluriformes: Astroblepidae). Zoological Journal of the Linnean Society 162:90–102.

Schulenberg, T., T. A. Parker, and W. Wust. 1997. Aves de la cordillera del Cóndor/Birds of the Cordillera del Cóndor. Pp. 63–74 in T. S. Schulenberg and K. Awbrey, eds. *The Cordillera del Cóndor region of Ecuador and Peru: A biological assessment*. RAP Working Papers 7. Conservation International, Washington, D. C.

Schulenberg, T. S., and K. Awbrey (eds.) 1997. *The Cordillera del Cóndor region of Ecuador and Peru: A biological assessment*. Conservation International, RAP Working Papers 7:1–231.

Schulenberg, T. S., D. F. Stotz, D. F. Lane, J. P. O'Neill, and T. A. Parker, III. 2010. *Birds of Peru.* Revised and updated edition. Princeton University Press, Princeton.

Stallard, R. F. 1980. *Major element geochemistry of the Amazon River system.* Ph.D. dissertation, Massachusetts Institute of Technology, Boston.

Stallard, R. F. 1985. River chemistry, geology, geomorphology, and soils in the Amazon and Orinoco basins. Pp. 293–316 in J. I. Drever, ed. *The chemistry of weathering.* NATO ASI Series C: Mathematical and Physical Sciences. D. Reidel Publishing, Dordrecht.

Stallard, R. F. 1995. Tectonic, environmental, and human aspects of weathering and erosion: A global review using a steady-state perspective. Annual Review of Earth and Planetary Sciences 12:11–39.

Stallard, R. F. 2006. Procesos del paisaje: Geología, hidrología y suelos/Landscape processes: geology, hydrology, and soils. Pp. 57–63, 170–176, 234–237, y/and 240–249 en/in C. Vriesendorp, N. Pitman, J. I. Rojas Moscoso, L. Rivera Chávez, L. Calixto Méndez, M. Vela Collantes, y/and P. Fasabi Rimachi, eds. *Perú: Matsés.* Rapid Biological Inventories Report 16. The Field Museum, Chicago.

Stallard, R. F. 2007. Geología, hidrología y suelos/Geology, hydrology, and soils. Pp. 44–50 y/and 114–119 in C. Vriesendorp, J. A. Álvarez, N. Barbagelata, W. S. Alverson, y/and D. K. Moskovits, eds. *Perú: Nanay-Mazán-Arabela.* Rapid Biological Inventories Report 18. The Field Museum, Chicago.

Stallard, R. F. 2011. Landscape processes: geology, hydrology, and soils. Pp. 199–210 y/and 272–275 en/in N. Pitman, C. Vriesendorp, D. K. Moskovits, R. von May, D. Alvira, T. Wachter, D. F. Stotz, and Á. del Campo, eds. *Perú: Yaguas-Cotuhé.* Rapid Biological and Social Inventories Report 23. The Field Museum, Chicago.

Stallard, R. F., and J. M. Edmond. 1983. Geochemistry of the Amazon 2. The influence of geology and weathering environment on the dissolved-load. Journal of Geophysical Research-Oceans and Atmospheres 88(NC14):9671–9688.

Stirling, M. W. 1938. *Historical and ethnographic materials of the Jivaro Indians.* Smithsonian Institution Bureau of American Ethnology Bulletin 117. United States Government Printing Office, Washington, D. C.

Stotz, D. F. 1993. Geographic variation in species composition of mixed-species flocks in lowland humid forests in Brazil. Papéis Avulsos de Zoologia 38:61–75.

Stutchbury, B. J. M., and E. S. Morton. 2001. *Behavioral ecology of Neotropical birds.* Academic Press, New York.

Surrallés, A. 2007. Los Candoshi. Pp. 243-380 in F. Santos-Granero y F. Barclay, eds. *Guía etnográfica de la alta Amazonía. Volumen VI: Achuar, Candoshi.* Instituto Francés de Estudios Andinos y Smithsonian Tropical Research Institute, Lima.

Surrallés, A. 2009. *En el corazón del sentido: Percepción,* afectividad, acción en los *Candoshi, Alta Amazonía.* Travaux de l'IFEA 272:1–384.

Talisman (Talisman Perú, LTD). 2004. *Modificación del Estudio de Impacto Ambiental-Social (EIA) del proyecto de perforación de un pozo exploratorio, un pozo confirmatorio, y sísmica 3D en el área noroeste del lote 64 y área de influencia.* Aprobado por R.D. 053-2004-MEM/DGAAE. Ministerio de Energía y Minas.

Taylor, A. C., and E. Chau. 1983. Jivaroan magical songs: Achuar anent of connubial love. Amerindia 8:87–127.

Taylor, C. M., D. A. Neill and R. E. Gereau. In press. Rubiacearum americanum magna hama pars XXIX: Overview of the Neotropical genus *Schizocalyx* (Condamineeae) and description of two new species. Novon.

Terborgh, J. 1971. Distribution on environmental gradients: Theory and a preliminary interpretation of distributional patterns in the avifauna of the Cordillera Vilcabamba, Peru. Ecology 52:23–40.

Tirira, D. 2007. *Mamíferos del Ecuador: Guía de campo.* Publicación Especial 6. Ediciones Murciélago Blanco, Quito.

Torres-Carvajal, O., K. de Queiroz, and R. Etheridge. 2009. A new species of iguanid lizard (Hoplocercinae, *Enyalioides*) from southern Ecuador with a key to eastern Ecuadorian *Enyalioides.* Zookeys 27:59–71.

Torres-Carvajal, O., R. Etheridge, and K. de Queiroz. 2011. A systematic revision of Neotropical lizards in the clade Hoplocercinae (Squamata: Iguania). Zootaxa 2752:1–44.

Torres Gastello, C. P., y J. Suárez Segovia. 2004. Anfibios y reptiles del Río Alto Cenepa. Pp. 89–114 en V. Pacheco, ed. *Evaluación biológica realizada en la cuenca del río Cenepa (Amazonas-Perú).* Informe Técnico, Documento 12. Conservation International, Instituto Nacional de Recursos Naturales e International Tropical Timber Organization, Lima.

Trueb, L., and W. E. Duellman. 1970. The systematic status and life history of *Hyla verrucigera* Werner. Copeia 1970(4):601–610.

Tuggy, S. C. 2008. Candoshi. Published online at Countries and Their Cultures and available at *http://www.everyculture.com/South-America/Candoshi.html.*

Valdivia, W., C. Chacaltana, E. Grández, and P. Baby. 2006. Nuevos aportes en el cartografiado geológico y la deformación de la Cordillera de Campanquiz: Cuenca Santiago. Pp. 332–335 en Resúmenes Extendidos del XIII Congreso Peruano de Geología. Sociedad Geológica del Perú, Lima.

Vásquez Martínez, R., R. Rojas Gonzáles y H. van der Werff (eds.). 2010. *Flora del Río Cenepa, Amazonas, Perú, Vols. 1 & 2.* Monographs in Systematic Botany of the Missouri Botanical Garden 114:1–1568.

Venegas, P., A. Catenazzi, K. Siu Ting, and J. Carrillo. 2008. Two new species of harlequin frogs (Anura: Bufonidae: *Atelopus*) from the Andes of northern Peru. Salamandra 44:163–176.

Vivar, E., y R. Arana-Cardó. 1994. Lista preliminar de los mamíferos de la Cordillera del Cóndor, Amazonas, Perú. Publicaciones del Museo de Historia Natural, Universidad Nacional Mayor de San Marcos (A) 46:1–6.

Vivar, E., y D. La Rosa. 2004. Evaluación de mamíferos de la cuenca alta del Río Cenepa (Amazonas, Perú). Pp. 137–158 en V. Pacheco, ed. *Evaluación biológica realizada en la cuenca del río Cenepa (Amazonas-Perú)*. Informe Técnico, Documento 12. Conservation International, Instituto Nacional de Recursos Naturales e International Tropical Timber Organization, Lima.

Viveiros de Castro, E. 1996. Images of nature and society in Amazonian ethnology. Annual Review of Anthropology 25:179–200.

Viveiros de Castro, E. 2004. Perspectivismo y multinaturalismo en la América indígena. Pp. 37–82 en A. Surrallés y P. García Hierro, eds. *Tierra adentro: Territorio indígena y percepción del entorno*. Tarea Gráfica Educativa, Lima.

Vogt, R. 2008. *Tortugas amazónicas*. Grafica Biblos, Lima.

Watkins, M. D. 1971. Terminology for describing the spacing of discontinuities in rock masses. Journal of Engineering Geology 3:193–195.

Wentworth, C. K. 1922. A scale of grade and class terms of clastic sediments. Journal of Geology 30:377–392.

Whitten, N. 1976. *Sacha runa*. University of Illinois Press, Urbana.

Willink, P. W., B. Chernoff, and J. McCullough (eds.). 2005. *A rapid biological assessment of the aquatic ecosystems of the Pastaza River Basin, Ecuador and Peru*. RAP Bulletin of Biological Assessment 33. Conservation International, Washington, D.C.

Willson, S. K. 2004. Obligate army-ant-following birds: A study of ecology, spatial movement patterns, and behavior in Amazonian Peru. Ornithological Monographs 55:1–67.

Winkler, P. 1980. Observations on acidity in continental and in marine atmospheric aerosols and in precipitation. Journal of Geophysical Research 85(C8):4481–4486.

Wipio Deicat, G. 1996. *Diccionario aguaruna-castellano/castellano-aguaruna*. Ministerio de Educación e Instituto Lingüístico de Verano, Lima.

Wolf, E. 1982. *Europe and the peoples without history*. University of California Press, Berkeley.

Zapata-Ríos, G., E. Araguillin y J. P. Jorgenson. 2006. Caracterización de la comunidad de mamíferos no voladores en las estribaciones orientales de la cordillera del Kutukú, Amazonía ecuatoriana. Mastozoología Neotropical 13(2):227–238.

INFORMES PUBLICADOS/PUBLISHED REPORTS

Alverson, W. S., D.K. Moskovits, y/and J.M. Shopland, eds. 2000. Bolivia: Pando, Río Tahuamanu. Rapid Biological Inventories **Report 01**. The Field Museum, Chicago.

Alverson, W. S., L.O. Rodríguez, y/and D.K. Moskovits, eds. 2001. Perú: Biabo Cordillera Azul. Rapid Biological Inventories **Report 02**. The Field Museum, Chicago.

Pitman, N., D.K. Moskovits, W.S. Alverson, y/and R. Borman A., eds. 2002. Ecuador: Serranías Cofán-Bermejo, Sinangoe. Rapid Biological Inventories **Report 03**. The Field Museum, Chicago.

Stotz, D.F., E.J. Harris, D.K. Moskovits, K. Hao, S. Yi, and G.W. Adelmann, eds. 2003. China: Yunnan, Southern Gaoligongshan. Rapid Biological Inventories **Report 04**. The Field Museum, Chicago.

Alverson, W.S., ed. 2003. Bolivia: Pando, Madre de Dios. Rapid Biological Inventories **Report 05**. The Field Museum, Chicago.

Alverson, W.S., D.K. Moskovits, y/and I.C. Halm, eds. 2003. Bolivia: Pando, Federico Román. Rapid Biological Inventories **Report 06**. The Field Museum, Chicago.

Kirkconnell P., A., D.F. Stotz, y/and J.M. Shopland, eds. 2005. Cuba: Península de Zapata. Rapid Biological Inventories **Report 07**. The Field Museum, Chicago.

Díaz, L.M., W.S. Alverson, A. Barreto V., y/and T. Wachter, eds. 2006. Cuba: Camagüey, Sierra de Cubitas. Rapid Biological Inventories **Report 08**. The Field Museum, Chicago.

Maceira F., D., A. Fong G., y/and W.S. Alverson, eds. 2006. Cuba: Pico Mogote. Rapid Biological Inventories **Report 09**. The Field Museum, Chicago.

Fong G., A., D. Maceira F., W. S. Alverson, y/and J. M. Shopland, eds. 2005. Cuba: Siboney-Juticí. Rapid Biological Inventories **Report 10**. The Field Museum, Chicago.

Pitman, N., C. Vriesendorp, y/and D. Moskovits, eds. 2003. Perú: Yavarí. Rapid Biological Inventories **Report 11**. The Field Museum, Chicago.

Pitman, N., R.C. Smith, C. Vriesendorp, D. Moskovits, R. Piana, G. Knell, y/and T. Wachter, eds. 2004. Perú: Ampiyacu, Apayacu, Yaguas, Medio Putumayo. Rapid Biological Inventories **Report 12**. The Field Museum, Chicago.

Maceira F., D., A. Fong G., W.S. Alverson, y/and T. Wachter, eds. 2005. Cuba: Parque Nacional La Bayamesa. Rapid Biological Inventories **Report 13**. The Field Museum, Chicago.

Fong G., A., D. Maceira F., W.S. Alverson, y/and T. Wachter, eds. 2005. Cuba: Parque Nacional "Alejandro de Humboldt." Rapid Biological Inventories **Report 14**. The Field Museum, Chicago.

Vriesendorp, C., L. Rivera Chávez, D. Moskovits, y/and J. Shopland, eds. 2004. Perú: Megantoni. Rapid Biological Inventories **Report 15**. The Field Museum, Chicago.

Vriesendorp, C., N. Pitman, J.I. Rojas M., B.A. Pawlak, L. Rivera C., L. Calixto M., M. Vela C., y/and P. Fasabi R., eds. 2006. Perú: Matsés. Rapid Biological Inventories **Report 16**. The Field Museum, Chicago.

Vriesendorp, C., T.S. Schulenberg, W.S. Alverson, D.K. Moskovits, y/and J.-I. Rojas Moscoso, eds. 2006. Perú: Sierra del Divisor. Rapid Biological Inventories **Report 17**. The Field Museum, Chicago.

Vriesendorp, C., J.A. Álvarez, N. Barbagelata, W.S. Alverson, y/and D.K. Moskovits, eds. 2007. Perú: Nanay-Mazán-Arabela. Rapid Biological Inventories **Report 18**. The Field Museum, Chicago.

Borman, R., C. Vriesendorp, W.S. Alverson, D.K. Moskovits, D.F. Stotz, y/and Á. del Campo, eds. 2007. Ecuador: Territorio Cofan Dureno. Rapid Biological Inventories **Report 19**. The Field Museum, Chicago.

Alverson, W.S., C. Vriesendorp, Á. del Campo, D.K. Moskovits, D.F. Stotz, Miryan García Donayre, y/and Luis A. Borbor L., eds. 2008. Ecuador, Perú: Cuyabeno-Güeppí. Rapid Biological and Social Inventories **Report 20**. The Field Museum, Chicago.

Vriesendorp, C., W.S. Alverson, Á. del Campo, D.F. Stotz, D.K. Moskovits, S. Fuentes C., B. Coronel T., y/and E.P. Anderson, eds. 2009. Ecuador: Cabeceras Cofanes-Chingual. Rapid Biological and Social Inventories **Report 21**. The Field Museum, Chicago.

Gilmore, M.P., C. Vriesendorp, W.S. Alverson, Á. del Campo, R. von May, C. López Wong, y/and S. Ríos Ochoa, eds. 2010. Perú: Maijuna. Rapid Biological and Social Inventories **Report 22**. The Field Museum, Chicago.

Pitman, N., C. Vriesendorp, D.K. Moskovits, R. von May, D. Alvira, T. Wachter, D.F. Stotz, y/and Á. del Campo, eds. 2011. Perú: Yaguas-Cotuhé. Rapid Biological and Social Inventories **Report 23**. The Field Museum, Chicago.

Pitman, N., E. Ruelas I., D. Alvira, C. Vriesendorp, D. K. Moskovita, Á. del Campo, T. Wachter, D. F. Stotz, S. Noningo S., E. Tuesta C. y/and R. C. Smith, eds. 2012. Perú: Cerros de Kampankis. Rapid Biological and Social Inventories **Report 24.** The Field Museum, Chicago.